W0466703

Eberhard Ehlers

Analytik I – Kurzlehrbuch

Analytik I

Kurzlehrbuch
Qualitative Pharmazeutische Analytik

Eberhard Ehlers, Hofheim/Taunus

10., aktualisierte und erweiterte Auflage
mit 23 Abbildungen und 17 Tabellen

Deutscher Apotheker Verlag

Professor Dr. Eberhard Ehlers
Lorsbacher Str. 54 B
65719 Hofheim

Der Autor

Studium der Chemie in Frankfurt/Main, 1970 Diplomarbeit in Organischer Chemie, 1974 Promotion in Pharmazeutischer Chemie. 1976 Lehrauftrag für Pharmazeutische Chemie an der Universität Frankfurt/Main, 1987 Habilitation und Venia legendi im Fach Pharmazeutische Chemie ebendort. 1975 bis 2006 Tätigkeiten in Forschung und Management in der Pharmazeutischen Industrie.

Autor mehrerer Kurzlehrbücher für qualitative und quantitative Analytik sowie anorganische und organische Chemie beim Deutschen Apotheker Verlag.

Bibliographische Information der Deutschen Bibliothek

Die Deutsche Bibliothek verzeichnet diese Publikation in der Deutschen Nationalbibliographie; detaillierte bibliographische Daten sind im Internet unter http://dnb.d-nb.de abrufbar.

ISBN 978-3-7692-5621-5

Birkenwaldstr. 44, 70191 Stuttgart
www.deutscher-apotheker-verlag.de
Printed in Germany
Satz: primustype R. Hurler GmbH, Notzingen
Druck und Bindung: Kösel, Krugzell
Umschlaggestaltung: Atelier Schäfer, Esslingen

Vorwort zur 10. Auflage

Die novellierte Approbationsordnung für Apotheker (AAppO) vom 14. Dezember 2000 sieht im Ersten Abschnitt des Pharmazeutischen Staatsexamens eine schriftliche Prüfung über die **Grundlagen der Pharmazeutischen Analytik** vor, die sich in folgende Abschnitte untergliedert:

- Klassische qualitative Analyse
- Klassische quantitative Verfahren zur Analyse von Arzneistoffen, Hilfs- und Schadstoffen
- Instrumentelle Pharmazeutische Analytik

Dabei sind Arzneibuch-Methoden ausdrücklich in die Prüfungsanforderungen aufgenommen worden (Anlage 13 AAppO).

Das vorliegende Kurzlehrbuch „**Analytik I**" befasst sich in drei Kapiteln mit den „**Grundlagen der klassischen qualitativen Analyse**", während in „Analytik II" die beiden anderen Themenbereiche behandelt werden. Die Gliederung der „Analytik I" in die Abschnitte

- Grundlagen und allgemeine Arbeitsweisen der qualitativen anorganischen Analyse
- Anorganische Bestandteile
- Organische Bestandteile

lehnt sich an den Gegenstandskatalog an.

Der Kommentartext wurde komplett überarbeitet und an die aktuellen Prüfungsfragen angepasst. Kommentierung nahezu aller Prüfungsfragen aus dem Band „**Analytik I – Prüfungsfragen 2009**" sind in den Text eingefügt und durch Querweise über die MC-Fragennummer kenntlich gemacht worden.

In den einzelnen Abschnitten zu Nachweisen für pharmazeutisch relevante Anionen, Kationen oder organischen Stoffklassen werden auch die analytischen Methoden und Verfahren des Arzneibuches beschrieben. Wenn nur Arzneibuch oder *Ph.Eur.* genannt wird, beziehen sich diese auf das **Europäische Arzneibuch 6. Auflage (*Ph.Eur. 6.0 und Nachträge 6.1–6.8*)** aus dem Jahr 2008. Zur Vertiefung und Ergänzung des Grundwissens wird deshalb mit Nachdruck auf den Kommentar zum Europäischen Arzneibuch verwiesen. Dort finden sich auch die relevanten Hinweise auf die Primärliteratur.

Deutlich erweitert wurde der Abschnitt über die Analytik ausgewählter Wirkstoffe. Dies soll dazu dienen, anhand vorgegebener Strukturen den Blick für die qualitativen aber auch quantitativen Nachweis- und Bestimmungsmöglichkeiten pharmazeutischer Wirkstoffe zu schärfen. Solche Fragen sind in zunehmendem Maße Gegenstand jüngerer MC-Prüfungen gewesen.

Mein Dank gilt vielen Kollegen und Studenten für wertvolle Anregungen zur Überarbeitung des Kommentartextes. Mein besonderer Dank gilt dem Lektorat Pharmazie des Verlages für die gute Zusammenarbeit und die tatkräftige Unterstützung bei der Fertigstellung dieses Kurzlehrbuches.

Ich hoffe, dass die neue Auflage der Analytik I den Studierenden der Pharmazie bei ihren Prüfungsvorbereitungen wertvolle Dienste leisten kann und wünsche allen Studenten hierfür viel Erfolg.

Hofheim, im Herbst 2011 Eberhard Ehlers

Inhaltsverzeichnis

Qualitative Analytik

Qualitative Analytik

1. Grundlagen und allgemeine Arbeitsweisen der qualitativen anorganischen Analyse

1.1 Grundbegriffe, Validierung

Unter **Validierung** versteht man den Nachweis und die Dokumentation der Zuverlässigkeit eines Verfahrens. Die Validierung umfasst alle Tätigkeiten, die belegen, dass ein Verfahren reproduzierbar zu dem gewünschten Ergebnis führt. Dabei ist die Validierung nicht nur auf den Herstellungsprozess eines Produktes ausgerichtet, sondern schließt *alle notwendigen Aktionen* ein, die bei der Gewinnung eines Produktes angewendet werden. Dies umfasst auch *alle* während des Herstellungsprozesses eingesetzten *analytischen Verfahren* und durchgeführten Kontrollen (siehe auch Ehlers, **Analytik II**, Kapitel 4.5 „Validierung von Verfahren").

Im Rahmen der *Validierung einer Analysenmethode* werden vor allem die kritischen Schritte der Methode überprüft. Zur Validierung von Analysenverfahren werden u. a. die nachfolgend genannten Qualitätsmerkmale (Kriterien zur Beurteilung der Methode) herangezogen. Anzumerken ist, dass die in den Pharmakopöen beschriebenen Analysenvorschriften validiert sind.

1.1.1 Spezifität und Selektivität

Als **spezifisch** bezeichnet man Reaktionen und Reagenzien, wenn sie unter bestimmten Bedingungen für eine einzige Substanz oder ein einziges Ion eindeutig beweisend sind. Meistens wird man sich jedoch mit **selektiven** Reaktionen oder Reagenzien begnügen müssen, d. h. mit Nachweisen, die nur mit wenigen Stoffen positiv ausfallen.

- Eine Methode ist **spezifisch,** wenn sie die zu bestimmende Komponente ohne Verfälschung durch andere in der Analysenprobe vorhandenen Komponenten erfasst.
- Eine Methode ist **selektiv,** wenn sie verschiedene, nebeneinander zu bestimmende Komponenten ohne gegenseitige Störung erfasst. Selektivität ist eine Grundvoraussetzung für die Richtigkeit einer Methode.

Die Selektivität eines Analyseverfahrens kann sich auf Elemente, Moleküle, Elementspezies in unterschiedlichen Wertigkeitsstufen oder auf funktionelle Gruppen beziehen [vgl. **MC-Frage Nr. 3**].

Durch Wahl geeigneter Versuchsparameter (pH-Wert, Maskierung, usw.) kann die Selektivität vieler Reaktionen gesteigert werden bis hin zur Spezifität.

Wichtige *Strategien des Arzneibuches zur Erhöhung der Selektivität* sind [vgl. **MC-Frage Nr. 4**]:

- Kombination verschiedener Nachweisreagenzien,
- Trennung der Reaktionsräume zweier aufeinander folgender Nachweisreaktionen,
- Ausschluss ähnlich reagierender Stoffe durch zusätzliche Reaktionen.

Die Kombination verschiedener Reagenzien kann mit der gemeinsamen Verwendung von *Maskierungsmitteln* und Nachweisreagenzien erklärt werden. Hierbei bilden zum Beispiel die störenden Bestandteile mit dem Maskierungsmittel so stabile Komplexe, dass eine Anzeige durch das Nachweisreagenz ausbleibt. Das zu bestimmende Ion reagiert dagegen *nicht* mit dem Maskierungsmittel und kann mit dem eingesetzten Reagenz nachgewiesen werden.

Die beiden anderen Strategien sollen am *Nachweis von Carbonaten* erläutert werden. Hierzu werden die Carbonate ($MeCO_3$) in einem Reagenzglas (*Reaktionsraum 1*) mit starken Säuren behandelt. Es bildet sich Kohlendioxid (CO_2), das als Gas entweicht und in einem Gärröhrchen (*Reaktionsraum 2*) mit Bariumhydroxid-Lösung (*Barytwasser*) [$Ba(OH)_2$] aufgefangen wird. Es fällt schwer lösliches Bariumcarbonat ($BaCO_3$) aus. Der Nachweis wird durch *Sulfite* ($MeSO_3$) gestört, die mit starken Säuren Schwefeldioxid (SO_2) bilden, was zur Fällung von Bariumsulfit ($BaSO_3$) führen würde. Dies kann man verhindern, in dem man *zuvor* die Sulfite mit Wasserstoffperoxid (H_2O_2) zu Sulfaten oxidiert, aus denen unter den Analysenbedingungen *kein* Gas freigesetzt wird [vgl. **MC-Frage Nr. 839**].

$$MeCO_3 + \text{Säure} \xrightarrow{\text{Reagenzglas}} CO_2\uparrow + Ba^{2+} \xrightarrow{\text{Gärröhrchen}} BaCO_3\downarrow$$
$$MeSO_3 + H_2O_2 \rightarrow MeSO_4 + \text{Säure} \rightarrow \text{keine Gasentwicklung}$$

1.1.2 Grenzkonzentration und Nachweisgrenze

Zur Festlegung der **Empfindlichkeitsgrenze** einer Nachweisreaktion verwendet man folgende Begriffe:

- Grenzkonzentration (GK)
- Nachweisgrenze bzw. Empfindlichkeit.

Die **Grenzkonzentration** bezeichnet die minimale Konzentration eines Stoffes, bei welcher der Nachweis noch positiv ausfällt, der Stoff also gerade noch zuverlässig nachzuweisen ist. Die Grenzkonzentration wird auf 1 g des Stoffes bezogen und das Lösungsvolumen wird in ml angegeben.

Beispielsweise bedeutet die Angabe, dass die Grenzkonzentration für einen Nachweis 10^{-4} g/ml (entsprechend 100 ppm) sei, dass mit

$$GK = 1\text{ g Stoff}/10^4\text{ ml Lösungsmittel} = 10^{-4}\text{ g/ml}$$

die Reaktion positiv ausfällt, wenn mindestens 10^{-4} g der Substanz in 1 ml oder mindestens 1 g Substanz in 10^4 ml gelöst sind [vgl. **MC-Fragen Nr. 1, 2**].

Der negative dekadische Logarithmus der Grenzkonzentration wird als Empfindlichkeitsexponent oder **pD-Wert** bezeichnet [pD = –lg GK]. Man unterscheidet zwischen absoluten, in reinem Lösungsmittel gemessenen pD-Werten und relativen, in Anwesenheit von Begleitstoffen bestimmten Exponenten. Für das obige Beispiel ist pD = 4.

Die **Nachweisgrenze** gibt die kleinste Menge (Masse) des gesuchten Stoffes an, die **qualitativ** noch erfasst werden kann. Die Nachweisgrenze wird gewöhnlich in Mikrogramm (µg) angegeben. Im Gegensatz zur Grenzkonzentration ist die Nachweisgrenze abhängig vom Arbeitsvolumen.

1.1.3 Richtigkeit und Robustheit

Die **Richtigkeit** ist ein Maß für die Abweichung des Ergebnisses vom richtigen Wert aufgrund von systematischen Fehlern. Das Fehlen systematischer Fehler ist deshalb eine Grundvoraussetzung für die Richtigkeit einer Methode. Eine weitere Voraussetzung ist, dass eine selektive Methode zur Anwendung kommt.

Die **Präzision** ist ein Maß für die Abweichung eines Analysenergebnisses durch zufällige Fehler. Präzision und Richtigkeit zusammen bestimmen die **Genauigkeit** des Analysenverfahrens. Ein Ergebnis ist genau, wenn es frei ist von zufälligen und systematischen Fehlern (siehe auch Ehlers, **Analytik II**, Kapitel 4.4.1 „Unsicherheiten, Fehler").

Eine Methode ist robust, wenn durch Änderung der Testbedingungen das Ergebnis nicht oder nur unwesentlich verfälscht wird. Als Maß für die **Robustheit** (Störanfälligkeit, Belastbarkeit) wird der Mengenbereich genannt, in dem das Analysenergebnis von der Änderung eines oder mehrerer äußerer Parameter (Lösungsstabilität, Temperatur-, Licht-, Temperatur-, Feuchtigkeitseinflüsse, usw.) unabhängig ist.

1.2 Vorproben

Vorproben geben brauchbare Hinweise auf die Zusammensetzung einer Substanz oder eines Substanzgemischs und versetzen den Analytiker in die Lage, den Gang einer Analyse so zu wählen, dass sich die Bestandteile einer unbekannten Probe zweifelsfrei ermitteln lassen. Wichtige Vorproben der klassischen qualitativen Analyse sind nachfolgend aufgeführt.

1.2.1 Flammenfärbung (Spektralanalyse)

Viele Elemente senden im *atomaren* gasförmigen Zustand bei höheren Temperaturen oder nach elektrischer Anregung ihres Elektronensystems *Licht bestimmter Farbe* aus [vgl. **MC-Frage Nr. 13**].

Die Zahl der emittierten Linien, das Linienmuster sowie die absolute Lage der Spektrallinien sind das für jeweilige Element charakteristisch und können analog einem Fingerabdruck zu seiner Identifizierung herangezogen werden.

Bei gleichzeitiger Anwesenheit von zwei und mehr Elementen beobachtet man ein additives Verhalten, sodass die Flammenfärbung auch zur Analyse von Substanzgemischen nutzbar ist. Zum vertiefenden Verständnis über die Vorgänge bei der Spektralanalyse wird auf Ehlers, **Analytik II**, Kapitel 11.4 „Grundlagen der Atomemissionsspektroskopie" verwiesen.

Die bei einer Spektralanalyse ablaufenden Vorgänge lassen sich wie folgt zusammenfassen: Zunächst findet in der Flamme nach dem Verdampfen eine **Atomisierung** des Salzes zu Atomen statt, deren *Valenzelektronen* im gasförmigen Zustand thermisch angeregt werden. Die angeregten Atomen werden allgemein mit einem Stern (*) gekennzeichnet.

Angeregte Atome besitzen als Zustände höherer Energie nur eine begrenzte Lebensdauer. Nach kurzer Zeit kehren die Elektronen angeregter Atome unter **Lichtemission** in einen energetisch günstigeren Zustand zurück. Dabei entspricht jedem Elektronenübergang eine charakteristische **Spektrallinie.** Liegen die Frequenzen (Wellenlängen) der Emissionslinien im sichtbaren Bereich (VIS, 400–800 nm), dann ist das emittierte Licht *farbig* und kann mit dem Auge erkannt werden.

$$K^+A^- \xrightarrow{\text{Atomisierung}} K + A \xrightarrow{\text{Anregung}} K^* + A$$

$$\textbf{Salz} \xleftarrow[\text{Ionisation}]{} \textbf{Atome} \xleftarrow[\text{Emission}]{} \textbf{angeregte Atome}$$

Zum Beispiel beruht die *gelbe* **Natrium-D-Linie** bei der Wellenlänge $\lambda = 589{,}3$ nm auf der Rückkehr gasförmiger, angeregter Natriumatome in den Grundzustand [$Na^*(g) \rightarrow Na(g)$]. Dies entspricht einem Elektronenübergang vom angeregten 3p-Niveau in den 3s-Grundzustand.

Die erforderlichen Anregungsbedingungen sind für die einzelnen Elemente sehr verschieden. Für die Verbindungen der **Alkali-** und **Erdalkalielemente**, des **Kupfers** und des **Bors** genügt die Temperatur der nichtleuchtenden Bunsenflamme (siehe Abb. 1.1). Von den Erdalkalielementen ergibt *Magnesium keine* Flammenfärbung. Atome von Schwermetallen erfordern im Allgemeinen hohe Anregungstemperaturen, z. B. einige tausend Grad Celsius im elektrischen Lichtbogen oder in einem Funken. Solche Metalle werden daher bei der Spektralanalyse in einer Bunsenflamme nicht erkannt [vgl. **MC-Fragen Nr. 11, 12**].

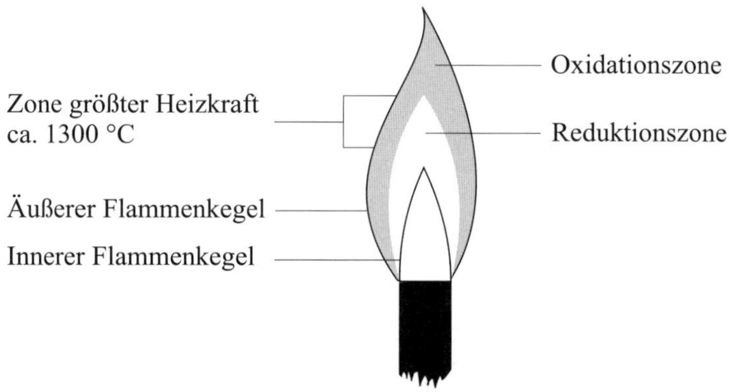

Abb. 1.1: Heizzonen einer Bunsenflamme

Tab. 1.1: Flammenfärbung ausgewählter Elemente

Element	Farbe der Flamme	Charakteristische Linien (nm)
Li	Rot	**670,8** (rot); 610,4 (orange)
Na	Gelb	**589,5; 589,0** (gelbe Doppellinie, meist nicht aufgelöst)
K	Violett	**768,2** (rot); 766,5 (rot), 694 (rot); **404,4** (violett)
Rb	Violett	780 (rot); **421** (violett)
Cs	Blau	**458** (blau)
Ca	Ziegelrot	647 (rot); **622,0** (rot); 553,3 (grün); 422,7 (violett)
Sr	Rot	**660–690** (mehrere rote Linien); **604,5** (orange); **460,7** (blau)
Ba	Grün	**524,2** (grün); 513,7 (grün); 455,4 (blau)
Tl	Grün	**535,0** (grün)
Cu	Grün	Kupferhalogenide, Kupfer(II)-nitrat
B	Grün	als Borsäuretrimethylester $[B(OCH_3)_3]$

Charakteristische Flammenfärbungen geben besonders die leichtflüchtigen Chloride von Lithium, Natrium, Kalium, Calcium, Strontium und Barium sowie die Kupferhalogenide. *Kupfer*(II)-*sulfat* erteilt dagegen der Flamme praktisch keine Färbung. Auch *Erdalkalisulfate* und *-phosphate* sind nicht ausreichend flüchtig, um eine Flammenfärbung hervorzurufen; sie müssen zuvor mit Magnesium-Pulver reduziert werden. Tabelle 1.1 informiert über die Flammenfärbung einiger analytisch wichtiger Elemente und Abbildung 1.2 zeigt die dazugehörigen Spektrallinienmuster [vgl. **MC-Fragen Nr. 5–12, 14**].

Sind mehrere Elemente im Gemisch vorhanden, so resultiert für das Emissionslicht eine Mischfarbe, die nicht mehr zugeordnet werden kann. Sind Natriumverbindungen anwesend, so überdeckt die Natriumflamme meistens alle anderen Färbungen. In diesen Fällen verwendet man zur Spektralanalyse ein **Handspektroskop,** mit dem das Emissionsspektrum besser beobachtet werden kann. Dabei wird zur Erzeugung eines Spektrums das von einer Lichtquelle (Probe) emittierte Licht zunächst durch eine schmalen *Spalt* geleitet. Besteht das untersuchte Licht nur aus Strahlen einer Wellenlänge, so entsteht durch die Optik das Spaltbild als eine farbige Linie. Setzt sich hingegen das emittierte Licht aus Strahlen unterschiedlicher Wellenlängen zusammen, so entstehen durch ein in den Strahlengang gebrachtes dreiteiliges *Geradsichtprisma* (Amici-Prisma) aufgrund unterschiedlicher Brechung zahlreiche verschiedenfarbige Spaltbilder. Man bezeichnet sie als *Spektrallinien*. Ein parallel angebrachtes Okularrohr mit einer Wellenlängenskala und deren Kalibrierung mit Strahlen bekannter Wellenlänge erlauben es, den einzelnen Spektrallinien exakte Wellenlängen zuzuordnen. Dadurch wird das Linienmuster und somit das zu bestimmende Element identifizierbar. Abbildung 1.3 zeigt in vereinfachter Form den Aufbau eines solchen Handspektroskops [vgl. **MC-Fragen Nr. 15–17**].

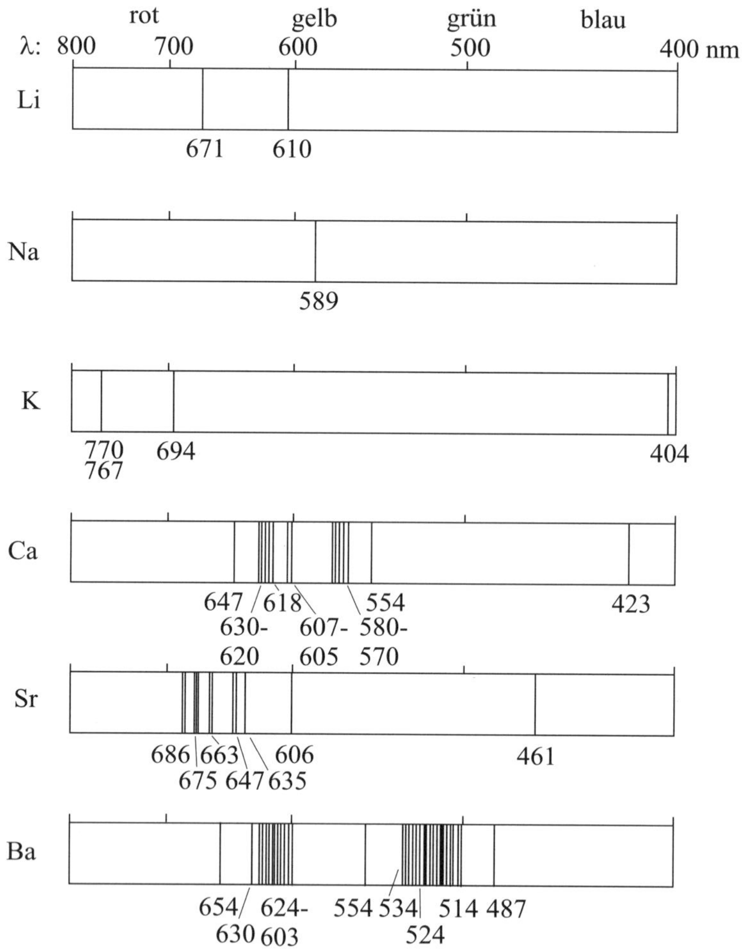

Abb. 1.2: Spektrallinienmuster ausgewählter Elemente

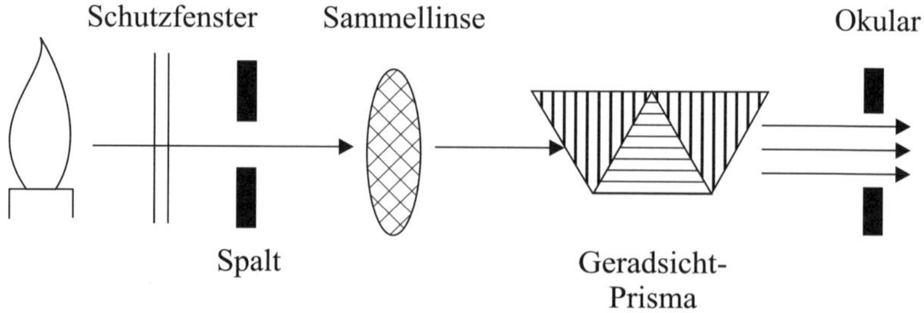

Abb. 1.3: Schematischer Aufbau eines Handspektroskops

Liegen Kalium- und Natriumverbindungen zusammen vor, so kann zum Erkennen der Kaliumflamme ein *Kobaltglas* verwendet werden. Das Kobaltglas absorbiert das gelbe Na-Licht und erleichtert das Erkennen der blauvioletten Kaliumflamme.

1.2.2 Perlreaktionen (Phosphorsalzperle, Boraxperle)

Schmilzt man *Natriumammoniumhydrogenphosphat* ($NaNH_4HPO_4$) zusammen mit einem Schwermetallsalz, so können beim Erkalten der Schmelze charakteristische Färbungen durch *Schwermetallphosphate* auftreten, die zum Nachweis der betreffenden Metallionen herangezogen werden.

Dabei vermag das primär gebildete Metaphosphat ($NaPO_3$) in der Hitze nicht nur Schwermetalloxide zu lösen, sondern kann aus den Salzen auch leichter flüchtige Säuren freisetzen.

$$NaNH_4HPO_4 \xrightarrow{\Delta} NaPO_3 + NH_3\uparrow + H_2O\uparrow$$
$$2\ NaPO_3 + CoCl_2 \rightarrow Co(PO_3)_2 + 2\ NaCl$$
$$NaPO_3 + CoSO_4 \rightarrow NaCoPO_4 + SO_3\uparrow$$
$$3\ NaPO_3 + 3\ CuSO_4 \rightarrow Na_3PO_4 + Cu_3(PO_4)_2 + 3\ SO_3\uparrow$$

In analoger Weise reagiert *Natriumtetraborat* ($Na_2B_4O_7 \cdot 10\ H_2O$, *Borax*) unter Bildung von *Schwermetallmetaboraten* [vgl. **MC-Frage Nr. 24**].

$$Na_2B_4O_7 + CoSO_4 \rightarrow 2\ NaBO_2 + Co(BO_2)_2 + SO_3\uparrow$$

Gearbeitet wird in der Praxis in der Oxidations- oder Reduktionsflamme (Abb. 1.1), weil Schwermetalle in unterschiedlichen Oxidationsstufen verschiedene Färbungen hervorrufen können. Darüber hinaus sind die Färbungen abhängig von der Menge an eingesetzter Substanz und der Glühdauer. Die Auswertung der Perlreaktion ist schwierig, wenn mehrere Schwermetalle nebeneinander vorliegen und Mischfarben auftreten. Tabelle 1.2 gibt Auskunft über die Perlreaktionen ausgewählter Schwermetalle und die dabei auftretenden Färbungen.

Tab. 1.2: Phosphorsalzperle (Boraxperle) analytisch wichtiger Schwermetalle

Element	Oxidationsflamme	Reduktionsflamme
Ni	Gelb (h), braun (k)	Grau (h, k)
Co	Blau (h, k)	Blau (h, k)
Mn	Violett (h, k)	Farblos (h)
Fe	Farblos bis gelb (1) Gelbrot bis braunrot (2)	Grünlich (h, k) (1)
Cr	Grün (h, k)	Grün (h, k)
Cu	Gelb (h), braun (k)	Farblos (h), rotbraun (k)

[h = heiß; k = kalt; (1) = bei schwacher Sättigung; (2) = bei starker Sättigung]

Tab. 1.3: Im Glührohr entstehende Gase

Gas	Farbe	Geruch	Gas stammt aus
O_2	Farblos	Geruchlos	Peroxide, Chlorate, Bromate
CO_2	Farblos	Geruchlos	Carbonate, org. Verbindungen
CO	Farblos	Geruchlos	Oxalate, org. Verbindungen
$(CN)_2$	Farblos	Bittere Mandeln	Cyanide
SO_2	Farblos	Stechend	Sulfide (unter Luftzutritt), Sulfite, Thiosulfate
HCl	Farblos	Stechend	Chloride
Cl_2	Gelbgrün	Stechend	Chloride + Oxidationsmittel
Br_2	Braun	Erstickend	Bromide + Oxidationsmittel
I_2	Violett	Erstickend	Iodide + Oxidationsmittel
NO_2	Braun	Erstickend	Nitrite, Nitrate
NH_3	Farblos	Stechend	Ammoniumsalze
Kakodyloxid	Farblos	Unangenehm	Arsenverbindungen + Acetat

1.2.3 Erhitzen im Glührohr

Beim Erhitzen einer trockenen Analysenprobe im Glühröhrchen kann

- eine Farbänderung der Substanz eintreten,
- sich ein **Gas** oder Wasser entwickeln,
- ein Sublimat entstehen bzw.
- sich ein Metallspiegel bilden.

Tabelle 1.3 informiert über die bei der Glührohrprobe gebildeten Gase, ihren Geruch und ihre Farbe sowie über die Verbindungen, aus denen diese Gase beim Glühen (trockenen Erhitzen) freigesetzt werden [vgl. **MC-Frage Nr. 29**].

Ein **Metallspiegel** kann auf Cadmium (in Anwesenheit von Oxalaten) oder auf Quecksilber (aus Quecksilber(II)-Verbindungen) hinweisen. Ein im Glühröhrchen verbleibender **schwarzer Rückstand** kann von der Verkohlung organischer Materie herrühren. Ein **weißes Sublimat** spricht für anwesende Ammoniumsalze, Quecksilberhalogenide oder Arsenoxide; ein **gelber Belag** deutet auf das Vorhandensein von Arsen(III)-sulfid, Quecksilber(II)-iodid oder auf elementaren Schwefel hin [vgl. **MC-Frage Nr. 28**].

1.2.4 Oxidationsschmelze

Die Oxidationsschmelze dient zum Nachweis von **Chrom-** und **Mangansalzen.** Hierzu wird die fein gepulverte Analysenprobe mit einer Mischung aus gleichen Teilen Soda (Na_2CO_3) und Natrium- oder Kaliumnitrat (KNO_3) verschmolzen.

Bei Anwesenheit von Mangansalzen entsteht eine *grüne* Färbung von **Manganat(VI)** (Na_2MnO_4), verschiedentlich auch eine blaugrüne Schmelze. Der gelegentlich auftretende blaue Farbton der Schmelze ist auf die Bildung von Manganat(V) (Na_3MnO_4) zurückzuführen [vgl. **MC-Fragen Nr. 18–20, 32**].

$$Mn^{2+} + 2\ NO_3^- + 2\ CO_3^{2-} \rightarrow MnO_4^{2-} + 2\ NO_2^- + 2\ CO_2\uparrow$$

$$Mn^{2+} + 4\ NO_2^- \rightarrow MnO_4^{2-} + 4\ NO\uparrow$$

Löst man die erkaltete Schmelze in wenig Wasser und säuert mit Essigsäure an, so disproportioniert Manganat(VI) zu *rotviolettem Permanganat* (MnO_4^-) und *Braunstein* (MnO_2), der sich nach einiger Zeit abscheidet.

$$3\ MnO_4^{2-} + 4\ H_3O^+ \rightarrow 2\ MnO_4^- + MnO_2\downarrow + 6\ H_2O$$

Bei der Oxidation von *Chrom(III)-Salzen* entsteht *gelbes Chromat* (CrO_4^{2-}). Da keine anderen Substanzen unter diesen Bedingungen zu einer gelben Lösung führen, ist die Reaktion *spezifisch* für Chromverbindungen [vgl. **MC-Fragen Nr. 21, 22, 33, 93, 97, 454**].

$$Cr_2O_3 + 3\ NO_3^- + 2\ CO_3^{2-} \rightarrow 2\ CrO_4^{2-} + 3\ NO_2^- + 2\ CO_2\uparrow$$

Chromeisenstein ($FeCr_2O_4$), ein Mischoxid aus FeO und Cr_2O_3, kann ebenfalls durch eine Oxidationsschmelze aufgeschlossen werden, wobei neben der Oxidation von Cr(III) zu Cr(VI) auch eine Umwandlung von Fe(II) zu Fe(III) stattfindet [vgl. **MC-Fragen Nr. 23, 90, 91**].

$$2\ FeCr_2O_4 + 4\ CO_3^{2-} + 7\ NO_3^- \rightarrow Fe_2O_3 + 4\ CrO_4^{2-} + 7\ NO_2^- + 4\ CO_2\uparrow$$

1.2.5 Leuchtprobe

Taucht man ein mit kaltem Wasser gefülltes Reagenzglas in eine salzsaure *Zinn(II)-Salzlösung* ein und hält das Glas anschließend in die nichtleuchtende Bunsenflamme, so zeigt sich an der benetzten Stelle des Glases vom *Zinn(II)-chlorid* ($SnCl_2$) herrührend eine *blaue Fluoreszenz* [vgl. **MC-Fragen Nr. 27, 31**].

Zinn(IV)-Verbindungen müssen zuvor mit metallischem Zink in salzsaurer Lösung zu Sn(II) reduziert werden. Bei Anwesenheit von sehr viel Arsen kann der sonst spezifische Zinn Nachweis versagen

1.2.6 Marshsche Probe

Sie dient zum Nachweis von **Arsen-** und **Antimonverbindungen.** Diese werden mittels naszierendem Wasserstoff (aus Zn/HCl) zu *Arsin* (Arsenwasserstoff) [AsH_3] bzw. *Stibin* (Antimonwasserstoff) [SbH_3] reduziert. Beide Wasserstoffverbindungen zersetzen sich in der Hitze und schlagen sich als Arsen- bzw. Antimon-Metallspiegel nieder [vgl. **MC Fragen Nr. 25, 26, 30, 34, 60, 345–348**].

$$As_2O_3 + 6\ Zn + 12\ H_3O^+ \rightarrow 2\ AsH_3\uparrow + 6\ Zn^{2+} + 15\ H_2O$$

$$2\ AsH_3 \rightarrow 2\ As\downarrow + 3\ H_2\uparrow$$

Zur Unterscheidung von Arsen und Antimon behandelt man den Metallspiegel mit ammoniakalischer Wasserstoffperoxid-Lösung oder einer frisch zubereiteten

Natriumhypochlorit-Lösung. Arsen löst sich spontan auf unter Bildung von farblosem *Arsenat* (AsO_4^{3-}), während die Auflösung von Antimon erst nach längerem Einwirken des Oxidationsmittels erfolgt [vgl. **MC-Fragen Nr. 25, 26, 351**].

$$2\ As + 5\ H_2O_2 + 6\ NH_3 \rightarrow 2\ AsO_4^{3-} + 6\ NH_4^+ + 2\ H_2O$$

1.2.7 Verhalten gegenüber Ammoniak und Laugen

Zahlreiche Kationen bilden mit Alkalihydroxiden in Wasser *schwer lösliche*, zum Teil gefärbte *Metallhydroxide*; einige dieser Hydroxide sind amphoter und lösen sich im Reagenzüberschuss unter Bildung von *Hydroxo-Anionen*. In Tabelle 1.4 sind einige analytisch wichtige schwer lösliche Hydroxide aufgelistet und Tabelle 1.5 gibt Auskunft über Hydroxide mit amphoterem Charakter [vgl. **MC-Fragen Nr. 35–41, 45, 72, 73**].

Beim Versetzen von Metallsalzlösungen mit Ammoniak fallen primär ebenfalls die Hydroxide des betreffenden Metalls aus; eine Reihe dieser Hydroxide sind jedoch in einem Überschuss von Ammoniak – besonders in Gegenwart von Ammonium-Ionen – als Amminkomplexe löslich [siehe letzte Spalte der Tabellen 1.4 und 1.5 und **MC-Fragen Nr. 42–47**].

$$Fe^{3+} + 3\ H_2O + 3\ NH_3 \rightarrow 3\ NH_4^+ + Fe(OH)_3\downarrow \xrightarrow{+\ NH_3} \text{keine Reaktion}$$

$$Cu^{2+} + 2\ H_2O + 2\ NH_3 \rightarrow 2\ NH_4^+ + Cu(OH)_2\downarrow \xrightarrow{+\ 2\ NH_3} [Cu(NH_3)_4]^{2+} + 2\ H_2O$$

Die meisten *Amminkomplexe* sind farblos, einige sind jedoch intensiv und charakteristisch gefärbt, sodass ihre Bildung zum analytischen Nachweis genutzt werden kann. Farbige Amminkomplexe bilden: Cu(II) (tiefblau), Ni(II) (blau), Co(II) (schmutzig gelb) und Co(III) (rot) [vgl. **MC-Frage Nr. 45**].

Auch beim Versetzen einer Analysenlösung mit *Natriumcarbonat* (Soda) im Überschuss können aufgrund der alkalischen Reaktion einer wässrigen Soda-Lösung Metallhydroxide ausfallen bzw. Oxo-Anionen von Sauerstoffsäuren gebildet werden. Unter diesen Bedingungen entstehen mit zahlreichen Kationen auch schwer lösliche Carbonate, sofern die betreffenden Hydroxide nicht vorher ausfallen. [Bezüglich des allgemeinen Verhaltens einer Analysenprobe gegenüber Soda siehe Kapitel 1.4 *„Alkalicarbonatauszug"* und Kapitel 1.5.2 *„Soda-Pottasche-Aufschluss"* sowie **MC-Fragen Nr. 70, 71, 73**].

$$Na_2CO_3 + H_2O \rightarrow 2\ (Na^+)_{aq} + \mathbf{(CO_3^{2-})_{aq}} \xrightarrow{+\ H_2O} HCO_3^- + \mathbf{HO^-}$$

$$Fe^{3+} + 3\ HO^- \rightarrow Fe(OH)_3\downarrow$$

$$Al^{3+} + 4\ HO^- \rightarrow [Al(OH)_4]^-$$

$$Sn^{2+} + 2\ HO^- \rightarrow [Sn(OH)_3]^-$$

$$As^{3+} + 3\ HO^- \rightarrow H_3AsO_3 \xrightarrow{+\ 3\ HO^-} AsO_3^{3-} + 3\ H_2O$$

$$Ca^{2+} + CO_3^{2-} \rightarrow CaCO_3\downarrow$$

Tab. 1.4: Nichtamphotere Hydroxide

Metallion	Zusammensetzung des Hydroxids	Farbe	Zusatz von Ammoniak und Ammoniumionen
Mg^{2+}	$Mg(OH)_2$	Weiß	$[Mg(NH_3)_2]^{2+}$
Ni^{2+}	$Ni(OH)_2$	Grün	$[Ni(NH_3)_6]^{2+}$
Co^{2+}	$Co(OH)_2$	Rosenrot	$[Co(NH_3)_6]^{2+}$
			Ox. ↓ Luft
	Basische Hydroxide	Blau	$[Co(NH_3)_6]^{3+}$
Mn^{2+}	$Mn(OH)_2$	Weiß	$[Mn(NH_3)_6]^{2+}$
	Ox. ↓ Luft		
	$MnO(OH)_2$	Braun	
Fe^{2+}	$Fe(OH)_2$	Weiß	$[Fe(NH_3)_6]^{2+}$
	[Fe(III)-Spuren]	[Braun]	
Fe^{3+}	$Fe(OH)_3$	Rotbraun	$Fe(OH)_3$
Hg^{2+}	HgO	Gelb	$HgNH_2X$ (X = Cl, NO_3)
Hg_2^{2+}	HgO + Hg	Schwarz	Hg + $HgNH_2X$
Bi^{3+}	$Bi(OH)_3$	Weiß	$Bi(OH)_3$
	$-H_2O$ ↓ Hitze		
	BiO(OH)	Weiß	BiO(OH)
Cd^{2+}	$Cd(OH)_2$	Weiß	$[Cd(NH_3)_6]^{2+}$
Cu^{2+}(*)	$Cu(OH)_2$	Bläulich	$[Cu(NH_3)_4]^{2+}$
	$-H_2O$ ↓ Hitze		
	CuO	Schwarz	
Cu^{+}	CuOH	Rot	$[Cu(NH_3)_4]^{+}$
	$-H_2O$ ↓ Hitze		
	Cu_2O	Rot	
Ag^{+}	AgOH	Weiß	$[Ag(NH_3)_2]^{+}$
	$-H_2O$ ↓ Hitze		
	Ag_2O	Braun	

(*) Frisch gefälltes $Cu(OH)_2$ und CuO lösen sich teilweise in überschüssiger NaOH-Lösung.

Tab. 1.5: Amphotere Hydroxide

Metallion	Zusammensetzung des Hydroxids	Farbe	Überschuss an Lauge	Zugabe von Ammoniak
Zn^{2+}	$Zn(OH)_2$	Weiß	$[Zn(OH)_3]^-$	$[Zn(NH_3)_4]^{2+}$
Al^{3+}	$Al(OH)_3$	Weiß	$[Al(OH)_4]^-$	$Al(OH)_3$
Pb^{2+}	$Pb(OH)_2$	Weiß	$[Pb(OH)_4]^{2-}$	$Pb(OH)_2$
Sb^{3+}	$Sb(OH)_3$	Weiß	$[Sb(OH)_4]^-$	SbO(OH)
	$-H_2O$ ↓ Hitze			
	SbO(OH)	Weiß		
Sn^{2+}	$Sn(OH)_2$	Weiß	$[Sn(OH)_3]^-$	$Sn(OH)_2$
Cr^{3+}	$Cr(OH)_3$	Graugrün	$[Cr(OH)_6]^{3-}$	$[Cr(NH_3)_6]^{3+}$

1.2.8 Verhalten gegenüber Säuren

1.2.8.1 Erhitzen mit konzentrierter Schwefelsäure

Behandelt man eine Analysenprobe mit konzentrierter Schwefelsäure, so beobachtet man häufig eine Gasentwicklung, wodurch teilweise einzelne Ionen ihrem weiteren Nachweis entzogen werden.

Einige der gebildeten Gase bzw. Dämpfe sind *gefärbt* (I_2, Br_2, NO_2, Cr_2OCl_2) oder besitzen einen typischen *Geruch* (SO_2, HCN). Einige Gase (CO, CO_2) sind farb- und geruchlos. Über die Art und Herkunft des jeweils gebildeten Gases informiert Tabelle 1.6 [vgl. **MC-Fragen Nr. 48–52**].

Die *Ursachen für die Gasentwicklung* sind unterschiedlicher Natur. Zum Beispiel vermag Schwefelsäure als *starke Säure* schwächere, in freier Form instabile Säuren aus ihren Salzen frei zu setzen [vgl. **MC-Fragen Nr. 48, 54–56**].

$$2\ NO_2^- + H_2SO_4 \rightarrow SO_4^{2-} + 2\ (HNO_2) \rightarrow H_2O + \mathbf{NO}\uparrow + \mathbf{NO_2}\uparrow$$
$$CO_3^{2-} + H_2SO_4 \rightarrow SO_4^{2-} + (H_2CO_3) \rightarrow H_2O + \mathbf{CO_2}\uparrow$$
$$SO_3^{2-} + H_2SO_4 \rightarrow SO_4^{2-} + (H_2SO_3) \rightarrow H_2O + \mathbf{SO_2}\uparrow$$
$$S_2O_3^{2-} + H_2SO_4 \rightarrow SO_4^{2-} + (H_2S_2O_3) \rightarrow H_2O + S\downarrow + \mathbf{SO_2}\uparrow$$

Fängt man die gebildeten *sauren Gase* in einem Gärröhrchen auf, das eine verdünnte, alkalisch reagierende Natriumcarbonat-Lösung enthält, die durch *Phenolphthalein* gerade *rot* gefärbt ist, so tritt Neutralisation ein. Man beobachtet eine Entfärbung des Säure-Base-Indikators (der Lösung) [vgl. **MC-Frage Nr. 53**].

Auch die *oxidierenden Eigenschaften* von *konzentrierter* Schwefelsäure spielen eine Rolle. Dies belegt die Freisetzung von Brom (Br_2) und Iod (I_2) aus Bromiden bzw. Iodiden beim Behandeln mit konz. H_2SO_4.

$$2\ Br^- + H_2SO_4 \rightarrow SO_3^{2-} + H_2O + \mathbf{Br_2}\uparrow \text{ (braun)}$$
$$2\ I^- + H_2SO_4 \rightarrow SO_3^{2-} + H_2O + \mathbf{I_2}\uparrow \text{ (violett)}$$

Auf der *wasserentziehenden Wirkung* von konzentrierter Schwefelsäure beruht z. B. der Zerfall von *Oxalsäure* ($H_2C_2O_4$) oder ihren Salze in ein Gemisch aus Kohlendioxid (CO_2) und Kohlenmonoxid (CO). Das giftige CO (Abzug!) brennt mit *blauer* Flamme. *Tartrate* reagieren ähnlich (siehe auch Kapitel 3.5.3.17).

$$H_2C_2O_4 \rightarrow H_2O + \mathbf{CO_2}\uparrow + \mathbf{CO}\uparrow$$

Sind *unedle Metalle* in der Analysenprobe zugegen, so werden sie – sofern keine Passivierung beobachtet wird – unter Bildung von Wasserstoff gelöst. Die Entwicklung von Wasserstoff, der durch Anzünden nachgewiesen werden kann, tritt vor allem in *verdünnter* Schwefelsäure auf, während unedle Metalle, wie z. B. Zink, heiße konzentrierte H_2SO_4 in Schwefeldioxid (SO_2) oder elementaren Schwefel umwandeln. *Edlere Metalle* (Cu, Ag, Hg) reduzieren konzentrierte Schwefelsäure nur zu SO_2.

$$Fe + H_2SO_4 \rightarrow FeSO_4 + \mathbf{H_2}\uparrow$$
$$Zn + 2\ H_2SO_4 \rightarrow ZnSO_4 + 2\ H_2O + \mathbf{SO_2}\uparrow$$
$$2\ Zn + SO_2 + 2\ H_2SO_4 \rightarrow 2\ ZnSO_4 + 2\ H_2O + \mathbf{S}\downarrow$$
$$Cu + 2\ H_2SO_4 \rightarrow CuSO_4 + 2\ H_2O + \mathbf{SO_2}\uparrow$$

Tab. 1.6: Gasentwicklung in konzentrierter Schwefelsäure

Gas	Herkunft
H_2	Unedle Metalle*
CO_2	Carbonate*
CO	Cyanide
$CO + CO_2$	Tartrate, Oxalate
HCN	Cyanide
H_2S	Lösliche Sulfide*
SO_2	Sulfite*, Thiosulfate* oder aus der zugesetzten Schwefelsäure selbst, falls Metalle, Sulfide, Schwefel, Kohle und andere Reduktionsmittel zugegen sind
Cl_2	Hypochlorite*, Chloride + Oxidationsmittel
Br_2, HBr	Bromide
I_2	Iodide
HF	Fluoride
HF, SiF_4	Fluorosilicate
Cr_2OCl_2	Chloride + Chromat
NO_2	Nitrite*, Nitrate

(*) Die Gasentwicklung tritt bereits beim Behandeln mit *verdünnter* Schwefelsäure ein.

Tritt während des Erhitzens der Analysensubstanz mit konzentrierter H_2SO_4 Verkohlung ein, so ist dies ein Hinweis auf *organische Bestandteile*. Der Verkohlungsprozess wird an der Verfärbung der Lösung über braun nach schwarz sowie am Entstehen eines brenzligen Geruchs erkannt. Weitere spezielle Nachweisreaktionen mit Schwefelsäure sind:

Ätzprobe: Wird eine Analysenprobe, die **Fluorid-Ionen** enthält, mit konzentrierter Schwefelsäure übergossen, so entwickelt sich *Fluorwasserstoff* (HF), der Glas ätzt.

$$2\,F^- + H_2SO_4 \rightarrow 2\,HF + SO_4^{2-}$$

Bei Anwesenheit eines Überschusses an Kieselsäure oder Boraten wird *Siliciumtetrafluorid* (SiF_4) bzw. *Bortrifluorid* (BF_3) gebildet. Beide Gase greifen Glas *nicht* an, sodass bei Anwesenheit von Kieselsäure, Borsäure und deren Salze der Nachweis von Fluorid-Ionen mittels Ätzprobe misslingen kann [vgl. **MC-Fragen Nr. 138, 143**].

$$4\,HF + SiO_2 \rightarrow SiF_4\uparrow + 2\,H_2O$$

Kriechprobe: Hierzu wird die zu analysierende Substanz in einem trockenen Reagenzglas mit konzentrierter Schwefelsäure erhitzt. Sind **Fluorid-Ionen** anwesend, wird Fluorwasserstoff gebildet, der ölartig die Glaswand emporkriecht und diese ätzt. Beim Umschütteln fließt Schwefelsäure wie Wasser an einer fettigen Unterlage ab. Infolge Ätzung des Glases durch Fluorwasserstoff wurde dessen Oberfläche so verändert, dass sie von Schwefelsäure nicht mehr benetzt werden kann.

Wassertropfenprobe: Sie dient entweder als Vorprobe oder als Nachweisreaktion zur Identifizierung von **Fluoriden** und **Silicaten.**

Hierzu erhitzt man die trockene Analysensubstanz, die SiO_2 (bzw. ein Silicat) *und* Calciumfluorid (bzw. ein anderes Fluorid) enthält, in einem Bleitiegel mit einigen Millilitern konz. H_2SO_4. Gegebenenfalls muss zuvor der jeweils fehlende Reaktionspartner hinzugefügt werden. Der Tiegel wird mit einem durchbohrten Deckel verschlossen, wobei die Bohrung mit einem *feuchten*, schwarzen Filterpapier abgedeckt wird.

Aus dem Fluorid (CaF_2) entsteht Fluorwasserstoff (HF), der mit dem Silicat (SiO_2) zu gasförmigem *Siliciumtetrafluorid* (SiF_4) abreagiert. Dieses hydrolysiert mit Wasser auf dem Filterpapier zu gallertartiger *Kieselsäure* und Fluorwasserstoff. Zur Erhöhung der Spezifität des Nachweises wird das Filterpapier anschließend verascht. Dabei bleibt ein weißer Fleck von SiO_2 zurück.

$$CaF_2 + H_2SO_4 \rightarrow CaSO_4 + 2\ HF$$
$$4\ HF + SiO_2 \rightarrow SiF_4\uparrow + 2\ H_2O$$
$$SiF_4 + (n+2)\ H_2O \rightarrow \mathbf{(SiO_2 \cdot n\ H_2O)}\downarrow + 4\ HF$$

Beim *Nachweis von Silicaten* ist ein größerer Überschuss von CaF_2 zu vermeiden, da sich dann anstelle von SiF_4 die nicht gasförmige *Hexafluorokieselsäure* (H_2SiF_6) bilden kann. Auch die Wassertropfenprobe wird durch Borsäure und Borate gestört, weil BF_3 entsteht, das bei der Hydrolyse in Fluorwasserstoff und lösliche Borsäure zerfällt.

$$6\ HF + B_2O_3 \rightarrow 2\ BF_3\uparrow + 3\ H_2O$$
$$BF_3 + 3\ H_2O \rightarrow B(OH)_3 + 3\ HF$$

1.2.8.2 Erhitzen mit Salpetersäure

Salpetersäure (HNO_3) ist sowohl eine starke Säure als auch ein starkes Oxidationsmittel. Die oxidierenden Eigenschaften treten vor allem in der konzentrierten, die sauren Eigenschaften vor allem in der verdünnten Säure auf.

Bei den Oxidationsreaktionen mit HNO_3 entsteht in der Regel *kein* Wasserstoff. Salpetersäure wird vielmehr – in Abhängigkeit von der Säurekonzentration, der Temperatur und der Natur des zu oxidierenden Stoffes – zu verschiedenen Stickstoffverbindungen niederer Oxidationsstufe reduziert. Meistens wird ein Gemisch mehrerer Produkte erhalten, häufig ist jedoch *Stickstoffmonoxid* (NO) das Hauptprodukt, wenn man *verdünnte* Salpetersäure einsetzt, und *Stickstoffdioxid* (NO_2) wird gebildet, wenn man konzentrierte Salpetersäure verwendet. Mit starken Reduktionsmitteln wie Zink kann die Reduktion der Salpetersäure (oder von Nitraten) bis zur Stufe von *Ammoniak* (NH_3) erfolgen [vgl. **MC-Frage Nr. 60**].

$$4\ Zn + NO_3^- + 9\ H_3O^+ \rightarrow 4\ Zn^{2+} + NH_3 + 12\ H_2O$$

HNO_3 oxidiert die Mehrzahl der **Nichtmetalle,** wobei vielfach Oxide und Oxosäuren in den höchsten Oxidationsstufen entstehen. Beispielsweise können *Sulfide* unter Oxidation zu Sulfaten gelöst werden, sodass *Blei(II)-sulfat* ($PbSO_4$) ausfallen kann. Einige lösliche Sulfide wie *Zinksulfid* (ZnS) reagieren unter Bildung von Schwefelwasserstoff (H_2S), wobei die stärkere Säure (HNO_3) die schwächere Säure (H_2S) aus ihren Salzen freisetzt [vgl. **MC-Fragen Nr. 62, 64**].

$$PbS + 8\ HNO_3 \rightarrow PbSO_4\downarrow + 8\ NO_2\uparrow + 4\ H_2O$$
$$ZnS + 2\ HNO_3 \rightarrow Zn(NO_3)_2 + H_2S\uparrow$$

Von den **Metallen** werden nur *Gold* und einige *Platinmetalle nicht* von HNO_3 angegriffen. *Eisen*, *Chrom* und *Aluminium* sind infolge Ausbildung oxidischer Schutzschichten *(Passivierung des Metalls)* praktisch unlöslich in kalter konzentrierter Salpetersäure. *Kupfer*, *Silber* und *Quecksilber* lösen sich dagegen in konzentrierter Salpetersäure unter Freisetzung von Stickstoffmonoxid [vgl. **MC-Frage Nr. 62**].

$$3\ Ag + NO_3^- + 4\ H_3O^+ \rightarrow 3\ Ag^+ + NO\uparrow + 6\ H_2O$$
$$3\ Cu + 2\ NO_3^- + 8\ H_3O^+ \rightarrow 3\ Cu^{2+} + 2\ NO\uparrow + 12\ H_2O$$

Je nach Temperatur und Säurekonzentration unterschiedlich verhält sich elementares *Zinn*. In der Kälte entsteht mit verdünnter HNO_3 *Zinn(II)-nitrat* [$Sn(NO_3)_2$]. Konzentrierte Salpetersäure oxidiert Zinn dagegen zu schwer löslichem *Zinndioxidhydrat* ($SnO(OH)_2$). Somit kann Zinn in der Analyse beim Behandeln mit konzentrierter Salpetersäure in den unlöslichen Rückstand gelangen [vgl. **MC-Fragen Nr. 62–64**].

$$Sn + 4\ HNO_3 \rightarrow SnO_2\downarrow + 4\ NO_2\uparrow + 2\ H_2O$$
$$SnCl_2 + 2\ HNO_3 \rightarrow SnO_2\downarrow + 2\ NO_2\uparrow + 2\ HCl\uparrow$$

Lösliche Eisen(II)-, Arsen(III)- und Antimon(III)-Verbindungen werden von konzentrierter Salpetersäure zu Eisen(III)-, Arsen(V)- bzw. Antimon(V)-Verbindungen oxidiert.

In Salpetersäure unlöslich sind Salze wie Silberchlorid (AgCl), Erdalkalisulfate (z. B. $BaSO_4$) und Quecksilber(II)-sulfid (HgS), während sich Nickel(III)-sulfid (Ni_2S_3) und Cobalt(III)-sulfid (Co_2S_3) in konzentrierter Salpetersäure lösen.

$$3\ Ni_2S_3 + 16\ HNO_3 \rightarrow 6\ Ni(NO_3)_2 + 4\ NO\uparrow + 9\ S\downarrow + 8\ H_2O$$

Als starke Säure scheidet konz. HNO_3 aus Silicat-Lösungen amorphe Kieselsäure ab [vgl. **MC-Frage Nr. 63**].

1.2.8.3 Verhalten gegenüber Salzsäure

Salzsäure vermag als starke Mineralsäure schwächere Säuren aus ihren Salzen (konjugierten Basen) in Freiheit zu setzen (siehe hierzu auch Kapitel 1.3 „*Lösen*"). Die nach dem Ansäuern vorliegenden Verbindungen können sich aufgrund ihrer Flüchtigkeit oder ihrer Instabilität dem weiteren Nachweis entziehen. Beispiele hierfür sind Carbonate, Cyanide, Sulfide, Sulfite und Thiosulfate. Bei Thiosulfaten tritt zudem eine Trübung durch ausfallenden Schwefel auf [vgl. **MC-Fragen Nr. 66, 68, 69**].

$$CO_3^{2-} + 2\ H^+ \rightarrow (H_2CO_3) \rightarrow CO_2\uparrow + H_2O$$
$$CN^- + H^+ \rightarrow HCN\uparrow$$
$$S^{2-} + 2\ H^+ \rightarrow H_2S\uparrow$$
$$SO_3^{2-} + 2\ H^+ \rightarrow (H_2SO_3) \rightarrow SO_2\uparrow + H_2O$$
$$S_2O_3^{2-} + 2\ H^+ \rightarrow (H_2S_2O_3) \rightarrow SO_2\uparrow + S\downarrow + H_2O$$

Auch *Arsen(III)-chlorid* ($AsCl_3$) ist in heißer HCl flüchtig [vgl. **MC-Fragen Nr. 68, 69**].

Säuert man den *Sodaauszug* mit konzentrierter Salzsäure an, so können während des Ansäuerns Niederschläge – insbesonderes von amphoteren Hydroxiden – auftreten, die sich jedoch bei Erhöhung der H^+-Ionenkonzentration wieder auflösen. *Silicat-Ionen* bilden hingegen bleibende Niederschläge, wobei aus konzentrierten Silicat-Lösungen durch Mineralsäuren polymere Kieselsäuren ausfallen [vgl. **MC-Fragen Nr. 63, 67, 72**].

$$n\,(H_2SiO_4)^{2-} + 2\,n\,H^+ \rightarrow \mathbf{(H_2SiO_3)_n}\downarrow + n\,H_2O$$

Enthält die Analysenlösung starke Oxidationsmittel, wie z. B. Permanganat (MnO_4^-), so kann in *stark* salzsaurer Lösung – besonders in der Wärme – Chlorid zu elementarem Chlor oxidiert werden.

$$2\,MnO_4^- + 10\,Cl^- + 16\,H_3O^+ \rightarrow 2\,Mn^{2+} + 5\,Cl_2\uparrow + 24\,H_2O$$

1.2.9 Verhalten gegenüber Oxidationsmitteln und Reduktionsmitteln

In den voranstehenden Abschnitten wurde bereits über das Verhalten fester Analysensubstanzen gegenüber starken Oxidantien (HNO_3, H_2SO_4, $KMnO_4$) berichtet. Eine Reihe weiterer Reaktionen – insbesondere von Anionen – mit Oxidations- und Reduktionsmitteln werden nachfolgend im Abschnitt *„Analyse von Anionen“* in den Kapiteln 2.2.1.6 bis 2.2.1.8 diskutiert.

1.3 Lösen

Mit Ausnahme der Spektralanalyse und dem Aufschließen unlöslicher Rückstände setzen die Nachweisreaktionen für Anionen und Kationen die *Lösung der Analysenprobe* voraus (siehe auch Kapitel 1.2.8 *„Verhalten gegenüber Säuren“*).

Je nach Art der Substanz oder des Substanzgemischs muss man hierfür verschiedene Lösungsmittel verwenden. Eine allgemein gültige Regel zur Wahl des besten Lösungsmittels gibt es nicht. Der geeignetste Löseweg ist in Vorversuchen zu ermitteln.

Zunächst versucht man es mit **Wasser**. Ist nämlich die Analysenprobe in Wasser löslich, so können – insbesondere bei Kenntnis der vorhandenen *Anionen* und unter Berücksichtigung der *Farbe* der Lösung – schon wichtige Rückschlüsse auf die Zusammensetzung des Analysengemischs gezogen werden.

Für die Durchführung des Kationentrennungsganges, der auf der pH-abhängigen Änderung der Sulfid-Ionenkonzentration beruht, muss hingegen eine *saure Lösung* (c = 2 mol/l) vorliegen. Bei Verwendung von *Schwefelsäure* ist mit der Bildung von schwer löslichen Blei- und Erdalkalisulfaten zu rechnen. Auch *Salpetersäure* ist als Lösungsmittel nicht geeignet, weil die Säure Schwefelwasserstoff (H_2S) oder Thioacetamid (CH_3CSNH_2) zu elementarem Schwefel oxidiert.

$$3\,H_2S + 2\,HNO_3 \rightarrow 3\,S + 2\,NO + 4\,H_2O$$

Deshalb wird man im Allgemeinen die Analysenprobe in **2 M-Salzsäure** zum Sieden erhitzen, wobei jedoch Quecksilber(I)-chlorid (Hg_2Cl_2) und Silberchlorid

($AgCl$) als farblose (weiße) Niederschläge ausfallen können [vgl. **MC-Frage Nr. 65**].

Hat sich in 2 M-HCl nicht alles gelöst, dekantiert man die überstehende Lösung ab und wiederholt den Lösevorgang nochmals. Den dann vorliegenden Rückstand versucht man in konzentrierter Salzsäure zu lösen. Zwei Lösungsversuche mit 2 M-HCl sind erforderlich, weil z. B. die Löslichkeit von Bariumchlorid ($BaCl_2$) in konzentrierter Salzsäure stark zurückgedrängt ist und *Konzentrationsniederschläge* auftreten können.

Zu beachten ist, dass sich frisch gefälltes *Silberchlorid* ($AgCl$) unter Bildung des komplexen Anions $[AgCl_2]^-$ in konzentrierter Salzsäure lösen kann. Beim Verdünnen mit Wasser fällt dann erneut $AgCl$ aus. Konzentrierte Salzsäure ist erforderlich, um Bismut(III)-oxid (Bi_2O_3), Arsen(III)-oxid (As_2O_3), Antimon(III)-oxid (Sb_2O_3), Antimon(III)-sulfid (Sb_2S_3), Antimon(V)-sulfid (Sb_2S_5), Zinn(II)-sulfid (SnS), Zinn(IV)-sulfid (SnS_2), Cadmiumsulfid (CdS), Bleisulfid (PbS), Kobalt(III)-sulfid (Co_2S_3), Nickel(III)-sulfid (Ni_2S_3) und partiell auch Eisen(III)-oxid (Fe_2O_3) zu lösen. Zum Lösen von Fe_2O_3 ist häufig ein längeres Erhitzen notwendig.

$$AgCl + HCl \rightarrow H^+ + [AgCl_2]^-$$

Erst wenn sich die Analysenprobe nicht oder nur teilweise in konz. HCl löst, nimmt man nacheinander verdünnte und dann konzentrierte *Salpetersäure* bzw. *Königswasser*. Bei Verwendung von HNO_3 als Lösungsmittel ist die Säure nach dem Lösevorgang möglichst weitgehend durch Eindampfen mit HCl zu entfernen. Hierbei sind manche Quecksilber-, Arsen- und Antimonverbindungen flüchtig und können sich bei zu langem und zu kräftigem Abrauchen dem weiteren Nachweis entziehen.

Ist der in konzentrierter Salzsäure unlösliche Rückstand *weiß*, so kann es sich um Silberchlorid ($AgCl$), Quecksilber(I)-chlorid (Hg_2Cl_2), Bleichlorid ($PbCl_2$), Bleisulfat ($PbSO_4$), Zinn(IV)-oxid (SnO_2), Aluminiumoxid (Al_2O_3), Calciumsulfat ($CaSO_4$), Strontiumsulfat ($SrSO_4$) oder Bariumsulfat ($BaSO_4$) handeln. Hiervon ist nur Quecksilber(I)-chlorid (Hg_2Cl_2) unter Oxidation in Königswasser löslich.

$$Hg_2Cl_2 + „Cl_2“ \rightarrow 2\ HgCl_2$$

Grüne Rückstände lassen auf Chrom(III)-oxid (Cr_2O_3) oder wasserfreies Chrom(III)-sulfat ($Cr_2(SO_4)_3$) schließen, die beide in Königswasser unlöslich sind.

Als *farbige* in Königswasser lösliche Rückstände sind zu nennen: Silbersulfid (AgS) [schwarz], Quecksilber(II)-sulfid (HgS) [schwarz, rot], Bismut(III)-sulfid (Bi_2S_3) [braun], Kupfer(I)-sulfid (Cu_2S) [schwarz], Bleisulfid (PbS) [schwarz], Arsen(III)-sulfid (As_2S_3) [gelb], Arsen(V)-sulfid (As_2S_5) [gelb] und Quecksilber(II)-iodid (HgI_2) [rot].

Zusammenfassend ist für das Lösen einer Analysensubstanz folgendes stufenweise Vorgehen hinsichtlich der Anwendung von Lösungsmitteln zu empfehlen:

Wasser – verdünnte Salzsäure – konzentrierte Salzsäure, gegebenenfalls unter Zusatz von Wasserstoffperoxid-Lösung – Salpetersäure – Königswasser

Der nicht lösliche Rückstand muss aufgeschlossen werden. Über die Aufschlussverfahren unlöslicher Rückstände informiert Kapitel 1.5.

1.4 Alkalicarbonatauszug

Der Nachweis der Anionen erfolgt teilweise aus der Ursubstanz und teilweise aus dem **Sodaauszug** (SA). Mitunter werden Anionen auch aus dem Rückstand des Sodaauszuges oder dem salzsäureunlöslichen Rückstand identifiziert. Der Sodaauszug wird vor allem für diejenigen Anionen durchgeführt, deren Nachweise durch Kationen gestört werden.

Wie bereits im Kapitel 1.2.7 beschrieben wurde, bilden – mit Ausnahme der Alkalielemente – die meisten Kationen beim Behandeln mit **Natriumcarbonat** (Na_2CO_3, *Soda*) *schwer lösliche* **Hydroxide** oder **Carbonate**. Zum Teil entstehen auch basische Carbonate. All diese Verbindungen werden als **Rückstand des Sodaauszuges** abgetrennt.

Zur Durchführung des Sodaauszuges wird die Ursubstanz mit der zwei- bis fünffachen Menge an Na_2CO_3 versetzt, in Wasser aufgeschlemmt und zum Sieden erhitzt. Dabei gehen nahezu alle Anionen in Lösung und liegen als Natriumsalze vor. Aus Ammoniumsalzen entweicht Ammoniak (NH_3). Der unlösliche Rückstand, der die schwer löslichen Carbonate wie Calciumcarbonat ($CaCO_3$) und die schwer löslichen, nichtamphoteren Hydroxide wie Eisen(III)-hydroxid [$Fe(OH)_3$] enthält, wird abgetrennt. Im Filtrat prüft man auf die betreffenden Anionen oder Anionengruppen mit den im Kapitel 2.2 genannten Nachweisreaktionen. Formelmäßig lässt sich das Geschehen bei der Herstellung des Sodaauszuges für zweiwertige Kationen (Me) mit folgenden Gleichungen beschreiben [vgl. **MC-Fragen Nr. 70, 73**]:

$$Na_2CO_3 + H_2O \rightarrow NaHCO_3 + NaOH$$
$$MeX_2 + Na_2CO_3 \rightarrow MeCO_3\downarrow + 2\ NaX$$
$$MeX_2 + 2\ NaOH \rightarrow Me(OH)_2\downarrow + 2\ NaX$$
$$NH_4X + NaOH \rightarrow NH_3\uparrow + NaX$$

Im *Rückstand des Sodaauszuges* ist auf Silicate, Schwermetallsulfide, Phosphate, Borate, Fluoroborate und Fluorosilicate zu prüfen. Diese Verbindungen können im Allgemeinen durch Kochen mit Soda-Lösung nur schwer in lösliche Salze umgewandelt werden.

Demgegenüber kann – bei *Anwesenheit von Erdalkalisulfaten* – Sulfat im Sodaauszug nachgewiesen werden, weil in der konzentrierten Natriumcarbonat-Lösung teilweise Bariumsulfat ($BaSO_4$) in Bariumcarbonat ($BaCO_3$) umgewandelt wird und dabei soviel an Sulfat in Lösung geht, dass sich Sulfat im SA nachweisen lässt. Umgekehrt gehen auch Barium-Ionen in ausreichender Konzentration in Lösung und können mit verdünnter Schwefelsäure nachgewiesen werden [siehe auch Monographie „**Bariumsulfat**“ (*Ph.Eur.*) und **MC-Frage Nr. 74**].

$$BaSO_4 + CO_3^{2-} \rightarrow BaCO_3\downarrow + SO_4^{2-} \rightarrow \text{Sulfat-Nachweis}$$
$$\text{Barium-Nachweis: } BaCO_3 + H_2SO_4 \rightarrow BaSO_4\downarrow + H_2O + CO_2\uparrow$$

Da eine wässrige Soda-Lösung *stark alkalisch* reagiert, können *amphotere Substanzen* als *Oxo-Anionen* gelöst vorliegen. Es sind dies vor allem die Hydroxide von Al(III), As(III), As(V), Pb(II), Sb(III), Sb(V), Sn(II), Sn(IV) und Zn(II), die lösliche Hydroxo-Komplexe bilden. Beim Neutralisieren des Sodaauszuges fallen die betreffenden Hydroxide meistens aus und können abfiltriert werden. Von den genannten Kationen stören lediglich Zinn(II)/(IV)-Ionen einige Anionen-Nachweise [vgl. **MC-Fragen Nr. 70–73**].

$$Al^{3+} + 3\,HO^- \longrightarrow Al(OH)_3 \underset{+H^+}{\overset{+HO^-}{\rightleftharpoons}} [Al(OH)_4]^-$$

Thiosalze von Arsen- und Antimonverbindungen gelangen gleichfalls unter Bildung von Thiooxo-Salzen (AsO_2S^{3-}, $AsOS_2^{3-}$) in den Sodaauszug. Beim Ansäuern fallen die charakteristisch gefärbten Arsen- und Antimonsulfide wieder aus; sie müssen abgetrennt werden. Durch Zugabe von Cadmiumacetat ist sicherzustellen, dass kein Sulfid mehr in der Lösung vorhanden ist.

$$As_2S_3 + 6\,HO^- \rightleftharpoons AsO_2S^{3-} + AsOS_2^{3-} + 3\,H_2O$$
$$Cd(CH_3COO)_2 + S^{2-} \rightarrow CdS\downarrow + 2\,CH_3COO^-$$

Sind *Permanganat* (MnO_4^-) oder *Chromat* (CrO_4^{2-}) zugegen, so ist der Sodaauszug gefärbt. Beide Ionen stören viele Nachweise und müssen entfernt werden. Zweckmäßigerweise geschieht dies durch Kochen mit *Ethanol* (CH_3CH_2OH), der dabei zu Acetaldehyd ($CH_3CH{=}O$) oxidiert wird [vgl. **MC-Frage Nr. 254**].

$$2\,MnO_4^- + 5\,CH_3CH_2OH + 6\,H_3O^+ \rightarrow 2\,Mn^{2+} + 5\,CH_3CH{=}O + 14\,H_2O$$
$$2\,CrO_4^{2-} + 2\,H_3O^+ \rightleftharpoons Cr_2O_7^{2-} + 3\,H_2O$$
$$Cr_2O_7^{2-} + 3\,CH_3CH_2OH + 8\,H_3O^+ \rightarrow 2\,Cr^{3+} + 3\,CH_3CH{=}O + 15\,H_2O$$

1.5 Aufschlüsse

Die Identifizierung einer Substanz setzt im Allgemeinen voraus, dass sie in gelöster Form vorliegt. Viele Verbindungen sind aber weder mit Säuren noch durch Komplexbildung in Lösung zu bringen; sie müssen aufgeschlossen werden. *Ziel* eines jeden Aufschlusses ist, die Substanz in eine lösliche Form zu überführen.

In Tabelle 1.7 sind einige schwer lösliche Substanzen zusammen mit den betreffenden Aufschlussreagenzien aufgelistet. Die Art des Aufschlusses richtet sich nach der Zusammensetzung des unlöslichen Rückstandes, die man durch entsprechende Vorproben ermitteln kann.

Die einzelnen Aufschlüsse können unabhängig voneinander mit jeweils neuem Rückstand durchgeführt werden. Steht nur wenig Substanz zur Verfügung, ist die Reihenfolge – saurer und basischer Aufschluss/Oxidationsschmelze/Freiberger Aufschluss –, mit dem Rückstand aus dem jeweils vorher durchgeführten Aufschluss günstig. Für bestimmte Einzelverbindungen gibt es spezielle Aufschlussverfahren.

1.5.1 Aufschluss mit Alkalihydrogensulfaten (Disulfatschmelze)

Durch einen **Pyrosulfat-Aufschluss** (*Disulfatschmelze*) werden Oxide wie Eisen(III)-oxid (Fe_2O_3), Titan(IV)-oxid (TiO_2) oder Aluminium(III)-oxid (Al_2O_3) in lösliche Verbindungen umgewandelt. Al_2O_3 wird allerdings nur unvollständig auf-

Tab. 1.7: Aufschluss schwer löslicher Rückstände

Unlöslicher Rückstand	Aufschlussmittel
Silberhalogenide AgCl (weiß), AgBr (gelblich), AgI (gelb)	Zink/Schwefelsäure Schmelzen mit Soda/Pottasche Lösen in warmem konz. Ammoniak bzw. Auslaugen mit $Na_2S_2O_3$- oder KCN-Lösung
Erdalkalisulfate, Silicate	Schmelzen mit Soda/Pottasche
Hochgeglühte Oxide Al_2O_3 (weiß), TiO_2 (weiß) Fe_2O_3 (rotbraun), MgO (weiß)	Schmelzen mit Kaliumhydrogensulfat (Al_2O_3 auch durch Schmelzen mit Soda/Pottasche)
Cr_2O_3 (grün), $FeCr_2O_4$ (schwarz)	Schmelzen mit Soda/Kaliumnitrat (Oxidationsschmelze)
SnO_2 (weiß)	Schmelzen mit NaOH/Kaliumcyanid Schmelzen mit Soda/Schwefel (Freiberger-Aufschluss)
Komplexe Cyanide, schwer lösliche Fluoride	Abrauchen mit konz. Schwefelsäure
$CrCl_3$ (violett)	Kochen mit Zink/HCl
$PbSO_4$ (weiß)	Behandeln mit heißer ammoniakalischer Tartrat-Lösung

geschlossen. Auch hochgeglühtes Magnesiumoxid (MgO) muss mehrere Stunden mit $KHSO_4$ behandelt werden.

Beim *sauren Aufschluss* schmilzt man den unlöslichen Rückstand in einem Nickel-, Platin- oder Quarztiegel mit überschüssigem *Kaliumhydrogensulfat* ($KHSO_4$). Das saure Sulfat verliert beim Erhitzen auf 210 °C Wasser unter Bildung von *Kaliumdisulfat* (Kaliumpyrosulfat) [$K_2S_2O_7$], das bei 300 °C schmilzt und sich unter SO_3-Freisetzung in Kaliumsulfat (K_2SO_4) umwandelt. *Schwefeltrioxid* (SO_3) ist das eigentliche Agens der Disulfatschmelze.

$$2\ KHSO_4 \xrightarrow{-\ H_2O} K_2S_2O_7 \rightarrow K_2SO_4 + SO_3\uparrow$$

Porzellantiegel werden von der Disulfatschmelze angegriffen, wobei teilweise Aluminium herausgelöst wird. Auch Bleitiegel sind für den Aufschluss *nicht* geeignet [vgl. **MC-Fragen Nr. 87, 88**].

Der Schmelzkuchen des Disulfat-Aufschlusses wird in verdünnter H_2SO_4 (oder in Wasser) gelöst und filtriert. Anschließend führt man im Filtrat die üblichen Nachweisreaktionen durch.

Mit der Disulfatschmelze werden schwer lösliche Oxide in wasserlösliche **Sulfate** übergeführt. Aufgrund der *oxidierenden* Eigenschaften der Schmelze wird dabei Fe(II) in Fe(III) umgewandelt, jedoch reicht die Oxidationskraft der Schmelze nicht aus, um Cr(III), Mn(IV) oder Metalle wie Pt(0) zu oxidieren [vgl. **MC-Fragen Nr. 85, 86, 90, 91**].

$$Fe_2O_3 + 6\ KHSO_4 \rightarrow Fe_2(SO_4)_3 + 3\ K_2SO_4 + 3\ H_2O$$
$$TiO_2 + 2\ KHSO_4 \rightarrow [TiO]SO_4 + K_2SO_4 + H_2O$$

1.5.2 Soda-Pottasche-Aufschluss

Man kann den *basischen Aufschluss* mit **Natriumcarbonat** (*Soda,* Na_2CO_3, Schmp. 854 °C) oder **Kaliumcarbonat** (*Pottasche,* K_2CO_3, Schmp. 897 °C) durchführen. Ein Gemisch aus Soda und Pottasche mit den Stoffmengenanteilen von 45% : 55% ist jedoch vorteilhafter, weil ein solches *eutektisches Gemisch* einen tieferen Schmelzpunkt (712 °C) besitzt als die reinen Komponenten [vgl. **MC-Frage Nr. 75**].

Mit der Soda-Pottasche-Schmelze werden Erdalkalisulfate, Bleisulfat, hochgeglühte Oxide, Silicate und Silberhalogenide aufgeschlossen, während Zinnstein (SnO_2) beim basischen Aufschluss unverändert bleibt [vgl. **MC-Fragen Nr. 76, 77, 90–92, 94–96**].

Der Aufschluss wird in einem Porzellan- oder Platintiegel durchgeführt. Allerdings ist ein Porzellantiegel zum Aufschluss von Al_2O_3 oder Silicaten *nicht* geeignet, da hierbei stets auch etwas *Aluminiumsilicat* aus dem Tiegelmaterial herausgelöst wird und dadurch die entsprechenden Nachweise verfälscht werden.

Erdalkalisulfate [aber auch *Bleisulfat* ($PbSO_4$)] werden durch die Schmelze in wasserunlösliche Carbonate umgewandelt. Deshalb wird nach dem Erkalten der pulverisierte Schmelzkuchen in wenig Säure, z. B. warmer Essigsäure oder Salzsäure, gelöst; im Filtrat wird dann auf Barium, Strontium und Calcium nach den bekannten Methoden geprüft [vgl. **MC-Fragen Nr. 76–79, 82, 83, 92, 95**].

$$BaSO_4 + Na_2CO_3 \rightleftharpoons BaCO_3 + Na_2SO_4$$

Ein **hochgeglühtes Oxid** wie Al_2O_3 bildet unter den Bedingungen des basischen Aufschlusses *Natriumaluminat* ($NaAlO_2$), das sich in Wasser zu *Tetrahydroxoaluminat* $[Al(OH)_4]^-$ löst. Aus diesen Lösungen fällt *Aluminiumhydroxid* $[Al(OH)_3]$ bei Zugabe von Ammoniumsalzen aus [vgl. **MC-Fragen Nr. 78, 79**].

$$Al_2O_3 + Na_2CO_3 \rightleftharpoons 2\ NaAlO_2 + CO_2\uparrow$$
$$AlO_2^- + 2\ H_2O \rightarrow [Al(OH)_4]^- \xrightarrow{+\ NH_4^+} Al(OH)_3\downarrow + NH_3\uparrow + H_2O$$

Siliciumdioxid und **Silicate** werden durch den Aufschluss in lösliche Silicate, z. B. Oxo-Anionen vom Typ (SiO_4^{4-}), übergeführt. Für ein *Calciumaluminiumsilicat* ergeben sich folgende Bruttogleichungen, je nachdem ob man die Bildung eines Orthosilicats (SiO_4^{4-}) oder eines Metasilicats (SiO_3^{2-}) zugrunde legt [vgl. **MC-Fragen Nr. 76, 78, 81, 84, 94, 96, 247**]:

$$CaAl_2Si_2O_8 + 5\ Na_2CO_3 \rightarrow 2\ Na_4SiO_4 + CaCO_3 + 2\ NaAlO_2 + 4\ CO_2\uparrow$$
$$CaAl_2Si_2O_8 + 3\ Na_2CO_3 \rightarrow 2\ Na_2SiO_3 + CaCO_3 + 2\ NaAlO_2 + 2\ CO_2\uparrow$$

Der pulverisierte Schmelzkuchen wird mit warmem Wasser ausgelaugt. Die wässrige Lösung wird anschließend mit konz. HCl eingedampft. Das zunächst gelöste Silicat liegt danach als SiO_2 vor, das in 2 M-Salzsäure *nicht* mehr löslich ist. Macht man das salzsaure Filtrat nun ammoniakalisch, so fällt – falls ein *Aluminiumsilicat* aufgeschlossen wurde – $Al(OH)_3$ aus.

Aus **Silberhalogeniden** entsteht beim basischen Aufschluss elementares Silber und das betreffende Halogenid-Ion, das sich dann im Filtrat nachweisen lässt [vgl. **MC-Fragen Nr. 76, 78–80, 91**].

$$2\ AgBr + Na_2CO_3 \rightleftharpoons Ag_2CO_3 + 2\ NaBr$$

$$Ag_2CO_3 \rightarrow 2\ Ag + CO_2\uparrow + 1/2\ O_2\uparrow$$

Günstiger ist es, Silberhalogenide mit Zink in schwefelsaurer Lösung zu reduzieren und anschließend das metallische Silber in konzentrierter Salpetersäure zu lösen. Als weiteres Reaktionsprodukt bildet sich Wasserstoff [vgl. **MC-Fragen Nr. 98, 147, 164, 315**].

$$Zn + 2\ H_3O^+ \rightarrow Zn^{2+} + 2\ H_2O + H_2\uparrow$$
$$2\ Ag^+ + Zn \rightarrow Zn^{2+} + 2\ Ag\downarrow$$
$$3\ Ag + NO_3^- + 4\ H_3O^+ \rightarrow 3\ Ag^+ + NO\uparrow + 6\ H_2O$$

Darüber hinaus können Silberhalogenide auch mit einer konzentrierten Natriumthiosulfat- oder Kaliumcyanid-Lösung unter Bildung der entsprechenden Komplexe aufgeschlossen werden.

$$AgX + 2\ S_2O_3^{2-} \rightarrow [Ag(S_2O_3)_2]^{3-} + X^-$$
$$AgX + 2\ CN^- \rightarrow [Ag(CN)_2]^- + X^-$$

1.5.3 Oxidationsschmelze

Die Oxidationsschmelze wurde bereits bei den *Vorproben* beschrieben (siehe Kapitel 1.2.4). Anstelle von Alkalinitraten kann auch *Natriumperoxid* (Na_2O_2) als Oxidationsmittel verwendet werden. Die Schmelze dient zum Aufschluss von **Chrom(III)-oxid** (Cr_2O_3) und **Chromeisenstein** ($FeCr_2O_4$). Da die Oxidationsschmelze aufgrund des Alkalicarbonat-Anteils basisch reagiert, werden auch Substanzen wie $BaSO_4$ oder Al_2O_3 aufgeschlossen. Hierfür sind allerdings längere Reaktionszeiten erforderlich. SnO_2 wird von der Oxidationsschmelze *nicht* angegriffen [vgl. **MC-Fragen Nr. 21–23, 33, 90, 91, 93, 97**].

$$Cr_2O_3 + 3\ Na_2O_2 \rightarrow 2\ Na_2CrO_4 + Na_2O$$

1.5.4 Freiberger-Aufschluss

Der Freiberger-Aufschluss ist für schwer lösliche Oxide von Elementen geeignet, die lösliche Thiosalze bilden. Der Aufschluss wird durch andere Rückstände nicht beeinträchtigt. Zum Aufschluss wird der zu lösende Rückstand mit einem Gemisch von *Soda* (oder Pottasche) und *Schwefel* verschmolzen. Der resultierende Schmelzkuchen wird mit Wasser ausgelaugt. Die Umsetzungsgleichung für **Zinnstein** (SnO_2) lautet [vgl. **MC-Fragen Nr. 89, 90**]:

$$2\ SnO_2 + 2\ Na_2CO_3 + 9\ S \rightarrow 2\ Na_2SnS_3 + 3\ SO_2\uparrow + 2\ CO_2\uparrow$$

Nach neueren Befunden liegt das als SnS_3^{2-} formulierte Thio-Anion in dimerer Form als $Sn_2S_6^{4-}$-Ion vor. Aus diesen Thiostannat-Lösungen fällt beim Ansäuern mit HCl gelbes *Zinn(IV)-sulfid* (SnS_2) aus.

$$SnS_3^{2-} + 2\ H_3O^+ \rightarrow SnS_2\downarrow + H_2S\uparrow + 2\ H_2O$$

1.5.5 Aufschluss von Bleisulfat

Bleisulfat ($PbSO_4$) kann alkalisch mit Soda/Pottasche aufgeschlossen werden. Des Weiteren löst sich $PbSO_4$ in konzentrierter Natronlauge unter Bildung von Hydroxoplumbaten. Aus solchen Lösungen fällt bei Zugabe von Ammoniumsulfid *schwarzes Bleisulfid* (PbS) aus. Auch in konzentrierter Schwefelsäure löst sich Bleisulfat unter Komplexbildung.

$$PbSO_4 + 4\ HO^- \rightarrow [Pb(OH)_4]^{2-} + SO_4^{2-}$$
$$[Pb(OH)_4]^{2-} + S^{2-} + 4\ NH_4^+ \rightarrow PbS\downarrow + 4\ NH_3\uparrow + 4\ H_2O$$
$$PbSO_4 + H_2SO_4 \rightarrow H_2[Pb(SO_4)_2]$$

Ebenso ist Bleisulfat in ammoniakalischer Tartrat- oder Ammoniumacetat-Lösung unter Komplexbildung löslich. Dabei bildet Pb(II) mit Tartrat-Ionen einen ähnlich gebauten Komplex wie Cu(II)-Ionen im „Fehling-Reagenz" [siehe auch Kapitel 3.5.3.11 und **MC-Fragen Nr. 79, 83, 90, 91, 330**].

Die Löslichkeit von $PbSO_4$ in Ammoniumtartrat-Lösung bzw. in konzentrierter Natriumhydroxid-Lösung eignet sich zur Unterscheidung und Abtrennung von **Bariumsulfat** ($BaSO_4$), das in beiden Reagenzlösungen unlöslich ist [vgl. **MC-Fragen Nr. 305–307, 330**].

1.5.6 Kjeldahl-Aufschluss

Hinsichtlich des Kjeldahl-Aufschlusses zum Nachweis stickstoffhaltiger organischer Verbindungen siehe Ehlers, **Analytik II,** Kapitel 6.2.4.7. Beim Kjeldahl-Aufschluss wird organisch gebundener Stickstoff in Ammoniak (NH_3) übergeführt [vgl. **MC-Frage Nr. 91**].

2. Anorganische Bestandteile

2.1 Analyse nichtionischer Stoffe

2.1.1 Kohlenstoff und medizinische Kohle

Medizinische Kohle (*Carbo activatus*) wird aus pflanzlichen Materialien gewonnen und besteht zu 80–95% aus Kohlenstoff. *Aktivkohlen* sind hydrophob; deshalb entfalten sie ihre Adsorptionseigenschaften vor allem in Wasser oder in mit Wasser mischbaren Flüssigkeiten. Im Allgemeinen lassen die Arzneibücher neben der Prüfung des Adsorptionsvermögens (gegenüber *Phenazon*) noch folgende Identitätsprüfung durchführen:

- *Zur Rotglut erhitzt, verbrennt die Substanz langsam ohne Flamme.*

Das bei der Verbrennung an der Luft aus Kohlenstoff gebildete *geruchlose* Gasgemisch aus *Kohlenmonoxid* (CO) und *Kohlendioxid* (CO_2) kann aufgrund seines CO_2-Anteils durch Einleiten in eine Calciumhydroxid- [$Ca(OH)_2$] oder Bariumhydroxid-Lösung [$Ba(OH)_2$] nachgewiesen werden. Es entsteht eine *weiße* Trübung von schwer löslichem **Calciumcarbonat** ($CaCO_3$) bzw. **Bariumcarbonat** ($BaCO_3$). Beide Carbonate lösen sich (unter Aufbrausen) in Essigsäure [siehe auch Kapitel 2.1.7 und **MC-Frage Nr. 99**].

$$Ca(OH)_2 + CO_2 \rightarrow CaCO_3\downarrow + H_2O$$
$$Ba(OH)_2 + CO_2 \rightarrow BaCO_3\downarrow + H_2O$$

Weitere Nachweisreaktionen für Kohlenstoff werden im Kapitel 3.4.1.1 vorgestellt.

2.1.2 Sauerstoff

Sauerstoff (O_2) ist ein farb-, geruch- und geschmackloses Gas mit stark oxidierenden Eigenschaften. Es ist nahezu mit allen anderen Gasen mischbar und bildet mit brennbaren Dämpfen und Gasen explosive Gemische. Zu seiner Identifizierung nutzt das Arzneibuch *(Ph. Eur.)* folgendes Verhalten:

- *Ein glühender Holzspan flammt in Gegenwart von Sauerstoff auf.*
- *Das Gas wird beim Schütteln mit einer alkalischen Pyrogallol-Lösung absorbiert. Die Lösung färbt sich dunkelbraun.*

Die dabei aus Pyrogallol entstehenden Oxidationsprodukte wie **Purpurogallin** sind bisher nur zum Teil in ihrer Struktur aufgeklärt worden [vgl. **MC-Frage Nr. 100**].

Pyrogallol **Purpurogallin**

Darüber hinaus wird Sauerstoff in alkalischer Lösung von *Dithionit* ($S_2O_4^{2-}$) reduziert unter Bildung von Sulfat (SO_4^{2-}) und Sulfit (SO_3^{2-}).

$$S_2O_4^{2-} + O_2 + 2\ HO^- \rightarrow SO_4^{2-} + SO_3^{2-} + H_2O$$

2.1.3 Schwefel

Elementarer Schwefel (S_8) ist ein geruchloses, *gelbes* Pulver, das zwischen 118–120 °C schmilzt und in Schwefelkohlenstoff löslich ist. Zur Identifizierung von Schwefel sind folgende Prüfungen geeignet [vgl. **MC-Fragen Nr. 101–103**]:

- *Schwefel verbrennt an der Luft mit schwach blauer Flamme unter Bildung von Schwefeldioxid (SO_2), das als Anhydrid der Schwefligen Säure angefeuchtetes blaues Lackmus-Papier rot färbt.*

$$S + O_2 \rightarrow SO_2\uparrow + H_2O \rightarrow (H_2SO_3)\ \text{(saure Reaktion)}$$

- *Überschüssiges Bromwasser oxidiert Schwefel zu Sulfat (SO_4^{2-}), das nach Zusatz von Bariumchlorid-Lösung als schwer lösliches weißes Bariumsulfat ($BaSO_4$) nachgewiesen werden kann.*

$$S + 3\ Br_2 + 12\ H_2O \rightarrow SO_4^{2-} + 6\ Br^- + 8\ H_3O^+ \rightarrow BaSO_4\downarrow$$

Weitere Nachweisreaktionen für Schwefel wie die *Lassaigne-Probe* werden im Kapitel 3.4.1.4 beschrieben

2.1.4 Stickstoff

Stickstoff (N_2) ist ein farb-, geschmack- und geruchloses Gas, das sich schlecht in Wasser löst. Stickstoff ist weder brennbar wie Wasserstoff, noch unterhält es wie Sauerstoff Verbrennungsvorgänge. Lebewesen ersticken in einer Stickstoffatmosphäre. Deshalb muss beim Verdampfen größerer Mengen an flüssigem Stickstoff beim Betreten eines Raumes der Sauerstoffgehalt der Atemluft überprüft werden (!). Zur Prüfung auf Identität nutzt das Arzneibuch folgende Eigenschaften:

- *In einem mit Stickstoff gefüllten Erlenmeyer-Kolben erlischt die Verbrennung eines glühenden Holzspans sofort.*
- *Erhitzt man Stickstoff mit Magnesiumspänen und leitet das Probengas in eine Vorlage mit verdünnter NaOH-Lösung ein, so bildet sich Ammoniak, der angefeuchtetes rotes Lackmuspapier blau färbt.*

Stickstoff reagiert mit metallischem Magnesium zu salzartigem *Magnesiumnitrid* (Mg_3N_2), das in Wasser zu Magnesiumhydroxid und Ammoniak (NH_3) hydrolysiert. Letzteres wird durch seine alkalische Reaktion mit Lackmuspapier nachgewiesen.

$$N_2 + 3\ Mg \rightarrow Mg_3N_2$$
$$Mg_3N_2 + 6\ H_2O \rightarrow 3\ Mg(OH)_2 + 2\ NH_3\uparrow$$

2.1.5 Iod

Iod (I_2) bildet bei Raumtemperatur blauschwarze, metallisch glänzende Kristalle. Der Graphit ähnliche Feststoff kristallisiert in Schuppen und Plättchenform. Iod ist flüchtig und sublimiert bei gelindem Erwärmen (Fp = 113,6 °C; Kp = 185,2 °C). Zur Identitätsprüfung von Iod werden gemäß Arzneibuch *(Ph. Eur.)* folgende Reaktionen durchgeführt:

- *Beim Erhitzen der Substanz entweichen violette Dämpfe, die ein blauschwarzes, kristallines Sublimat bilden.*
- *Gesättigte Iod-Lösungen färben sich auf Zusatz von Stärke-Lösung blau. Die Farbe verschwindet beim Erhitzen (auf etwa 70 °C) und tritt beim Abkühlen wieder auf.*

Die intensive Blaufärbung der **Iod-Stärke-Reaktion** beruht auf der Einlagerung des Pentaiodid-Anions (I_5^-) in die Amylose-Helix. Die blaue Farbe wird durch Licht, UV- und Röntgenstrahlung sowie bei Zugabe von Ethanol oder durch Erhitzen geschwächt, weil die Helix-Struktur der Amylose stark vom Lösungsmittel, dem pH-Wert und der Temperatur abhängt (siehe Ehlers, **Analytik II,** Kapitel 7.2.3.2).

Lösungen: Iod löst sich nur schwer in Wasser mit *gelblich-brauner* Farbe. Durch Zusatz von Kaliumiodid (KI) unter Bildung von I_3^- -Ionen wird die Löslichkeit von Iod in Wasser erheblich gesteigert. In *organischen Lösungsmitteln* löst sich Iod mit unterschiedlichen Farben. I_2-Lösungen in Aceton, Benzen, Diethylether oder Ethanol sind *braun* gefärbt. Die braune Färbung beruht auf Wechselwirkungen der Elektronenhülle des Iods mit Lösungsmittelmolekülen. Lösungen von Iod in Chloroform, Schwefelkohlenstoff oder Tetrachlorkohlenstoff sind *violett* gefärbt und enthalten Iod-Moleküle (siehe auch Kap. 2.2.3.4).

Die Verwendung von elementarem Iod zum Gruppennachweis auf reduzierende Substanzen wird in den Kapiteln 2.2.1.7 und 2.2.1.9 vorgestellt. Die Bildung von Iod aus Iodid, die nach Arzneibuch ein Gruppennachweis für oxidierende Substanzen darstellt, wird im Kapitel 2.2.1.6 beschrieben.

2.1.6 Kohlenmonoxid

Kohlenmonoxid (CO) ist ein farb-, geruch- und geschmackloses Gas, das bei der unvollständigen Verbrennung von Kohlenstoff an der Luft (neben CO_2) entsteht. CO löst sich nur wenig in Wasser; die wässrige Lösung reagiert *nicht* sauer. Kohlenmonoxid ist ein Atemgift, weil es an Hämoglobin besser bindet als Sauerstoff.

Bestimmung: *Ph. Eur.* lässt auf *„Kohlenmonoxid in Gasen“* mithilfe der nichtdispersiven IR-Spektroskopie (NDIR-Spektroskopie) gegen eine CO-Referenzsubstanz prüfen (siehe auch Ehlers, **Analytik II**, Kapitel 11.8.3).

Darüber hinaus ist auch eine iodometrische Bestimmung möglich. Hierbei oxidiert Iod(V)-oxid (I_2O_5) in einer speziellen Apparatur aus mehreren hintereinander geschalteten U-Rohren CO zu CO_2 und wird dabei selbst zu elementarem Iod (I_2) reduziert. Letzteres sublimiert in eine mit einer KI-Lösung gefüllte Vorlage und wird dort anschließend quantitativ durch Titration mit Natriumthiosulfat-Maßlösung gegen eine Stärke-Lösung als Indikator erfasst.

$$5\ CO + I_2O_5 \rightarrow I_2\uparrow + 5\ CO_2\uparrow$$

$$I_2 + I^- \rightarrow I_3^- \xrightarrow{+\,2\ S_2O_3^{2-}} 3\ I^- + S_4O_6^{2-}$$

Weitere Methoden: Bei anderen Bestimmungsmethoden verwendet man zum Nachweis von Kohlenmonoxid ein mit *Palladium(II)-chlorid-Lösung* ($PdCl_2$) getränktes Filterpapier. CO reduziert Pd(II) zu elementarem Palladium, das schon in geringer Konzentration eine Dunkelfärbung des Filterpapiers verursacht. Andere reduzierende Gase stören und können CO vortäuschen.

$$CO + PdCl_2 + H_2O \rightarrow CO_2\uparrow + Pd\downarrow + 2\ HCl$$

Kohlenmonoxid kann außerdem durch Absorption in einer ammoniakalischen *Kupfer(I)-chlorid-Lösung* (CuCl) bestimmt werden.

2.1.7 Kohlendioxid

Kohlendioxid (CO_2) ist ein farb- und geruchloses Gas mit schwach saurem Geschmack. CO_2-Dämpfe sind merklich schwerer als Luft. Neben dem IR-Spektrum werden vom Arzneibuch folgende Eigenschaften zur Prüfung auf Identität herangezogen:

- *Ein glühender Holzspan erlischt in einer CO_2-Atmosphäre.*

Dieses Verhalten ist aber wenig spezifisch für Kohlendioxid, weil die meisten anderen Gase gleichfalls eine Verbrennung *nicht* aufrechterhalten.

- *Beim Einleiten von Kohlendioxid in eine Bariumhydroxid-Lösung ($Ba(OH)_2$) entsteht ein weißer Niederschlag von Bariumcarbonat ($BaCO_3$), der sich in verdünnter Essigsäure unter CO_2-Entwicklung (Aufbrausen) wieder löst.*

Darüber hinaus reagiert Kohlendioxid mit *Hydrazin* (H_2N-NH_2) zu Hydrazincarbonsäure (*Carbazidsäure*), was zu einer Änderung des pH-Wertes und des Redoxpotentials führt; dies kann durch den Farbumschlag des Indikators Kristallviolett kenntlich gemacht werden.

$$CO_2 + H_2N\text{-}NH_2 \xrightarrow{\text{Kristallviolett}} H_2N\text{-}NH\text{-}COOH$$

Die Bestimmung von „*Kohlendioxid in Gasen*“ erfolgt nach Arzneibuch durch nichtdispersive IR-Spektroskopie (NDIR-Spektroskopie).

2.1.8 Distickstoffmonoxid (Lachgas)

Distickstoffmonoxid (N_2O) ist ein farbloses Gas mit schwach süßlichem Geruch. Neben der Aufnahme des IR-Spektrums lässt das Arzneibuch folgende Identitätsprüfungen durchführen:

- *Zum Unterschied von Sauerstoff wird N_2O nicht in alkalischer Pyrogallol-Lösung absorbiert, sodass sich keine braune Färbung der Lösung entwickelt.*
- *Durch N_2O wird ein glimmender Holzspan zum Aufflammen gebracht.*

Distickstoffmonoxid zerfällt bei hohen Temperaturen in die Elemente (N_2/O_2) und unterhält damit – ähnlich wie Sauerstoff – Verbrennungsvorgänge.

Die Bestimmung von *„Distickstoffmonoxid in Gasen"* erfolgt mittels nichtdispersiver IR-Spektroskopie.

2.1.9 Stickstoffmonoxid

Stickstoffmonoxid (NO) ist ein *farbloses*, giftiges Gas, das zu einer farblosen Flüssigkeit kondensiert und in Wasser nur wenig löslich ist. Das NO-Molekül besitzt eine ungerade Elektronenzahl und ist daher paramagnetisch.

An der Luft oxidiert es sofort zu *braunem* Stickstoffdioxid (NO_2). Durch starke Oxidationsmittel wie Hypochlorige Säure, Chrom(VI)-Verbindungen oder Permanganat wird NO bis zur Stufe der Salpetersäure oxidiert.

$$Cr_2O_7^{2-} + 2\,NO + 6\,H_3O^+ \rightarrow 2\,NO_3^- + 2\,Cr^{3+} + 9\,H_2O$$

An einige Metallsalze wie Kupfer(II)-chlorid oder Eisen(II)-sulfat lagert sich Stickstoffmonoxid reversibel unter Bildung lockerer Additionsverbindungen an (siehe auch Kap. 2.2.3.18, Ziffer 4).

$$FeSO_4 + NO \rightleftharpoons [FeNO]SO_4$$

Als einzige Identitätsprüfung sieht das Arzneibuch die Aufnahme des IR-Spektrums und den Vergleich mit dem IR-Spektrum einer NO-Referenzsubstanz vor. Zur Bestimmung von *„Stickstoffmonoxid und Stickstoffdioxid in Gasen"* nutzt das Arzneibuch ein Chemilumineszenz-Verfahren, bei dem die Intensität des emittierten Lichts eines angeregten NO_2-Moleküls (NO_2*) bei 1,2 µm (nahes IR) gemessen wird. Die angeregten NO_2*-Moleküle erhält man durch die Reaktion von NO mit Ozon (O_3). NO_2 muss zuvor in NO umgewandelt werden.

2.1.10 Wasserstoffperoxid

Eine wässrige Lösung von Wasserstoffperoxid (H_2O_2) ist eine klare, farblose Flüssigkeit, die durch Zusatz von H_2SO_4, H_3PO_4 oder Natriumdiphosphat stabilisiert ist, um eine Zersetzung in Wasser und Sauerstoff zu verzögern. Konzentrierte Lösungen (30 % v/v) sind starke Oxidationsmittel. Zur Prüfung auf Identität nutzt man folgendes Substanzverhalten aus [vgl. **MC-Frage Nr. 104**]:

- *Wird die H_2O_2-Lösung vorsichtig mit 8,5 %iger NaOH-Lösung versetzt, so tritt Zersetzung (Aufbrausen) unter Sauerstoff-Entwicklung ein.*

Schwermetalle, Alkalien oder Staubteilchen beschleunigen den H_2O_2-Zerfall unter Freisetzung von O_2.

$$2\ H_2O_2 \rightarrow 2\ H_2O + O_2\uparrow$$

Die Zersetzung von H_2O_2 in alkalischer Lösung ist aber wenig aussagekräftig, da die den handelsüblichen Lösungen zugesetzten Stabilisatoren den Ablauf der Reaktion stark beeinträchtigen bzw. verhindern. *Ph. Eur.* verzichtet daher auf diese Identitätsprüfung.

- *Wird eine schwefelsaure H_2O_2-Lösung nacheinander mit Ether und einer Kaliumchromat-Lösung versetzt und geschüttelt, so färbt sich die Etherschicht tiefblau.*

Wasserstoffperoxid bildet mit Dichromat ein instabiles *Chromperoxid* $[CrO(O_2)_2]$, das sich in Diethylether („*Ether*") mit *blauer* Farbe löst (siehe auch Kapitel 2.2.3.11, Ziffer 4).

$$Cr_2O_7^{2-} + 4\ H_2O_2 + 2\ H_3O^+ \rightarrow 2\ CrO(O_2)_2 + 7\ H_2O$$

- *Versetzt man eine schwefelsaure H_2O_2-Lösung mit Kaliumpermanganat-Lösung, so wird die Prüflosung innerhalb von 2 min und unter starker Gas-Entwicklung farblos bzw. bekommt einen schwach rosa Farbton.*

Gegenüber Substanzen mit positiverem Redoxpotential vermag H_2O_2 ($E° = +0{,}68$ V) reduzierend zu wirken. Beispielsweise wird H_2O_2 von $KMnO_4$ ($E° = +1{,}54$ V) in saurer Lösung quantitativ zu O_2 oxidiert. Diese Reaktion dient neben der iodometrischen Titration auch zur Gehaltsbestimmung von Wasserstoffperoxid. Mangandioxid (MnO_2) wirkt ebenfalls gegenüber H_2O_2 oxidierend.

$$2\ MnO_4^- + 5\ H_2O_2 + 6\ H_3O^+ \rightarrow 2\ Mn^{2+} + 5\ O_2\uparrow + 14\ H_2O$$
$$MnO_2 + H_2O_2 + 2\ H_3O^+ \rightarrow Mn^{2+} + O_2\uparrow + 4\ H_2O$$

Der iodometrischen Bestimmung liegt zu Grunde, dass in schwach salzsaurer Lösung H_2O_2 zugesetztes Kaliumiodid zu Iod oxidert, was zu einer Gelb- bis Braunfärbung der Prüflösung führt. Das ausgeschiedene Iod wird dann mit Thiosulfat-Maßlösung gegen Stärke-Lösung als Indikator zurücktitriert [siehe auch Ehlers, **Analytik II**, Kapitel 7.2.3.3 und **MC-Frage Nr. 110**].

$$H_2O_2 + 2\ HI \rightarrow I_2 + 2\ H_2O$$

Darüber hinaus kann H_2O_2 farbloses Titanoxidsulfat, $TiO(SO_4)$, in *orangegelbes* Titanperoxidsulfat, $TiO_2(SO_4)$, umwandeln. Diese Reaktion nutzt das Arzneibuch auch zum Nachweis von Titan(IV)-Verbindungen.

$$TiO(SO_4) + H_2O_2 \rightarrow TiO_2(SO_4) + H_2O$$

2.1.11 Ammoniak

Ammoniak (NH_3) ist ein stechend riechendes Gas, das sich aufgrund seines pK_b-Wertes von $pK_b = 4{,}6$ unter *alkalischer Reaktion* in Wasser löst. Die konzentrierte wässrige Lösung (25–30 % m/m) besitzt bei Raumtemperatur eine **Dichte** von 0,892–0,910. Bei einer reinen Ammoniak-Lösung ist die Dichte ein Reinheits- und

Gehaltskriterium. Darüber hinaus werden zur Prüfung auf Identität folgende Eigenschaften von Ammoniak genutzt:

- *Wird über die Substanz ein mit konzentrierter Salzsäure benetzter Glasstab gehalten, so bilden sich weiße Nebel von Ammoniumchlorid (NH_4Cl).*

Bringt man Ammoniak-Lösung in die Nähe flüchtiger Säuren, so entstehen durch Salzbildung Nebel. Beim Erhitzen von Ammoniak-Lösung entweicht sämtliches NH_3 aus der Lösung.

- *Ammoniak ergibt mit Quecksilber(II)-chlorid-Lösung einen weißen Niederschlag von schwer löslichem Quecksilberamidochlorid ($HgNH_2Cl$).*

$$HgCl_2 + 2\ NH_3 \rightarrow [HgNH_2]Cl\downarrow + NH_4^+ + Cl^-$$

- *Ammoniak wird aus der zu prüfenden Lösung mit einem Luftstrom in eine mit einer HCl-Lösung gefüllten Vorlage übergetrieben. Dabei schlägt der zugesetzte Methylrot-Indikator von rot nach gelb um. Gibt man anschließend Natriumhexanitrocobaltat(III)-Lösung, $Na_3[Co(NO_2)_6]$, hinzu, so entsteht eine gelbe Fällung von $(NH_4)_2Na[Co(NO_2)_6]$.*

Weitere Nachweise von Ammoniak und Ammonium-Ionen werden im Kapitel 2.3.2.24 beschrieben. Die Fällung von Metallkationen mit Ammoniak als *Hydroxide* bzw. die Bildung zum Teil charakteristisch gefärbter *Amminkomplexe* war Gegenstand des Kapitels 1.2.7. Mit Formaldehyd ($H_2C{=}O$) reagiert Ammoniak zu *Hexamethylentetramin* (Methenamin).

2.1.12 Hydrazin

Reines Hydrazin ($H_2N\text{-}NH_2$) ist eine unter Normaldruck bei Raumtemperatur farblose Flüssigkeit, die schwächer basisch ($pK_b = 6{,}07$) reagiert als Ammoniak. Zu seinem Nachweis nutzt das Arzneibuch vor allem die Bildung von **Azinen** bei der Umsetzung mit aromatischen Aldehyden.

$$\text{Ar-CH=O} + H_2N\text{-}NH_2 + \text{O=CH-Ar} \rightarrow \underbrace{\text{Ar-CH=N-N=CH-Ar}}_{\textbf{Azin}} + 2\ H_2O$$

Beispielsweise reagiert Hydrazin mit überschüssigem **Salicylaldehyd** zum fluoreszierenden *Salicylaldehydazin.*

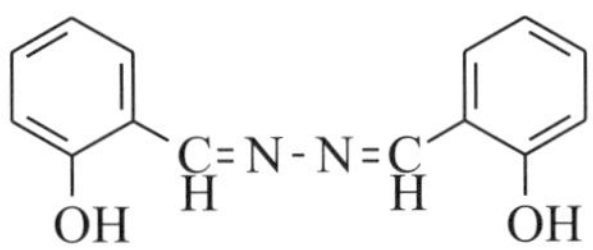

Auch die Aldazin-Bildung mit **p-Dimethylaminobenzaldehyd** oder **3,4-Dimethoxybenzaldehyd** wird zur Identifizierung bzw. photometrischen Hydrazin-Bestimmung verwendet [vgl. **MC-Frage Nr. 693**].

Das mit **Benzaldehyd** ($C_6H_5{-}CH{=}O$) gebildete *gelbe* Benzaldehydazin lassen einige Arzneibücher mittels HPLC-Analyse quantifizieren.

$$2\ C_6H_5\text{-}CH{=}O + H_2N\text{-}NH_2 \rightarrow C_6H_5\text{-}CH{=}N\text{-}N{=}CH\text{-}C_6H_5 + 2\ H_2O$$

Benzaldehydazin

Hydrazin reduziert Iod zu Iodid und entfärbt daher eine Iod-Stärke-Lösung. Von Iodat wird Hydrazin in stark salzsaurer Lösung zu elementarem Stickstoff oxidiert [vgl. **MC-Frage Nr. 112**].

$$N_2H_4 + IO_3^- + Cl^- + 2\ H_3O^+ \rightarrow N_2\uparrow + ICl + 5\ H_2O$$

2.2 Analyse von Anionen

Der Nachweis von Anionen kann aus der Ursubstanz, dem Sodaauszug, dem Rückstand des Sodaauszuges oder aus dem salzsäureunlöslichen Rückstand erfolgen. Von großer Bedeutung für den weiteren Gang der Identifizierung von Anionen sind die nachfolgend beschriebenen Vorproben, die bereits wichtige Orientierungshilfen auf die Anwesenheit oder das Fehlen bestimmter Anionengruppen geben können. Wichtige Gruppenreaktionen sind die Bildung schwer löslicher Niederschläge (*Fällung von Silber-, Calcium- oder Bariumsalze*) sowie die Prüfung auf Oxidationsmittel (*reduzierbare Substanzen*) bzw. Reduktionsmittel (*oxidierbare Substanzen*) [vgl. **MC-Frage Nr. 105**].

2.2.1 Gruppenreaktionen (Vorproben auf Anionengruppen)

2.2.1.1 Verhalten von Anionen gegenüber Schwefelsäure

Das Verhalten zahlreicher Salze beim Erhitzen mit verdünnter oder konzentrierter Schwefelsäure wurde bereits im Kapitel 1.2.8.1 vorgestellt.

2.2.1.2 Ansäuern des Sodaauszuges mit Salzsäure

Beim Ansäuern des Sodaauszuges mit Salzsäure kann ein bleibender Niederschlag von *Silicaten* auftreten. Auch *Sulfide* (aus Thiosalzen) und *Schwefel* (aus Thiosulfaten) können ausfallen. Darüber hinaus können Niederschläge *amphoterer Hydroxide* [$Al(OH)_3$, $Zn(OH)_2$, $Pb(OH)_2$, $Sn(OH)_2$ u. a.] entstehen, die sich jedoch bei stärkerem Ansäuern wieder auflösen (siehe auch Kapitel 1.2.8.3).

2.2.1.3 Ansäuern des Sodaauszuges mit Salpetersäure und Zugabe von Silbernitrat-Lösung

Dabei können an schwer löslichen Silbersalzen ausfallen als [vgl. **MC-Fragen Nr. 122–128**]:

- *Weißer Niederschlag:* Chlorid (Cl^-), Bromat (BrO_3^-), Iodat (IO_3^-), Cyanid (CN^-), Thiocyanat (SCN^-), Hexacyanoferrat(II) ($[Fe(CN)_6]^{4-}$)
- *Schwach gelblicher Niederschlag:* Bromid (Br^-)
- *Gelblicher Niederschlag:* Iodid (I^-)
- *Orangeroter Niederschlag:* Hexacyanoferrat(III) ($[Fe(CN)_6]^{3-}$)

Hat man nicht stark genug oder nur mit Essigsäure angesäuert, so können auch Niederschläge auftreten von *schwarzem* Silbersulfid (Ag_2S) (aus S^{2-} oder $S_2O_3^{2-}$), *rotem* Silberchromat (Ag_2CrO_4) oder *weißem* Silbersulfit (Ag_2SO_3). Diese Niederschläge sind jedoch in konzentrierter Salpetersäure löslich; auch Silbercyanid (AgCN) löst sich darin auf [vgl. **MC-Frage Nr. 57**].

Die *Silbersalz-Fällung* wird abgetrennt und mit Ammoniak-Lösung behandelt. Als komplexe Diamminsilber-Salze ($[Ag(NH_3)_2]X$) lösen sich: Silberchlorid (AgCl), Silberbromid (AgBr), Silberbromat ($AgBrO_3$), Silberiodat ($AgIO_3$), Silbercyanid (AgCN), Silberthiocyanat (AgSCN), Silbersulfit (Ag_2SO_3), Silberchromat (Ag_2CrO_4) und Silberhexacyanoferrat(III) ($Ag_3[Fe(CN)_6]$).

Bei der nachfolgenden Behandlung des verbleibenden Rückstands mit einer Kaliumcyanid-Lösung lösen sich als komplexe Dicyanosilber-Salze ($K[Ag(CN)_2]$) Silberiodid (AgI) und Silberhexacyanoferrat(II) ($Ag_4[Fe(CN)_6]$), während Silbersulfid (Ag_2S) darin unlöslich ist. AgCl, $AgBrO_3$ und $AgIO_3$ lösen sich auch in kalter, gesättigter Ammoniumcarbonat-Lösung.

$$Ag^+ + Cl^- \rightarrow AgCl\downarrow + 2\ NH_3 \rightarrow [Ag(NH_3)_2]Cl$$
$$Ag^+ + I^- \rightarrow AgI\downarrow + 2\ KCN \rightarrow K[Ag(CN)_2] + KI$$

Demgegenüber sind Silberfluorid (AgF) und Silberchlorat ($AgClO_3$) in Wasser lösliche Salze.

2.2.1.4 Ansäuern des Sodaauszuges mit Essigsäure und Zugabe von Calciumchlorid-Lösung

Ein weißer Niederschlag eines *schwer löslichen Calciumsalzes* fällt aus bei Anwesenheit von: Sulfit (SO_3^{2-}) (in der Wärme), Phosphat (PO_4^{3-}), Tetraborat ($B_4O_7^{2-}$), Oxalat ($C_2O_4^{2-}$), Tartrat ($C_4H_4O_6^{2-}$), Fluorid (F^-), Hexacyanoferrat(II) ($[Fe(CN)_6]^{4-}$) sowie Sulfat (SO_4^{2-}), sofern Sulfat in höherer Konzentration vorliegt.

$$3\ Ca^{2+} + 2\ PO_4^{3-} \rightarrow Ca_3(PO_4)_2\downarrow$$

In schwach *alkalischer* Lösung kann auch Calciumcarbonat ($CaCO_3$) als schwer lösliches Calciumsalz ausfallen, das jedoch in verdünnter Essigsäure unter CO_2-Entwicklung löslich ist [vgl. **MC-Fragen Nr. 134, 270**].

2.2.1.5 Ansäuern des Sodaauszuges mit verdünnter Salzsäure und Zugabe von Bariumchlorid-Lösung

In verdünnter (2 M) Salzsäure fällt ein weißer Niederschlag eines *schwer löslichen Bariumsalzes* aus bei Anwesenheit von: Sulfat (SO_4^{2-}), Hexafluorosilicat (SiF_6^{2-}) und eventuell Fluorid (F^-). Von diesen Salzen ist Bariumfluorid (BaF_2) leicht löslich in konz. HCl, während Bariumhexafluorosilicat ($Ba[SiF_6]$) und Bariumsulfat ($BaSO_4$) darin schwer löslich sind.

$$Ba^{2+} + SO_4^{2-} \rightarrow BaSO_4\downarrow$$

Arbeitet man bei der Bariumsalz-Fällung in neutraler bis essigsaurer, Acetat-gepufferter Lösung, so fallen zusätzlich noch als schwer lösliche Salze aus: Bariumphosphat [$Ba_3(PO_4)_2$], Bariumcarbonat ($BaCO_3$), Bariumoxalat (BaC_2O_4), Bariumchromat ($BaCrO_4$) und Bariumsulfit ($BaSO_3$). Diese Bariumsalze sind jedoch in verdünnter (2 M) Salzsäure löslich [vgl. **MC-Fragen Nr. 129–133**].

2.2.1.6 Prüfung auf Oxidationsmittel durch Zugabe von Kaliumiodid/Stärke-Lösung

Eine *Blaufärbung* durch die *Iod-Stärke-Reaktion* infolge Oxidation des zugesetzten Iodids zu elementarem **Iod** kann hervorgerufen werden durch: Hexacyanoferrat(III) ($[Fe(CN)_6]^{3-}$), Chromat (CrO_4^{2-}), Dichromat ($Cr_2O_7^{2-}$), Arsenat (AsO_4^{3-}) (schwach), Peroxodisulfat ($S_2O_8^{2-}$), Nitrit (NO_2^-), Chlorat (ClO_3^-), Bromat (BrO_3^-), Iodat (IO_3^-), Permanganat (MnO_4^-) und Wasserstoffperoxid (H_2O_2) [vgl. **MC-Fragen Nr. 104, 117–121**].

In stark saurer Lösung wird Iodid auch von Nitrat (NO_3^-), Cu(II) und Fe(III) zu Iod oxidiert. Die bei längerem Stehenlassen auftretende Blaufärbung wird jedoch durch die oxidierende Wirkung von Luftsauerstoff verursacht. Die diesen Redoxprozessen zu Grunde liegenden Reaktionsgleichungen lauten:

$$2\,[Fe(CN)_6]^{3-} + 2\,I^- \rightarrow 2\,[Fe(CN)_6]^{4-} + I_2$$
$$2\,CrO_4^{2-} + 6\,I^- + 16\,H_3O^+ \rightarrow 2\,Cr^{3+} + 3\,I_2 + 24\,H_2O$$
$$Cr_2O_7^{2-} + 6\,I^- + 14\,H_3O^+ \rightarrow 2\,Cr^{3+} + 3\,I_2 + 21\,H_2O$$
$$AsO_4^{3-} + 2\,I^- + 2\,H_3O^+ \rightarrow AsO_3^{3-} + I_2 + 3\,H_2O$$
$$S_2O_8^{2-} + 2\,I^- \rightarrow 2\,SO_4^{2-} + I_2$$
$$2\,NO_2^- + 2\,I^- + 4\,H_3O^+ \rightarrow 2\,NO\uparrow + I_2 + 6\,H_2O$$
$$ClO_3^- + 6\,I^- + 6\,H_3O^+ \rightarrow Cl^- + 3\,I_2 + 9\,H_2O$$
$$BrO_3^- + 6\,I^- + 6\,H_3O^+ \rightarrow Br^- + 3\,I_2 + 9\,H_2O$$
$$IO_3^- + 5\,I^- + 6\,H_3O^+ \rightarrow 3\,I_2 + 9\,H_2O$$
$$2\,MnO_4^- + 10\,I^- + 16\,H_3O^+ \rightarrow 2\,Mn^{2+} + 5\,I_2 + 24\,H_2O$$
$$H_2O_2 + 2\,I^- + 2\,H_3O^+ \rightarrow I_2 + 4\,H_2O$$
$$2\,NO_3^- + 6\,I^- + 8\,H_3O^+ \rightarrow 2\,NO\uparrow + 3\,I_2 + 12\,H_2O$$
$$2\,Cu^{2+} + 4\,I^- \rightarrow 2\,CuI\downarrow + I_2$$
$$2\,Fe^{3+} + 2\,I^- \rightarrow 2\,Fe^{2+} + I_2$$

2.2.1.7 Prüfung auf Reduktionsmittel durch Entfärben von Iod-Lösung

Säuert man eine Probe des Sodaauszuges mit Salzsäure an und gibt Iod oder eine Iod/Stärke-Lösung hinzu, so tritt *Entfärbung* ein bei Anwesenheit von: Sulfid (S^{2-}), Sulfit (SO_3^{2-}), Thiosulfat ($S_2O_3^{2-}$), Arsenit (AsO_3^{3-}), Hydrazin (H_2N-NH_2) und Hydroxylamin (H_2N-OH).

Außerdem findet eine schwache Reaktion statt in Gegenwart von: Cyanid (CN^-), Thiocyanat (SCN^-) und Hexacyanoferrat(II) ($[Fe(CN)_6]^{4-}$).

Aufgrund seines niedrigeren Redoxpotentials vermag Iod jedoch Bromid *nicht* zu Brom zu oxidieren [vgl. **MC-Fragen Nr. 110–116**].

2.2.1.8 Prüfung auf Reduktionsmittel durch Entfärben von Permanganat-Lösung

Versetzt man die schwefelsaure Probe des Sodaauszuges mit *Kaliumpermanganat* ($KMnO_4$), so entfärbt sich die Lösung bei Anwesenheit von: Bromid (Br^-), Iodid (I^-), Hexacyanoferrat(II) ($[Fe(CN)_6]^{4-}$), Thiocyanat (SCN^-), Sulfid (S^{2-}), Sulfit

(SO_3^{2-}), Thiosulfat ($S_2O_3^{2-}$), Oxalat ($C_2O_4^{2-}$), Tartrat ($C_4H_4O_6^{2-}$), Nitrit (NO_2^-), Peroxodisulfat ($S_2O_8^{2-}$) (in der Wärme), Arsenit (AsO_3^{3-}) und Wasserstoffperoxid (H_2O_2). Letzteres entsteht auch durch Hydrolyse von Peroxodisulfaten [vgl. **MC-Fragen Nr. 61, 106–111, 258**].

Außerdem tritt Entfärbung ein bei Anwesenheit von Ameisensäure (HCOOH), Stickstoffoxiden und Phosphoriger Säure (H_3PO_3). Die diesen Redoxprozessen zu Grunde liegenden Reaktionsgleichungen lauten:

$$(H_2S_2O_8 + 2\ H_2O \rightarrow 2\ H_2SO_4 + H_2O_2)$$
$$2\ MnO_4^- + 5\ H_2O_2 + 6\ H_3O^+ \rightarrow 2\ Mn^{2+} + 5\ O_2\uparrow + 14\ H_2O$$
$$2\ MnO_4^- + 5\ C_2O_4^{2-} + 16\ H_3O^+ \rightarrow 2\ Mn^{2+} + 10\ CO_2\uparrow + 24\ H_2O$$
$$2\ MnO_4^- + 5\ HSO_3^- + H_3O^+ \rightarrow 2\ Mn^{2+} + 5\ SO_4^{2-} + 4\ H_2O$$
$$8\ MnO_4^- + 5\ H_2S + 14\ H_3O^+ \rightarrow 8\ Mn^{2+} + 5\ SO_4^{2-} + 26\ H_2O$$
$$2\ MnO_4^- + 10\ I^- + 16\ H_3O^+ \rightarrow 2\ Mn^{2+} + 5\ I_2 + 24\ H_2O$$
$$2\ MnO_4^- + 10\ Br^- + 16\ H_3O^+ \rightarrow 2\ Mn^{2+} + 5\ Br_2 + 24\ H_2O$$
$$MnO_4^- + 5\ Fe^{2+} + 8\ H_3O^+ \rightarrow Mn^{2+} + 5\ Fe^{3+} + 12\ H_2O$$
$$2\ MnO_4^- + 5\ NO_2^- + 6\ H_3O^+ \rightarrow 2\ Mn^{2+} + 5\ NO_3^- + 9\ H_2O$$

2.2.1.9 Iod-Azid-Reaktion

Hierbei nutzt man die Eigenschaft von Aziden (MeN_3) mit Iod *nur* in Gegenwart von **Sulfhydryl-Verbindungen** (R-SH) zu reagieren. Solche Verbindungen enthalten Schwefel in der Oxidationsstufe -2. Die Reaktion ist sehr empfindlich und dient zum Nachweis von *Sulfiden* (S^{2-}), *Thiosulfaten* ($S_2O_3^{2-}$) und *Thiocyanaten* (SCN^-). Auch potentielle Sulfhydryl-Verbindungen wie Penicilline reagieren positiv [vgl. **MC-Fragen Nr. 135–137, 181, 189, 206, 208, 210, 211**].

$$2\ HN_3 + I_2 \xrightarrow{(+\ R\text{-}SH)} 3\ N_2\uparrow + 2\ HI$$

Aus den unten angeführten Valenzstrukturen einiger schwefelhaltiger Ionen geht hervor, dass z. B. *Sulfit* (SO_3^{2-}) und *Sulfat* (SO_4^{2-}) die Iod-Azid-Reaktion **nicht** katalysieren können.

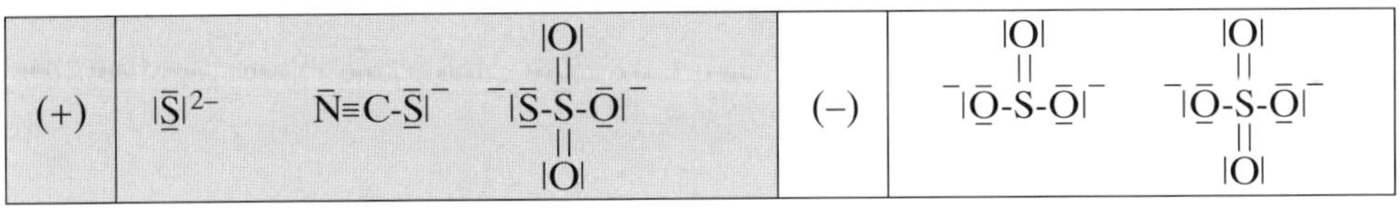

2.2.2 Anionentrennungsgänge

Während die Kationentrennungsgänge (siehe Kapitel 2.3.1) bis auf wenige Sonderfälle stets eine weitgehend quantitative Fällung der Ionen der jeweiligen Analysengruppe sicherstellen, ist dies für die Anionentrennungsgänge nicht restlos der Fall.

Die Ursachen hierfür liegen in den größeren *Löslichkeitsprodukten* einzelner Niederschläge und in der geringeren Spezifität der Fällungsreagenzien. Auch sind die Fällungsbedingungen häufig schwieriger zu kontrollieren als für die Kationentrennungsgänge.

Der nachfolgend beschriebene Anionentrennungsgang ist in fünf verschiedene Gruppen unterteilt, in denen durch ein Gruppenreagenz eine Reihe von Anionen gemeinsam gefällt werden. Das Filtrat enthält jeweils die Anionen der folgenden Gruppen. Nach Abtrennung der einzelnen Gruppenniederschläge erfolgt dann die Identifizierung der zu diesen Gruppen gehörenden Anionen. Folgende Gruppen in der Reihenfolge ihrer Fällung sind zu unterscheiden:

(1) Calciumnitrat-Gruppe: Sie enthält alle Anionen, die in schwach alkalischer Lösung *schwer lösliche Calciumsalze* bilden: Fluorid (F^-), Carbonat (CO_3^{2-}), Silicat (SiO_4^{4-}), Tetraborat ($B_4O_7^{2-}$), Arsenit (AsO_3^{3-}), Arsenat (AsO_4^{3-}), Sulfit (SO_3^{2-}), Phosphat (PO_4^{3-}), Oxalat ($C_2O_4^{2-}$), Tartrat ($C_4H_4O_6^{2-}$) und Hexafluorosilicat (SiF_6^{2-}) sowie Sulfat (SO_4^{2-}).

(2) Bariumnitrat-Gruppe: Sie umfasst alle Anionen, die in schwach alkalischer Lösung *schwer lösliche Bariumsalze* bilden. Hierzu zählen: Chromat (CrO_4^{2-}), Sulfat (SO_4^{2-}), Hexafluorosilicat (SiF_6^{2-}), Iodat (IO_3^-) und teilweise Borat (BO_3^{3-}).
In diese Gruppe gehört auch das Peroxodisulfat ($S_2O_8^{2-}$), das zwar kein schwer lösliches Bariumsalz bildet, jedoch in der Siedehitze in Sulfat und H_2O_2 zerfällt, sodass Bariumsulfat ($BaSO_4$) ausfallen kann.

(3) Zinknitrat-Gruppe: In dieser Gruppe werden in schwach alkalischer Lösung alle verbleibenden Anionen gefällt, die *schwer lösliche Zinksalze* bilden, wie z. B. Sulfid (S^{2-}), Cyanid (CN^-), Hexacyanoferrat(II) ($[Fe(CN)_6]^{4-}$) und Hexacyanoferrat(III) ($[Fe(CN)_6]^{3-}$).

(4) Silbernitrat-Gruppe: Nach Ansäuern mit Salpetersäure bilden sich *schwer lösliche Silbersalze* durch: Chlorid (Cl^-), Bromid (Br^-), Iodid (I^-), Thiocyanat (SCN^-), Thiosulfat ($S_2O_3^{2-}$), Iodat (IO_3^-) sowie dem Hauptteil an Bromat (BrO_3^-)

(5) Lösliche Gruppe: Sie enthält Chlorat (ClO_3^-), Perchlorat (ClO_4^-), Nitrit (NO_2^-), Nitrat (NO_3^-) und Acetat (CH_3COO^-), die mit keinem der genannten Fällungsreagenzien schwer lösliche Niederschläge bilden. In der löslichen Gruppe finden sich stets auch mehr oder weniger große Anteile verschleppter Anionen aus den vorherigen Gruppen, insbesondere Bromat.

2.2.3 Nachweis pharmazeutisch relevanter Anionen

In den nachfolgenden Abschnitten werden die wichtigsten Eigenschaften und Nachweisreaktionen anorganischer Anionen vorgestellt. Die Nachweise organischer Anionen wie Acetat, Oxalat, Lactat oder Tartrat werden erst im Kapitel 3.5.3.17 beschrieben. In den nachfolgenden Text sind auch die Identitäts- und Grenzprüfungen des Arzneibuchs eingearbeitet. Wird hierbei nur „Arzneibuch“ genannt, so bezieht sich dies auf die jeweils gültige Fassung des *Europäischen Arzneibuchs (Ph. Eur.)*. Davon abweichende Prüfungen des *Deutschen Arzneibuchs* (DAB) sind entsprechend gekennzeichnet.

2.2.3.1 Fluorid (F^-)

Bezüglich ihrer Löslichkeit in Wasser unterscheiden sich Fluoride deutlich von den übrigen Halogeniden. Beispielsweise sind *Lithiumfluorid* (LiF), *Aluminiumfluorid* (AlF_3) und die *Fluoride der Erdalkalielemente* schwer löslich in Wasser, während die entsprechenden anderen Halogenide lösliche Salze bilden. Im Gegensatz zu den übrigen Silberhalogeniden und Silberpseudohalogeniden ist *Silberfluorid* (AgF) ein in Wasser leicht lösliches Salz. Der aus den Salzen in wässriger Lösung mit Mineralsäuren freigesetzte *Fluorwasserstoff* (HF) ist eine flüchtige, mittelstarke Säure ($pK_s = 3{,}14$), die intermolekulare Wasserstoffbrücken ausbildet [zur „Stärke von Säuren und Basen" siehe Ehlers, **Chemie I**, Kapitel 1.11.3.1].

In verdünnter Lösung liegt Fluorwasserstoff überwiegend als HF-Molekül vor, während sich in konzentrierten Lösungen durch starke H-Brücken *Doppelmoleküle* (H_2F_2) bilden. Die wässrige Lösung des Fluorwasserstoffs heißt *Flusssäure*; solche Lösungen ätzen Glas.

Als Nachweisreaktionen auf Fluorid-Ionen eigenen sich [vgl. **MC-Fragen Nr. 130, 131, 138–142**]:

(1) Nachweis durch Komplexbildung: Mit höherwertigen Kationen (Al^{3+}, Fe^{3+} u. a.) bildet Fluorid relativ stabile, farblose Komplexe ($[AlF_6]^{3-}$, $[FeF_6]^{3-}$). Deshalb verhindern Fluorid-Ionen durch Komplexbildung den Nachweis von vierwertigem Titan mit H_2O_2 oder sie führen zur Entfärbung einer *roten* Eisen(III)-thiocyanat-Lösung.

$$Ti^{4+} + 6\,F^- \rightarrow [TiF_6]^{2-} \xrightarrow{+\,H_2O_2} \!\!\!\!\!\!\!/\!/\;\; \text{keine Reaktion}$$

$$Fe(SCN)_3 + 6\,F^- \rightarrow 3\,SCN^- + [FeF_6]^{3-}$$

Durch Bildung des komplexen $[ZrF_6]^{2-}$-Ions entfärben Fluorid-Ionen in salzsaurer Lösung auch den *violettroten* Zirkonium-Alizarin-Farblack unter Freisetzung von *gelbem* Alizarin S *(Ph. Eur.)*.

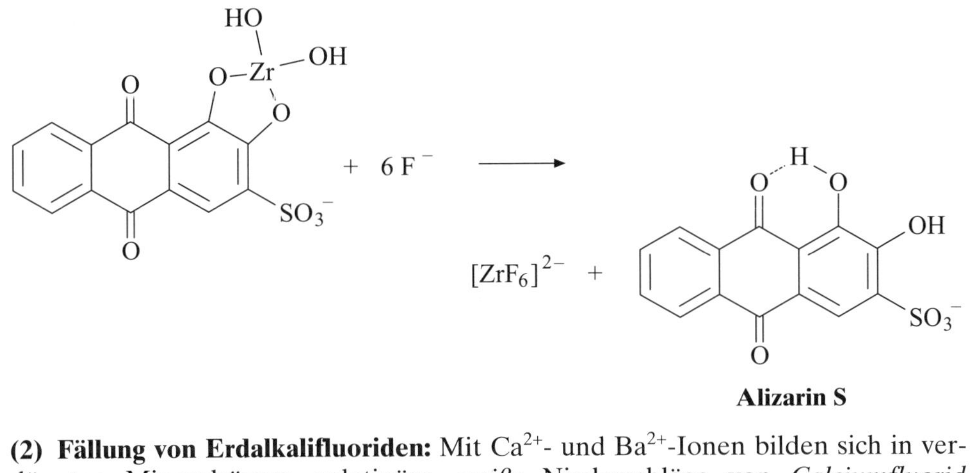

Alizarin S

(2) Fällung von Erdalkalifluoriden: Mit Ca^{2+}- und Ba^{2+}-Ionen bilden sich in verdünnten Mineralsäuren gelatinöse, *weiße* Niederschläge von *Calciumfluorid* (CaF_2) bzw. *Bariumfluorid* (BaF_2). In Anwesenheit von Ammonium-Ionen kann die Fällung ausbleiben. CaF_2 in *frisch gefällter* Form wird von $FeCl_3$-Lösung gelöst, wobei das farblose stabile Hexafluoroferrat(III)-Anion, $[FeF_6]^{3-}$, entsteht. Kristallines Calciumfluorid löst sich dagegen *nicht* in $FeCl_3$-Lösung *(Ph. Eur.)* [vgl. **MC-Fragen Nr. 130, 131, 134, 139–141**].

$$Ca^{2+} + 2\ F^- \rightarrow CaF_2\downarrow$$

(3) Ätzprobe (siehe auch Kapitel 1.2.8.1): Hierbei wird aus Fluoriden durch konz. H_2SO_4 *Fluorwasserstoff* (H_2F_2) freigesetzt, der Glas ätzt. Bei Anwesenheit von überschüssiger Kieselsäure oder Borsäure (bzw. Silicaten und Boraten) wird *Siliciumtetrafluorid* (SiF_4) oder *Bortrifluorid* (BF_3) gebildet; beide Gase ätzen Glas **nicht** und stören somit den Fluorid-Nachweis [vgl. **MC-Fragen Nr. 138, 143**].

$$CaF_2 + H_2SO_4 \rightarrow CaSO_4 + H_2F_2\uparrow$$
$$2\ H_2F_2 + SiO_2 \rightarrow SiF_4\uparrow + 2\ H_2O$$
$$3\ HF + B(OH)_3 \rightarrow BF_3\uparrow + 3\ H_2O$$

(4) Kriechprobe (siehe auch Kapitel 1.2.8.1): Der Nachweis versagt wie die Ätzprobe in Gegenwart von überschüssiger Kieselsäure oder Borsäure.

(5) Wassertropfenprobe (siehe auch Kapitel 1.2.8.1): Auch dieser Nachweis wird durch viel Borsäure oder Borate gestört.

(6) Grenzprüfung auf Fluorid: Abbildung 2.1 zeigt die nach *Arzneibuch* benutzte Apparatur zur Grenzprüfung auf Fluorid [vgl. **MC-Fragen Nr. 144–146, 499**].

Durchführung: In das innere Rohr dieser Apparatur werden die in der jeweiligen Arzneibuch-Monographie vorgeschriebene Substanzmenge, 0,1 g säuregewaschener Sand und 20 ml konz. H_2SO_4 (96%)/Wasser (1:1) eingefüllt. Das Mantelgefäß, das Tetrachlorethan (Kp = 146 °C) enthält, wird zum Sieden erhitzt. Das entstehende Destillat wird über einen absteigenden Kühler kondensiert und in einem Messkolben gesammelt, in dem sich 0,3 ml einer 0,1 M-NaOH-Lösung sowie 0,1 ml Phenolphthalein-Lösung befinden. Anschließend wird mit Wasser ad 100 ml verdünnt (Untersuchungslösung). Die Referenzlösung wird in gleicher Weise durch Destillation von 5 ml einer Fluorid-Lösung mit 10 ppm Fluorid hergestellt. In zwei Messzylindern werden dann je 20 ml beider Lösungen mit 5 ml *Aminomethylalizarindiessigsäure-Reagenz* versetzt. Nach 20 Minuten darf die *Blaufärbung* der ursprünglich roten Untersuchungslösung nicht stärker sein als die der Vergleichslösung.

Bestimmung: Durch Sand (SiO_2) und Schwefelsäure (oder Perchlorsäure) wird Fluorid in *Hexafluorokieselsäure* (H_2SiF_6) übergeführt, die mit Wasserdampf als Gemisch von HF und SiF_4 in eine Vorlage destilliert wird. Hier erfolgt die Rückhydrolyse von Siliciumtetrafluorid zu Siliciumdioxid (SiO_2) und Fluorid.

$$SiO_2 + 3\ H_2F_2 \xrightarrow{-2\ H_2O} H_2[SiF_6] \rightarrow SiF_4\uparrow + H_2F_2\uparrow$$
$$3\ SiF_4 + 4\ HO^- \rightarrow SiO_2 + 2\ [SiF_6]^{2-} + 2\ H_2O$$
$$H_2F_2 + 2\ NaOH \rightarrow 2\ Na^+ + 2\ F^- + 2\ H_2O$$

Die Bestimmung des Fluorids im Destillat erfolgt kolorimetrisch durch Umsetzung des *weinroten* Cer(III)-Alizarin-Komplexes mit Fluorid-Ionen. Im pH-Be-

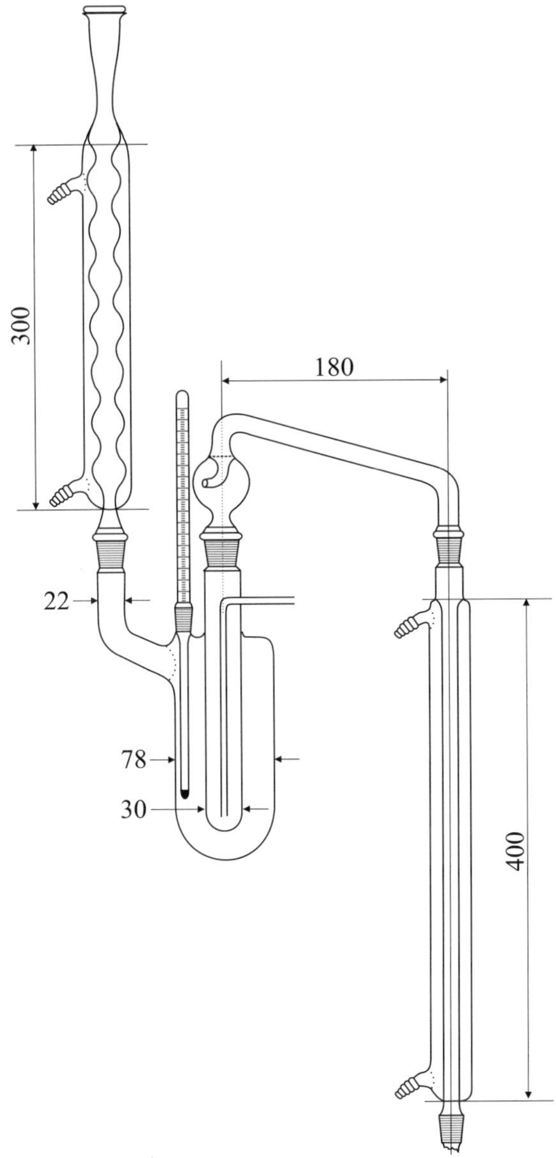

Abb. 2.1 Apparatur zur Grenzprüfung auf Fluorid (Längenangaben in mm)

reich von 3,8–5,5 bildet sich durch Ligandensubstitution ein *blaugefärbter* Fluorid-Komplex, dessen Absorptionsmaximum bei 620 nm liegt. Bei einem Überschuss an Fluorid-Ionen entsteht Cer(III)-fluorid (CeF_3) oder das komplexe Anion $[CeF_6]^{3-}$, sodass die Prüflösung die orange Eigenfarbe der freien Aminomethylalizarindiessigsäure annimmt.

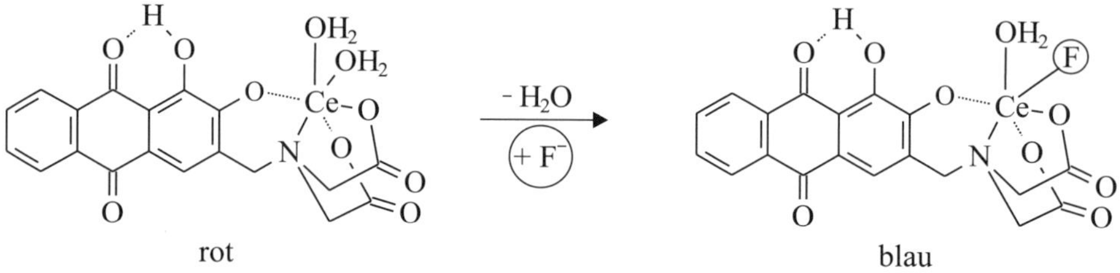

Zur Fluorid-Bestimmung nach der **Schöniger-Methode** mit *Thoriumnitrat-Lösung* siehe Kapitel 3.4.1.7.

2.2.3.2 Chlorid (Cl^-)

Fast alle Chloride sind in Wasser leicht löslich. Ausnahmen bilden die schwer löslichen Salze *Silberchlorid* (AgCl), *Kupfer(I)-chlorid* (CuCl), *Quecksilber(I)-chlorid* (Hg_2Cl_2) sowie das in *kaltem* Wasser schwer lösliche *Bleichlorid* ($PbCl_2$). Der den Chloriden zu Grunde liegende *Chlorwasserstoff* (HCl) ist ein farbloses Gas, dessen wässrige Lösung *Salzsäure* genannt wird. Salzsäure ist eine sehr starke Säure ($pK_s = -3$).

Zum qualitativen Nachweis von Chlorid-Ionen sind folgende Reaktionen geeignet [vgl. **MC-Fragen Nr. 65, 123, 125, 128, 147–155, 170, 315, 822**].

(1) Fällung als Silberchlorid: Beim Versetzen einer Cl^--Ionen-haltigen Lösung mit $AgNO_3$ fällt *weißes*, käsiges AgCl aus, das sich auf Zusatz von Ammoniak unter Bildung des komplexen Diamminsilberchlorids wieder auflöst und durch Ansäuern, z. B. mit verdünnter (2 M) HNO_3, erneut ausgefällt werden kann *(Ph. Eur.)*.

$$Ag^+ + Cl^- \rightarrow AgCl\downarrow \underset{(+\,H_3O^+)}{\overset{(+\,NH_3)}{\rightleftharpoons}} [Ag(NH_3)_2]^+Cl^-$$

Silberchlorid ist auch in einer Alkalicyanid-Lösung sowie in einer konzentrierten Natriumthiosulfat-Lösung ($Na_2S_2O_3$) unter Komplexbildung löslich. In konz. HCl löst sich AgCl zu $[AgCl_2]^-$.

$$[Ag(CN)_2]^- \underset{-\,Cl^-}{\overset{+\,2\,CN^-}{\longleftarrow}} AgCl \underset{-\,Cl^-}{\overset{+\,2\,S_2O_3^{2-}}{\longrightarrow}} [Ag(S_2O_3)_2]^{3-}$$

Zur weiteren Charakterisierung des AgCl-Niederschlags können folgende Reaktionen herangezogen werden [vgl. **MC-Fragen Nr. 147, 315**]:

- Auch durch Kochen von AgCl mit Natriumcarbonat-Lösung (siehe Sodaauszug) unter Bildung von schwer löslichem, *weißem Silbercarbonat* (Ag_2CO_3) oder durch Kochen mit Alkalihydroxid-Lösung unter Bildung von *braunem Silberoxid* (Ag_2O) kann Chlorid in Lösung gebracht und darin nachgewiesen werden.
- Beim Erhitzen mit gelbem Ammoniumpolysulfid, $(NH_4)_2S_x$, fällt *schwarzes* Silbersulfid (Ag_2S) aus.

$$2\,AgCl + S^{2-} \rightarrow Ag_2S\downarrow + 2\,Cl^-$$

- Durch Umsetzung mit Zink/H_2SO_4 bzw. mit Formaldehyd (H_2CO) in alkalischer Lösung entsteht elementares Silber. Die Reduktion von Silber-Ionen mit

Aldehyden dient auch zu deren Nachweis (**Tollens-Probe**, siehe Kapitel 2.3.2.1 und 3.5.3.11).

$$2\ AgCl + Zn \rightarrow 2\ Ag\downarrow + Zn^{2+} + 2\ Cl^-$$
$$2\ AgCl + H_2CO + 3\ NaOH \rightarrow 2\ Ag\downarrow + 2\ NaCl + HCOONa + 2\ H_2O$$

Die AgCl-Fällung wird gestört durch Ionen wie: Br^-, I^-, SCN^-, CN^- oder $[Fe(CN)_6]^{4-}$, die gleichfalls schwer lösliche Silbersalze bilden. Fluorid-Ionen stören *nicht*, da Silberfluorid (AgF) leicht wasserlöslich ist und nicht ausfällt [siehe auch Kapitel 2.2.1.3 und **MC-Frage Nr. 148**].

Die Störung durch Thiocyanat (SCN^-) kann durch vorherige Umsetzung mit $CuSO_4$ in Gegenwart von Sulfit (oder Schwefeldioxid) beseitigt werden, weil Cu(I) mit Thiocyanat als schwer lösliches CuSCN ausgefällt wird. Cu(I)-Ionen entstehen dabei durch Reduktion von Cu(II) mit SO_2.

$$2\ SCN^- + 2\ Cu^{2+} + SO_3^{2-} + 3\ H_2O \rightarrow 2\ CuSCN\downarrow + SO_4^{2-} + 2\ H_3O^+$$

(2) Oxidation zu elementarem Chlor: Chlorid-Ionen können in salpetersaurer Lösung mit Kaliumpermanganat ($KMnO_4$) oder Braunstein (MnO_2) zu elementarem Chlor oxidiert werden. Dieses oxidiert anschließend zugesetztes Iodid zu Iod und färbt somit Kaliumiodid-Stärke-Papier *blau* [vgl. **MC-Frage Nr. 149**].

$$2\ Cl^- + MnO_2 + 4\ H_3O^+ \rightarrow Mn^{2+} + Cl_2 + 6\ H_2O$$
$$Cl_2 + 2\ I^- \rightarrow I_2 + 2\ Cl^- \rightarrow \text{Iod-Stärke-Reaktion}$$

(3) Chromylchlorid-Reaktion: Cl^--Ionen reagieren in schwefelsaurem Milieu mit Kaliumdichromat ($K_2Cr_2O_7$) zu flüchtigem, *rotbraunem* Chromylchlorid (CrO_2Cl_2), dem Säurechlorid der Chromsäure [$H_2CrO_4 \equiv CrO_2(OH)_2$]. Chromylchlorid kann in der Hitze in eine NaOH-Lösung übergetrieben werden und hydrolysiert darin zu *gelbem* Chromat (CrO_4^{2-}) [vgl. **MC-Fragen Nr. 150–152, 154, 155, 170, 251, 822**].

$$4\ Cl^- + Cr_2O_7^{2-} + 6\ H_3O^+ \rightarrow 2\ CrO_2Cl_2\uparrow + 9\ H_2O$$
$$CrO_2Cl_2 + 4\ HO^- \rightarrow 2\ Cl^- + CrO_4^{2-} + 2\ H_2O$$

Chromylchlorid oxidiert als Chrom(VI)-Verbindung *Diphenylcarbazid* zu *Diphenylcarbazon* und wird dabei zu dreiwertigem Chrom reduziert. Chrom(III) reagiert anschließend mit Diphenylcarbazon zu einem *rotvioletten* Farbkomplex *(Ph. Eur.)* [vgl. **MC-Fragen Nr. 150, 152, 154, 155, 256, 257**].

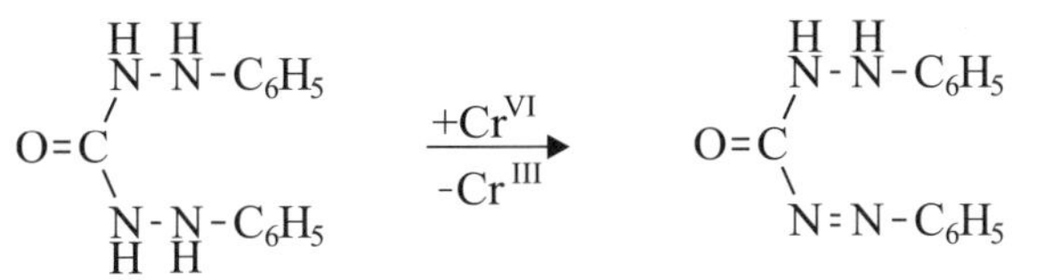

Diphenylcarbazid **Diphenylcarbazon**

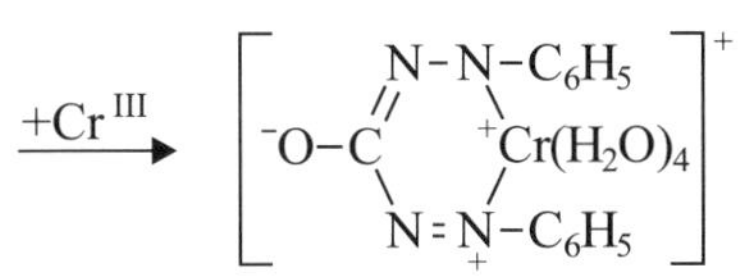

Normalerweise wird der Test so ausgeführt, dass man ein mit Diphenylcarbazid-Lösung getränktes Filterpapier über die Reagenzglasöffnung hält. Der Papierstreifen darf dabei nicht in Kontakt mit der $K_2Cr_2O_7$-Lösung kommen. Schwer lösliche Chloride wie AgCl und Hg_2Cl_2 gehen die Chromylchlorid-Reaktion *nicht* ein. Ionen wie F^- [Bildung von Chromylfluorid (CrO_2F_2)], Br^- [Oxidation von Diphenylcarbazid durch gebildetes Brom], I^- sowie NO_2^- und NO_3^- [Bildung von Nitrosylchlorid (NOCl)] stören den Nachweis. Die Chromylchlorid-Reaktion ist somit *nicht* spezifisch für den Nachweis von Chlorid-Ionen [vgl. **MC-Frage Nr. 153**].

(4) Grenzprüfung auf Chlorid: Zur Grenzprüfung auf Chlorid-Ionen nach *Arzneibuch* werden 15 ml der vorgeschriebenen Probelösung mit verd. HNO_3 versetzt. Die Mischung wird auf einmal in ein Reagenzglas gegossen, in dem sich eine $AgNO_3$-Lösung befindet. Eine Referenzlösung mit 5 ppm Chlorid wird in analoger Weise behandelt. Die Lösungen werden 5 Minuten vor Licht geschützt aufbewahrt und gegen einen dunklen Hintergrund betrachtet. Die zu prüfende Lösung darf bei horizontaler Durchsicht durch *Silberchlorid* (AgCl) nicht stärker getrübt sein als die Referenzlösung.

Da sich Silberhalogenide am Licht verfärben, ist eine direkte Lichteinwirkung zu vermeiden und die vorgeschriebene Reaktionszeit exakt einzuhalten. Bei der Prüfung werden neben Chlorid auch Bromid, Iodid, Cyanid und Thiocyanat erfasst.

2.2.3.3 Bromid (Br^-)

Mit Ausnahme der Salze *Silberbromid* (AgBr), *Quecksilber(I)-bromid* (Hg_2Br_2), *Thallium*(I)-*bromid* (TlBr) und *Bleibromid* ($PbBr_2$) sind alle anderen Bromide in Wasser leicht löslich [vgl. **MC-Frage Nr. 840**].

Der den Salzen zugrunde liegende *Bromwasserstoff* (HBr) ist in wässriger Lösung eine starke Säure ($pK_s = -6$).

Zur Identifizierung von Bromid-Ionen können folgende Reaktionen herangezogen werden:

(1) Fällung als Silberbromid: Aus einer bromidhaltigen Lösung fällt bei Zugabe von $AgNO_3$ ein *gelblicher* Niederschlag von AgBr aus, der in verd. HNO_3 unlöslich und in verdünnter Ammoniak-Lösung schwer löslich ist *(Ph. Eur.)*. Dagegen bilden sich aus AgBr in *konzentrierter* Ammoniak-, Kaliumcyanid- oder Natriumthiosulfat-Lösung lösliche Silberkomplexe. Beim Behandeln von AgBr mit $(NH_4)_2S$ in der Wärme entsteht Ag_2S [vgl. **MC-Fragen Nr. 203, 204, 773, 840**].

$$Br^- + Ag^+ \rightarrow AgBr\downarrow \xrightarrow{+\,2\,CN^-} [Ag(CN)_2]^- + Br^-$$

Silberbromid ist auch unlöslich in kalter, gesättigter Ammoniumcarbonat-Lösung. Dagegen kann das Br^--Anion aus Silberbromid (AgBr) durch Kochen mit konzentrierten Alkalicarbonat- oder Alkalihydroxid-Lösungen in Lösung gebracht werden. Der Aufschluss von AgBr gelingt durch Schmelzen mit Soda/Pottasche sowie durch Behandeln mit Zink in schwefelsaurer Lösung [vgl. **MC-Fragen Nr. 128, 163, 164**].

(2) Oxidation zu elementarem Brom: Säuert man eine Bromid-Lösung mit HCl oder H_2SO_4 an, unterschichtet sie mit Chloroform bzw. Tetrachlorkohlenstoff und gibt anschließend tropfenweise *Chlorwasser* hinzu, so wird Bromid zu Brom oxidiert und die organische Phase färbt sich *braun*. Bei weiterer Reagenzzugabe schlägt die Farbe unter Bildung von Bromchlorid (BrCl) nach *weingelb* um. Chlor kann in bequemer Weise aus **Chloramin T** (*N*-Chlor-p-toluensulfonamid-Natrium) erzeugt werden.

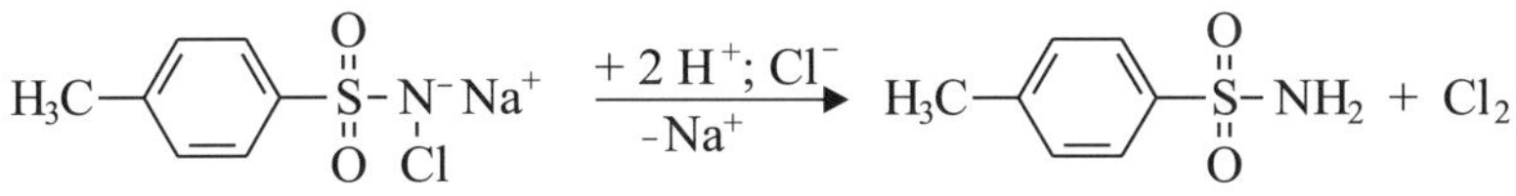

Chloramin T **p-Toluensulfonamid**

$$2\ Br^- + Cl_2 \rightarrow Br_2 + 2\ Cl^-$$
$$Br_2 + Cl_2 \rightarrow 2\ BrCl$$

Weitere Oxidationsmittel, die Bromid in Brom umwandeln, sind: Kaliumbromat ($KBrO_3$), Wasserstoffperoxid (H_2O_2), Mangan(IV)-oxid (MnO_2), Kaliumpermanganat ($KMnO_4$), Kaliumchromat (K_2CrO_4), Kaliumdichromat ($K_2Cr_2O_7$), Blei(IV)-oxid (PbO_2) und konzentrierte Schwefelsäure (H_2SO_4). Es entweichen *braune* Brom-Dämpfe (Bromid bildet also nicht wie Chlorid mit sechswertigen Chromverbindungen eine flüchtige Chromylverbindung!). Die mit den genannten Oxidationsmitteln ablaufenden Redoxprozesse können wie folgt formuliert werden [vgl. **MC-Fragen Nr. 50, 109–111, 156–158, 163, 165, 840**]:

$$5\ Br^- + BrO_3^- + 6\ H_3O^+ \rightarrow 3\ Br_2 + 9\ H_2O$$
$$2\ Br^- + H_2O_2 + 2\ H_3O^+ \rightarrow Br_2 + 4\ H_2O$$
$$2\ Br^- + MnO_2 + 4\ H_3O^+ \rightarrow Br_2 + Mn^{2+} + 6\ H_2O$$
$$10\ Br^- + 2\ MnO_4^- + 16\ H_3O^+ \rightarrow 5\ Br_2 + 2\ Mn^{2+} + 24\ H_2O$$
$$6\ Br^- + 2\ CrO_4^{2-} + 16\ H_3O^+ \rightarrow 3\ Br_2 + 2\ Cr^{3+} + 24\ H_2O$$
$$6\ Br^- + Cr_2O_7^{2-} + 14\ H_3O^+ \rightarrow 3\ Br_2 + 2\ Cr^{3+} + 21\ H_2O$$
$$2\ Br^- + PbO_2 + 4\ H_3O^+ \rightarrow Br_2 + Pb^{2+} + 6\ H_2O$$
$$2\ Br^- + H_2SO_4 + 2\ H_3O^+ \rightarrow Br_2 + SO_2\uparrow + 4\ H_2O$$

(3) Eosin-Probe: Durch Oxidation von Bromid mit $K_2Cr_2O_7/H_2SO_4$ entsteht elementares Brom, das gelbes **Fluorescein** in *rotes* **Eosin** (Tetrabromfluorescein) zu überführen vermag. Die rote Farbe tritt deutlicher hervor, wenn man das mit Fluorescein getränkte Filterpapier anschließend über Ammoniak hält. Es bildet sich dabei u. a. das Dianion des 2',4',5',7'-Tetrabromfluoresceins [vgl. **MC-Frage Nr. 160**].

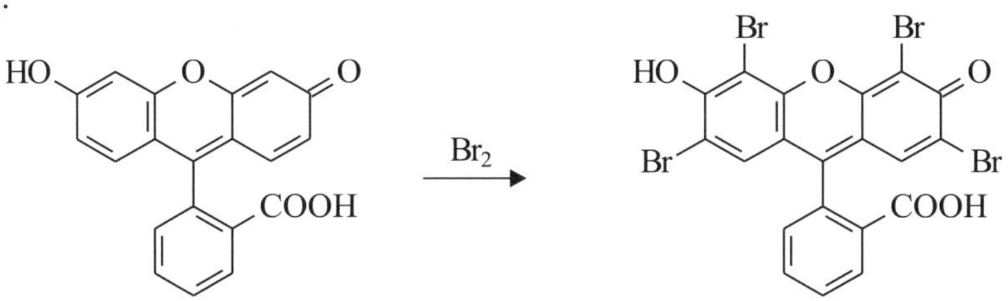

Fluorescein **Eosin**

(4) Nachweis mit Schiff-Reagenz: Blei(IV)-oxid (PbO_2) oxidiert Bromid in essigsaurer Lösung zu elementarem Brom, welches den aus Schiff-Reagenz (Fuchsin-Schweflige Säure) freigesetzten Triphenylmethanfarbstoff **Fuchsin** (Rosanilin) in ortho-Stellung zu den aromatischen Aminogruppen elektrophil bromiert. Fuchsin ist ein Gemisch homologer Rosanilinium-Salze (R = H, CH_3), sodass bei der Reaktion mit den Brom-Dämpfen *violette Pentabromrosanilinium-* (R = CH_3) und *Hexabromrosanilinium-Salze* (R = Br) gebildet werden. Im Allgemeinen wird zur Durchführung der Nachweisreaktion ein Stück Filterpapier mit dem Schiffs Reagenz getränkt (*Ph. Eur.*) [vgl. **MC-Fragen Nr. 159, 161–163, 795, 817**].

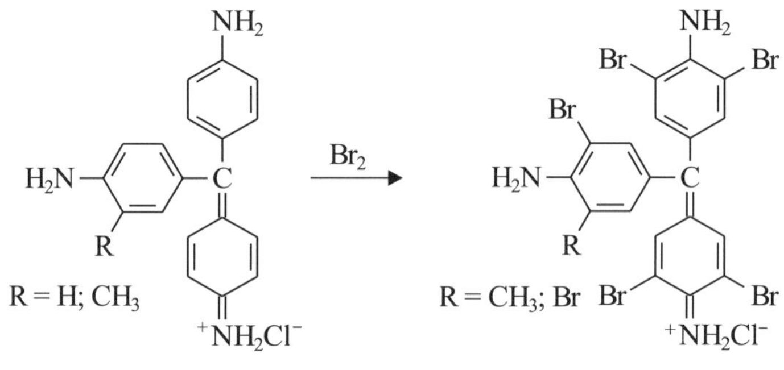

Rosanilin-HCl

(5) Bromierung von Phenol: Oxidiert man Bromid-Ionen zu Brom und gibt anschließend einige Tropfen Phenol-Lösung hinzu, so bildet sich eine *weiße* Fällung von **2,4,6-Tribromphenol** (siehe Ehlers, **Analytik II,** Kapitel 7.2.5.4 „Bromometrie").

2.2.3.4 Iodid (I^-)

Von den Iodiden sind *Silberiodid* (AgI), *Bleiiodid* (PbI_2), *Quecksilber(II)-iodid* (HgI_2), *Kupfer(I)-iodid* (CuI), *Thallium(I)-iodid* (TlI) und *Palladium(II)-iodid* (PdI_2) noch schwerer löslich als die betreffenden Bromide. Alle übrigen Iodide sind wasserlöslich. Die den Iodiden zu Grunde liegende *Iodwasserstoffsäure* (HI) ist die stärkste Elementwasserstoffsäure (pK_s = -8) [vgl. **MC-Frage Nr. 166**].

Die schwer löslichen Iodide setzen sich bei der Herstellung des Sodaauszuges kaum um; sie können aber relativ leicht beim Erhitzen der Analysensubstanz mit konzentrierter Schwefelsäure aufgrund der entstehenden *violetten* Iod-Dämpfe erkannt werden (siehe Kapitel 1.2.8.1). Dabei wird Schwefelsäure zu Schwefeldioxid (SO_2) und partiell auch zu Schwefelwasserstoff (H_2S) reduziert [vgl. **MC-Frage Nr. 50**].

$$2\ I^- + H_2SO_4 + 2\ H_3O^+ \rightarrow I_2\uparrow + SO_2\uparrow + 4\ H_2O$$
$$8\ I^- + H_2SO_4 + 8\ H_3O^+ \rightarrow 4\ I_2\uparrow + H_2S\uparrow + 12\ H_2O$$

Iodid-Ionen lassen sich nachweisen durch [vgl. **MC-Fragen Nr. 166–169**]:

(1) Fällung als Silberiodid: Beim Versetzen einer iodidhaltigen Probelösung mit $AgNO_3$ fällt *blassgelbes* AgI aus. AgI ist schwer löslich in konzentriertem Ammoniak und verdünnter Salpetersäure, löst sich aber unter Komplexbildung in Cyanid- und konzentrierten Thiosulfat-Lösungen. Beim Erhitzen mit $(NH_4)_2S_x$ bildet sich schwarzes Silbersulfid (Ag_2S) (*Ph. Eur.*) [vgl. **MC-Fragen Nr. 125–127, 166**].

$$Ag^+ + I^- \rightarrow AgI\downarrow \xrightarrow{+\,2\,S_2O_3^{2-}} [Ag(S_2O_3)_2]^{3-} + I^-$$

Die Fällung von schwer löslichen Iodiden wie PbI_2 oder HgI_2 besitzt keine praktische Bedeutung, jedoch sind gravimetrische Bestimmungen als PdI_2 beschrieben.

(2) Oxidation zu Iod: Iodid-Ionen werden in verdünnt mineralsaurer Lösung von Kaliumdichromat ($K_2Cr_2O_7$) zu elementarem Iod oxidiert, das sich in Chloroform ($CHCl_3$) mit *violetter* Farbe löst *(Ph. Eur.)* [vgl. **MC-Frage Nr. 169**].

$$6\,I^- + Cr_2O_7^{2-} + 14\,H_3O^+ \rightarrow 3\,I_2 + 2\,Cr^{3+} + 21\,H_2O$$

Versetzt man dagegen eine mit verdünnter Salpetersäure angesäuerte Iodid-Lösung mit *Chlorwasser* und unterschichtet mit Chloroform ($CHCl_3$) oder Tetrachlorkohlenstoff (CCl_4), so oxidiert Chlor (Cl_2) auf Grund seines positiveren Normalpotentials (stärkere Oxidationskraft) Iodid-Ionen zu elementarem Iod (I_2) und die organische Phase färbt sich *violett* (siehe auch Kapitel 2.2.3.7, Ziffer 3). Bei weiterer Reagenzienzugabe tritt Entfärbung ein, weil Iod durch überschüssiges Chlor zu farblosem Iodat (IO_3^-) bzw. zu farblosem Iodtrichlorid (ICl_3) oxidiert wird [vgl. **MC-Fragen Nr. 168, 173**].

$$2\,I^- + Cl_2 \rightarrow I_2 + 2\,Cl^-$$
$$I_2 + 5\,Cl_2 + 18\,H_2O \rightarrow 2\,IO_3^- + 10\,Cl^- + 12\,H_3O^+$$
$$I_2 + 3\,Cl_2 \rightarrow 2\,ICl_3$$

Anzumerken ist, dass sich elementares Iod in organischen Lösungsmitteln mit unterschiedlicher Farbe löst. Beispielsweise sind Iod-Lösungen in Schwefelkohlenstoff (CS_2), Chloroform ($CHCl_3$), Tetrachlorkohlenstoff (CCl_4) *violett*, in Alkoholen, Ethern oder Ketonen *braun* und in Benzen (Benzol) *braunrot* gefärbt. Diese Farbabweichungen von der blauschwarzen Eigenfarbe des Iods beruhen auf der Wechselwirkung von Lösungsmittelmolekülen mit der Elektronenhülle des Iods.

Außer Chrom(VI)-Verbindungen und Chlorwasser oxidieren auch zahlreiche andere Oxidationsmittel (z. B.: NO_2^-, Cu^{2+}, Fe^{3+}, $[Fe(CN)_6]^{3-}$, H_2O_2, MnO_2, MnO_4^-, PbO_2, BrO_3^-, IO_3^-) Iodid zu elementarem Iod [siehe auch Kapitel 2.2.1.6 und 2.2.3.10 sowie **MC-Fragen Nr. 117–121, 166, 167, 171–173**].

Die Komproportionierung von Iodat (IO_3^-) mit Iodid dient in der quantitativen Analytik zur in situ Herstellung von elementarem Iod [siehe Ehlers, **Analytik II**, Kapitel 7.2.3.6 „*Iodatometrie*" und **MC-Frage Nr. 166**].

$$IO_3^- + 5\,I^- + 6\,H_3O^+ \rightarrow 3\,I_2 + 9\,H_2O$$

2.2.3.5 Cyanid (CN^-)

Cyanwasserstoff (HCN), auch *Blausäure* genannt, ist eine flüchtige, schwache Säure ($pK_s = 9{,}4$). Die Säure hat einen schwachen Geruch nach *bitteren Mandeln* und ist extrem giftig – deshalb **im Abzug arbeiten!** Die Salze der Blausäure heißen *Cyanide*. Von den Cyaniden sind die *Alkali-* und *Erdalkalicyanide* sowie *Quecksil-*

ber(II)- $[Hg(CN)_2]$ und *Gold(III)-cyanid* $[Au(CN)_3]$ in Wasser leicht löslich; alle anderen Cyanide lösen sich dagegen nur schwer in Wasser [vgl. **MC-Fragen Nr. 182, 185**].

Das Cyanid-Ion gleicht in mancherlei Hinsicht den Halogenid-Ionen und wird deshalb auch als **Pseudohalogenid** bezeichnet. Das Cyanid-Ion bildet mit zahlreichen Schwermetall-Ionen (Cu^+, Fe^{2+}, Fe^{3+} usw.) äußerst stabile *Komplexe* (siehe hierzu auch Kapitel 2.2.3.28).

Mit Ausnahme von *Silbercyanid* (AgCN) gehen alle Cyanide bei der Herstellung des Sodaauszuges in Lösung. Da sich jedoch in Gegenwart von Schwermetall-Ionen stabile, lösliche Komplexe bilden können, ist eine negative Reaktion auf Cyanid im Sodaauszug noch kein hinreichender Beweis für seine Abwesenheit. Man prüfe deshalb auch stets in der Ursubstanz auf Cyanid.

Zur Identifizierung von Cyaniden können folgende Reaktionen herangezogen werden [vgl. **MC-Fragen Nr. 181–187, 259**]:

(1) Verhalten gegenüber Schwefelsäure: Aus einfachen Cyaniden und leicht zerstörbaren Cyanokomplexen wird beim Versetzen mit verdünnter Schwefelsäure oder beim Verreiben mit $KHSO_4$ *Cyanwasserstoff* (HCN) in Freiheit gesetzt, der durch seinen Geruch nach *bitteren Mandeln* identifiziert werden kann. Alle Cyanide – auch die stabilsten – werden durch konzentrierte Schwefelsäure zersetzt, wobei neben HCN auch Kohlenmonoxid (CO) und Ammoniumsulfat entstehen [vgl. **MC-Fragen Nr. 51, 68, 186**].

$$6\,CN^- + 6\,H_3O^+ \xrightarrow{-\,6\,H_2O} 6\,HCN \xrightarrow{+\,3\,H_2SO_4/6\,H_2O} 3\,(NH_4)_2SO_4 + 6\,CO\uparrow$$

Zur *Zerstörung von Cyaniden* eignet sich deren Umsetzung mit *Natriumhypochlorit* (NaOCl) oder *Chlorkalk* (Ca(OCl)Cl) in stark *alkalischer* Lösung. Hierbei wird Cyanid oberhalb von pH=11 zunächst zu *Cyanat* (OCN^-) und dann weiter zu *Carbonat* (CO_3^{2-}) oxidiert. Im Gegensatz zu Cyaniden sind **Cyanate** *ungiftig*.

$$CN^- + ClO^- \rightarrow OCN^- + Cl^-$$
$$2\,OCN^- + 3\,ClO^- + 2\,HO^- \rightarrow N_2\uparrow + 2\,CO_3^{2-} + 3\,Cl^- + H_2O$$

(2) Fällung schwer löslicher Cyanide: Kupfer(II)-Ionen fällen aus cyanidhaltigen Lösungen zunächst *gelbes* $Cu(CN)_2$, das leicht in Dicyan $[(CN)_2]$ und *weißes Kupfer(I)-cyanid* (CuCN) zerfällt. Letzteres ergibt mit überschüssigem Cyanid den *farblosen* $[Cu(CN)_4]^{3-}$-Komplex [vgl. **MC-Frage Nr. 186**].

$$4\,CN^- + 2\,Cu^{2+} \rightarrow 2\,Cu(CN)_2\downarrow \rightarrow 2\,CuCN\downarrow + (CN)_2\uparrow$$
$$CuCN + 3\,CN^- \rightarrow [Cu(CN)_4]^{3-}$$

Mit Silber-Ionen bilden Cyanide einen *weißen* Niederschlag von *Silbercyanid* (AgCN), der im Sauren schwer löslich ist, sich jedoch in Ammoniak- oder Thiosulfat-Lösung sowie bei Cyanid-Überschuss wieder löst. AgCN fällt also erst dann aus, wenn ein Überschuss an Ag^+-Ionen zugegen ist [vgl. **MC-Fragen Nr. 124, 126, 181, 183, 185–187**].

$$Ag^+ + 2\,CN^- \rightarrow [Ag(CN)_2]^- \xrightarrow{+\,Ag^+} 2\,AgCN\downarrow$$

Die Reaktion versagt bei *Quecksilber(II)-cyanid* [$Hg(CN)_2$], da dieses in Wasser zwar löslich ist, jedoch praktisch *undissoziiert* vorliegt. Setzt man aber Cl^--Ionen hinzu und säuert mit Oxalsäure an, so wandelt sich $Hg(CN)_2$ in Quecksilber(II)-chlorid ($HgCl_2$) um und Cyanid kann nachgewiesen werden [vgl. **MC-Frage Nr. 184**].

$$[Hg(CN)_2]_{undiss} + 2\ Cl^- \rightarrow [HgCl_2]_{undiss} + 2\ CN^- \xrightarrow{+\ H^+} 2\ HCN\uparrow$$

Cyanid ergibt mit Co(II)-Ionen aus neutraler Lösung eine Fällung von *rotbraunem* $Co(CN)_2$, das sich mit überschüssigem Cyanid zum löslichen, gelben bis olivgrünen Pentacyanocobaltat(II) umsetzt. Dieser Komplex wird leicht durch Luft oder H_2O_2 zum *gelben* Hexacyanocobaltat(III) oxidiert [vgl. **MC-Fragen Nr. 182–184**].

$$Co^{2+} + 2\ CN^- \rightarrow Co(CN)_2\downarrow \xrightarrow{+\ 3\ CN^-} [Co(CN)_5]^{3-}$$

$$2\ [Co(CN)_5]^{3-} + 2\ CN^- + H_2O_2 \rightarrow 2\ [Co(CN)_6]^{3-} + 2\ HO^-$$

(3) Berliner-Blau-Reaktion: In alkalischer Lösung bilden Cyanid-Ionen mit Eisen(II)-Salzen komplexe Hexacyanoferrate(II), die im Sauren mit Fe(III)-Ionen **Berliner Blau** ergeben. Die Zugabe von Fe(III) ist nicht unbedingt erforderlich, da im Allgemeinen genügend Fe(II) durch Luftsauerstoff zu Fe(III) oxidiert wird [siehe auch Kapitel 2.2.3.28 und **MC-Fragen Nr. 181–187**].

$$6\ CN^- + Fe(OH)_2 \xrightarrow{-2\ HO^-} [Fe(CN)_6]^{4-} \xrightarrow{+\ K^+,\ +\ Fe^{3+}} K[Fe^{III}Fe^{II}(CN)_6]$$

Berliner Blau

(4) Umwandlung in Thiocyanat: Cyanid-Ionen können mit Ammoniumpolysulfid in Thiocyanat (SCN^-) umgewandelt werden, das sich anschließend als *blutrotes* Eisen(III)-thiocyanat [$Fe(SCN)_3$] identifizieren lässt [vgl. **MC-Fragen Nr. 181–187, 259**].

$$CN^- + S_x^{2-} \rightarrow SCN^- + S_{x-1}^{2-}$$

$$3\ SCN^- + Fe^{3+} \rightarrow Fe(SCN)_3$$

2.2.3.6 Thiocyanat (Rhodanid) (SCN^-)

Thiocyanate (Rhodanide) sind aus Cyaniden durch Umsetzung mit Schwefel oder Polysulfiden darstellbar. Die meisten Thiocyanate sind – im Gegensatz zur freien Thiocyansäure (HSCN) – in wässriger Lösung beständig. Thiocyanate sind relativ ungiftig.

Als **Pseudohalogenid** bildet Thiocyanat mit Ag(I)-, Hg(I)-, Hg(II)-, Cu(I)-, Au(I)-, Tl(I)- und Pb(II)-Ionen in Wasser schwer lösliche Salze. Die anderen Thiocyanate lösen sich dagegen leicht in Wasser. Außer *Silberthiocyanat* (AgSCN) werden alle schwer löslichen Thiocyanate bei der Herstellung des Sodaauszuges in lösliche Alkalithiocyanate umgewandelt.

Thiocyanat bildet mit zahlreichen Schwermetall-Ionen stabile Komplexe wie z. B. $[Hg(SCN)_4]^{2-}$, $[Co(SCN)_4]^{2-}$, $[Ag(SCN)_2]^-$ und ist als Ligand auch im Anion des *Reinecke-Salzes* $[Cr(SCN)_4(NH_3)_2]^-$ enthalten.

Analytisch auswertbare Reaktionen des Thiocyanat-Ions sind [vgl. **MC-Frage Nr. 189**]:

(1) Bildung schwer löslicher Salze: Tropft man gelöstes $AgNO_3$ in eine thiocyanathaltige Probelösung, dann fällt an der Eintropfstelle zunächst *weißes Silberthiocyanat* (AgSCN) aus, das beim Umschütteln als komplexes $[Ag(SCN)_2]^-$-Ion wieder in Lösung geht. Bei weiterer Zugabe von $AgNO_3$ entsteht erneut ein Niederschlag von AgSCN, der in HNO_3 schwer löslich ist, sich jedoch in Ammoniak unter Komplexbildung löst. Bei der thermischen Zersetzung von Silberthiocyanat bildet sich Silbersulfid (Ag_2S) [vgl. **MC-Fragen Nr. 122, 124–126, 128, 189**].

$$Ag^+ + SCN^- \rightarrow AgSCN\downarrow \xrightarrow{+\,SCN^-} [Ag(SCN)_2]^- \xrightarrow{+\,Ag^+} 2\ AgSCN\downarrow$$

Anzumerken ist, dass AgSCN kein Thiocyanat an den Sodaauszug (SA) abgibt und daher zum SCN^--Nachweis aus dem unlöslichen SA-Rückstand mit Ammoniak in Lösung gebracht werden muss.

Versetzt man eine Thiocyanat-Probelösung mit Kupfersulfat ($CuSO_4$) und Schwefliger Säure (aus Na_2SO_3/H_2SO_4), so fällt ein *weißer* Niederschlag von *Kupfer(I)-thiocyanat* (CuSCN) aus. Die Reaktion wird häufig zur Abtrennung von Thiocyanat genutzt.

$$2\ Cu^{2+} + SO_3^{2-} + 2\ SCN^- + 3\ H_2O \rightarrow 2\ CuSCN\downarrow + SO_4^{2-} + 2\ H_3O^+$$

(2) Bildung gefärbter Salze oder Komplexe: Thiocyanat bildet mit Co(II)-Ionen in neutraler Lösung lösliches, *blaues Cobalt(II)-thiocyanat* $[Co(SCN)_2]$, während in saurem Medium die blaue, komplexe Säure $H_2[Co(SCN)_4]$ entsteht. Beide Substanzen sind mit Amylalkohol und Ether extrahierbar.

$$Co^{2+} + 2\ SCN^- \rightarrow Co(SCN)_2 \xrightarrow{+\,2\ HSCN} H_2[Co(SCN)_4]$$

Mit Eisen(III)-Ionen – *nicht* jedoch mit Fe(II) – bildet sich in schwach *salzsaurer* Lösung *rotes*, mit Ether extrahierbares *Eisen(III)-thiocyanat* $[Fe(SCN)_3]$.

$$Fe^{3+} + 3\ SCN^- \rightarrow Fe(SCN)_3$$

Diese sehr empfindliche Reaktion wird durch Co(II)-Ionen aufgrund der Bildung der o. a. blauen Verbindungen und durch Hg(II)-Ionen infolge Bildung von praktisch undissoziiertem $Hg(SCN)_2$ oder des komplexen $[Hg(SCN)_4]^{2-}$ gestört.

Den störenden Einfluss von F^-, PO_4^{3-}, AsO_4^{3-}, H_3BO_3, CN^-, Tartrat und Oxalat, die mit Fe(III)-Ionen Komplexe wie z. B. Hexafluoroferrat(III), $[FeF_6]^{3-}$, bilden, kann man durch einen erhöhten Mineralsäurezusatz oder durch einen Überschuss an Fe(III) ausschalten.

Auch Hexacyanoferrate(II), $[Fe(CN)_6]^{4-}$, stören durch Bildung von Berliner Blau. Cyanoferrate werden deshalb vor der Fe(III)-Zugabe mit Cadmiumsulfat ($CdSO_4$) aus salpetersaurer Lösung gefällt oder man extrahiert $Fe(SCN)_3$ aus dem Eisen(III)-cyanoferrat-Gemisch mit Ether.

Darüber hinaus kann der Thiocyanat-Nachweis durch Reduktionsmittel wie Iodid gestört werden, die Fe(III) zu Fe(II) reduzieren. Die möglichen Beeinflussungen des Thiocyanat-Nachweises sind nochmals im nachfolgenden Schema zusammengefasst [vgl. **MC-Fragen Nr. 189–191, 617–621**].

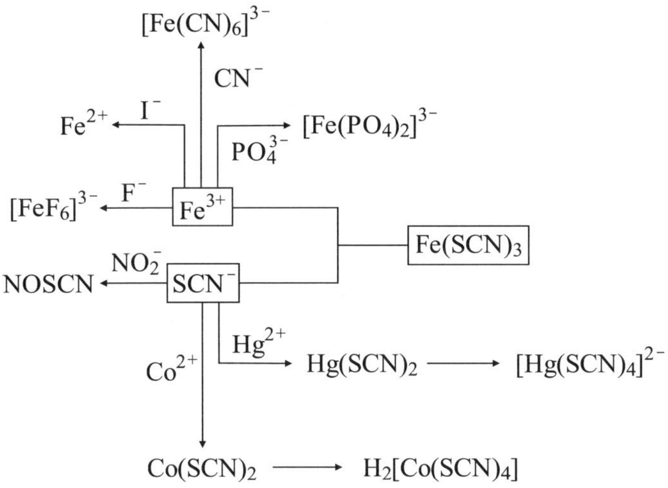

(3) Iod-Azid-Reaktion: Zum Nachweis von SCN^--Ionen mit Azid (N_3^-) in Gegenwart von Iod siehe Kapitel 2.2.1.9 [vgl. **MC-Fragen Nr. 135–137, 211**].

2.2.3.7 Gemische von Halogeniden und Pseudohalogeniden

(1) Nachweis von Bromid und Iodid neben Chlorid und Pseudohalogeniden

– *Zur Vorprobe auf* **Bromid** *und* **Iodid** *erhitzt man die Analysensubstanz mit konz. H_2SO_4. Bei Anwesenheit von Bromid entstehen braune, bei Iodid violette Dämpfe.*

Eine braune Farbe ist für Bromide *nicht* spezifisch, da auch Stickstoffdioxid (NO_2), aus Nitriten oder Nitraten stammend, eine ähnliche Färbung verursacht. Zudem können die violetten Iod-Dämpfe die braunen Brom-Dämpfe überdecken und dadurch ihr Erkennen erschweren [siehe auch Kapitel 1.2.8.1 und **MC-Fragen Nr. 50, 158, 163**].

– **Iodid** *und* **Bromid** *sind in schwefelsaurer Lösung nebeneinander nachweisbar weil die elementaren Halogene Brom und Iod aus ihren Salzen durch Chlor nacheinander freigesetzt werden und nach deren Extraktion in eine Schwefelkohlenstoff-, Chloroform- oder Tetrachlorkohlenstoff-Phase unterschiedliche Färbungen der organischen Phase auftreten.*

Dieser Nachweis ist möglich, da die Normalpotentiale (E°) der Halogene in der Reihe [$E^\circ(Cl_2/Cl^-)$: +1,36 V > $E^\circ(Br_2/Br^-)$: +1,09 V > $E^\circ(I_2/I^-)$: +0,54 V] abnehmen. Demzufolge ist Chlor das stärkste und Iod das schwächste Oxidationsmittel der genannten Halogene (siehe auch Tabelle 2.2).

Daher vermögen Chlorwasser oder eine salzsaure Chloramin T-Lösung die beiden anderen Halogene aus ihren Salzen freizusetzen, wobei Iod aufgrund seines niedrigeren Redoxpotentials zuerst gebildet wird. Eine *Violettfärbung* der organischen Phase zeigt das Vorhandensein von Iodid an. *Cyanid* stört, da es unter diesen Bedingungen mit Iod zu farblosem *Iodcyan* (ICN) reagiert. Deshalb vertreibt man es am besten *vor* der Oxidation als *Blausäure* durch Aufkochen der sauren Probelösung.

$$2\ I^- + Cl_2 \rightarrow 2\ Cl^- + I_2 \text{ (violett)}$$

$$HCN\uparrow \xleftarrow{+H^+} CN^- + I_2 \longrightarrow I^- + ICN \text{ (farblos)}$$

Durch weitere Zugabe von Chlorwasser verschwindet die violette Färbung, da Iod zu *farblosem* Iodat (IO_3^-) bzw. zu *farblosem* Iodtrichlorid (ICl_3) oxidiert wird.

$$I_2 + 5\ Cl_2 + 18\ H_2O \rightarrow 2\ IO_3^- + 10\ Cl^- + 12\ H_3O^+ \text{ (farblos)}$$
$$I_2 + 3\ Cl_2 \rightarrow 2\ ICl_3 \text{ (farblos)}$$

Bei weiterem Reagenzüberschuss schlägt die Farbe der organischen Phase bei Anwesenheit von Bromid nach *braun* (Brom) und schließlich nach *weingelb* (Brommonochlorid) um.

$$2\ Br^- + Cl_2 \rightarrow 2\ Cl^- + Br_2 \text{ (braun)}$$
$$Br_2 + Cl_2 \rightarrow 2\ BrCl \text{ (weingelb)}$$

Das nachfolgende Schema gibt nochmals einen Überblick über die beschriebene Nachweismethode von Iodid neben Bromid [vgl. **MC-Fragen Nr. 168, 173, 177**].

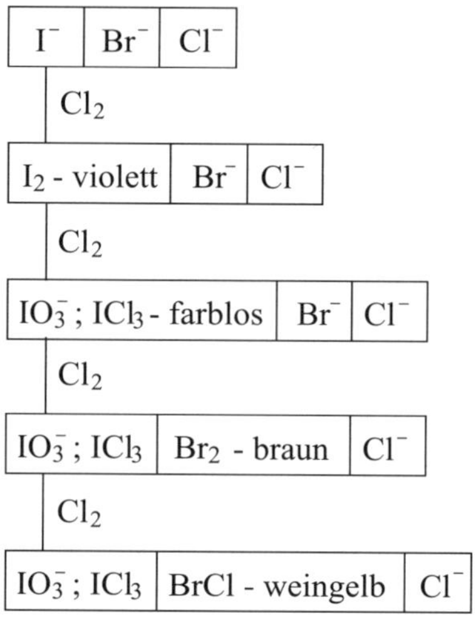

– **Iodid-Ionen** *werden aus einer salpetersauren Probe des Sodaauszuges gemeinsam mit Bromid und Chlorid als schwer lösliche Silbersalze gefällt. Silberiodid (AgI) wird danach durch seine Schwerlöslichkeit in konzentriertem Ammoniak (NH_3) von den anderen Silberhalogeniden abgetrennt.*

Silberiodid (AgI) unterscheidet sich von AgCl und AgBr durch seine Schwerlöslichkeit in konz. NH_3 (siehe Tabelle 2.1). Nur Silberhexacyanoferrat(II), $Ag_4[Fe(CN)_6]$, ist ebenfalls in konzentrierter Ammoniak-Lösung schwer löslich. Man behandelt anschließend die abfiltrierte AgI-Fällung mit Zn/H_2SO_4. Dabei geht Iodid in Lösung und kann wie oben beschrieben identifiziert werden.

KCN- oder Thiosulfat-Lösungen sind zum fraktionierten Lösen der Silberhalogenide ungeeignet, da sie alle drei Silberhalogenide lösen. Alle Silberhalogenide lassen sich reduktiv mit Zink in Schwefelsäure aufschließen (siehe Kapitel 1.5.2). Das nachfolgende Schema fasst das skizzierte Trennverfahren nochmals zusammen [vgl. **MC-Frage Nr. 170**].

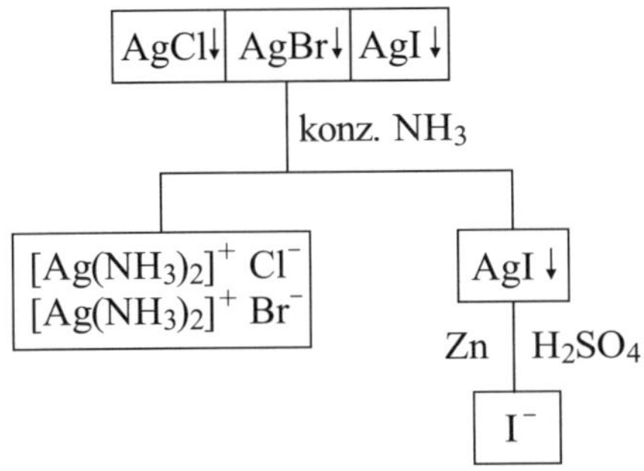

(2) Nachweis von Chlorid neben Bromid, Iodid und Pseudohalogeniden: Zum Nachweis von **Chlorid** neben anderen Halogeniden und Pseudohalogeniden stehen mehrere Methoden zur Verfügung.

– *Zu dem mit HNO_3 angesäuerten Sodaauszug tropft man $AgNO_3$-Lösung hinzu und fällt die Silberhalogenide gemeinsam aus. Der entstehende Niederschlag wird abfiltriert und in der Kälte mit einer konzentrierten Ammoniumcarbonat-Lösung geschüttelt.*

Die gemeinsame Fällung der Silberhalogenide (AgCl, AgBr, AgI) mit Silbernitrat-Lösung ist aus (salpeter)saurer Lösung selektiver als im neutralen oder alkalischen Milieu, weil im Neutralen oder Alkalischen auch noch andere Niederschläge schwer löslicher Silbersalze auftreten können.

Wie die nachfolgende Tabelle 2.1 dokumentiert, ist beim Behandeln der gemeinsamen Silberhalogenid-Fällung mit kalter, konzentrierter Ammoniumcarbonat-Lösung praktisch nur *Silberchlorid* (AgCl) löslich, während AgBr und AgI infolge ihres kleineren Löslichkeitsproduktes darin schwer löslich sind [siehe auch Ehlers, **Analytik II**, Kapitel 5.1.2.2].

Dem Filtrat des Ammoniumcarbonat-Extraktes werden Br^--Ionen zugesetzt. Ein – aufgrund der geringeren Löslichkeit von AgBr im Vergleich zu AgCl – gebildeter Niederschlag von *Silberbromid* (AgBr) zeigt Chlorid an. Aus dem gleichen Grund fällt bei Zugabe von Iodid-Ionen *gelbes Silberiodid* (AgI) aus. Die aus der

Tab. 2.1 Silberhalogenide und ihre Löslichkeit

Salz	Konz. $(NH_4)_2CO_3$	Konz. NH_3	Konz. KCN	Konz. $Na_2S_2O_3$	Verd. HNO_3
AgCl	Löslich	Löslich	Löslich	Löslich	Schwer löslich
AgBr	Schwer löslich	Löslich	Löslich	Löslich	Schwer löslich
AgI	Schwer löslich	Schwer löslich	Löslich	Löslich	Schwer löslich

Dissoziation des Diamminsilber(I)-chlorid-Komplexes, $[Ag(NH_3)_2]Cl$, resultierende Konzentration an freien Ag^+-Ionen reicht in kalter, wässriger Ammoniumcarbonat-Lösung nur aus, das Löslichkeitsprodukt von AgI bzw. AgBr zu überschreiten, sodass AgI auf Zusatz von KI und AgBr auf Zusatz von KBr ausfallen. Säuert man lediglich an, so bildet sich ein Niederschlag von AgCl. Das nachfolgende Schema fasst diesen Sachverhalt nochmals zusammen [vgl. **MC-Fragen Nr. 170, 174–176, 270**].

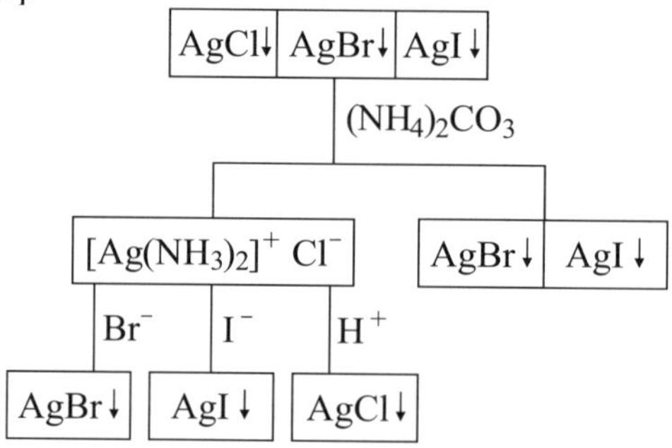

Die den Chlorid-Nachweis störenden Cyanide und Thiocyanate werden durch kurzes Aufkochen der salpetersauren Lösung vertrieben (als HCN, HSCN). Hexacyanoferrate (II)/(III) bilden gleichfalls schwer lösliche Silbersalze und werden vorher als Cadmiumsalze gefällt und abgetrennt. Eine weitere Variante der Abtrennung dieser störenden Ionen besteht darin, sie *vor* dem Chlorid-Nachweis durch Zusatz von $CuSO_4$ *und* Schwefliger Säure als CuCN, CuSCN oder $Cu_2[Fe(CN)_6]$ zu fällen.

- *Zum Nachweis von* **Chlorid** *neben Bromid und Iodid wird die gemeinsame Silbersalz-Fällung mit $K_3[Fe(CN)_6]$ versetzt und danach sehr verdünnte (3 %ige) Ammoniak-Lösung hinzugegeben.*

Bei Anwesenheit von Cl^--Ionen überzieht sich der Niederschlag mit einer *braunen* Schicht von $Ag_3[Fe(CN)_6]$, da unter diesen Bedingungen nur AgCl in NH_3 löslich ist [vgl. **MC-Frage Nr. 170**].

$$AgCl + 2\ NH_3 \rightarrow [Ag(NH_3)_2]^+ + Cl^-$$
$$3\ [Ag(NH_3)_2]^+ + [Fe(CN)_6]^{3-} \rightarrow 6\ NH_3\uparrow + Ag_3[Fe(CN)_6]\downarrow$$

Eine weitere Nachweismöglichkeit von Chlorid neben den anderen Halogeniden und Pseudohalogeniden ist die Bildung von flüchtigem *Chromylchlorid* (CrO_2Cl_2) mit anschließendem Nachweis als *gelbes Chromat* (CrO_4^{2-}).

- *Hierzu wird die Analysensubstanz mit Kaliumdichromat/konzentrierter Schwefelsäure behandelt. Bromide und Iodide werden zu den betreffenden Elementen oxidiert, während* **Chlorid** *in flüchtiges CrO_2Cl_2 umgewandelt wird. Die gebildeten Produkte werden anschließend in NaOH-Lösung übergetrieben. Brom und Iod disproportionieren zu farblosen Produkten, Chromylchlorid hydrolysiert zu gelbem Chromat.*

$$Br_2 + 2\ HO^- \rightarrow BrO^- + Br^- + H_2O$$
$$3\ I_2 + 6\ HO^- \rightarrow IO_3^- + 5\ I^- + 3\ H_2O$$
$$CrO_2Cl_2 + 4\ HO^- \rightarrow CrO_4^{2-} + 2\ Cl^- + 2\ H_2O$$

Die bei diesem Nachweis ablaufenden Teilprozesse sind nochmals im nachfolgenden Schema dargestellt [vgl. **MC-Fragen Nr. 151, 154, 155, 158, 170**].

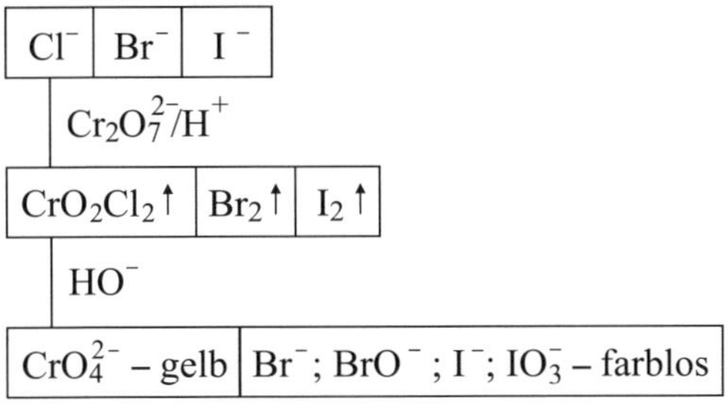

Die Reaktion versagt bei Chloriden wie Silberchlorid (AgCl), Quecksilber(I)-chlorid (Hg_2Cl_2) und Quecksilber(II)-chlorid ($HgCl_2$), in Gegenwart von Nitrat (NO_3^-) und Nitrit (NO_2^-) sowie in Anwesenheit von Reduktionsmitteln. Auch in Gegenwart von Fluorid verläuft der Chlorid-Nachweis nicht eindeutig, da F^--Ionen unter diesen Bedingungen das gleichfalls flüchtige *Chromylfluorid* (CrO_2F_2) bilden [vgl. **MC-Frage Nr. 153**].

– *In* **essigsaurer** *Lösung können die stärkeren Reduktionsmittel* Br^- *und* I^- *selektiv vom schwächeren Reduktionsmittel Chlorid abgetrennt werden.*

Zum Beispiel oxidiert $KMnO_4$ unter diesen Bedingungen Bromid zu Brom und Iodid zu Iod, während Chlorid nicht angegriffen wird. Man vertreibt die gebildeten Halogene durch Aufkochen der Analysenlösung und weist anschließend im Filtrat Cl^--Ionen als AgCl nach [vgl. **MC-Fragen Nr. 170, 270**].

$$10\,X^- + 2\,MnO_4^- + 16\,H_3O^+ \text{ (essigsauer)} \rightarrow 5\,X_2\uparrow + 2\,Mn^{2+} + 24\,H_2O \quad (X^- = Br^-, I^-;\ X^- \neq Cl^-)$$

(3) Nachweis von Halogenen und Halogeniden mit Oxidationsmitteln: In Tabelle 2.2 sind die **Normalpotentiale** der Halogene und einiger anderer korrespondierender Redoxpaare aufgelistet. Diese Normalpotentiale (E°) charakterisieren die oxidierende bzw. reduzierende Wirkung des betreffenden korrespondierenden Redoxpaares.

Je negativer das Normalpotential (E°) ist, desto stärker reduzierend wirkt die reduzierte Form eines korrespondierenden Redoxpaares; je positiver der E°-Wert ist, desto stärker oxidierend wirkt die oxidierte Form eines korrespondierenden Redoxpaares.

Man erkennt, dass die Normalpotentiale des Redoxpaares „Halogen/Halogenid" vom Fluor zum Iod hin abnehmen. Fluor ist somit in der Reihe der Halogene das stärkste, Iod das schwächste Oxidationsmittel, während das Iodid-Ion von allen Halogeniden am stärksten reduzierend wirkt.

Für den Ablauf einer Redoxreaktion der allgemeinen Form

$$Red^1 + Ox^2 \rightleftharpoons Ox^1 + Red^2$$

gilt nun folgende Aussage:

Tab. 2.2 Normalpotentiale der Halogene und ausgewählter Redoxpaare

Redoxpaar	E° (Volt)	Redoxpaar	E° (Volt)
F_2/F^-	+ 2,866	**Br_2/Br^-**	**+ 1,087**
H_2O_2/H_2O	+ 1,776	NO_2^-/NO (HOAc)	+ 0,983
$PbO_2/PbSO_4$	+ 1,691	Hg^{2+}/Hg_2^{2+}	+ 0,920
MnO_4^-/MnO_2	+ 1,679	Fe^{3+}/Fe^{2+}	+ 0,771
MnO_4^-/Mn^{2+}	+ 1,507	H_2O_2/O_2	+ 0,695
PbO_2/Pb^{2+} (HNO_3)	+ 1,455	$HgCl_2/Hg_2Cl_2$	+ 0,630
Cl_2/Cl^-	**+ 1,358**	**I_2/I^-**	**+ 0,536**
$Cr_2O_7^{2-}/Cr^{3+}$ (H_2SO_4)	+ 1,232	$[Fe(CN)_6]^{3-}/[Fe(CN)_6]^{4-}$	+ 0,358
MnO_2/Mn^{2+} (H_2SO_4)	+ 1,224	Cu^{2+}/Cu^+	+ 0,153
$Cu^{2+}/[Cu(CN)_4]^{3-}$	+ 1,103	$S_2O_3^{2-}/S_4O_6^{2-}$	+ 0,008

Ein oxidierbares Teilchen (Red^1) kann nur von einem Oxidationsmittel (Ox^2) oxidiert werden, wenn dessen Potential positiver ist als das Redoxpotential des korrespondierenden Redoxpaares (Red^1/Ox^1).

Man muss sich aber stets bewusst sein, dass das Redoxpotential eines korrespondierenden Redoxpaares von verschiedenen Faktoren abhängt, wie dem pH-Wert, der Bildung schwer löslicher Niederschläge oder der Bildung stabiler Komplexe. Trotzdem lassen sich aus der Kenntnis der oben aufgelisteten Normalpotentiale eine Reihe von Aussagen ableiten [vgl. **MC-Fragen Nr. 170–173, 270**]:

- Chlor oxidiert Bromid und Iodid zu den Elementen, die sich in verschiedenen organischen Lösungsmitteln mit charakteristischer Farbe lösen. Hierauf beruht der Nachweis von Br^- und I^- neben Cl^- mit Chlorwasser oder Chloramin T-Lösung.

$$Cl_2 + 2\,X^- \rightarrow X_2 + 2\,Cl^- \quad (X = Br, I)$$

- Die oxidierende Wirkung von Permanganat (MnO_4^-) und Braunstein (MnO_2) ist stark pH-abhängig. Für eine Lösung, die z. B. MnO_4^- und Mn^{2+} im Verhältnis 100 : 1 enthält, beträgt bei pH = 0 das Redoxpotential E = 1,524 Volt, bei pH = 3 (etwa 0,1 M-HOAc) aber nur noch E = 1,236 Volt.

Deshalb kann man mit Permanganat bei pH = 0 Chlorid zu Chlor (E° = 1,358 V) oxidieren; bei pH = 3 jedoch ist diese Oxidation nicht mehr möglich. Hingegen lässt sich Bromid in essigsaurer Lösung (pH = 2–3) noch glatt in Brom (E° = 1,087 V) umwandeln. Die Oxidation von Iodid zu Iod ist mit Permanganat sogar noch im neutralen Medium bei pH = 7 durchführbar. Analoge Betrachtungen lassen sich auch für MnO_2 anstellen [vgl. **MC-Fragen Nr. 61, 106–111**].

$$2\,MnO_4^- + 10\,X^- + 16\,H_3O^+ \rightarrow 5\,X_2 + 2\,Mn^{2+} + 24\,H_2O \quad (X = Cl, Br, I)$$

$$MnO_2 + 2\,X^- + 4\,H_3O^+ \rightarrow X_2 + Mn^{2+} + 6\,H_2O$$

- Das Normalpotential des Redoxpaares Fe^{3+}/Fe^{2+} beträgt 0,771 Volt, sodass Fe(III)-Ionen Iodid noch zu Iod oxidieren können, nicht mehr aber Bromid oder Chlorid. Aus diesem Grund stören von den Halogeniden nur Iodide den Thiocyanat-Nachweis mit $FeCl_3$.

$$2\ Fe^{3+} + 2\ I^- \rightarrow 2\ Fe^{2+} + I_2$$

- Dichromat in schwefelsaurer Lösung oxidert Bromide und Iodide zu elementarem Brom (Br_2) bzw. zu Iod (I_2), während Chlorid in Chromylchlorid (CrO_2Cl_2) übergeführt wird. Bei der Umsetzung von *festem* Kaliumdichromat ($K_2Cr_2O_7$) mit konzentrierter Salzsäure entsteht hingegen Chlor [vgl. **MC-Frage Nr. 251**].

$$6\ X^- + Cr_2O_7^{2-} + 14\ H_3O^+ \rightarrow 3\ X_2\uparrow + 2\ Cr^{3+} + 21\ H_2O\ (X = Br, I)$$
$$4\ Cl^- + Cr_2O_7^{2-} + 6\ H_3O^+ \rightarrow 2\ CrO_2Cl_2\uparrow + 9\ H_2O$$
$$6\ Cl^- + Cr_2O_7^{2-} + 14\ H_3O^+ \rightarrow 3\ Cl_2\uparrow + 2\ Cr^{3+} + 21\ H_2O\ (\text{in konz. HCl})$$

- Das Normalpotential des Redoxpaares NO_2^-/NO ($E° = 0{,}983$ V) indiziert, dass Nitrit-Ionen in essigsaurer Lösung *nur* Iodid zu Iod oxidieren können. Die Oxidation mit Nitrit kann deshalb analytisch zur *selektiven* Bestimmung von Iodid neben Bromid und Chlorid genutzt werden [vgl. **MC-Frage Nr. 171**].

$$2\ I^- + 2\ NO_2^- + 4\ H_3O^+ \rightarrow I_2 + 2\ NO\uparrow + 6\ H_2O$$

- Reines Wasserstoffperoxid oder eine konzentrierte Lösung von H_2O_2 sind starke Oxidationsmittel. Gegenüber Substanzen mit positiverem Potential vermögen sie aber auch reduzierend zu wirken. Darüber hinaus ist das Redoxpotential pH-abhängig, sodass H_2O_2 in stark sauren Lösungen Bromid zu Brom, in schwach sauren (essigsauren) Lösungen jedoch nur noch Iodid zu Iod oxidieren kann [vgl. **MC-Frage Nr. 172**].

$$H_2O_2 + 2\ X^- + 2\ H_3O^+ \rightarrow X_2 + 4\ H_2O\ (X = Br, I)$$

- Am Beispiel der Reduktion von Cu(II)- zu Cu(I)-Verbindungen erkennt man den *Einfluss der Löslichkeit* auf das Redoxpotential. Die sehr geringe Löslichkeit von *Kupfer(I)-iodid* (CuI), d. h. die extrem kleine Konzentration an freien Cu^+-Ionen, bewirkt, dass das Redoxpotential von Cu(II)/Cu(I) positiver wird als 0,536 Volt, sodass Iodid durch Cu(II) zu Iod oxidiert werden kann. In analoger Weise reagiert auch Cu(II) mit Cyaniden unter Bildung von Dicyan $(CN)_2$ [vgl. **MC-Frage Nr. 838**].

$$2\ Cu^{2+} + 4\ I^- \rightarrow 2\ CuI\downarrow + I_2$$
$$2\ Cu^{2+} + 4\ CN^- \rightarrow 2\ CuCN\downarrow + (CN)_2\uparrow$$

Zusammenfassung: Neben Chlor (Cl_2) setzen auch konzentrierte Schwefelsäure (H_2SO_4), Kaliumdichromat ($K_2Cr_2O_7$), Kaliumpermanganat ($KMnO_4$), Mangan(IV)-oxid (MnO_2) und Bleidioxid (PbO_2) in sauren Lösungen aus Bromiden und Iodiden die elementaren Halogene frei. Schwächere Oxidationsmittel wie Bromwasser, Eisen(III)-Ionen, Alkalinitrite und Wasserstoffperoxid (in Essigsäure) oxidieren in schwach saurer Lösung nur noch Iodid zu Iod.

(4) Nachweis von Pseudohalogeniden nebeneinander: Allgemein anwendbar ist der **Cyanid-Nachweis** durch Freisetzen von *Blausäure* (HCN) aus der Ursubstanz nach Behandeln mit Natriumhydrogencarbonat ($NaHCO_3$) oder 2 M-Essigsäure und anschließender Bildung von *Silbercyanid* (AgCN) im Gärröhrchen. Hexacyanoferrate stören hierbei *nicht*, da sie unter diesen Bedingungen keine Blausäure bilden. Bei Abwesenheit von Hexacyanoferraten und Thiocyanaten kann Cyanid als Berliner Blau oder als Thiocyanat aus dem Sodaauszug nachgewiesen werden.

Der **Thiocyanat-Nachweis** kann mittels der Iod-Azid-Reaktion erfolgen oder man gibt zum schwach angesäuerten Sodaauszug Fe(III)-Ionen hinzu unter Bildung von *rotem* Eisen(III)-thiocyanat $[Fe(SCN)_3]$. Sind $[Fe(CN)_6]^{4-}$-Ionen zugegen, so muss man mit einem Fe(III)-Überschuss arbeiten und danach das gebildete Berliner Blau $Fe_4[Fe(CN)_6]_3$ abfiltrieren oder alternativ dazu $Fe(SCN)_3$ aus dem Reaktionsmilieu mit Ether extrahieren.

Auch Fluorid, Phosphat, Oxalat und Tartrat stören, da sie mit Fe(III) stabile Komplexe bilden. Iodid stört, da es durch Fe(III) zu Iod oxidiert wird, dessen braune Farbe die Identifizierung von $Fe(SCN)_3$ im Ether/Amylalkohol-Gemisch erschwert. Man beseitigt diese Störung, indem man aus schwach salpetersaurer Lösung AgI und AgSCN gemeinsam fällt. AgSCN löst sich z. T. in konzentrierter NH_3-Lösung. Dem ammoniakalischen Filtrat werden dann $(NH_4)_2S$ oder Thioacetamid zugesetzt. Es fällt schwarzes *Silbersulfid* (Ag_2S) aus. Zu beachten ist, dass *Silberthiocyanat* (AgSCN) *kein* SCN^- an den Sodaauszug abgibt und mit konzentriertem Ammoniak in Lösung gebracht werden muss.

2.2.3.8 Chlorat (ClO_3^-)

Sämtliche Chlorate sind in Wasser leicht löslich, sodass für das ClO_3^--Ion *keine* spezifischen Fällungsreaktionen existieren. Für die Analytik von Chlorat-Ionen ist in erster Linie ihr Oxidationsverhalten von Bedeutung [vgl. **MC-Fragen Nr. 123, 178**].

(1) Reduktion: Chlorat wird durch Reduktionsmittel wie I^-, SO_3^{2-}, NO_2^-, Fe^{2+}, Sn^{2+}, H_{nasc} oder unedle Metalle (wie Zn, Fe) zu Chlorid reduziert. Hierbei laufen folgende Reaktionen ab:

$$ClO_3^- + 3\ NO_2^- \rightarrow Cl^- + 3\ NO_3^-$$
$$ClO_3^- + 3\ Zn + 6\ H_3O^+ \rightarrow Cl^- + 3\ Zn^{2+} + 9\ H_2O$$
$$ClO_3^- + 3\ SO_3^{2-} \rightarrow Cl^- + 3\ SO_4^{2-}$$
$$ClO_3^- + 6\ I^- + 6\ H_3O^+ \rightarrow Cl^- + 3\ I_2 + 9\ H_2O$$

In stark phosphorsaurer Lösung vermag Chlorat Mn(II) zu Mn(III) zu oxidieren unter Bildung des *violetten* komplexen Anions $[Mn(PO_4)_2]^{3-}$.

$$ClO_3^- + 6\ Mn^{2+} + 12\ PO_4^{3-} + 6\ H_3O^+ \rightarrow 6\ [Mn(PO_4)_2]^{3-} + Cl^- + 9\ H_2O$$

(2) Komproportionierung mit Chlorid: In konzentrierter Salzsäure-Lösung komproportioniert Chlorat zu elementarem Chlor.

$$ClO_3^- + 5\ Cl^- + 6\ H_3O^+ \rightarrow 3\ Cl_2 + 9\ H_2O$$

2.2.3.9 Bromat (BrO_3^-)

Bromate bilden nur wenige schwer lösliche Salze [$AgBrO_3$, $Ba(BrO_3)_2$]. Weißes *Silberbromat* ($AgBrO_3$) ist in warmem Wasser, in 2 M-NH_3-Lösung sowie in kalter, gesättigter Ammoniumcarbonat-Lösung löslich [vgl. **MC-Fragen Nr. 122, 125, 127**].

Viele Bromide enthalten Bromat aufgrund ihres Herstellungsprozesses, sodass das Arzneibuch häufig bromidhaltige Wirkstoffe auf Verunreinigungen durch Bromat prüfen lässt. Analytisch nutzt man vor allem das Oxidationsvermögen von Bromat [vgl. **MC-Fragen Nr. 117, 179, 180**].

(1) Komproportionierung mit Bromid: Mit Bromid komproportioniert Bromat in saurer Lösung zu elementarem Brom. Diese Reaktion bildet die Grundlage der bromatometrischen Bestimmungen von Phenolen und Anilin-Derivaten (siehe Ehlers, **Analytik II**, Kapitel 7.2.5.4).

$$BrO_3^- + 5\,Br^- + 6\,H_3O^+ \rightarrow 3\,Br_2 + 9\,H_2O$$

(2) Reduktion: Durch Iodid oder Nitrit wird Bromat über die Stufe des elementaren Broms hinaus bis zum Bromid reduziert, das als Silberbromid (AgBr) gefällt werden kann.

$$BrO_3^- + 6\,I^- + 6\,H_3O^+ \rightarrow 3\,I_2 + Br^- + 9\,H_2O$$
$$BrO_3^- + 3\,NO_2^- \rightarrow Br^- + 3\,NO_3^-$$

Auch andere Reduktionsmittel wie H_2S, H_2SO_3 (bzw. Sulfite) oder Zn/H_2SO_4 (H_{nasc}) reduzieren Bromat zu Bromid.

(3) Bildung komplexer Salze: Bromate ergeben mit $MnSO_4/H_2SO_4$ eine *Rotfärbung*, die auf der Bildung von komplexem Mn(III)-sulfat beruht.

(4) Violettfärbung mit Fuchsin-Schwefliger Säure: Mit *Fuchsin-Schwefliger Säure* ergibt Bromat eine charakteristische *Violettfärbung*. Hierbei wird Bromat durch vorhandenes Sulfit zu Brom reduziert, das anschließend den Triphenylmethanfarbstoff elektrophil substituiert (siehe Bromid-Nachweis mit Schiff-Reagenz, Kapitel 2.2.3.3).

2.2.3.10 Iodat (IO_3^-)

Da Iodide häufig aus Iodaten hergestellt werden, lassen die Arzneibücher im Allgemeinen iodidhaltige Wirkstoffe auf eine mögliche Verunreinigung durch Iodat prüfen. Wie Bromat bildet auch Iodat ein schwer lösliches Silber- ($AgIO_3$) und Bariumsalz [$Ba(IO_3)_2$]. Das *weiße Silberiodat* ($AgIO_3$) ist in verdünnter Salpetersäure unlöslich, geht jedoch unter Bildung des Diamminsilber-Komplexes, $[Ag(NH_3)_2]^+$, auf Zusatz von Ammoniak in Lösung [vgl. **MC-Fragen Nr. 123, 127, 128**].

Alle Iodate sind starke Oxidationsmittel, zu deren Nachweis folgende Reaktionen genutzt werden:

(1) Reduktion: Durch schwache Reduktionsmittel (I^-, NO_2^-) werden Iodate zu elementarem Iod, durch starke Reduktionsmittel (Zn, SO_3^{2-}) bis zur Stufe des Iodids reduziert [vgl. **MC-Fragen Nr. 119, 120**].

$$IO_3^- + 5\ I^- + 6\ H_3O^+ \rightarrow 3\ I_2 + 9\ H_2O$$
$$2\ IO_3^- + 5\ NO_2^- + 2\ H_3O^+ \rightarrow I_2 + 5\ NO_3^- + 3\ H_2O$$
$$IO_3^- + 3\ SO_3^{2-} \rightarrow I^- + 3\ SO_4^{2-}$$
$$IO_3^- + 3\ Zn + 6\ H_3O^+ \rightarrow I^- + 3\ Zn^{2+} + 9\ H_2O$$

Im Gegensatz zu Chlorat und Bromat wird Iodat auch von Hypophosphorige Säure (Phosphinsäure) reduziert, wobei sich freies Iod bildet, das durch die *Iod-Stärke-Reaktion* nachgewiesen werden kann.

$$4\ HIO_3 + 5\ H_3PO_2 \rightarrow 2\ I_2 + 5\ H_3PO_4 + 2\ H_2O$$

2.2.3.11 Chromat (CrO_4^{2-}), Dichromat ($Cr_2O_7^{2-}$)

Chromate und Dichromate sind neben Chrom(VI)-oxid (CrO_3) die wichtigsten Chrom(VI)-Verbindungen. Analytisch auswertbare Reaktionen dieser Verbindungen sind:

(1) Chromat-Dichromat-Gleichgewicht: Zwischen Chromat und Dichromat besteht ein pH-abhängiges Gleichgewicht. Säuert man eine Chromat-Lösung an, so beobachtet man einen Farbwechsel von *gelb* nach *orange* und es bildet sich das zweikernige Dichromat. Die Reaktion ist umkehrbar, sodass Dichromate bei höheren pH-Werten wieder in Chromate übergehen [vgl. **MC-Fragen Nr. 65, 251**].

$$\text{(gelb)}\ 2\ CrO_4^{2-} + 2\ H_3O^+ \rightleftharpoons Cr_2O_7^{2-} + 3\ H_2O\ \text{(orangegelb)}$$

Bei Zugabe von konzentrierter Schwefelsäure zu Dichromat-Lösungen schreitet die Kondensation weiter fort. Über *Trichromsäure* ($H_2Cr_3O_{10}$) und *Tetrachromsäure* ($H_2Cr_4O_{13}$) usw. bildet sich schließlich *rotes* Chrom(VI)-oxid (CrO_3) (= *Chromsäureanhydrid*). Di-, Tri- und Tetrachromsäure sind Beispiele für **Isopolysäuren.**

$$Cr_2O_7^{2-} + 2\ H_3O^+ \rightleftharpoons 2\ CrO_3 + 3\ H_2O$$

(2) Bildung schwer löslicher Chromate: Während im Allgemeinen Dichromate in Wasser löslich sind, bildet das CrO_4^{2-} -Ion in neutraler bzw. essigsaurer, acetatgepufferter Lösung mit Ba(II) (*gelb*), Sr(II) (*gelb*), Pb(II) (*gelb*), Hg(I) (*tieforange*) und Ag(I) (*braunrot*) schwer lösliche Chromate [vgl. **MC-Fragen Nr. 127, 129, 130, 133, 251, 255, 304, 315**].

$$Me^{2+} + CrO_4^{2-} \rightarrow MeCrO_4\downarrow\ (Me = Ba, Sr, Pb)$$
$$2\ Me^+ + CrO_4^{2-} \rightarrow Me_2CrO_4\downarrow\ (Me = Hg, Ag)$$

Wegen des in wässriger Lösung bestehenden Chromat-Dichromat-Gleichgewichts fallen auch aus neutralen Dichromat-Lösungen die entsprechenden Chromate aus. Die Fällung ist aber nur dann vollständig, wenn die frei werdenden Protonen abgefangen werden. Man arbeitet daher am besten in einer Acetat-Pufferlösung.

$$2\ Me^{2+} + Cr_2O_7^{2-} + 3\ H_2O \rightarrow 2\ MeCrO_4\downarrow + (2\ H_3O^+)$$

(3) Oxidationen mit Dichromat: Dichromate wirken in saurer, besonders schwefelsaurer Lösung als starke Oxidationsmittel und werden zu Cr(III)-Salzen reduziert. Hierdurch schlägt die Farbe der Lösung von *orange* nach *grün* um. Beispiele solcher Redoxreaktion sind:

$$Cr_2O_7^{2-} + 3\,H_2S + 8\,H_3O^+ \rightarrow 2\,Cr^{3+} + 3\,S\downarrow + 15\,H_2O$$
$$Cr_2O_7^{2-} + 3\,H_2SO_3 + 2\,H_3O^+ \rightarrow 2\,Cr^{3+} + 3\,SO_4^{2-} + 6\,H_2O$$
$$Cr_2O_7^{2-} + 6\,I^- + 14\,H_3O^+ \rightarrow 2\,Cr^{3+} + 3\,I_2 + 21\,H_2O$$
$$Cr_2O_7^{2-} + 3\,CH_3CH_2OH + 8\,H_3O^+ \rightarrow 2\,Cr^{3+} + 3\,CH_3CH{=}O + 15\,H_2O$$
$$Cr_2O_7^{2-} + 6\,Fe^{2+} + 14\,H_3O^+ \rightarrow 2\,Cr^{3+} + 6\,Fe^{3+} + 21\,H_2O$$

Wegen der Schwefel-Abscheidung bei der Umsetzung mit Schwefelwasserstoff muss Dichromat (oder Chromat) vor dem H_2S-Trennungsgang durch *Verkochen mit Ethanol*, der zu Acetaldehyd (Geruch!) oxidiert wird, aus dem Analysengang entfernt werden [vgl. **MC-Fragen Nr. 57, 119, 120, 254**].

(4) Nachweis als Chromperoxid: Diese Reaktion ist für Cr(VI)-Verbindungen *spezifisch!* Dichromat bildet in saurer Lösung (HNO_3, H_2SO_4) in der Kälte mit Wasserstoffperoxid (H_2O_2) ein *blaues*, instabiles **Chromperoxid** [$CrO_5 = CrO(O_2)_2$], das mit Ether oder Amylalkohol aus der wässrigen Lösung ausgeschüttelt werden kann. Dabei entsteht ein beständigeres Addukt der allgemeinen Formel [$CrO_5 \cdot R$] (mit R = Ether, Amylalkohol, Keton, Ester oder Pyridin). Auch im Chromperoxid besitzt das Chrom-Atom wie im Dichromat die Oxidationszahl **+6**. Nach einiger Zeit schlägt die *blaue* Farbe nach *grün* um unter Bildung von Cr(III)-Salzen und Freisetzung von molekularem Sauerstoff [vgl. **MC-Fragen Nr. 251–253**].

$$Cr_2O_7^{2-} + 4\,H_2O_2 + 2\,H_3O^+ \longrightarrow 2$$

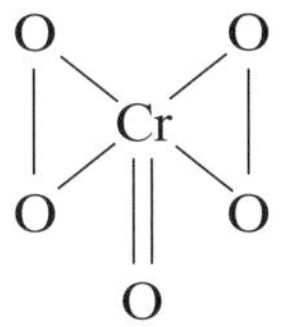

$$(CrO_5) + 7\,H_2O$$

$$4\,CrO_5 + 12\,H_3O^+ \longrightarrow 4\,Cr^{3+} + 18\,H_2O + 7\,O_2\uparrow$$

(5) Zum Nachweis von Cr(VI)-Verbindungen als *Chromylchlorid* und dem reduzierend wirkenden *Diphenylcarbazid* siehe Kapitel 2.2.3.2. Hierbei wird Diphenylcarbazid durch Chromylchlorid zu *Diphenylcarbazon* oxidiert, das anschließend mit Cr(III)-Ionen einen *rotvioletten* Chelatkomplex bildet [vgl. **MC-Fragen Nr. 151–155, 251, 256, 257**].

Weitere Reaktionen von Chrom(III)-Verbindungen werden im Kapitel 2.3.2.15 vorgestellt.

2.2.3.12 Permanganat (MnO_4^-)

Permanganate sind starke Oxidationsmittel. Dabei werden in *alkalischer* Lösung drei Elektronen aufgenommen unter Bildung von $MnO(OH)_2$ [MnO_2], in *saurer* Lösung werden fünf Elektronen aufgenommen unter Bildung von Mn^{2+}-Ionen. Die Entfärbung einer schwefelsauren Permanganat-Lösung ist eine wichtige *Vorprobe zum Erkennen von Reduktionsmitteln* (*oxidierbare Substanzen*) wie Wasserstoffperoxid, Sulfit, Thiosulfat, Sulfid, Thiocyanat, Oxalat, Tartrat, Nitrit, Ethanol, Bromid, Iodid, Fe(II)-Salze u. a. [siehe auch Kapitel 2.2.1.8 und 3.5.2 sowie **MC-Fragen Nr. 61, 106–111, 258, 270, 574**].

(1) Entfernung aus dem Analysengang: Wegen der Oxidation von Schwefelwasserstoff oder Sulfiden zu elementarem Schwefel, die bis zur Stufe des Sulfats weiterlaufen kann, müssen Mn(VII)-Verbindungen vor Beginn der Kationentrennung aus dem Analysengang entfernt werden. Dies gelingt am besten durch *Verkochen mit Ethanol.*

$$2\ MnO_4^- + 5\ S^{2-} + 16\ H_3O^+ \rightarrow 2\ Mn^{2+} + 5\ S\downarrow + 24\ H_2O$$
$$8\ MnO_4^- + 5\ H_2S + 14\ H_3O^+ \rightarrow 8\ Mn^{2+} + 5\ SO_4^{2-} + 26\ H_2O$$
$$2\ MnO_4^- + 5\ CH_3CH_2OH + 6\ H_3O^+ \rightarrow 2\ Mn^{2+} + 5\ CH_3CH{=}O + 14\ H_2O$$

Reduziert man hingegen Permanganat in *alkalischer* Lösung mit **Ethanol,** so bildet sich aus dem Alkohol – neben wenig Acetaldehyd (Geruch!) – vor allem Essigsäure bzw. Acetat. Die während der Reaktion auftretende *grüne* Farbe wird vom intermediär gebildeten Manganat(VI) verursacht, aus dem beim Erhitzen schließlich das im alkalischen Milieu stabile Mangan(IV)-oxid [Braunstein] (MnO_2) als *dunkelbrauner* Niederschlag entsteht (*Ph.Eur.*).

$$4\ MnO_4^- + 3\ CH_3CH_2OH \rightarrow 4\ MnO_2\downarrow + 3\ CH_3COO^- + 4\ H_2O + HO^-$$

(2) Oxidation von Oxalat: Die Oxidation von Oxalat durch Permanganat zu Kohlendioxid dient häufig zur Einstellung von $KMnO_4$-Maßlösungen. Die Reaktion verläuft zunächst sehr langsam, sie wird jedoch durch die gebildeten Mn(II)-Ionen *autokatalytisch* beschleunigt [vgl. **MC-Fragen Nr. 106–108, 258, 270**].

$$2\ MnO_4^- + 5\ C_2O_4^{2-} + 16\ H_3O^+ \rightarrow 2\ Mn^{2+} + 10\ CO_2\uparrow + 24\ H_2O$$

(3) Reduktion zu Braunstein: In alkalischer Lösung werden Mangan(VII)-Verbindungen zu Mn(IV)-oxid (Braunstein, MnO_2) bzw. zu seinem Hydrat $MnO(OH)_2$ reduziert.

$$2\ MnO_4^- + 3\ SO_3^{2-} + H_2O \rightarrow 2\ MnO_2\downarrow + 3\ SO_4^{2-} + 2\ HO^-$$

(4) Komproportionierung: In neutraler bis schwach alkalischer Lösung komproportioniert (synproportioniert) Permanganat mit Mn(II) zu Mn(IV) [vgl. **MC-Frage Nr. 258**].

$$2\ MnO_4^- + 3\ Mn^{2+} + 4\ HO^- + 3\ H_2O \rightarrow 5\ MnO(OH)_2$$

Weitere Eigenschaften von Manganverbindungen werden im Kap. 2.3.2.13 beschrieben.

2.2.3.13 Sulfat (SO_4^{2-})

Die den Sulfaten zu Grunde liegende *Schwefelsäure* (H_2SO_4) ist eine starke Säure ($pK_{s1} = -3$; $pK_{s2} = +1{,}96$). Sie besitzt, besonders in der Hitze, stark wasserentziehende Eigenschaften. Heiße konzentrierte Schwefelsäure wirkt gleichzeitig schwach oxidierend. Zur Herstellung verdünnter Schwefelsäure-Lösungen gießt man stets mit großer Vorsicht (Schutzbrille!) konzentrierte Schwefelsäure **in Wasser, nie umgekehrt!** Darüber hinaus darf man aufgrund einer extrem starken Wärmeentwicklung (Verdünnungswärme plus Neutralisationswärme) nie konzentrierte Schwefelsäure mit Laugen versetzen.

Abgesehen von den basischen *Sulfaten* des Bi(III), Cr(III) und Hg(II) sowie von $BaSO_4$, $SrSO_4$, $CaSO_4$ und $PbSO_4$ sind alle anderen Sulfate in Wasser leicht löslich. Während die basischen Sulfate nach Zugabe einer Säure in Lösung gehen, löst sich

Bariumsulfat ($BaSO_4$) in konzentrierter Salzsäure (HCl) nur spurenweise und *Strontiumsulfat* ($SrSO_4$) geht merklich erst beim Kochen in konzentrierter Salzsäure in Lösung. Dagegen werden *Bleisulfat* ($PbSO_4$) und *Calciumsulfat* ($CaSO_4$) unter diesen Bedingungen vollständig gelöst [vgl. **MC-Fragen Nr. 401, 404, 412**].

Alle Sulfate – selbst die schwer löslichen – setzen sich jedoch bei längerem Erhitzen mit Soda-Lösung um, sodass Sulfat fast immer im Sodaauszug auftritt und nachgewiesen werden kann [siehe Kapitel 1.4 und **MC-Frage Nr. 74**].

Zur Identifizierung von Sulfaten wird vor allem die *Fällung schwer löslicher Salze* genutzt.

(1) Fällung als Bariumsulfat: Beim Versetzen einer 2 M-salzsauren Sulfat-Probelösung mit $BaCl_2$ fällt ein *weißer* Niederschlag von $BaSO_4$ aus *(Ph. Eur.)*.

$$Ba^{2+} + SO_4^{2-} \rightarrow BaSO_4\downarrow$$

Man muss aber *vorher* stets mit HCl ansäuern, da viele andere Bariumsalze ($BaCO_3$, $Ba_3(PO_4)_2$, $BaSO_3$) in Wasser gleichfalls schwer löslich sind, jedoch in stark saurem Milieu wieder in Lösung gehen. In salzsaurer Lösung bilden Ba(II)-Ionen auch mit Fluorid (F^-) und Siliciumhexafluorid (SiF_6^{2-}) schwer lösliche Verbindungen, wobei sich BaF_2 und $Ba[SiF_6]$ in heißer konzentrierter Salzsäure lösen. Eine Entscheidung zwischen $BaSO_4$ und $Ba[SiF_6]$ ist häufig erst durch Betrachten des kristallinen Niederschlags unter einem Mikroskop möglich.

Um den bei der Fällung mit $BaCl_2$ erhaltenen Niederschlag als $BaSO_4$ näher zu charakterisieren, lässt das *Arzneibuch* zusätzlich noch folgende Prüfungen durchführen [vgl. **MC-Fragen Nr. 131, 133, 192–197, 837**]:

- Die $BaSO_4$-Suspension muss auf Zusatz von Iod-Lösung gelb bleiben. *Sulfit* (als $BaSO_3$) und *Dithionit* (als BaS_2O_4) würden durch Reduktion von Iod zu Iodid zu einer Entfärbung führen.
- Durch nachfolgende tropfenweise Zugabe von Zinn(II)-Lösung muss sich die Suspension entfärben. Andernfalls liegt *Bariumiodat* [$Ba(IO_3)_2$] vor, das Iodid erneut zu Iod oxidieren würde.
- Beim anschließenden Erhitzen zum Sieden darf kein gefärbter Niederschlag auftreten. *Bariumselenat* ($BaSeO_4$) würde zu rotem Selen (Se) und *Bariumwolframat* ($BaWO_4$) zu Wolframblau reduziert werden.

(2) Weitere schwer lösliche Salze: In anderen Arzneibüchern nutzt man die Fällung als schwer lösliches *Bleisulfat* ($PbSO_4$) zur Identitätsprüfung. Darüber hinaus kristallisiert aus essigsaurer Lösung beim Versetzen mit Benzidinacetat schwer lösliches *Benzidinsulfat* aus.

$$Pb^{2+} + SO_4^{2-} \rightarrow PbSO_4\downarrow$$

$$^{+}H_3N\text{-}C_6H_4\text{-}C_6H_4\text{-}NH_3^{+} + SO_4^{2-} \rightarrow \underbrace{(H_3N\text{-}C_6H_4\text{-}C_6H_4\text{-}NH_3)^{2+}SO_4^{2-}\downarrow}_{\textbf{Benzidinsulfat}}$$

(3) Grenzprüfung auf Sulfat: Eine Sulfat-Lösung mit 10 ppm Sulfat wird mit einer $BaCl_2$-Lösung versetzt, geschüttelt und 1 Minute stehen gelassen. Anschließend fügt man die zu prüfende Lösung und Essigsäure hinzu. Der Referenzlösung wird an Stelle der Untersuchungslösung das gleiche Volumen einer 100 ppm-Sulfat-Lösung hinzugefügt. Nach 5 Minuten darf die zu prüfende Lösung nicht stärker getrübt sein als die Vergleichslösung.

Bei der Bestimmung der Grenzkonzentration an zulässigem Sulfat hängt der Trübungsgrad der $BaSO_4$-Fällung von der *Anzahl* und der *Größe* der sich bildenden Teilchen ab. Beide Parameter werden in hohem Maße beeinflusst von der Anwesenheit von Impfkristallen, Fremdelektrolyten und äußeren Faktoren wie Temperatur, pH-Wert, Reihenfolge und Geschwindigkeit der Reagenzienzugabe.

Die vor der Zugabe der Prüflösung aus $K_2SO_4/BaCl_2$ erzeugten vielen kleinen $BaSO_4$-*Impfkristalle* sollen die Bildung von $BaSO_4$-Teilchen gleicher Größe induzieren und dadurch die Reproduzierbarkeit des Trübungsvergleichs erhöhen [vgl. **MC-Frage Nr. 198**].

2.2.3.14 Sulfit (SO_3^{2-})

Alle vierwertigen Schwefelverbindungen wie *Schwefeldioxid* (SO_2) oder *Sulfite* (Me_2SO_3) sind starke Reduktionsmittel. Die den Sulfiten zu Grunde liegende *Schweflige Säure* (H_2SO_3) ist instabil und zerfällt spontan in saurer Lösung in ihr Anhydrid (SO_2) und Wasser. Schweflige Säure ist eine schwache Säure, sodass zum Beispiel *Natriumsulfit* (Na_2SO_3) in wässriger Lösung *alkalisch* reagiert *(Ph. Eur.)*.

Die folgenden Reaktionen von Sulfiten eignen sich zu deren Nachweis [vgl. **MC-Fragen Nr. 199–202, 261, 266**]:

(1) Bildung von Schwefeldioxid: Beim Versetzen von Sulfit-Lösungen mit starken Säuren (HCl, H_2SO_4, Oxalsäure) oder beim Verreiben der festen Analysensubstanz mit Kaliumhydrogensulfat ($KHSO_4$) wird Schwefeldioxid (SO_2) freigesetzt, das an seinem charakteristischen *stechenden Geruch* erkannt werden kann. Die Reaktion wird durch Substanzen wie Acetat gestört, die unter diesen Bedingungen gleichfalls stechend riechende, flüchtige Substanzen wie Essigsäure entwickeln [vgl. **MC-Fragen Nr. 29, 49, 50, 53, 68, 69, 202**].

$$SO_3^{2-} + 2\,HSO_4^- \rightarrow SO_2\uparrow + 2\,SO_4^{2-} + H_2O$$

(2) Nachweis als Sulfat: Sulfite sind starke Reduktionsmittel, die von Substanzen wie Chromat, Permanganat, Quecksilber(I)- und Eisen(III)-Salzen, Cu(II)-Verbindungen, Iod, Iodat, Bromat oder Wasserstoffperoxid leicht zu Sulfat oxidiert werden, das anschließend als $BaSO_4$ gefällt werden kann. Hierbei laufen folgende Reaktionen ab [vgl. **MC-Fragen Nr. 57, 109–112, 192, 193, 199–202, 258, 266**]:

$$SO_3^{2-} + Hg_2^{2+} + 3\,H_2O \rightarrow SO_4^{2-} + 2\,H_3O^+ + 2\,Hg\downarrow \text{ (schwarz)}$$
$$3\,SO_3^{2-} + BrO_3^- \rightarrow 3\,SO_4^{2-} + Br^-$$
$$3\,SO_3^{2-} + IO_3^- \rightarrow 3\,SO_4^{2-} + I^-$$
$$SO_3^{2-} + I_2 + 3\,H_2O \rightarrow SO_4^{2-} + 2\,I^- + 2\,H_3O^+$$
$$5\,SO_3^{2-} + 2\,MnO_4^- + 6\,H_3O^+ \rightarrow 5\,SO_4^{2-} + 2\,Mn^{2+} + 9\,H_2O$$
$$SO_3^{2-} + H_2O_2 \rightarrow H_2O + SO_4^{2-} \rightarrow \mathbf{BaSO_4}\downarrow$$

Das Arzneibuch nutzt vor allem die Oxidation von Sulfit mit Iod-Lösung und die anschließende Fällung als $BaSO_4$ zur Identitätsprüfung. In den beiden Monographien des Europäischen Arzneibuchs über „**Wasserfreies Natriumsulfit**" und „**Natriumsulfit-Heptahydrat**" ist auch eine iodometrische Gehaltsbestimmung vorgesehen (siehe Ehlers, **Analytik II**, Kapitel 7.2.3.4).

Andere Pharmakopöen weisen Sulfit durch Entfärben einer sauren Permanganat-Lösung nach bzw. fällen Sulfit-Ionen als *Bleisulfit* ($PbSO_3$), das anschließend durch Kochen mit verdünnter Salpetersäure in *Bleisulfat* ($PbSO_4$) umgewandelt wird.

(3) Reduktion von Sulfit: Stärkere Reduktionsmittel, wie Zn/HCl oder $SnCl_2$, reduzieren Sulfit in stark saurer Lösung bis zur Stufe des Sulfids, das als Schwefelwasserstoff (H_2S) entweicht [vgl. **MC-Fragen Nr. 200–202**].

$$SO_3^{2-} + 3\,Zn + 8\,H_3O^+ \rightarrow H_2S\uparrow + 3\,Zn^{2+} + 11\,H_2O$$

Leitet man jedoch H_2S durch eine salzsaure Probelösung oder fügt Thioacetamid hinzu, so erfolgt Komproportionierung unter Abscheidung von elementarem Schwefel.

$$SO_3^{2-} + 2\,S^{2-} + 6\,H_3O^+ \rightarrow 9\,H_2O + 3\,S\downarrow \text{ (gelb)}$$

(4) Bildung schwer löslicher Sulfite: Aus neutraler bis schwach saurer Lösung fällt mit $AgNO_3$ ein *weißer* Niederschlag von *Silbersulfit* (Ag_2SO_3) aus, der in Ammoniak oder einem Überschuss von Sulfit wieder löslich ist. Das komplexe Silbersulfit zerfällt beim Erhitzen, wobei Ag^+-Ionen durch Sulfit zu elementarem Silber reduziert werden [vgl. **MC-Fragen Nr. 57, 201**].

$$2\,Ag^+ + SO_3^{2-} \rightarrow Ag_2SO_3 \xrightarrow{+\,SO_3^{2-}} 2\,[AgSO_3]^- \xrightarrow{\Delta} 2\,Ag\downarrow + SO_4^{2-} + SO_2\uparrow$$

$$Ag_2SO_3 + 4\,NH_3 \rightarrow 2\,[Ag(NH_3)_2]^+ + SO_3^{2-}$$

Aus neutralen Probelösungen fallen mit $BaCl_2$ oder $SrCl_2$ *weiße* Niederschläge aus von *Bariumsulfit* ($BaSO_3$) oder *Strontiumsulfit* ($SrSO_3$), die in Säuren (z. B. 2 M-HCl) *leicht* löslich sind [vgl. **MC-Fragen Nr. 129, 130, 132, 133, 199, 201**].

$$Me^{2+} + SO_3^{2-} \rightarrow MeSO_3\downarrow\ [Me = Ba, Sr]$$

(5) Bildung gefärbter Komplexe: Sulfit-Ionen bilden mit Natriumpentacyanonitrosylferrat $Na_2[Fe(CN)_5NO]$ eine *rot gefärbte* Verbindung. In Gegenwart von frisch gefälltem $Zn_2[Fe(CN)_6]$ – hergestellt aus $ZnSO_4$ und $K_4[Fe(CN)_6]$ – und überschüssigen Zn(II)-Ionen ist die Reaktion wesentlich empfindlicher, weil sich der Niederschlag von blassrot nach *rot* verfärbt [vgl. **MC-Fragen Nr. 200-202, 261**].

$$2\,Zn^{2+} + SO_3^{2-} + [Fe(CN)_5NO]^{2-} \rightarrow Zn_2[Fe(CN)_5NO(SO_3)]$$

(6) Entfärben von Triphenylmethanfarbstoffen: Neutrale bis schwach saure Sulfit-Lösungen entfärben – infolge Zerstörung der chinoiden Molekülstruktur – eine Lösung von Triphenylmethanfarbstoffen wie z. B. *Malachitgrün* oder *Fuchsin*. Durch anschließende Zugabe von *Aldehyden* (Formaldehyd, Acetaldehyd u. a.) treten erneut wieder gefärbte Produkte auf [siehe auch Kapitel 3.5.3.11 und **MC-Frage Nr. 199**].

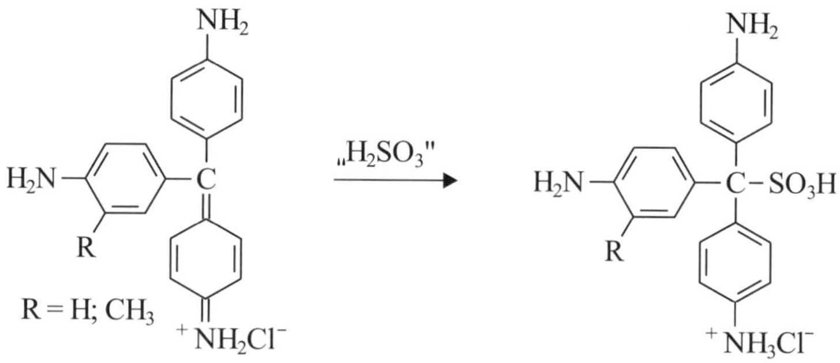

Fuchsin **Fuchsin-Schweflige Säure**

2.2.3.15 Thiosulfat ($S_2O_3^{2-}$)

Für die Analytik von Thiosulfaten, dessen wichtigster Vertreter *Natriumthiosulfat* ($Na_2S_2O_3$) ist, sind folgende Reaktionen von Bedeutung [vgl. **MC-Fragen Nr. 203–207**]:

(1) Verhalten gegenüber starken Säuren: Thiosulfate werden durch starke Säuren (HCl, H_2SO_4) in die freie, unbeständige **Thioschwefelsäure** ($H_2S_2O_3$) übergeführt, die langsam in kolloidal ausfallenden Schwefel und Schwefeldioxid (SO_2) zerfällt, das durch seinen stechenden Geruch leicht wahrzunehmen ist. Das freigesetzte SO_2 reduziert Iodat zu Iod und färbt somit Kaliumiodat-Stärke-Papier *(Ph. Eur.)* [vgl. **MC-Fragen Nr. 29, 49, 54, 66, 203–205**].

$$S_2O_3^{2-} + 2\,H^+ \rightarrow (H_2S_2O_3) \rightarrow S\downarrow + SO_2\uparrow + H_2O$$
$$2\,IO_3^- + 5\,SO_2 + 12\,H_2O \rightarrow I_2\uparrow + 5\,SO_4^{2-} + 8\,H_3O^+$$

(2) Verhalten gegenüber Oxidationsmitteln: Iod-Lösung wird durch Thiosulfat-Ionen in *schwach saurem* oder *neutralem* Milieu entfärbt. Dabei bildet sich das *farblose* **Tetrathionat** ($S_4O_6^{2-}$) *(Ph. Eur.)*. Diese Reaktion bildet die Grundlage iodometrischer Bestimmungen [siehe Ehlers, **Analytik II,** Kapitel 7.2.3 und **MC-Fragen Nr. 111, 112, 114, 115, 203–207**].

$$2\,S_2O_3^{2-} + I_2 \rightarrow 2\,I^- + S_4O_6^{2-}$$

In *alkalischer* Lösung erfolgt hingegen eine Oxidation bis zur Stufe des **Sulfats** (SO_4^{2-}).

$$S_2O_3^{2-} + 4\,I_2 + 10\,HO^- \rightarrow 2\,SO_4^{2-} + 8\,I^- + 5\,H_2O$$

Chlor und Brom oxidieren Thiosulfat bereits im *neutralen* Medium zu Sulfat, das anschließend z. B. als schwer lösliches *Strontiumsulfat* ($SrSO_4$) nachgewiesen werden kann.

$$S_2O_3^{2-} + 4\,Cl_2\,(Br_2) + 15\,H_2O \rightarrow 2\,SO_4^{2-} + 8\,Cl^-\,(Br^-) + 10\,H_3O^+$$

(3) Iod-Azid-Reaktion: Zum Nachweis von Thiosulfat-Ionen mithilfe der Iod-Azid-Reaktion siehe Kapitel 2.2.1.9 [vgl. **MC-Fragen Nr. 135–137, 206, 211**].

(4) Bildung schwer löslicher und komplexer Thiosulfate: Thiosulfat-Ionen ergeben mit Silbernitrat im neutralen oder essigsauren Medium einen *weißen* Niederschlag von *Silberthiosulfat* ($Ag_2S_2O_3$), der sich im Überschuss von Thiosulfat als

Dithiosulfatoargentat(I), $[Ag(S_2O_3)_2]^{3-}$, löst. Zur Fällung ist deshalb ein Überschuss an Silber-Ionen notwendig (*Ph.Eur.*) [vgl. **MC-Fragen Nr. 205, 206**].

$$2\ Ag^+ + S_2O_3^{2-} \rightarrow Ag_2S_2O_3 \xrightarrow{+\ 3\ S_2O_3^{2-}} 2\ [Ag(S_2O_3)_2]^{3-}$$

Dieser Komplex entsteht auch aus *schwer löslichen Silberhalogeniden* (AgCl, AgBr, AgI) beim Behandeln mit konzentrierten Thiosulfat-Lösungen sowie beim Entwickeln photographischer Schichten während des Herauslösens von unbelichtetem *Silberbromid*. Silberthiosulfat ist ebenso wie andere Schwermetallthiosulfate (As, Sb) thermisch unbeständig und zerfällt beim Erhitzen zu schwarzem **Silbersulfid** (Ag_2S).

$$Ag_2S_2O_3 + H_2O \xrightarrow{\Delta} Ag_2S\downarrow + H_2SO_4$$

Mit Eisen(III)-Ionen bildet sich zunächst ein *violetter* Fe(III)-thiosulfat-Komplex, der sich leicht in Fe(II) und Tetrathionat umwandelt.

$$2\ S_2O_3^{2-} + 2\ Fe^{3+} \rightarrow 2\ [Fe(S_2O_3)]^+ \rightarrow 2\ Fe^{2+} + S_4O_6^{2-}$$

(5) Bildung von Thiocyanat: Beim Erhitzen einer Thiosulfat-Lösung mit Alkalicyaniden bilden sich Sulfit- und Thiocyanat-Ionen; letztere ergeben mit $FeCl_3$ *rotes* Eisen(III)-thiocyanat $[Fe(SCN)_3]$. Sulfide, Polysulfide und Thiocyanat stören den Nachweis [vgl. **MC-Fragen Nr. 203, 204**].

$$S_2O_3^{2-} + CN^- \rightarrow SO_3^{2-} + SCN^- \rightarrow Fe(SCN)_3$$

2.2.3.16 Sulfid (S^{2-})

Schwefelwasserstoff (H_2S) ist ein farbloses, **giftiges** Gas von widerlichem Geruch. Es ist schlecht in Wasser löslich (ca. 0,1 mol/l bei 25 °C). Schwefelwasserstoff ist leicht zu Schwefel oxidierbar. H_2S ist eine schwache Säure ($pK_{s1} = 6{,}92$; $pK_{s2} = 13{,}00$) und bildet zwei Reihen von Salzen, *Hydrogensulfide* (MeSH) und *Sulfide* (Me_2S).

Viele Schwermetallsulfide sind schwer löslich in Wasser; teilweise bereits in saurer, zum Teil auch erst in alkalischer Lösung. Diese unterschiedliche, pH-abhängige Löslichkeit von Metallsulfiden nutzt man im *Kationentrennungsgang* (siehe Kapitel 2.3.1). In Wasser löslich sind nur die Sulfide der Alkalielemente und Ammoniumsulfid. Erdalkalisulfide hydrolysieren leicht zu Hydrogensulfiden, die ebenfalls in Wasser leicht löslich sind [vgl. **MC-Frage Nr. 208**].

Farblose Ammoniumsulfid- und Alkalisulfid-Lösung lösen elementaren Schwefel unter Bildung von *Polysulfiden* wie $(NH_4)_2S_x$. In Abhängigkeit vom Schwefelgehalt tritt dabei eine *gelbe* bis *rote* Farbe auf. Für die Analytik von Sulfid-Ionen sind folgende Reaktionen von Bedeutung [vgl. **MC-Fragen Nr. 208–211**]:

(1) Verhalten gegenüber Säuren: Durch Hydrolyse wasserlöslicher Sulfide oder beim Behandeln von schwer löslichen Sulfiden mit Säuren (HCl, H_2SO_4) entsteht *Schwefelwasserstoff* (H_2S), der an seinem charakteristischen Geruch erkannt bzw. durch ein in den Gasraum gehaltenes, mit Pb(II)-acetat getränktes Filterpapier infolge Bildung von *schwarzem Bleisulfid* (PbS) identifiziert werden kann [vgl. **MC-Fragen Nr. 62, 68, 69, 208**].

$$S^{2-} + (2\ H^+) \rightarrow H_2S\uparrow + Pb^{2+} \rightarrow PbS\downarrow + (2\ H^+)$$

Manche Sulfide wie *Quecksilber(II)-sulfid* (HgS) sind in den oben genannten Säuren unlöslich. Sie entwickeln erst dann H_2S, wenn man gleichzeitig elementares Zink hinzugefügt [vgl. **MC-Fragen Nr. 209, 210**].

$$HgS + Zn + 2\ H_3O^+ \rightarrow H_2S\uparrow + Hg\downarrow + Zn^{2+} + 2\ H_2O$$

Darüber hinaus können Sulfide durch oxidierende Säuren, wie konz. HNO_3, in Sulfate umgewandelt werden, sodass zum Beispiel *Bleisulfat* ($PbSO_4$) ausfallen kann [siehe auch Kapitel 1.2.8.2 und **MC-Fragen Nr. 61, 63, 64**].

(2) Bildung schwer löslicher Sulfide: Neben der Bildung von *Bleisulfid* (PbS) nutzt man auch die Fällung von *schwarzem Silbersulfid* (Ag_2S) oder *weißem Zinksulfid* (ZnS) zum Nachweis von Sulfid-Ionen aus [vgl. **MC-Fragen Nr. 122, 124, 128, 208**].

Da lösliche Sulfide in neutraler und besonders in saurer Lösung manchen *Anionennachweis* beeinträchtigen, muss das S^{2-}-Ion aus dem Sodaauszug *vor* dem Ansäuern entfernt werden. Dies geschieht vorteilhaft mit Cadmium(II)-acetat-Lösung. Zunächst fällt *gelbes Cadmiumsulfid* (CdS) aus und erst nach erfolgter quantitativer Sulfid-Fällung bildet sich *weißes Cadmiumcarbonat* ($CdCO_3$). Die Fällung von $CdCO_3$ zeigt somit das Ende der Sulfid-Abtrennung an.

(3) Reduktionsreaktionen mit Schwefelwasserstoff: Aus Sulfiden freigesetztes H_2S wird durch Oxidationsmittel, z. B. durch Luftsauerstoff, zu elementarem Schwefel oxidiert. Unter hinreichender Sauerstoffzufuhr verbrennt H_2S mit bläulicher Flamme zu Schwefeldioxid [vgl. **MC-Frage Nr. 29**].

$$2\ H_2S + 3\ O_2 \rightarrow 2\ SO_2\uparrow + 2\ H_2O$$

Die *Entfärbung von Iod-Lösung* ist ein weiterer Hinweis auf das Vorliegen von Sulfiden [vgl. **MC-Fragen Nr. 119, 209**].

$$H_2S + I_2 \rightarrow 2\ HI + S\downarrow$$

Darüber hinaus reduziert Schwefelwasserstoff Fe(III) zu Fe(II), und Sb(V) bzw. As(V) gehen in die betreffenden dreiwertigen Verbindungen über.

Durch starke Oxidationsmittel wie Permanganat kann der in schwefelsaurer Lösung gebildete Schwefelwasserstoff auch bis zur Stufe des Sulfats oxidiert werden. Daher müssen Stoffe wie *Permanganat* oder *Chromat* vor der H_2S-Gruppenfällung aus dem Analysengang entfernt werden. Dies geschieht zum Beispiel durch Zusatz von Ethanol [vgl. **MC-Fragen Nr. 109–122**].

$$8\ MnO_4^- + 5\ H_2S + 14\ H_3O^+ \rightarrow 8\ Mn^{2+} + 5\ SO_4^{2-} + 26\ H_2O$$

(4) Iod-Azid-Reaktion: Reine Lösungen von Natriumazid (NaN_3) und Iod sind nebeneinander beständig. Sie werden aber durch den Zusatz von Sulfiden katalytisch zerlegt, wodurch eine spontane Stickstoff-Entwicklung ausgelöst wird [siehe auch Kapitel 2.2.1.9 und **MC-Fragen Nr. 135–137, 208, 210, 211**].

$$S^{2-} + I_2 \xrightarrow{-2\,I^-} S \xrightarrow{+2\,N_3^-} S^{2-} + 3\,N_2\uparrow$$

Die Reaktion wird auch von Thiosulfat- und Thiocyanat-Ionen sowie organischen Sulfhydrylverbindungen (Sulfanylverbindungen) induziert, die Schwefel in der Oxidationsstufe **„–2“** enthalten. Die Anwesenheit anderer schwefelhaltiger Ionen (SO_3^{2-}, SO_4^{2-}) stört hingegen nicht.

(5) Bildung gefärbter Komplexe und Verbindungen: Lösliche Sulfide reagieren in Soda-alkalischer Lösung mit Natriumpentacyanonitrosylferrat(II), $Na[Fe(CN)_5NO]$, unter Bildung einer *blauviolett* gefärbten Verbindung. Die Färbung ist relativ unbeständig [vgl. **MC-Fragen Nr. 208, 209**].

$$S^{2-} + [Fe(CN)_5NO]^{2-} \rightarrow [Fe(CN)_5NOS]^{4-} \text{ (violett)}$$

In stark alkalischer Lösung verhindern HO^--Ionen die Reaktion durch Bildung des beständigeren Natriumpentacyanonitroferrat(II).

$$[Fe(CN)_5NO]^{2-} + 2\,HO^- \rightarrow [Fe(CN)_5NO_2]^{4-} + H_2O$$

Mit **N,N-Dimethyl-1,4-phenylendiamin** bilden Sulfid-Ionen (oder H_2S) in saurer Lösung (HCl, H_2SO_4) **Methylenblau.**

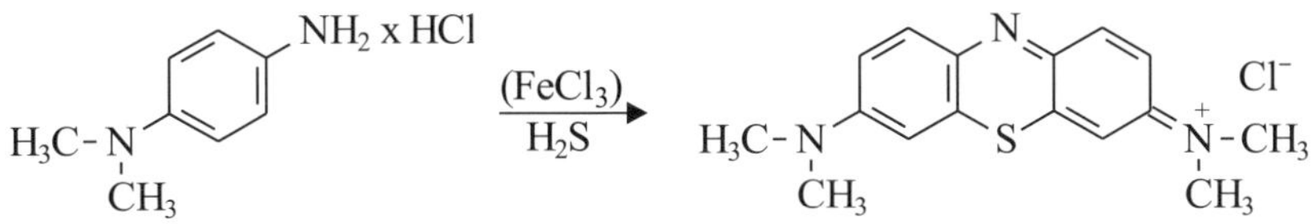

Methylenblau

2.2.3.17 Gemische schwefelhaltiger Ionen nebeneinander

Je nachdem, ob lösliche oder in nichtoxidierenden Säuren schwer lösliche Sulfide vorliegen, ist der Nachweis von Sulfid in unterschiedlicher Weise zu führen.

Lösliche Sulfide werden mit verdünnter Salzsäure versetzt und der dabei freiwerdende gasförmige Schwefelwasserstoff wird anschließend mit Pb(II)-acetat getränktem Filterpapier als *schwarzes Bleisulfid* (PbS) nachgewiesen. Zu konzentrierte Salzsäure oder zu starkes Erhitzen sind zu vermeiden, weil infolge entweichender HCl-Dämpfe aus Pb(II) $PbCl_2$ und konzentrierte Salzsäure entstehen können und dadurch die Bildung von PbS ausbleibt. Unter diesen Bedingungen wird auch HI aus Iodiden freigesetzt, was zur Bildung von PbI_2 führt und Sulfide vortäuschen kann.

Für den **Sulfid-Nachweis** aus dem Sodaauszug stehen die Fällung mit $AgNO_3$-Lösung, die blauviolette Farbreaktion mit $Na_2[Fe(CN)_5NO]$ oder die Iod-Azid-Reaktion zur Verfügung. Mit dem Nachweis durch Natriumpentacyanonitrosylferrat(II)-Lösung werden auch Thiosalze bzw. Thiooxosalze des Arsens und Antimons erfasst. Die Iod-Azid-Reaktion ist gleichfalls positiv bei Vorliegen von Thiosulfat und Thiocyanat [vgl. **MC-Fragen Nr. 135–137, 211**].

Ist auf **schwer lösliche Sulfide** zu prüfen, so wird die Analysensubstanz oder der Rückstand des Sodaauszuges mit Zn/HCl behandelt. Der Nachweis des dabei entweichenden H_2S erfolgt wie oben beschrieben. Man kann den Rückstand des Sodaauszuges auch mit Salpetersäure kochen und das gebildete Sulfat mit $BaCl_2$-Lösung identifizieren.

Zur Prüfung auf **Sulfit, Sulfat** und **Thiosulfat** im Sodaauszug muss *vor* deren Nachweis Sulfid mit Cd(II)-acetat-Lösung quantitativ als CdS abgetrennt werden. Sulfid stört u. a. dadurch, dass es mit Sulfit zu elementarem Schwefel komproportioniert.

$$SO_3^{2-} + 2\,S^{2-} + 6\,H_3O^+ \rightarrow 3\,S\downarrow + 9\,H_2O$$

Auf SO_3^{2-}-, SO_4^{2-}- und $S_2O_3^{2-}$-Ionen wird im Filtrat der CdS-Fällung geprüft, wobei Sulfit und Sulfat gemeinsam als schwer lösliche Sr(II)-Salze gefällt werden. Im Filtrat der Strontiumsalz-Fällung wird anschließend auf Thiosulfat geprüft. Das nachfolgende Schema fasst das beschriebene Trennverfahren nochmals zusammen.

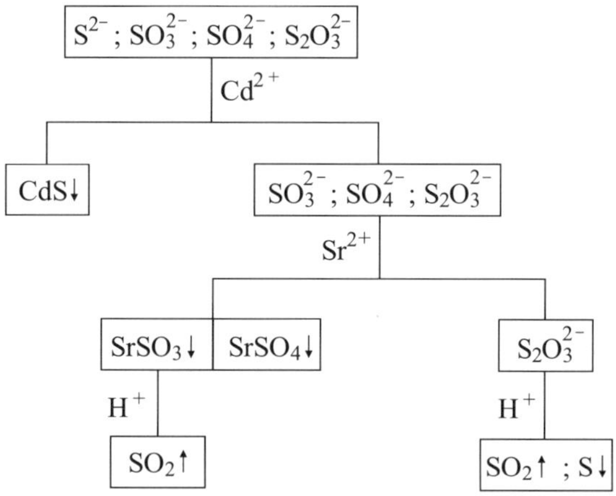

Zum **Sulfit-Nachweis** behandelt man einen Teil des Strontiumsalz-Niederschlages mit verd. H_2SO_4 oder verreibt den Niederschlag mit $KHSO_4$. Es tritt ein charakteristischer Geruch nach Schwefeldioxid (SO_2) auf. Das entstehende Gas kann in einem Gärröhrchen aufgefangen und anschließend durch Reduktion von Iod oder $KMnO_4$-Lösung, durch die Reaktion mit Fuchsin oder durch Umsetzung mit $ZnSO_4/K_4[Fe(CN)_6]/Na_2[Fe(CN)_5NO]$ nachgewiesen werden.

Auf **Sulfat** wird in einer gesonderten, mit 2 M-HCl angesäuerten Probe des Sodaauszuges mit $BaCl_2$-Lösung geprüft. Sulfit stört unter diesen Bedingungen *nicht*, weil in verdünnter Salzsäure Ba^{2+}-Ionen *nur* mit Sulfat, nicht aber mit Sulfit einen *weißen* Niederschlag von $BaSO_4$ bilden.

Thiosulfat erkennt man daran, dass aus dem angesäuerten Filtrat der Strontiumsalz-Fällung Schwefeldioxid entweicht und sich allmählich elementarer Schwefel abscheidet. Diese gleichzeitige *Abscheidung von Schwefel* ermöglicht auch das Erkennen von Thiosulfat neben Sulfit. Aus neutralen Lösungen kann Thiosulfat mit $AgNO_3$-Lösung als schwer lösliches *Silberthiosulfat* ($Ag_2S_2O_3$) oder mithilfe der Iod-Azid-Reaktion identifiziert werden.

2.2.3.18 Nitrat (NO_3^-)

Salpetersäure (HNO_3) und ihre Salze sind beständige Verbindungen. HNO_3 (pK_s = –1,32) ist eine starke Säure. Darüber hinaus wirken konzentrierte Salpetersäure und Nitrate – besonders bei höheren Temperaturen – oxidierend (siehe auch Kapitel 1.2.8.2). Alle Nitrate sind *wasserlöslich*; als Nachweise entfallen daher Fällungsreaktionen [vgl. **MC-Frage Nr. 105**].

Nitrat wird im Sodaauszug nachgewiesen. Nur in Gegenwart von Hg- oder Bi-Salzen bilden sich bei der Herstellung des Sodaauszuges schwerer lösliche basische Nitrate, die im Rückstand des Sodaauszuges verbleiben.

Zur Identifizierung von Nitraten können folgende Eigenschaften und Reaktionen beitragen:

(1) Thermolyse von Nitraten: Schwermetallnitrate wie z. B. *Bismutoxidnitrat* ($BiONO_3$) zersetzen sich beim Erhitzen und bilden Oxide, Sauerstoff und *braunes* Stickstoffdioxid (NO_2).

$$4\ BiONO_3 \rightarrow 2\ Bi_2O_3 + O_2\uparrow + 4\ NO_2\uparrow$$

Alkali- und Erdalkalinitrate zerfallen unter diesen Bedingungen in Nitrite und O_2.

$$2\ NaNO_3 \rightarrow 2\ NaNO_2 + O_2\uparrow$$

(2) Reduktion mit Metallen: Beim Erhitzen von Nitraten in schwefelsaurer Lösung mit metallischem Kupfer entstehen *rötlich-braune* Dämpfe von Stickstoffdioxid [vgl. **MC-Frage Nr. 221**].

$$2\ NO_3^- + Cu + 4\ H_3O^+ \rightarrow 2\ NO_2\uparrow + Cu^{2+} + 6\ H_2O$$

Bei Verwendung von unedlen Metallen wie *Zink* als Reduktionsmittel ist die Produktbildung in hohem Maße von der Konzentration der Salpetersäure-Lösung abhängig. Mit konzentrierter Salpetersäure bilden sich *braune* Dämpfe von Stickstoffdioxid (NO_2).

$$4\ HNO_3 + Zn \rightarrow Zn(NO_3)_2 + 2\ NO_2\uparrow + 2\ H_2O$$

In einem Gemisch aus konzentrierter Salpetersäure und Wasser im Verhältnis 1:2 entstehen nahezu *farblose* Dämpfe von Stickstoffmonoxid (NO), die sich an der Luft unter Bildung von NO_2 *braun* färben.

$$8\ HNO_3 + 3\ Zn \rightarrow 3\ Zn(NO_3)_2 + 2\ NO\uparrow + 4\ H_2O$$
$$NO + 1/2\ O_2(\text{Luft}) \rightarrow NO_2\uparrow$$

Dagegen bildet sich in stark verdünnter HNO_3 Wasserstoff (H_2) als farbloses, brennbares Gas.

$$2\ HNO_3 + Zn \rightarrow Zn(NO_3)_2 + H_2\uparrow$$

(3) Reduktion zu Ammoniak: Für die Reduktion von Nitraten in *alkalischer Lösung* eignen sich besonders Metalle oder Legierungen, die im Alkalischen Wasserstoff bilden. Hierzu zählen *Devardascher Legierung* (50 % Cu, 45 % Al, 5 % Zn), Al-Grieß oder Zn-Staub [vgl. **MC-Fragen Nr. 58–60, 212**].

$$3\ NO_3^- + 8\ Al + 5\ HO^- + 18\ H_2O \rightarrow 3\ NH_3\uparrow + 8\ [Al(OH)_4]^-$$
$$NO_3^- + 4\ Zn + 7\ HO^- + 6\ H_2O \rightarrow NH_3\uparrow + 4\ [Zn(OH)_4]^{2-}$$

Durch den Laugenüberschuss entsteht aus den Metallen lösliches Hydroxozinkat, $[Zn(OH)_4]^{2-}$ bzw. Hydroxoaluminat, $[Al(OH)_4]^-$. Nitrit-Ionen (NO_2^-) stören. Ammonium-Ionen (NH_4^+) müssen zuvor durch Kochen mit NaOH-Lösung entfernt werden.

(4) Ringprobe: Man löst in einer schwefelsauren Nitrat-Lösung etwas Eisen(II)-sulfat ($FeSO_4$) und unterschichtet vorsichtig mit konzentrierter Schwefelsäure. Nitrat wird durch Fe(II) zu Stickstoffmonoxid (NO) reduziert, das an der Grenzfläche Wasser/Säure mit überschüssigem $FeSO_4$ *braunes* bis *amethystfarbenes* Pentaaquonitrosylferrat(II)-sulfat, $[Fe(H_2O)_5NO]SO_4$, bildet [vgl. **MC-Fragen Nr. 212, 213**].

$$2\ HNO_3 + 6\ FeSO_4 + 3\ H_2SO_4 \rightarrow 3\ Fe_2(SO_4)_3 + 4\ H_2O + 2\ \mathbf{NO}$$
$$\mathbf{NO} + [Fe(H_2O)_6]^{2+} \rightarrow [Fe(H_2O)_5NO]^{2+} + H_2O$$

Die Reaktion wird durch Nitrit-Ionen gestört, die deshalb vorher mit Amidosulfonsäure ($H_2N\text{-}SO_3H$) zerstört werden müssen (siehe nachfolgenden Abschnitt). Die Reaktion versagt gleichfalls bei Anwesenheit von Oxidationsmitteln wie Dichromat, die Fe(II) zu Fe(III) oxidieren bzw. bei Anwesenheit von Reduktionsmitteln wie Iodid, die Nitrat reduzieren. Phosphorsäure stört den Nachweis *nicht*, da die Säure nur mit Fe(III)-Ionen stabile Phosphatkomplexe bildet.

(5) Farbreaktion mit Lunge-Reagenz: Nitrat kann mit Zink in essigsaurer Lösung zu Nitrit reduziert und dieses anschließend mit **Lunge-Reagenz** als *roter* Azofarbstoff nachgewiesen werden (siehe Abschnitt 2.2.3.19). Es ist wichtig, dass Nitrat *vor* der Reagenzienzugabe reduziert wird. Nitrit stört und muss zuvor entfernt werden [vgl. **MC-Fragen Nr. 212, 823**].

$$NO_3^- + Zn + 2\ H_3O^+ \rightarrow NO_2^- + Zn^{2+} + 3\ H_2O$$

(6) Farbreaktion mit Diphenylamin: Man löst Diphenylamin in konz. H_2SO_4/HCl und fügt tropfenweise eine Nitrat-Lösung hinzu. Es tritt eine *tiefblaue* Färbung von **Diphenylbenzidinviolett** *(Diphenylaminblau)* auf [vgl. **MC-Fragen Nr. 212, 230, 772, 775**].

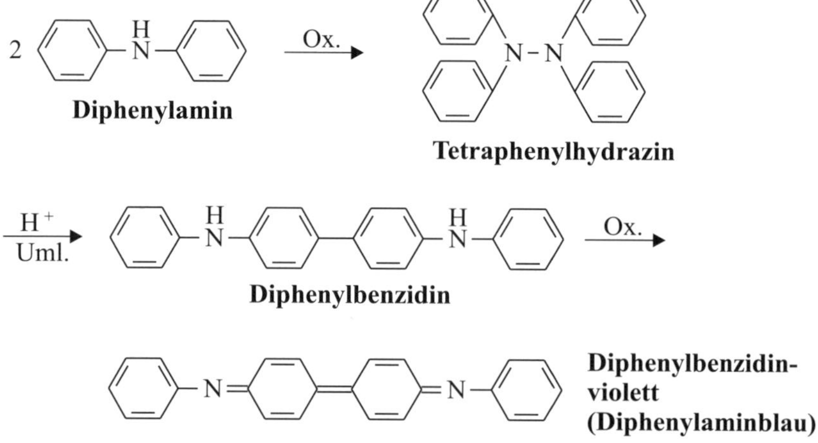

Diphenylamin

Tetraphenylhydrazin

Diphenylbenzidin

Diphenylbenzidinviolett (Diphenylaminblau)

In saurer Lösung sind Nitrate starke Oxidationsmittel, die farbloses Diphenylamin oxidieren. Die Reaktion ist sehr empfindlich, jedoch wenig spezifisch, da viele andere Oxidationsmittel die gleiche Reaktion ergeben. Die chinoide Struktur von Diphenylaminblau bildet sich auch in Abwesenheit von Chlorid, jedoch sollen – in noch ungeklärter Weise – Cl^--Ionen die Empfindlichkeit der Reaktion stark erhöhen.

(7) Reaktion nach Pesez (siehe auch Kapitel 3.5.3.13): In konzentrierter Schwefelsäure reagieren Nitrate zu Salpetersäure, die im Gemisch mit H_2SO_4 als Nitriersäure **Nitrobenzen** [Nitrobenzol] („**a**") in **m-Dinitrobenzen** [m-Dinitrobenzol] („**b**") umwandelt. Als das den Aromaten elektrophil angreifende Agens fungiert das aus Nitrat (Salpetersäure) gebildete *Nitryl-Kation* [Nitronium-Ion] (NO_2^+) (siehe auch Ehlers, **Chemie II**, Kapitel 3.6.4.2).

Nach Zusatz von *Aceton* als CH-acide, nucleophile Komponente wird anschließend das 1,3-Dinitrobenzol in *stark alkalischer* Lösung als *tiefviolettes Janovsky-Produkt* [Meisenheimer-Komplex] („**c**") oder in Gegenwart von überschüssigem Nitrobenzol durch nachfolgende Oxidation als *Zimmermann-Produkt* („**d**") und („**e**") nachgewiesen (*Ph.Eur.*) [vgl. **MC-Fragen Nr. 214–220, 230, 841**].

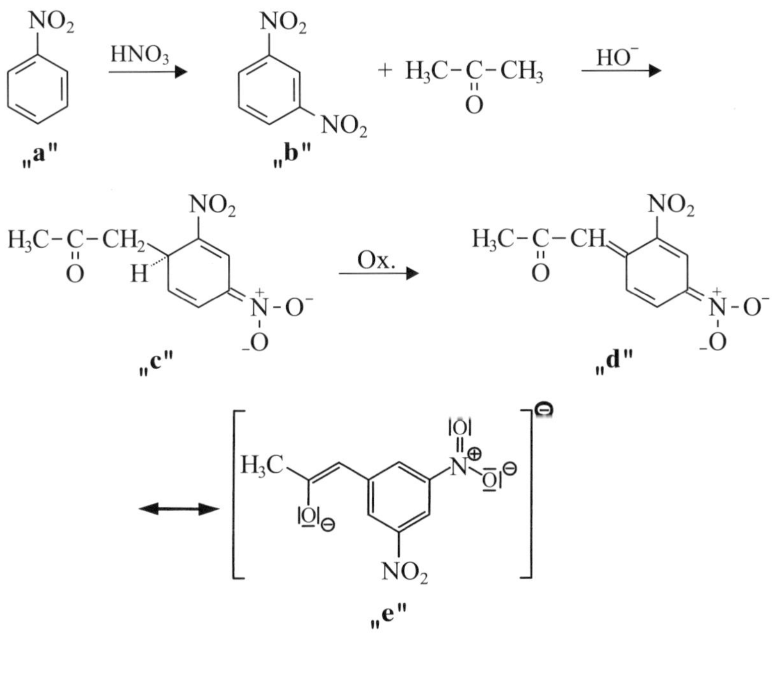

Die Reaktion nach Pesez entspricht von ihrem Ablauf her der *Janovsky-Zimmermann-Reaktion* zum Nachweis aktiver Methyl- oder Methylengruppen. Die Farbreaktion ist spezifischer als viele andere Nitrat-Nachweise. Die Reaktion wird von Nitrit *nicht* gestört. An Stelle des giftigen Nitrobenzens lassen sich auch 2- oder 4-Nitroalkylaromaten als Reagenzien einsetzen.

2.2.3.19 Nitrit (NO_2^-)

Salpetrige Säure (HNO_2) ist in reinem Zustand nicht stabil. Sie geht unter Abspaltung von Wasser leicht in ihr Anhydrid *Distickstofftrioxid* (N_2O_3) über, das weiter in Stickstoffmonoxid (NO) und Stickstoffdioxid (NO_2) zerfällt. Ihre wässrigen Lösungen sind selbst in großer Verdünnung und bei niedrigen Temperaturen nur kurze Zeit haltbar. Salpetrige Säure ($pK_s = 3{,}35$) und ihre Salze besitzen sowohl oxidierende als auch reduzierende Eigenschaften [vgl. **MC-Fragen Nr. 222, 223**].

Alle *Nitrite* – außer *Silbernitrit* ($AgNO_2$) – sind in Wasser leicht löslich. Daher existieren für Nitrite keine charakteristischen Fällungsreaktionen. Nitrite geben die folgenden Reaktionen, die zu ihrer Identifizierung beitragen können:

(1) Zerfall von Salpetriger Säure: Versetzt man eine Nitrit-Lösung mit Essigsäure oder einer Mineralsäure (HCl, H_2SO_4), so entsteht die undissozierte HNO_2, die unter Disproportionierung in ein Gemisch von *braunem* Stickstoffdioxid (NO_2) und *farblosem* Stickstoffmonoxid (NO) zerfällt. Beim Arbeiten an der Luft erhält man nur NO_2, da NO mit Sauerstoff spontan zu NO_2 reagiert [vgl. **MC-Fragen Nr. 48, 50, 54–56, 223, 230**].

$$2\ HNO_2 \rightarrow H_2O + N_2O_3 \rightarrow NO\uparrow + NO_2\uparrow$$
$$2\ NO + O_2(\text{Luft}) \rightarrow 2\ NO_2$$

Während Nitrite in Gegenwart von Luftsauerstoff braune NO_2-Dämpfe bereits beim Erwärmen in verd. H_2SO_4 bilden, ergeben Nitrate schwach braune nitrose Dämpfe erst in konz. H_2SO_4.

(2) Reduktion von Nitriten: Nitrite oxidieren in saurer Lösung Iodid-Ionen zu elementarem Iod. Bromide lassen sich dagegen nicht durch Nitrit oxidieren. Die Reaktion ist sehr empfindlich, jedoch wenig spezifisch für NO_2^--Ionen, da andere Oxidationsmittel ebenfalls Iodide in Iod umwandeln [vgl. **MC-Fragen Nr. 118, 120, 121, 222, 224, 267**].

$$2\ HNO_2 + 2\ HI \rightarrow 2\ H_2O + 2\ NO\uparrow + I_2 \rightarrow \textit{Iod-Stärke-Reaktion}$$

Wie Nitrate so werden auch Nitrite in *alkalischer* Lösung durch Devardascher-Legierung, Al-Grieß oder Zn-Staub bis zur Stufe von *Ammoniak* (NH_3) reduziert, das anschließend mit Neßler-Reagenz nachgewiesen werden kann [siehe auch Kapitel 2.3.2.24 und **MC-Fragen Nr. 229, 230**].

$$NO_2^- + 2\ Al + HO^- + 5\ H_2O \rightarrow NH_3\uparrow + 2\ [Al(OH)_4]^-$$
$$NO_2^- + 3\ Zn + 5\ HO^- + 5\ H_2O \rightarrow NH_3\uparrow + 3\ [Zn(OH)_4]^{2-}$$

(3) Oxidation von Nitriten: Schwefelsaure $KMnO_4$-Lösungen werden durch Nitrit entfärbt, das dabei zu Nitrat oxidiert wird. Dies ist neben dem zuvor erwähnten Behandeln mit verd. H_2SO_4 (Ziffer 1) eine weitere Unterscheidungsmöglichkeit zwischen Nitriten und Nitraten [vgl. **MC-Fragen Nr. 222, 223, 225, 229, 270**].

$$2\ MnO_4^- + 5\ NO_2^- + 6\ H_3O^+ \rightarrow 2\ Mn^{2+} + 5\ NO_3^- + 9\ H_2O$$

(4) Ringprobe: Eisen(II)-sulfat bildet mit Nitrit ein *braunes* bis *amethystfarbenes* Pentaaquonitrosylferrat(II)-Kation. Im Unterschied zu Nitrat bildet sich die Nitrosoeisen(II)-Verbindung aber schon in *schwach saurer* Lösung. Bei exakter Einhaltung eines schwach sauren pH-Werts stören deshalb NO_3^--Ionen *nicht*. Nach neueren IR-spektroskopischen Untersuchungen scheint das NO im Komplex als „NO^+" vorzuliegen [vgl. **MC-Fragen Nr. 222, 224**].

$$NO_2^- + Fe^{2+} + 2\ H_3O^+ \rightarrow NO + Fe^{3+} + 3\ H_2O$$
$$[Fe(H_2O)_6]^{2+} + NO \rightarrow [Fe(H_2O)_5NO]^{2+} + H_2O$$

(5) Diazotierung und Azokupplung: Primäre Amine lassen sich mit Salpetriger Säure in Diazoniumsalze ($R\text{-}N{\equiv}N^+X^-$) überführen (siehe auch Kapitel 3.5.3.14, Ziffer 6). Aliphatische Diazoniumsalze sind instabil; sie hydrolysieren leicht unter N_2-Abspaltung zu Alkoholen und Alkenen. Demgegenüber sind *aromatische Diazoniumsalze* ($Ar\text{-}N{\equiv}N^+X^-$) zumindest bei tiefen Temperaturen so stabil, dass sie als elektrophile Reagenzien mit *aromatischen Aminen* oder *Phenolen* zu charakteristisch gefärbten *Azofarbstoffen* kuppeln können [vgl. **MC-Fragen Nr. 212, 224, 226–228, 230, 260, 687–690**].

Säuert man z. B. eine Nitrit enthaltende Lösung mit Eisessig an und gibt nacheinander *Sulfanilsäure* und *1-Naphthylamin* **(Lunge-Reagenz)** hinzu, so kuppelt das aus Sulfanilsäure und HNO_2 gebildete Aryldiazoniumkation elektrophil mit Naphthylamin zu einem *roten* Azofarbstoff.

Sulfanilsäure **Diazoniumsalz**

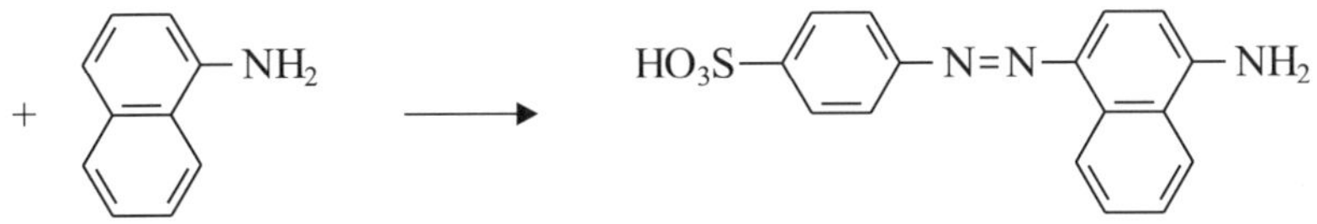

1-Naphthylamin **Azofarbstoff**

Da 1-Naphthylamin toxisch ist, sollte man zum Nachweis besser N,N-dialkylierte 1-Amino-naphthalensulfonsäuren benutzen, die mit Salpetriger Säure wie folgt reagieren.

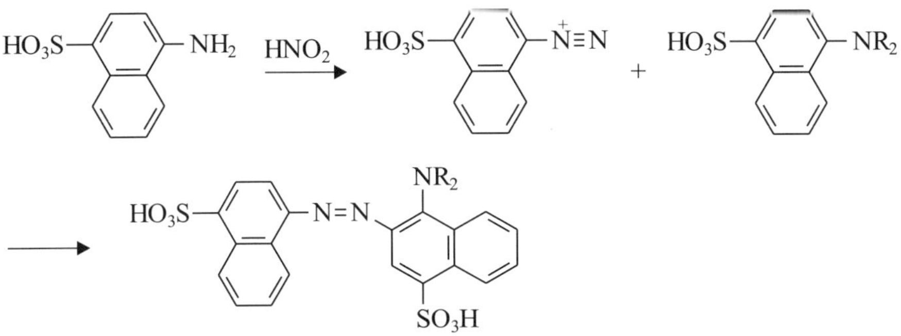

Beim Diazotieren von *o-Aminobenzalphenylhydrazon* **(Nitrin)** tritt in saurer Lösung eine intensiv *rotviolette* Färbung auf, die jedoch in kurzer Zeit nach *gelb* umschlägt.

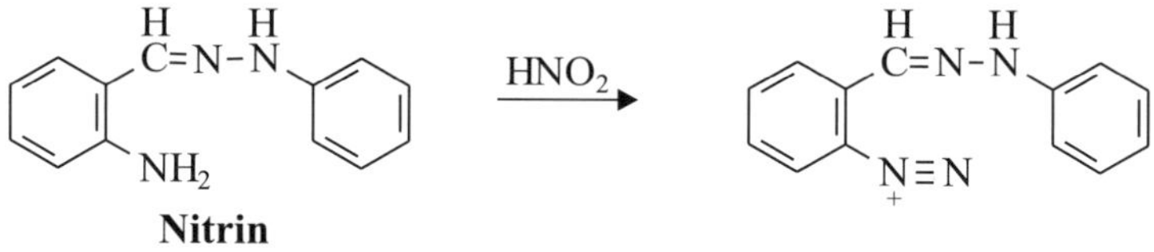

An Stelle aromatischer Amine wie 1-Naphthylamin kann man auch Phenole wie *2-Naphthol* als Kupplungskomponente verwenden. Die Kupplung mit β-Naphthol führt in alkalischer Lösung zu einem intensiv *rot* gefärbten Azofarbstoff (*Ph. Eur.*) [siehe auch Kapitel 3.5.3.14, Ziffer 10].

Es ist anzumerken, dass die beschriebene Diazotierungs-Kupplungs-Reaktion auch zum Nitrit-Nachweis in Gegenwart von Nitrat geeignet ist, weil Nitrit-Ionen *direkt* eine Diazotierungsreaktion eingehen, während Nitrat zuvor erst zu Nitrit reduziert werden muss [vgl. **MC-Fragen Nr. 227–230, 823**].

(6) Bildung von Nitrosophenazon: Bei der Umsetzung von *Phenazon* (**Antipyrin** = 1-Phenyl-2,3-dimethyl-pyrazolin-5-on) mit Salpetriger Säure bildet sich das *grün* gefärbte *4-Nitrosophenazon* [vgl. **MC-Frage Nr. 224**].

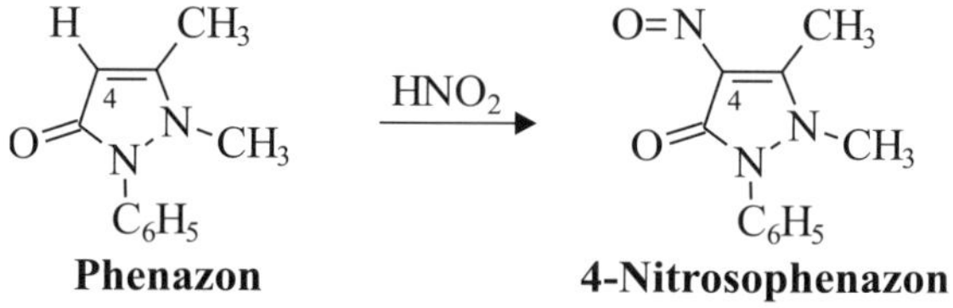

Die Bildung des grünen, schwer löslichen 4-Nitrosophenazon wird umgekehrt auch zur *Identitätsprüfung von Phenazon* herangezogen (*Ph. Eur.*).

(7) Zerstörung von Nitrit: Reaktionen zur Entfernung von Nitriten aus dem Analysengang sind wichtig, da Nitrate nur dann sicher nachgewiesen werden können, wenn Nitrit abwesend ist. Ohne störende Nebenreaktionen gelingt die Entfernung von Nitrit in saurem Milieu mit *Amidosulfonsäure* (Sulfaminsäure). Hierbei entsteht aus Salpetriger Säure unter Synproportionierung elementarer Stickstoff [vgl. **MC-Fragen Nr. 222, 231–234**].

$$HNO_2 + H_2N\text{-}SO_3H \rightarrow N_2\uparrow + H_2SO_4 + H_2O$$

Auch Stickstoffwasserstoffsäure (HN_3) oder ihrer Salze (Azide) sind prinzipiell hierfür geeignet. Dabei entsteht neben Stickstoff noch Distickstoffmonoxid (N_2O) [vgl. **MC-Frage Nr. 232**].

$$N_3^- + 2\,H_3O^+ + NO_2^- \rightarrow N_2\uparrow + N_2O\uparrow + 3\,H_2O$$

Darüber hinaus können Nitrite mit überschüssigem *Harnstoff* [$O{=}C(NH_2)_2$] in der Kälte bei schwachem Ansäuern des Sodaauszuges oder aus der neutralen Lösung der Analysensubstanz quantitativ entfernt werden [vgl. **MC-Fragen Nr. 223, 229, 231–233**].

$$2\,HNO_2 + CO(NH_2)_2 \rightarrow CO_2\uparrow + 2\,N_2\uparrow + 3\,H_2O$$

Eine weitere Möglichkeit zur Entfernung von Nitrit besteht im Versetzen der Analysenlösung mit Ammoniak unter Bildung von *Ammoniumnitrit* (NH_4NO_2), das beim Erwärmen in Stickstoff und Wasser zerfällt [vgl. **MC-Frage Nr. 232**].

$$HNO_2 + NH_3 \rightarrow NH_4NO_2 \xrightarrow{\Delta} N_2\uparrow + 2\,H_2O$$

2.2.3.20 Gemische von Nitrat und Nitrit nebeneinander

Als **Vorprobe auf Nitrit** dient das Erhitzen der Analysensubstanz mit *verdünnter* Schwefelsäure, wobei nach Freisetzung der Salpetrigen Säure (HNO_2) aus ihren Salzen unter Disproportionierung ein Gemisch von *farblosem* NO und *braunem* NO_2 entsteht. Beim Arbeiten an der Luft erhält man stets NO_2, da NO spontan durch Luftsauerstoff zu NO_2 oxidiert wird.

$$2\,HNO_2 \rightarrow H_2O + NO\uparrow + NO_2\uparrow$$
$$2\,NO + O_2 \rightarrow 2\,NO_2\uparrow$$

Nitrate ergeben erst mit konz. H_2SO_4 schwach braune Dämpfe. Bei dieser Vorprobe bilden sich braune Dämpfe auch durch Oxidation von Bromiden zu elementarem Brom.

Zum **Nachweis von Nitrit** wird der Sodaauszug mit verd. H_2SO_4 angesäuert. Nach Zugabe von $FeSO_4$ entsteht eine braune Farbe *(Ringprobe)*. Die Bildung eines roten Azofarbstoffes mit *Lunge-Reagenz* ist ein weiterer empfindlicher Nitrit-Nachweis.

Nitrit-Ionen stören den Nitrat-Nachweis und müssen deshalb mit Amidosulfonsäure oder Harnstoff aus dem Analysengang entfernt werden. Hierzu wird entweder der Sodaauszug oder die neutrale Lösung der Analysensubstanz mit Harnstoff-Lösung versetzt und in der Kälte ganz schwach angesäuert oder es wird nicht ganz neutralisiert und tropfenweise Amidosulfonsäure-Lösung hinzugegeben. In beiden Fällen wird Nitrit in elementaren Stickstoff übergeführt. Dabei ist ein Überschuss an Amidosulfonsäure zu vermeiden, da sonst einige andere Nachweise versagen.

Zum **Nachweis von Nitrat** kann die Ringprobe sowie die Reduktion zu Ammoniak (mit Zn/HO^-) herangezogen werden. Diese Reduktion ist nur bei Abwesenheit anderer N-haltiger Substanzen eindeutig. NH_4^+ Ionen müssen zuvor durch Kochen mit NaOH-Lösung beseitigt werden. Nitrat kann man auch mit Zink in essigsaurer Lösung zu Nitrit reduzieren und dann mit dem Lunge-Reagenz nachweisen. Liegen schwer lösliche basische Hg(II)- oder Bi(III)-nitrate wie z. B. $BiONO_3$ vor, so findet sich das Nitrat-Ion *nicht* im Sodaauszug. In diesem Fall wird im Rückstand des Sodaauszuges auf Nitrat geprüft.

2.2.3.21 Phosphat (Orthophosphat) (PO_4^{3-})

Orthophosphorsäure (H_3PO_4), in Kurzform nur *Phosphorsäure* genannt, ist eine dreibasige ($pK_{s1} = 1{,}65$; $pK_{s2} = 7{,}21$; $pK_{s3} = 12{,}32$), *nicht* flüchtige Säure. H_3PO_4 bildet drei Reihen von Salzen:

- Primäre Phosphate (Dihydrogenphosphate) [MeH_2PO_4]
- Sekundäre Phosphate (Monohydrogenphosphate) [Me_2HPO_4]
- Tertiäre Phosphate [Me_3PO_4].

In Wasser sind – mit Ausnahme von *Lithiumphosphat* (Li_3PO_4) – nur die Alkaliphosphate, Ammoniumdihydrogenphosphat sowie die primären Erdalkaliphosphate leicht löslich. Phosphorsäure (H_3PO_4) und Phosphate sind schwer flüchtige Stoffe [vgl. **MC-Frage Nr. 69**].

Folgende Eigenschaften können zur Identifizierung des Phosphat-Ions herangezogen werden. Im Allgemeinen werden die Farb- und Fällungsreaktionen von primären, sekundären und tertiären Phosphaten gleichermaßen gegeben, sodass zu deren Unterscheidung vor allem die Bestimmung des pH-Wertes ihrer wässrigen Lösungen dient. Primäre Phosphate reagieren in wässriger Lösung sauer, sekundäre und tertiäre Phosphate ergeben eine alkalische Reaktion [vgl. **MC-Fragen Nr. 69, 129, 130, 132, 134, 235–237, 263, 265, 466, 469, 824**]:

(1) Verhalten beim Erhitzen: Durch Erhitzen primärer Phosphate wie NaH_2PO_4 entstehen *Polyphosphate* $(NaPO_3)_x$, während sekundäre Phosphate wie Na_2HPO_4 zu *Diphosphaten* (Pyrophosphate) ($Na_4P_2O_7$) kondensieren.

$$x\ NaH_2PO_4 \rightarrow (NaPO_3)_x + x\ H_2O$$
$$2\ Na_2HPO_4 \rightarrow Na_4P_2O_7 + H_2O$$

(2) Bildung schwer löslicher Niederschläge: Versetzt man die neutrale Lösung (pH = 7) eines Phosphats mit Silbernitrat-Lösung, so entsteht ein *gelber* Niederschlag von *Silberphosphat* (Ag_3PO_4), dessen Farbe sich beim Erhitzen zum Sieden nicht verändert, und der in Essigsäure, Salpetersäure und Ammoniak löslich ist (*Ph. Eur.*) [vgl. **MC-Fragen Nr. 235–237, 466, 824**].

$$3\ Ag^+ + PO_4^{3-} \rightarrow Ag_3PO_4\downarrow \xrightarrow{(NH_3)} [Ag(NH_3)_2]^+$$

In neutraler Lösung bildet sich mit $BaCl_2$ ein *weißer* Niederschlag von sekundärem *Bariumphosphat* ($BaHPO_4$), während bei der Fällung aus ammoniakalischer Lösung vorwiegend tertiäres $Ba_3(PO_4)_2$ entsteht. Sr(II) verhält sich ähnlich, dagegen werden Ca^{2+}-Ionen als basisches Calciumphosphat oder *Hydroxylapatit*, $Ca_5(PO_4)_3(OH)$, gefällt [vgl. **MC-Fragen Nr. 129, 130, 132, 134**].

In einer ammoniakalischen, NH_4Cl-haltigen Lösung eines Mg(II)-Salzes fällt mit Phosphat – auch aus verdünnten Lösungen – *weißes Magnesiumammoniumphosphat* ($MgNH_4PO_4$) aus, das in verdünnten Säuren wieder löslich ist [vgl. **MC-Fragen Nr. 235, 236, 265**].

$$HPO_4^{2-} + NH_4^+ + Mg^{2+} + HO^- \rightarrow MgNH_4PO_4\downarrow + H_2O$$

Aufgrund der angeführten Fällungsreaktionen muss Phosphat beim Kationentrennungsgang *vor* der Ammoniumsulfid-Gruppenfällung abgetrennt werden, weil sonst die Erdalkali-Ionen zusammen mit den Ionen der $(NH_4)_2S$-Gruppe als Phosphate ausfallen würden (siehe auch Kap. 2.3.1.7). Für die *Abtrennung von Phosphat* eignet sich vor allem die Fällung mit Fe(III)- und Zr(IV)-Salzen.

Mit $FeCl_3$ bildet Phosphat einen *weißen* Niederschlag von tertiärem *Eisenphosphat* ($FePO_4$), der durch mitgefällte basische Fe(III)-Salze auch *rostfarben* sein kann. $FePO_4$ ist in Essigsäure löslich, sofern die Acidität der Lösung durch Acetat nicht abgestumpft wird. Erdalkaliphosphate fallen unter diesen Bedingungen nicht aus [vgl. **MC-Frage Nr. 236**].

$$Fe^{3+} + PO_4^{3-} \rightarrow FePO_4\downarrow$$

Selbst aus stark salzsaurer Lösung fällt mit Zirkoniumoxidchlorid ($ZrOCl_2$) ein *weißer,* flockiger Niederschlag von tertiärem *Zirkonphosphat*, $Zr_3(PO_4)_4$ aus. Diese Reaktion kann ebenfalls zur Abtrennung von Phosphat *vor* der Ammoniumsulfid-Gruppe genutzt werden [vgl. **MC-Fragen Nr. 235, 309, 310, 312**].

$$4\ H_3PO_4 + 3\ ZrOCl_2 \rightarrow Zr_3(PO_4)_4\downarrow + 6\ HCl + 3\ H_2O$$

(3) Bildung von Heteropolyanionen: Aus einer salpetersauren Phosphat-Lösung fällt bei Zusatz von Ammoniummolybdat schwer lösliches *gelbes Ammoniumdodekamolybdatophosphat* aus, das in Ammoniak löslich ist [vgl. **MC-Fragen Nr. 235–237, 263, 469**].

$$H_2PO_4^- + 12\ MoO_4^{2-} + 3\ NH_4^+ + 22\ H_3O^+ \rightarrow (NH_4)_3[P(Mo_3O_{10})_4]\downarrow + 34\ H_2O$$

Ammoniumdodekamolybdatophosphat ist das Salz einer Heteropolysäure. Arsenate und Silicate bilden ähnliche Heteropolyanionen und stören.

Versetzt man eine Phosphat-Lösung mit einer Ammoniummolybdat/Ammoniumvanadat-Lösung [$(NH_4)_2MoO_4/(NH_4)_3VO_4$], so entsteht in neutraler bis salpetersaurer Lösung ein *gelb* gefärbter Niederschlag von *Divanadatodekamolybdatophosphat*, $[PV_2Mo_{10}O_{40}]^{5-}$, dem Anion einer gemischten Heteropolysäure *(Ph. Eur.)*. Arsenat und Silicat reagieren analog und stören.

(4) Grenzprüfung auf Phosphat: Die Phosphat-Probelösung wird, falls erforderlich, neutralisiert, mit *Molybdänschwefelsäure-Reagenz* (Ammoniummolybdat/ Schwefelsäure) versetzt und geschüttelt. Anschließend fügt man eine Zinn(II)-chlorid-Lösung ($SnCl_2$) hinzu. Eine Referenzlösung mit 5 ppm Phosphat wird in gleicher Weise behandelt. Nach 10 Minuten darf die Prüflösung nicht stärker blau gefärbt sein als die Vergleichslösung.

In saurer Lösung ergeben Phosphate und Molybdate *Phosphormolybdänsäure* $H_3[PMo_{12}O_{40}]$. Die Heteropolysäure lässt sich durch verschiedene Reduktionsmittel wie $SnCl_2$ zu einer *blau* gefärbten Verbindung, dem sogenannten *Molybdänblau,* reduzieren. Dem Phosphor kommt dabei lediglich die Funktion eines Redoxkatalysators zu. Die Reduktion zu Molybdänsäure ist in hohem Maße pH-abhängig. Nach jüngsten Befunden handelt es sich beim Molybdänblau wahrscheinlich um eine *Cluster-Verbindung* der Zusammensetzung $[(MoO_3)_{154}\ (H_2O)_{70}H_x)^{y-}$ mit variablem Protonierungs- und Reduktionsgrad.

2.2.3.22 Arsenat (AsO_4^{3-}), Arsenit (AsO_3^{3-})

Arsenate zeigen chemisch eine recht große Ähnlichkeit mit Phosphaten und sind weitgehend mit diesen isomorph; das heißt, sie bilden mit Phosphaten Mischkristalle und geben häufig die gleichen Reaktionen.

Folgende Nachweise können zur Identifizierung von Arsenat-Ionen beitragen:

(1) Fällung schwer löslicher Salze: Aus Arsenat-Lösungen wird mit Schwefelwasserstoff ein *gelber* Niederschlag von *Arsen(V)-sulfid* (As_2S_5) gefällt, der je nach Reaktionsbedingungen auch As_2S_3 und Schwefel enthält, und der mit der Fällung der H_2S-Gruppe aus dem Trennungsgang abgetrennt wird, sodass an dieser Stelle des Kationentrennungsganges Arsenat z. B. *nicht* als Magnesiumammoniumarsenat nachgewiesen werden kann.

$$2\ AsO_4^{3-} + 5\ H_2S + 6\ H_3O^+ \rightarrow As_2S_5\downarrow + 14\ H_2O$$

Mit Ag^+-Ionen bildet Arsenat in neutraler Lösung einen *braunen* Niederschlag von *Silberarsenat* (Ag_3AsO_4), während mit Phosphat eine gelbe Fällung entsteht.

$$AsO_4^{3-} + 3\ Ag^+ \rightarrow Ag_3AsO_4\downarrow \text{ (braun)}$$

Versetzt man dagegen eine Arsenit-Lösung mit Silbernitrat, so entsteht ein *gelber* Niederschlag von *Silberarsenit* (Ag_3AsO_3).

$$3\ Ag^+ + AsO_3^{3-} \rightarrow Ag_3AsO_3\downarrow \text{ (gelb)}$$

In ammoniakalischer, NH_4Cl-haltiger Lösung wird Arsenat mit Mg^{2+}-Ionen als *weißes*, schwer lösliches *Magnesiumammoniumarsenat* ($MgNH_4AsO_4$) gefällt.

$$Mg^{2+} + NH_4^+ + HAsO_4^{2-} + HO^- \rightarrow MgNH_4AsO_4\downarrow + H_2O$$

Darüber hinaus bildet Arsenat in salpetersaurer Lösung nach Zugabe einer Ammoniummolybdat-Lösung einen *gelben* Niederschlag von *Ammoniumdodekamolybdatoarsenat*, $(NH_4)_3[As(Mo_3O_{10})_4]$. Ammoniak-Lösung zerlegt dieses Heteropolysalz wieder in Ammoniumarsenat und Ammoniummolybdat [vgl. **MC-Fragen Nr. 238–240, 262, 264, 346**].

(2) Reduktion von Arsenverbindungen: In stark saurer Lösung vermag Arsenat Iodid-Ionen zu Iod zu oxidieren, wobei es selbst zu Arsenit reduziert wird. Die Reaktion ist umkehrbar, sodass in schwach saurem Medium Arsenit-Ionen eine Iod-Lösung entfärben.

$$AsO_4^{3-} + 2\ I^- + 2\ H_3O^+ \rightleftharpoons AsO_3^{3-} + I_2 + 3\ H_2O$$

Wird die Lösung einer Arsenverbindung, eines Arsenits (Me_3AsO_3) oder eines Arsenats (Me_3AsO_4) mit *Hypophosphit* ($H_2PO_2^-$) erhitzt, so entsteht ein *brauner* Niederschlag von metallischem Arsen. Phosphinsäure [Hypophosphorige Säure] (H_3PO_2) wird dabei zu Phosphonsäure [Phosphorige Säure] (H_3PO_3) oxidiert (*Ph. Eur.*).

$$2\ AsCl_3 + 3\ H_3PO_2 + 3\ H_2O \rightarrow 2\ As\downarrow + 3\ H_3PO_3 + 6\ HCl$$

Für die Reduktion von Arsenaten (AsO_4^{3-}) *und* Arseniten (AsO_3^{3-}) zum Metall eignet sich auch Zinn(II)-chlorid ($SnCl_2$) in konz. HCl (*Bettendorfsche Probe*). Zinn und Antimon ergeben diese Reaktion *nicht* [vgl. **MC-Fragen Nr. 113, 116, 119, 121, 238–241, 352–356, 492, 827**].

$$2\ AsO_3^{3-} + 3\ Sn^{2+} + 18\ Cl^- + 12\ H_3O^+ \rightarrow 2\ As\downarrow + 3\ [SnCl_6]^{2-} + 18\ H_2O$$
$$2\ AsO_4^{3-} + 5\ Sn^{2+} + 30\ Cl^- + 16\ H_3O^+ \rightarrow 2\ As\downarrow + 5\ [SnCl_6]^{2-} + 24\ H_2O$$

Weitere Reaktionen von Arsenverbindungen werden im Kapitel 2.3.2.7 vorgestellt.

(3) Grenzprüfung auf Arsen (Arsenit/Arsenat): Die Grenzprüfung auf Arsenverbindungen kann nach Arzneibuch mit zwei unterschiedlichen Methoden erfolgen [vgl. **MC-Fragen Nr. 352–356, 492, 827**].

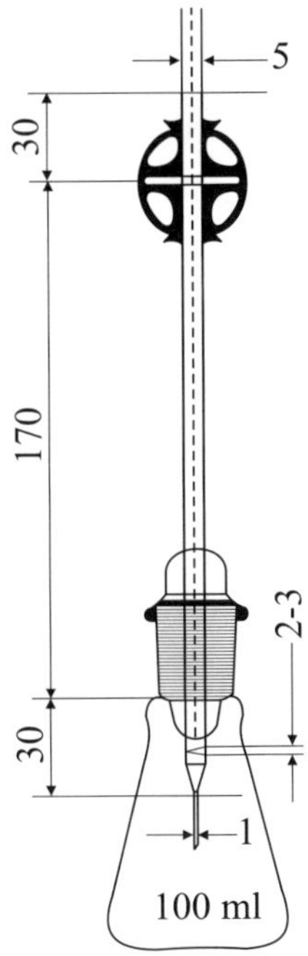

Abb. 2.2 Apparatur zur Grenzprüfung auf Arsen (Längenangaben in mm)

Methode A (nach H. Smith)

Apparatur: Die in Abb. 2.2 gezeigte Apparatur besteht aus einem 100 ml Erlenmeyer-Kolben mit Schliffstopfen, durch den ein etwa 200 mm langes Glasrohr mit 5 mm innerem Durchmesser reicht. Dessen unteres Ende ist zu einer Kapillare ausgezogen und oberhalb davon befindet sich eine seitliche, 2–3 mm große Öffnung. Am oberen Ende des plangeschliffenen Glasrohres wird mithilfe zweier Zugfedern ein zweites, etwa 30 mm langes Glasrohr befestigt.

Durchführung: Das untere Glasrohr wird mit Blei(II)-acetat-Watte beschickt. Zwischen die Planschliffe wird ein Quecksilber(II)-bromid-Papier ($HgBr_2$) gelegt. Die in der jeweiligen Monographie vorgeschriebene Substanzmenge wird in Wasser gelöst bzw. bei Verwendung des entsprechenden Volumens einer Probelösung wird mit Wasser verdünnt. Man gibt nacheinander 36 %ige HCl-Lösung, $SnCl_2$-Lösung und KI-Lösung hinzu und lässt 15 Minuten stehen. Anschließend fügt man aktiviertes Zink hinzu und erwärmt die verschlossene Apparatur in einem Wasserbad derart, dass eine gleichmäßige Gasentwicklung gewährleistet ist. Nach mindestens 2 Stunden darf der auf dem mit $HgBr_2$-getränktem Papier entstandene Fleck nicht stärker gefärbt sein als der einer Referenzlösung, die 1 ppm Arsen enthält.

Bestimmung: Naszierender Wasserstoff – aus Zn/HCl dargestellt – reduziert Arsenverbindungen zu *Arsin* (Arsenwasserstoff, AsH_3).

$$As^{3+} + 3\,Zn + 3\,H_3O^+ \rightarrow AsH_3\uparrow + 3\,Zn^{2+} + 3\,H_2O$$

Arsin, das mit dem H_2-Strom zum $HgBr_2$-Papier gelangt, reagiert dort in einer Reihe von Reduktionsschritten zu *orange* bis *braun* gefärbten *Quecksilberarseniden*. Die Färbung verblasst allmählich unter Lichteinwirkung.

$$AsH_3 + HgBr_2 \xrightarrow{-\,HBr} AsH_2(HgBr) + HgBr_2 \xrightarrow{-HBr} AsH(HgBr)_2 + HgBr_2 \xrightarrow{-\,HBr}$$

$$As(HgBr)_3 + AsH_3 \xrightarrow{-3\,HBr} As_2Hg_3$$

Der aus Iodid-Ionen und HCl gebildete Iodwasserstoff (HI) reduziert zuvor Arsen(V) zu Arsen(III) [vgl. **MC-Frage Nr. 238**].

$$AsO_4^{3-} + 2\,HI \rightleftharpoons AsO_3^{3-} + I_2 + H_2O$$

Zinn(II)-chlorid ($SnCl_2$) fördert sowohl die Wasserstoffentwicklung als auch die Reduktion von As(III) zu Arsin. Schwefelwasserstoff (H_2S) und Phosphin (PH_3) verursachen mit $HgBr_2$ ähnliche Färbungen und stören. Die Störung wird durch das Dazwischenschalten von Pb(II)-acetat-Watte beseitigt (Entfernen von H_2S als PbS).

Methode B (nach J. Thiele)

Durchführung: Die in der betreffenden Monographie vorgeschriebene Substanzmenge wird in einem Reagenzglas nacheinander mit 36 %iger HCl-Lösung, Kaliumiodid und *Hypophosphit-Reagenz* versetzt und unter gelegentlichem Umschütteln 15 Minuten auf dem Wasserbad erwärmt. Die zu prüfende Lösung darf nicht stärker gefärbt sein als eine Referenzlösung, die 10 ppm Arsen enthält.

Bestimmung: Die aus Hypophosphit ($H_2PO_2^-$) und HCl in Freiheit gesetzte *Phosphinsäure* (H_3PO_2) reduziert Arsenverbindungen zu elementarem *Arsen*, das durch die Dunkelfärbung der Lösung oder durch die Abscheidung eines braunen Niederschlags zu erkennen ist. Notwendig für das Gelingen der Reaktion ist ein Überschuss an Salzsäure, durch den wahrscheinlich Arsenverbindungen vor der Reduktion mit H_3PO_2 in Chloride, insbesondere $AsCl_3$, umgewandelt werden.

$$2\,AsCl_3 + 3\,H_3PO_2 + 3\,H_2O \rightarrow 2\,As\downarrow + 3\,H_3PO_3 + 6\,HCl$$

Auch hier wird durch die Zugabe von Iodid-Ionen zunächst As(V) zu As(III) reduziert. Der KI-Zusatz entfällt bei Anwesenheit von Sulfat, weil Iodid die Reduktion von Sulfat zu Schwefel oder Sulfid (S^{2-}) katalysiert. Die Thiele-Methode ist weniger empfindlich als die Prüfung nach Smith, dafür aber wesentlich einfacher durchzuführen.

2.2.3.23 Gemische von Arsenat und Arsenit

Arsenit ergibt mit $AgNO_3$-Lösung in neutralem Medium einen *gelben* Niederschlag von *Silberarsenit* (Ag_3AsO_3), während Arsenat unter diesen Bedingungen *braunes Silberarsenat* (Ag_3AsO_4) bildet. Beide Fällungen sind in Säuren und NH_3 löslich.

$$AsO_3^{3-} + 3\,Ag^+ \rightarrow Ag_3AsO_3\downarrow \text{ (gelb)}$$
$$AsO_4^{3-} + 3\,Ag^+ \rightarrow Ag_3AsO_4\downarrow \text{ (braun)}$$

Aus Arsenat-Lösungen fällt $MgCl_2$-Lösung in Gegenwart von NH_3/NH_4Cl kristallines *Magnesiumammoniumarsenat* ($MgNH_4AsO_4 \cdot 6\ H_2O$) aus und mit Ammoniummolybdat bildet sich *gelbes Ammoniumdodekamolybdatoarsenat*. Arsenit gibt diese Reaktionen *nicht*.

Dagegen lassen sich Arsenite mit Iod, HNO_3 oder H_2O_2/HO^- zu Arsenaten oxidieren. Die Oxidation von Arsenit mit Iod ist pH-abhängig. In *stark saurer* Lösung reduzieren Iodid-Ionen Arsenat wieder zu Arsenit.

$$AsO_3^{3-} + I_2 + 3\ H_2O \rightleftharpoons AsO_4^{3-} + 2\ I^- + 2\ H_3O^+$$

Auch mit Schwefelwasserstoff oder Schwefliger Säure wird Arsenat zu Arsenit reduziert. Setzt man hingegen Arsenat oder Arsenit in salzsaurem Medium mit Zinn(II)-chlorid ($SnCl_2$) um, so bildet sich elementares Arsen (*Bettendorfsche Probe*). Darüber hinaus wird dreiwertiges Arsen mit Zn/H_2SO_4 oder Al/NaOH bis zur Stufe des Arsins (AsH_3) reduziert.

2.2.3.24 Gemische von Phosphat, Arsenat und Silicat

Da sich einzelne Phosphate sehr stark in ihren Löslichkeiten unterscheiden, muss der **Phosphat-Nachweis** an verschiedenen Stellen des Analysenganges erfolgen. *Lösliche Phosphate* können sowohl im salzsauren Auszug der Analysensubstanz als auch im Sodaauszug nachgewiesen werden. Bei *schwer löslichen Phosphaten* prüft man auch im Rückstand des Sodaauszuges bzw. im salzsäureunlöslichen Rückstand auf Phosphat.

Bei Anwesenheit von Orthosilicat (SiO_4^{4-}) und Arsenat (AsO_4^{3-}) erfolgt die Identifizierung von Phosphat erst nach Abrauchen der löslichen Kieselsäure mit HCl und deren Überführung in salzsäureunlösliches SiO_2. Nach quantitativer Fällung von Arsenat als As_2S_3 wird im Filtrat der Schwefelwasserstoff-Gruppenfällung auf Phosphat geprüft. Das nachfolgende Schema beschreibt nochmals das angesprochene Trennverfahren.

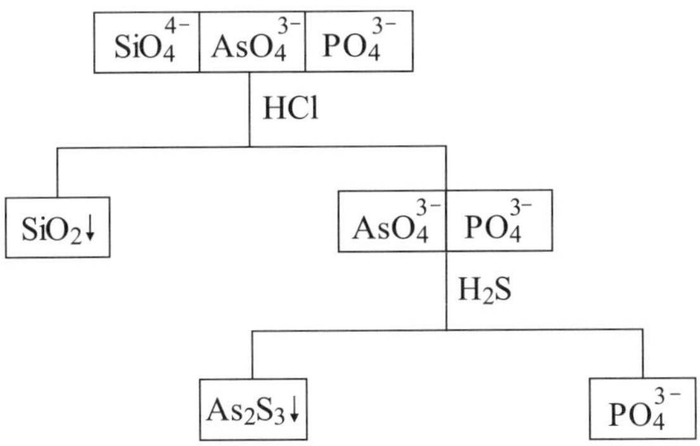

2.2.3.25 Silicat (SiO_3^{2-}), Orthosilicat (SiO_4^{4-})

Orthokieselsäure (H_4SiO_4) ist eine schwache Säure ($pK_s = 10{,}0$). Die Säure neigt, insbesondere in saurer Lösung, zur Kondensation unter Bildung von *Polysilicaten* unterschiedlicher Struktur. Endprodukt der Kondensation ist *Siliciumdioxid* (SiO_2). In den Silicaten ist jedes Si-Atom tetraedrisch von vier O-Atomen umgeben, wobei die Sauerstoffatome auch eine Brücke zwischen zwei Si-Atomen bilden können. Die Vielfalt der Silicate wird noch dadurch erhöht, dass sie auch andere Elemente, insbesondere Aluminium, enthalten können *(Alumosilicate)*. Silicate dienen zur Herstellung von Gebrauchsgütern wie *Porzellan* oder *Glas*.

Mit Ausnahme der reinen *Alkalisilicate* und des *Bariumsilicats* sind alle übrigen Silicate in Wasser schwer löslich. Durch starke Säuren werden sie teilweise zersetzt. Allgemein nimmt die Löslichkeit mit steigendem Kondensationsgrad ab. Für die Analytik von Silicaten sind folgende Reaktionen von Bedeutung:

(1) Bildung von Kieselsäure-Gallerte: Versetzt man eine konzentrierte Silicat-Lösung mit einer anorganischen Säure wie HCl, so bildet sich gallertartige, wasserhaltige Kieselsäure $[(SiO_2)(H_2O)_x]$.

Es bleibt aber stets eine nicht unbedeutende Menge an Kieselsäure kolloidal in Lösung. Durch zweimaliges Eindampfen zur Trockne (Abrauchen) mit konz. HCl wird auch die noch kolloidal gelöste Kieselsäure ausgefällt. Die Kondensation schreitet dabei bis zum in Wasser und Säuren *unlöslichen Siliciumdioxid* (SiO_2) fort [vgl. **MC-Fragen Nr. 63, 67, 247**].

Silicate können auf diese Weise von anderen Ionen abgetrennt werden. Die quantitative Abscheidung der Kieselsäure ist erforderlich, da sie sonst im Trennungsgang in der Ammoniumsulfid-Gruppe an Stelle von $Al(OH)_3$ auftritt und den Al-Nachweis stört.

Auch Ammoniumsalze wie NH_4Cl fällen aus Alkalisilicat-Lösungen gallertartige Kieselsäure aus, weil durch die Zugabe von NH_4^+ -Ionen die Hydroxid-Ionenkonzentration stark verringert wird [vgl. **MC-Frage Nr. 247**].

(2) Aufschluss von Silicaten: Für den Aufschluss von Silicaten stehen mehrere Methoden zur Verfügung [vgl. **MC-Fragen Nr. 76, 81, 84, 87, 94, 96, 247**]:

- *Salzsäure-Aufschluss:* Da aber in der qualitativen Analyse meistens nicht bekannt ist, ob ein durch HCl zersetzbares Silicat vorliegt, wählt man am besten gleich eine der beiden nachfolgend genannten Aufschlussverfahren.
- *Flusssäure-Aufschluss,* siehe Wassertropfenprobe.
- *Alkalicarbonat-Aufschluss,* siehe Kapitel 1.5.2.

$$SiO_2 + 2\ Na_2CO_3 \rightarrow Na_4SiO_4 + 2\ CO_2\uparrow$$

Hierzu wird die Substanz mit wasserfreiem Soda (Na_2CO_3) verschmolzen; der Schmelzkuchen wird in Wasser gelöst und mit HCl-Lösung versetzt. In der Soda-Schmelze bildet sich wasserlösliches Silicat, das auf Säurezusatz als gallertartiger Niederschlag von $SiO_2(H_2O)_x$ ausfällt.

(3) Wassertropfenprobe: *Die vorgeschriebene Menge Substanz wird in einem Blei- oder Platintiegel mit Natriumfluorid (NaF) und Schwefelsäure versetzt und mit einem Cu-Draht zu einem Brei verrührt. Der Tiegel wird mit einer durchsichtigen Kunststoffplatte bedeckt, an deren Unterseite ein Tropfen Wasser hängt. Bei schwachem Erwärmen bildet sich innerhalb kurzer Zeit um den Wassertropfen ein weißer Ring.*

Aus NaF und H_2SO_4 entsteht Flusssäure (HF), die Silicate oder Siliciumdioxid (SiO_2) angreift unter Bildung von *gasförmigen Siliciumtetrafluorid* (SiF_4). SiF_4

wird von dem Wassertropfen aufgenommen und hydrolysiert zu gallertartiger, *weißer Kieselsäure* und HF (*Ph.Eur.*) [vgl. **MC-Fragen Nr. 247–250, 842**].

$$2\ NaF + H_2SO_4 \rightarrow Na_2SO_4 + 2\ HF$$
$$4\ HF + SiO_2 \rightarrow SiF_4\uparrow + 2\ H_2O$$
$$SiF_4 + (x+2)\ H_2O \rightarrow SiO_2(H_2O)_x\downarrow + 4\ HF$$

Ein Überschuss an NaF ist zu vermeiden, da sich mit überschüssigem Fluorwasserstoff anstelle von SiF_4 die *nicht flüchtige*, stabile *Hexafluorokieselsäure* (H_2SiF_6) bildet.

$$SiF_4 + 2\ HF \rightarrow H_2SiF_6$$
$$3\ SiF_4 + n\ H_2O \rightarrow SiO_2(H_2O)_{n-2} + 2\ H_2SiF_6$$

In Gegenwart von Borverbindungen reagiert HF unter Bildung von Bortrifluorid (BF_3) bzw. des sehr stabilen $[BF_4]^-$-Komplexes. Borsäure und Borate sollten daher vor der Prüfung auf Silicat als Borsäuretrimethylester aus dem Analysengang entfernt werden.

Die Verwendung von Glas- oder Porzellantiegeln würde als silicathaltige Werkstoffe zu falsch positiven Ergebnissen führen.

(4) Bildung von Molybdatokieselsäure: Lösliche Silicate bilden mit Molybdänsäure eine *gelb* gefärbte Heteropolysäure. Phosphat und Arsenat stören; die Störung von Phosphat lässt sich ausschließen, indem man den Niederschlag von Ammoniumdodekamolybdatophosphat *vorher* abfiltriert [vgl. **MC-Frage Nr. 247**].

$$H_4SiO_4 + 12\ MoO_2^{2+} + 36\ H_2O \rightarrow H_4[Si(Mo_3O_{10})_4] + 24\ H_3O^+$$

2.2.3.26 Carbonat (CO_3^{2-}), Hydrogencarbonat (HCO_3^-)

„Kohlensäure" bildet zwei Reihen von Salzen: (saure) *Hydrogencarbonate* ($MeHCO_3$) und (neutrale) *Carbonate* (Me_2CO_3). Von den neutralen Salzen sind nur die *Alkalicarbonate* und *Ammoniumcarbonat* in Wasser leicht löslich. Alle anderen Carbonate sind dagegen schwer löslich. Sie lösen sich jedoch wie z. B. *Calciumcarbonat* ($CaCO_3$) in kohlendioxidhaltigem Wasser unter Bildung der betreffenden Hydrogencarbonate [vgl. **MC-Frage Nr. 244**].

$$CaCO_3 + CO_2 + H_2O \rightleftharpoons Ca(HCO_3)_2$$

Der **Carbonat-Nachweis** (bzw. der Nachweis von Hydrogencarbonaten) wird prinzipiell mit der Ursubstanz durch Zersetzen mit verdünnten Säuren (Salzsäure, Schwefelsäure, Essigsäure) ausgeführt. Hierbei bildet sich farb- und geruchloses *Kohlendioxid* (CO_2), das beim Einleiten in eine $Ba(OH)_2$- *(Barytwasser)* oder $Ca(OH)_2$-Lösung *(Kalkwasser)* einen *weißen* Niederschlag von *Bariumcarbonat* ($BaCO_3$) bzw. *Calciumcarbonat* ($CaCO_3$) ergibt, der sich in verdünnter Salzsäure löst (*Ph.Eur.*). Die räumliche Trennung der Bildung von CO_2 in der Analysenlösung und der Fällung als schwer lösliches Carbonat erhöht die Selektivität des Nachweises [vgl. **MC-Fragen Nr. 50–53, 68–70, 129, 130, 134, 242–245, 839**].

$$CO_3^{2-} \xrightarrow{(H^+)} HCO_3^- \xrightarrow{(H^+)} (H_2CO_3) \rightarrow H_2O + CO_2\uparrow$$
$$CO_2 + Ca(OH)_2 \rightarrow CaCO_3\downarrow + H_2O$$

Einige Arzneibücher lassen Carbonat auch in Form des schwer löslichen, *weißen Silbercarbonats* (Ag_2CO_3) identifizieren. Ag_2CO_3 zersetzt sich beim Erwärmen unter Bildung von *braunem Silberoxid* (Ag_2O).

$$2\ Ag^+ + CO_3^{2-} \rightarrow Ag_2CO_3\downarrow \xrightarrow{\Delta} Ag_2O\downarrow + CO_2\uparrow$$

Der Nachweis von CO_2 kann noch empfindlicher (selektiver) gestaltet werden, wenn man das Gas in eine *Phenolphthalein-Lösung* einleitet, die durch einen *geringen* Gehalt an Carbonat gerade rot gefärbt ist. Durch die Bildung von Hydrogencarbonat wird der pH-Wert der Lösung erniedrigt und der Indikator entfärbt.

$$CO_2 + CO_3^{2-} + H_2O \rightleftharpoons 2\ HCO_3^-$$

Der CO_3^{2-}-Nachweis wird durch *Sulfit* (SO_3^{2-}) und *Thiosulfat* ($S_2O_3^{2-}$) gestört, weil das beim Behandeln mit Säuren gebildete *Schwefeldioxid* (SO_2) in Barytwasser schwer lösliches *Bariumsulfit* ($BaSO_3$) ergibt. In $Ca(OH)_2$- oder $Sr(OH)_2$-Lösungen bilden sich analoge Fällungen. Man muss deshalb die Analysensubstanz *vor* der Prüfung auf Carbonat einige Zeit mit H_2O_2 behandeln und die genannten Schwefelverbindungen in nicht flüchtiges Sulfat überführen [vgl. **MC-Fragen Nr. 242, 244, 246**].

$$SO_3^{2-} + H_2O_2 \rightarrow SO_4^{2-} + H_2O$$

Auch $KMnO_4$ kann zur Oxidation von Sulfit und Thiosulfat verwendet werden. Jedoch müssen in diesem Fall Oxalate und Tartrate abwesend sein, da sie durch $KMnO_4$ zu CO_2 oxidiert werden [vgl. **MC-Frage Nr. 243**].

Fluorid-Ionen stören ebenfalls den Carbonat-Nachweis infolge Bildung von flüchtiger HF, die zu schwer löslichen Fluoriden (BaF_2, CaF_2) führt. Durch Zugabe eines Zirkon(IV)-Salzes kann Fluorid vorher als $[ZrF_6]^{2-}$-Komplex gebunden und dadurch die Störung beseitigt werden [vgl. **MC-Frage Nr. 242**].

2.2.3.27 Borat (BO_3^{3-}), Tetraborat ($B_4O_7^{2-}$)

Orthoborsäure ($H_3BO_3 \equiv B(OH)_3$) ist eine schwache *Lewis-Säure* ($pK_s = 9{,}2$) und neigt zur Selbstkondensation unter Bildung von Polyboraten. Die Säure ist in heißem Wasser leicht und in kaltem Wasser schwer löslich und kann deshalb aus Wasser umkristallisiert werden. Beim Erhitzen von Borsäure auf Temperaturen oberhalb 70 °C spaltet die Säure ein Mol Wasser ab und geht in *Metaborsäure* (HBO_2) über. Bei weiterem Erhitzen entsteht über die nicht isolierbare *Tetraborsäure* ($H_2B_4O_7$) schließlich *Bortrioxid* (B_2O_3).

$$HBO_2 \xleftarrow{-\,H_2O} B(OH)_3 + 2\ H_2O \rightleftharpoons H_3O^+ + [B(OH)_4)]^-$$

Die Salze der Borsäure leiten sich meistens von der in freier Form nicht bekannten Tetraborsäure ab und haben die elementare Zusammensetzung $Me_2B_4O_7$. Das wichtigste Salz der Tetraborsäure ist *Natriumtetraborat* [*Borax*] ($Na_2B_4O_7 \cdot 10\ H_2O$).

Nur *Alkaliborate* sind wasserlöslich, die anderen Borate lösen sich dagegen leicht in Säuren. Borsäure und ihre Salze können im Sodaauszug nachgewiesen werden, da sich alle Borate – mit Ausnahme von Borosilicaten – beim Kochen mit Na_2CO_3-Lösungen in lösliche Alkaliborate umwandeln. Borosilicate müssen aus der Ursubstanz nachgewiesen werden. Analytisch bedeutsam für Borsäure und Borate sind folgende Reaktionen:

(1) Bildung schwer löslicher Borate: Mit $AgNO_3$-Lösung erfolgt Fällung von *weißem*, in Säuren und Ammoniak leicht löslichem *Silbermetaborat* ($AgBO_2$). Durch die bei der Fällung freigesetzten Protonen verläuft die Reaktion allerdings nicht quantitativ. In der Hitze hydrolysiert $AgBO_2$ zu *braunem* Silberoxid (Ag_2O).

$$B_4O_7^{2-} + 4\ Ag^+ + 3\ H_2O \rightleftharpoons 4\ AgBO_2\downarrow + 2\ H_3O^+$$

$$2\ AgBO_2 + 3\ H_2O \xrightarrow{\Delta} 2\ H_3BO_3 + Ag_2O\downarrow$$

Erdalkali-Ionen (Ba^{2+}, Ca^{2+}) fällen aus alkalischen Lösungen Metaborate mit langkettigen Anionen. Die *Erdalkaliborate* sind in ganz schwachen Säuren und in NH_4Cl-Lösung löslich. Auch einige andere im Alkalischen schwerer lösliche Metaborate werden schon von schwachen Säuren wie Essigsäure wieder aufgelöst.

$$B_4O_7^{2-} + 2\ Ba^{2+} + 2\ HO^- \rightleftharpoons 2\ Ba(BO_2)_2\downarrow + H_2O$$

(2) Nachweis durch Flammenfärbung: Aus Boraten mit Schwefelsäure freigesetzte Borsäure färbt die äußerste Zone einer Bunsenflamme *grün*. Bei manchen Borosilicaten versagt der Nachweis. In diesem Fall verreibt man die Probe mit CaF_2/H_2SO_4. Infolge Bildung von flüchtigem *Bortrifluorid* (BF_3) tritt in der nichtleuchtenden Bunsenflamme eine Grünfärbung auf.

$$2\ H_3BO_3 + 3\ CaF_2 + 3\ H_2SO_4 \rightarrow 2\ BF_3\uparrow + 3\ CaSO_4 + 6\ H_2O$$

(3) Bildung von Borsäuretrimethylester: Unter der wasserentziehenden Wirkung von konzentrierter Schwefelsäure reagiert Borsäure mit Methanol zu flüchtigem *Borsäuretrimethylester,* $B(OCH_3)_3$ (Kp = 68,5 °C), der mit *grüner* Flamme brennt *(Ph. Eur.)* [vgl. **MC-Fragen Nr. 5–8, 11, 269**].

$$H_3BO_3 + 3\ CH_3OH \rightarrow B(OCH_3)_3\uparrow + 3\ H_2O$$

(4) Bildung von Alkoxyborsäuren: Man neutralisiert eine Borat-Probelösung nur soweit, dass sie durch einige Tropfen *Phenolphthalein-Lösung* gerade noch rot gefärbt wird. Gibt man dann einige Tropfen Glycerol, Mannitol oder Sorbitol hinzu, so bilden sich komplexe Alkoxyborsäuren von der Acidität der Essigsäure. Durch die bei der Chelatbildung freigesetzten Protonen wird der pH-Wert verringert und dadurch der Indikator entfärbt *(Ph. Eur.)*.

Die Reaktion ist auch zur quantitativen Bestimmung von Borsäure oder Natriumtetraborat geeignet [siehe Ehlers, **Analytik II**, Kapitel 6.2.4.5]. Periodat (IO_4^-) stört und muss zuvor entfernt werden.

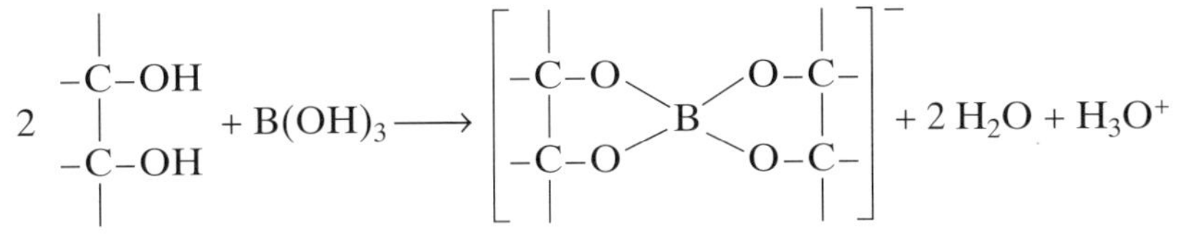

2.2.3.28 Komplexe Cyanide, insbesondere Hexacyanoferrate $[Fe(CN)_6]^{3-/4-}$

Cyanid-Ionen geben mit zahlreichen Kationen (Fe^{2+}, Fe^{3+}, Mn^{2+}, Cr^{3+}, Co^{3+}, Ni^{2+}, Zn^{2+}, Cd^{2+}, Cu^{+}, Ag^{+} u. a.) überaus beständige komplexe Anionen der allgemeinen Zusammensetzung: $[Me^{I}(CN)_2]^{-}$, $[Me^{I}(CN)_4]^{3-}$, $[Me^{II}(CN)_4]^{2-}$, $[Me^{II}(CN)_6]^{4-}$ und $[Me^{III}(CN)_6]^{3-}$. Von den komplexen Cyaniden sind besonders zu nennen: *Kaliumhexacyanoferrat*(II), $K_4[Fe(CN)_6]$, das **gelbe Blutlaugensalz,** und *Kaliumhexacyanoferrat(*III), $K_3[Fe(CN)_6]$, das **rote Blutlaugensalz.**

Kaliumhexacyanoferrat(III) ist ein mild wirkendes Oxidationsmittel, das z. B. Iodid-Ionen in elementares Iod umwandelt [vgl. **MC-Frage Nr. 117].**

$$2\,[Fe(CN)_6]^{3-} + 2\,I^{-} \rightarrow 2\,[Fe(CN)_6]^{4-} + I_2$$

Fast alle **Hexacyanoferrate(II)** von zweiwertigen Kationen (Ca^{2+}, Cu^{2+}, Zn^{2+}, Mn^{2+}, Fe^{2+} u. a.) sind schwer löslich und vielfach charakteristisch gefärbt. *Zirkoniumhexacyanoferrat*(II), $Zr[Fe(CN)_6]$ und *Thoriumhexacyanoferrat*(II), $Th[Fe(CN)_6]$, sind selbst in Säuren schwer löslich, während die betreffenden **Hexacyanoferrate(III)** wasserlöslich sind. Dieser Unterschied in der Löslichkeit erlaubt eine Trennung von $[Fe(CN)_6]^{4-}$ und $[Fe(CN)_6]^{3-}$. Eine weitere Unterscheidungsmöglichkeit beruht in der guten Löslichkeit von *Silberhexacyanoferrat*(III), $Ag_3[Fe(CN)_6]$, in Ammoniak, während *Silberhexacyanoferrat*(II), $Ag_4[(Fe(CN)_6]$, darin unlöslich ist [vgl. **MC-Fragen Nr. 122, 123, 125, 127, 128, 187**].

Alle Cyanoferrate(II) – lösliche wie schwer lösliche – können durch Kochen mit Quecksilber(II)-oxid (HgO) unter Bildung von undissoziiertem Quecksilber(II)-cyanid, $Hg(CN)_2$, zerstört werden. Heiße konzentrierte Schwefelsäure zersetzt Hexacyanoferrate unter Freisetzung von Kohlenmonoxid (CO).

Der Nachweis der Hexacyanoferrate erfolgt im Sodaauszug. Zu beachten ist, dass sich einige schwer lösliche Hexacyanoferrate des Cu(II), Fe(II), Fe(III) u. a. beim Kochen mit Soda-Lösung nur begrenzt in lösliche Alkalihexacyanoferrate umwandeln. Hexacyanoferrate können nachgewiesen durch:

(1) Bildung von schwer löslichen Salzen: Versetzt man eine neutrale bis schwach saure Probelösung mit $AgNO_3$, so fällt ein *weißer* Niederschlag aus von $Ag_4[Fe(CN)_6]$ bzw. ein *orangeroter* Niederschlag von $Ag_3[Fe(CN)_6]$. Beide Verbindungen sind schwer löslich in verdünnter Salpetersäure, lösen sich jedoch in Alkalicyanid- oder Alkalithiosulfat-Lösungen. In Ammoniak ist nur $Ag_3[Fe(CN)_6]$ löslich. Durch Oxidation mit konz. HNO_3 kann $Ag_4[Fe(CN)_6]$ in $Ag_3[Fe(CN)_6]$ umgewandelt werden.

Aus neutralen oder salpetersauren Lösungen fällt beim Versetzen mit Cu(II)-Ionen *rotbraunes* $Cu_2[Fe(CN)_6]$ oder (schmutzig) *grünes* $Cu_3[Fe(CN)_6]_2$ aus. Beide Niederschläge lösen sich in 2 M-NH_3.

Hexacyanoferrate stören häufig die anderen Anionennachweise und müssen deshalb quantitativ aus dem Analysengang abgetrennt werden. Hierfür eignet sich am besten die Fällung als *Cadmiumhexacyanoferrat*. In neutraler bis schwach essigsaurer Lösung fällt *weißes* Cadmiumhexacyanoferrat(II) oder *hellgelbes* Cadmiumhexacyanoferrat(III) aus. Beide Substanzen lösen sich in 2 M-Ammoniak.

$$\text{(weiß) } Cd_2[Fe(CN)_6]\downarrow \leftarrow Cd^{2+} \rightarrow Cd_3[Fe(CN)_6]_2\downarrow \text{ (gelb)}$$

(2) Bildung von Berliner Blau/Turnbulls Blau: Versetzt man eine saure $[Fe(CN)_6]^{4-}$-Lösung mit Fe(III), so bildet sich **Berliner Blau.** Gibt man zu einer Probelösung von $[Fe(CN)_6]^{3-}$-Ionen ein Eisen(II)-Salz ($FeSO_4$) hinzu, so entsteht **Turnbulls Blau.** Beide Reaktionsprodukte sind jedoch aufgrund des nachfolgenden Gleichgewichts weitgehend *identisch* [vgl. **MC-Frage Nr. 187**].

$$Fe^{2+} + [Fe(CN)_6]^{3-} \rightleftharpoons [Fe(CN)_6]^{4-} + Fe^{3+}$$

Bei einem Stoffmengenverhältnis Fe(II) bzw. Fe(III) zu $[Fe(CN)_6]^{3-}$ bzw. $[Fe(CN)_6]^{4-}$ von 1:1 bilden sich kolloidal gelöste Produkte der allgemeinen Zusammensetzung $K[Fe^{III}Fe^{II}(CN)_6]$; überwiegen die Eisen-Ionen, so entstehen unlösliche Verbindungen wie $Fe_4[Fe(CN)_6]_3$. Die exakte Struktur des Berliner Blau (Turnbulls Blau) ist jedoch nach wie vor noch Gegenstand einer kontrovers geführten Diskussion.

2.2.4 Reihenfolge der Anionen-Nachweise

Analytik und Nachweise anorganischer Anionen wurden in den voranstehenden Abschnitten ausführlich diskutiert. Die Eigenschaften von *Anionen organischer Säuren* wie **Acetat**, **Oxalat**, **Lactat** oder **Tartrat** werden nachfolgend im Kapitel 3.5.3.17 vorgestellt.

Zusammenfassend ist bezüglich der Anionen-Analytik auszuführen, dass die Reihenfolge ihres Nachweises beliebig ist. Da man aber bei den Einzelnachweisen eine Vielzahl von Störmöglichkeiten beachten muss, empfiehlt sich eine bestimmte Abfolge der Nachweise einzuhalten, wie dies Tabelle 2.3 ausweist.

Tab. 2.3 Reihenfolge der Anionen-Nachweise

Anion	Nachweis aus	Anion	Nachweis aus
Fluorid	Ursubstanz	Iodid	Sodaauszug
Tartrat	Ursubstanz/ Sodaauszug	Bromid	Sodaauszug
		Chlorid	Sodaauszug
Borat	Ursubstanz	Chlorat	Sodaauszug
Cyanid	Ursubstanz	Bromat	Sodaauszug
Oxalat	Sodaauszug	Iodat	Sodaauszug
Hexacyanoferrat(II)/(III)	Sodaauszug	Nitrit	Sodaauszug
Thiocyanat	Sodaauszug	Nitrat	Sodaauszug
Sulfid	Ursubstanz	Carbonat	Ursubstanz
Silicat	[1]	Acetat	Ursubstanz
Thiosulfat	Sodaauszug	Phosphat	[2]
Sulfit	Sodaauszug		
Sulfat	Sodaauszug		

[1] salzsäureunlöslicher Rückstand
[2] nach der H_2S-Gruppenfällung

2.3 Analyse von Kationen

2.3.1 Trennungsgänge

Die verschiedenen in der Literatur beschriebenen Kationentrennungsgänge gehen mit Ausnahme der Erdalkali- und Alkalielemente nicht parallel mit der Stellung des betreffenden Elements im Periodensystem der Elemente (PSE); sie richten sich vielmehr nach der Löslichkeit der Chloride, Sulfide, Hydroxide und Carbonate im sauren und alkalischen pH-Bereich. Der in diesem Buch hauptsächlich vorgestellte Trennungsgang beruht auf der *unterschiedlichen Löslichkeit von Metallsulfiden* im sauren und alkalischen Medium. Im Verlaufe der Kationen-Analyse werden dabei nacheinander folgende Gruppen abgetrennt:

(1) Salzsäure-Gruppe: Sie umfasst die Elemente, die in Wasser und Säuren *schwer lösliche Chloride* bilden. Hierzu zählen: **Ag, Pb, Hg(I).**

(2) Schwefelwasserstoff-Gruppe: Zu dieser Gruppe gehören Elemente, die in *saurer Lösung schwer lösliche Sulfide* bilden. Man teilt diese Elemente weiter ein in die:

(a) Kupfer-Gruppe: Bi, Cd, Cu, Hg(II), Pb, Tl(III)

(b) Arsen-Zinn-Gruppe: As, Sb, Sn

Die Sulfide der Kupfer-Gruppe sind in Ammoniumpolysulfid-Lösung schwer löslich; demgegenüber lösen sich die Sulfide der Arsen-Zinn-Gruppe beim Behandeln mit Ammoniumpolysulfid unter Bildung von Thiosalzen.

(3) Ammoniumsulfid-Gruppe: Sie umfasst Elemente, die in *ammoniakalischer Lösung schwer lösliche Sulfide* oder *schwer lösliche Hydroxide* bilden. Dabei werden die zweiwertigen Elemente als Sulfide gefällt: **Co, Mn, Ni, Zn,** während die dreiwertigen Elemente als schwer lösliche Hydroxide abgetrennt werden: **Al, Cr, Fe.**

(4) Ammoniumcarbonat-Gruppe: Hierzu zählen Elemente, die durch die vorstehend genannten Reagenzien nicht ausgefällt werden, die jedoch in *ammoniakalischer Lösung* mit $(NH_4)_2CO_3$ *schwer lösliche Carbonate* bilden: **Ba, Ca, Sr.**

(5) Lösliche Gruppe: Zu dieser Gruppe gehören Elemente, die – unter bestimmten Bedingungen – mit allen voranstehenden Fällungsreagenzien *keine* schwer löslichen Niederschläge bilden: **Cs, K, Li, Mg, Na** und **NH_4^+** -Ionen.

2.3.1.1 Fällung schwer löslicher Sulfide

(1) Schwefelwasserstoff als Fällungsreagenz: Gasförmiger Schwefelwasserstoff (H_2S) reagiert mit vielen Metallionen unter Bildung von Sulfiden, die sich in ihren Löslichkeiten stark unterscheiden. Auf dieser pH-abhängigen, unterschiedlichen Löslichkeit beruht der in diesem Kapitel skizzierte Kationentrennungsgang. Tabelle 2.4 informiert über die *Löslichkeitsprodukte* (K_L) einiger analytisch wichtiger Metallsulfide. Je größer hierbei der pK_L-Wert ist, desto schwerer löslich ist die betreffende Verbindung [vgl. **MC-Frage Nr. 105**].

Die *Löslichkeit von Schwefelwasserstoff in Wasser* ist ziemlich gering; bei 20 °C lösen sich 2,47 l H_2S-Gas in 1 l Wasser. In wässriger Lösung reagiert Schwefelwas-

Tab. 2.4 Löslichkeitsprodukte ausgewählter Metallsulfide ($pK_L = -\log K_L$)

Sulfid	pK_L-Wert	Sulfid	pK_L-Wert	Sulfid	pK_L-Wert
Ag_2S	49	As_2S_3	28,6	α-CoS[1)]	21,3
Hg_2S	47	As_2S_5	39,7	β-CoS[1)]	26,7
HgS	52	Sb_2S_3	27,8	α-NiS[1)]	20,5
PbS	28	SnS	28	β-NiS[1)]	26,0
Bi_2S_3	72	SnS_2	26	FeS	18,4
Cu_2S	46,7			MnS	15
CuS	44			ZnS	24
CdS	27				

[1)] Bei den α-Formen handelt es sich um die frisch gefällten Sulfide der betreffenden Elemente; als β-Formen bezeichnet man die in 2 M-Salzsäure nicht mehr löslichen Sulfide des Cobalts und Nickels.

serstoff als schwache zweibasige Säure ($pK_{s1} = 7{,}06$; $pK_{s2} = 12{,}0$). Das *Hydrogensulfid-Ion* (HS^-) ist somit eine schwache, das *Sulfid-Ion* (S^{2-}) eine starke Base.

In wässriger Lösung existieren für Schwefelwasserstoff folgende Dissoziationsgleichgewichte:

$$H_2S + H_2O \rightleftharpoons H_3O^+ + HS^- \qquad K_{s1} = [HS^-]\cdot[H_3O^+]/[H_2S]$$
$$pK_{s1} = -\log K_{s1} = 7{,}06$$
$$HS^- + H_2O \rightleftharpoons H_3O^+ + S^{2-} \qquad K_{s2} = [S^{2-}]\cdot[H_3O^+]/[HS^-]$$
$$pK_{s2} = -\log K_{s2} = 12{,}0$$

Daraus folgt für die Gesamtdissoziationskonstante des Schwefelwasserstoffs:

$$H_2S + 2\,H_2O \rightleftharpoons S^{2-} + 2\,H_3O^+$$
$$K_{s(gesamt)} = [S^{2-}]\cdot[H_3O^+]^2/[H_2S] = K_{s1}\cdot K_{s2}$$
$$[S^{2-}] = K_{s(gesamt)}\cdot[H_2S]/[H_3O^+]^2$$

Je nach dem **pH-Wert** der Lösung ist also die Dissoziation des Schwefelwasserstoffs mehr oder weniger stark zugunsten der Sulfid-Ionen verschoben. Mit steigender Hydroxonium-Ionenkonzentration (fallendem pH-Wert) nimmt die Sulfid-Ionenkonzentration ab.

Für die Fällung eines zweiwertigen Metallsulfids ergibt sich dessen Löslichkeitsprodukt (K_L) zu:

$$Me^{2+} + S^{2-} \rightarrow MeS\downarrow \qquad K_L = [Me^{2+}]\cdot[S^{2-}]$$
$$pK_L = -\log K_L$$

In *saurer* Lösung ($pH < 7$) ist die Konzentration an Sulfid-Ionen $[S^{2-}]$ so gering, dass nur bei den Sulfiden der Elemente der H_2S-Gruppe das Löslichkeitsprodukt überschritten wird und diese ausfallen. In ammoniakalischer Lösung (pH = 8–10) ist die Sulfid-Ionenkonzentration erheblich höher, sodass dann die Sulfide mit größerem Löslichkeitsprodukt (Ammoniumsulfid-Gruppe) gefällt werden. Eine

Reihe von Kationen bildet dagegen in wässriger Lösung keine schwer löslichen Sulfide (Ammoniumcarbonat-Gruppe und lösliche Gruppe) [siehe auch Ehlers, **Analytik II,** Kapitel 5.1.2 „Löslichkeit, Löslichkeitsprodukt" und **MC-Fragen Nr. 277–280, 291–295, 339**].

(2) Thioacetamid als Fällungsreagenz: Thioacetamid (Fp = 111–113 °C) ist eine farblose, nahezu geruchlose Substanz. Sie zerfällt in wässriger Lösung in Schwefelwasserstoff und Ammoniumacetat.

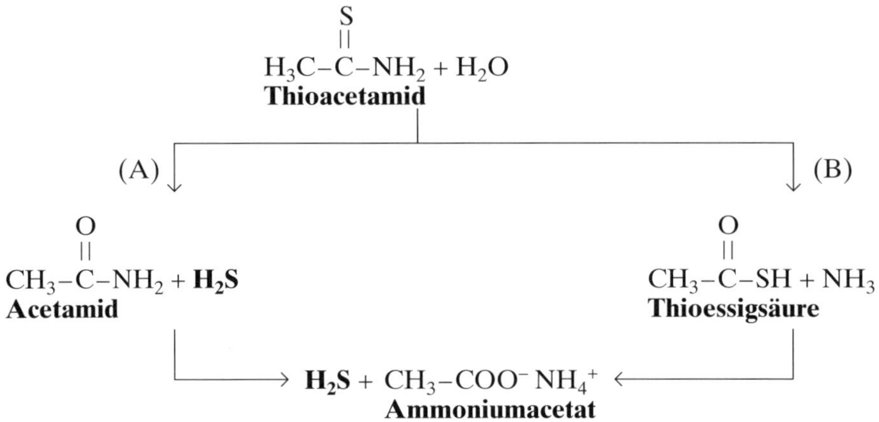

Thioacetamid hydrolysiert bei einem pH-Wert um den Neutralpunkt (pH ~ 7) nur äußerst langsam; auch in saurer Lösung (pH ~ 1; 80 °C) ist nach 45 Minuten erst die Hälfte des Thioacetamids umgesetzt. In alkalischer Lösung verläuft dagegen die Hydrolyse etwa 8–10-mal schneller als im sauren Milieu.

Für die Hydrolyse sind zwei Reaktionswege denkbar. Untersuchungen haben ergeben, dass in saurer Lösung die Hydrolyse zu etwa 80 % über den Weg (A) und nur zu etwa 20 % über den Weg (B) erfolgt; in alkalischer Lösung ist dieses Verhältnis gerade umgekehrt.

Es zeigt sich aber auch, dass in ammoniakalischer Lösung die Bildung von Metallsulfiden in *homogener Lösung* mit Thioacetamid schneller abläuft, als H_2S durch Hydrolyse von Thioacetamid freigesetzt wird. Offenbar entstehen aus der intermediär gebildeten Thioessigsäure und Schwermetallkationen Salze oder Komplexe, die diese Hydrolyse außerordentlich beschleunigen.

2.3.1.2 Salzsäure-Gruppe

Zur Salzsäure-Gruppe gehören die Elemente, die in Wasser schwer lösliche Chloride bilden; es sind dies: **Silber** (als Ag^+), **Quecksilber** (als Hg_2^{2+}) und teilweise **Blei** (als Pb^{2+}).

Aus praktischen Gründen trennt man diese Kationen vor der Durchführung der H_2S-Gruppe ab. Zum einen ist es günstiger, H_2S in eine salzsaure statt in eine salpetersaure Lösung einzuleiten, weil sonst zu viel H_2S zu elementarem Schwefel oxidiert wird. Zum anderen disproportioniert Hg(I) in Gegenwart von H_2S zu Hg(0) und Hg(II). Da sich metallisches Quecksilber in Salpetersäure löst, würden daraus Störungen in der Kupfer-Gruppe resultieren. Hg(II) und das restliche Pb(II) werden dagegen als Sulfide in der H_2S-Gruppe gefällt [vgl. **MC-Frage Nr. 295**].

Für die Abtrennung der HCl-Gruppe muss eine salpetersaure Lösung vorliegen. Bei Zugabe von Salzsäure fallen folgende Chloride als *weiße* Niederschläge aus:

Silberchlorid (AgCl), Quecksilber(I)-chlorid (Hg_2Cl_2) und teilweise Blei(II)-chlorid ($PbCl_2$).

Ein zu starker Überschuss an HCl kann zur Bildung von löslichem $[AgCl_2]^-$ führen, sodass Ag(I) in die H_2S-Gruppe gelangen kann und sich beim Quecksilber wiederfindet.

$$Ag^+ + Cl^- \rightarrow AgCl\downarrow \xrightarrow{HCl_c} [AgCl_2]^- + (H^+)$$

Der Chlorid-Niederschlag wird abfiltriert und mit *kaltem* Wasser gewaschen. Anschließend wird der Niederschlag in Wasser suspendiert, die Suspension zum Sieden erhitzt und sofort zentrifugiert. Das in der Hitze gelöste $\mathbf{PbCl_2}$ kristallisiert beim Erkalten des Zentrifugats erneut aus und kann näher charakterisiert werden.

Der verbleibende Rückstand wird zum Herauslösen von restlichem $PbCl_2$ mehrmals mit heißem Wasser gewaschen. Ein Teil des Niederschlags wird in der Kälte mit halbkonzentriertem Ammoniak behandelt. Eine durch Disproportionierung entstehende Schwarzfärbung von metallischem Quecksilber und Quecksilberamidochlorid ($HgNH_2Cl$) zeigt **Hg** an. AgCl geht hierbei als Diamminsilber-Komplex, $[Ag(NH_3)_2]^+Cl^-$, in Lösung. Man zentrifugiert die ammoniakalische Lösung und säuert das Filtrat mit HCl an; bei Anwesenheit von Silber fällt erneut **AgCl** aus.

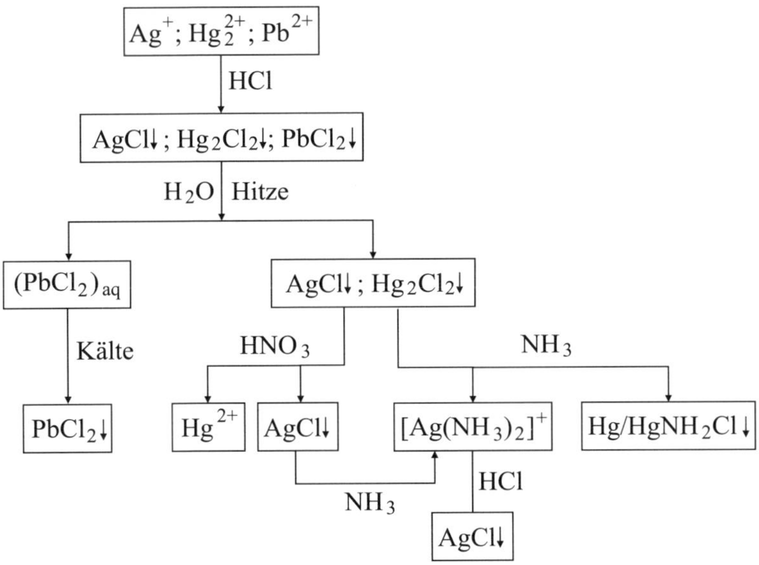

Die skizzierte Trennung versagt, wenn wenig Ag(I) neben viel Hg(I) vorhanden ist. Deshalb wird ein zweiter Teil des Rückstandes mit Salpetersäure behandelt um Hg(I) zu Hg(II) zu oxidieren. Das farblose *Quecksilber(II)-chlorid* **($HgCl_2$)** ist im Gegensatz zu Hg_2Cl_2 bzw. AgCl in Wasser löslich. Der nach Verdünnen mit Wasser resultierende Niederschlag von AgCl wird mit Ammoniak versetzt und wie oben beschrieben analysiert. Das voranstehende Schema fasst die erwähnten Trennoperationen der HCl-Gruppe nochmals zusammen [vgl. **MC-Fragen Nr. 271, 272**].

Nach Abtrennung der Chloride muss im Filtrat die Salpetersäure abgeraucht werden, um anschließend die Schwefelwasserstoff-Gruppe durchführen zu können. Dieses Abrauchen hat jedoch oft den Verlust flüchtiger Verbindungen des Quecksilbers, Arsens oder des Antimons zur Folge.

Silber und Quecksilber(I) sind nur selten in der Analyse vorhanden, Chlorid hingegen häufig. Aus diesem Grund kann man fast nie die Salzsäure-Gruppe lehrbuchmäßig abtrennen. Deshalb werden im Allgemeinen die oben genannten Chlorid-Niederschläge den unlöslichen Rückständen zugeschlagen und bei deren Aufarbeitung identifiziert.

2.3.1.3 Schwefelwasserstoff-Gruppe

Zur Fällung der Sulfide von **Quecksilber** (als Hg^{2+}), **Blei** (als Pb^{2+}), **Bismut** (als Bi^{3+}), **Kupfer** (als Cu^{+}, Cu^{2+}), **Cadmium** (als Cd^{2+}), **Arsen** (als As^{3+}, As^{5+}), **Antimon** (als Sb^{3+}, Sb^{5+}) und **Zinn** (als Sn^{2+}, Sn^{4+}) wird in eine 1 M-salzsaure Analysenlösung Schwefelwasserstoff eingeleitet und zur quantitativen Abscheidung von *Cadmiumsulfid* (CdS) allmählich mit Wasser verdünnt. Durch das Verdünnen mit Wasser sollte jedoch ein pH-Wert von 5 *nicht* überschritten werden, da dann bereits *Zinksulfid* (ZnS) ausfallen kann [vgl. **MC-Frage Nr. 280**].

Alternativ hierzu kann man die salzsaure Lösung auch mit festem Thioacetamid versetzen und in einem verschlossenen Gefäß 15–20 Minuten auf dem Wasserbad erwärmen. Anschließend zentrifugiert man die Sulfid-Fällung ab.

Aus der Reihenfolge des Auftretens verschieden gefärbter Sulfide kann man erste Hinweise auf die Zusammensetzung der Probe erhalten. In der Reihenfolge ihrer Ausfällung bilden sich [vgl. **MC-Fragen Nr. 277–280, 283**]:

As_2S_3, As_2S_5 (*gelb*), SnS_2 (*hellgelb*), Sb_2S_3, Sb_2S_5 (*orange*), SnS (*braun*), HgS (*schwarz*), PbS (*schwarz*), CuS, Cu_2S (*schwarz*), Bi_2S_3 (*braun*) und CdS (*gelb*).

Es sei jedoch davor gewarnt, mehr als nur einen Hinweis in den auftretenden gefärbten Niederschlägen zu sehen. Es treten nämlich häufig Überschneidungen in der Reihenfolge des Ausfällens und somit Mischfarben auf. Bei Verwendung von Thioacetamid fällt zudem Kupfer zunächst als grünlich-weißes $[Cu(CH_3CSNH_2)_4]Cl$.

Das Zentrifugat des Sulfid-Niederschlags wird auf Vollständigkeit der Fällung geprüft. Zu diesem Zweck gibt man zu einigen Tropfen des Zentrifugats etwas $CdCl_2$-Lösung hinzu. Bildet sich sofort ein Niederschlag von gelbem CdS, dann war die Fällung der H_2S-Gruppe vollständig.

Das Zentrifugat wird für die Ammoniumsulfid-Gruppe aufbewahrt. Der Sulfid-Niederschlag wird anschließend mehrmals mit (gelber) Ammoniumpolysulfid-Lösung digeriert. Es lösen sich die Sulfide des Arsens, des Antimons und ziemlich langsam auch die des Zinns (*Arsen-Zinn-Gruppe*), während **HgS, PbS, Bi_2S_3, CuS** und **CdS** (*Kupfer-Gruppe*) als unlöslicher Rückstand verbleiben. Allerdings kann CuS etwas in Lösung gehen und findet sich dann beim Arsen wieder.

Bei Vorliegen von Arsen(III)-sulfid und Antimon(III)-sulfid erfolgt beim Behandeln mit Ammoniumpolysulfid-Lösung gleichzeitig auch eine Oxidation der Metalle durch den anwesenden Schwefel zu Thioarsenat(V) bzw. Thioantimonat(V), sodass insgesamt folgende *Löseprozesse* ablaufen:

$$Me_2S_3 + 3\,S^{2-} + 2\,S \rightarrow 2\,MeS_4^{3-} \qquad [Me: As, Sb]$$
$$Me_2S_5 + 3\,S^{2-} \rightarrow 2\,MeS_4^{3-}$$

Auch *Zinn(II)-sulfid* (SnS) wird von gelbem Ammoniumpolysulfid unter gleichzeitiger Oxidation zu Thiostannat(IV) gelöst.

$$SnS + S_2^{2-} \rightarrow SnS_3^{2-} \leftarrow S^{2-} + SnS_2$$

Das nachfolgende Schema fasst die bisher beschriebenen Trennschritte der Schwefelwasserstoff-Gruppe nochmals zusammen [vgl. **MC-Fragen Nr. 273–276, 281–283**]:

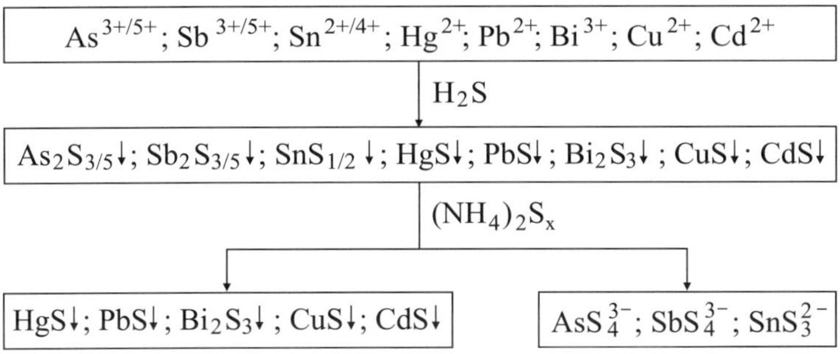

Kupfer-Gruppe: Die in (gelber) Ammoniumpolysulfid-Lösung nicht gelösten Sulfide behandelt man anschließend mit 20 %iger Salpetersäure. Dabei lösen sich mit Ausnahme von *Quecksilber(II) sulfid* (HgS) alle anderen Sulfide dieser Gruppe unter gleichzeitiger Abscheidung von elementarem Schwefel.

Der Rückstand, bestehend aus **HgS,** S oder sehr selten auch $Hg_2S(NO_3)_2$, wird in Königswasser gelöst. Nach Verdünnen mit Wasser führt man die entsprechenden Quecksilber(II)-Nachweise durch [vgl. **MC-Frage Nr. 276**].

Das salpetersaure Filtrat, das Pb(II), Bi(III), Cu(II) und Cd(II) enthalten kann, wird mit Schwefelsäure bis zur SO_3-Entwicklung abgeraucht. Durch das Abrauchen werden alle anderen Anionen entfernt, die eine Fällung von *Bleisulfat* **($PbSO_4$)** beeinflussen könnten. Nach dem Abdampfen wird mit Wasser verdünnt; es fällt $PbSO_4$ aus, das abgetrennt und nach Lösen in ammoniakalischer Tartrat-Lösung oder konzentrierter Ammoniumacetat-Lösung näher charakterisiert werden kann [vgl. **MC-Frage Nr. 276**].

Das schwefelsaure Filtrat, in dem Bi(III), Cu(II) und Cd(II) enthalten sein können, wird mit überschüssigem konzentrierten Ammoniak bis zur deutlich alkalischen Reaktion versetzt. Dabei fällt *Bismut(III)-hydroxid* **[Bi(OH)$_3$]** in Form gallertartiger Flocken aus, die abgetrennt werden [vgl. **MC-Frage Nr. 275**].

Eine *tiefblaue* Färbung der Lösung durch Bildung von komplexen $[Cu(NH_3)_4]^{2+}$-Ionen gilt als Kupfer-Nachweis, da die möglicherweise gleichfalls gebildeten Komplexe $[Cd(NH_3)_4]^{2+}$ oder $[Cd(NH_3)_6]^{2+}$ farblos sind und deshalb nicht stören.

Zum ammoniakalischen Filtrat setzt man anschließend KCN-Lösung hinzu. Dabei wandelt sich in einer Redoxreaktion unter Bildung von Dicyan $[(CN)_2]$ der blaue Kupfer(II)-tetrammin-Komplex in den sehr stabilen farblosen Kupfer(I)-tetracyano-Komplex $\mathbf{[Cu(CN)_4]^{3-}}$, um. Parallel dazu werden die Cd-Amminkomplexe unter Ligandensubstitution zu farblosem $\mathbf{[Cd(CN)_4]^{2-}}$ umgewandelt [vgl. **MC-Fragen Nr. 45, 186, 283**].

Leitet man anschließend in die Lösung H_2S ein, so fällt *gelbes Cadmium(II)-sulfid* **(CdS)** aus. Demgegenüber ist der $[Cu(CN)_4]^{3-}$-Komplex so wenig in Einzelionen dissoziiert, dass die Konzentration an hydratisierten Cu^+-Ionen nicht ausreicht, um das Löslichkeitsprodukt von Kupfer(I)-sulfid (Cu_2S) zu überschreiten [vgl. **MC-Fragen Nr. 283–285**].

$$2\,[Cu(NH_3)_4]^{2+} + 10\,CN^- \rightarrow 2\,[Cu(CN)_4]^{3-} + (CN)_2\uparrow + 8\,NH_3$$

$$[Cd(NH_3)_4]^{2+} + 4\,CN^- \rightarrow [Cd(CN)_4]^{2-} + 4\,NH_3$$

$$[Cu(CN)_4]^{3-} \rightleftharpoons 4\,CN^- + Cu^+ \xrightarrow[]{+\,H_2S} \hspace{-1.5em}/\hspace{1em} Cu_2S$$

$$[Cd(CN)_4]^{2-} \rightleftharpoons 4\,CN^- + Cd^{2+} \xrightarrow{+\,H_2S} CdS\downarrow$$

Als Alternative zur beschriebenen *Kupfer-Cadmium-Trennung* bietet sich auch an, die Lösung der Amminkomplexe mit Natriumdithionat ($Na_2S_2O_4$) als Reduktionsmittel zu versetzen. Dabei fällt metallisches Kupfer aus und kann abgetrennt werden. Das farblose Filtrat wird anschließend zum Cd-Nachweis verwendet.

$$2\,Cu^{2+} + 2\,S_2O_4^{2-} \xrightarrow{\Delta} 2\,Cu\downarrow + 4\,SO_2\uparrow$$

Das nachfolgende Schema zeigt in zusammengefasster Form nochmals die vorgestellten Trennoperationen der Kupfer-Gruppe.

Arsen-Zinn-Gruppe: Das nach der Abtrennung der Sulfide der Kupfer-Gruppe anfallende Filtrat enthält die Ionen $\mathbf{AsS_4^{3-}}$ **,** $\mathbf{SbS_4^{3-}}$ und $\mathbf{SnS_3^{2-}}$. Das Filtrat wird mit 2 M-HCl-Lösung angesäuert; es fallen As_2S_5 *(gelb)*, Sb_2S_5 (*orange*) und SnS_2 (*gelb*) zusammen mit viel Schwefel aus. Der Sulfid-Niederschlag wird abfiltriert, das Filtrat wird verworfen [vgl. **MC-Fragen Nr. 273, 274**].

Aus dem abfiltrierten Sulfidgemisch kann *Arsen(V)-sulfid* $\mathbf{(As_2S_5)}$ auf einem der beiden folgenden Wege selektiv abgetrennt werden:

(a) Man kocht den Sulfid-Niederschlag mit konzentrierter Salzsäure-Lösung; Sb_2S_5 und SnS_2 gehen als $[SbCl_6]^-$ bzw. $[SnCl_6]^{2-}$ in Lösung, während As_2S_5 – mit Schwefel vermischt – ungelöst zurückbleibt und anschließend mit 2 M-NH_3 und einigen Tropfen H_2O_2 als Arsenat $\mathbf{(AsO_4^{3-})}$ in Lösung gebracht werden kann.

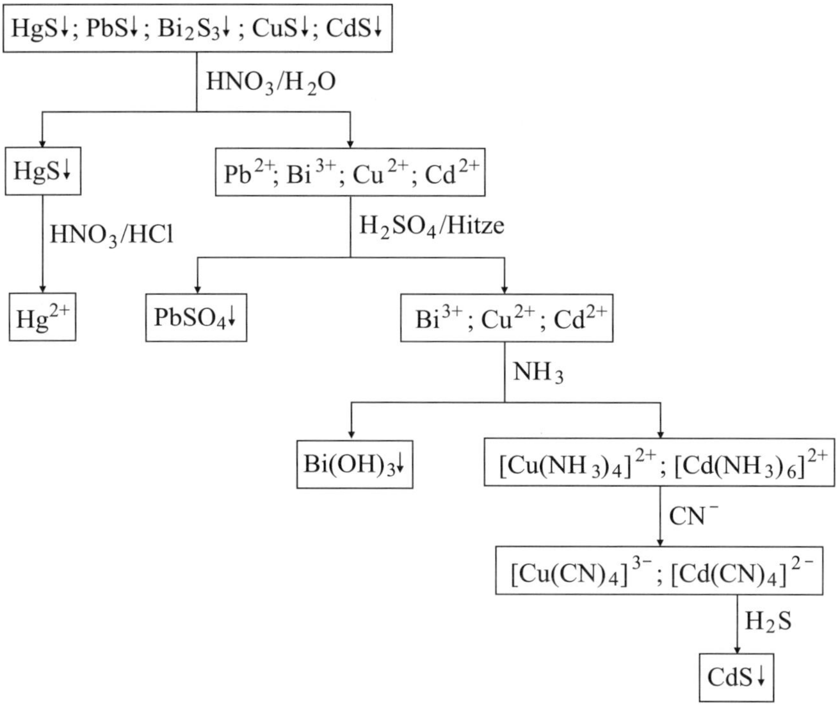

(b) Umgekehrt kann man zunächst selektiv As_2S_5 mit konzentrierter Ammoniumcarbonat-Lösung aus dem Sulfidgemisch herauslösen; es bilden sich AsS_4^{3-}-, AsO_4^{3-} - und $AsOS_3^{3-}$ -Ionen, aus denen in der Siedehitze beim Behandeln mit H_2O_2 einheitlich Arsenat entsteht. Der zuvor abgetrennte Rückstand, bestehend aus $\mathbf{Sb_2S_5}$ und $\mathbf{SnS_2}$, wird anschließend in konzentrierter Salzsäure gelöst.

Man erhält also nach beiden Methoden zwei Lösungen; die eine enthält AsO_4^{3-}-Ionen, die andere die komplexen Chloride $SbCl_6^-$ und $SnCl_6^{2-}$. Nach dem Abdampfen des HCl-Überschusses können Antimon und Zinn nebeneinander oder getrennt nachgewiesen werden.

(a) Zum Antimon-Nachweis wird die Lösung mit Ammoniumoxalat versetzt und mit Wasser verdünnt; danach wird Thioacetamid hinzugefügt oder H_2S-Gas eingeleitet. Dabei liegt Zinn als stabiler Zinnoxalato-Komplex $\mathbf{[Sn(C_2O_4)_3]^{2-}}$ vor, sodass das Löslichkeitsprodukt von SnS_2 nicht überschritten wird und dieses *nicht* ausfällt. Dagegen bildet sich ein Niederschlag von *Antimon(V)-sulfid* **($\mathbf{Sb_2S_5}$)**, der abgetrennt wird.

(b) Man bringt in die schwach salzsaure Lösung einen Eisennagel. Nach einiger Zeit hat sich *Antimon* **(Sb)** als schwarzer Überzug oder in Form schwarzer Flocken elementar niedergeschlagen.

In den jeweils vom Antimon befreiten Filtraten wird auf *Zinn* geprüft. Die beschriebenen Trennoperationen der Arsen-Zinn-Gruppe sind im nachfolgenden Schema nochmals zusammengestellt.

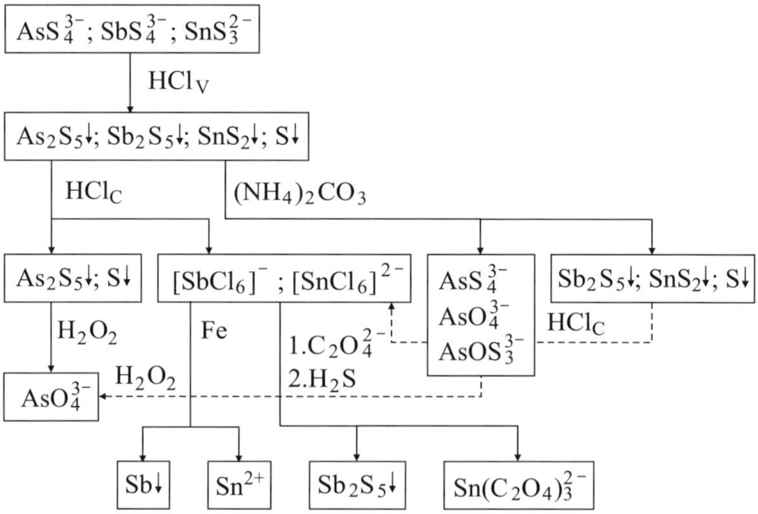

2.3.1.4 Ammoniumsulfid/Urotropin-Gruppe

Zu dieser analytischen Gruppe gehören, von wenigen Ausnahmen abgesehen, diejenigen Elemente, die in *ammoniakalischer Lösung* (pH etwa 8) *schwer lösliche Hydroxide* oder *Sulfide* bilden. Für die Trennung der Elemente **Nickel** (als Ni^{2+}), **Cobalt** (als Co^{2+}), **Eisen** (als Fe^{2+}), **Mangan** (als Mn^{2+}), **Aluminium** (als Al^{3+}), **Chrom** (als Cr^{3+}) und **Zink** (als Zn^{2+}) existieren zwei Möglichkeiten:

- **Gemeinsame Fällung** der Elemente mit Ammoniak und farblosem Ammoniumsulfid
- **Hydrolysentrennung,** d. h. die Fällung der Elemente in zwei getrennten Gruppen. Zunächst erfolgt eine Fällung der Hydroxide mit Urotropin oder einem entsprechenden anderen Reagenz aus schwach saurer Lösung und danach erst die Fällung der Sulfide mit $(NH_4)_2S$ aus ammoniakalischer Lösung. Beide Wege lassen sich auch miteinander kombinieren.

Sind nur die häufigeren Elemente (Fe, Cr, Al, Zn, Mn, Co und Ni) anwesend, so kann man die Trennung mithilfe der ersten Variante durchführen. Diese Methode besitzt jedoch gewisse Nachteile. So ist sie z. B. für den *Nachweis geringer Mengen* einiger Elemente neben einem großen Überschuss anderer Elemente relativ ungeeignet. Darüber hinaus muss man vorher *Phosphat abtrennen*, um Störungen zu vermeiden.

Sind neben den häufigeren Elementen noch seltenere (Be, U, V, u. a.) in der Analysenlösung anwesend, so empfiehlt sich auf jeden Fall der Hydrolysentrennungsgang. Vorteil der Hydrolysentrennung ist, dass auch geringe Mengen einer Substanz neben größeren Mengen eines anderen Elements nachweisbar sind. Ferner ist bei *Anwesenheit von Phosphat* keine Änderung des Trennungsganges erforderlich. Ein gewisser Nachteil der Hydrolysentrennung besteht darin, dass man bei einem definierten pH-Wert arbeiten muss.

Als Fällungsmittel für die Hydrolysentrennung haben sich *Ammoniumacetat, Natriumacetat* und *Urotropin* bewährt. Die Verwendung beider Acetate ist aber nicht möglich, wenn *Chrom* zugegen ist, da dieses dann bei der Hydrolysenfällung als komplexes Acetat in Lösung verbleiben kann. Am zuverlässigsten und vollständigsten gelingt die hydrolytische Fällung mit **Urotropin** (*Methenamin, Hexamethylentetramin, 1,3,5,7-Tetraaza-adamantan*) [$C_6H_{12}N_4$], das in saurer Lösung in Umkehrung seiner Bildung zu Formaldehyd ($H_2C{=}O$) und Ammonium-Ionen (NH_4^+) gespalten wird; als Aminal ist Methenamin im alkalischen Milieu stabil [vgl. **MC-Frage Nr. 764**].

$$C_6H_{12}N_4 + 6\,H_2O \rightleftharpoons 6\,H_2C{=}O + 4\,NH_3$$

$$4\,NH_3 + 4\,H_3O^+ \longrightarrow 4\,NH_4^+ + 4\,H_2O$$

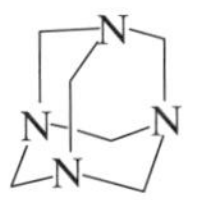

Methenamin

Das Gleichgewicht der Methenamin-Hydrolyse zu Formaldehyd und Ammoniak wird in saurer Lösung durch die Bildung von Ammonium-Ionen nach rechts verschoben. Infolge des Verbrauchs von Protonen (Herabsetzung der H^+-Ionenkonzentration) erhöht sich der pH-Wert der Lösung und es stellt sich ein gepufferter, für die Hydrolysenfällung optimaler pH-Bereich von 5–6 ein.

Für die Durchführung beider Fällungsvarianten müssen Chrom als Cr(III) und Mangan als Mn(II) vorliegen. Falls *gelbes* Chromat (CrO_4^{2-}) oder *violettes* Permanganat (MnO_4^-) zugegen sind, müssen sie mit *Ethanol* (CH_3-CH_2OH) reduziert werden, der zu *Acetaldehyd* (CH_3-$CH{=}O$) oxidiert wird. Das überschüssige Ethanol wird anschließend verkocht [vgl. **MC-Frage Nr. 254**].

$$2\,MnO_4^- + 5\,CH_3CH_2OH + 6\,H_3O^+ \rightarrow 2\,Mn^{2+} + 5\,CH_3CH{=}O\uparrow + 14\,H_2O$$
$$Cr_2O_7^{2-} + 3\,CH_3CH_2OH + 8\,H_3O^+ \rightarrow 2\,Cr^{3+} + 3\,CH_3CH{=}O\uparrow + 15\,H_2O$$

In der salzsauren oder schwefelsauren Lösung prüft man anschließend auf *Phosphat*. Ist Phosphat zugegen, so muss auch auf Eisen(III)-Ionen geprüft werden. Bei Abwesenheit von Fe(III) setzt man der Analysenlösung eine der PO_4^{3-} -Menge entsprechende Stoffmenge an $FeCl_3$ hinzu und führt anschließend die Urotropintrennung durch, wobei neben $Fe(OH)_3$ auch das schwer lösliche $FePO_4$ ausfällt. Die Urotropintrennung setzt voraus, dass anwesendes Fe(II) zuvor, z. B. mit verd. HNO_3, zu Fe(III) oxidiert wird. Bei Abwesenheit von Phosphat kann die „gemeinsame Fällung“ mit Ammoniumsulfid durchgeführt werden.

Gemeinsame Fällung mit Ammoniumsulfid: Zur Vertreibung von überschüssigem H_2S wird das Filtrat der Schwefelwasserstoff-Gruppe kurz aufgekocht. Anschließend gibt man, um Mg(II) als Diamminkomplex in Lösung zu halten, festes NH_4Cl hinzu und versetzt mit NH_3-Lösung bis zur deutlich alkalischen Reaktion. Dabei treten Niederschläge auf von $Mn(OH)_2$, $Fe(OH)_3$, $Al(OH)_3$ und $Cr(OH)_3$, während die übrigen Kationen dieser Gruppe als Amminkomplexe gelöst bleiben. Danach gibt man einen kleinen Überschuss an *farbloser* Ammoniumsulfid-Lösung hinzu bzw. leitet H_2S ein oder versetzt mit Thioacetamid. Es fallen die Sulfide der gelösten Kationen aus, verbunden mit der Umwandlung einiger Hydroxide in schwer lösliche Sulfide. Der auftretende Niederschlag kann bestehen aus [vgl. **MC-Fragen Nr. 290, 292–295**]:

CoS/Co_2S_3 (*schwarz*), NiS/Ni_2S_3 (*schwarz*), FeS (*schwarz*), MnS (*fleischfarben/rosa*), ZnS (*weiß*), $Al(OH)_3$ (*weiß*) und $Cr(OH)_3$ (*schmutzig grün*). In Lösung verbleiben die Ionen der Erdalkali- und Alkalielemente.

Sind in der Analysenlösung Ni(II) und Co(II) zugegen, so bilden sich unter Ausschluss von Luftsauerstoff NiS bzw. CoS. Beim Fällen unter Luftzutritt oder in Gegenwart von überschüssigem Ammoniumsulfid entstehen jedoch basische Sulfide wie **Co(OH)S** und **Ni(OH)S**, die leicht in die dreiwertigen Sulfide Ni_2S_3 und Co_2S_3 übergehen.

Auf die Verwendung von *farblosem* Ammoniumsulfid sollte unbedingt geachtet werden, da mit gelbem $(NH_4)_2S_x$ häufig *kolloidales Nickelsulfid* (NiS) entsteht, das sich nur schlecht abtrennen lässt. Weil die Ausflockung von NiS durch Zugabe von Ammoniumacetat manchmal misslingt, empfiehlt sich, das Sulfid durch Ansäuern und Kochen mit konzentrierter Salzsäure zu zersetzen und anschließend erneut zu fällen.

Darüber hinaus sollte die Ammoniumsulfid-Lösung stets frisch hergestellt werden. Ältere Lösungen können durch partielle Oxidation Sulfat-Ionen enthalten, sodass Erdalkalisulfate, insbesondere $BaSO_4$ und $SrSO_4$ mitgefällt werden. Ferner darf die eingesetzte Ammoniak-Lösung nicht carbonathaltig sein, weil dann die Erdalkalielemente als Carbonate in die Ammoniumsulfid-Gruppe gelangen können.

Die Ammoniumsulfid-Gruppenfällung wird abgetrennt und der Niederschlag solange mit 2 M-HCl behandelt, bis die H_2S-Entwicklung beendet ist. Ungelöst bleiben **NiS/Ni_2S_3** und **CoS/Co_2S_3.** Das Filtrat enthält Fe(II)-, Mn(II)-, Al(III)-, Cr(III)- und Zn(II)-Ionen.

Den schwarzen Sulfid-Niederschlag löst man in warmer 2 M-Essigsäure unter Zusatz von 30 %igem H_2O_2 und trennt den dabei ausfallenden Schwefel ab. In der resultierenden Lösung wird nebeneinander auf *Cobalt* und *Nickel* geprüft. Das alternative Lösen der Co- und Ni-Sulfide mit Königswasser hat Nachteile.

Das salzsaure – Fe(II), Mn(II), Al(III), Cr(III), Zn(II) enthaltende – Filtrat wird zur Vertreibung von überschüssigem H_2S kurz aufgekocht. Durch Zugabe von HNO_3 wird anschließend zweiwertiges zu dreiwertigem Eisen oxidiert. Diese Oxidation wird ausgeführt, weil die Löslichkeitsprodukte drei- und höherwertiger Metallhydroxide in der Regel kleiner sind und dadurch die Hydroxid-Abscheidung quantitativer verläuft [vgl. **MC-Frage Nr. 298**].

$$3\,Fe^{2+} + NO_3^- + 4\,H_3O^+ \rightarrow 3\,Fe^{3+} + NO\uparrow + 6\,H_2O$$

Die neutralisierte Analysenlösung gießt man anschließend in ein Gemisch von H_2O_2/NaOH. Dadurch wird Cr(III) zu Cr(VI) und Mn(II) zu Mn(IV) oxidiert und es fallen aus: **$Fe(OH)_3$** (*rotbraun*) sowie **$MnO(OH)_2$** (*braunschwarz*). In Lösung verbleiben farbloses Aluminat **$[Al(OH)_4]^-$**, farbloses Zinkat **$[Zn(OH)_4]^{2-}$** sowie *gelbes* Chromat **(CrO_4^{2-})** [vgl. **MC-Fragen Nr. 286–289, 296, 297**].

$$Mn^{2+} + 2\,HO^- \rightarrow Mn(OH)_2 \xrightarrow{H_2O_2} MnO(OH)_2\downarrow + H_2O$$

$$Fe^{3+} + 3\,HO^- \rightarrow Fe(OH)_3\downarrow$$

$$2\,Cr^{3+} + 3\,H_2O_2 + 10\,HO^- \rightarrow 2\,CrO_4^{2-} + 8\,H_2O$$

Der Hydroxid-Niederschlag wird abfiltriert und in verdünnter Salz- oder Schwefelsäure gelöst. In der resultierenden Lösung können *Eisen* und *Mangan* nebeneinander identifiziert werden.

Das stark alkalische Filtrat, in dem sich Al(III), Zn(II) und Cr(VI) befinden, wird zur Zerstörung von überschüssigem H_2O_2 gekocht und mit festem NH_4Cl versetzt. Durch den Zusatz von Ammonium-Ionen wird die Konzentration an Hydroxid-Ionen so stark verringert, dass das Löslichkeitsprodukt von *Aluminiumhydroxid* **[$Al(OH)_3$]** überschritten wird und dieses ausfällt, während Zink als $[Zn(NH_3)_6]^{2+}$-Komplex und Chromat (CrO_4^{2-}) gelöst bleiben [vgl. **MC-Fragen Nr. 286, 288, 289, 298, 299**].

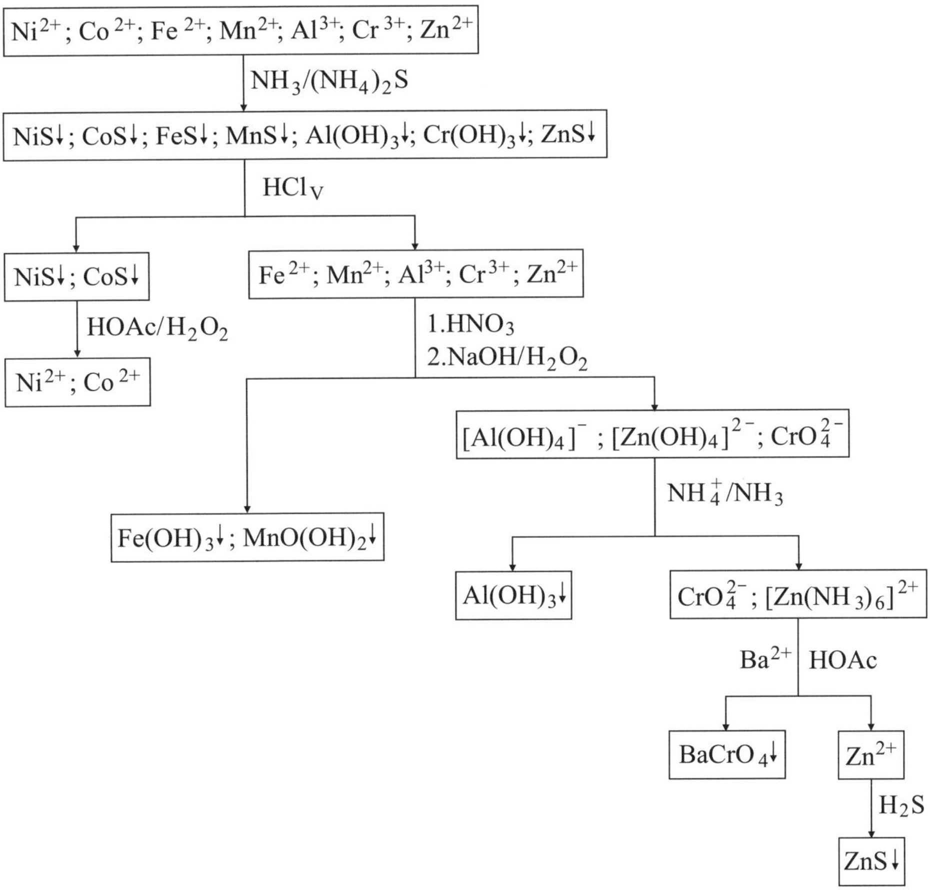

Das Zentrifugat der $Al(OH)_3$-Abtrennung zeigt bei Anwesenheit von *Chromat* eine *gelbe* Farbe, was von keinem anderen Ion vorgetäuscht werden kann. Man säuert die Lösung mit HOAc an und versetzt mit $BaCl_2$-Lösung; es fällt *gelbes Bariumchromat* (**$BaCrO_4$**) aus [vgl. **MC-Fragen Nr. 287, 288**].

Im essigsauren Filtrat der $BaCrO_4$-Fällung befindet sich noch Zn(II), das z. B. durch Einleiten von H_2S als *farbloses Zinksulfid* (**ZnS**) nachgewiesen werden kann. Die Durchführung der Ammoniumsulfid-Gruppenfällung ist im voranstehenden Schema nochmals skizziert [vgl. **MC-Fragen Nr. 286–289, 292, 296–298**].

Urotropin-Trennung: Die salz- oder schwefelsaure Lösung wird solange mit Ammoniumcarbonat-Lösung versetzt, bis sich der an der Eintropfstelle bildende Niederschlag durch Umschütteln nicht mehr auflöst. Mit wenig verdünnter Salzsäure bringt man ihn in Lösung, setzt gegebenenfalls NH_4Cl hinzu und erhitzt zum Sieden. Zur heißen Lösung lässt man eine 10 %ige Urotropin-Lösung hinzutropfen und filtriert. Der abgetrennte Niederschlag kann bestehen aus [vgl. **MC-Fragen Nr. 298, 299**]:

$Al(OH)_3$ (*weiß*), $Fe(OH)_3$ (*rotbraun*), $FePO_4$ (*weiß*), $Cr(OH)_3$ (*grün*) und $Be(OH)_2$ (*weiß*). Als Amminkomplexe bleiben gelöst: Co(II), Ni(II), Mn(II) und Zn(II). In Lösung verbleiben auch die Erdalkali- und Alkalielemente sowie restliche Spuren an Be(II).

Der Hydroxid-Niederschlag wird in warmer konzentrierter Salzsäure gelöst; nach Verdünnen mit Wasser wird *Eisen(III)-chlorid* **($FeCl_3$)** mit Ether extrahiert.

Die wässrige Phase wird eingedampft und dann mit $NaOH/H_2O_2$ behandelt. Dabei fallen die restlichen Mengen an Fe(III) als **$Fe(OH)_3$** aus, während sich

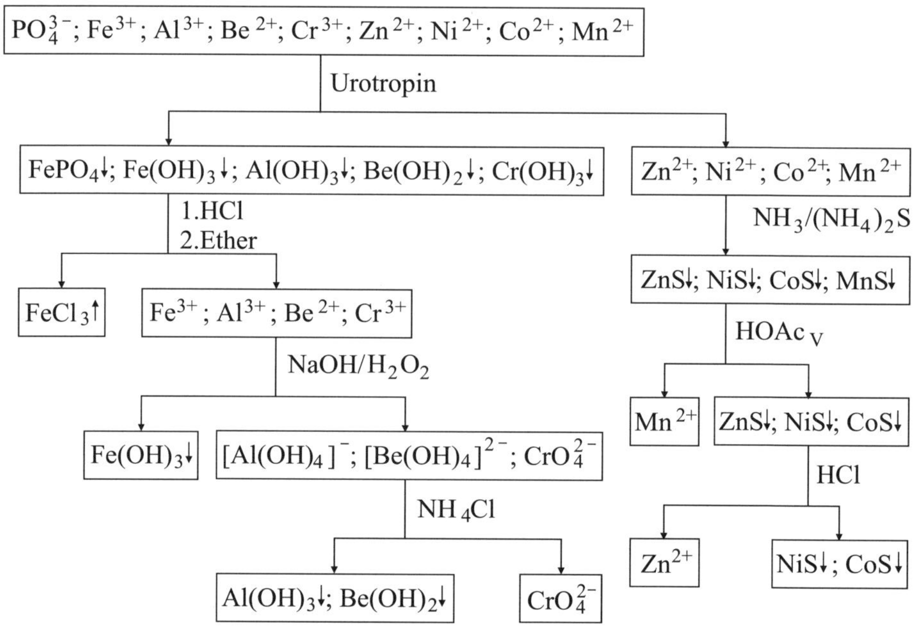

$[Al(OH)_4]^-$, $[Be(OH)_4]^{2-}$ und **CrO_4^{2-}** gelöst im Filtrat befinden. Durch Zusatz von festem Ammoniumchlorid (NH_4Cl) werden *Aluminiumhydroxid* **$[Al(OH)_3]$** und *Berylliumhydroxid* **$[Be(OH)_2]$** gefällt und können nebeneinander nachgewiesen werden. Durch die *Chromat-Ionen* (CrO_4^{2-}) ist die verbleibende Lösung *gelb* gefärbt.

Das Zentrifugat der Urotropin-Fällung wird eingeengt, schwach ammoniakalisch gemacht und mit farblosem $(NH_4)_2S$ versetzt. Es fallen **CoS, NiS, MnS** und **ZnS** aus, während die Erdalkali- und Alkali-Ionen in Lösung bleiben.

Der Sulfid-Niederschlag wird in verd. HOAc bis zum Aufhören der H_2S-Entwicklung gerührt. MnS geht in Lösung, während ZnS, CoS/Co_2S_3 und NiS/Ni_2S_3 den Rückstand bilden. Der Rückstand wird abfiltriert und mit kalter 0,5 M-HCl-Lösung behandelt. *Zinksulfid* (ZnS) wird gelöst, während die Cobalt- und Nickelsulfide zurückbleiben [vgl. **MC-Frage Nr. 292**].

Im voranstehenden Schema ist der beschriebene Hydrolysentrennungsgang nochmals graphisch dargestellt.

2.3.1.5 Ammoniumcarbonat-Gruppe

Das Filtrat der $(NH_4)_2S$-Gruppe enthält die Kationen der $(NH_4)_2CO_3$-Gruppe und die der „löslichen Gruppe“. Zur Ammoniumcarbonat-Gruppe zählen die Elemente **Calcium** (als Ca^{2+}). **Strontium** (als Sr^{2+}) und **Barium** (als Ba^{2+}). Zur „löslichen Gruppe“ zählen **Magnesium** (als Mg^{2+}), **Kalium** (als K^+), **Lithium** (als Li^+) und **Natrium** (als Na^+).

Alle genannten Kationen sind farblos. Zur Entfernung von Sulfid-Ionen säuert man mit Salzsäure an und kocht die Lösung bis zur vollständigen Vertreibung des gebildeten Schwefelwasserstoffs.

Darüber hinaus enthält die Analysenlösung größere Mengen an Ammoniumsalzen, die die Fällung der Erdalkalicarbonate beeinträchtigen können. Beispielsweise ist die Ausfällung von *Calciumcarbonat* ($CaCO_3$) unvollständig oder wird verhindert, weil in der Lösung eines Carbonats die CO_3^{2-}-Konzentration umso stärker herabgesetzt ist, je höher die NH_4^+ -Konzentration dieser Lösung ist.

$$CO_3^{2-} + NH_4^+ \rightleftharpoons HCO_3^- + NH_3$$

Zur Vertreibung von Ammoniumsalzen wird die salzsaure Lösung bis zur Trockne eingedampft; danach versetzt man mit HNO_3 oder Königswasser und engt erneut zur Trockne ein. Verbleibt kein Rückstand, so sind keine Erdalkali- und keine Alkali-Ionen vorhanden.

Ein Rückstand wird in verdünnter Salzsäure gelöst. In aliquoten Teilen der resultierenden Lösung prüft man mit H_2SO_4 bzw. NH_3/Ammoniumoxalat auf die Anwesenheit von Ba(II), Sr(II) und Ca(II). Ist eine der beiden Fällungsreaktionen positiv, so muss die nachfolgend beschriebene Trennung durchgeführt werden; verlaufen beide Fällungsreaktionen negativ, so wird direkt auf Mg(II) und die Alkali-Ionen geprüft.

Die salzsaure Analysenlösung wird mit 2 M-NH_3 ammoniakalisch gemacht. Die daraus resultierende Bildung hinreichender Mengen an NH_4Cl verhindert die Mitfällung von *Magnesiumcarbona*t ($MgCO_3$) und *Lithiumcarbonat* (Li_2CO_3). Anschließend gibt man festes Ammoniumcarbonat [$(NH_4)_2CO_3$] hinzu und kocht kurz auf. Die ausfallenden *weißen Erdalkalicarbonate* (**$BaCO_3$, $SrCO_3$, $CaCO_3$**) werden abgetrennt [vgl. **MC-Fragen Nr. 300, 301**].

Das Zentrifugat wird für den Nachweis von Mg(II) und der Alkali-Ionen aufgehoben. Das nachfolgende Schema fasst die beschriebenen Trennoperationen nochmals zusammen.

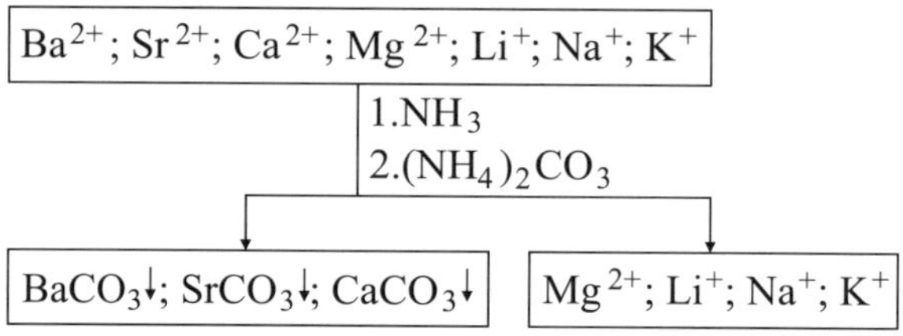

Ein Teil des Carbonat-Niederschlages wird in Salzsäure gelöst und spektralanalytisch untersucht. Der Hauptteil der Fällung wird zur Trennung von Ba(II), Sr(II) und Ca(II) verwendet, wofür mehrere Alternativen existieren.

Chromat-Sulfat-Verfahren: Man löst die Carbonate in 2 M-Essigsäure (HOAc), puffert mit Natriumacetat (NaOAc) und versetzt in der Wärme mit einer $K_2Cr_2O_7$-Lösung. Es fällt *Bariumchromat* **($BaCrO_4$)** aus, das abgetrennt wird. Die vollständige Fällung von Ba(II), die für den Strontium-Nachweis unerläßlich ist, erkennt man daran, dass das Zentrifugat durch überschüssiges Chromat gelb gefärbt ist und auf weiteren Zusatz von Natriumacetat (NaOAc) kein $BaCrO_4$ mehr ausfällt.

Das Filtrat der $BaCrO_4$-Fällung wird anschließend in der Wärme mit Na_2CO_3-Lösung versetzt. Es fallen $SrCO_3$ und $CaCO_3$ aus. Der isolierte Niederschlag wird in 2 M-HCl gelöst; danach wird halbkonzentrierte H_2SO_4 oder festes Ammoniumsulfat hinzugegeben. Es entsteht ein Niederschlag von *Strontiumsulfat* **($SrSO_4$)**.

Das resultierende Filtrat wird schwach ammoniakalisch gestellt und auf *Calcium* hin untersucht. Das nachfolgende Diagramm fasst nochmals die beschriebenen Trennoperationen des Chromat-Sulfat-Verfahrens zusammen [vgl. **MC-Fragen Nr. 300, 303, 304**].

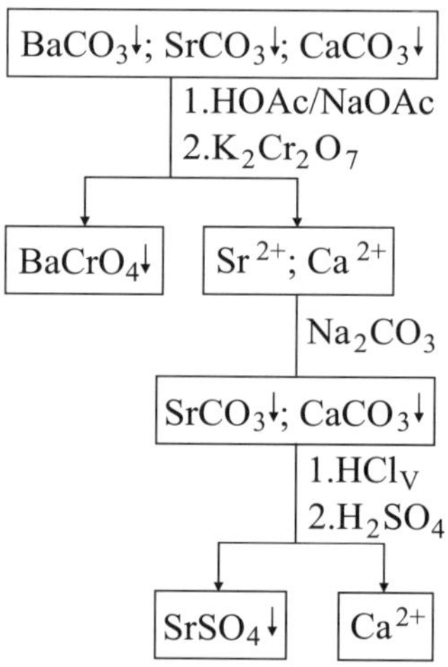

Das Prinzip des Chromat-Sulfat-Verfahrens besteht also darin, dass in essigsaurer, acetatgepufferter Lösung die Chromat-Konzentration zur Fällung des schwerer löslichen $BaCrO_4$ ausreichend hoch, für die Fällung von $SrCrO_4$ jedoch zu gering ist. In salzsaurer Lösung fällt dagegen auch kein $BaCrO_4$ aus, weil in diesem Milieu die Chromat-Ionen so weitgehend in Dichromat umgewandelt wurden, dass die

Chromat-Konzentration zur Fällung von Bariumchromat nicht mehr ausreicht [vgl. **MC-Fragen Nr. 303, 304, 414**].

Ethanol-Ether-Verfahren: Bei diesem Verfahren wird die unterschiedliche Löslichkeit der *Erdalkalichloride* und *Erdalkalinitrate* in Ethanol oder einem Ethanol/Diethylether-Gemisch (1:1) zur Trennung ausgenutzt.

Element	Nitrat	Chlorid
Calcium	Löslich	Löslich
Strontium	Unlöslich	Löslich
Barium	Unlöslich	Unlöslich

Der Carbonat-Niederschlag wird in 2 M-Salpetersäure (HNO_3) gelöst und die Lösung zur Trockne eingedampft. Dabei darf die als Rückstand erhaltene Masse nicht über 200 °C erhitzt werden, da sonst eine thermische Zersetzung der Erdalkalinitrate zu Oxiden eintritt.

$$MeNO_3 \rightarrow MeO + NO_2\uparrow$$

Das erkaltete Gemisch wird zerkleinert und zweimal mit Ethanol oder einem Ethanol-Ether-Gemisch ausgewaschen, um *Calciumnitrat* [$Ca(NO_3)_2$] herauszulösen, während die Nitrate von Strontium und Barium ungelöst bleiben und abgetrennt werden [$\mathbf{Ba(NO_3)_2}$, $\mathbf{Sr(NO_3)_2}$]. Das ethanolische Filtrat wird vom Lösungsmittel befreit, der erhaltene Rückstand in Wasser gelöst und in der Lösung auf *Calcium* geprüft.

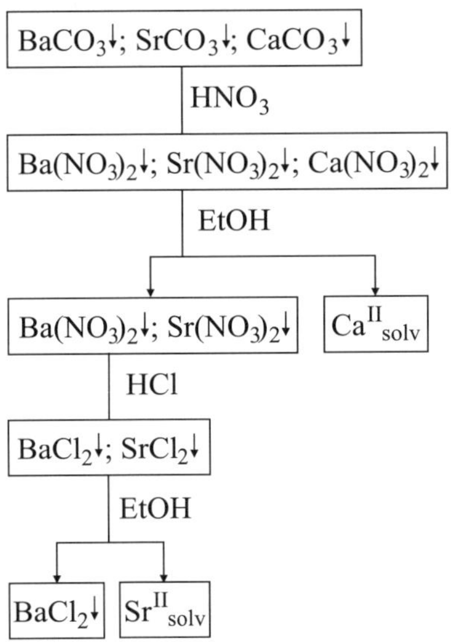

Der in Ethanol unlösliche Rückstand wird in 2 M-Salzsäure gelöst und die Lösung zur Trockne eingeengt. Dadurch werden $Sr(NO_3)_2$ und $Ba(NO_3)_2$ in die betreffenden Chloride übergeführt. Anschließend werden die feingepulverten Chloride mindestens zweimal mit Ethanol ausgewaschen, um *Strontiumchlorid* ($SrCl_2$) weitgehend quantitativ herauszulösen.

Man zentrifugiert vom ungelösten Bariumchlorid (**$BaCl_2$**) ab und identifiziert Barium z. B. als Bariumsulfat ($BaSO_4$) oder Bariumchromat ($BaCrO_4$). Die vereinigten ethanolischen Filtrate werden auf dem Wasserbad zur Trockne eingedampft und auf *Strontium* hin untersucht. Die voranstehende Graphik fasst nochmals die Trennoperationen des Ethanol-Ether-Verfahrens zusammen.

Pentanol-Verfahren: Dieses Verfahren beruht auf der Löslichkeit von *Calciumchlorid* ($CaCl_2$) in Pentanol, während $SrCl_2$ und $BaCl_2$ darin unlöslich sind.

Hierzu wird der Niederschlag der Erdalkalicarbonate in 2 M-Salzsäure gelöst und zur Trockne eingedampft. Danach werden die pulverisierten Chloride mit Pentanol verrieben; es löst sich nur $CaCl_2$.

Der in Pentanol unlösliche Rückstand – bestehend aus **$SrCl_2$** und **$BaCl_2$** – wird in 2 M-Essigsäure gelöst, mit Natriumacetat gepuffert und mit Dichromat-Lösung versetzt. Es fällt **$BaCrO_4$** aus; im Filtrat kann auf Strontium geprüft werden. Das nachfolgende Diagramm zeigt nochmals das vorgestellte Trennverfahren.

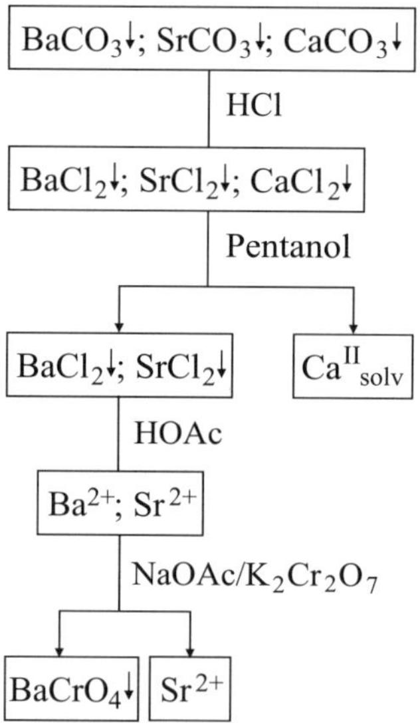

Sulfat-Verfahren: Durch Zugabe von 2 M-H_2SO_4 zur *salzsauren Analysenlösung* werden **$BaSO_4$** und **$SrSO_4$** gefällt. Dabei kann auch $PbSO_4$ ausfallen, das jedoch infolge Übersättigung oder Komplexbildung oft in Lösung bleibt.

Die Fällung der Sulfate wird mit konzentrierter Ammoniumacetat-Lösung ausgewaschen, in der dann Blei mit $K_2Cr_2O_7$-Lösung als *gelbes Bleichromat* ($PbCrO_4$) nachgewiesen werden kann. Will man die Abtrennung von $PbSO_4$ vermeiden, dann führt man die Sulfat-Fällung erst nach der H_2S-Gruppe durch.

Bariumsulfat ($BaSO_4$) und *Strontiumsulfat* ($SrSO_4$) werden basisch aufgeschlossen und mit einem der in den voranstehenden Abschnitten beschriebenen Verfahren weiter aufgetrennt. Das Calcium gelangt nach der Abtrennung der beiden Sulfate *allein* in die $(NH_4)_2CO_3$-Gruppe und kann dort nachgewiesen werden.

2.3.1.6 Lösliche Gruppe

Die Identifizierung von Na^+-, K^+-, Li^+- und Mg^{2+}-Ionen erfolgt im Zentrifugat der Ammoniumcarbonat-Gruppe. Bei Analysensubstanzen, die nur die Kationen der „Löslichen Gruppe" enthalten, kann der Säureauszug verwendet werden. Ammonium-Ionen (NH_4^+) werden aus der Ursubstanz nachgewiesen.

Ist NH_4^+ zugegen, so entfernt man es durch Abrauchen der festen Substanz über offener Flamme, bis keine weißen Nebel mehr entweichen und der Geruch nach NH_3 verschwunden ist. Bei diesem Verfahrensschritt darf man aber nicht so hoch erhitzen, dass die Substanz glüht, da sonst *Kaliumsalze* verdampfen können.

Der nach dem Entfernen von Ammonium-Ionen verbleibende salzartige Rückstand enthält Mg(II) und die Ionen der 1. Hauptgruppe des PSE. In Gegenwart von Li^+ wird der Nachweis von Mg(II) gestört. Man trennt deshalb Magnesium als schwer lösliches Hydroxid [**$Mg(OH)_2$**] ab, während LiOH wasserlöslich ist [vgl. **MC-Frage Nr. 308**].

Im Filtrat befinden sich die Alkali-Ionen, die *nebeneinander* nachgewiesen werden.

Bei Abwesenheit von Li^+-Ionen löst man den nach dem Abrauchen der Ammoniumsalze erhaltenen salzartigen Rückstand in verdünnter Essigsäure und weist die Elemente Mg, Na und K nebeneinander nach.

2.3.1.7 Störungen des Kationentrennungsganges durch Anionen und ihre Beseitigung

Eine Reihe von Anionen stören verschiedene Kationennachweise und müssen deshalb vor oder während der Durchführung des Kationentrennungsganges selektiv entfernt werden.

Fluorid: Die Störung durch Fluorid führt zu einer Fällung von Erdalkalifluoriden bereits in der $(NH_4)_2S$-Gruppe. Weiterhin bildet Fluorid mit einigen Kationen der Ammoniumsulfid-Gruppe stabile, lösliche Komplexe (z. B. $[FeF_6]^{3-}$, $[AlF_6]^{3-}$) und verhindert bzw. beeinträchtigt deren Nachweis.

Darüber hinaus werden in saurer Lösung durch den gebildeten Fluorwasserstoff (HF) Glas- und Porzellan-Geräte angegriffen und dadurch verschiedene Kationen wie Na^+, Ca^{2+} und Al^{3+} gelöst und in den normalen Analysengang verschleppt.

Zur Entfernung von Fluorid wird die Analysensubstanz mit konzentrierter Schwefelsäure abgeraucht. Fluorid verflüchtigt sich als *Fluorwasserstoff* (HF).

Cyanid: CN^--Ionen bilden mit vielen Schwermetall-Ionen äußerst stabile Komplexe und verhindern dadurch deren Fällung als Sulfide. Cyanid kann durch Kochen der salzsauren Analysenlösung als *Cyanwasserstoff* (HCN) vertrieben werden.

Thiocyanat: Auch Thiocyanat (Rhodanid) ist ein geeigneter Ligand für die Bildung von Metallkomplexen, wenn diese meistens auch weniger beständig sind als die analogen Komplexe mit Cyanid-Ionen. Thiocyanat verflüchtigt sich als *Thiocyansäure* (HSCN) ebenfalls beim Erhitzen der salzsauren Analysenlösung. Zuverlässiger ist jedoch die oxidative Zerstörung mit konzentrierter Schwefelsäure/Ammoniumperoxodisulfat $[(NH_4)_2S_2O_8]$.

Hexacyanoferrat: Beide Hexacyanoferrate bilden mit zahlreichen zweiwertigen Kationen schwer lösliche Verbindungen. Beispielsweise würden auf diese Weise Erdalkalihexacyanoferrate in die $(NH_4)_2S$-Gruppe gelangen.

Zur Zerstörung von Hexacyanoferraten wird die Analysensubstanz in konz. H_2SO_4 unter Zusatz von Ammoniumperoxodisulfat erhitzt. Dadurch werden zunächst Hexacyanoferrate(II) zu Hexacyanoferraten(III) oxidiert, die leichter unter Freisetzung von Cyanwasserstoff (HCN) zerfallen. HCN wird anschließend weitgehend in CO_2 umgewandelt.

Borat: Bei Anwesenheit von Borsäure oder Boraten können Erdalkaliborate in die Ammoniumsulfid-Gruppenfällung gelangen und damit ihrer vorschriftsmäßigen Identifizierung entzogen werden. Zur Entfernung von Boraten behandelt man die Ursubstanz mit Methanol/konzentrierter Schwefelsäure und vertreibt in der Hitze den sich bildenden *Borsäuretrimethylester* $[B(OCH_3)_3]$, der mit grüner Flamme brennt.

Silicat: Silicate und Kieselsäure können im Trennungsgang der $(NH_4)_2S$-Gruppe *Aluminiumhydroxid* $[Al(OH)_3]$ vortäuschen. Silicate werden aufgeschlossen und anschließend durch Abrauchen mit konzentrierter Salzsäure als schwer lösliches SiO_2 entfernt.

Phosphat: Phosphat-Ionen stören den normalen Gang der Analyse durch Bildung schwer löslicher Phosphate der Elemente der Ammoniumcarbonat-Gruppe (Mg, Ca, Sr, Ba und Li) in neutraler oder ammoniakalischer Lösung. Magnesium kann dabei als $MgNH_4PO_4$ ausfallen [vgl. **MC-Fragen Nr. 309, 312**].

Der Phosphat-Nachweis ist – um Störungen durch Arsenat auszuschließen – erst nach der H_2S-Gruppe durchzuführen. An dieser Stelle, in stark salzsaurer Lösung, kann Phosphat mit einer Lösung von Zirkonylchlorid als *Zirkonphosphat* $[Zr_3(PO_4)_4]$ gefällt werden. Der Überschuss des Fällungsmittels fällt als wasserhaltiges ZrO_2 in Form farbloser Flocken mit der $(NH_4)_2S$-Gruppenfällung aus und gerät zu $Fe(OH)_3$ und $MnO(OH)_2$ ohne jedoch deren Nachweise zu stören. Allerdings ist die starke Fluoreszenz von Zr(IV) mit Morin beim Al-Nachweis mit diesem Reagenz zu beachten [vgl. **MC-Fragen Nr. 235, 236, 310**].

Eine weitere Möglichkeit zur Phosphat-Abtrennung im Kationentrennungsgang ist die Fällung als Eisen(III)-phosphat. Sofern nicht Fe(III) in der Analysensubstanz vorhanden ist, muss man bei der Anwendung des Urotropin-Verfahrens soviel $FeCl_3$ hinzugeben, dass PO_4^{3-} -Ionen *quantitativ* in $FePO_4$ übergeführt werden. Auch bei der gemeinsamen Fällung der Elemente der Ammoniumsulfid-Gruppe kann Phosphat als Eisen(III)-phosphat ($FePO_4$) entfernt werden [vgl. **MC-Fragen Nr. 236, 310**].

Daneben bietet sich die Abscheidung von Phosphat mit *Zinnsäure* [Zinndioxidhydrat] ($H_2[Sn(OH)_6 = SnO_2 \cdot 4\ H_2O$) an. Zinndioxidhydrat, das sich bei der Oxidation von Zinn mit HNO_3 bildet, besitzt die Fähigkeit, PO_4^{3-} -Ionen zu absorbieren [vgl. **MC-Frage Nr. 63**].

Acetat: Acetat ist nur in großen Mengen für den Kationentrennungsgang störend, da es die Fällung von Chrom(III)-hydroxid verhindert. Acetat gelangt auch durch die Fällung mit Thioacetamid und dessen vollständige Hydrolyse in den Analysengang. Daher sollte man bei Verwendung von Thioacetamid das Filtrat der H_2S-Gruppe eindampfen. Dabei entweicht der überwiegende Teil des Acetats als Essigsäure (CH_3COOH).

Oxalat: $C_2O_4^{2-}$ -Ionen stören durch Fällung von *Erdalkalioxalaten* in der Ammoniumsulfid-Gruppe, wodurch Ba(II), Sr(II) und Ca(II) nicht in die Ammoniumcarbonat-Gruppe gelangen. Weiterhin bildet Oxalat mit Zinn(IV) komplexes $[Sn(C_2O_4)_3]^{2-}$; dadurch kann die Fällung von SnS_2 ausbleiben [vgl. **MC-Fragen Nr. 311, 313**].

Zur Entfernung von Oxalat wird die Analysensubstanz mit konz. $H_2SO_4/(NH_4)_2S_2O_8$ behandelt und Oxalat zu CO_2 oxidiert. Als Alternative kann man nach Verkochen des überschüssigen Schwefelwasserstoffs auch das Zentrifugat der H_2S-Gruppe mit 30 %igem H_2O_2 versetzen. Durch anschließendes Kochen der Lösung wird Oxalat in CO_2 umgewandelt; gleichzeitig wird während des Kochens der Überschuss an H_2O_2 zerstört.

$$C_2O_4^{2-} + H_2O_2 + 2\ H_3O^+ \rightarrow 2\ CO_2\uparrow + 4\ H_2O$$
$$C_2O_4^{2-} + S_2O_8^{2-} \rightarrow 2\ CO_2\uparrow + 2\ SO_4^{2-}$$

Tartrat: Da Tartrat-Ionen mit vielen Schwermetallen stabile, lösliche Komplexe bilden, muss Tartrat vor der Durchführung des Kationentrennungsganges beseitigt werden. Durch Komplexbildung mit Tartrat wird z. B. die Fällung von $Al(OH)_3$ und $Cr(OH)_3$ in der Ammoniumsulfid-Gruppe verhindert. Zudem können schwer lösliche Kalium- und Erdalkalitartrate in die $(NH_4)_2S$-Gruppe gelangen. Auch die Fällung mancher Sulfide wie z. B. PbS wird durch Tartrat beeinträchtigt [vgl. **MC-Frage Nr. 314**].

Zur Zerstörung von Tartrat erhitzt man die Analysensubstanz mit konz. H_2SO_4 unter Zusatz von Ammoniumperoxodisulfat.

Abrauchen mit konzentrierter Schwefelsäure: Zur Beseitigung von den Kationentrennungsgang störenden Anionen wird die Analysensubstanz häufig mit konz. H_2SO_4 abgeraucht. Auch dieser Vorgang beeinflusst den Nachweis einzelner Kationen. Dabei bilden sich Erdalkalisulfate und Bleisulfat. Auch lösliche Chrom(III)-Salze können in schwer lösliches Chrom(III)-sulfat übergeführt werden.

Für die oxidative Zerstörung der Hexacyanoferrate, Oxalate und Tartrate muss der Schwefelsäure Ammoniumperoxodisulfat $[(NH_4)_2S_2O_8]$ zugesetzt werden. Danach liegen z. B. Zinn(IV)-Verbindungen als unlöslicher *Zinnstein* (SnO_2) vor.

2.3.2 Nachweis pharmazeutisch relevanter Kationen

2.3.2.1 Silber

Als Edelmetall löst sich Silber nur in oxidierenden Säuren (HNO_3, H_2SO_4) und bildet vorwiegend Salze in der Oxidationsstufe **+1** [**MC-Frage Nr. 61**].

$$3\ Ag + 4\ H_3O^+ + NO_3^- \rightarrow 3\ Ag^+ + NO\uparrow + 6\ H_2O$$
$$2\ Ag + 4\ H_3O^+ + SO_4^{2-} \rightarrow 2\ Ag^+ + SO_2\uparrow + 6\ H_2O$$

Mit Ausnahme des wasserlöslichen *Silberfluorids* (AgF) sind die Ag(I)-Salze der übrigen Halogenide (AgCl, AgBr, AgI) und Pseudohalogenide (AgCN, AgSCN) sowie *Silbersulfid* (Ag_2S) in Wasser und Säuren schwer löslich. Gut wasserlöslich sind hingegen Ag-Salze wie das Nitrat ($AgNO_3$), das Chlorat ($AgClO_3$) oder das Perchlorat ($AgClO_4$), während das Sulfat (Ag_2SO_4), das Acetat ($AgOOCCH_3$) oder das Nitrit ($AgNO_2$) nur mäßig in Wasser löslich sind.

Die Fällung schwer löslicher Silbersalze als Gruppennachweis für bestimmte Anionen wurde bereits in Kapitel 2.2.1.3 beschrieben [vgl. **MC-Fragen Nr. 122–128**].

Zum Aufschluss schwer löslicher Silbersalze, insbesondere von Silberhalogeniden siehe Kapitel 1.5.2 [vgl. **MC-Fragen Nr. 76, 78–80, 98, 315**].

Das hydratisierte Ag^+-Kation ist farblos. Allerdings sind manche schwer löslichen Verbindungen mit farblosem Anion (z. B. AgBr, AgI, Ag_3PO_4 u. a.) infolge der Deformation ihrer Elektronenhüllen farbig. Bei Salzen mit farbigem Anion tritt häufig Farbvertiefung auf, z. B. bei *Silberchromat*, Ag_2CrO_4, das *rotbraun* gefärbt ist.

Sehr ausgeprägt ist bei Ag(I)-Verbindungen die Neigung zur Bildung von Komplexen, meistens mit der Koordinationszahl zwei. Mit Ausnahme des in stark salzsaurer Lösung entstehenden $[AgCl_2]^-$-Ions sind die übrigen *Silberkomplexe* nur im Alkalischen oder Neutralen beständig.

Silbersalze zeigen folgende Eigenschaften, die zu ihrer Identifizierung herangezogen werden:

(1) Verhalten gegenüber Ammoniak und Laugen: Mit Natriumhydroxid-Lösung bildet sich ein *brauner* Niederschlag von *Silberoxid* (Ag_2O), der in Säuren sowie unter Komplexbildung in Ammoniumcarbonat-, Ammoniak-, Kaliumcyanid- und Natriumthiosulfat-Lösungen löslich ist. Dagegen ist Ag_2O schwer löslich in einem Überschuss von NaOH-Lösung [vgl. **MC-Frage Nr. 316**].

$$2\,Ag^+ + 2\,HO^- \rightarrow (2\,AgOH) \rightarrow Ag_2O\downarrow + H_2O$$

Mit Ammoniak bildet sich in wässriger Lösung zunächst ebenfalls ein Niederschlag von Ag_2O, der sich aber mit überschüssigem Reagenz unter Bildung des Diammin-Komplexes wieder auflöst [vgl. **MC-Fragen Nr. 42, 47, 461**].

$$Ag_2O + 2\,NH_3 + H_2O \rightarrow 2\,[Ag(NH_3)_2]^+ + 2\,HO^-$$

(2) Bildung von Komplexen: Auch die unterschiedliche Löslichkeit von Ag(I)-Verbindungen zusammen mit der unterschiedlichen Stabilität von Silberkomplexen kann für analytische Zwecke genutzt werden. In Tabelle 2.5 sind die Löslichkeitsprodukte (pK_L-Werte) einiger schwer löslicher Ag(I)-Verbindungen zusammen mit den Dissoziationskonstanten (pK_D-Werte) ausgewählter Silberkomplexe aufgelistet. Je kleiner das Löslichkeitsprodukt (K_L) der Verbindung ist, desto größer ist der pK_L-Wert ($pK_L = -\log K_L$) und desto schwerer löslich ist die Verbindung. Für den pK_D-Wert des betreffenden Komplexes gilt: Je größer der pK_D-Wert ist, desto stabiler ist der Komplex und desto weniger ist der Komplex in seine Komponenten dissoziiert.

Aus diesen Zahlenwerten lassen sich somit folgende Aussagen ableiten:

- Versetzt man eine neutrale Silbersalz-Lösung tropfenweise mit Lösungen von NH_3, SCN^-, $S_2O_3^{2-}$ oder CN^-, so fallen Ag_2O, AgSCN, $Ag_2S_2O_3$ und AgCN aus. Die gebildeten Niederschläge lösen sich jedoch im Überschuss des betreffenden Fällungsmittels wieder auf unter Bildung der farblosen, komplexen Ionen $[Ag(NH_3)_2]^+$, $[Ag(SCN)_2]^-$, $[Ag(S_2O_3)_2]^{3-}$ und $[Ag(CN)_2]^-$ [vgl. **MC-Fragen Nr. 45, 461, 463**].

Tab. 2.5 Löslichkeitsexponenten (pK_L) und Dissoziationsexponenten (pK_D) ausgewählter Silberverbindungen

Substanz	Farbe	pK_L-Wert	Komplex	pK_D-Wert
Ag_2O	Braun	7,7	$[AgCl_2]^-$	5,4
AgCl	Weiß	10,0	$[Ag(NH_3)_2]^+$	7,1
AgCN	Weiß	11,4	$[Ag(SCN)_2)^-$	7,9
Ag_2CrO_4	Rotbraun	11,7	$[Ag(S_2O_3)_2]^{3-}$	13,6
AgBr	Gelblich	12,4	$[Ag(CN)_2]^-$	21,0
AgI	Gelb	16,0		
Ag_2S	Schwarz	49,0		

– Durch die Komplexbildung wird die Konzentration an freien Ag^+-Ionen soweit herabgesetzt, dass das Löslichkeitsprodukt bestimmter Salze nicht mehr überschritten wird, diese also in Gegenwart der Komplexbildner *nicht* ausfallen bzw. wieder aufgelöst werden.

Beispielsweise entsteht bei Zugabe von überschüssigem Kaliumcyanid (KCN) zu einer wässrigen Suspension von *Silberchlorid* (AgCl), *Silberbromid* (AgBr) oder *Silberiodid* (AgI) eine *klare* Lösung, weil die Stabilitätskonstante (K_D) des Dicyanosilber-Komplexes – bei einem Überschuss an KCN – eine kleinere Konzentration an Silber-Ionen bedingt, als sie in einer gesättigten AgCl-, AgBr- oder AgI-Lösung vorliegt.

$$AgI + 2\ CN^- \rightarrow [Ag(CN)_2]^- + I^-$$

– Aus den in Tabelle 2.5 aufgelisteten Werten folgt auch, dass man z. B. *Silberchlorid* (AgCl) durch seine Löslichkeit in Ammoniumcarbonat- bzw. Ammoniak-Lösung von *Silberiodid* (AgI) unterscheiden kann. Weiterhin wird verständlich, warum sich aus AgCl beim Versetzen mit einer $(NH_4)_2S_x$-Lösung schwarzes *Silbersulfid* (Ag_2S) bildet. Darüber hinaus wird das schwer lösliche Ag_2S durch Zusatz von S^{2-}-Ionen aus allen Komplexen des Silbers gefällt [vgl. **MC-Fragen Nr. 315, 433**].

(3) Bildung schwer löslicher Salze: Silber-Ionen bilden mit Salzsäure einen *weißen* Niederschlag von *Silberchlorid* (AgCl), der sich in NH_3 löst. Beim Ansäuern der ammoniakalischen Lösung mit verd. HNO_3 fällt AgCl wieder aus *(Ph. Eur.)* [vgl. **MC-Frage Nr. 315**].

$$AgCl + 2\ NH_3 \rightarrow [Ag(NH_3)_2]^+ + Cl^-$$

Mit *Ausnahme* des Fluorids sind alle übrigen Silberhalogenide in Wasser schwer löslich. Die Löslichkeit nimmt mit steigender Ordnungszahl des Halogens vom Chlor zum Iod hin ab und die Farbe der Niederschläge vertieft sich von *weiß* nach *gelb* (siehe Tabelle 2.5).

Ammoniumcarbonat löst nur AgCl; Ammoniak löst AgCl und partiell auch AgBr, während Thiosulfat- und Cyanid-Lösungen *alle* Silberhalogenide unter Bildung der entsprechenden Komplexe auflösen. Darüber hinaus ist AgCl auch in konzentrierter Salzsäure als $[AgCl_2]^-$ löslich.

Aus neutraler Lösung fällt mit Na_2HPO_4 *gelbes Silberphosphat* (Ag_3PO_4) und mit Chromat-Ionen bildet sich *rotbraunes Silberchromat* (Ag_2CrO_4); beide Niederschläge sind löslich in Säuren und Ammoniak [vgl. **MC-Fragen Nr. 255, 315**].

Gibt man zu einer Ag^+-Probelösung Thioacetamid hinzu oder leitet Schwefelwasserstoff ein, so fällt *schwarzes Silbersulfid* (Ag_2S) aus.

(4) Verhalten gegenüber Reduktionsmitteln: Eine wässrige Lösung von **Formaldehyd** (Formalin-Lösung) reduziert in Gegenwart von Ammoniak Silber-Ionen zu metallischem Silber, das sich an der Gefäßwand als Metallspiegel abscheidet.

$$2\,[Ag(NH_3)_2]^+ + H_2C{=}O + H_2O \rightarrow 2\,Ag\downarrow + HCOO^- + 3\,NH_4^+ + NH_3$$

Diese Reaktion wird als **Tollens-Probe** auch zum Nachweis anderer Aldehyde, reduzierender Zucker und zur Identifizierung von Weinsäure genutzt.

Darüber hinaus kann Ag(I) durch Sulfite, Fe(II)-Ionen oder Metalle wie Zn, Sn und Fe zu elementarem Silber reduziert werden [vgl. **MC-Fragen Nr. 57, 315**].

2.3.2.2 Quecksilber

Quecksilber ist edler als Wasserstoff und löst sich daher nur in oxidierenden Säuren wie HNO_3 oder H_2SO_4.

$$3\,Hg + 2\,NO_3^- + 8\,H_3O^+ \rightarrow 3\,Hg^{2+} + 2\,NO\uparrow + 12\,H_2O$$

In seinen Verbindungen tritt Quecksilber in den Oxidationsstufen **+1** und **+2** auf. Die meisten *Quecksilber(I)-Salze* sind schwer löslich. *Ausnahmen* sind das Nitrat, das Chlorat sowie das Perchlorat, die sich in Wasser lösen. Die Lösungen dieser Salze reagieren infolge Hydrolyse sauer. Die Neigung zur Komplexbildung ist gering. Hg(I) kommt nur in Form von Doppelmolekülen (Hg_2^{2+}) vor wie z. B. im *Kalomel* (Hg_2Cl_2). Auch in wässriger Lösung tritt das dimere Hg_2^{2+} -Ion auf. Es disproportioniert leicht gemäß folgender Gleichung:

$$^+Hg\text{-}Hg^+ \rightleftharpoons Hg + Hg^{2+}$$

Viele *Quecksilber(II)-Salze* sind wasserlöslich. Das Nitrat und das Perchlorat sind in wässrigen Lösungen stark dissoziiert, bilden jedoch oft beim Verdünnen schwer lösliche Salze. Die Halogenide ($HgCl_2$, $HgBr_2$) und Pseudohalogenide [$Hg(CN)_2$, $Hg(SCN)_2$] sind zwar auch wasserlöslich, aber in wässriger Lösung nur wenig dissoziiert. Die Folge davon ist, dass manche Reaktionen von Hg(II)-Salzen anomal verlaufen. So lässt sich beispielsweise in *Quecksilber(II)-iodid* (HgI_2) mit Ag^+-Ionen kein Iodid nachweisen und aus einer wässrigen $Hg(CN)_2$-Lösung fällt mit NaOH-Lösung kein *Quecksilberoxid* (HgO) aus. Das Hg(II)-Ion neigt zur Bildung von Komplexen mit hohem kovalenten Bindungsanteil wie z. B. im *Tetraiodomermercurat*(II)-Ion $[HgI_4]^{2-}$. Die Wasserlöslichkeit von *Quecksilber*(II)-*chlorid* [Sublimat] ($HgCl_2$) dient auch zur Abtrennung von schwer löslichem Silberchlorid (AgCl). Alle löslichen Quecksilberverbindungen sind sehr *giftig*! [vgl. **MC-Fragen Nr. 65, 272**].

Quecksilber(II)-*sulfat* ($HgSO_4$), ein weißes Pulver, entsteht beim Behandeln von metallischem Quecksilber mit konz. H_2SO_4. In wässriger Lösung bildet sich daraus durch hydrolytische Zersetzung ein *gelbes*, schwer lösliches basisches Quecksilbersulfat ($HgSO_4 \cdot 2\,HgO$) [vgl. **MC-Fragen Nr. 319, 323**].

Quecksilber(II)-acetat ($Hg(OOCCH_3)_2$) wird als Reagenz bei der Gehaltsbestimmung von Alkaloidhydrochloriden mittels Perchlorsäure-Titration in wasserfreier Essigsäure verwendet [siehe Ehlers, **Analytik II,** Kap. 6.3.4.11 und **MC-Frage Nr. 321**].

Zur Identifizierung von Hg-Verbindungen sind folgende Reaktionen geeignet, wobei zum *gemeinsamen* Nachweis von Hg(I) und Hg(II) genutzt werden [vgl. **MC-Fragen Nr. 317–320, 323, 324, 464, 476**]:

(1) Amalgambildung: Entsprechend seiner Stellung in der Spannungsreihe scheidet sich metallisches Quecksilber [$E°(Hg/Hg^{2+}) = +0{,}85$ V] aus Hg-Salzlösungen auf unedleren Metallen wie z. B. einer blanken *Folie aus Kupfer* [$E°(Cu/Cu^{2+}) = +0{,}17$ V] als *dunkelgrauer* Belag ab, der beim Polieren *silberglänzend* wird. Erhitzt man anschließend die Folie in einem Reagenzglas, so verschwindet der Fleck, weil Quecksilber bei diesen Temperaturen sublimiert *(Ph. Eur.)*. Dieser sehr empfindliche und selektive Hg-Nachweis eignet sich auch als Vorprobe zur Prüfung einer Analysensubstanz auf Quecksilber.

$$Hg^{2+} + Cu \rightarrow Hg\downarrow + Cu^{2+} \mid Hg_2^{2+} + Cu \rightarrow 2\,Hg\downarrow + Cu^{2+}$$

(2) Verhalten gegenüber anderen Reduktionsmitteln: Wird die Lösung eines Hg(II)-Salzes mit einer Zinn(II)-chlorid-Lösung ($SnCl_2$) versetzt, so entsteht zunächst ein *weißer* Niederschlag von *Quecksilber(I)-chlorid* [Kalomel] (Hg_2Cl_2). Mit überschüssigem Reagenz läuft die Reduktion weiter unter Bildung eines *tiefgrauen* Niederschlages von elementarem Quecksilber (Hg). Auch unedle Metalle oder eine alkalische Formaldehyd-Lösung können als Reduktionsmittel verwendet werden.

$$2\,HgCl_2 + SnCl_2 \rightarrow Hg_2Cl_2\downarrow + SnCl_4$$
$$Hg_2Cl_2 + SnCl_2 \rightarrow 2\,Hg\downarrow + SnCl_4$$

Zum **Nachweis von Quecksilber(I) Verbindungen** können folgende Reaktionen dienen:

(1) Verhalten gegenüber Natriumhydroxid-Lösung: Versetzt man eine Hg(I)-Salzlösung mit Laugen, so entsteht ein *schwarzer* Niederschlag eines Gemischs von Hg und *Quecksilber(II)-oxid* (HgO), der schwer löslich im Reagenzüberschuss, jedoch löslich in HNO_3 ist [vgl. **MC-Fragen Nr. 37, 324, 325**].

$$Hg_2^{2+} + 2\,HO^- \rightarrow Hg\downarrow + HgO\downarrow + H_2O$$

(2) Verhalten gegenüber Ammoniak: Versetzt man eine Lösung von Hg(I)-nitrat mit NH_3, so bildet sich ein *schwarzer* Niederschlag aus metallischem Quecksilber und weißem *Quecksilber(II)-amidonitrat* ($HgNH_2NO_3$) [vgl. **MC-Fragen Nr. 324, 326, 420, 421**].

$$Hg_2^{2+} + NO_3^- + 2\,NH_3 \rightarrow Hg\downarrow + [HgNH_2]NO_3\downarrow + NH_4^+$$

(3) Verhalten gegenüber Halogeniden und Halogenwasserstoffsäuren: Wird die Lösung eines Hg(I)-Salzes mit HCl versetzt, so entsteht einer *weißer* Niederschlag von **Kalomel** (*„Schönes Schwarz"*) (Hg_2Cl_2), der sich auf Zusatz oder beim Übergießen mit Ammoniak-Lösung *schwarz* färbt. NH_3 bewirkt eine Disproportionierung des Hg(I)-Salzes zu feinverteiltem Hg und *Quecksilber(II)-amidochlorid* ($HgNH_2Cl$) (*„unschmelzbares Präzipitat"*) [vgl. **MC-Fragen Nr. 319, 321, 324, 443**].

$$Hg_2^{2+} + 2\ Cl^- \rightarrow Hg_2Cl_2\downarrow \xrightarrow{2\ NH_3} Hg\downarrow + [HgNH_2]Cl\downarrow + NH_4^+ + Cl^-$$

Kalomel ist schwer löslich in verdünnten Säuren, löst sich jedoch in Königswasser unter Bildung von Quecksilber(II)-chlorid.

$$Hg_2Cl_2 + „Cl_2" \rightarrow 2\ HgCl_2$$

Mit *Iodid-Ionen* entsteht aus Hg(I)-Lösungen zunächst ein *grünlich-gelber* Niederschlag von *Quecksilber(I)-iodid* (Hg_2I_2), der beim Erwärmen unter Disproportionierung zerfällt und dabei aufgrund des gebildeten Quecksilbers schwarz wird. Im Überschuss von KI löst sich Hg_2I_2 zu komplexem $[HgI_4]^{3-}$, das aber spontan in $[HgI_4]^{2-}$ und elementares Quecksilber umgewandelt wird.

$$Hg_2^{2+} + 2\ I^- \rightarrow Hg_2I_2\downarrow \xrightarrow{+6\ I^-} 2\ [HgI_4]^{3-} \rightarrow Hg\downarrow + [HgI_4]^{2-} + 4\ I^-$$

(4) Bildung schwer löslicher Niederschläge: Beim Einleiten von Schwefelwasserstoff in eine Hg(I)-Salzlösung bildet sich ein schwarzer Niederschlag aus *Quecksilber(II)-sulfid* (HgS) und elementarem Hg. In Königswasser wird der gesamte Niederschlag, in halbkonzentrierter Salpetersäure dagegen nur das metallische Quecksilber gelöst [vgl. **MC-Frage Nr. 295**].

$$Hg_2^{2+} + S^{2-} \rightarrow HgS\downarrow + Hg\downarrow$$

Quecksilber(I)-Ionen bilden in der Hitze mit einer K_2CrO_4-Lösung *rotes Quecksilber(I)-chromat* (Hg_2CrO_4) [vgl. **MC-Fragen Nr. 255, 324**].

Folgende Reaktionen können zur **Identifizierung von Quecksilber(II)-Verbindungen** herangezogen werden [vgl. **MC-Fragen Nr. 317–325, 434, 464, 476**]:

(1) Verhalten gegenüber Laugen: Aus Hg(II)-Salzlösungen fällt auf Zusatz von Alkalihydroxiden *gelbes Quecksilber(II)-oxid* (HgO) aus, das schwer löslich im Laugenüberschuss, jedoch löslich in Säuren ist *(Ph. Eur.)*.

$$Hg^{2+} + 2\ HO^- \rightarrow HgO\downarrow + H_2O$$

Enthält die Lösung Chlorid, so fallen basische Quecksilberchloride, wie HgOHCl, von gelber bis schwarzer Farbe aus. Quecksilber(II)-oxid zersetzt sich bei trockenem Erhitzen zu O_2 und metallischem Hg.

(2) Verhalten gegenüber Ammoniak: Quecksilber(II)-Salze können in wässriger Lösung mit Ammoniak schwer lösliche Verbindungen unterschiedlicher Art bilden.

In Gegenwart von viel Ammoniumchlorid entsteht mit Ammoniak das so genannte **„schmelzbare Präzipitat"**, bei dem es sich um einen schwer löslichen Amminkomplex des Hg(II)-Ions handelt.

$$HgCl_2 + 2\ NH_3 \rightarrow [Hg(NH_3)_2]Cl_2\downarrow$$

Üblicherweise bildet sich in Anwesenheit von Chlorid aus Hg(II) und NH_3 das *weiße* **„unschmelzbare Präzipitat"** (Quecksilberamidochlorid) ($HgNH_2Cl$).

$$HgCl_2 + 2\ NH_3 \rightarrow [HgNH_2]Cl + NH_4^+ + Cl^-$$

Es besitzt eine gewinkelte Kettenstruktur ($-Hg-NH_2-Hg-NH_2-Hg-NH_2-$), in der die Hg-Bindungen linear und die von den N-Atomen ausgehenden Bindungen tetraedrisch angeordnet sind. Quecksilberamidochlorid löst sich in HNO_3 und zerfällt beim Erhitzen in $HgCl_2$, NH_3 und N_2.

Darüber hinaus kann sich aus Hg(II)-Ionen und Ammoniak auch ein Salz der sogenannten **„Millonsche Base"** bilden. Diese besteht aus einem dreidimensionalen Netzwerk von $[HgN]^+$-Ionen, in dessen Hohlräume Wassermoleküle und die entsprechenden Gegenionen eingelagert sind.

$$2\ HgCl_2 + 4\ NH_3 + H_2O \rightarrow [Hg_2N]Cl \cdot H_2O + 3\ NH_4^+ + 3\ Cl^-$$

(3) Verhalten gegenüber Iodiden: Wird die Lösung eines Hg(II)-Salzes mit KI-Lösung versetzt, so entsteht ein *roter* Niederschlag von *Quecksilber(II)-iodid* (HgI_2), der sich im Reagenzüberschuss unter Bildung des *hellgelben Tetraiodomercurat*(II), $[HgI_4]^{2-}$, löst.

$$Hg^{2+} + 2\ I^- \rightarrow HgI_2\downarrow \xrightarrow{+2\ I^-} [HgI_4]^{2-} \xrightarrow{(NH_3)} [Hg_2N]I\downarrow$$

Aus solchen Lösungen fällt mit NaOH *kein* HgO aus. Versetzt man jedoch das Komplexsalz ($K_2[HgI_4]$) mit NH_3-Lösung, so bildet sich ein *roter* Niederschlag von $[Hg_2N]I$. Diese Reaktion ist Grundlage des Ammonium-Nachweises mit **Neßler-Reagenz** (siehe Kap. 2.3.2.24). Schließlich wandelt sich rotes Quecksilber(II)-iodid beim Erhitzen auf 127 °C in eine gelbe Modifikation um.

Darüber hinaus reagieren Hg(II)-Ionen in saurer Lösung mit Kupfer(I)-iodid (CuI) in Gegenwart von Kaliumiodid (KI) unter Bildung von *rotem* $Cu_2[HgI_4]$. Mit überschüssigem KI zersetzt sich das Komplexsalz wieder unter Ausfällung von *grauweißem Kupfer(I)-iodid* (CuI).

$$Hg^{2+} + 2\ CuI + 2\ I^- \rightarrow Cu_2[HgI_4]\downarrow$$
$$Cu_2[HgI_4] + 2\ KI \rightarrow K_2[HgI_4] + 2\ CuI\downarrow$$

(4) Bildung schwer löslicher Verbindungen: *Quecksilber(II)-sulfid* (HgS) existiert in zwei Modifikationen, der metastabilen *schwarzen* und der stabilen *roten* Form. Beim Einleiten von H_2S in eine saure Hg(II)-Salzlösung fällt *schwarzes* HgS aus. Es ist schwer löslich in HCl, verd. HNO_3 und $(NH_4)_2S$-Lösung. HgS löst sich jedoch in Königswasser; unter Bildung von Thiosalzen ist es auch in konzentrierten Alkalisulfid-Lösungen löslich.

$$Hg^{2+} + S^{2-} \rightarrow HgS\downarrow \xrightarrow{+S^{2-}} [HgS_2]^{2-}$$

Mit K_2CrO_4 entsteht in neutralen Lösungen *gelbes Quecksilber(II)-chromat* ($HgCrO_4$), das beim Erhitzen *rot* wird. Mit Co(II)-Ionen in Gegenwart von Thiocyanat bildet sich der *blaue* Niederschlag des komplexen Cobalttetrathiocyanatomercurat(II).

$$Hg^{2+} + Co^{2+} + 4\ SCN^- \rightarrow Co[Hg(SCN)_4]\downarrow$$

In salzsaurer Lösung bilden Hg(II)-Ionen mit **Reinecke-Salz** ($NH_4[Cr(SCN)_4(NH_3)_2]$) einen schwer löslichen *rosaroten* Niederschlag.

$$Hg^{2+} + 2\ [Cr(SCN)_4(NH_3)_2]^- \rightarrow Hg[Cr(SCN)_4(NH_3)_2]_2\downarrow$$

(5) Nachweisreaktionen mit organischen Reagenzien: Hg(II) bildet mit **Diphenylcarbazid** bzw. mit seinem Oxidationsprodukt **Diphenylcarbazon** in neutraler bis schwach saurer Lösung einen *rotvioletten* Chelatkomplex. Chromat und andere Oxidationsmittel stören (siehe auch Kapitel 2.2.3.2, Ziffer 3).

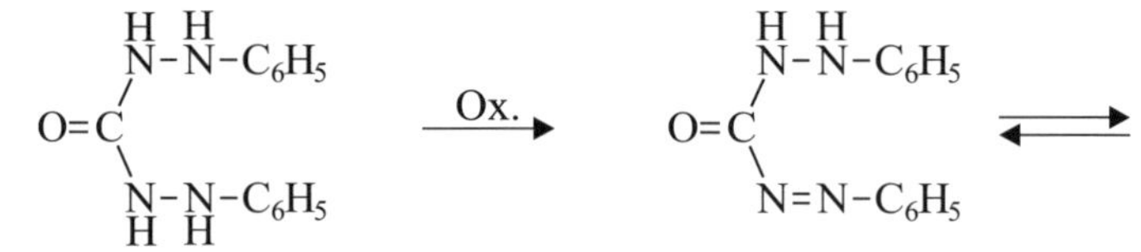

Diphenylcarbazid **Diphenylcarbazon**

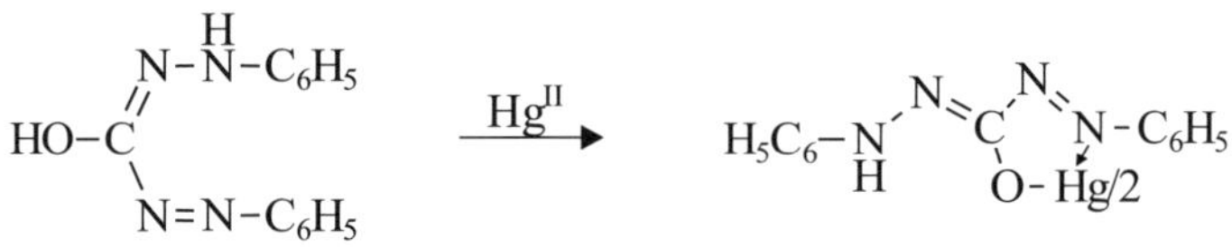

Schüttelt man eine schwach saure Hg(II)-Probelösung mit einer Lösung von **Dithizon** (Diphenylthiocarbazon), so färbt sich die ursprünglich grüne Chloroform-Phase *orange* durch Bildung von *Quecksilberdithizonat*. (Zum formelmäßigen Ablauf der Reaktion siehe „Blei-Nachweis mit Dithizon" im nachfolgenden Kapitel).

Abschließend sei nochmals darauf hingewiesen, dass eine analytische Unterscheidung zwischen Hg(I)- und Hg(II)-Verbindungen durch Behandeln mit NaOH-, NH_3-, HCl- und K_2CrO_4-Lösung gelingt. Diese Differenzierung ist jedoch nicht möglich mit elementarem Kupfer oder einer $SnCl_2$-Lösung [vgl. **MC-Fragen Nr. 324, 325**].

2.3.2.3 Blei

Trotz seines negativen Normalpotentials löst sich Blei *nicht* in HF, HCl und H_2SO_4, weil sich festhaftende Schutzschichten der betreffenden schwer löslichen Salze (PbF_2, $PbCl_2$, $PbSO_4$) auf der Metalloberfläche ausbilden. Dagegen wird Blei in heißer konzentrierter Schwefelsäure unter Bildung komplexer Säuren wie $H_2[Pb(SO_4)_2]$ gelöst. Das beste Lösungsmittel für Blei ist jedoch HNO_3.

In seinen Verbindungen tritt Blei in den Oxidationsstufen **+2** und **+4** auf. In der vierwertigen Stufe sind nur *Bleidioxid* (PbO_2), *Bleitetraacetat* [$Pb(OOCCH_3)_4$] sowie einige Komplexsalze beständig. Pb(IV)-Verbindungen sind starke Oxidationsmittel.

Zum analytischen Nachweis von Bleiverbindungen eignen sich folgende Eigenschaften:

(1) Verhalten gegenüber Ammoniak und Laugen: Pb(II)-Ionen bilden mit Alkalihydroxiden einen *weißen* Niederschlag von *Blei(II)-hydroxid* [$Pb(OH)_2$], der in einem Überschuss von Alkalihydroxiden unter Bildung von Tetrahydroxoplumbat(II) löslich ist.

$$Pb^{2+} + 2\ HO^- \rightarrow Pb(OH)_2\downarrow \xrightarrow{+2\ HO^-} [Pb(OH)_4]^{2-}$$

Auch in Säuren, ammoniakalischer Ammoniumacetat- oder Tartrat-Lösung ist $Pb(OH)_2$ löslich. Mit Tartrat-Ionen bildet Pb(II) dabei einen ähnlichen Chelatkomplex wie Cu(II)-Ionen (siehe Kapitel 2.3.2.5). Mit Ammoniak entsteht gleichfalls $Pb(OH)_2$, das schwer löslich im Reagenzüberschuss ist, da Pb(II)-Ionen in wässriger Lösung *keine* Amminkomplexe bilden [vgl. **MC-Fragen Nr. 35, 38–43, 45, 73, 328–330**].

(2) Bildung schwer löslicher Verbindungen: Mit Chlorid-Ionen entsteht ein *weißer* Niederschlag von *Blei(II)-chlorid* ($PbCl_2$). Blei(II)-chlorid ist in heißem Wasser löslich und kristallisiert beim Abkühlen in für den Nachweis charakteristischen Nadeln oder Prismen aus. Die Löslichkeit von $PbCl_2$ in Wasser beträgt bei 20 °C etwa 1 % und bei 100 °C etwa 3 % [vgl. **MC-Fragen Nr. 271, 327, 435, 439**].

$$Pb^{2+} + 2\ Cl^- \rightarrow PbCl_2\downarrow$$

Beim Versetzen einer Pb(II)-Salzlösung mit KI fällt *gelbes Blei(II)-iodid* (PbI_2) aus, das bei Iodid-Überschuss in ein lösliches komplexes Anion übergeführt wird. $[PbI_4]^{2-}$-Ionen sind allerdings nur im Überschuss von KI beständig. Wie das Chlorid so löst sich auch PbI_2 in siedendem Wasser und kristallisiert in der Kälte in metallisch glänzenden *gelben* Blättchen wieder aus (*Ph.Eur.*) [vgl. **MC-Fragen Nr. 327, 328, 444**].

$$Pb^{2+} + 2\ I^- \rightarrow PbI_2\downarrow \xrightarrow{+2\ I^-} [PbI_4]^{2-}$$

Mit H_2S oder Thioacetamid entsteht aus nicht allzu stark salzsaurer Lösung *schwarzes Bleisulfid* (PbS), das sich in starken Säuren löst. [Zur Umsetzung von Pb(II) mit Thioacetamid im Rahmen der „Grenzprüfung auf Schwermetalle" siehe Kapitel 2.3.3.1 und **MC-Frage Nr. 327**].

$$Pb^{2+} + S^{2-} \rightarrow PbS\downarrow$$

Mit H_2SO_4 oder Sulfat-Ionen bildet sich in wässrigen Lösungen *weißes Bleisulfat* ($PbSO_4$). Die Fällung dieses Salzes wird im Kationentrennungsgang zur Abtrennung von Pb(II)-Salzen von Bi(III), Cu(II) oder Cd(II) genutzt. $PbSO_4$ ist etwas löslich in verdünnter Salpetersäure und löslich in konzentrierter Schwefelsäure unter Bildung der komplexen Säure $H_2[Pb(SO_4)_2]$. Auch NaOH, ammoniakalische Tartrat- oder Ammoniumacetat-Lösung lösen $PbSO_4$ unter Komplexbildung. Diese Reaktionen dienen auch zur Trennung von Bariumsulfat ($BaSO_4$) und $PbSO_4$ [siehe auch Kapitel 1.5.5 und **MC-Fragen Nr. 79, 83, 90, 91, 305–307, 327–330**].

$$Pb^{2+} + SO_4^{2-} \rightarrow PbSO_4\downarrow \xrightarrow{(H_2SO_4)} H_2[Pb(SO_4)_2]$$

$$PbSO_4 + 3\ CH_3COO^- \rightarrow [Pb(OOCCH_3)_3]^- + SO_4^{2-}$$

Pb(II)-Ionen ergeben im essigsauren Medium mit Chromat-Ionen einen *gelben* Niederschlag von *Bleichromat* ($PbCrO_4$), der schwer löslich in Essigsäure und Ammoniak ist, sich jedoch in Alkalihydroxid-Lösungen unter Bildung von Tetrahydroxoplumbat(II), $[Pb(OH)_4]^{2-}$, auflöst (*Ph.Eur.*) [vgl. **MC-Fragen Nr. 255, 328, 329, 331, 501**].

$$Pb^{2+} + CrO_4^{2-} \rightarrow PbCrO_4\downarrow \xrightarrow{+\,4\,HO^-} [Pb(OH)_4]^{2-} + CrO_4^{2-}$$

$PbCrO_4$ ist auch löslich in heißer HNO_3 sowie ammoniakalischer Tartrat-Lösung. Den Nachweis stören alle Kationen, die in saurer Lösung mit Chromat-Ionen gleichfalls schwer lösliche Chromate bilden. Auch Alkalidichromat-Lösungen fällen Pb(II)-Ionen als $PbCrO_4$. Durch seine Löslichkeit in Alkalihydroxid-Lösung kann Bleichromat vom ebenfalls schwer löslichen $BaCrO_4$ unterschieden werden [vgl. **MC-Fragen Nr. 255, 501**].

$$2\,Pb^{2+} + Cr_2O_7^{2-} + 3\,H_2O \rightarrow 2\,PbCrO_4\downarrow + 2\,H_3O^+$$

Mit Cu(II)-acetat und KNO_2-Lösung ergibt sich ein *schwarzes* Tripelsalz der allgemeinen Zusammensetzung $K_2CuPb(NO_2)_6$.

(3) Nachweis mit Dithizon: Pb(II)-Ionen bilden wie Hg(II) oder Zn(II) in neutraler bzw. alkalischer Lösung mit **Dithizon** (Diphenylthiocarbazon) einen *roten* Chelatkomplex, der sich mit Chloroform extrahieren lässt [vgl. **MC-Fragen Nr. 429, 430, 495**].

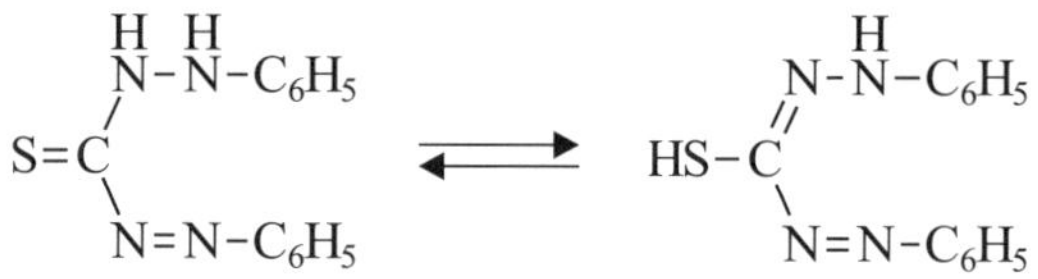

Dithizon

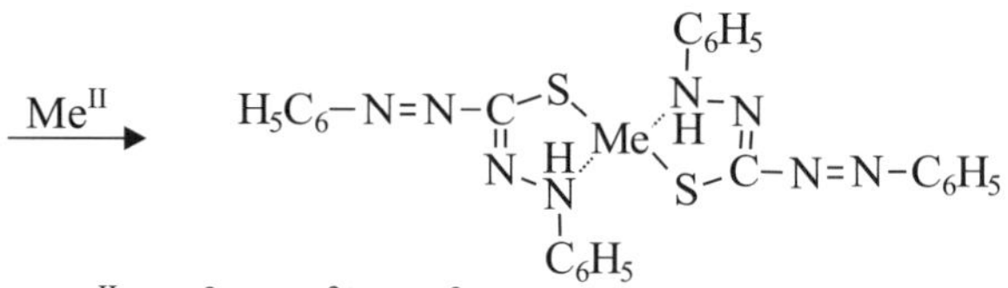

$Me^{II}: Pb^{2+}; Hg^{2+}; Zn^{2+}$

(4) Bestimmung von Blei in Zuckern: Die Grenzprüfung auf Blei nach Arzneibuch erfolgt durch Atomabsorptionsspektrometrie (AAS, siehe Ehlers, **Analytik II,** Kapitel 11.5).

Hierzu wird die essigsaure Lösung der zu prüfenden Substanz mit Ammoniumpyrrolidinodithiocarbaminat-Reagenz (Ammoniumpyrrolidincarbodithioat) versetzt und mit Isobutylmethylketon extrahiert. Vergleichslösungen mit 0,25, 0,50 und 0,75 ppm Blei werden in analoger Weise hergestellt. Prüf- und Vergleichslösungen werden bei 283,3 nm mittels AAS getestet. Die zu prüfende Substanz darf, sofern in der jeweiligen Arzneibuchmonographie nichts anderes vorgeschrieben wird, nicht mehr als 0,5 ppm Blei enthalten. Blei-Konzentrationen von 1–10 ppm werden durch die Prüfung auf Schwermetall-Ionen erfasst (siehe Kapitel 2.3.3.1, Methode E).

Viele Schwermetall-Ionen bilden mit **N,N-Dialkyldithiocarbaminaten** (DDTC) oder Pyrrolidinodithiocarbaminat (PDTC), $R_2N\text{-}CSS^-NH_4^+$, in Wasser schwer lösliche, meistens lichtempfindliche Salze der allgemeinen Zusammensetzung $[Me(DDTC)_2]$, die sich mit organischen Lösungsmitteln extrahieren lassen.

$$Pb^{2+} + 2\ R_2N\text{-}CSS^-NH_4^+ \rightarrow Pb(SSC\text{-}NR_2)_2 + 2\ NH_4^+$$

In analoger Weise lässt das Arzneibuch auch die **Bestimmung von Nickel in Polyolen** mithilfe der AAS durchführen; lediglich die Messung der Absorption erfolgt bei 232,0 nm. Die früher zur Grenzprüfung von *„Blei in Zuckern"* verwendete **Dithizon-Methode** wird derzeit nach Arzneibuch **nicht** mehr genutzt [vgl. **MC-Fragen Nr. 429, 430, 495**].

2.3.2.4 Bismut

Die wichtigste und beständigste Oxidationsstufe von Bismut ist **+3**. Bismut(V)-Verbindungen sind demzufolge starke Oxidationsmittel. *Bismuthydroxid* $[Bi(OH)_3]$ bzw. die wasserärmere, gelbliche Form BiO(OH) sind sehr schwache Basen. Deshalb tritt in wässriger Lösung leicht Hydrolyse ein unter Bildung zum Teil schwer löslicher *basischer Salze* der allgemeinen Zusammensetzung BiOX, wie z. B. Bismutoxidchlorid (BiOCl) oder Bismutoxidnitrat ($BiONO_3$). Bi^{3+}- und BiO^+-Ionen sind farblos.

$$Bi^{3+} + 3\ H_2O + X^- \rightarrow BiOX\downarrow + 2\ H_3O^+\ (X = Cl^-, NO_3^-)$$

Analytisch auswertbare Eigenschaften von Bismutverbindungen sind [vgl. **MC-Fragen Nr. 42–44, 332–337, 438, 445, 487**]:

(1) Bildung schwer löslicher Salze: Mit NaOH-, NH_3- oder Na_2CO_3-Lösung entsteht aus Bi(III)-Salzen ein *weißer* Niederschlag von *Bismuthydroxid* $[Bi(OH)_3]$ oder basischen Salzen wie BiOX. Beim Kochen wird $Bi(OH)_3$ *gelb*, wahrscheinlich durch Bildung der wasserärmeren Form BiO(OH). Bismut(III)-hydroxid ist im Gegensatz zu $Pb(OH)_2$ *nicht* amphoter.

$$Bi^{3+} + 3\ HO^- \rightarrow Bi(OH)_3\downarrow \xrightarrow{\Delta} BiO(OH) + H_2O$$

Aus nicht zu stark salzsaurer Lösung fällt beim Einleiten von H_2S ein *braunschwarzer* Niederschlag von *Bismut(III)-sulfid* (Bi_2S_3) aus, der in konzentrierten Säuren und heißer, verdünnter Salpetersäure löslich ist, sich jedoch nicht in Ammoniumsulfid-Lösungen auflöst.

Werden salzsaure Lösungen von Bismutsalzen mit Wasser verdünnt, so entstehen schwer lösliche *weiße* bis *gelbliche* basische Salze wechselnder Zusammensetzung, die – im Gegensatz zu den analogen Antimonylverbindungen – in Weinsäure-Lösung unlöslich sind, und die auf Zusatz von Na_2S-Lösung in braunes Bi_2S_3 umgewandelt werden *(Ph. Eur.)*.

Aus schwach schwefel- bis salpetersaurer Lösung von Bi(III)-Salzen fällt mit KI ein *schwarzer* Niederschlag von *Bismut(III)-iodid* (BiI_3), der sich im Überschuss von KI als *orangegelbes* Tetraiodobismutat(III) löst.

$$Bi^{3+} + 3\ I^- \rightarrow BiI_3\downarrow \xrightarrow{+\ I^-} [BiI_4]^-$$

Kaliumtetraiodobismutat *(Dragendorff-Reagenz)* bildet mit vielen organischen Basen wie Chinolin, Oxin oder Alkaloiden zum Teil schwer lösliche, orange bis rot gefärbte Verbindungen.

$$R_3N + H^+ + [BiI_4]^- \rightarrow [R_3NH^+ \cdot BiI_4^-]\downarrow$$

8-Hydroxychinolin (*Oxin*) bildet mit zahlreichen zwei- und dreiwertigen Metallionen (z. B. Bi^{3+}) in Wasser schwer lösliche Chelatkomplexe (*Oxinate*), die zur quantitativen Bestimmung des betreffenden Ions herangezogen werden (siehe auch Kapitel 2.3.2.17, Ziffer 3).

(2) Reduktion zu elementarem Bismut: Alkalische Trihydroxostannat(II)-Lösungen reduzieren Bi(III) zum Metall, das als schwarzes Pulver ausfällt, während Sn(II) zu Sn(IV) oxidiert wird.

$$2\ Bi(OH)_3 + 3\ [Sn(OH)_3]^- + 3\ HO^- \rightarrow 2\ Bi\downarrow + 3\ [Sn(OH)_6]^{2-}$$

(3) Nachweis mit organischen Reagenzien: Bi(III)-Ionen ergeben in salpetersaurer Lösung mit **Thioharnstoff** eine gelblich-orange Färbung oder einen *orangefarbenen* Niederschlag. Auf Zusatz von Natriumfluorid-Lösung tritt *keine* Entfärbung ein. Der gebildete Komplex enthält Bi(III) und Thioharnstoff im Verhältnis 1:3 *(Ph. Eur.)*.

$$Bi^{3+} + 3\ S{=}C(NH_2)_2 \rightarrow [Bi(S{=}C(NH_2)_2)_3]^{3+}$$

Mit Antimon(III)-Ionen bilden sich unter den gleichen Bedingungen nur *schwach* gelb gefärbte Komplexe. Diese Störung kann durch Zugabe von Fluorid-Ionen beseitigt werden. Cd(II), Hg(II), Cu(II) und Ag(I) stören nur in höheren Konzentrationen und liefern wie Pb(II) mit Thioharnstoff weiße Niederschläge.

Versetzt man eine Bi(III)-Salzlösung mit einer alkoholischen **Diacetyldioxim-Lösung** und fügt Ammoniak bis zur deutlich alkalischen Reaktion hinzu, so entsteht ein *intensiv gelb* gefärbter voluminöser Niederschlag.

$$2\ Bi^{3+} + \begin{array}{c} H_3C{-}C{=}N{-}OH \\ | \\ H_3C{-}C{=}N{-}OH \end{array} + 8\ H_2O \rightarrow \begin{array}{c} H_3C{-}C{=}N{-}O{-}Bi{=}O \\ | \\ H_3C{-}C{=}N{-}O{-}Bi{=}O \end{array} + 6\ H_3O^+$$

2.3.2.5 Kupfer

Kupfer wird aufgrund seines stark positiven Normalpotentials nur von oxidierenden Säuren (HNO_3, H_2SO_4) gelöst [vgl. **MC-Frage Nr. 64**].

$$3\ Cu + 8\ HNO_3 \rightarrow 3\ Cu(NO_3)_2 + 2\ NO\uparrow + 4\ H_2O$$
$$Cu + 2\ H_2SO_4 \rightarrow CuSO_4 + SO_2\uparrow + 2\ H_2O$$

Kupfer tritt in seinen Verbindungen in den Oxidationsstufen **+1** und **+2** auf. Das hydratisierte Cu^+-Ion ist farblos. Mehr oder weniger schwer lösliche Cu(I)-Verbindungen sind – in Analogie zu den Silbersalzen – die Chalkogenide (Cu_2O, Cu_2S), Halogenide (CuI) und Pseudohalogenide (CuSCN). Lösliche Cu(I)-Salze sind leicht oxidierbar.

Die wichtigste Oxidationsstufe des Kupfers ist die zweiwertige. Cu(II)-Salze besitzen im Allgemeinen eine *grüne* oder *blaue* Farbe. In beiden Oxidationsstufen bildet Kupfer zahlreiche Komplexe. Wasserfreies Kupfer(II)-sulfat ($CuSO_4$) ist hygroskopisch.

Folgende Eigenschaften und Reaktionen des Kupfers können analytisch genutzt werden:

(1) Flammenfärbung: Bringt man *Kupfer(II)-chlorid* ($CuCl_2$) oder eine andere Cu-Verbindung mit $MgCl_2$ vermischt in die nichtleuchtende Bunsenflamme, so wird die Flamme *grün* gefärbt. Diese als **Beilstein-Probe** bekannte Reaktion dient ebenso zum Nachweis von Halogenen in organischen Verbindungen [siehe auch Kapitel 3.4.1.5 und **MC-Fragen Nr. 5–8, 11**].

(2) Verhalten gegenüber Reduktionsmitteln: Taucht man einen Eisennagel oder ein Zinkblech in eine Cu(II)-Probelösung, so scheidet sich elementares Kupfer ab [vgl. **MC-Frage Nr. 338**].

$$Cu^{2+} + Fe \rightarrow Cu\downarrow + Fe^{2+} \mid Cu^{2+} + Zn \rightarrow Cu\downarrow + Zn^{2+}$$

Schüttelt oder erhitzt man eine salzsaure Cu(II)-Lösung mit Kupferpulver, so entfärbt sich die Lösung unter Komproportionierung und Bildung von Cu(I)-Verbindungen.

$$Cu^{2+} + Cu \rightarrow 2\ Cu^{+}$$

Eine ammoniakalische Cu^{2+}-Lösung wird durch Natriumdithionit ($Na_2S_2O_4$) entfärbt. Beim Erwärmen fällt metallisches Kupfer aus.

$$2\ [Cu(NH_3)_4]^{2+} + S_2O_4^{2-} \rightarrow 2\ [Cu(NH_3)_4]^{+} + 2\ SO_2\uparrow$$
$$2\ [Cu(NH_3)_4]^{+} + S_2O_4^{2-} \rightarrow 2\ Cu\downarrow + 2\ SO_2\uparrow + 8\ NH_3$$

In der Siedehitze werden Cu(II)-Salze auch durch Hypophosphit ($H_2PO_2^-$) zu elementarem Kupfer reduziert; bei Raumtemperatur und in Anwesenheit von Chlorid-Ionen bleibt die Reduktion auf der Stufe des Cu(I) stehen.

$$Cu^{2+} + H_2PO_2^- + 4\ H_2O \rightarrow Cu\downarrow + HPO_3^{2-} + 3\ H_3O^+$$

(3) Verhalten gegenüber Halogeniden/Pseudohalogeniden: Bei Zugabe von Kaliumiodid zu einer Cu(II) Lösung fällt *weißes Kupfer(I)-iodid* (CuI) aus, das durch das gebildete Iod jedoch braun gefärbt ist.

Die weiße Farbe von CuI erkennt man erst nach Reduktion des Iods mit Schwefliger Säure. Die Titration des ausgeschiedenen Iods mit Natriumthiosulfat-Maßlösung nach Zusatz von Stärke-Lösung kann zur quantitativen Bestimmung von Cu(II)-Salzen herangezogen werden.

$$2\ Cu^{2+} + 4\ I^- \rightarrow 2\ CuI\downarrow + I_2$$
$$I_2 + H_2SO_3 + H_2O \rightarrow 2\ HI + H_2SO_4$$

Versetzt man eine Cu(II)-Probelösung mit Cyanid-Ionen, so fällt zunächst *gelbes Kupfer(II)-cyanid* [$Cu(CN)_2$] aus, das beim Erwärmen in *weißes Kupfer(I)-cyanid* (CuCN) und Dicyan [$(CN)_2$] zerfällt. Im Überschuss von CN^--Ionen löst sich CuCN unter Bildung des komplexen Anions $[Cu(CN)_4]^{3-}$. Leitet man in eine solche Lösung nun H_2S ein, so fällt *kein* Kupfer(I)-sulfid (Cu_2S) aus, weil der Kupfer(I)-tetracyano-Komplex so beständig und so wenig in Einzelionen dissoziiert ist, dass das Löslichkeitsprodukt von Cu_2S nicht überschritten wird [siehe auch Kapitel 2.3.1.3 und **MC-Fragen Nr. 186, 284, 285, 338, 339, 436**].

$$2\,Cu^{2+} + 4\,CN^- \rightarrow 2\,Cu(CN)_2\downarrow \xrightarrow{\Delta} 2\,CuCN\downarrow + (CN)_2\uparrow$$

$$2\,CuCN + 6\,CN^- \rightarrow 2\,[Cu(CN)_4]^{3-} \xrightarrow{(H_2S)}\!\!\!\!\!\!/\;\; Cu_2S\downarrow$$

Auch der *blaue* Cu(II)-tetrammin-Komplex $[Cu(NH_3)_4]^{2+}$ kann durch Cyanid-Ionen entfärbt werden. In ammoniakalischer Lösung entwickelt sich jedoch *kein* Dicyan, weil $(CN)_2$ analog den Halogenen in Gegenwart von HO^--Ionen zu Cyanid und Cyanat disproportioniert.

$$2\,[Cu(NH_3)_4]^{2+} + 10\,CN^- + H_2O \rightarrow 2\,[Cu(CN)_4]^{3-} + 2\,NH_4^+ + CN^- + OCN^- + 6\,NH_3$$
$$(CN)_2 + 2\,HO^- \rightarrow CN^- + OCN^- + H_2O$$

Aus sauren Cu(II)-Salzlösungen erfolgt nach Zusatz von Natriumthiocyanat (NaSCN) Bildung von schwer löslichem *schwarzem Kupfer(II)-thiocyanat* $[Cu(SCN)_2]$, das langsam – bei Zugabe von Schwefliger Säure schnell – in *weißes Kupfer*(I)*-thiocyanat* (CuSCN) übergeht [vgl. **MC-Frage Nr. 339**].

$$2\,Cu(SCN)_2 + H_2SO_3 + H_2O \rightarrow 2\,CuSCN\downarrow + H_2SO_4 + 2\,HSCN$$

(4) Verhalten gegenüber Ammoniak und Laugen: Eine Cu^{2+}-Lösung ergibt mit NaOH-Lösung einen *bläulichen* Niederschlag von *Kupfer(II)-hydroxid* $[Cu(OH)_2]$, der beim Erhitzen unter Wasserabspaltung in *schwarzes Kupfer(II)-oxid* (CuO) umgewandelt wird [vgl. **MC-Fragen Nr. 42, 44, 440**].

$$Cu^{2+} + 2\,HO^- \rightarrow Cu(OH)_2\downarrow \xrightarrow{\Delta} CuO\downarrow + H_2O$$
$$Cu(OH)_2 + 2\,HO^- \rightarrow [Cu(OH)_4]^{2-}$$

Frisch gefälltes $Cu(OH)_2$ bzw. CuO lösen sich teilweise im Überschuss von NaOH zu zweiwertigem Tetrahydroxocuprat, $[Cu(OH)_4]^{2-}$. Die Fällung von $Cu(OH)_2$ bleibt in Gegenwart organischer Polyhydroxyverbindungen (Citronensäure, Citrat, Weinsäure, Tartrat, Zucker u. a.) aus. Es entstehen *tiefblaue* Lösungen [vgl. **MC-Fragen Nr. 338, 340**].

Mit *Tartrat* und Cu(II)-Ionen bildet sich in alkalischer Lösung das sogenannte **Fehling-Reagenz**, ein anionischer Cu-tartrat-Chelatkomplex, mit dem sich leicht oxidierbare Gruppen wie z. B. Carboxylgruppen in Aldehyden oder Zuckern nachweisen lassen (siehe auch Kapitel 3.5.3.11).

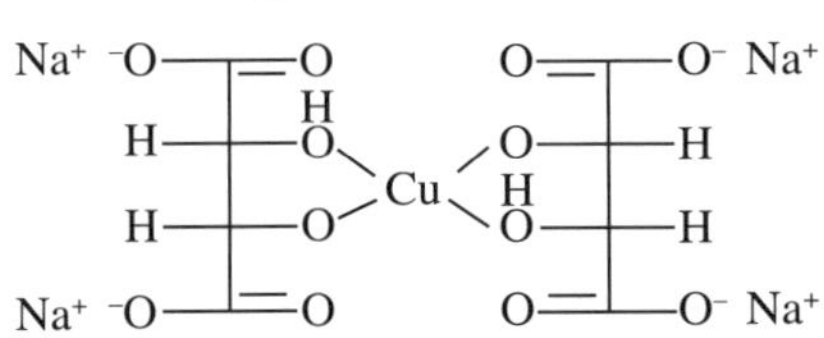

Mit Ammoniak-Lösung entsteht aus Cu(II) zunächst ein bläulicher Niederschlag von $Cu(OH)_2$, der sich jedoch im Überschuss des Reagenzes zum *tiefblauen* Tetramminkomplex löst *(Ph. Eur.)* [vgl. **MC-Fragen Nr. 47, 341**].

$$Cu(OH)_2 + 4\ NH_3 \rightarrow [Cu(NH_3)_4]^{2+} + 2\ HO^-$$

(5) Bildung schwer löslicher Verbindungen: Mit H_2S bildet sich in salzsaurer Lösung ein *schwarzer* Niederschlag von *Kupfer(II)-sulfid* (CuS) und *Kupfer(I)-sulfid* (Cu_2S), der in konzentrierten Säuren sowie heißer, verd. HNO_3 löslich ist. Auch in gelbem Ammoniumpolysulfid lösen sich die Kupfersulfide unter Bildung von Thiosalzen wieder auf.

Beim Versetzen einer salzsauren Cu(II)-Probelösung mit *Thioacetamid-Reagenz* bildet sich ein grünlich-weißer Komplex der Zusammensetzung $[Cu(CH_3CSNH_2)_4]Cl$, der sich in der Siedehitze allmählich in Kupfer(I)-sulfid (Cu_2S) umwandelt.

Mit $K_4[Fe(CN)_6]$-Lösung entsteht eine *braune*, in verdünnten Säuren schwer lösliche Fällung von $Cu_2[Fe(CN)_6]$, die sich jedoch in Ammoniak unter Bildung des *blauen* Tetramminkomplexes löst [vgl. **MC-Frage Nr. 338**].

$$2\ Cu^{2+} + [Fe(CN)_6]^{4-} \rightarrow Cu_2[Fe(CN)_6] \xrightarrow{(NH_3)} [Cu(NH_3)_4]^{2+}$$

Mit *Reinecke Salz* bilden Cu^+-Ionen einen schwer löslichen *gelben* Niederschlag.

$$Cu^+ + [Cr(SCN)_4(NH_3)_2]^- \rightarrow Cu[Cr(SCN)_4(NH_3)_2]\downarrow$$

Mit Thiocyanat und Hg(II) ergeben Cu(II)-Ionen in neutraler bis schwach essigsaurer Lösung ein *gelbes* Thiocyanatomercurat(II). Liegen Kupfer- und Zink-Ionen nebeneinander vor, so bilden sich violette bis schwarze Mischkristalle.

$$Cu^{2+} + [Hg(SCN)_4]^{2-} \rightarrow Cu[Hg(SCN)_4]\downarrow$$

Mit Kaliumnitrit (KNO_2) und Blei(II)-acetat bilden Cu(II)-Ionen ein Tripelsalz der allgemeinen Zusammensetzung $K_2CuPb(NO_2)_6$.

(6) Nachweise mit organischen Reagenzien: Im pH-Bereich von pH = 4–11 entsteht aus Cu(II) und Natriumdiethyldithiocarbamat ein *brauner* Chelatkomplex von Kupferdiethyldithiocarbamat, der sich mit Chloroform oder Isobutylmethylketon extrahieren lässt.

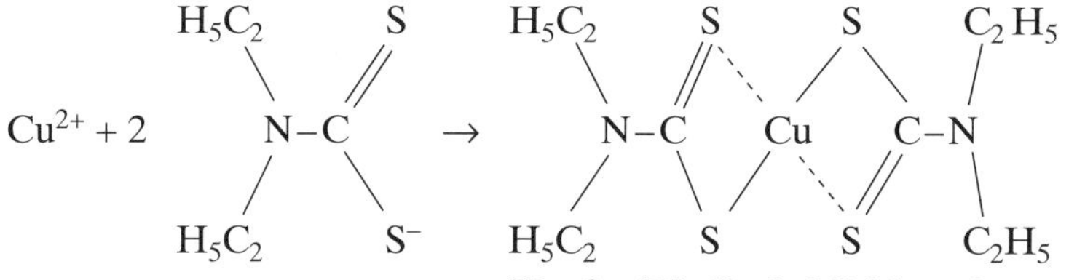

Kupfer(II)-diethyldithiocarbamat

Cuproin (2,2'-Dichinolin) bildet in schwach saurer Lösung mit Cu(I) einen *purpurroten*, in Wasser schwer löslichen Chelatkomplex, der jedoch in organischen Lösungsmitteln löslich ist. Da Cuproin praktisch nur mit Cu^+-Ionen reagiert, liegt hier der seltene Fall eines weitgehend *spezifischen Nachweises* vor. Cu^{2+}-Ionen müssen zuvor reduziert werden.

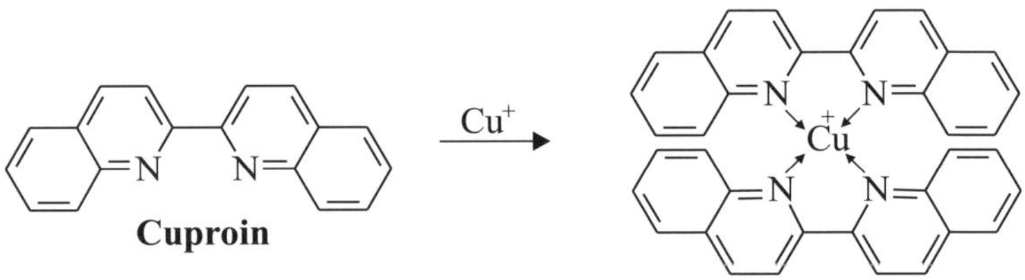

2.3.2.6 Cadmium

Cadmium tritt in seinen Verbindungen in der Oxidationsstufe **+2** auf. Das Cd^{2+}-Ion ist farblos. Seine Reaktionen sind denen des Zinks sehr ähnlich. Es bestehen zum Teil nur graduelle Unterschiede. So fällt *Cadmiumsulfid* (CdS) schon aus verdünnter mineralsaurer Lösung aus, während Zinksulfid (ZnS) erst in essigsaurer Lösung gebildet wird. Auch ist *Cadmiumhydroxid* ($Cd(OH)_2$) im Gegensatz zu $Zn(OH)_2$ *nicht* amphoter. Cd(II) bildet leicht Komplexe. Geeignete Reaktionen zum Nachweis von Cd(II)-Ionen sind [vgl. **MC-Fragen Nr. 42–45, 342, 343, 437, 442**]:

(1) Verhalten gegenüber Ammoniak und Laugen: Mit Alkalihydroxid-Lösungen bildet sich ein *weißer* Niederschlag von *Cadmiumhydroxid* [$Cd(OH)_2$], der im Überschuss des Fällungsmittels schwer löslich ist. Mit Ammoniak entsteht zunächst auch ein Niederschlag von $Cd(OH)_2$, der sich jedoch mit überschüssigem NH_3 unter Bildung von Amminkomplexen, $[Cd(NH_3)_4]^{2+}$ oder $[Cd(NH_3)_6]^{2+}$ wieder löst. Aus den Amminkomplexen lässt sich mit Schwefelwasserstoff gelbes CdS fällen.

$$Cd^{2+} + 2\,HO^- \rightarrow Cd(OH)_2\downarrow \xrightarrow{6\,NH_3} [Cd(NH_3)_6]^{2+} + 2\,HO^-$$

(2) Bildung schwer löslicher Verbindungen: Beim Einleiten von H_2S in eine schwach mineralsaure Cd(II)-Lösung fällt ein *gelber* Niederschlag von *Cadmiumsulfid* (CdS), der in $(NH_4)_2S_x$-Lösung schwer löslich ist, sich jedoch in halbkonzentrierter Salpetersäure löst.

Mit Cyanid-Ionen bildet sich zunächst ein *weißer* Niederschlag von *Cadmiumcyanid* [$Cd(CN)_2$], der sich im Überschuss des Fällungsmittels zum farblosen Tetracyanokomplex löst. Der Komplex ist jedoch so stark in Einzelionen dissoziiert, dass mit H_2S *gelbes* Cadmiumsulfid ausfällt.

$$Cd^{2+} + 2\,CN^- \rightarrow Cd(CN)_2\downarrow \xrightarrow{+\,2\,CN^-} [Cd(CN)_4]^{2-} \xrightarrow{(H_2S)} CdS\downarrow$$

2.3.2.7 Arsen

Die Eigenschaften von Arsenaten und Arseniten wurden bereits im Kapitel 2.2.3.22 vorgestellt. In diesem Abschnitt wurde auch die Arzneibuch-Methode zur *„Grenzprüfung auf Arsen“* beschrieben.

Wichtige Wertigkeitsstufen des Arsens sind **+3** und **+5**. Alle Arsenverbindungen können zum Element reduziert werden. Das endotherme *Arsin* (AsH_3) bildet sich jedoch erst beim Einwirken von naszierendem Wasserstoff.

Arsen(III)-oxid (As_2O_3 bzw. As_4O_6) ist in Wasser wenig löslich. Die aus dem Oxid herstellbare *Arsenige Säure* (H_3AsO_3) ist amphoter. In alkalischer Lösung entstehen *Arsenite* (Me_3AsO_3). As^{3+}- und AsO_3^{3-}-Ionen sind *farblos*. Das in stark salzsaurer Lösung gebildete *Arsen(III)-chlorid* ($AsCl_3$) ist beim Erhitzen in verd. HCl leicht flüchtig. Auch andere Arsenverbindungen (As, As_2O_3, As_2S_3) sind flüchtig und sublimieren beim Erhitzen im Glühröhrchen (siehe Kapitel 1.2.3).

As(III)-Verbindungen lassen sich zur fünfwertigen Stufe oxidieren. Die auf dieser Stufe gebildete *Arsensäure* (H_3AsO_4) ist eine wesentlich stärkere Säure als H_3AsO_3. Das *farblose* Arsenat-Ion (AsO_4^{3-}) ähnelt in seinen Eigenschaften dem Phosphat-Ion (PO_4^{3-}).

Arsenverbindungen liegen im Sodaauszug (im stark alkalischen Milieu) als Oxoanionen (AsO_3^{3-} , AsO_4^{3-}) gelöst vor [vgl. **MC-Frage Nr. 71**].

Alle Arsenverbindungen sind stark *giftig* und kanzerogen. Deshalb verzichtet man heute auf eine Reihe von Nachweisreaktionen wie beispielsweise die Bildung von *Kakodyloxid* [$(CH_3)_2As\text{-}O\text{-}As(CH_3)_2$] [siehe auch Kapitel 3.5.3.17 und **MC-Frage Nr. 504**].

Zur Identifizierung von Arsenverbindungen nutzt man im Allgemeinen folgende Eigenschaften [vgl. **MC-Fragen Nr. 25, 26, 34, 60, 238–241, 344–356, 446, 486, 492**]:

(1) Reduktion zu Arsen: Zum **Nachweis nach Thiele** versetzt man eine arsenhaltige, stark salzsaure Probelösung mit *Hypophosphit-Lösung* (Natriumphosphinat-Lösung, NaH_2PO_2). Dabei fällt *braunes* Arsen aus *(Ph. Eur.)*. Eine salzsaure As(V)-Lösung wird langsamer reduziert als As(III)-haltige Lösungen; ein Zusatz von KI wirkt beschleunigend, weil durch Iodid Arsen(V) spontan zu Arsen(III) reduziert wird. Aus der zugesetzten Phosphinsäure [Unterphosphorige Säure] (H_3PO_2) entsteht Phosphonsäure [Phosphorige Säure] (H_3PO_3). Antimonverbindungen reagieren unter diesen Bedingungen *nicht*.

$$2\ As^{3+} + 3\ H_3PO_2 + 9\ H_2O \rightarrow 2\ As\downarrow + 3\ H_3PO_3 + 6\ H_3O^+$$
$$2\ As^{5+} + 5\ H_3PO_2 + 15\ H_2O \rightarrow 2\ As\downarrow + 5\ H_3PO_3 + 10\ H_3O^+$$

Bei der **Bettendorf-Probe** werden Arsenverbindungen unabhängig von ihrer Oxidationsstufe mit *Zinn(II)-chlorid* ($SnCl_2$) in konz. HCl zum Element reduziert. Zinn- und Antimonverbindungen reagieren unter diesen Bedingungen *nicht*, jedoch stören Quecksilber und Edelmetalle.

$$2\ As^{3+} + 3\ Sn^{2+} + 18\ Cl^- \rightarrow 2\ As\downarrow + 3\ [SnCl_6]^{2-}$$

(2) Reduktion zu Arsenwasserstoff: Bei der als Vorprobe auf Arsen- und Antimonverbindungen genutzten **Marsh-Probe** wird die Arsenverbindung mit Zn/HCl bis zum *Arsin* (AsH_3) reduziert. Der nach thermischer Zersetzung des Arsins gebildete Arsen-Spiegel ist – im Gegensatz zum Sb-Metallspiegel – in alkalischer H_2O_2-Lösung leicht löslich (siehe auch Kapitel 1.2.6).

Bei der **Gutzeit-Probe** wird die Arsenverbindung in einem Reagenzglas mit Zn/H_2SO_4 oder Zn/HCl versetzt. Der Hals des Reagenzglases wird mit einem mit Blei(II)-acetat getränkten Wattebausch verschlossen und mit einem mit $AgNO_3$-Lösung benetzten Filterpapier bedeckt. Der entweichende Arsenwasserstoff reagiert mit dem Silbernitrat zu *gelbem* $Ag_3As \cdot 3\ AgNO_3$, das später durch den Zerfall des *Silberarsenids* (Ag_3As) *schwarz* wird. Phosphin (PH_3) und Stibin (SbH_3) geben ähnliche Reaktionen. Blei(II)-acetat dient durch Bildung von Bleisulfid (PbS) zum Abfangen von eventuell gebildetem Schwefelwasserstoff (H_2S).

$$AsH_3 + 6\ AgNO_3 \rightarrow Ag_3As \cdot 3\ AgNO_3 + 3\ HNO_3$$
$$Ag_3As \cdot 3\ AgNO_3 + 3\ H_2O \rightarrow 6\ Ag\downarrow + H_3AsO_3 + 3\ HNO_3$$

Auch in alkalischer Lösung bildet As(III) mit naszierendem Wasserstoff Arsin. Hierzu wird in einem Reagenzglas die As(III)-Verbindung zusammen mit Aluminium-Grieß erhitzt. Zur Absorption von H_2S wird wieder ein mit Blei(II)-acetat befeuchteter Wattebausch in das Reagenzglas eingeschoben. Die Reagenzglasöffnung wird jedoch mit einem Filterpapier abgedeckt, das mit Quecksilber(II)-bromid-Lösung ($HgBr_2$) getränkt ist. Eine *Gelbfärbung* durch *Quecksilberarsenide* [$AsH_2(HgBr)$, $AsH(HgBr)_2$, $As(HgBr)_3$, As_2Hg_3], die allmählich in *braun* übergeht, zeigt Arsin an. Antimonverbindungen reagieren unter diesen Bedingungen nicht, jedoch muss As(V) zuvor mit Schwefliger Säure in As(III) umgewandelt werden.

$$2\ Al + AsO_3^{3-} + 6\ H_2O \rightarrow AsH_3\uparrow + 2\ [Al(OH)_4]^- + HO^-$$
$$AsH_3 + HgBr_2 \rightarrow HBr + AsH_2HgBr\ \text{(usw.)}$$

Beim sogenannten **DDTC-Verfahren** werden Arsenverbindungen mittels naszierendem Wasserstoff (Zn/HCl) zu AsH_3 reduziert. Ein $SnCl_2$-Zusatz dient der leichteren Reduktion von As(V) zu As(III) und ein Zusatz von $CuSO_4$ beschleunigt die Wasserstoffentwicklung. Das gebildete Arsin wird anschließend in eine Lösung von überschüssigem *Silber**di**ethyl**dithio**carbamat* in Pyridin eingeleitet. Das dabei zum Metall reduzierte *Silber* bleibt – in nicht zu konzentrierten Lösungen – kolloidal mit *rotvioletter* Farbe gelöst. Die Reaktion läuft auch mit Stibin (SbH_3) ab.

$$AsH_3 + 6\ (H_5C_2)_2N\text{-}CSS^-Ag^+ \rightarrow 6\ Ag + As(SSC\text{-}N(C_2H_5)_2)_3 + 3\ (H_5C_2)_2N\text{-}CSSH$$

Folgende Reaktionen sind zum Nachweis von **dreiwertigen Arsenverbindungen** geeignet:

(1) Verhalten von As(III) gegenüber Oxidationsmitteln: Oxidationsmittel wie HNO_3 oder eine alkalische H_2O_2-Lösung oxidieren Arsenit (AsO_3^{3-}) zu Arsenat (AsO_4^{3-}).

$$AsO_3^{3-} + H_2O_2 \rightarrow AsO_4^{3-} + H_2O$$

Auch Iod vermag Arsenit zu Arsenat zu oxidieren, allerdings nicht in saurer sondern in $NaHCO_3$-gepufferter Lösung. Es bildet sich nämlich ein pH-abhängiges Gleichgewicht aus und durch eine Erhöhung der H_3O^+-Ionenkonzentration würde das Gleichgewicht nach links verschoben werden. Auf dieser Reaktion beruht auch die Verwendung von Arsen(III)-oxid als Urtitersubstanz in der *Iodometrie* (siehe Ehlers, **Analytik II**, Kapitel 7.1.4 und 7.2.3).

$$AsO_3^{3-} + I_2 + 3\ H_2O \rightleftharpoons AsO_4^{3-} + 2\ I^- + 2\ H_3O^+$$
$$AsO_3^{3-} + I_2 + 2\ HO^- \rightarrow AsO_4^{3-} + 2\ I^- + H_2O$$

(2) Bildung schwer löslicher Verbindungen: Beim Einleiten von Schwefelwasserstoff in eine saure As(III)-Lösung fällt *gelbes Arsen(III)-sulfid* (As_2S_3) aus, das in konz. HCl schwer löslich ist, sich jedoch in heißer konzentrierter Salpetersäure löst. Unter Bildung von *Thioarseniten* [Thioarsenat(III)], (AsS_3^{3-}) ist das Sulfid auch in *farblosen* Ammonium- oder Alkalisulfid-Lösungen löslich.

$$As_2S_3 + 3\ S^{2-} \rightarrow 2\ AsS_3^{3-}$$

In *gelber* Ammoniumpolysulfid-Lösung erfolgt hingegen eine gleichzeitige Oxidation durch den enthaltenen Schwefel zu Thioarsenat(V) (AsS_4^{3-}).

$$As_2S_3 + 2\ S_2^{2-} + S^{2-} \rightarrow 2\ AsS_4^{3-}$$

As_2S_3 löst sich ebenso in einer Alkalihydroxid-, Ammoniak- oder warmen Ammoniumcarbonat-Lösung, wobei Thioarsenite (AsS_3^{3-}), Thiooxoarsenite ($AsOS_2^{3-}$, AsO_2S^{3-}) und Arsenite (AsO_3^{3-}) gebildet werden.

$$As_2S_3 + 6\ HO^- \rightarrow AsS_3^{3-} + AsO_3^{3-} + 3\ H_2O$$
$$As_2S_3 + 6\ HO^- \rightarrow AsO_2S^{3-} + AsOS_2^{3-} + 3\ H_2O$$

Beim Ansäuern gehen Thioarsenite und Thiooxoarsenite wieder in Arsen(III)-sulfid über, das ausfällt.

$$2\ AsS_3^{3-} + 6\ H_3O^+ \rightarrow As_2S_3\downarrow + 3\ H_2S\uparrow + 6\ H_2O$$
$$2\ AsOS_2^{3-} + 6\ H_3O^+ \rightarrow As_2S_3\downarrow + H_2S\uparrow + 8\ H_2O$$

Des Weiteren ist As(III)-sulfid unter Bildung von Arsenat und Sulfat auch löslich in einer ammoniakalischen H_2O_2-Lösung.

$$As_2S_3 + 12\ HO^- + 14\ H_2O_2 \rightarrow 2\ AsO_4^{3-} + 3\ SO_4^{2-} + 20\ H_2O$$

Aus einer neutralen As(III)-Probelösung wird mit $AgNO_3$ *gelbes Silberarsenit* (Ag_3AsO_3) gefällt. Im Unterschied dazu bildet As(V) einen schokoladenbraunen Niederschlag.

$$AsO_3^{3-} + 3\ Ag^+ \rightarrow Ag_3AsO_3\downarrow$$

Silberarsenit ist löslich in Säuren und wird von Alkalihydroxid-Lösungen in Silberoxid (Ag_2O) und Arsenit gespalten. Von Ammoniak wird es in komplexes $[Ag(NH_3)_2]^+$ und Arsenit umgewandelt. Beim Kochen einer solchen ammoniakalischen Lösung tritt Reduktion zu Silber und Oxidation zu fünfwertigem Arsen ein.

$$2\ [Ag(NH_3)_2]^+ + AsO_3^{3-} + 2\ HO^- \rightarrow 2\ Ag\downarrow + AsO_4^{3-} + 4\ NH_3\uparrow + H_2O$$

Zum Nachweis von **fünfwertigem Arsen** sind folgende Reaktionen geeignet:

(1) Verhalten gegenüber Reduktionsmitteln: Starken Reduktionsmitteln gegenüber verhält sich Arsenat (AsO_4^{3-}) wie Arsenit. So reduziert $SnCl_2$ fünfwertiges Arsen zu metallischem Arsen und mit Zn/HCl läuft die Reduktion weiter bis zur Stufe des Arsins. Hingegen wird As(V) nur bis zur dreiwertigen Stufe reduziert mit Schwefelwasserstoff (H_2S), Schwefliger Säure (H_2SO_3) oder in stark saurer Lösung auch mit Iodwasserstoff (HI).

(2) Bildung schwer löslicher Verbindungen: Beim Einleiten von Schwefelwasserstoff in eine saure As(V)-Lösung fällt je nach den Reaktionsbedingungen *gelbes* Arsen(III)-sulfid (As_2S_3) oder Arsen(V)-sulfid (As_2S_5) aus.

Bei *niedriger H_2S- und hoher HCl-Konzentration* bildet sich primär die *Monothioarsensäure* (H_3AsO_3S), die spontan in Arsenige Säure (H_3AsO_3) und Schwefel zerfällt. H_3AsO_3 reagiert anschließend mit überschüssigem Schwefelwasserstoff zu *Arsen(III)-sulfid* (As_2S_3).

$$H_3AsO_4 + H_2S \rightarrow H_3AsO_3S + H_2O$$
$$H_3AsO_3S \rightarrow H_3AsO_3 + S\downarrow$$
$$2\ H_3AsO_3 + 3\ H_2S \rightarrow As_2S_3\downarrow + 6\ H_2O$$

Bei *hoher H_2S-Konzentration* verläuft die Bildung von Dithioarsensäure ($H_3AsO_2S_2$) schneller ab als der Zerfall der zunächst gebildeten Monothioarsensäure. $H_3AsO_2S_2$ wandelt sich anschließend in Arsensäure (H_3AsO_4) und Tetrathioarsensäure (H_3AsS_4) um, die in *Arsen(V)-sulfid* (As_2S_5) und H_2S zerfällt.

$$H_3AsO_3S + H_2S \rightarrow H_3AsO_2S_2 + H_2O$$
$$2\ H_3AsO_2S_2 \rightarrow H_3AsO_4 + H_3AsS_4$$
$$2\ H_3AsS_4 \rightarrow As_2S_5\downarrow + 3\ H_2S\uparrow$$

As(V)-sulfid ist schwer löslich in konzentrierter Salzsäure, löst sich jedoch in heißer konzentrierter Salpetersäure oder ammoniakalischer Wasserstoffperoxid-Lösung, durch die es in Arsenat und Sulfat umgewandelt wird. In warmer Ammoniumcarbonat-, 2 M-Ammoniak- oder 2 M-Natriumhydroxid-Lösung ist As_2S_5 löslich unter Bildung von Thioarsenat(V) (AsS_4^{3-}) bzw. von Thiooxoarsenaten(V) ($AsOS_3^{3-}$, $AsO_2S_2^{3-}$, AsO_3S^{3-}).

$$As_2S_5 + 6\ HO^- \rightarrow AsS_4^{3-} + AsO_3S^{3-} + 3\ H_2O$$
$$As_2S_5 + 6\ HO^- \rightarrow AsOS_3^{3-} + AsO_2S_2^{3-} + 3\ H_2O$$

Mit Ammoniumsulfid bildet Arsen(V)-sulfid Thioarsenat(V).

$$As_2S_5 + 3\ S^{2-} \rightarrow 2\ AsS_4^{3-}$$

Beim Ansäuern der schwefelhaltigen Arsenat(V)-Verbindungen fällt erneut As(V)-sulfid aus.

$$5\ AsO_3S^{3-} + 15\ H_3O^+ \rightarrow As_2S_5\downarrow + 3\ H_3AsO_4 + 18\ H_2O$$

Zum Nachweis von As(V)-Verbindungen als Silberarsenat (Ag_3AsO_4), Magnesiumammoniumarsenat ($MgNH_4AsO_4$) oder als Ammoniummolybdatoarsenat siehe Kapitel 2.2.3.22.

2.3.2.8 Antimon

Die Reaktionen des Antimons ähneln denen des Arsens. Auch Antimon tritt hauptsächlich in den Oxidationsstufen **+3** und **+5** auf. Im Antimonwasserstoff (SbH_3) besitzt das Element die Oxidationszahl **–3**.

Antimon(III)-hydroxid [$Sb(OH)_3$] ist stärker basisch als $As(OH)_3$, reagiert aber noch ausgesprochen amphoter und bildet in alkalischer Lösung $[Sb(OH)_4]^-$-Ionen. In stark salzsaurer Lösung existieren anionische Komplexe wie $[SbCl_4]^-$, $[SbCl_5]^{2-}$ oder $[SbCl_6]^{3-}$. In wässriger Lösung hydrolysieren Sb(III)-Salze leicht; die dabei entstehenden *Antimonylverbindungen* (SbOX) sind häufig schwer löslich. Sb(III)-Ionen sind farblos.

Antimon(V)-Verbindungen bilden in saurer Lösung keine Sb^{5+}-Ionen. In stark salzsaurer Lösung liegen Chlorokomplexe wie $[SbCl_6]^-$ und in alkalischer Lösung Hexahydroxoantimonate $[Sb(OH)_6]^-$ vor. Bei Erhöhung der Hydroxonium-Ionenkonzentration erfolgt Kondensation zu Polyanionen.

Für den **gemeinsamen Nachweis von Sb(III)- und Sb(V)-Verbindungen** können folgende Eigenschaften und Reaktionen genutzt werden [vgl. **MC-Fragen Nr. 357, 358**]:

(1) Verhalten gegenüber Reduktionsmitteln: Unedle Metalle wie Eisen, Zink oder Zinn scheiden aus nicht zu stark sauren Sb-Salzlösungen metallisches Antimon in Form *schwarzer* Flocken ab.

$$2\ Sb^{3+} + 3\ Fe \rightarrow 2\ Sb\downarrow + 3\ Fe^{2+}$$

Darüber hinaus ergeben Antimonverbindungen eine positive **Marsh-Probe,** wobei *Stibin* (SbH_3) als Reduktionsprodukt gebildet wird. Zum Unterschied von Arsen löst sich aber der bei der Thermolyse des Antimonwasserstoffs entstandene Metallspiegel nicht oder nur langsam in ammoniakalischer Wasserstoffperoxid- oder Hypochlorit-Lösung auf [vgl. **MC-Fragen Nr. 26, 30, 60**].

Zum **Nachweis von dreiwertigem Antimon** dienen:

(1) Hydrolyse zu Antimonylverbindungen: Durch Wasser werden Sb^{3+}- zu SbO^+-Ionen hydrolysiert und beim Verdünnen einer salzsauren Sb(III)-Lösung fällt ein *weißer* Niederschlag von *Antimonylchlorid* [Antimon(III)-oxidchlorid] (SbOCl) aus. Durch weitere Hydrolyse entsteht schließlich SbO(OH).

$$[SbCl_4]^- + 3\ H_2O \rightarrow SbOCl\downarrow + 3\ Cl^- + 2\ H_3O^+$$

In Gegenwart von *Weinsäure* oder Tartraten tritt jedoch keine Fällung ein bzw. die ausgefallenen basischen Salze lösen sich wieder auf unter Bildung der komplexen Säure $H_2[Sb_2(C_4H_2O_6)_2(H_2O)_2]$. Das Kaliumantimonyltartrat $K_2[Sb_2(C_4H_2O_6)_2(H_2O)_2]$ wird *Brechweinstein* genannt. Seine wässrige Lösung reagiert schwach sauer. Aus solchen Lösungen kann Antimon(III)-sulfid (Sb_2S_3) mit Sulfid-Lösungen ausgefällt werden (*Ph.Eur.*) [vgl. **MC-Frage Nr. 359**].

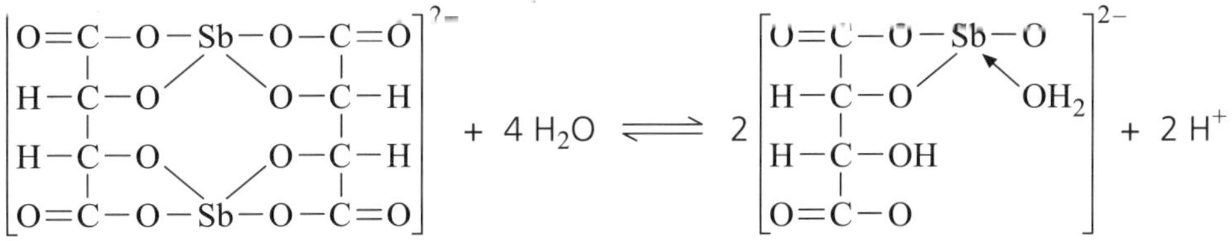

(2) Verhalten gegenüber Ammoniak und Lauge: Mit Alkalihydroxid-Lösungen entsteht zunächst ein *weißer* Niederschlag von SbO(OH), der sich im Überschuss des Fällungsreagenzes als Tetrahydroxo-Komplex wieder auflöst. Mit Ammoniak wird die gleiche Fällung von SbO(OH) erhalten, die sich jedoch in konzentriertem Ammoniak (NH_3) *nicht* wieder löst.

$$[SbCl_4]^- + 3\ HO^- \rightarrow SbO(OH)\downarrow + 4\ Cl^- + H_2O$$
$$SbO(OH) + H_2O + HO^- \rightarrow [Sb(OH)_4]^-$$

(3) Verhalten gegenüber Schwefelwasserstoff und Sulfiden: Wird die Lösung eines Sb(III)-Salzes nach Ansäuern mit verd. HCl mit H_2S oder einer Na_2S-Lösung versetzt, so entsteht ein *orangefarbener* Niederschlag von *Antimon(III)-sulfid* (Sb_2S_3), der in Umkehrung seiner Bildung in konz. HCl unter H_2S-Entwicklung wieder löslich ist *(Ph. Eur.)*.

$$2\ [SbCl_4]^- + 3\ H_2S + 6\ H_2O \rightleftharpoons Sb_2S_3\downarrow + 6\ H_3O^+ + 8\ Cl^-$$

Der Sb_2S_3-Niederschlag ist auch löslich in Alkalilaugen unter Bildung von Thioantimonat(III) (SbS_2^-) und Thiooxoantimonat(III) ($SbOS^-$ bzw. SbO_2S^{3-}, $SbOS_2^{3-}$).

$$Sb_2S_3 + 2\ HO^- \rightarrow SbOS^- + SbS_2^- + H_2O$$
$$Sb_2S_3 + 6\ HO^- \rightarrow SbO_2S^{3-} + SbOS_2^{3-} + 3\ H_2O$$

Darüber hinaus löst sich Sb(III)-sulfid auch in *farblosem* Ammoniumsulfid, wobei Thioantimonat(III) (SbS_3^{3-}) gebildet wird.

$$Sb_2S_3 + 3\ S^{2-} \rightarrow 2\ SbS_3^{3-}$$

In *gelber* Ammoniumpolysulfid-Lösung erfolgt gleichzeitig eine Oxidation zu Thioantimonat(V) (SbS_4^{3-}).

$$Sb_2S_3 + 2\ S_2^{2-} + S^{2-} \rightarrow 2\ SbS_4^{3-}$$

Im Gegensatz zu As_2S_3 ist Sb_2S_3 *unlöslich* in Ammoniumcarbonat-Lösung und löst sich auch nicht in 2 M-Salzsäure- und 2 M-Ammoniak-Lösung. Aus Thioantimonaten und Thiooxoantimonaten fällt beim Ansäuern erneut Sb_2S_3 aus.

$$2\ SbS_3^{3-} + 6\ H_3O^+ \rightarrow Sb_2S_3\downarrow + 3\ H_2S\uparrow + 6\ H_2O$$

Zur Fällung von Antimon(III)-sulfid nach Arzneibuch wird die Antimonverbindung zunächst mit Kaliumnatriumtartrat-Lösung gelöst und anschließend die Lösung des Antimontartrat-Komplexes mit Natriumsulfid (Na_2S) unter Abscheidung von Sb_2S_3 versetzt [vgl. **MC-Fragen Nr. 357, 359**].

Zum Nachweis von **fünfwertigem Antimon** können folgende Reaktionen beitragen:

(1) Bildung schwer löslicher Niederschläge: Aus sauren Sb(V)-Lösungen fällt mit Schwefelwasserstoff je nach den Reaktionsbedingungen *orangerotes Antimon(V)-sulfid* (Sb_2S_5) oder nach Reduktion auch Sb_2S_3 und Schwefel aus.

$$2\ [SbCl_6]^- + 5\ H_2S + 10\ H_2O \rightarrow Sb_2S_5\downarrow + 10\ H_3O^+ + 12\ Cl^-$$

Sb_2S_5 löst sich in Alkalisulfid- bzw. in Ammoniumsulfid- oder Ammoniumpolysulfid-Lösungen unter Bildung von Thioantimonat(V)-Ionen (SbS_4^{3-}).

$$Sb_2S_5 + 3\ S^{2-} \rightarrow 2\ SbS_4^{3-}$$

Mit Alkalihydroxiden oder konzentrierter Soda-Lösung bildet sich ein Gemisch von löslichen Thioantimonaten(V) und Thiooxoantimonaten(V) ($SbOS_3^{3-}$, $SbO_2S_2^{3-}$, SbO_3S^{3-}).

$$Sb_2S_5 + 6\ HO^- \rightarrow SbS_4^{3-} + SbO_3S^{3-} + 3\ H_2O$$
$$Sb_2S_5 + 6\ HO^- \rightarrow SbOS_3^{3-} + SbO_2S_2^{3-} + 3\ H_2O$$

In fluoridhaltigen Lösungen unterbleibt die Sulfidfällung, da sich der verhältnismäßig stabile Hexafluoroantimonat(V)-Komplex $[SbF_6]^-$ bildet. Beim Ansäuern von Thiooxoantimonat-Lösungen fällt Sb_2S_5 wieder aus.

$$2\ SbOS_3^{3-} + 6\ H_3O^+ \rightarrow Sb_2S_5\downarrow + H_2S\uparrow + 8\ H_2O$$

Natrium-Ionen ergeben in schwach alkalischer Lösung mit Hexahydroxoantimonat(V) einen schwer löslichen *weißen* Niederschlag von *Natriumhexahydroxoantimonat(V)* $Na[Sb(OH)_6]$. Die Fällung dieses Salzes wird auch zum Natrium-Nachweis genutzt [vgl. **MC-Fragen Nr. 357, 417, 473**].

$$Na^+ + [Sb(OH)_6]^- \rightarrow Na[Sb(OH)_6]\downarrow$$

(2) Nachweis mit organischen Reagenzien: Eine Antimon(III)-Probelösung versetzt man zur Oxidation zu Sb(V) mit Natriumnitrit ($NaNO_2$) und entfernt anschließend das überschüssige Nitrit durch Zugabe von Amidosulfonsäure. Die salzsaure Sb(V)-Lösung färbt sich bei Zugabe einer roten **Rhodamin-B-Lösung** *violett* und der gebildete Farbstoff – ein Salz mit Hexachloroantimonat(V) als Anion – lässt sich im Gegensatz zum eingesetzten Reagenz mit Toluen extrahieren.

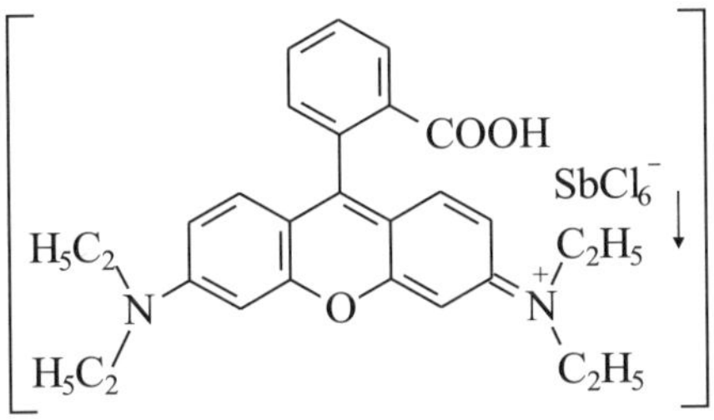

Mit dreiwertigem Antimon bilden **Phenylfluoron** ($R = C_6H_5$) oder **Methylfluoron** ($R = CH_3$) einen schwer löslichen Chelatkomplex. Antimon(V) muss zuvor mit Mg-Pulver zu Sb(III) reduziert werden.

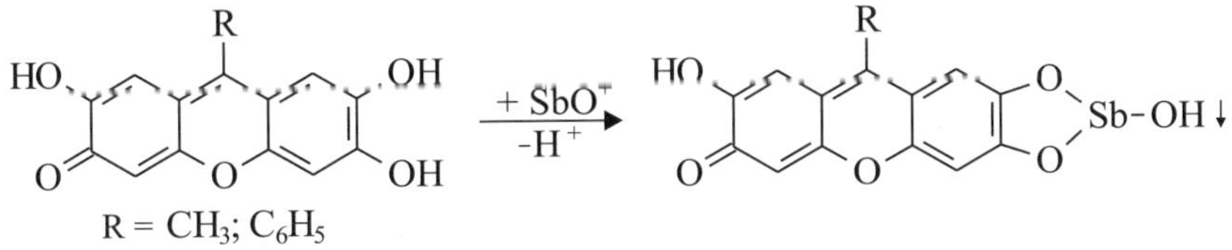

2.3.2.9 Zinn

Zinn tritt in seinen Verbindungen hauptsächlich in den Oxidationsstufen **+2** und **+4** auf. Die zweiwertige Stufe ist beständig, kann jedoch leicht in Sn(IV) übergeführt werden. Sn(II)-Salze sind somit ziemlich starke Reduktionsmittel. *Zinn(II)-hydroxid* $[Sn(OH)_2]$ zeigt amphoteres Verhalten.

Zinn(IV) bildet in Lösung überwiegend komplexe Anionen wie $[SnCl_6]^{2-}$ oder $[Sn(OH)_6]^{2-}$. Da auch Zinn(IV)-Verbindungen amphoter sind, erhält man beständige Lösungen nur im stark sauren ($pH < 1$) oder stark alkalischen ($pH > 11{,}6$)

pH-Bereich. Dazwischen bilden sich Niederschläge von Sn(IV)-Oxidhydraten. Zum Freiberger-Aufschluss schwer löslicher Zinnverbindungen wie *Zinnstein* (SnO_2) siehe Kapitel 1.5.4 [vgl. **MC-Frage Nr. 89**].

Analytisch auswertbare Eigenschaften für Sn(II)- und Sn(IV)-Verbindungen sind [vgl. **MC-Frage Nr. 360**]:

(1) Leuchtprobe (siehe Kapitel 1.2.5): Die Leuchtprobe wird allgemein als Vorprobe auf Zinnverbindungen genutzt [vgl. **MC-Fragen Nr. 27, 31, 360**].

(2) Redoxverhalten von Zinnverbindungen: Unedle Metalle wie Zink (aber *nicht* Fe!) reduzieren Sn(II)- oder Sn(IV)-Verbindungen zu metallischem Zinn.

$$Sn^{4+} + Zn \rightarrow Zn^{2+} + Sn^{2+} \mid Sn^{2+} + Zn \rightarrow Zn^{2+} + Sn$$

Zinn(IV) wird in saurer Lösung durch metallisches Eisen nur bis zur zweiwertigen Stufe reduziert (Unterschied zu Antimon, das unter diesen Bedingungen bis zum Metall reduziert wird!).

$$Sn^{4+} + Fe \rightarrow Fe^{2+} + Sn^{2+}$$
$$[SnCl_6]^{2-} + Fe \rightarrow [SnCl_4]^{2-} + Fe^{2+} + 2\ Cl^-$$

Umgekehrt lassen sich Sn(II)-Verbindungen mit Hg(II)-Salzen wieder zu Sn(IV) oxidieren. Das intermediär gebildete Hg(I)-Salz wird in saurer Lösung weiter zu metallischem Quecksilber reduziert. Es bildet sich ein *grauschwarzer* Niederschlag (*Ph.Eur.*)

$$SnCl_2 + 2\ HgCl_2 \rightarrow Hg_2Cl_2\downarrow + SnCl_4$$
$$Hg_2Cl_2 + SnCl_2 \rightarrow 2\ Hg\downarrow + SnCl_4$$

Auch konz. HNO_3 oxidiert Sn(II)- leicht zu Sn(IV)-Verbindungen [vgl. **MC-Fragen Nr. 62–64**].

Folgende Reaktionen können gezielt zum **Nachweis von zweiwertigem Zinn** genutzt werden:

(1) Verhalten gegenüber Ammoniak und Lauge: Mit Alkalihydroxiden fällt ein *weißer* (bis gelblicher), flockiger Niederschlag von *Zinn*(II)-*hydroxid* [$Sn(OH)_2$] aus, der in Säuren sowie im Überschuss von Lauge unter Bildung von Hydroxostannaten(II) wie z. B. $[Sn(OH)_3]^-$ oder $[Sn(OH)_4]^{2-}$ löslich ist *(Ph. Eur.)*.

$$Sn^{2+} + 2\ HO^- \rightarrow Sn(OH)_2\downarrow \xrightarrow{+2\ HO^-} [Sn(OH)_4]^{2-} \xrightarrow{+2\ HO^-} [Sn(OH)_6]^{4-}$$

Kocht man die stark alkalische Lösung, so disproportioniert Sn(II) zu Sn(0) und Sn(IV).

$$2\ [Sn(OH)_4]^{2-} \rightarrow Sn + [Sn(OH)_6]^{2-} + 2\ HO^-$$

Mit Ammoniak entsteht ebenfalls ein weißer Niederschlag von $Sn(OH)_2$, der aber im Überschuss des Fällungsmittels schwer löslich ist, da Zinn unter diesen Bedingungen *keinen* Amminkomplex bildet [vgl. **MC-Fragen Nr. 35–37, 40, 41, 44, 71–73, 360**].

(2) Verhalten gegenüber Schwefelwasserstoff: Sn(II)-Verbindungen ergeben mit H_2S einen *braunen* Niederschlag von *Zinn(II)-sulfid* (SnS), der sich in konzentrierter Salzsäure löst.

$$Sn^{2+} + H_2S + 2\,H_2O \rightarrow SnS\downarrow + 2\,H_3O^+$$
$$SnS + 4\,HCl + 2\,H_2O \rightarrow [SnCl_4]^{2-} + H_2S\uparrow + 2\,H_3O^+$$

Zinn(II)-sulfid ist *unlöslich* in *farblosem* Ammonium- oder Alkalisulfid, da Sn(II) keine Thiosalze bildet. *Gelbes* Ammoniumpolysulfid löst dagegen SnS unter Oxidation zu Thiostannat(IV). Neben $[SnS_3]^{2-}$ ist auch das komplexe Anion $[SnS_4]^{4-}$ beobachtet worden. Beim Ansäuern solcher Lösung fällt *Zinn(IV)-sulfid* (SnS_2) aus [vgl. **MC-Fragen Nr. 360, 447**].

$$SnS + S_2^{2-} \rightarrow [SnS_3]^{2-}$$
$$[SnS_3]^{2-} + 2\,H_3O^+ \rightarrow SnS_2\downarrow + H_2S\uparrow + 2\,H_2O$$

Zum **Nachweis von vierwertigem Zinn** können folgende Reaktionen herangezogen werden:

(1) Verhalten gegenüber Schwefelwasserstoff: Mit H_2S entsteht ein *gelber* Niederschlag von *Zinn(IV)-sulfid* (SnS_2), der in konz. HCl löslich ist und sich gleichfalls unter Bildung von Thiostannaten(IV) in Ammonium- und Alkalisulfid-Lösungen auflöst [vgl. **MC-Frage Nr. 441**].

$$SnS_2 + 6\,HCl + 2\,H_2O \rightarrow [SnCl_6]^{2-} + 2\,H_2S\uparrow + 2\,H_3O^+$$
$$SnS_2 + S^{2-} \rightarrow [SnS_3]^{2-}$$

In Gegenwart von *Oxalsäure* tritt mit H_2S keine Fällung ein. Es bildet sich ein stabiler Oxalato-Komplex, $[Sn(C_2O_4)_3]^{2-}$, sodass das Löslichkeitsprodukt des SnS_2 nicht überschritten wird. Auf diese Weise gelingt es auch Zinn und Antimon voneinander zu trennen.

2.3.2.10 Nickel

In seinen Verbindungen tritt Nickel im Allgemeinen in der *zweiwertigen* Stufe auf. Wasserhaltige Ni(II)-Salze sind meistens *grün*, wasserfreie meistens *gelb* gefärbt. Ni(II)-Ionen lassen sich nachweisen durch:

(1) Verhalten gegenüber Ammoniak und Laugen: Auf Zusatz von Alkalihydroxid-Lösungen zu wässrigen Ni(II)-Lösungen fällt das *hellgrüne Nickel(II)-hydroxid* [$Ni(OH)_2$] aus, das im Überschuss des Fällungsmittels unlöslich ist. Mit Ammoniak lässt sich zunächst auch das Hydroxid fällen, das jedoch im Überschuss an NH_3 als *blaues* Komplexsalz löslich ist. Bei Anwesenheit von Ammoniumsalzen entsteht kein Niederschlag [vgl. **MC-Fragen Nr. 46, 298, 449, 475**].

$$Ni^{2+} + 2\,HO^- \rightarrow Ni(OH)_2\downarrow \xrightarrow{+\,6\,NH_3} [Ni(NH_3)_6]^{2+} + 2\,HO^-$$

(2) Bildung schwer löslicher Verbindungen: In saurer Lösung wird mit H_2S kein Niederschlag erhalten. In neutraler oder ammoniakalischer Lösung bildet sich dagegen mit Ammoniumsulfid unter Ausschluss von Luftsauerstoff *schwarzes*, säurelösliches *Nickel(II)-sulfid* (NiS). Demgegenüber entsteht beim Fällen unter Luftzutritt und in Gegenwart von überschüssigem Ammoniumsulfid zunächst das basische Ni(OH)S, das in *Nickel(III)-sulfid* (Ni_2S_3) übergeht. Wird mit Ammoniumpolysulfid-Lösung gefällt, so entsteht direkt Ni_2S_3.

$$2\ NiS + 1/2\ O_2 + H_2O \rightarrow 2\ Ni(OH)S\downarrow \xrightarrow{+\ H_2S} Ni_2S_3\downarrow + 2\ H_2O$$

Ni_2S_3 und Co_2S_3 sind im Gegensatz zu den anderen Sulfiden der Ammoniumsulfid-Gruppe in kalter verd. HCl nicht oder nur in geringem Maße löslich. Sie lösen sich jedoch in konzentrierter Salpetersäure oder essigsaurer Wasserstoffperoxid-Lösung.

$$3\ Ni_2S_3 + 16\ HNO_3 \rightarrow 6\ Ni(NO_3)_2 + 4\ NO\uparrow + 9\ S\downarrow + 8\ H_2O$$
$$Ni_2S_3 + 11\ H_2O_2 \rightarrow 2\ NiSO_4 + 10\ H_2O + H_2SO_4$$

Alkalicyanide fällen aus neutralen Ni(II)-Lösungen *hellgrünes Nickel(II)-cyanid* [$Ni(CN)_2$], das sich im Überschuss des Fällungsmittels als komplexes Anion mit *gelber* Farbe löst.

$$Ni^{2+} + 2\ CN^- \rightarrow Ni(CN)_2\downarrow \xrightarrow{+\ 2\ CN^-} [Ni(CN)_4]^{2-}$$

Aus solchen Lösungen wird mit NaOH *kein* $Ni(OH)_2$ gefällt. Dagegen bildet sich – im Unterschied zu Cobalt – mit $NaOH/Br_2$ durch Oxidation *schwarzes Nickel(III)-hydroxid* [$Ni(OH)_3$] und Cyanid geht in Bromcyan (BrCN) über.

$$2\ [Ni(CN)_4]^{2-} + 6\ HO^- + 9\ Br_2 \rightarrow 2\ Ni(OH)_3\downarrow + 10\ Br^- + 8\ Br\text{-}CN$$

(3) Nachweis als Nickeldiacetyldioxim: Ni(II)-Ionen bilden im neutralen, essigsauren und ammoniakalischen Medium mit **Diacetyldioxim** (Dimethylglyoxim) einen schwer löslichen, *roten* Chelatkomplex im Verhältnis 1 : 2. Der Bis(diacetyldioximato)nickel(II)-Komplex ist quadratisch eben gebaut [vgl. **MC-Fragen Nr. 292, 361, 362, 508**].

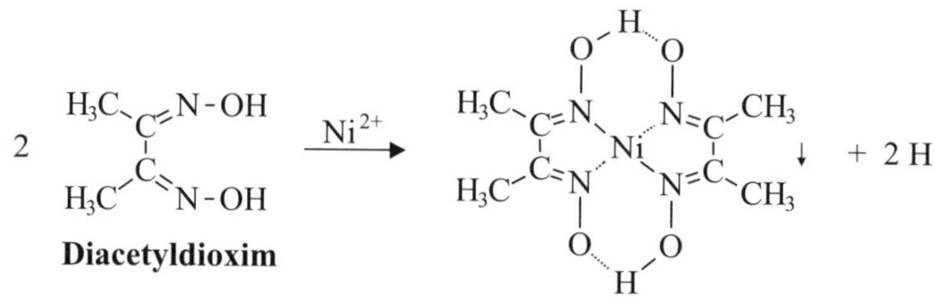

Dieser Komplex eignet sich auch zur gravimetrischen Bestimmung von Nickel sowie zur Co/Ni-Trennung. Größere Mengen an Oxidationsmitteln (Nitrate, H_2O_2) stören. In ammoniakalischer Lösung verursacht Fe(II) eine rote und Co(II) eine braunrote Färbung. Fe(II) wird deshalb vorher zu Fe(III) oxidiert und mit Ammoniak als $Fe(OH)_3$ gefällt. Auch Cu(II) kann durch Bildung einer Violettfärbung den Nickel-Nachweis beeinträchtigen.

2.3.2.11 Cobalt

Cobalt bevorzugt in seinen Verbindungen die Oxidationsstufen **+2** und **+3**. Während in einfachen Salzen die zweiwertige Form vorherrscht, überwiegt in Chelatkomplexen die dreiwertige Oxidationsstufe. Die besondere Beständigkeit von oktaedrischen Co(III)-Komplexen lässt sich mit der Ausbildung einer Krypton-Edelgaskonfiguration für die Komplexe mit dreiwertigem Cobalt begründen. Die wasserhaltigen Co(II)-Salze sind meistens *rosa*, die wasserfreien *blau* gefärbt. Zur Identifizierung von Cobaltverbindungen sind die nachfolgend vorgestellten Reaktionen geeignet. Zur Vorprobe auf Cobaltverbindungen mithilfe der Borax- oder Phosphorsalzperle siehe Kapitel 1.2.2 [vgl. **MC-Frage Nr. 24**].

(1) Verhalten gegenüber Ammoniak und Laugen: Mit Alkalihydroxiden entsteht in der Kälte ein *blauer* Niederschlag eines basischen Salzes wechselnder Zusammensetzung; in der Hitze bildet sich *rosenrotes Cobalt(II)-hydroxid* [$Co(OH)_2$]. Bei Anwesenheit von Oxidationsmitteln (O_2, H_2O_2, Cl_2, Br_2 u. a.) färbt sich der Niederschlag *schwarzbraun*.

$$2\ Co(OH)_2 + Cl_2 + 2\ H_2O \rightarrow 2\ Co(OH)_3\downarrow + 2\ HCl$$
$$2\ Co(OH)_2 + 1/2\ O_2 + H_2O \rightarrow 2\ Co(OH)_3\downarrow$$

In Abwesenheit von Ammoniumsalzen bildet sich mit Ammoniak zunächst ein *blauer* Niederschlag, der sich an der Luft schnell *rötlich* verfärbt unter Bildung von $Co(OH)_3$. In Anwesenheit von NH_4^+ -Salzen bleibt die Fällung mit NH_3 aus und es resultiert eine *schmutzig-gelbe*, komplexe Co(II)-Lösung, die an der Luft durch Oxidation zu Co(III) rasch *rot* wird. Es empfiehlt sich jedoch für einen quantitativen Ablauf die Oxidation zum Co(III)-Amminkomplex mit H_2O_2 vorzunehmen [vgl. **MC-Frage Nr. 298**].

$$2\ Co(OH)_2 + 12\ NH_3 \xrightarrow{-4\ HO^-} 2\ [Co(NH_3)_6]^{2+} \xrightarrow{+H_2O_2} 2\ [Co(NH_3)_6]^{3+} + 2\ HO^-$$

(2) Verhalten gegenüber Schwefelwasserstoff/Ammoniumsulfid: Analog zum Nickel fällt aus saurer Lösung kein Niederschlag aus, während sich in neutraler oder ammoniakalischer Lösung unter Ausschluss von Luftsauerstoff ein *schwarzer* Niederschlag von *Cobalt(II)-sulfid* (CoS) bildet. Beim Fällen unter Luftzutritt und in Gegenwart von überschüssigem $(NH_4)_2S$ entsteht primär das basische Co(OH)S, das sich aber spontan in *Cobalt(III)-sulfid* (Co_2S_3) umwandelt.

$$4\ CoS + 2\ S^{2-} + O_2 + 2\ H_2O \rightarrow 2\ Co_2S_3\downarrow + 4\ HO^-$$

Co(III)-sulfid kann mit konzentrierter Salpetersäure oder essigsaurer Wasserstoffperoxid-Lösung wieder aufgelöst werden, ist aber unlöslich in verdünnter Salzsäure [vgl. **MC-Frage Nr. 363**].

$$Co_2S_3 + 11\ H_2O_2 \rightarrow 2\ Co^{2+} + 3\ SO_4^{2-} + 2\ H_3O^+ + 8\ H_2O$$
$$3\ Co_2S_3 + 4\ NO_3^- + 16\ H_3O^+ \rightarrow 6\ Co^{2+} + 9\ S\downarrow + 4\ NO\uparrow + 24\ H_2O$$

(3) Bildung schwer löslicher oder gefärbter Verbindungen: Mit Cyanid-Ionen erfolgt in neutraler Lösung zunächst eine *rotbraune* Fällung von *Cobalt(II)-cyanid* [$Co(CN)_2$], die sich im Überschuss des Reagenzes mit brauner Farbe wieder auflöst. Beim Erhitzen an der Luft oder besser nach Zugabe von etwas H_2O_2 tritt Oxidation zu Cobalt(III) ein. Der Cobalt(III)-Cyanokomplex ist *gelb* gefärbt.

$$Co^{2+} + 2\ CN^- \rightarrow Co(CN)_2\downarrow \xrightarrow{4\ CN^-} [Co(CN)_6]^{4-} \xrightarrow{Ox.} [Co(CN)_6]^{3-}$$

Die Eigenschaften der Cyanokomplexe können zur Co/Ni-Trennung herangezogen werden. Aus einer solchen Lösung fällt nämlich – im Gegensatz zu Nickel –

durch NaOH/Br_2 *kein* Niederschlag aus, weil der Cobalt(III)-Cyanokomplex wesentlich beständiger ist als das $[Ni(CN)_4]^{2-}$-Ion, das in braunschwarzes $Ni(OH)_3$ umgewandelt wird, welches ausfällt [vgl. **MC-Frage Nr. 363**].

$$2\ [Co(CN)_6]^{4-} + Br_2 \rightarrow 2\ [Co(CN)_6]^{3-} + 2\ Br^-$$

Mit Thiocyanat-Ionen bildet sich *Cobalt(II)-thiocyanat* $[Co(SCN)_2]$ und in saurer Lösung entsteht die komplexe Säure $H_2[Co(SCN)_4]$. Beide Substanzen sind in wässriger Lösung oder organischen Lösungsmitteln, z. B. einem Pentanol/Ether-Gemisch, *blau* gefärbt. Die Reaktion mit Thiocyanat eignet sich auch zum Nachweis von wenig Cobalt neben viel Nickel [vgl. **MC-Frage Nr. 363**].

$$Co^{2+} + 2\ SCN^- \rightarrow Co(SCN)_2 \xrightleftharpoons{+\ 2\ HSCN} H_2[Co(SCN)_4]$$

Fe^{3+}-Ionen stören, da sie mit SCN^- tiefrote Verbindungen bilden, die sich gleichfalls mit Ether extrahieren lassen und dadurch die blaue Farbe der Cobaltverbindung überdecken. Man beseitigt die Störung von Fe(III) durch Zugabe von Fluorid unter Bildung des sehr stabilen $[FeF_6]^{3-}$-Komplexes [vgl. **MC-Frage Nr. 363**].

Cobalt(II)-Ionen bilden in neutraler bis essigsaurer Lösung mit Thiocyanatomercurat(II) einen *tiefblauen* Niederschlag von *Cobalttetrathiocyanatomercurat(II)* $Co[Hg(SCN)_4]$. Die Gegenwart von Zn(II) erleichtert den Nachweis durch Bildung von hellblau gefärbten Mischkristallen. Fe(III) stört durch Bildung von rotem $Fe(SCN)_3$ [vgl. **MC-Frage Nr. 363**].

$$Co^{2+} + [Hg(SCN)_4]^{2-} \rightarrow Co[Hg(SCN)_4]\downarrow$$

Mit konzentrierten Cyanat-Lösungen bildet Co(II) *blaues* Tetracyanatocobaltat(II), $[Co(OCN)_4]^{2-}$.

Darüber hinaus erfolgt in essigsaurer, acetatgepufferter Lösung mit Kaliumnitrit (KNO_2) die Bildung eines *gelben* Niederschlags. Hierbei wird durch die aus KNO_2 freigesetzte Salpetrige Säure Co(II) zu Co(III) oxidiert unter gleichzeitiger Bildung des komplexen Anions $[Co(NO_2)_6]^{3-}$. Dieses fällt als *Kaliumhexanitrocobaltat(III)*, $K_3[Co(NO_2)_6]$ bzw. in Gegenwart von Ammonium-Ionen als Kaliumammoniumsalz aus [vgl. **MC-Fragen Nr. 363, 448**].

$$Co^{2+} + 7\ NO_2^- + 2\ H_3O^+ \rightarrow [Co(NO_2)_6]^{3-} + NO\uparrow + 3\ H_2O \rightarrow K_3[Co(NO_2)_6]\downarrow$$

(4) Nachweis mit organischen Reagenzien: 1-Nitroso-2-naphthol fällt aus neutralen bis essigsauren Co(II)-Lösungen einen schwer löslichen Co(III)-Chelatkomplex aus, wobei ein Teil des Reagenzes Co(II) zu Co(III) oxidiert. 2-Nitroso-1-naphthol und 1-Nitroso-2-naphthol-3,6-disulfonsäure reagieren analog. Durch die beiden Sulfonsäuregruppen sind jedoch Reagenz und Komplex besser wasserlöslich.

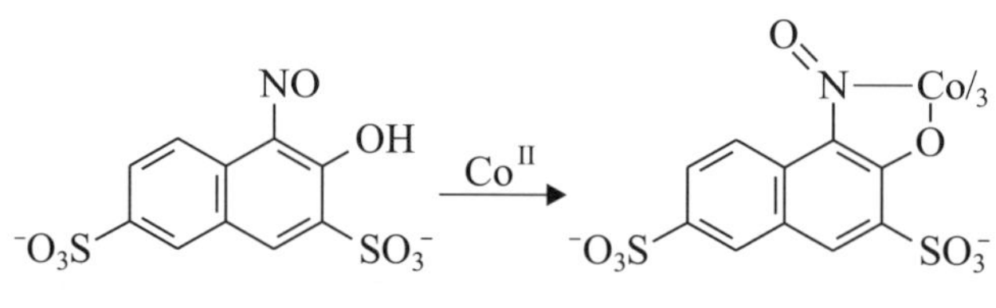

2.3.2.12 Eisen

Die wichtigsten Oxidationsstufen des Eisens sind **+2** und **+3**. Das Fe(II)-Kation hat eine *blassgrünliche* Farbe und geht leicht in Fe(III) über. Besonders ausgeprägt ist dies im alkalischen Milieu. *Eisen(II)-hydroxid* [$Fe(OH)_2$] ist aufgrund der Schwerlöslichkeit von $Fe(OH)_3$ ein starkes Reduktionsmittel. Weniger ausgeprägt ist die Reduktionswirkung von Fe(II) in saurer Lösung, kaum reduzierend wirkt Fe(II) als Zentralatom in Komplexen. $Fe(OH)_2$ ist *nicht* amphoter [vgl. **MC-Fragen Nr. 35, 37, 46, 72**].

Fe(III)-Salze starker Säuren neigen in Wasser zur Hydrolyse; ihre wässrigen Lösungen reagieren daher sauer. Das hydratisierte Fe(III)-Ion $[Fe(H_2O)_6]^{3+}$ ist eine ziemlich starke Kationsäure ($pK_s = 2{,}22$).

$$[Fe(H_2O)_6]^{3+} + H_2O \rightarrow [Fe(OH)(H_2O)_5]^{2+} + H_3O^+$$

Als Folge der Hydrolyse tritt zunächst Gelbfärbung, dann Braunfärbung auf. Die Hydrolyseneigung ist bei Fe(III)-Salzen schwacher Säuren noch deutlicher ausgeprägt.

$$\text{(gelb)}\ (FeCl_3(H_2O)_3] \rightarrow\rightarrow [Fe(H_2O)_6]^{3+} \rightarrow\rightarrow [Fe(OH)_3(H_2O)_3]\ \text{(braun)}$$

Eisen(III)-hydroxid ($Fe(OH)_3$) wird deshalb nicht nur durch NaOH, NH_3 oder andere Basen wie Urotropin gefällt, sondern auch von Soda (Na_2CO_3) oder Natriumacetat (CH_3COONa). Fe(III)-Ionen bilden in wässriger Lösung *keine* Amminkomplexe [vgl. **MC-Fragen Nr. 38, 41, 43, 44, 70, 73, 450, 453**].

Der Aufschluss schwer löslicher Fe(III)-Salze wie Fe_2O_3 mit Hilfe der Disulfatschmelze wurde im Kapitel 1.5.1 beschrieben [vgl. **MC-Fragen Nr. 78, 79, 85**].

Zum **Nachweis von zweiwertigem Eisen** sind folgende Reaktionen geeignet:

(1) Verhalten gegenüber Ammoniak und Laugen: Ist das Fe(II)-Salz vollkommen frei von Fe^{3+}-Ionen, so entsteht mit Alkalihydroxid-Lösung ein *weißer* Niederschlag von *Eisen(II)-hydroxid* [$Fe(OH)_2$]; im Allgemeinen ist die Fällung aber durch Fe(III) grünlich gefärbt. Beim Stehenlassen an der Luft bildet sich *braunes Eisen(III)-hydroxid* [$Fe(OH)_3$].

$$4\ Fe(OH)_2 + O_2 + 2\ H_2O \rightarrow 4\ Fe(OH)_3\downarrow$$

Wie bei anderen zweiwertigen Elementen erfolgt mit Ammoniak nur eine Fällung in Abwesenheit von Ammoniumsalzen. Ein Reagenzüberschuss löst aber den Niederschlag unter Bildung des komplexen Ions $[Fe(NH_3)_6]^{2+}$ wieder auf. Auf Zusatz von Alkalicarbonat-Lösung fällt ein *weißer* Niederschlag von $FeCO_3$ aus [vgl. **MC-Fragen Nr. 368, 380**].

(2) Oxidation zu Fe(III): Wie bereits ausgeführt ist das Reduktionsvermögen von Fe(II) in *alkalischer* Lösung besonders groß. Beispielsweise kann $Fe(OH)_2$ Nitrat bis zur Ammoniak-Stufe reduzieren.

$$8\ Fe(OH)_2 + NO_3^- + 6\ H_2O \rightarrow 8\ Fe(OH)_3\downarrow + NH_3\uparrow + HO^-$$

In *saurer* Lösung wird Fe(II) nur durch starke Oxidationsmittel (HNO_3, H_2O_2, $KMnO_4$, Br_2) zu Fe(III) oxidiert. Die dabei ablaufenden Vorgänge können durch folgende Gleichungen beschrieben werden [vgl. **MC-Fragen Nr. 367, 368, 381, 455**]:

$$3\,Fe^{2+} + NO_3^- + 4\,H_3O^+ \rightarrow 3\,Fe^{3+} + NO\uparrow + 6\,H_2O$$
$$2\,Fe^{2+} + Br_2 \rightarrow 2\,Fe^{3+} + 2\,Br^-$$
$$5\,Fe^{2+} + MnO_4^- + 8\,H_3O^+ \rightarrow 5\,Fe^{3+} + Mn^{2+} + 12\,H_2O$$
$$2\,Fe^{2+} + H_2O_2 + 2\,H_3O^+ \rightarrow 2\,Fe^{3+} + 4\,H_2O$$

Schwächere Oxidationsmittel wie Iod vermögen Fe(II) dagegen nur bis zu einem Gleichgewicht zu Fe(III) zu oxidieren.

$$2\,Fe^{2+} + I_2 \rightleftharpoons 2\,Fe^{3+} + 2\,I^-$$

(3) Bildung schwer löslicher Verbindungen: Fe(II)-Ionen ergeben mit H_2S in saurer Lösung keinen Niederschlag; hingegen fällt aus ammoniakalischer Lösung sowie mit $(NH_4)_2S$-Lösung *schwarzes Eisen(II)-sulfid* (FeS) aus, das sich leicht in verdünnten Mineralsäuren löst [vgl. **MC-Fragen Nr. 295, 368**].

Mit Hexacyanoferrat(III), $[Fe(CN)_6]^{3-}$, bilden Fe(II)-Salze einen *tiefblauen* Niederschlag von **Turnbulls Blau**, der in verdünnter Salzsäure schwer löslich ist (*Ph. Eur.*) [siehe Kapitel 2.2.3.38, Ziffer 2 und **MC-Fragen Nr. 367, 380, 381**].

(4) Nachweis mit organischen Reagenzien: In ammoniakalischer, tartrathaltiger Lösung können Fe(II)-Ionen mit **Diacetyldioxim** – auch in Gegenwart von Fe(III) – nachgewiesen werden, weil die zugesetzte Weinsäure die Fällung von $Fe(OH)_2$ bzw. $Fe(OH)_3$ verhindert. Der Nachweis von Fe(II) mit Diacetyldioxim ist somit neben Fe(III) durchführbar und es entsteht ein dem Nickeldiacetyldioxim analog gebauter, intensiv *rot* gefärbter Chelatkomplex [vgl. **MC-Frage Nr. 367**].

Eine ammoniakalische, Citrat-gepufferte Fe(II)-Salzlösung ergibt mit **Thioglycolsäure** eine *purpurrote* Färbung *(Ph. Eur.)*. Der Citrat-Zusatz verhindert ein Ausfallen von Eisenhydroxiden. Die Reaktion wird zur *Grenzprüfung auf Eisen* genutzt. Ausgang der Farbbildung ist wahrscheinlich das komplexe Anion $[Fe(SCH_2COO)_2(H_2O)_2]^{2-}$, in dem zwei Thioglycolat-Moleküle chelatartig an das Fe(II)-Zentralatom koordiniert sind. Die beiden restlichen Ligandenpositionen im oktaedrischen Fe(II)-Komplex werden von Wassermolekülen besetzt [vgl. **MC-Fragen Nr. 382, 494**].

$$Fe^{2+} + 2\,HS{-}CH_2{-}COO^- + 2\,NH_3 \longrightarrow 2\,NH_4^+ +$$ 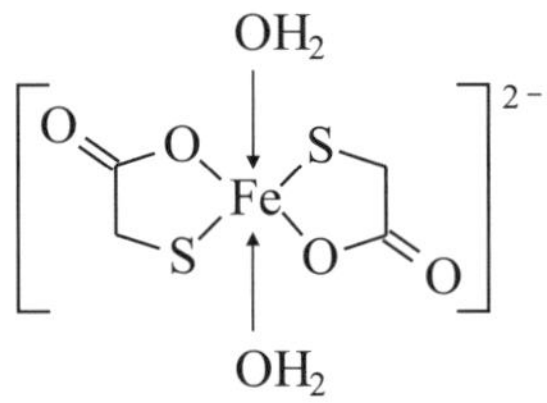

Der Eisen(II)-bisthioglycolat-Komplex ist *farblos* bis *blassgelb* gefärbt. Daraus sollte durch Oxidation des Fe(II)-Komplexes mit Luftsauerstoff eine Rotfärbung entstehen, die von der Oxidation des Fe(II) zum Fe(III)-Zentralatom herrührt. Nach neueren Untersuchungen tritt jedoch die Oxidation zum Fe(III)-bisthioglycolat-Komplex *nicht* ein. Allein verantwortlich für die Rotfärbung der Lösung ist der hydratisierte Fe(II)-Komplex.

Fe(III)-Ionen ergeben aber gleichfalls eine positive Reaktion, weil Fe(III) zunächst durch die Thioglycolsäure bzw. durch Thioglycolat zu Fe(II) reduziert wird. Dabei geht die Thioglycolsäure in das Disulfid, $^-OOC{-}CH_2{-}S{-}S{-}CH_2{-}COO^-$, über.

$$2\,Fe^{3+} + 2\,HS\text{-}CH_2\text{-}COO^- \rightarrow 2\,Fe^{2+} + {}^-OOC\text{-}CH_2\text{-}S\text{-}S\text{-}CH_2\text{-}COO^- + 2H^+$$

Mit **2,2'-Dipyridyl** ergeben Fe(II)-Ionen – nicht jedoch Fe(III) – in schwach saurer, neutraler oder ammoniakalischer Lösung *rot* gefärbte Chelatkomplexe [vgl. **MC-Frage Nr. 381**].

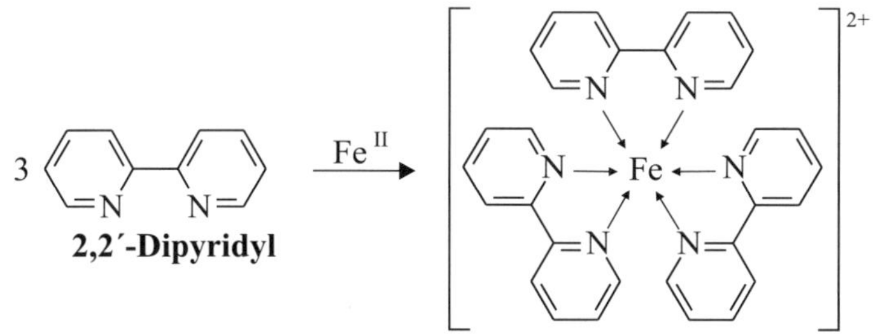

Mit **1,10-Phenanthrolin** bilden Fe^{2+}-Ionen *rotes Ferroin*, das u. a. in der Cerimetrie als Redoxindikator Verwendung findet [siehe Ehlers, **Analytik II,** Kapitel 7.1.3.1 und **MC-Frage Nr. 797**].

Für den **Nachweis von dreiwertigem Eisen** können folgende Eigenschaften und Reaktionen herangezogen werden:

(1) Reduktion zu Fe(II): Fe^{3+}-Ionen werden durch zahlreiche Reduktionsmittel (H_2S, H_2SO_3, $SnCl_2$, H_2NOH, Fe u. a.) quantitativ zur zweiwertigen Stufe reduziert. Bei Verwendung von Kaliumiodid (KI) als Reduktionsmittel tritt nur eine partielle Reduktion zu Fe(II) ein. Der Prozess ist reversibel, sodass nur bei großem Iodid-Überschuss das Gleichgewicht nach rechts verschoben wird [vgl. **MC-Fragen Nr. 367, 370, 381**].

$$2\,Fe^{3+} + 3\,S^{2-} \rightarrow (Fe_2S_3) \rightarrow 2\,FeS\downarrow + S\downarrow$$
$$2\,Fe^{3+} + 2\,I^- \rightleftharpoons 2\,Fe^{2+} + I_2$$

(2) Verhalten gegenüber Basen: Aus Fe(III)-Salzlösungen fällt auf Zusatz von NaOH, NH_3, Na_2CO_3 oder Urotropin *rotbraunes Eisen(III)-hydroxid* [$Fe(OH)_3$] aus, das im Überschuss des jeweiligen Fällungsmittels sowie bei Anwesenheit von Ammoniumsalzen schwer löslich ist [vgl. **MC-Fragen Nr. 368, 369, 450, 453**].

$$Fe^{3+} + 3\,CO_3^{2-} + 3\,H_2O \rightarrow Fe(OH)_3\downarrow + 3\,HCO_3^-$$

Auf Zusatz von Natriumacetat färbt sich eine Fe(III)-Lösung unter Bildung von komplexem, basischem Eisen(III)-acetat *tiefrot*. Erhitzt man die Lösung zum Sieden, so fällt $Fe(OH)_3$ aus.

$$[Fe_3(OH)_2(CH_3COO)_6]^+ + 8\,H_2O \rightarrow 3\,Fe(OH)_3\downarrow + 6\,CH_3COOH + H_3O^+$$

(3) Bildung schwer löslicher Verbindungen: In essigsaurer Lösung bilden Fe(III)-Ionen mit Phosphat einen *weißen* Niederschlag von *Eisen(III)-phosphat* ($FePO_4$), der in Mineralsäuren leicht löslich ist.

$$Fe^{3+} + HPO_4^{2-} + CH_3COO^- \rightarrow FePO_4\downarrow + CH_3COOH$$

Bei der Umsetzung mit Hexacyanoferrat(II) ergeben Fe(III)-Salze einen *blauen* Niederschlag von **Berliner Blau** *(Ph. Eur.)*. Nach heutigen Vorstellungen sind jedoch Turnbulls Blau und Berliner Blau *identisch*. Die kolloidal lösliche Form des Berliner Blau hat die Summenformel $K^+[Fe^{III}Fe^{II}(CN)_6] \cdot x\ H_2O$, die unlösliche Form entspricht der Zusammensetzung $Fe^{3+}[Fe^{III}Fe^{II}(CN)_6]_3 \cdot 14–16\ H_2O$. Im Kristallgitter sind die Cyanid-Ionen so angeordnet, dass das C-Atom zum Fe^{2+}-Ion und das N-Atom zum Fe^{3+}-Ion hinweist [siehe auch Kapitel 2.2.3.38 und **MC-Fragen Nr. 369, 370, 380, 381, 472**].

(4) Reaktionen mit Thiocyanat: Im Gegensatz zu Fe(II) ergeben Fe(III)-Ionen in salzsaurer Lösung mit Thiocyanat einen *tiefroten* Komplex, dessen Zusammensetzung vom Verhältnis Fe^{3+} zu SCN^- und von der Konzentration beider Ionen abhängt *(Ph. Eur.)*.

$$[Fe(H_2O)_6]^{3+} \xrightarrow[-\ H_2O]{+\ SCN^-} [Fe(H_2O)_5(SCN)]^{2+} \xrightarrow[-\ H_2O]{+\ SCN^-} [Fe(H_2O)_4(SCN)_2]^{+} \xrightarrow[-\ H_2O]{+\ SCN^-}$$

$$[Fe(H_2O)_3(SCN)_3]\ \text{usw.} \rightarrow \rightarrow [Fe(SCN)_6]^{3-}$$

Der Komplex lässt sich mit Ether und Pentanolen (z. B. Isoamylalkohol) aus der wässrigen Phase extrahieren. Es tritt eine weitgehende Entfärbung der wässrigen Phase ein und die organische Phase färbt sich *rosa* bis *rot*.

Eisen(III)-thiocyanat wird durch Hg(II)-Ionen unter Bildung des *farblosen* $Hg(SCN)_2$ bzw. des komplexen $[Hg(SCN)_4]^{2-}$-Ions zerstört. Darüber hinaus verblasst die tiefrote Farbe bei Zugabe von Phosphorsäure, weil Fe(III) als farbloses $[Fe(PO_4)_2]^{3-}$ maskiert wird. Auch Fluorid, Cyanid oder die Anionen organischer Säure wie z. B. Oxalat ($C_2O_4^{2-}$) stören infolge Komplexbildung mit Fe(III).

Co(II) stört durch Bildung einer blau gefärbten Verbindung. Nitrite rufen in saurer Lösung durch Bildung von *Nitrosylthiocyanat*, NOSCN, ebenfalls eine *Rotfärbung* hervor, sodass die rote Farbe der wässrigen Lösung *nicht spezifisch* für Fe(III) ist. Es empfiehlt sich Fe(III) vor dem Nachweis als $Fe(OH)_3$ abzutrennen bzw. die störenden Anionen zuvor aus neutraler Lösung mit $BaCl_2$ als schwer lösliche Bariumsalze zu fällen [vgl. **MC-Fragen Nr. 369–381, 489**].

(5) Extrahieren von Fe(III)-Salzen: Aus salzsauren Lösungen ist Fe(III) als komplexe Säure $H[FeCl_4]$ mit Ether oder besser mit Isobutylmethylketon extrahierbar.

(6) Grenzprüfung auf Eisen: Hierfür wird nach Arzneibuch folgende Methode angewandt [vgl. **MC-Frage Nr. 494**]:

- *Die vorgeschriebene Menge an Substanz wird in Wasser gelöst. Anschließend werden Citronensäure-Lösung und Thioglycolsäure hinzugegeben, mit NH_3 ammoniakalisch gestellt und mit Wasser verdünnt. Eine Vergleichslösung mit 1 ppm Eisen wird in analoger Weise hergestellt. Nach 5 Minuten darf die Untersuchungslösung nicht stärker purpurrot gefärbt sein als die Referenzlösung.*

Thioglycolat-Ionen reagieren in ammoniakalischer Lösung mit Fe^{2+}-Ionen zu einem komplexen Anion der Zusammensetzung $[Fe(H_2O)_2(SCH_2COO)_2]^{2-}$. Fe(III) bildet einen ähnlichen Komplex; wahrscheinlich erfolgt hierbei aber durch das zugesetzte Thioglycolat zunächst eine Reduktion von Fe(III) zu Fe(II). Die Pufferung mit Citronensäure soll ein Ausfallen von Eisenhydroxiden verhindern. Ni(II) ergibt eine vergleichbare, aber deutlich schwächere Färbung, während Co(II) gelb bis rot gefärbte Komplexe bildet.

Abschließend wird nochmals darauf hingewiesen, dass eine analytische Unterscheidung zwischen Fe(II)- und Fe(III)-Verbindungen durch Behandeln mit Ammoniumthiocyanat-, Kaliumhexacyanoferrat(II)- bzw. -(III)-Lösung und mit Ammoniak gelingt. Des Weiteren reagieren Fe(II)- nicht jedoch Fe(III)-Ionen mit organischen Reagenzien wie Diacetyldioxim oder 2,2'-Dipyridyl. Darüber hinaus kann man zur analytischen Unterscheidung der unterschiedlichen Wertigkeitsstufen von Eisenverbindungen die reduzierenden Eigenschaften von Fe(II)- und die oxidierenden Eigenschaften von Fe(III)-Salzen nutzen [vgl. **MC-Fragen Nr. 380, 381**].

2.3.2.13 Mangan

Mangan tritt in seinen Verbindungen in den Oxidationsstufen von **+2** bis **+7** auf. Im Allgemeinen lassen sich die verschiedenen Oxidationsstufen des Mangans leicht ineinander überführen.

Mn(II)-Salze sind schwach *rosa* gefärbt und verhalten sich in wässriger Lösung – mit Ausnahme ihrer Oxidierbarkeit – wie Mg-Salze und teilweise auch wie Zn-Salze. Die Beständigkeit der Mn(II)-Verbindungen ist auf die Halbbesetzung der 3d-Niveaus zurückzuführen.

Braunstein (MnO_2) ist die wichtigste vierwertige Manganverbindung. Das aus wässriger Lösung gefällte *Mangan(IV)-hydroxid* [$MnO(OH)_2$] ist amphoter.

Manganate(V) sind *hellblau* gefärbt; sie entstehen u. a. bei der Oxidation niedriger Wertigkeitsstufen des Mangans mit Nitraten oder Nitriten in einer stark alkalischen Schmelze (*Oxidationsschmelze*). Die Oxidationsschmelze ist eine wichtige Vorprobe auf Manganverbindungen und führt hauptsächlich zu grün gefärbten Manganaten(VI) [siehe Kap. 1.2.4 und **MC-Fragen Nr. 18–20, 32**].

Die *violetten* Permanganate – Manganate(VII) – sind starke Oxidationsmittel. Ihre Eigenschaften wurden bereits ausführlich im Kapitel 2.2.3.12 beschrieben. Der Gruppennachweis für reduzierende Stoffe durch Entfärbung einer Kaliumpermanganat-Lösung war Gegenstand des Kapitels 2.2.1.8. Bei diesen Reaktionen wird $KMnO_4$ in saurer Lösung unter Aufnahme von fünf Elektronen zu Mn(II) reduziert, während in alkalischer Lösung die Reduktion nach Aufnahme von drei Elektronen auf der Mn(IV)-Stufe stehen bleibt [vgl. **MC-Fragen Nr. 106–111, 258, 364**].

Weitere analytische Eigenschaften des Mangans sind:

(1) Verhalten gegenüber Ammoniak und Laugen: Mn(II)-Salze bilden mit Alkalihydroxiden einen *weißen* Niederschlag von *Mangan(II)-hydroxid* [$Mn(OH)_2$], der im Überschuss des Fällungsmittels unlöslich ist. Bei Luftzutritt oder in Anwesenheit von Oxidationsmitteln (wie Chlor oder Wasserstoffperoxid) erfolgt Bildung von *Mangan(IV)-hydroxid* [$MnO(OH)_2$] bzw. es fällt dessen Anhydrid, *Mangan(IV)-oxid* (MnO_2), aus [vgl. **MC-Frage Nr. 46**].

$$Mn^{2+} + 2\ HO^- \rightarrow Mn(OH)_2\downarrow \xrightarrow{+\ 1/2\ O_2} MnO(OH)_2\downarrow \rightarrow MnO_2\downarrow + H_2O$$

$$Mn(OH)_2 + H_2O_2 \rightarrow MnO(OH)_2\downarrow + H_2O$$

Mit Ammoniak erfolgt eine unvollständige Fällung von $Mn(OH)_2$, die bei Anwesenheit von Ammoniumsalzen ausbleibt. Hierfür verantwortlich ist die Zurückdrängung der HO^--Konzentration durch die NH_4^+-Ionen und die Bildung eines Manganhexammin-Komplexes [vgl. **MC-Frage Nr. 298**].

$$Mn^{2+} + 6\ NH_3 \rightarrow [Mn(NH_3)_6]^{2+}$$

(2) Bildung schwer löslicher Niederschläge: Mn(II)-Ionen ergeben in NH_3/NH_4Cl-gepufferter Lösung mit Ammoniumhydrogenphosphat einen kristallinen Niederschlag von *farblosem Ammoniummanganphosphat* $[Mn(NH_4)PO_4]$. Im Gegensatz zum entsprechenden Magnesiumsalz $[Mg(NH_4)PO_4]$ färbt sich der Niederschlag *braun* beim Übergießen mit $NaOH/H_2O_2$ durch Bildung von $MnO(OH)_2$ [vgl. **MC-Fragen Nr. 364, 366, 502**].

$$Mn^{2+} + NH_4^+ + PO_4^{3-} \rightarrow MnNH_4PO_4\downarrow \xrightarrow{(H_2O_2)} MnO(OH)_2\downarrow$$

In saurer und neutraler Lösung bildet sich mit Schwefelwasserstoff kein Niederschlag. Gibt man jedoch $(NH_4)_2S$-Lösung zu einer neutralen oder ammoniakalischen Mn(II)-Salzlösung hinzu, so fällt *fleischfarbenes*, wasserhaltiges *Mangan(II)-sulfid* (MnS) aus. Beim Stehenlassen an der Luft wird es teilweise zu $MnO(OH)_2$ und Schwefel oxidiert (*Ph.Eur.*).

$$Mn^{2+} + S^{2-} \rightarrow MnS\downarrow \xrightarrow{+\ O_2/H_2} MnO(OH)_2\downarrow + S\downarrow$$

Mangan(II)-sulfid (MnS) ist im Gegensatz zu Co_2S_3, Ni_2S_3 oder ZnS bereits in verdünnter Essigsäure löslich. Die Trennung MnS/ZnS gelingt auch durch Auflösen beider Sulfide in 0,5 M-HCl und nachfolgender Behandlung mit konzentrierter Natriumhydroxid-Lösung, wobei Mangan als $Mn(OH)_2$ ausfällt und Zink als $[Zn(OH)_4]^{2-}$-Anionkomplex in Lösung bleibt [vgl. **MC-Frage Nr. 292**].

(3) Oxidation zu Permanganat: Hierbei dient die intensive *Violettfärbung* des MnO_4^--Ions zur Identifizierung von Manganverbindungen. In schwefelsaurer Lösung **und** in Gegenwart von Ag^+-Ionen eignet sich vor allem Ammoniumperoxodisulfat $[(NH_4)_2S_2O_8]$ als Oxidationsmittel. Bei Abwesenheit von Silber-Ionen erfolgt lediglich eine Oxidation bis zur vierwertigen Stufe unter Bildung von MnO_2 [vgl. **MC-Fragen Nr. 258, 364, 456**].

$$2\ Mn^{2+} + 5\ S_2O_8^{2-} + 24\ H_2O \xrightarrow{(Ag^+)} 2\ MnO_4^- + 10\ SO_4^{2-} + 16\ H_3O^+$$

Auch Natriummetaperiodat ($NaIO_4$), Bismutat(V) (BiO_3^-) und Blei(IV)-oxid (PbO_2) in salpetersaurer Lösung können Mn-Verbindungen zu Permanganat oxidieren. Unter dem katalytischen Einfluss von Cu(II) gelingt die Oxidation in alkalischer Lösung auch mit elementarem Brom (Br_2) bzw. mit Hypobromit (BrO^-). Diese Prozesse lassen sich durch folgende Formelgleichungen beschreiben:

$$2\ Mn^{2+} + 5\ IO_4^- + 9\ H_2O \rightarrow 2\ MnO_4^- + 5\ IO_3^- + 6\ H_3O^+$$
$$2\ Mn^{2+} + 5\ PbO_2 + 4\ H_3O^+ \rightarrow 2\ MnO_4^- + 5\ Pb^{2+} + 6\ H_2O$$
$$2\ Mn^{2+} + 5\ Br_2 + 16\ HO^- \rightarrow 2\ MnO_4^- + 10\ Br^- + 8\ H_2O$$

Die Oxidation stören besonders Halogenid-Ionen sowie alle anderen Reduktionsmittel (Oxalsäure, H_2O_2, Fe^{2+} u. a.), deren Redoxpotential negativer ist als das Redoxpotential des Systems MnO_4^-/Mn^{2+} [siehe auch Kap. 2.2.3.7, Tabelle 2.2 und **MC-Frage Nr. 365**].

2.3.2.14 Aluminium

Aufgrund des amphoteren Charakters von *Aluminiumhydroxi*d [$Al(OH)_3$] löst sich metallisches Aluminium sowohl in Säuren als auch in Laugen. Bei Verwendung von HNO_3 kommt aber die Wasserstoffentwicklung infolge Ausbildung einer oxidischen Schutzschicht (Passivierung) zum Stillstand [vgl. **MC-Frage Nr. 62**].

$$2\ Al + 6\ H_3O^+ \rightarrow 2\ Al^{3+} + 3\ H_2\uparrow + 6\ H_2O$$
$$2\ Al + 2\ HO^- + 6\ H_2O \rightarrow 2\ [Al(OH)_4]^- + 3\ H_2\uparrow$$

In seinen Verbindungen tritt Aluminium vor allem *dreiwertig* auf. Das hydratisierte Kation $[Al(H_2O)_6]^{3+}$ ist farblos; als starke Kationsäure reagieren die Lösungen des Al-Aquokomplexes sauer.

$$[Al(H_2O)_6]^{3+} + H_2O \rightarrow [Al(OH)(H_2O)_5]^{2+} + H_3O^+$$

Aluminium bildet mit F^--Ionen einen Komplex mit der Koordinationszahl 6, $[AlF_6]^{3-}$, gegenüber anderen Liganden besitzt Aluminium in seinen Komplexen die Koordinationszahl 4, wie z. B. in $[AlCl_4]^-$ [vgl. **MC-Frage Nr. 457**].

Aluminium(III)-sulfat [$Al_2(SO_4)_3$] ergibt, wie die Sulfate anderer dreiwertiger Metalle, mit Alkalisulfaten Doppelsalze *(Alaune)* der allgemeinen Zusammensetzung $Me^IMe^{III}(SO_4)_2 \cdot 12\ H_2O$. Die Bildung von *Caesiumalaun* kann zur Identifizierung von Al(III) herangezogen werden. In den Lösungen von Alaunen lassen sich alle Kationen und Anionen nebeneinander nachweisen, komplexe Ionen treten *nicht* auf. Auch die physikalischen Eigenschaften (Farbe, Leitfähigkeit) der Alaune setzen sich additiv aus den Eigenschaften der einzelnen Komponenten zusammen.

Eine wässrige Lösung von *Aluminiumkaliumsulfat* (*Kaliumalaun*) [$AlK(SO_4)_2 \cdot 12\ H_2O$] reagiert *sauer*. In dieser Lösung kann der Al-Anteil – ohne Störung durch den K^+-Gehalt – durch komplexometrische Titration mit Natriumedetat-Maßlösung bestimmt werden [vgl. **MC-Frage Nr. 837**].

Zum Aufschluss schwer löslicher Aluminiumverbindungen wie *Aluminiumoxid* (Al_2O_3) siehe Kapitel 1.5.2 [vgl. **MC-Fragen Nr. 78, 79, 81**].

Weitere analytisch auswertbare Reaktionen von Al^{3+}-Ionen sind:

(1) Verhalten gegenüber Ammoniak und Laugen: Al(III)-Salzlösungen bilden bei tropfenweiser Zugabe von verdünnter Natronlauge (NaOH) einen gallertartigen, *weißen* Niederschlag von *Aluminiumhydroxid* [$Al(OH)_3$], der sowohl in Säuren als auch in überschüssiger Lauge unter Bildung von *Tetrahydroxoaluminat* ($[Al(OH)_4]^-$) löslich ist [vgl. **MC-Fragen Nr. 35–41, 71, 73, 299, 383, 384, 451, 460, 462**].

$$2\ Na[Al(OH)_4] \xleftarrow{+\ 2\ NaOH} 2\ Al(OH)_3 \xrightarrow{+\ 3\ H_2SO_4} Al_2(SO_4)_3 + 6\ H_2O$$

Zur Identitätsprüfung auf Aluminium lässt das *Arzneibuch* eine salzsaure Probelösung herstellen und versetzt mit Thioacetamid-Reagenz, wobei kein Niederschlag auftreten darf. Dieser Zusatz dient der Prüfung auf Schwermetall-Ionen, die in saurer Lösung schwer lösliche Sulfide bilden, und deren Hydroxide ebenfalls amphoter sind. Anschließend gibt man verdünnte Natriumhydroxid-Lösung hinzu. Es fällt das amphotere *Aluminiumhydroxid* [$Al(OH)_3$] gelatineartig aus. Die gallertartige Konsistenz dieses Niederschlags ist ein Aspekt der analytischen Erkennung von Al(III)-Ionen.

Der $Al(OH)_3$-Niederschlag löst sich im Überschuss des Fällungsmittels unter Bildung von *Tetrahydroxoaluminat* $[Al(OH)_4]^-$ auf. Fügt man zu dieser Lösung dann eine ausreichende Menge an Ammoniumchlorid (NH_4Cl) hinzu, so fällt – im Gegensatz zu Zn(II) – $Al(OH)_3$ wieder vollständig aus. Ammoniumchlorid reagiert schwach sauer und erniedrigt durch Abfangen von Hydroxid-Ionen den pH-Wert der Lösung. (*Ph.Eur.*)

Die bei dieser Identitätsprüfung ablaufenden Teilreaktionen lassen sich wie folgt formulieren [vgl. **MC-Fragen Nr. 385–390**]:

$$CH_3CS(NH_2) + H_2O \rightarrow CH_3CO(NH_2) + H_2S \xrightarrow{(Me^{2+}/Me^{3+})} MeS/Me_2S_3\downarrow$$

$$Al^{3+} + 3\ HO^- \rightarrow Al(OH)_3\downarrow \xrightarrow{+\ HO^-} [Al(OH)_4]^-$$

$$HO^- + NH_4^+ \rightarrow NH_3\uparrow + H_2O$$

$$[Al(OH)_4]^- + NH_4^+ \rightarrow Al(OH)_3\downarrow + NH_3\uparrow + H_2O$$

Mit Ammoniak bildet sich ebenfalls ein Niederschlag von $Al(OH)_3$, der – im Unterschied zu Zn(II) – unlöslich ist im Überschuss des Fällungsmittels. In ammoniakalischer Weinsäure-Lösung hingegen bildet Al(III) mit Tartrat-Ionen einen löslichen, stabilen Komplex, sodass auf Zusatz von NH_3 kein $Al(OH)_3$ ausfällt. Auch mit anderen Basen wie Urotropin oder Sulfid-Ionen erfolgt in wässriger Lösung Hydrolyse unter Fällung von $Al(OH)_3$ [vgl. **MC-Frage Nr. 451**].

$$2\ Al^{3+} + 3\ S^{2-} \rightarrow (Al_2S_3) \xrightarrow{+\ 6\ H_2O} 2\ Al(OH)_3\downarrow + 3\ H_2S\uparrow$$

(2) Bildung gefärbter oder schwer löslicher Verbindungen: Erhitzt man Al_2O_3 mit Co(II)-nitrat in der oxidierenden Bunsenflamme, so bildet sich ein *blaues Spinell* der Zusammensetzung $CoAl_2O_4$, **Thenards Blau** [vgl. **MC-Frage Nr. 383**].

$$Al_2O_3 + Co(NO_3)_2 \rightarrow 2\ NO_2\uparrow + 1/2\ O_2\uparrow + CoAl_2O_4$$

Mit Phosphat-Ionen ergeben Al^{3+}-Ionen einen *weißen* Niederschlag von *Aluminiumphosphat* ($AlPO_4$), der in Essigsäure schwer löslich, jedoch löslich in Mineralsäuren ist.

(3) Nachweis von Aluminium durch Bildung von Farblacken: Al(III) reagiert mit **Chinalizarin** in ammoniakalischer Lösung zu einem *rotvioletten* Farblack, der im Gegensatz zur entsprechenden Be-Verbindung gegenüber Essigsäure stabil ist. In analoger Weise entsteht aus Al(III) und **Alizarin** eine orange bis rot gefärbte Komplexverbindung [vgl. **MC-Fragen Nr. 383, 837**]. (Die Pfeile in der nachfolgenden Zeichnung sollen andeuten, wo Al(III) den Komplexbildner angreift.)

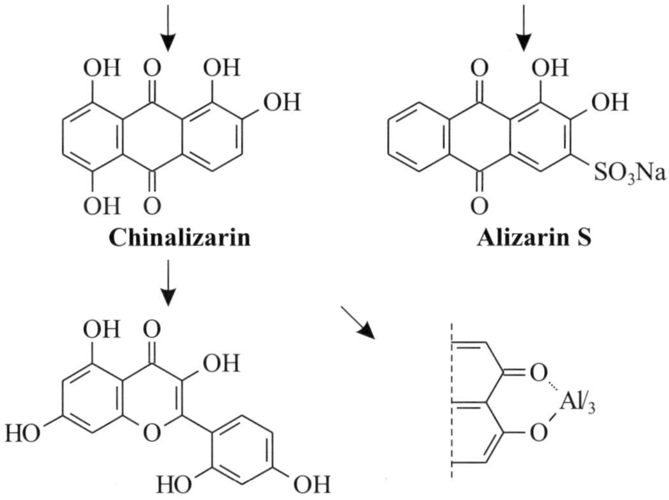

Chinalizarin **Alizarin S** **Morin**

Mit einer methanolischen **Morin-Lösung**, einem Flavon-Derivat, bildet Al(III) in neutralem oder essigsaurem Milieu eine Suspension einer intensiv *grün* fluoreszierenden Komplexverbindung. Be(II)-Ionen bilden einen ähnlichen Farblack nur in alkalischer Lösung.

Die Natur solcher *Farblacke* ist zum Teil noch unbekannt, doch dürfte es sich in den meisten Fällen um Chelatkomplexe mit nicht ganz exakter stöchiometrischer Zusammensetzung handeln. Farblacke werden vorzugsweise von *Hydroxyanthrachinonen* oder ähnlich gebauten Verbindungen gebildet. Ihre Bildung ist extrem störanfällig und erfolgt nur in einem sehr engen pH-Bereich. pH-Kontrolle und Durchführung einer Blindprobe sind deshalb unerlässlich zur Beurteilung der Nachweisreaktion.

(4) Grenzprüfung auf Aluminium: Das Arzneibuch verwendet zur Grenzwertbestimmung des Aluminiumgehaltes eine fluorimetrische Methode mit *8-Hydroxychinolin* (*Oxin*) als Komplexbildner [vgl. **MC-Fragen Nr. 391, 500, 506**].

Versetzt man eine acetatgepufferte Al^{3+}-Probelösung mit einer essigsauren Oxin-Lösung, so fällt wasserhaltiges, hellgelbes *Aluminiumoxinat* [$Al(C_9H_6NO)_3$] aus, das mit Chloroform extrahiert werden kann. Die Intensität der *grünlichen* Fluoreszenz der vereinigten Chloroform-Phasen wird bei λ = 518 nm unter Verwendung einer Anregungsstrahlung von λ = 392 nm gemessen. Eine Referenzlöung wird analog behandelt. Der pH-Wert von 6,0 (Acetatpuffer) ist einzuhalten, da im schwach Sauren *nur* Al(III)-Ionen nicht aber Ca- oder Mg-Ionen mit 8-Hydroxychinolin in Chloroform extrahierbare *Oxinate* bilden. 8-Hydroxychinolin wird auch zur Grenzprüfung auf Magnesium genutzt (siehe Kapitel 2.3.2.17 und Ehlers, **Analytik II**, Kapitel 5.2.1.1 und 11.7.3).

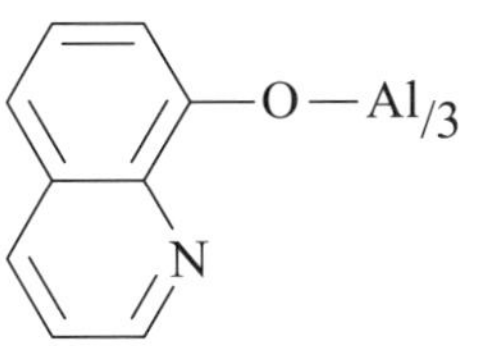

Aluminiumoxinat

2.3.2.15 Chrom

Chrom kommt in seinen Verbindungen in den Oxidationsstufen von **+1** bis **+6** vor, wobei ein-, vier- und fünfwertige Chromverbindungen in wässriger Lösung *nicht* beständig sind. Metallisches Chrom ist chemisch sehr widerstandsfähig und löst sich infolge Passivierung nicht in oxidierenden Säuren wie HNO_3 [vgl. **MC-Frage Nr. 62**].

Die stabilen Chrom(III)-Salze bilden in wässriger Lösung *Hydratkomplexe* wechselnder Zusammensetzung (*Hydratisomerie*): *violette* Hexaaquo-Komplexe $[Cr(H_2O)_6]^{3+}$ sowie *grüne* Penta- und Tetraaquo-Komplexe $[Cr(H_2O)_5X]^{2+}/[Cr(H_2O)_4X_2]^+$. Das violette, hydratisierte Cr(III)-Ion färbt sich daher beim Erhitzen *grün*, weil im Hexaaquo-Komplex sukzessive Wassermoleküle gegen andere Anionen als Liganden ausgetauscht werden. Darüber hinaus bildet Cr(III) zahlreiche weitere stabile Komplexe der Koordinationszahl 6. Das in alkalischer Lösung ausfallende *Chrom(III)-hydroxid* $[Cr(OH)_3]$ ist amphoter.

Die Eigenschaften von Chrom(VI)-Verbindungen wie der Oxoanionen *Chromat* (CrO_4^{2-}) und *Dichromat* ($Cr_2O_7^{2-}$) wurden bereits ausführlich im Kapitel 2.2.3.11 vorgestellt. Alle Cr(VI)-Verbindungen sind starke Oxidationsmittel, die unter Aufnahme von drei Elektronen zu Cr(III)-Verbindungen reduziert werden [vgl. **MC-Fragen 251–257, 458**].

Zum Nachweis bzw. zum Aufschluss von Chromverbindungen mittels der *Oxidationsschmelze* siehe Kapitel 1.2.4 und 1.5.3 [vgl. **MC-Fragen Nr. 21–23, 33, 90, 91, 93, 97, 453**].

Des Weiteren zeigen Cr-Verbindungen noch folgende analytisch auswertbare Eigenschaften und Reaktionen, die zu ihrer Identifizierung herangezogen werden können:

(1) Verhalten gegenüber Ammoniak und Laugen: Alkalihydroxide, Ammoniak, Soda oder Urotropin fällen aus Cr(III)-Salzlösungen *graugrünes Chrom(III)-hydroxid* $[Cr(OH)_3]$ aus, das in frisch gefällter Form in Säuren löslich ist. $Cr(OH)_3$ löst sich in der Kälte und in Gegenwart von NH_4^+-Salzen auch in NH_3 unter Bildung eines violetten Hexammin-Komplexes. Beim Kochen wird der Amminkomplex zerstört und es fällt erneut $Cr(OH)_3$ aus [vgl. **MC-Frage Nr. 39**].

$$Cr(OH)_3 + 3\ NH_4^+ + 3\ NH_3 \rightleftharpoons [Cr(NH_3)_6]^{3+} + 3\ H_2O$$

Cr(III)-hydroxid ist – im Gegensatz zu $Fe(OH)_3$ – schwach amphoter und löst sich in starken Laugen mit tiefgrüner Farbe unter Bildung von Hexahydroxochromat(III). Beim Kochen bzw. beim Verdünnen entsteht durch Hydrolyse wieder schwer lösliches $Cr(OH)_3$. Infolge Alterung nimmt die Löslichkeit des Hydroxids in Laugen stark ab.

$$Cr^{3+} + 3\ HO^- \rightarrow Cr(OH)_3\downarrow \xrightarrow{+\ 3\ HO^-} [Cr(OH)_6]^{3-}$$

(2) Verhalten gegenüber Sulfiden: In saurer Lösung bildet sich beim Einleiten von H_2S kein Niederschlag und auch aus neutraler Lösung fällt mit $(NH_4)_2S$ oder Ammoniumpolysulfid *kein* Chrom(III)-sulfid (Cr_2S_3) aus, sondern durch Hydrolyse entsteht schwer lösliches *Chrom(III)-hydroxid* $[Cr(OH)_3]$.

$$2\ Cr^{3+} + 3\ S^{2-} + 6\ H_2O \rightarrow 2\ Cr(OH)_3\downarrow + 3\ H_2S\uparrow$$

(3) Oxidation von Cr(III) zu Cr(VI): Die Oxidation von drei- zu sechswertigem Chrom gelingt in alkalischer Lösung unter Bildung von *gelbem* Chromat (CrO_4^{2-}) mit Wasserstoffperoxid oder Brom und in saurer Lösung mit Alkaliperoxodisulfaten, wobei *orangefarbenes* Dichromat ($Cr_2O_7^{2-}$) gebildet wird [vgl. **MC-Fragen Nr. 452, 458**].

$$2\ Cr(OH)_3 + 3\ H_2O_2 + 4\ HO^- \rightarrow 2\ CrO_4^{2-} + 8\ H_2O$$
$$2\ Cr^{3+} + 3\ S_2O_8^{2-} + 21\ H_2O \rightarrow Cr_2O_7^{2-} + 6\ SO_4^{2-} + 14\ H_3O^+$$

2.3.2.16 Zink

Zink ist ein unedles Schwermetall und löst sich in Säuren oder Laugen unter Wasserstoff-Entwicklung.

$$Zn + 2\ HCl \rightarrow ZnCl_2 + H_2\uparrow$$
$$Zn + 2\ H_2O + 2\ HO^- \rightarrow [Zn(OH)_4]^{2-} + H_2\uparrow$$

In seinen Verbindungen tritt Zink nur in der *zweiwertigen* Stufe auf. Das Zn(II)-Ion ist *farblos* und besitzt keine reduzierenden Eigenschaften. Leicht löslich sind das Nitrat, das Sulfat sowie die Halogenide, schwerer löslich das Hydroxid, Phosphat, Carbonat und das Sulfid. *Zinkhydroxid* [$Zn(OH)_2$] ist amphoter. Beim Zn(II)-Ion besteht eine hohe Neigung zur Komplexbildung. Das bei Raumtemperatur weiße *Zinkoxid* (ZnO) zeigt beim Erhitzen eine reversible Farbänderung nach gelb (*Thermochromie*) [vgl. **MC-Frage Nr. 393**].

Zn(II)-Ionen zeigen folgende analytisch wichtigen Eigenschaften und Reaktionen:

(1) Verhalten gegenüber Ammoniak und Laugen: Eine Zn^{2+}-Salzlösung wird tropfenweise mit Alkalihydroxid-Lösung versetzt. Die an der Eintropfstelle auftretende *weiße* Fällung von *Zinkhydroxid* [$Zn(OH)_2$] ist im Überschuss von HO^--Ionen löslich unter Bildung des farblosen Tetrahydroxo-Komplexes, $[Zn(OH)_4]^{2-}$. Verringert man den pH-Wert der Lösung durch Zugabe von Ammoniumsalzen (z. B. NH_4Cl), so bleibt die Lösung klar. Es erfolgt lediglich ein Ligandenaustausch unter Bildung des farblosen Tetrammin-Komplexes, $[Zn(NH_3)_4]^{2+}$. Auf Zusatz von Natriumsulfid (Na_2S) fällt aus diesen Lösungen *weißes Zinksulfid* (ZnS) aus *(Ph. Eur.)* [vgl. **MC-Fragen Nr. 35–41, 43, 45–47, 73, 298, 392–395, 467, 828**].

$$Zn^{2+} + 2\ HO^- \rightarrow Zn(OH)_2\downarrow \xrightarrow{+\ 2\ HO^-} [Zn(OH)_4]^{2-} \xrightarrow{+\ Na_2S} ZnS\downarrow$$

In ammoniumsalzfreier Lösung bildet sich mit Ammoniak zunächst $Zn(OH)_2$, das sich aber im Überschuss des Fällungsmittels als Tetrammin-Komplex löst. Bei hohen NH_3-Konzentrationen kann auch ein Hexammin-Komplex gebildet werden. In Anwesenheit von NH_4^+-Salzen bleibt infolge der Zurückdrängung der HO^--Konzentration durch NH_4^+-Ionen die Fällung von $Zn(OH)_2$ aus. Die Bildung des löslichen Zinkhexammin-Komplexes kann auch zur Unterscheidung von Aluminium genutzt werden. Aus beiden Elementen entstehen mit Hydroxid-Ionen amphotere Hydroxide; im Gegensatz zu Zink bildet aber Aluminium keinen Amminkomplex und $Al(OH)_3$ fällt auf Zusatz von Ammoniak aus [vgl. **MC-Frage Nr. 299**].

$$Zn(OH)_2 + 2\ NH_3 + 2\ NH_4^+ \rightarrow 2\ H_2O + [Zn(NH_3)_4]^{2+} \rightarrow [Zn(NH_3)_6]^{2+}$$

(2) Bildung gefärbter Verbindungen: Zinksalze ergeben beim Erhitzen mit Co(II)-nitrat in der Oxidationsflamme ein *Spinell* der Zusammensetzung $ZnCo_2O_4$, **Rinmans Grün** [vgl. **MC-Fragen Nr. 465, 836**].

$$ZnO + 2\ Co(NO_3)_2 \rightarrow ZnCo_2O_4 + 4\ NO_2\uparrow + 1/2\ O_2\uparrow$$

Mit **Dithizon** bilden Zn(II)-Ionen in neutraler, essigsaurer oder alkalischer Lösung ein purpurrotes Chelat, das sich mit gleicher Farbe in Tetrachlorkohlenstoff und Chloroform löst. Zur Struktur des Chelatkomplexes siehe Kapitel 2.3.2.3.

(3) Bildung schwer löslicher Verbindungen: Wird die Lösung eines Zinksalzes mit Kaliumhexacyanoferrat(II)-Lösung versetzt, so entsteht ein *weißer* bis grünlichweißer Niederschlag von $K_2Zn_3[Fe(CN)_6]_2$, der in verd. HCl löslich ist. Die meisten zweiwertigen Ionen stören, insbesondere Cd^{2+} und Mn^{2+}.

$$3\ Zn^{2+} + 2\ K^+ + 2\ [Fe(CN)_6]^{4-} \rightarrow K_2Zn_3[Fe(CN)_6]_2\downarrow$$

Mit Kaliumhexacyanoferrat(III) fällt ein *braungelber* Niederschlag, der in verdünnten Säuren schwer löslich ist [vgl. **MC-Frage Nr. 488**].

$$3\ Zn^{2+} + 2\ [Fe(CN)_6]^{3-} \rightarrow Zn_3[Fe(CN)_6]_2\downarrow$$

Phosphat-Ionen fällen bei pH=7 weißes *Zinkphosphat* $[Zn_3(PO_4)_2]$, das löslich in Säuren und Ammoniak ist, in Letzterem unter Bildung eines Amminkomplexes. Aus ammoniumsalzhaltigen, schwach ammoniakalischen Lösungen kann auch *Zinkammoniumphosphat* ($ZnNH_4PO_4$) ausfallen, das – zum Unterschied von $MgNH_4PO_4$ – in konzentriertem Ammoniak löslich ist [vgl. **MC-Fragen Nr. 302, 502**].

Die Fällung von $ZnNH_4PO_4$ und die Überführung durch Glühen in das Pyrophosphat ($Zn_2P_2O_7$) kann zur gravimetrischen Zink-Bestimmung genutzt werden. Vorteilhafter ist jedoch die komplexometrische Titration von Zinksalzen gegen Xylenolorange oder Eriochromschwarz T-Mischindikator [siehe Ehlers, **Analytik II**, Kap. 9.2.1 und **MC-Frage Nr. 393**].

Aus neutralen, essigsauren, alkalischen oder ammoniakalischen Zn(II)-Lösungen fällt mit Schwefelwasserstoff oder einem Alkalisulfid *weißes Zinksulfid* (ZnS) aus. Die Fällung ist aber nicht quantitativ, wenn bei der Reaktion eine starke Säure gebildet wird. Mit Thioacetamid bildet Zn(II) nur im alkalischen oder ammoniakalischen Medium ZnS, weil im neutralen oder schwach sauren pH-Bereich aus Thioacetamid nur äußerst langsam H_2S freigesetzt wird. Die Bildung von ZnS in essigsaurer, acetatgepufferter Lösung mit H_2S kann zur Zn-Abtrennung von Cr^{3+} oder Al^{3+} herangezogen werden. ZnS ist – im Gegensatz zu Co_2S_3 bzw. Ni_2S_3 – in 0,5 M-Salzsäure löslich [vgl. **MC-Fragen Nr. 292, 459**].

$$Zn^{2+} + S^{2-} \rightarrow ZnS\downarrow$$

Wie Co(II)-, Fe(II)-, Cu(II)- und Cd(II)-Ionen bildet auch Zn(II) in neutraler bis essigsaurer Lösung ein *weißes*, relativ schwer lösliches *Zinkthiocyanatomercurat*(II), $Zn[Hg(SCN)_4]$. In Gegenwart von Cu(II) ist der Niederschlag *fliederfarben* gefärbt. Der Zusatz von Co(II) führt zu einer *blauen* Mischkristallbildung.

$$Zn^{2+} + [Hg(SCN)_4]^{2-} \rightarrow Zn[Hg(SCN)_4]\downarrow$$

Die Fällung einiger *schwer löslicher Zinksalze* wird auch im Anionentrennungsgang zur Abtrennung von Sulfid-, Cyanid-, Hexacyanoferrat(II)/(III)-Ionen genutzt (siehe „Zinknitrat-Gruppe", Kapitel 2.2.2).

2.3.2.17 Magnesium

Magnesium liegt in seinen Verbindungen ausschließlich in der Oxidationsstufe **+2** vor; das hydratisierte Mg^{2+}-Kation ist *farblos*. Magnesium ist zwar ein Erdalkalielement, weicht jedoch in der Löslichkeit vieler Verbindungen z. T. erheblich von den übrigen Elementen der Gruppe ab. Im Kationentrennungsgang findet sich Magnesium in der löslichen Gruppe wieder.

Magnesium bildet – im Gegensatz zu seinen Homologen – ein leicht lösliches Sulfat und Chromat. Demgegenüber ist sein Hydroxid aber wesentlich schwerer löslich als die Hydroxide der übrigen Erdalkalielemente. Mg-Salze wie das Phosphat, Carbonat und Fluorid sind ebenfalls in Wasser relativ schwer löslich. Die Trennung Magnesium/Lithium gelingt u. a. durch Fällung als schwer lösliches *Magnesiumhydroxid* [$Mg(OH)_2$], während Lithiumhydroxid (LiOH) wasserlöslich ist [vgl. **MC-Fragen Nr. 308, 399, 400**].

Magnesium zeigt in vielen Reaktionen eine enge Verwandtschaft zu Lithium (Schrägbeziehung im PSE) sowie zu Zink und Cadmium (Isomorphie, Doppelsalzbildung). Fast alle Mg-Nachweise werden durch Schwermetallkationen und teilweise auch durch die übrigen Erdalkalielemente gestört. Auch Lithium muss bei diesen Nachweisen abwesend sein. Mg-Salze ergeben *keine* Flammenfärbung.

Zum Nachweis von Mg(II)-Ionen sind geeignet:

(1) Verhalten gegenüber Ammoniak und Laugen: Beim Versetzen einer Mg^{2+}-Lösung mit Alkali- oder Erdalkalihydroxiden fällt *weißes*, flockiges *Magnesiumhydroxid* [$Mg(OH)_2$] aus, das im Überschuss des jeweiligen Fällungsmittels unlöslich ist. In Gegenwart von Ammoniumsalzen ist die Fällung von $Mg(OH)_2$ unvollständig oder bleibt ganz aus.

Wässriges Ammoniak fällt aus Lösungen mit Mg^{2+}-Salzen ebenfalls $Mg(OH)_2$ aus, das sich auf Zusatz von Ammoniumsalzen wieder auflöst. Gibt man danach Hydrogenphosphat-Ionen (HPO_4^{2-}) hinzu, so kristallisiert *weißes Magnesiumammoniumphosphat* ($MgNH_4PO_4$) aus *(Ph. Eur.)* [vgl. **MC-Fragen Nr. 36, 40, 396–399**].

$$Mg(OH)_2 + 2\,NH_4^+ \xrightarrow{-\,2\,H_2O} [Mg(NH_3)_2]^{2+} \xrightarrow{(+\,HPO_4^{2-})} MgNH_4PO_4\downarrow$$

Das Ausbleiben der Magnesiumhydroxid-Fällung durch NH_3/NH_4Cl beruht auf der Verringerung der HO^--Konzentration (Verminderung des pH-Wertes) durch NH_4^+ -Ionen, sodass das Löslichkeitsprodukt von $Mg(OH)_2$ nicht mehr überschritten wird. Ein zweiter Grund für das Ausbleiben der Fällung ist die Verringerung der Mg^{2+}-Konzentration durch die Komplexbildung mit NH_3. Die Bildung des Amminkomplexes gewinnt aber erst bei sehr hohen NH_3-Konzentrationen an Bedeutung.

(2) Bildung schwer löslicher Verbindungen: Bei Abwesenheit von Ammoniumsalzen fällt mit Carbonat-Ionen ein *basisches Magnesiumcarbonat* wechselnder

Zusammensetzung aus, das sich in Säuren oder einer NH_4Cl-Lösung wieder auflöst [vgl. **MC-Fragen Nr. 300, 396**].

$$Mg^{2+} + CO_3^{2-} \rightarrow MgCO_3\downarrow \mid Mg^{2+} + 2\,HO^- \rightarrow Mg(OH)_2\downarrow$$

$$CO_3^{2-} + NH_4^+ \rightleftharpoons HCO_3^- + NH_3$$

In Anwesenheit von Ammoniumsalzen erfolgt mit $(NH_4)_2CO_3$-Lösung *keine* Fällung, weil durch die Verringerung des pH-Wertes und die Pufferung der Lösung überwiegend Hydrogencarbonat-Ionen statt Carbonat-Ionen vorliegen.

Auch bei Zugabe von Quecksilber(II)-oxid (HgO) bildet sich in schwach ammoniakalischer Lösung schwer lösliches $Mg(OH)_2$. Diese Reaktion eignet sich zur Abtrennung von Mg^{2+}-Ionen von Alkali-Ionen, vor allem zur Trennung von Li^+.

Durch Hinzufügen von Natriumhydrogenphoshat (Na_2HPO_4) zu einer ammoniakalischen, NH_4Cl-gepufferten Lösung eines Mg-Salzes kann *weißes Magnesiumammoniumphosphat* ($MgNH_4PO_4$) gefällt werden, das eine charakteristische Kristallform (Sargdeckel) besitzt *(Ph. Eur.)* [vgl. **MC-Fragen Nr. 396, 397, 470, 502**].

$$Mg^{2+} + NH_3 + HPO_4^{2-} \rightarrow MgNH_4PO_4\downarrow$$

Da viele andere Kationen, wie z. B. Mn(II) oder Zn(II), in ammoniakalischer Lösung ebenfalls Fällungen mit Phosphat ergeben, müssen sie sämtlich vorher entfernt werden. Eine Abtrennung des $ZnNH_4PO_4$ von $MgNH_4PO_4$ ist mit konzentrierter Ammoniak-Lösung möglich, mit der Zn(II) einen löslichen Amminkomplex bildet. Eine Unterscheidung von $MgNH_4PO_4$ und $MnNH_4PO_4$ gelingt durch Übergießen mit $NaOH/H_2O_2$, wodurch sich der Mn-Niederschlag infolge Oxidation zu Mn(IV) *braun* färbt [vgl. **MC-Fragen Nr. 302, 366**].

Auf Grund der Bildung von schwer löslichem Lithiumphosphat (Li_3PO_4) stören auch Lithiumsalze den Nachweis als Ammoniummagnesiumphosphat.

(3) Nachweis mit organischen Reagenzien: Mg^{2+}-Ionen bilden in ammoniakalischer Lösung mit *8-Hydroxychinolin (Oxin)* einen schwer löslichen *grünlich-gelben* Chelatkomplex. Diese Fällungsreaktion eignet sich besonders zur Mg(II)-Abtrennung von Alkali-Ionen einschließlich Li^+. Die Fällung des Oxinats ist auch eine Möglichkeit zur gravimetrischen Mg-Bestimmung. Allerdings geben zahlreiche Schwermetall-Ionen mit Oxin ebenfalls eine schwer lösliche Verbindung; sie müssen deshalb abwesend sein [siehe Ehlers, **Analytik II,** Kapitel 5.2.1.2 und **MC-Fragen Nr. 500, 506**].

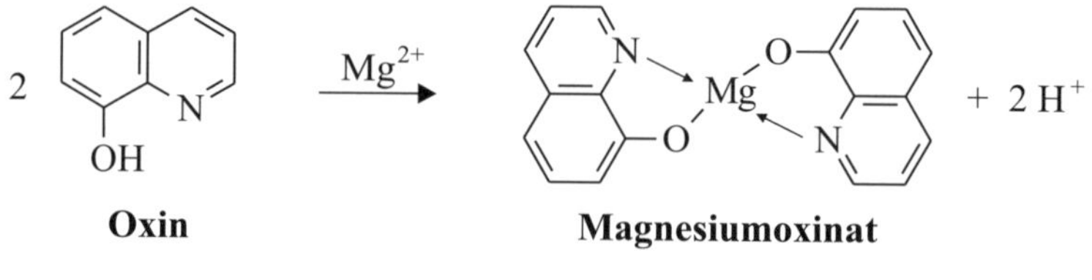

Oxin **Magnesiumoxinat**

Mit *Magneson* (p-Nitrobenzenazo-1-naphthol) ergibt Mg(II) in stark alkalischer Lösung einen *kornblumenblauen* Farblack. Zahlreiche Schwermetalle sowie Al^{3+}, Be^{2+} und Ca^{2+} stören und müssen vorher abgetrennt werden.

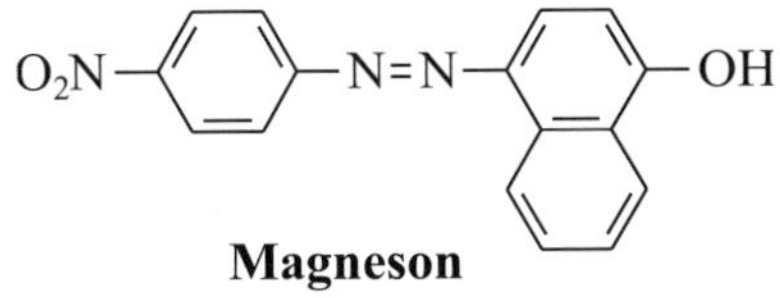

Magneson

Mit alkalischer Chinalizarin-Lösung bilden Mg^{2+}-Ionen einen *blauen* Farblack. Alkali-, Erdalkali- und Al(III)-Ionen stören (siehe Kapitel 2.3.2.14, Ziffer 3).

In alkalischer Lösung entsteht aus *Titangelb* und Mg(II) ein *hellroter* Farblack. Co(II), Mn(II), Ni(II) und Zn(II) stören und müssen zuvor als Sulfide gefällt oder mit Cyanid-Ionen maskiert werden [vgl. **MC-Fragen Nr. 396, 397**].

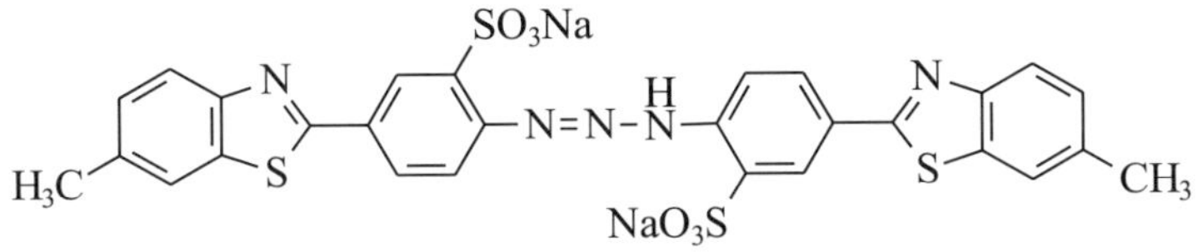

Titangelb

(4) Grenzprüfung auf Magnesium: Die zu untersuchende Probelösung wird mit Natriumtetraborat versetzt und mit verd. HCl- bzw. NaOH-Lösung auf pH = 8,8 – 9,2 eingestellt. Danach gibt man eine 0,1 %ige 8-Hydroxychinolin-Lösung (Oxin-Lösung) in Chloroform hinzu. Nach 1 Minute werden die Phasen getrennt. Nun fügt man zur wässrigen Phase n-Butylamin und Triethanolamin hinzu und stellt gegebenenfalls einen pH-Wert von 10,5–11,5 ein. Anschließend wird nochmals mit obiger 8-Hydroxychinolin-Lösung extrahiert. Nach Trennung der beiden Schichten wird die untere, organische Phase zur Prüfung verwendet. Eine Referenzlösung mit 10 ppm Magnesium wird in analoger Weise behandelt. Die zu prüfende Lösung darf nicht stärker gefärbt sein als die Vergleichslösung.

Zur *spezifischen* Bestimmung von Mg^{2+}-Ionen neben anderen Elementen hat sich die Extraktion mit 8-Hydroxychinolin/n-Butylamin bewährt. Mg^{2+}-Ionen bilden ein Oxinat, das in unpolaren organischen Lösungsmitteln wie Chloroform unlöslich und somit nicht extrahierbar ist. Setzt man jedoch dem Zweiphasengemisch $H_2O/CHCl_3$ ein aliphatisches Amin (z. B. n-Butylamin) als Lösungsvermittler hinzu, so geht das *Magnesiumoxinat* $[Mg(Ox)_2 \cdot 2\,H_2O]$ im pH-Bereich 10,5 – 13,6 quantitativ in die Chloroform-Phase über. Wahrscheinlich bildet sich ein extraktionsfähiger Komplex der Zusammensetzung (RNH_3^+ $[Mg(Ox)_3]^-$) (Ox = Oxinat). Die übrigen Erdalkali- sowie Alkali-Ionen stören nicht. Eine Reihe von Schwermetall-Ionen werden durch die vorherige Extraktion bei pH = 9 entfernt oder durch die Komplexbildung mit Triethanolamin maskiert [vgl. **MC-Fragen Nr. 500, 506**].

Zusätzlich zur obigen Methode lässt das Arzneibuch auch eine Grenzprüfung auf Magnesium und andere Erdalkalielemente in Form einer *komplexometrischen Grenztitration* in Anwesenheit eines NH_3/NH_4Cl-Puffers mit einer 0,01 M-Natriumedetat-Lösung gegen Eriochromschwarz T als Indikator durchführen [vgl. **MC-Frage Nr. 396**].

2.3.2.18 Calcium

Calcium gleicht in seinen chemischen Eigenschaften den anderen Erdalkalielementen, jedoch sind Calciumverbindungen häufig besser löslich. So sind *Calciumsulfat* [Anhydrit, Gips] ($CaSO_4$) und *Calciumcarbonat* [Kalkspat] ($CaCO_3$) leichter löslich als $SrSO_4$ oder $BaSO_4$ bzw. $SrCO_3$ oder $BaCO_3$. Abweichend davon ist die Löslichkeit von *Calciumoxalat* (CaC_2O_4) geringer als von SrC_2O_4 oder BaC_2O_4. Auch *Calciumhydroxid* [$Ca(OH)_2$] besitzt – im Vergleich zu $Ba(OH)_2$ – ein geringeres Löslichkeitsprodukt. Sehr gut wasserlöslich sind *Calciumsulfid* (CaS), *Calciumnitrat* [Kalksalpeter] [$Ca(NO_3)_2$] und *Calciumchlorid* ($CaCl_2$). Trockenes $Ca(NO_3)_2$ und $CaCl_2$ sind auch löslich in einem Gemisch aus gleichen Teilen Ether und absolutem Ethanol. $CaCl_2$ ist hygroskopisch und wird als Trocknungsmittel verwendet. $CaCl_2$ ist – im Gegensatz zu $SrCl_2$ – auch löslich in Amylalkohol (Pentanol) [vgl. **MC-Fragen Nr. 401–406**].

Die Schwerlöslichkeit von Calciumverbindungen – wie Calciumoxalat (CaC_2O_4), Calciumcarbonat ($CaCO_3$), Calciumphosphat [$Ca_3(PO_4)_2$], Calciumfluorid (CaF_2) u. a. – kann zum *Gruppennachweis* für manche Anionen genutzt werden [siehe Kapitel 2.2.1.4 und **MC-Frage Nr. 134**].

Ca^{2+}-Ionen besitzen folgende Eigenschaften, die zu ihrem Nachweis bzw. zu ihrer Identifizierung beitragen können [vgl. **MC-Fragen Nr. 12, 401, 402, 407–411, 478, 490, 496**]:

(1) Flammenfärbung: Calcium färbt die nichtleuchtende Bunsenflamme *ziegelrot*. Zur eindeutigen Zuordnung ist die Verwendung eines Spektroskops erforderlich; in einem Spektralapparat sind die *rote* (bei 622,0 nm) und die *grüne* (bei 553,3 nm) Linie des Calciums gut zu erkennen [siehe auch Kapitel 1.2.1 und **MC-Frage Nr. 12**].

(2) Bildung schwer löslicher Verbindungen: Wird die neutrale Lösung eines Calciumsalzes mit Ammoniumcarbonat-Lösung versetzt, so fällt ein *weißer* Niederschlag von *Calciumcarbonat* ($CaCO_3$) aus, der nach Aufkochen und Abkühlen (*Alterung*) in einer NH_4Cl-Lösung unlöslich ist. Letzteres ist ein wichtiges Unterscheidungsmerkmal zwischen Ca^{2+}- und Mg^{2+}-Ionen. $CaCO_3$ löst sich unter CO_2-Freisetzung in Säuren. Lösung tritt auch ein, wenn man in eine wässrige $CaCO_3$-Suspension Kohlendioxid einleitet; es entsteht *Calciumhydrogencarbonat* [$Ca(HCO_3)_2$] [vgl. **MC-Fragen Nr. 70, 401, 402, 404–407**].

$$Ca^{2+} + CO_3^{2-} \rightarrow CaCO_3\downarrow \xrightarrow{+\,CO_2/H_2O} Ca(HCO_3)_2$$

Phosphat-Ionen ergeben mit Ca^{2+}-Ionen in neutralem oder alkalischem Milieu einen *weißen* Niederschlag eines basischen *Calciumphosphats* (*Hydroxylapatit*) der Zusammensetzung [$3\,Ca_3(PO_4)_2 \cdot Ca(OH)_2$], der in HCl leicht löslich ist [vgl. **MC-Fragen Nr. 403–406**].

Die Fällung von wasserhaltigem *Calciumsulfat* (*Gips*, $CaSO_4 \cdot 2\,H_2O$) mit Sulfat-Ionen ist nie quantitativ, weil Calciumsulfat bei Raumtemperatur zu 0,015 mol/l in Wasser löslich ist. $CaSO_4$ löst sich gleichfalls in konzentrierter H_2SO_4, HCl und konzentrierter $(NH_4)_2SO_4$-Lösung. Demgegenüber reagiert wasserfreies Calciumsulfat (*Anhydrit*) derart langsam mit Wasser, dass ein basischer Aufschluss durchgeführt werden muss, um Calcium in eine leicht lösliche Form zu bringen (siehe Kapitel 1.5.2). Calciumsulfat kann auch aufgrund seiner Kristallstruktur von den anderen Erdalkalisulfaten wie $SrSO_4$ oder $BaSO_4$ unterschieden werden [vgl. **MC-Fragen Nr. 401, 402**].

Wird die Lösung eines Calciumsalzes mit Ammoniumoxalat-Lösung versetzt, so entsteht – selbst aus $CaSO_4$-Lösungen – ein *weißer* Niederschlag von *Calciumoxalat* (CaC_2O_4), der in Essigsäure oder Ammoniak unlöslich ist. Calciumoxalat löst sich in verdünnter Salzsäure und Salpetersäure, weil in mineralsaurer Lösung durch Zurückdrängen der Dissoziation – Bildung von Oxalsäure ($H_2C_2O_4$) – die Konzentration an Oxalat-Ionen ($C_2O_4^{2-}$) nicht mehr ausreicht, das Löslichkeitsprodukt von CaC_2O_4 zu überschreiten. Daher fällt man Calciumoxalat am besten aus essigsaurer, acetatgepufferter Lösung. Die Fällung von CaC_2O_4 dient auch zur Trennung von Ca^{2+}- und Mg^{2+}-Ionen [vgl. **MC-Fragen Nr. 401–406, 410, 490, 496**].

$$Ca^{2+} + {}^{-}OOC\text{-}COO^{-} \rightarrow CaC_2O_4\downarrow$$
$$CaC_2O_4 + H_3O^{+} \rightarrow Ca^{2+} + HOOC\text{-}COO^{-} + H_2O$$

Mit Hexacyanoferrat(II) bilden Ca^{2+}-Ionen in essigsaurer Lösung in Gegenwart von Ammoniumsalzen einen *weißen* Niederschlag von $(NH_4)_2Ca[Fe(CN)_6]$, der sich in stark saurem Milieu wieder löst. Sr^{2+}- und Ba^{2+}-Ionen stören nicht, jedoch gibt Mg(II) eine ähnliche Fällung *(Ph. Eur.)* [vgl. **MC-Frage Nr. 408**].

$$Ca^{2+} + 2\ NH_4^{+} + [Fe(CN)_6]^{4-} \rightarrow Ca(NH_4)_2[Fe(CN)_6]\downarrow$$

(3) Nachweis mit Glyoxalbishydroxyanil: Glyoxalbishydroxyanil [2,2'-(Ethandiyliden-dinitrilo)diphenol] bildet im alkalischen, carbonathaltigen Milieu mit Ca^{2+}-Ionen einen *roten* Chelatkomplex, der sich mit Chloroform/Ethanol extrahieren lässt. Dabei werden die beiden Wassermoleküle durch Ethanol als Liganden ersetzt *(Ph. Eur.)* [vgl. **MC-Fragen Nr. 409, 478, 505**].

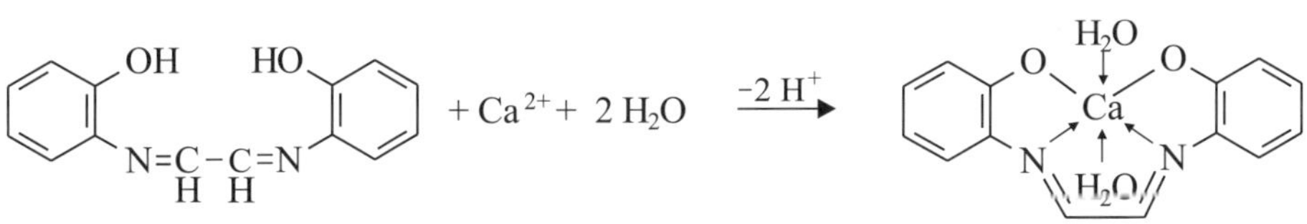

Ba^{2+}- und Sr^{2+}-Ionen bilden analoge Komplexe, die aber mit Chloroform nicht extrahierbar sind, und die durch das zugesetzte Carbonat als $BaCO_3$ bzw. $SrCO_3$ gefällt werden. Auch andere Kationen bilden mit Glyoxalbishydroxyanil ähnliche Komplexe, jedoch sind deren Chelate meistens in Wasser schwer löslich und nicht mit Chloroform extrahierbar. Cd(II), Cu(II), Ni(II) und Co(II) werden am besten in einer alkalischen Lösung mit Kaliumcyanid (KCN) maskiert. Von den Anionen stören Oxalat, Citrat, Tartrat und Borat.

(4) Grenzprüfung auf Calcium: Zur Grenzprüfung auf Calcium-Ionen lässt das Arzneibuch folgende Bestimmung durchführen.

– *Eine ethanolische Lösung mit 100 ppm Calcium wird mit Ammoniumoxalat-Lösung versetzt. Nach 1 Minute gibt man man Essigsäure (12 %ig) und die Probe-*

lösung hinzu. Eine Referenzlösung, die 10 ppm Calcium enthält, wird in gleicher Weise behandelt. Nach 15 Minuten darf die zu prüfende Lösung nicht stärker getrübt sein als die Vergleichslösung.

Die zunächst aus Calciumacetat und Ammoniumoxalat erzeugten *Impfkristalle* von *Calciumoxalat* sollen in der anschließend hinzugefügten Prüflösung bzw. in der Vergleichslösung CaC_2O_4-Teilchen gleicher Größe induzieren, weil der zum Vergleich herangezogene Trübungsgrad der Lösungen von der Zahl und Größe der gebildeten Teilchen abhängt. Beide Parameter werden durch die Anwesenheit von Impfkristallen und Fremdelektrolyten sowie von äußeren Faktoren (pH-Wert, Temperatur, Reihenfolge und Geschwindigkeit der Reagenzienzugabe) beeinflusst. Deshalb sind auch alle für die Grenzprüfung auf Calcium verwendeten Lösungen mit *destilliertem Wasser* herzustellen [vgl. **MC-Fragen Nr. 411, 496**].

2.3.2.19 Strontium

Strontiumsalze ähneln in ihrem chemischen Verhalten den Calcium- und Bariumsalzen, jedoch gibt es graduelle Unterschiede. So sind *Strontiumsulfat* ($SrSO_4$) und *Strontiumchromat* ($SrCrO_4$) leichter löslich als die entsprechenden Bariumsalze. Die Fällung von $BaCrO_4$ in acetatgepufferter Lösung kann deshalb zur Sr/Ba-Trennung genutzt werden [vgl. **MC-Frage Nr. 412**].

Dagegen ist $SrSO_4$ schwerer löslich als $CaSO_4$, sodass *Strontiumsulfat* aus wässrigen Lösungen mit einer gesättigten Lösung von Gipswasser gefällt werden kann. Demgegenüber ist *Strontiumoxalat* (SrC_2O_4) in Wasser leichter löslich als Calciumoxalat und – im Gegensatz zu Ca^{2+}-Ionen – tritt auch mit Hexacyanoferrat(III), $[Fe(CN)_6]^{4-}$, kein Niederschlag auf [vgl. **MC-Frage Nr. 412**].

Strontiumchlorid ($SrCl_2$) löst sich in einem Ethanol/Ether-Gemisch, während *Strontiumnitrat* $[Sr(NO_3)_2]$ – im Gegensatz zu Calciumnitrat $[Ca(NO_3)_2]$ – in Ethanol/Ether schwer löslich ist [vgl. **MC-Frage Nr. 412**].

Weitere analytisch verwertbare Eigenschaften von Sr^{2+}-Ionen sind:

(1) Flammenfärbung: Strontiumsalze färben die nichtleuchtende Bunsenflamme intensiv rot. Im Spektroskop sind mehrere *rote* Linien bei 600–650 nm zu erkennen, während die charakteristische blaue Linie (460,7 nm) nur selten sichtbar wird [vgl. **MC-Fragen Nr. 9, 10**].

(2) Bildung schwer löslicher Verbindungen: Versetzt man eine Sr^{2+}-Probelösung mit einer Alkalicarbonat- oder Ammoniumcarbonat-Lösung, so fällt *weißes Strontiumcarbonat* ($SrCO_3$) aus, das in Säuren unter CO_2-Entwicklung (Aufbrausen) löslich ist.

Aufgrund des geringeren Löslichkeitsproduktes von $SrSO_4$ im Vergleich zu $CaSO_4$ bildet sich bei Zugabe einer gesättigten, wässrigen $CaSO_4$-Lösung (*Gipswasser*) zu einer Sr^{2+}-Salzlösung *langsam* ein Niederschlag von *weißem Strontiumsulfat* ($SrSO_4$).

$$Sr^{2+} + CaSO_4 \rightarrow SrSO_4\downarrow + Ca^{2+}$$

Bei Anwesenheit von Ba^{2+}-Ionen entsteht sofort eine Fällung, weil $BaSO_4$ noch schwerer löslich ist als $SrSO_4$. Ba^{2+}-Ionen stören und müssen vor dem Sr-Nachweis abgetrennt werden. Zum basischen Aufschluss von $SrSO_4$ siehe Kapitel 1.5.2 [vgl. **MC-Fragen Nr. 95, 412**].

In neutraler oder ammoniakalischer Lösung bilden Chromat-Ionen (CrO_4^{2-}) einen *gelben* Niederschlag von *Strontiumchromat* ($SrCrO_4$), der leicht löslich in *schwachen* Säuren ist. Da Bariumchromat ($BaCrO_4$) in Wasser wesentlich schwerer löslich ist als $SrCrO_4$, müssen Ba^{2+}-Ionen vor dem Strontium-Nachweis entfernt werden [vgl. **MC-Fragen Nr. 300, 303, 304, 412, 414**].

2.3.2.20 Barium

Barium tritt in seinen Verbindungen nur in der *zweiwertigen* Stufe auf. Die Neigung von Ba^{2+}-Ionen zur Bildung von Komplexen ist gering. Schwer lösliche Bariumsalze sind das Carbonat, Chromat, Fluorid und insbesondere das Sulfat. Die wässrige Lösung von $Ba(OH)_2$ heißt *Barytwasser*. Lösliche Bariumsalze sind *toxisch*. Zum Unterschied von den entsprechenden Calciumsalzen sind *Bariumnitrat* [$Ba(NO_3)_2$] und *Bariumchlorid* ($BaCl_2$) in einem Ethanol/Ether-Gemisch unlöslich [vgl. **MC-Frage Nr. 415**].

Zur Fällung schwer löslicher Bariumsalze als Gruppennachweis für zahlreiche Anionen siehe Kapitel 2.2.1.5. Zum Aufschluss von *Bariumsulfat* ($BaSO_4$) siehe Kapitel 1.4 und 1.5.2 [vgl. **MC-Fragen Nr. 76–79, 82, 129–133**].

Barium-Ionen lassen sich nachweisen mit:

(1) Flammenfärbung: Im Spektroskop sind eine Schar *grüner* Linien zu erkennen, von denen die bei 524,2 nm und 513,9 nm besonders charakteristisch sind [vgl. **MC-Fragen Nr. 5–8, 11, 413**].

(2) Bildung schwer löslicher Verbindungen: Versetzt man eine Probelösung mit einer Alkalicarbonat- oder Ammoniumcarbonat-Lösung, so fällt *weißes*, flockiges *Bariumcarbonat* ($BaCO_3$) aus, das in Salzsäure löslich ist. Bariumcarbonat entsteht auch beim Glühen von *Bariumoxalat* (BaC_2O_4). Die BaC_2O_4-Fällung und anschließende Umwandlung in das Carbonat kann zur gravimetrischen Bestimmung von Bariumverbindungen herangezogen werden.

$$Ba^{2+} + CO_3^{2-} \rightarrow BaCO_3\downarrow \xleftarrow{\Delta} BaC_2O_4$$

Obgleich *Bariumchlorid* ($BaCl_2$) in wässriger Lösung leicht löslich ist, kann es in der Kälte aus verhältnismäßig konzentrierten Lösungen mit konz. HCl als *Konzentrationsniederschlag* gefällt werden. Der Niederschlag löst sich beim Verdünnen mit Wasser wieder auf [vgl. **MC-Frage Nr. 413**].

(3) Fällung als Bariumsulfat: $BaSO_4$ lässt sich aus Ba^{2+}-Salzlösungen mit einer gesättigten $SrSO_4$-Lösung oder mit Gipswasser fällen, weil das Löslichkeitsprodukt von $BaSO_4$ deutlich kleiner ist als das der übrigen Erdalkalisulfate.

$$Ba^{2+} + SrSO_4 \rightarrow BaSO_4\downarrow + Sr^{2+}$$

Aus *salzsaurer* Lösung wird Bariumsulfat als feinkristalliner Niederschlag am besten mit verdünnter H_2SO_4 gefällt. $BaSO_4$ ist schwer löslich in Wasser und Mineralsäuren wie HCl oder HNO_3, löst sich aber etwas in konzentrierter H_2SO_4. Im Gegensatz zu Bleisulfat ($PbSO_4$) ist Bariumsulfat unlöslich in konzentrierter NaOH-

Lösung und in Ammoniumtartrat-Lösung, die beide $PbSO_4$ unter Komplexbildung lösen. Durch seine Schwerlöslichkeit in Mineralsäuren kann $BaSO_4$ auch von anderen schwer löslichen Bariumsalzen ($BaCO_3$, $BaSO_3$, $Ba_3(PO_4)_2$, BaF_2, $BaCrO_4$) unterschieden werden [vgl. **MC-Fragen Nr. 305–307, 837**].

(4) Fällung als Bariumchromat: Sowohl $K_2Cr_2O_7$ als auch K_2CrO_4 geben in neutraler oder schwach essigsaurer, acetatgepufferter Lösung mit Ba^{2+}-Ionen einen *gelben* Niederschlag von *Bariumchromat* ($BaCrO_4$).

$$Ba^{2+} + CrO_4^{2-} \rightarrow BaCrO_4\downarrow$$
$$2\ Ba^{2+} + Cr_2O_7^{2-} + 3\ H_2O \rightarrow 2\ BaCrO_4\downarrow + 2\ H_3O^+$$

Bariumchromat ist in HCl löslich, da in salzsaurer Lösung Chromat-Ionen (CrO_4^{2-}) soweit in Dichromat ($Cr_2O_7^{2-}$) übergeführt worden sind, dass die CrO_4^{2-} -Konzentration nicht mehr zur Fällung von $BaCrO_4$ ausreicht. Daher müssen auch die bei der Umsetzung mit Dichromat freiwerdenden Protonen laufend aus dem Gleichgewicht entfernt werden. Dies geschieht am besten durch Abpuffern mit Natriumacetat/Essigsäure.

Strontiumchromat ($SrCrO_4$) fällt nur aus alkalischen Lösungen, da es löslicher als $BaCrO_4$ ist. Bei einem pH-Wert kleiner 7 wird das Löslichkeitsprodukt von $SrCrO_4$ nicht mehr erreicht. Deshalb ist die $BaCrO_4$-Fällung aus essigsaurem, acetatgepuffertem Milieu als beste Methode zur Bariumabtrennung von den übrigen Erdalkalielementen geeignet [vgl. **MC-Fragen Nr. 255, 300, 303, 304, 413, 414**].

2.3.2.21 Lithium

Hinsichtlich seiner chemischen Eigenschaften steht Lithium zwischen den Alkali- und Erdalkalielementen. Besonders enge Verwandtschaft zeigt es zu Magnesium (Schrägbeziehung im PSE). So bildet Lithium ein verhältnismäßig schwer lösliches Carbonat, Phosphat und Fluorid. Im Gegensatz zu $Mg(OH)_2$ ist jedoch *Lithiumhydroxid* (LiOH) in Wasser leicht löslich [vgl. **MC-Fragen Nr. 308, 484**].

Lithiumchlorid (LiCl) ist – im Gegensatz zu $MgCl_2$ und den übrigen Alkalichloriden – in Ethanol oder Pentanol (Amylalkohol) ebenso gut löslich wie in Wasser und kann auf diese Weise von Mg^{2+}-Ionen und den Alkali-Ionen abgetrennt werden. LiCl löst sich auch in einem Ethanol/Ether-Gemisch [vgl. **MC-Fragen Nr. 416, 825**].

Zum Nachweis von Li^+-Ionen können genutzt werden:

(1) Flammenfärbung: Lithiumsalze färben die Bunsenflamme *karminrot.* Durch Natrium wird die Farbe verdeckt, sodass man die Flammenfärbung zweckmäßigerweise durch ein Kobaltglas beobachtet. Zum spektralanalytischen Nachweis dienen die Linien bei 670,8 nm (rot) und 610,3 nm (gelborange) *(Ph. Eur.)* [vgl. **MC-Fragen Nr. 9, 10, 12, 13**].

(2) Bildung schwer löslicher Verbindungen: Li^+-Kationen geben – ähnlich wie Na^+-Ionen – mit Hexahydroxoantimonat(V), $[Sb(OH)_6]^-$, einen kristallinen Niederschlag von *Lithiumhexahydroxoantimonat(V)*, $Li[Sb(OH)_6]$, der jedoch wesentlich löslicher ist als die betreffende Natriumverbindung.

Carbonat-Ionen ergeben in wässriger Lösung mit Li^+-Ionen einen *weißen* Niederschlag von *Lithiumcarbonat* (Li_2CO_3). Die Fällung bleibt in Anwesenheit von Ammoniumsalzen aus. Lithiumcarbonat kann durch Eindampfen in HCl in *Lithiumchlorid* (LiCl) umgewandelt werden, das – im Gegensatz zu den übrigen Alkalichloriden – in 96 %igem Ethanol gut löslich ist. Ein unlöslicher Rückstand an dieser Stelle ist deshalb ein Hinweis auf fremde Alkalisalze (*Ph. Eur.*) [vgl. **MC-Frage Nr. 416**].

$$2\,Li^+ + CO_3^{2-} \rightarrow Li_2CO_3\downarrow \xrightarrow{(HCl)} 2\,LiCl\downarrow + CO_2\uparrow + H_2O$$

Dinatriumhydrogenphoshat (Na_2HPO_4) in NaOH-Lösung liefert beim Kochen einen *weißen* Niederschlag von *Lithiumphosphat* (Li_3PO_4), der leicht löslich in Säuren ist. Deshalb ist ohne den Zusatz von NaOH als Protonenfänger die Fällung nicht vollständig [vgl. **MC-Fragen Nr. 416, 484, 825**].

$$3\,Li^+ + HPO_4^{2-} + H_2O \rightleftharpoons Li_3PO_4 + H_3O^+$$
$$3\,Li^+ + HPO_4^{2-} + HO^- \rightarrow Li_3PO_4\downarrow + H_2O$$

Mit einer alkalischen Fe(III)-periodat-Lösung geben Lithiumsalze einen *gelblich-weißen* Niederschlag wechselnder Zusammensetzung. Ammonium-Ionen werden vorher durch Kochen in KOH vertrieben und zweiwertige Elemente müssen zuvor in der alkalischen Lösung als Oxinate abgetrennt werden. Li^+-Ionen werden dann im Filtrat mit Eisenperiodat nachgewiesen (*Ph. Eur.*) [vgl. **MC-Frage Nr. 416**].

$$K^+ + Li^+ + [FeIO_6]^{2-} \rightarrow Li_2[FeIO_6] \text{ oder } LiK[FeIO_6]$$

In schwach alkalischem, etwa 95 %igem Ethanol können Li^+-Ionen auf Zusatz von 8-Hydroxychinolin (Oxin) in *Lithiumoxinat* übergeführt und durch dessen grüne Fluoreszenz nachgewiesen werden.

2.3.2.22 Natrium

Fast alle Natriumsalze sind in Wasser leicht löslich. Daher eignen sich zum Nachweis von Na^+-Ionen nur wenige Fällungsreagenzien. Im Vergleich zu den übrigen Alkalisalzen ergibt sich im Hinblick auf deren Löslichkeit ein sehr komplexes Bild; so ist zum Beispiel *Natriumchlorid* (NaCl) im Gegensatz zum Lithiumchlorid (LiCl) in Amylalkohol schwer löslich, während *Natriumperchlorat* ($NaClO_4$) zum Unterschied von Kaliumperchlorat ($KClO_4$) sich leicht in Wasser löst.

Analytisch auswertbare Eigenschaften von Natrium-Ionen sind [vgl. **MC-Fragen Nr. 10, 12, 417, 468, 473, 479, 493**]:

(1) Flammenfärbung: Natriumverbindungen erteilen der nichtleuchtenden Bunsenflamme eine intensiv *gelbe* Farbe. Bei Betrachtung durch ein Spektroskop erscheint die Na-D-Line bei 589 nm. Da Natrium in Spuren in fast allen Substanzen vorkommt, ist für seinen spektralanalytischen Nachweis wichtig, dass die Flamme *anhaltend* intensiv gelb aufleuchtet.

(2) Bildung schwer löslicher Verbindungen: Na^+-Ionen bilden in stark alkalischer Lösung nach Zugabe von Kaliumhexahydroxoantimonat(V), $K[Sb(OH)_6]$, in der Kälte einen *weißen*, kristallinen Niederschlag von *Natriumhexahydroxoantimonat(V)*, $Na[Sb(OH)_6]$. Durch den vorherigen Zusatz von K_2CO_3, bei der keine Fällung von Carbonaten auftreten darf, wird die Anwesenheit anderer Kationen ausgeschlossen *(Ph. Eur.)*.

$$Na^+ + K[Sb(OH)_6] \rightarrow Na[Sb(OH)_6]\downarrow + K^+$$

Wird die konzentrierte Lösung eines Natriumsalzes – falls notwendig nach Ansäuern mit Essigsäure und anschließender Filtration – mit Magnesiumuranylacetat versetzt, so entsteht ein *gelber* Niederschlag von *Natriummagnesiumuranylacetat.*

$$Na^+ + 3\,UO_4^{2+} + Mg^{2+} + 9\,CH_3COO^- + 6\,H_2O \rightarrow NaMg(UO_2)_3(CH_3COO)_9 \cdot 6\,H_2O\downarrow$$

Magnesium kann in solchen Tripelsalzen auch durch Cobalt oder Zink ersetzt werden. *Natriumzinkuranylacetat* ergibt im essigsauren Milieu einen *gelben* und *Natriumcobalturanylacetat* einen *orangefarbenen* Niederschlag.

Natrium-Ionen ergeben in der Kälte mit racemischer α-Methoxyphenylessigsäure einen voluminösen *weißen* Niederschlag eines Gemischs von:

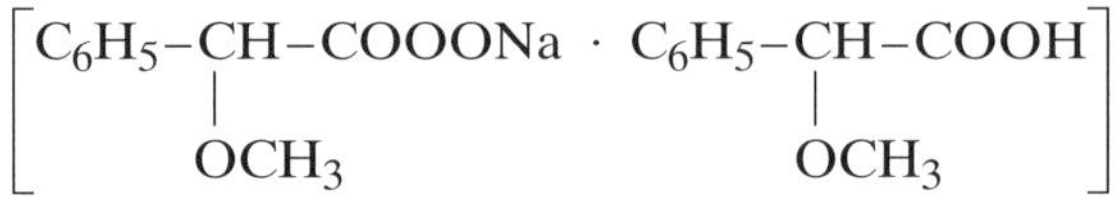

Dieses Reagenz ist wesentlich selektiver für Na^+-Ionen als Zink- oder Magnesiumuranylacetat. Li^+-, K^+-, NH_4^+ - und Mg^{2+}-Ionen werden toleriert. Der Niederschlag löst sich nach Zusatz von NH_3-Lösung und tritt bei der nachfolgenden Zugabe von $(NH_4)_2CO_3$-Lösung *nicht* wieder auf *(Ph. Eur.)*.

2.3.2.23 Kalium

Kaliumsalze sind häufig schwerer löslich als die entsprechenden Natriumsalze und enthalten meistens kein Kristallwasser. Die nachfolgend genannten K^+-Nachweise werden auch von NH_4^+ -, Cs^+-, Rb^+- und teilweise auch von Tl^+-Ionen gegeben. Ammonium-Ionen sind deshalb vor der Prüfung auf Kalium durch Abrauchen zu entfernen.

Zur Identifizierung von Kalium-Ionen sind folgende Eigenschaften und Reaktionen geeignet:

(1) Flammenfärbung: Kaliumsalze färben nach Befeuchten mit Salzsäure die nichtleuchtende Bunsenflamme *violett.* Die charakteristischen Spektrallinien des Kaliums liegen bei 768,2 nm (rot) und 404,4 nm (violett). Geringe Mengen an Natrium überdecken die Kalium-Farbe, sodass man die Flammenfärbung durch ein Kobaltglas beobachten muss. Der K^+-Nachweis mittels Flammenfärbung ist daher nur als Vorprobe zu werten und K^+-Ionen sollten zusätzlich noch durch eine der folgenden Methoden nachgewiesen werden [vgl. **MC-Frage Nr. 12**].

(2) Bildung schwer löslicher Verbindungen: Eine K^+-Ionen enthaltende Lösung wird nacheinander mit Na_2CO_3 und Na_2S-Lösung versetzt. Es darf *kein* Niederschlag auftreten, wodurch die Anwesenheit von Schwermetall-Ionen und Erdalkali-Ionen ausgeschlossen wird. Danach gibt man Weinsäure bzw. Natriumhydrogentartrat oder ein Weinsäure/Natriumacetat-Gemisch hinzu. Es bildet sich unter Kühlung mit Eiswasser schwer lösliches, *weißes Kaliumhydrogentartrat,* $KH(C_4H_4O_6)$. Kaliumhydrogentartrat ist sowohl in Säuren als auch in Laugen leicht löslich. Der günstigste Bereich für die Fällung liegt bei pH 3,4–3,6. Ammoniumsalze müssen vorher durch Abrauchen entfernt werden *(Ph. Eur.)* [vgl. **MC-Fragen Nr. 419, 485, 491**].

$$HC_4H_4O_6^- + K^+ \rightarrow KHC_4H_4O_6\downarrow$$

K^+-Ionen bilden in neutraler bis essigsaurer Lösung mit Natriumhexanitrocobaltat(III), $Na_3[Co(NO_2)_6]$, einen *zitronengelben* Niederschlag, dessen Zusammensetzung in Abhängigkeit von den Konzentrationsverhältnissen von $K_3[Co(NO_2)_6]$ über $K_2Na[Co(NO_2)_6]$ bis $KNa_2[Co(NO_2)_6]$ schwanken kann. NH_4^+-Ionen stören den Nachweis durch Bildung einer ähnlichen Fällung *(Ph. Eur.)* [vgl. **MC-Fragen Nr. 418, 474, 477, 481, 483, 498**].

$$2\,K^+ + Na^+ + [Co(NO_2)_6]^{3-} \rightarrow K_2Na[Co(NO_2)_6]\downarrow$$

In schwach salzsaurer Lösung geben K^+-Ionen mit Perchloraten in der Kälte einen *weißen* Niederschlag von *Kaliumperchlorat* ($KClO_4$) [vgl. **MC-Frage Nr. 418**].

$$K^+ + ClO_4^- \rightarrow KClO_4\downarrow$$

Außer $KClO_4$, $RbClO_4$ und $CsClO_4$ sind auch die Perchlorate einiger Amminkomplexe des Nickels und Zinks schwer löslich in Wasser. Letztere sind jedoch nur in ammoniakalischer Lösung beständig, sodass die Fällung von $KClO_4$ aus schwach saurer Lösung recht *spezifisch* ist. Die $KClO_4$-Fällung eignet sich besonders gut zur Na/K-Trennung.

Versetzt man eine K^+-Probelösung mit Hexachloroplatinat(IV)-säure, $H_2[PtCl_6]$, so kristallisiert das Kaliumsalz in Form von *zitronengelben* Oktaedern aus. Beim Glühen entsteht daraus metallisches Platin [vgl. **MC-Frage Nr. 418**].

$$2\,K^+ + [PtCl_6]^{2-} \rightarrow K_2[PtCl_6]\downarrow \xrightarrow{\Delta} Pt + 2\,KCl + 2\,Cl_2\uparrow$$

Aus schwach essigsaurer Lösung kann Kalium mit einer Lösung von Kupfer(II)-acetat/Blei(II)-acetat/Natriumnitrit als *schwarzes* bis dunkelbraunes Tripelsalz gefällt werden [vgl. **MC-Frage Nr. 418**].

$$2\,K^+ + Cu^{2+} + Pb^{2+} + 6\,NO_2^- \rightarrow K_2CuPb(NO_2)_6\downarrow$$

Natriumtetraphenylborat (Kalignost) fällt aus neutraler oder essigsaurer Lösung einen *weißen* Niederschlag von *Kaliumtetraphenylborat*, $K[B(C_6H_5)_4]$ [vgl. **MC-Fragen Nr. 418, 497, 503**].

$$Na^+[B(C_6H_5)_4]^- + K^+ \rightarrow K[B(C_6H_5)_4]\downarrow + Na^+$$

(3) Grenzprüfung auf Kalium: Zur Grenzprüfung auf Kalium nutzt das Arzneibuch folgende Methode:

– *Zur jeweiligen Kalium-Salzlösung gibt man eine frisch zubereitete, 1 %ige Lösung von Natriumtetraphenylborat hinzu. Eine Referenzlösung mit 20 ppm Kalium wird in gleicher Weise behandelt. Nach 5 Minuten darf die zu prüfende Lösung nicht stärker getrübt sein als die Referenzlösung.*

Wie in Ziffer (2) beschrieben, bildet das Anion der Tetraphenylborwasserstoffsäure, $H[B(C_6H_5)_4]$, mit Kalium einen schwer löslichen, kristallinen Niederschlag von *Kaliumtetraphenylborat,* der gleichfalls zur gravimetrischen Kalium-Bestimmung geeignet ist. Eine ähnliche Fällung ergeben auch Ammonium-Ionen, während Li^+- und Na^+-Ionen selbst in großem Überschuss *nicht* stören. Störende zweiwertige Kationen lassen sich mit Natriumedetat und dreiwertige mit Fluorid-Ionen maskieren.

2.3.2.24 Ammoniumsalze

Ammonium-Ionen (NH_4^+) und Kalium-Ionen besitzen sehr ähnliche Ionenradien. Daher gleicht das Löslichkeitsverhalten vieler Ammoniumsalze dem der analogen Kaliumsalze. Charakteristisch für Ammoniumsalze ist jedoch ihre Flüchtigkeit und Zersetzlichkeit.

Auf das *farblose* Ammonium-Ion wird entweder direkt in der Ursubstanz geprüft oder, da die Mehrzahl der Nachweisreaktionen von K^+-Ionen gestört wird, wird es aus natronalkalischer Lösung als *Ammoniak* (NH_3) vertrieben und nach Auffangen in einer Vorlage nachgewiesen.

Geeignete Reaktionen zur Identifizierung von NH_4^+ -Ionen sind:

(1) Thermolyse von Ammoniumverbindungen: Ammoniumsalze zersetzen sich bei höheren Temperaturen. Salze flüchtiger Säure wie *Ammoniumchlorid* (NH_4Cl) oder *Ammoniumcarbonat* [$(NH_4)_2CO_3$] verflüchtigen sich dabei vollkommen, kondensieren aber z. T. im kälteren Teil der Apparatur.

$$NH_4Cl \xrightarrow{\text{Hitze}} NH_3\uparrow + HCl\uparrow \xrightarrow{\text{Kälte}} NH_4Cl\downarrow$$

$$(NH_4)_2CO_3 \rightarrow 2\ NH_3\uparrow + CO_2\uparrow + H_2O$$

Salze nichtflüchtiger Säuren wie *Ammoniumdihydrogenphosphat* [$NH_4H_2PO_4$] zerfallen ebenfalls, wobei nur NH_3 und eventuell noch Wasser verdampfen. Beispielsweise zersetzt sich *Ammoniumsulfat* [$(NH_4)_2SO_4$] bei etwa 350 °C zu *Ammoniumhydrogensulfat* (NH_4HSO_4), das anschließend zu *Ammoniumdisulfat* [$(NH_4)_2S_2O_7$] dehydratisiert.

$$(NH_4)H_2PO_4 \rightarrow NH_3\uparrow + H_3PO_4$$
$$(NH_4)_2SO_4 \rightarrow NH_3\uparrow + (NH_4)HSO_4$$
$$2\ (NH_4)HSO_4 \rightarrow (NH_4)_2S_2O_7 + H_2O\uparrow$$

Erhitzt man dagegen *Ammoniumnitrit* (NH_4NO_2) auf etwa 70 °C, so entweicht unter Komproportionierung elementarer Stickstoff, während sich aus *Ammoniumnitrat* (NH_4NO_3) in exothermer Reaktion *Distickstoffmonoxid* (N_2O) bildet. Auch *Ammoniumdichromat* [$(NH_4)_2Cr_2O_7$] liefert bei der thermischen Zersetzung molekularen Stickstoff [vgl. **MC-Fragen Nr. 232, 421**).

$$NH_4NO_2 \rightarrow N_2\uparrow + 2\ H_2O$$
$$NH_4NO_3 \rightarrow N_2O\uparrow + 2\ H_2O$$
$$(NH_4)_2Cr_2O_7 \rightarrow N_2\uparrow + Cr_2O_3 + 4\ H_2O$$

(2) Verhalten gegenüber Basen: Die schwache Base *Ammoniak* (NH_3) [pK_b = 4,76] kann durch nichtflüchtige, starke Basen aus seinen Salzen in Freiheit gesetzt werden. Die gebildeten Dämpfe können durch ihren Geruch oder mithilfe eines

Indikators durch ihre alkalische Reaktion nachgewiesen werden *(Ph. Eur.)*. Auch Disproportionierungsreaktionen von Hg(I)-Verbindungen können zur weiteren Identifizierung von freigesetztem Ammoniak beitragen. Außer Alkalihydroxiden setzen auch Erdalkalihydroxide und Oxide wie Magnesiumoxid aus Ammoniumsalzen Ammoniak frei [vgl. **MC-Fragen Nr. 420–423**].

$$NH_4Cl + NaOH \rightarrow NH_3\uparrow + H_2O + NaCl$$
$$2\ NH_4Cl + MgO \rightarrow 2\ NH_3\uparrow + H_2O + MgCl_2$$

Bei dieser Prüfung werden neben Ammoniumsalzen auch Salze von flüchtigen *aliphatischen Amine* erfasst [z. B. primäres Methylamin CH_3NH_2, sekundäres Dimethylamin $(CH_3)_2NH$, tertiäres Trimethylamin $(CH_3)_3N$ bzw. deren Ammoniumchloriden], sodass die Reaktion *nicht* spezifisch für NH_4^+ -Ionen ist. Die Spezifität wird erhöht, wenn die Analysensubstanz mit NaOH-Lösung behandelt und das dabei freigesetzte NH_3 durch die nachfolgenden Reaktionen und Eigenschaften zusätzlich charakterisiert wird:

- Geruch
- Entstehung weißer Nebel mit konz. HCl-Lösung infolge Bildung von fein verteiltem NH_4Cl (Ammoniumchlorid-Rauch)
- Umschlag eines Säure-Base-Indikators, z. B. durch die Blaufärbung von rotem Lackmus-Papier
- Disproportionierung von Hg(I)-Salzen
  $2\ NH_3 + Hg_2^{2+} \rightarrow Hg\downarrow + (\text{-Hg-NH}_2\text{-})^+ + NH_4^+$

(3) Bildung schwer löslicher Verbindungen: NH_4^+ -Salze bilden nach Zugabe von Natriumhexanitrocobaltat(III)-Lösung, $Na_3[Co(NO_2)_6]$, einen schwer löslichen *gelben* Niederschlag von $(NH_4)_2Na[Co(NO_2)_6]$ *(Ph. Eur.)* [vgl. **MC-Fragen Nr. 420, 421, 424–427, 480, 482, 826**].

Da *Kaliumsalze* eine analoge Reaktion ergeben, wird die zu prüfende Lösung durch Zusatz von Magnesiumoxid (MgO) zunächst alkalisch gestellt und das gebildete NH_3 mit einem Luftstrom in eine mit einer HCl-Lösung gefüllten Vorlage übergetrieben. Dabei schlägt der Säure-Base-Indikator *Methylrot* von *rot* nach *gelb* um. Gibt man anschließend Natriumhexanitrocobaltat(III) Lösung hinzu, so entsteht eine *gelbe* Fällung. Insgesamt laufen bei der Identitätsprüfung auf Ammoniumsalze nach Arzneibuch folgende Teilprozesse ab:

$$MgO + H_2O \rightarrow Mg(OH)_2$$
$$Mg(OH)_2 + 2\ NH_4^+ \rightarrow NH_3\uparrow + Mg^{2+} + 2\ H_2O$$
$$NH_3 + HCl \rightarrow NH_4Cl$$

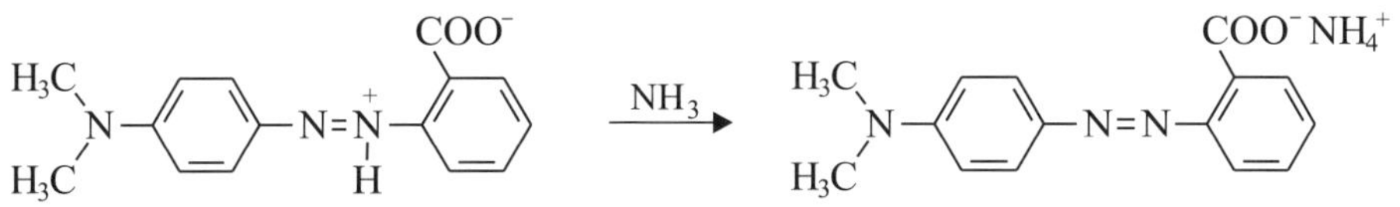

Methylrot **rot** **gelb**

$$2\ NH_4^+ + [Co(NO_2)_6]^{3-} + Na^+ \rightarrow (NH_4)_2Na[Co(NO_2)_6]\downarrow$$

Kalium-Ionen stören die Identitätsprüfung auf Ammonium-Ionen nach Arzneibuch *nicht*, da sie unter den gegebenen Bedingungen *keine* flüchtigen Verbindungen bilden. Kalium-Ionen verbleiben in der alkalischen Lösung und kommen nicht mit dem Hexanitrocobaltat(III)-Reagenz in Berührung [vgl. **MC-Frage Nr. 427**].

Ammonium-Ionen bilden, wie K^+-Ionen auch, ein schwer lösliches *Hexachloroplatinat(IV)*. Beim Verglühen des Niederschlags bleibt Platin zurück [vgl. **MC-Frage Nr. 421**].

$$2\ NH_4^+ + [PtCl_6]^{2-} \rightarrow (NH_4)_2[PtCl_6]\downarrow \xrightarrow{\Delta} Pt\downarrow + 2\ NH_4Cl\uparrow + 2\ Cl_2\uparrow$$

Ebenso fällt auf Zusatz von Natriumtetraphenylborat (Kalignost) aus Ammonium-Salzlösungen schwer lösliches *Ammoniumtetraphenylborat*, $NH_4[B(C_6H_5)_4]$ aus [vgl. **MC-Frage Nr. 503**].

(4) Nachweis mit Neßlers Reagenz: Ammoniak (NH_3) bildet mit Kaliumtetraiodomercurat(II) (*Neßlers Reagenz*), $K_2[HgI_4]$, ein schwer lösliches Iodid. Aus der zunächst *gelbbraun* gefärbten Lösung scheiden sich alsbald braune Flocken von Hg_2NI ab (siehe auch Ziffer 6) [vgl. **MC-Fragen Nr. 420, 428, 471**].

$$NH_3 + 2\ [HgI_4]^{2-} + 3\ HO^- \rightarrow [Hg_2NI \cdot H_2O]\downarrow + 2\ H_2O + 7\ I^-$$

(5) Bildung von Methenamin: Aus Ammonium-Ionen und Formaldehyd bildet sich Methenamin (Urotropin, 1,3,5,7-Tetraaza-adamantan, Hexamethylentetramin).

$$4\ NH_4^+ + 6\ H_2C{=}O \rightarrow (CH_2)_6N_4 + 4\ H_3O^+ + 2\ H_2O$$

(6) Grenzprüfung auf Ammonium-Ionen: Zur Grenzprüfung auf NH_4^+-Ionen nutzt das Arzneibuch folgende Methoden:

Methode A: *Die jeweils vorgeschriebene Menge der zu analysierenden Substanz wird in Wasser gelöst, mit 8,5 %iger NaOH alkalisiert und mit Neßlers Reagenz versetzt. Eine Referenzlösung mit 1 ppm NH_4^+ wird in gleicher Weise hergestellt. Nach 5 Minuten darf die zu prüfende Lösung nicht stärker gelb gefärbt sein als die Vergleichslösung.*

Neßlers Reagenz, eine alkalische Lösung von Kaliumtetraiodomercurat(II), $K_2[HgI_4]$, ergibt mit Spuren an Ammoniak eine *rotbraune* bis *orange* Färbung. Hierbei entsteht das Iodid der hochmolekularen *Millonschen Base* ($[Hg_2N]^+I^- \cdot H_2O$). Diese besteht aus einem dreidimensionalen Netzwerk von $[Hg_2N]^+$-Ionen, in dessen Hohlräume Wassermoleküle und die entsprechenden Gegenionen eingelagert sind.

Methode B: *In einen mit einem Polyethylendeckel verschließbaren Glaskolben gibt man die feingepulverte Substanzprobe zusammen mit Magnesiumoxid und Wasser. Am Deckel befestigt man einen, mit einigen Tropfen Wasser befeuchteten Mangan/Silber-Papierstreifen Das Gemisch wird nach kurzem Umschwenken, wobei der Papierstreifen nicht benetzt werden darf, 30 Minuten bei 40 °C aufbewahrt. Das Mangan/Silber-Papier darf anschließend nicht stärker grau gefärbt sein als ein Papier, das einer Referenzlösung mit 1 ppm Ammonium ausgesetzt wurde.*

Magnesiumoxid (MgO) setzt aus Ammoniumsalzen die schwächere Base Ammoniak (NH_3) frei, die mit einem Mangan/Silber-Papier ($MnSO_4/AgNO_3/H_2O$) nachgewiesen wird. NH_3-Dämpfe verfärben feuchtes Mangan/Silber-Papier über

Grau und *Braun* nach *Schwarz*, weil Mn(II)-Ionen in Gegenwart von Hydroxid-Ionen durch Ag(I) in Mangan(IV)-oxid (MnO_2) umgewandelt werden.

$$MgO + 2\,NH_4^+ \rightarrow Mg^{2+} + 2\,NH_3\uparrow + H_2O$$

$$NH_3 + H_2O \rightleftharpoons NH_4^+ + HO^-$$

$$Mn^{2+} + 2\,Ag^+ + 4\,HO^- \rightarrow MnO_2\downarrow + 2\,Ag\downarrow + 2\,H_2O$$

2.3.3 Prüfungen des Arzneibuches

In den voranstehenden Abschnitten wurden bereits die Identitäts- und Grenzprüfungen des Arzneibuches für zahlreiche pharmazeutisch wichtige Kationen bei dem betreffenden Element beschrieben. Dieses Kapitel gibt nun Auskunft über weitere, bisher noch nicht vorgestellte Prüfungen des Arzneibuches.

2.3.3.1 Prüfung auf Schwermetalle

Verunreinigungen durch Schwermetall-Ionen können z. B. bei der Synthese eines Wirkstoffes durch die verwendeten Reagenzien oder Katalysatoren eingeschleppt bzw. aus den Reaktionsgefäßen herausgelöst werden. Schwermetall-Ionen können aber auch aus der Umwelt stammen. Aufgrund ihrer hohen Toxizität muss der Schwermetallgehalt eines Arzneistoffes begrenzt werden. Der Nachweis von Schwermetallen gehört deshalb zu den wichtigsten *Reinheitsprüfungen* der Arzneimittelanalytik.

Leitsubstanz für die Prüfung auf Schwermetall-Ionen ist **Blei,** das als Pb(II) bei pH = 3,5 mit Thioacetamid (oder einer Natriumsulfid-Lösung) in *schwarzes Bleisulfid* (PbS) übergeführt wird. Die Grenzprüfung fällt auch positiv aus bei Anwesenheit von Ag-, Hg-, Cu- und Co-Verbindungen, während Fe-, Ni-, As-, Cd- und Se-Verbindungen nicht erfasst werden und in gesonderten Prüfungen nachzuweisen sind. Das Arzneibuch lässt die Grenzprüfung auf Schwermetalle nach *sieben* verschiedenen Varianten bzw. Verfahren durchführen [vgl. **MC-Fragen Nr. 295, 399, 431, 432**]:

$$CH_3CSNH_2 + 3\,H_2O + Pb^{2+} \rightarrow CH_3CONH_2 + 2\,H_3O^+ + \mathbf{PbS}\downarrow$$

Methode A: Die zu prüfende wässrige Lösung wird mit Acetatpuffer (pH = 3,5) und *Thioacetamid-Reagenz* versetzt. Welche Referenzlösung, die 1 oder 2 ppm Blei enthalten kann, zu wählen ist, wird in der jeweiligen Monographie vorgeschrieben. Nach 2 Minuten darf die zu prüfende Lösung nicht stärker braun gefärbt sein als die Vergleichslösung.

Methode B: Die zu untersuchende Substanz wird in einem mit Wasser mischbaren organischen Lösungsmittel (Dioxan oder Aceton) mit einem Mindestgehalt von 15 % (v/v) gelöst und wie unter Methode A beschrieben analysiert.

Der Nachweis der Schwermetalle erfolgt – wie oben für Pb(II) skizziert – mit Sulfid-Ionen, die durch Hydrolyse von Thioacetamid gebildet werden (siehe Kap. 2.3.1.1). Die entstehenden **Schwermetallsulfide** bleiben jedoch im vorgegebenen Konzentrationsbereich *kolloidal gelöst* und führen lediglich zu einer Farbänderung der Lösung. Erst bei hohen Schwermetallgehalten treten Trübungen und Fällungen auf. Da die Verteilung der dispersen Phase und die Stabilität der Suspension stark vom pH-Wert der Lösung abhängen, arbeitet man bei beiden Methoden in einer acetatgepufferten Lösung.

Methode C: Die jeweils vorgeschriebene Substanzmenge wird in einem Quarztiegel mit einer 25 %igen schwefelsauren *Magnesiumsulfat-Lösung* ($MgSO_4$) bis zur Trockne eingedampft und danach die Temperatur bis zur Veraschung der Substanz gesteigert. Man glüht solange, bis sich ein weißer bis schwach grauer Rückstand gebildet hat. Die Glühtemperatur sollte jedoch 800 °C nicht übersteigen. Der Vorgang wird nach Zugabe einiger Tropfen 10 %iger Schwefelsäure wiederholt, wobei die gesamte Glühzeit 2 Stunden nicht übersteigen sollte. Der Rückstand wird in 7 %iger HCl gelöst und mit NH_3-Lösung gegen Phenolphthalein alkalisch gestellt. Anschließend wird mit 98 %iger Essigsäure versetzt und die resultierende Lösung nach *Methode A* analysiert.

Methode D: Die vorgeschriebene Substanzmenge wird mit *Magnesiumoxid* (MgO) gemischt und bei schwacher Rotglut verascht. Wenn nach 30-minütigem Veraschen das Gemisch gefärbt bleibt, wird die Mischung erkalten lassen, mit einem dünnen Glasstab gut durchmischt und erneut verascht. Dieser Vorgang kann gegebenenfalls wiederholt werden. Etwa 1 Stunde lang wird auf 800 °C erhitzt, danach wird die Asche, wie unter Methode C beschrieben, weiter bearbeitet.

Schwermetalle können durch größere organische Moleküle adsorbiert und so ihrem Nachweis entzogen werden. Vor der Grenzprüfung auf Schwermetalle ist deshalb bei zahlreichen organischen Substanzen eine Veraschung notwendig. Die bisher in solchen Fällen durchgeführte Bestimmung der Schwermetalle aus der *Sulfatasche* hat Nachteile, weil einige Schwermetallsulfate wie z. B. *Bleisulfat* ($PbSO_4$) bei den angewandten Veraschungstemperaturen merklich flüchtig sind. Daher wurden in das Arzneibuch zwei neue Veraschungsmethoden aufgenommen:

- Veraschung mit Magnesiumsulfat/Schwefelsäure bei $T \leq 800$ °C,
- Veraschung mit Magnesiumoxid bei $T = 800$ °C

wobei Methode D allgemeiner anwendbar, Methode C jedoch empfindlicher ist.

Um den Eigengehalt der verwendeten Zusätze an Schwermetall-Ionen zu berücksichtigen, schreibt das Arzneibuch für die Referenzlösung die gleiche Veraschungsmethode vor wie für die zu prüfende Lösung.

Weitere Veraschungsverfahren einschließlich der *Bestimmung der Sulfatasche* sind in Ehlers, **Analytik II,** Kapitel 5.2.3 beschrieben.

Methode E: Die wässrige Lösung der zu untersuchenden Substanz wird in einen Spritzenzylinder gebracht und über eine spezielle, kommerziell erhältliche *Membranfiltervorrichtung* (siehe Abb. 2.3) vorfiltriert. Durch die Vorfiltration werden Feststoffpartikel eliminiert, die visuell nicht zu erkennen sind. Die Filtriereinheit besteht aus einem Vorfilter, dem ein Membranfilter (Porengröße 3 µm) nachgeschaltet ist (Anordnung I). Anschließend wird das Vorfiltrat mit Thioacetamid-Reagenz versetzt, 10 Minuten stehen lassen und erneut filtriert, wobei nun die Flüssigkeit zuerst das Membranfilter und danach das Vorfilter passiert (Anordnung II). Nach beendeter Filtration wird das Membranfilter entnommen und getrocknet. Eine Referenzlösung mit 1 ppm Blei wird in analoger Weise behandelt. Die Färbung des durch die Prüflösung verursachten Flecks darf nicht intensiver sein als die Färbung des mit der Vergleichslösung erhaltenen Flecks.

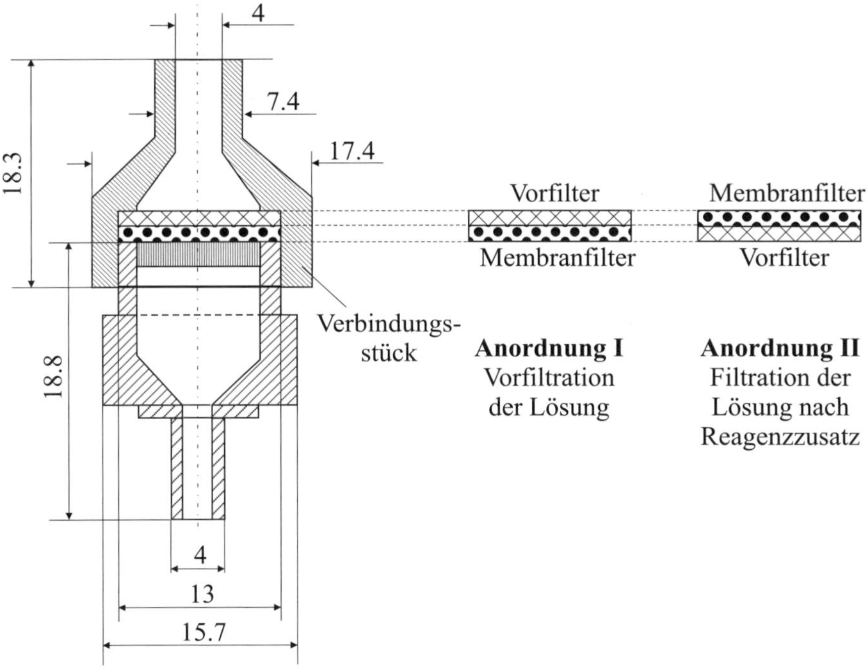

Abb. 2.3 Apparatur zur Grenzprüfung auf Schwermetalle nach Methode E (Längenangaben in mm)

Die untere Nachweisgrenze für Schwermetalle nach Methode A liegt bei 10 ppm. Die Empfindlichkeit des Nachweises kann auf 0,5 – 5,0 ppm gesteigert werden, wenn man nicht die Farbtiefe der bei pH = 3,5 mit Thioacetamid-Reagenz erzeugten Färbung kolloidal gelöster Schwermetallsulfide zur Beurteilung heranzieht, sondern den farbigen Fleck auswertet, der nach der Filtration der Probe in einer speziellen Filtriervorrichtung durch einen Membranfilter zurückbleibt.

Methode F: Die vorgeschriebene Substanzmenge wird in einem *Kjeldahl-Kolben* vorgelegt, portionsweise mit einem *Salpetersäure/Schwefelsäure-Gemisch* versetzt und langsam zum schwachen Sieden erhitzt. Die Zugabe des Säuregemischs mit nachfolgendem Erhitzen wird solange wiederholt, bis die Lösung dunkel gefärbt ist. Danach gibt man nur Salpetersäure-Reagenz hinzu und erhitzt erneut solange, bis sich der Ansatz dunkel färbt. Säurezugabe und Erhitzen werden solange fortgesetzt, bis sich die Lösung nicht mehr dunkel färbt und weiße Dämpfe entstehen. Nach dem Abkühlen wird mit Wasser verdünnt, gelbe Lösungen werden mit H_2O_2-Lösung mehrmals behandelt, bis sie farblos sind. Der Ansatz wird anschließend mit konzentriertem Ammoniak auf einen pH-Wert von 3–4 eingestellt. Der Nachweis von Schwermetallen erfolgt durch Zugabe von Thioacetamid-Reagenz. Nach 2 Minuten darf die Untersuchungslösung nicht stärker gefärbt sein als eine Referenzlösung mit 10 ppm Blei.

Methode G: Die vorgeschriebene Substanzmenge wird nacheinander mit Schwefelsäure, Salpetersäure und Wasserstoffperoxid-Lösung versetzt. Nach jeder Reagenzienzugabe wird gewartet, bis die Substanz mit dem jeweiligen Reagenz reagiert hat, ehe das nächste Reagenz zugesetzt wird. Die erhaltene Mischung wird in ein Hochdruck-Aufschlussgefäß (aus Quarzglas oder einem Fluorpolymer) überführt und in einem Mikrowellenofen nach einem optimierten Temperaturprogramm aufgeschlossen. Nach erfolgtem Aufschluss wird das Reaktionsgemisch wie unter Methode E beschrieben weiter bearbeitet.

Die Aufschlussmethoden C und D haben bezüglich der Wiederfindungsraten bestimmter Schwermetalle Nachteile und sollen durch die Methoden F und G mit einem *Kjeldahl-Aufschluss* ersetzt werden. Nachteil der Methoden F und G ist der große Zeitaufwand [zur *Kjeldahl-Methode* siehe Ehlers, **Analytik II**, Kapitel 6.2.4.7].

3. Organische Bestandteile

Ziel chemischen Arbeitens ist die Umwandlung von Stoffen, gefolgt von der Isolierung einer chemisch reinen Substanz und deren Charakterisierung, z. B. durch Bestimmung stoffspezifischer Eigenschaften mithilfe physikalisch-chemischer Methoden. Hierzu zählen die Bestimmung des Schmelzpunktes, des Siedepunktes und der Dichte. In bestimmten Fällen werden auch die Lichtbrechung und die Drehung der Ebene des polarisierten Lichtes zur Charakterisierung von Stoffen herangezogen. Darüber hinaus sind die Ermittlung der stöchiometrischen Zusammensetzung (Elementarzusammensetzung), die Bestimmung der Molmasse sowie die Identifizierung funktioneller Gruppen wichtige Aufgaben eines Analytikers. Einige dieser Aspekte sollen nachfolgend detaillierter vorgestellt werden, wobei im Vordergrund der Betrachtung die validierten Arzneibuchmethoden stehen.

Einleitung: Stoffe treten im *festen, flüssigen* und *gasförmigen* Aggregatzustand auf. Im Allgemeinen können Stoffe – je nach den äußeren Bedingungen – in allen drei Aggregatzuständen existieren. Bei jeder Änderung des Aggregatzustandes (*Phasenumwandlung*) wird eine bestimmte Wärmemenge, die sog. *Phasenübergangswärme*, aufgenommen oder abgegeben. Tabelle 3.1 informiert über die möglichen Phasenumwandlungen und die dabei auftretenden Übergangswärmen.

Abbildung 3.1 gibt vereinfacht den qualitativen Zusammenhang zwischen der jeweiligen Temperatur einer Phase (Aggregatzustand) und der aufgenommenen bzw. abgegebenen Wärmemenge wieder. Man erkennt, dass bei jeder Änderung des Aggregatzustandes eines Stoffes stets Energie benötigt oder freigesetzt wird, und dass während eines Phasenübergangs, wenn zwei Phasen nebeneinander vor-

Tab. 3.1: Phasenübergänge und Umwandlungswärmen

Phasenübergang	Bezeichnung	Übergangswärme
Fest → flüssig	Schmelzen	Schmelzwärme
Flüssig → gasförmig	Verdampfen	Verdampfungswärme
Fest → gasförmig	Sublimieren	Sublimationswärme
Flüssig → fest	Erstarren	Erstarrungswärme
Gasförmig→ flüssig	Kondensieren	Kondensationswärme
Gasförmig → fest	Verfestigen	Verfestigungswärme

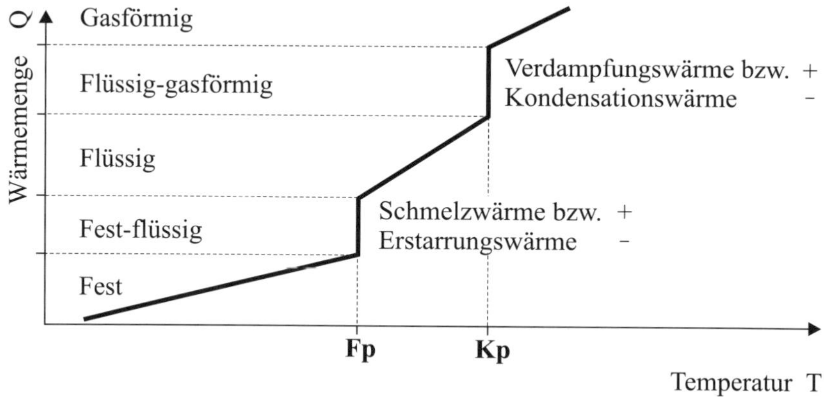

Abb. 3.1: Zusammenhang zwischen Wärmemenge und Temperatur bei Phasenumwandlungen
(+ = Wärme wird benötigt; – = Wärme wird freigesetzt)
(Kp = Siedepunkt; Fp = Schmelzpunkt)

liegen, die *Temperatur konstant* bleibt. Zum Beispiel bleibt bei einem *Schmelzvorgang* die Temperatur der schmelzenden Masse trotz weiterer Wärmezufuhr konstant. Erst wenn alles geschmolzen ist, wirkt sich die Wärmezufuhr wieder temperatursteigernd aus. Eine analoge Betrachtung lässt sich auch für den *Siedevorgang* anstellen.

Abbildung 3.2 zeigt eine **Abkühlungskurve** (Temperatur-Zeit-Diagramm). Die Kurve illustriert den zeitlichen Verlauf der Temperatur beim Abkühlen eines Gases. Man erkennt, dass die *Temperatur* während des Kondensieren (Zweiphasensystem Gas/Flüssigkeit) und während des Erstarrens (Zweiphasensystem Flüssigkeit/Feststoff) *konstant bleibt* und die Abkühlungskurve ein Plateau durchläuft.

Wie beide Abbildungen ausweisen, erfolgen alle Zustandsänderungen bei einer definierten Umwandlungstemperatur. Die Temperatur des fest-flüssigen Phasenübergangs wird *Schmelztemperatur* (Schmelzpunkt) (Fp), die der flüssig-gasförmigen Phasenumwandlung wird *Siedetemperatur* (Siedepunkt) (Kp) genannt. Diese Umwandlungstemperaturen sind vom *äußeren Druck* abhängig.

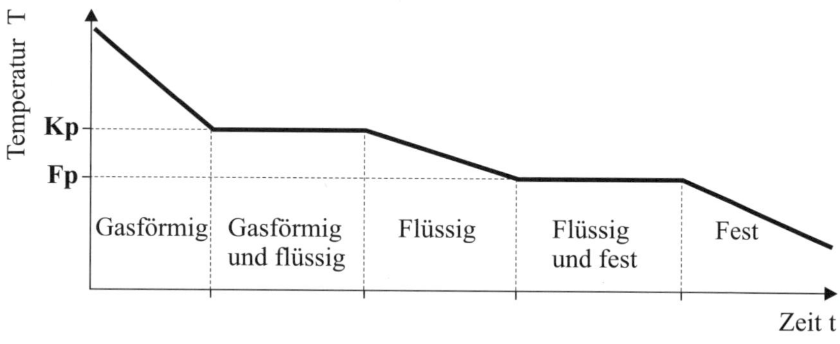

Abb. 3.2: Zeitlicher Verlauf der Temperatur bei Phasenumwandlungen

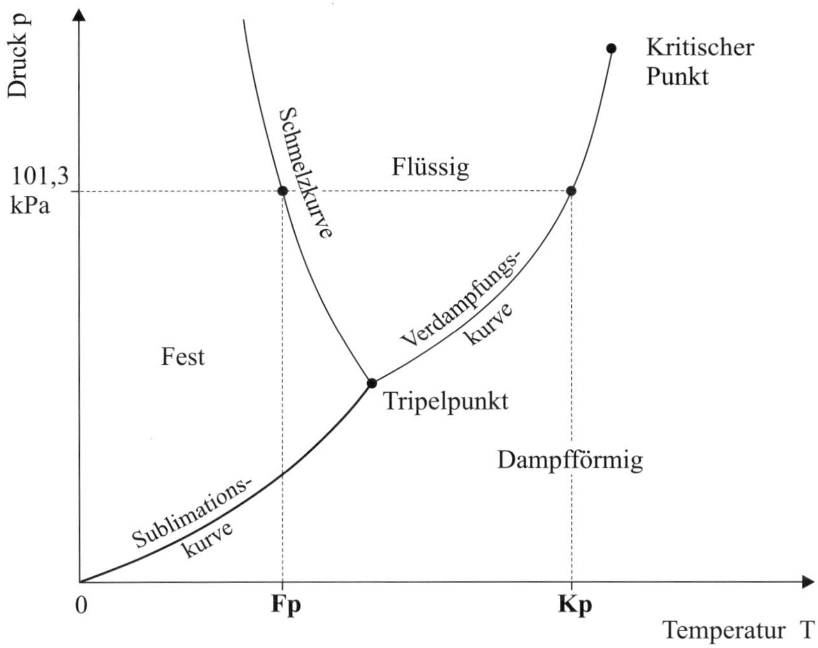

Abb. 3.3: Phasendiagramm eines Stoffes

Ein **Phasendiagramm** (Zustandsdiagramm, Druck-Temperatur-Diagramm, p-T-Diagramm), wie es in Abbildung 3.3 graphisch dargestellt ist, zeigt nun anschaulich, wie der Aggregatzustand eines Stoffes von der gewählten Temperatur und dem äußeren Druck abhängt.
Innerhalb eines durch zwei Kurvenäste begrenzten Gebietes im Phasendiagramm ist jeweils nur eine Zustandsform des Stoffes beständig, während in jedem Kurvenpunkt mindestens zwei Phasen miteinander im Gleichgewicht stehen. Im Schnittpunkt der drei Kurven, dem sog. *Tripelpunkt*, koexistieren schließlich alle drei Zustände, d. h. feste, flüssige und gasförmige Phase eines Stoffes liegen nebeneinander im Gleichgewicht vor.

Zu den einzelnen Kurvenabschnitten des Phasendiagramms lassen sich folgende Aussagen machen:

- Die *Schmelz(druck)kurve* gibt die Abhängigkeit des Schmelzpunktes (Erstarrungspunktes) vom äußeren Druck wieder und trennt die Existenzbereiche von fester und flüssiger Phase. Beim **Schmelzpunkt Fp** haben Feststoff und Flüssigkeit denselben Dampfdruck. Die Temperatur, bei der sich unter Atmosphärendruck (101,3 kPa) das fest/flüssig-Gleichgewicht einstellt, wird normalerweise als Schmelzpunkt einer Substanz bezeichnet.
- Die *Verdampfungs(druck)kurve* einer Flüssigkeit gibt die Grenzen der Existenzbereiche der flüssigen und gasförmigen Phase an. Auf dieser Kurve findet

man den **Siedepunkt Kp** als jene Temperatur, bei welcher der Dampfdruck der Flüssigkeit gleich dem herrschenden Außendruck ist. Auf diesem Kurvenabschnitt lässt sich direkt auch die jeweilige Siedetemperatur bei verschiedenen Drücken ablesen.

- Die *Sublimations(druck)kurve* gibt die Grenzen der Existenzbereiche des festen und gasförmigen Aggregatzustandes an. Viele Stoffe sublimieren, d. h. sie verdampfen ohne zu schmelzen.

3.1 Siedetemperatur und Siedebereich

Eine für **Flüssigkeiten** typische Eigenschaft ist ihre Verdampfungsfähigkeit. Bei jeder Temperatur gehen Flüssigkeitsmoleküle unter dem Einfluss der Wärmebewegung in den gasförmigen Zustand über und erzeugen in dem sie umschließenden Raum einen definierten Gasdruck (Dampfdruck). Die Tendenz zur Verdampfung ist umso höher, je höher die Temperatur ist. Wie bereits ausgeführt, wird die Temperatur, bei welcher der Dampfdruck über der Flüssigkeit gleich dem herrschenden Außendruck ist, **Siedetemperatur** (Siedepunkt) genannt. Siedepunkte (Kp) von Flüssigkeiten hängen vom individuellen Charakter der betreffenden Flüssigkeit ab und können zur Identitäts- und Reinheitsprüfung von Flüssigkeiten oder Flüssigkeitsgemischen genutzt werden. Siedepunkte werden nach Arzneibuch mithilfe folgender Methoden bestimmt:

3.1.1 Bestimmung des Destillationsbereiches (Ph. Eur.)

Der **Destillationsbereich** ist der auf 101,3 kPa (1013 mbar = 760 Torr) korrigierte Temperaturbereich, innerhalb dessen die Substanz oder ein bestimmter Anteil davon unter definierten Bedingungen destilliert.

Unter einer (einfachen) **Destillation** versteht man das Verdampfen einer Flüssigkeit und die nachfolgende Kondensation des Dampfes zum Destillat. In der Praxis beobachtet man auch bei der Destillation einheitlicher Substanzen meistens einen Siedebereich, weil die zu prüfenden Stoffe nur selten vollkommen rein sind. Zudem streuen die ermittelten Siedetemperaturen infolge methodischer Fehler; auch Ablesefehler beeinflussen das Ergebnis.

Die Bestimmung von Destillationsbereichen wird bei einheitlichen Stoffen zu ihrer Identifizierung sowie als *Reinheitsprüfung* durchgeführt. Die Größe dieses Bereiches hängt nämlich unmittelbar von der Reinheit der betreffenden Flüssigkeit ab. Bei der *Siedeanalyse* lässt das Arzneibuch prüfen, ob eine definierte Substanzmenge innerhalb eines vorgegebenen Temperaturintervalls überdestilliert.

Darüber hinaus kann die Bestimmung von Destillationsbereichen bei Mehrstoffsystemen auch Aussagen über deren anteilsmäßige Zusammensetzung machen. Die Trennung von Gemischen mittels Destillation basiert auf den unterschiedlichen Siedepunkten der einzelnen Komponenten und sie gelingt umso

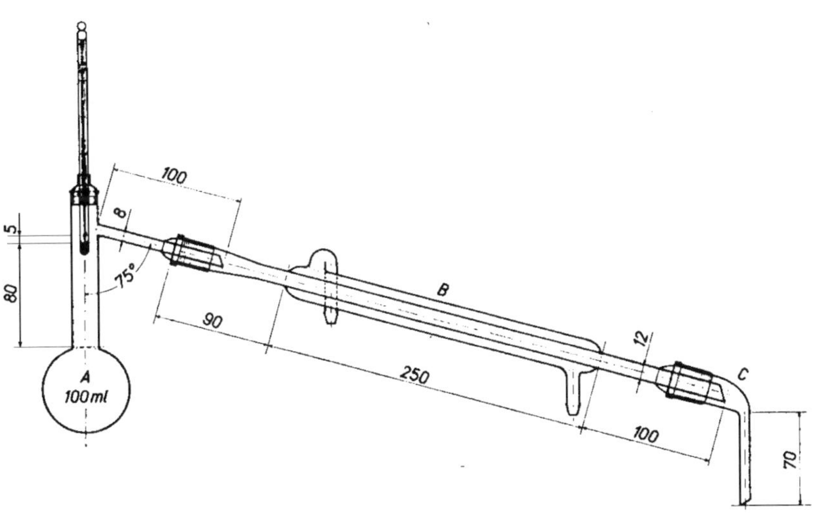

Abb. 3.4: Apparatur zur Bestimmung des Destillationsbereiches (Längenangaben in mm)

leichter, je größer die Differenz der jeweiligen Siedepunkte ist. Die Methode versagt bei *azeotropen Gemischen*, die einen konstanten Siedepunkt aufweisen, der höher oder niedriger sein kann als der Siedepunkt der einzelnen Komponenten.

Apparatur: Die Apparatur des Arzneibuchs (siehe Abb. 3.4) besteht aus einem Destillierkolben (A) und einem Liebig-Kühler (B), der mit einem Seitenrohr des Destillierkolbens und am unteren Ende mit einem Destilliervorstoß (C) verbunden ist. Ein Thermometer wird in den Hals des Kolbens so eingeführt, dass sich das obere Ende des Quecksilbergefäßes 5 Millimeter unterhalb des unteren Verbindungspunktes des Seitenrohres befindet. Das Thermometer ist in 0,2 °C unterteilt. Das Destillat wird in einem 50-ml-Messzylinder mit einer 1 ml-Einteilung aufgefangen, in den der Destilliervorstoß eintaucht.

Ausführung: 50 ml der zu prüfenden Flüssigkeit werden destilliert. Nach schnellem Erhitzen zum Sieden wird die Temperatur abgelesen, bei der der erste Tropfen Destillat in den Messzylinder fällt. Die Heizung wird nun so eingestellt, dass die Flüssigkeit mit einer konstanten Geschwindigkeit von 2–3 ml pro Minute destilliert. Die Temperatur wird ein weiteres Mal zu dem Zeitpunkt abgelesen, in welchem die gesamte Flüssigkeitsmenge oder ein vorgeschriebener Anteil davon überdestilliert ist. Das Volumen wird abgelesen, wenn die Flüssigkeit auf 20 °C abgekühlt ist.

Korrigierte Temperatur: Die abgelesenen Temperaturen des Destillationsbereiches lässt das Arzneibuch auf den Norm-Luftdruck von 101,3 kPa mithilfe folgender Formelgleichung umrechnen:

Tab. 3.2: Temperaturkorrektur

Destillationsbereich	Korrekturfaktor
Bis 100 °C	k = 0,30
Über 100 bis 140 °C	k = 0,34
Über 140 bis 190 °C	k = 0,38
Über 190 bis 240 °C	k = 0,41
Über 240 °C	k = 0,45

$$\mathbf{t_1 = t_2 + k\,(101{,}3 - b)}$$

t_1 = Korrigierte Temperatur
t_2 = Abgelesene Temperatur beim Luftdruck b
k = Korrekturfaktor (siehe Tab. 3.2)
b = Luftdruck in Kilopascal während der Destillation

In Tabelle 3.2 sind die Korrekturfaktoren für ausgewählte Destillationsbereiche aufgelistet.

3.1.2 Bestimmung der Siedetemperatur (Ph. Eur.)

Die Temperatur, bei welcher der Dampfdruck einer Flüssigkeit dem herrschenden Außendruck entspricht, wird üblicherweise als Siedepunkt bezeichnet. Das Arzneibuch lässt diese Temperatur auf den Norm-Luftdruck von 101,3 kPa (1013 mbar = 760 Torr) korrigieren, sodass folgende Definition gilt.

Die Siedetemperatur ist die korrigierte Temperatur, bei welcher der Dampfdruck einer Flüssigkeit 101,3 kPa erreicht.

Apparatur: Sie entspricht der Apparatur zur Bestimmung des Destillationsbereiches (siehe Abb. 3.4), lediglich das Thermometer soll soweit eingeführt werden, dass sich die Quecksilberkugel auf der Höhe des Halsansatzes des Destillierkolbens (A) befindet. Somit dürfte der gesamte Quecksilberfaden im Dampfraum hängen und dadurch eine Fadenkorrektur überflüssig machen.

Ausführung: 20 ml der zu prüfenden Flüssigkeit werden schnell zum Sieden erhitzt. Es wird die Temperatur abgelesen, bei der die Flüssigkeit aus dem Seitenrohr in den Kühler zu fließen beginnt.

3.1.3 Bestimmung der Siedetemperatur (DAB)

Apparatur (siehe Abb. 3.5): Sie besteht aus zwei koaxial miteinander verbundenen Glasrohren. Das innere Glasrohr dient zur Aufnahme der Substanz und des Thermometers, dessen Länge durch je drei Dornen (im Winkel von 120 °C angebrachte

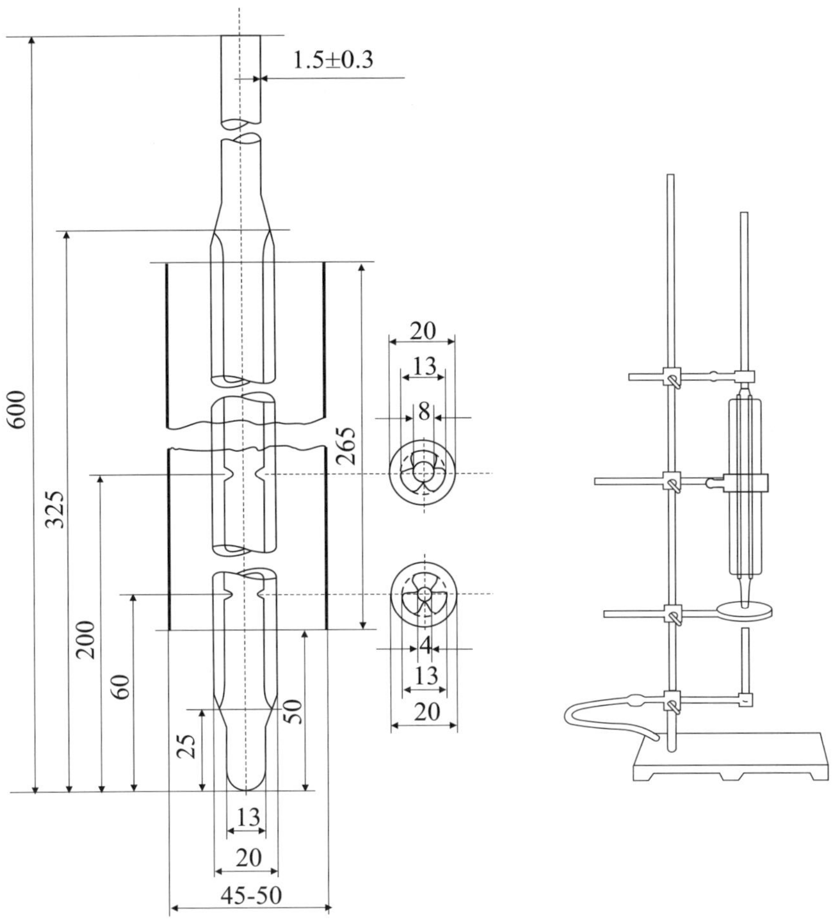

Abb. 3.5: Apparatur zur Bestimmung der Siedetemperatur (nach DAB) (Längenangaben in mm)

Einzüge) in 60 mm und 200 mm Höhe über dem unteren Ende festgelegt ist, und das eine Gradeinteilung von 0,2 °C besitzt. Das auf einem Drahtnetz stehende Gerät ist von einem weiteren, etwa 50 mm höher angebrachten Glasrohr umgeben. Das Gerät wird mittels Klammern an einem Laborstativ befestigt [vgl. **MC-Frage Nr. 509**].

Ausführung: 0,5 ml der betreffenden Flüssigkeit werden mit kleiner Flamme so zum Sieden erhitzt, dass die Flammenspitze gerade das Drahtnetz berührt. Die Temperatur, bei der die zurückfließende Flüssigkeit die Spitze der Quecksilbersäule erreicht, wird als Siedetemperatur abgelesen.

Beschreibung: Mithilfe der beschriebenen Apparatur lässt das Arzneibuch durch ein im Dampfraum befindliches Thermometer die Temperatur bestimmen, bei der sich unter einem gegebenen Außendruck (meistens Atmosphärendruck) das *Phasengleichgewicht* [flüssig ⟷ dampfförmig] zwischen aufsteigendem Dampf und herabfließendem Kondensat eingestellt hat. Vorteil der beschriebenen Methode ist ihr geringer Substanzbedarf; außerdem entfällt eine Korrektur für den Thermometerfaden.

3.1.4 Bestimmung von Wasser durch Destillation (Ph. Eur.)

Azeotrope Gemische: Jeder Stoff besitzt im festen und flüssigen Aggregatzustand einen bestimmten Dampfdruck (p), dessen Temperaturabhängigkeit durch die Dampfdruckkurve (Verdampfungskurve) gegeben ist (siehe Abb. 3.3 und Ehlers, **Chemie I,** Kap. 1.8.6.4).

Bei Gemischen zweier nicht merklich ineinander löslicher Flüssigkeiten (z. B. Wasser und Toluen) setzt sich der Gesamtdampfdruck bei einer bestimmten Temperatur (t) – unabhängig von den Mengenverhältnissen der beiden Komponenten – *additiv* aus den Dampfdrücken zusammen, welche die beiden reinen Flüssigkeiten bei der gleichen Temperatur besitzen würden:

$$\mathbf{p_t\ (Gesamt) = p_t\ (Stoff\ 1) + p_t\ (Stoff\ 2)}$$

Infolge der fehlenden (oder nur geringen) Mischbarkeit der beiden Flüssigkeiten beobachtet man aber *keine Dampfdruckerniedrigung* und ein Sieden des Gemischs erfolgt dann, wenn die Summe der Teildrücke gleich dem auf dem System lastenden Außendruck (meistens Atmosphärendruck) ist. Bei der Destillation des Gemischs verdampfen deshalb *beide* Flüssigkeiten bei *konstantem Siedepunkt* (azeotrop = konstant siedend) und *konstanter Dampfzusammensetzung* so lange, bis eine der beiden Komponenten aus dem System verschwunden ist.

Beim **azeotropen Punkt** besitzen Dampf und Flüssigkeit die gleiche Zusammensetzung. Gemische mit azeotropem Punkt lassen sich nur in je eine reine Komponente und das Gemisch mit der Konzentration des azeotropen Punktes zerlegen. Azeotrope Gemische können einen höheren oder einen tieferen Dampfdruck aufweisen als jede ihrer Reinkomponenten. Ein azeotropes Gemisch kann normalerweise nicht durch einfache Destillation getrennt werden. Die **Azeotropzusammensetzung** ist aber druckabhängig. Im Allgemeinen wirkt sich eine Druckminderung in der Weise aus, dass die Azeotropmischung an tiefer siedender Komponente reicher wird. Durch wiederholte Destillation unter verschiedenen Drücken lassen sich deshalb auch azeotrope Gemische häufig trennen.

In Tabelle 3.3 sind einige azeotrope Gemische zusammen mit ihren physikalischen Daten aufgelistet.

Apparatur (siehe Abb. 3.6): Sie besteht aus einem Rundkolben (A), der durch ein seitliches Anschluss-Stück (D) mit einem Kondensatorrohr (B) und einem graduierten Auffangrohr (E) (Einteilung in 0,1 ml) verbunden ist. Der Kühler (C) wird auf das Kondensatorrohr aufgesetzt. Als Heizung dient ein elektrisches Heizbad mit Widerstandsregelung oder ein Ölbad [vgl. **MC-Fragen Nr. 512, 513**].

Tab. 3.3: Azeotrope Gemische (Siedepunkte bei 101,3 kPa)

Komponente 1 (Kp in °C)	Komponente 2 (Kp in °C)	Siedepunkt des Azeotrops (in °C)	Anteil der Komponente 1 (Masse%)
Wasser (100)	Benzen (80,2)	69,3	8,83
Wasser (100)	Ethanol (78,3)	78,2	4,0
Wasser (100)	Toluen (110,6)	84,1	20,0
Chloroform (61,2)	Aceton (56,1)	64,4	78,5

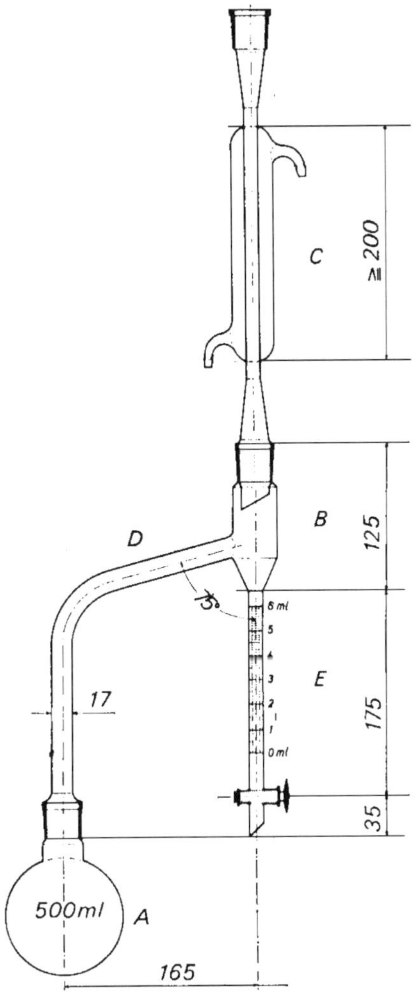

Abb. 3.6: Apparatur zur Bestimmung von Wasser durch azeotrope Destillation (Längenangaben in mm)

Ausführung: 200 ml Toluen (Toluol) und ca. 2 ml Wasser werden 2 Stunden destilliert. Man lässt abkühlen und liest das Volumen des abgeschiedenen Wassers mit einer Genauigkeit von 0,05 ml ab. Danach gibt man die bis auf 1 % genau eingewogene Menge an Substanz, die 2–3 ml Wasser enthalten sollte, hinzu und destilliert mit einer Geschwindigkeit von 2 Tropfen pro Sekunde, bis sich der überwiegende Teil des Wassers abgeschieden hat. Danach steigert man die Destillationsgeschwindigkeit auf 4 Tropfen pro Sekunde. Ist das Wasser vollständig überdestilliert, wird der Kolben mit Toluen gespült und nochmals für weitere 5 Minuten destilliert. Wenn sich nach dem Abkühlen Toluen und Wasser vollständig entmischt haben, wird das Volumen des Wassers abgelesen und der **Wassergehalt** in % (V/m) nach folgender Formel berechnet:

$$\textbf{\%-Wasser} = \mathbf{100\,(n_2 - n_1)/m}$$

$$[\text{Wasser (in ml kg}^{-1}) = 1000\,(n_2 - n_1)/m]$$

n_1 = ml Wasser nach der 1. Destillation
n_2 = ml Wasser nach der 2. Destillation
m = Einwaage der zu prüfenden Substanz in Gramm

Beschreibung: Erhitzt man eine wasserhaltige Substanz zusammen mit Toluen in der nach Arzneibuch vorgeschriebenen Apparatur, so erfolgt, bei der Kondensation des im Kolben (A) gebildeten homogenen Toluen/Wasser-Dampfgemischs, im Rohr (B) eine Entmischung in Wasser und Toluen. Das Wasser sammelt sich auf Grund seiner höheren Dichte (siehe Kapitel 3.3) im graduierten Rohr (E), während der größte Teil des Toluens über das Anschluss-Stück (D) in den Rundkolben (A) zurückfließt und erneut zum Überdestillieren von Wasser dient.

Die erste Destillation hat den Zweck einen Gleichgewichtszustand in der Verteilung des Wassers zwischen Toluen und den Glaswänden zu erreichen. Die Spezifität der Wasserbestimmung durch azeotrope Destillation ist limitiert. Sie wird vor allem dadurch beeinträchtigt, dass auch andere, mit Wasser mischbare Stoffe überdestillieren können.

Deshalb wird man die Wasserbestimmung durch azeotrope Destillation nur in Ausnahmefällen durchführen und im Allgemeinen der *Bestimmung des Trocknungsverlustes* den Vorzug geben (siehe Ehlers, **Analytik II,** Kapitel 5.2.3.5). Bei geringen Wassergehalten und höheren Anforderungen an die Genauigkeit des Ergebnisses dürfte die *Karl-Fischer-Titration* die Methode der Wahl sein [siehe Ehlers, **Analytik II,** Kapitel 7.2.3.8 und **MC-Fragen Nr. 510, 511**].

3.2 Schmelztemperatur

Reine kristalline Stoffe gehen bei einer definierten Temperatur vom festen in den flüssigen Aggregatzustand über. Diese Temperatur wird *Schmelztemperatur* genannt; sie bleibt während des Schmelzvorganges konstant. Flüssige und feste Phase besitzen bei der Schmelztemperatur den gleichen Dampfdruck. Die Schmelztemperatur hängt vom äußeren Druck ab (siehe Abb. 3.3).

Der Schmelzpunkt eines Stoffes ist wie Siedepunkt, Dichte oder Brechungsindex eine stoffspezifische Konstante und kann zur *Identifizierung* von Substanzen herangezogen werden. Da der Schmelzpunkt durch Zusatz von Fremdstoffen verändert wird (Schmelzpunktserniedrigung), gestattet die Bestimmung der Schmelztemperatur auch Aussagen über die *Reinheit* von Stoffen. Dessen ungeachtet sind Identitätsprüfungen mithilfe von Schmelzpunktsbestimmungen aber *nur bei reinen Substanzen* sinnvoll.

Darüber hinaus ist die Höhe des Schmelzpunktes abhängig von der angewandten Messmethode, sodass alle Arzneibücher praktische Definitionen von Schmelzpunkten angeben, die sich auf eine bestimmte Messmethode beziehen. Beispielsweise lässt das Europäische Arzneibuch die **Schmelztemperatur** einer Substanz nach einer der folgenden vier Methoden ermitteln:

- Kapillarmethode
- Steigschmelzpunkt – Methode mit offener Kapillare
- Sofortschmelzpunkt
- Instrumentelle Methode

Sofern in der jeweiligen Arzneibuchmonographie nicht anderes vorgeschrieben ist, wird die Schmelztemperatur eines Stoffes nach der Kapillarmethode bestimmt.

In der Praxis beobachtet man, dass selbst reine Substanzen nur innerhalb eines bestimmten Temperaturintervalls schmelzen, das je nach der gewählten Bestimmungsmethode unterschiedlich groß sein kann. Deshalb gehen einige Arzneibücher dazu über, statt eines definierten Schmelzpunktes einen *Schmelzbereich* anzugeben. Dabei wird als untere Grenze die Temperatur gewählt, bei welcher der Schmelzvorgang gerade beginnt, und als obere Grenze die Temperatur, bei der die gesamte Substanz geschmolzen ist.

Unabhängig von der Arbeitsweise muss die Substanz für die Bestimmung des Schmelzpunktes *fein pulverisiert* sein. Anderenfalls werden infolge der schlechteren Wärmeübertragung keine reproduzierbaren Werte erhalten. Darüber hinaus muss die Substanz sorgfältig getrocknet werden, da schon geringe Mengen an adsorbierter Feuchtigkeit zu einer *Schmelzpunktserniedrigung* führen können. Auch ist zu beachten, dass chemisch reine Substanzen nur dann einen scharfen und konstanten Schmelzpunkt besitzen, wenn sie sich nicht vorher zersetzen oder *flüssige Kristalle* bilden. Letztere haben zwei Schmelzpunkte; bei dem tieferen bildet sich eine trübe Flüssigkeit, die sich beim höheren Schmelzpunkt plötzlich klärt.

Wie bereits erwähnt, schmelzen manche organischen Stoffe unter *Zersetzung*, was sich äußerlich meistens durch eine Verfärbung und/oder eine Gasentwicklung anzeigt. Der **Zersetzungspunkt** ist im Allgemeinen unscharf, von der Erhitzungsgeschwindigkeit abhängig und deshalb häufig nicht exakt reproduzierbar. Einige Feststoffe besitzen überhaupt keinen charakteristischen Umwandlungspunkt und *verkohlen* beim Erhitzen.

3.2.1 Kapillarmethode (Ph. Eur.)

Unter der **Schmelztemperatur nach der Kapillarmethode** wird die Temperatur verstanden, bei der das letzte, feste Teilchen einer kleinen Substanzsäule im Schmelzpunktröhrchen in die flüssige Phase (Schmelze) übergeht [vgl. **MC-Frage Nr. 516**].

Apparatur: Zur Bestimmung der Schmelztemperatur wird eine Apparatur verwendet, wie sie Abb. 3.7 zeigt. Die Apparatur besteht aus einem geeigneten Glasgefäß (C) zur Aufnahme der Heizbadflüssigkeit (z. B. Wasser, flüssiges Paraffin, Siliconöl), das mit einer Heizvorrichtung verbunden ist. Darüber hinaus ist die Apparatur mit einer Rührvorrichtung (D) versehen, die eine gleichmäßige Temperatur des Heizbades gewährleistet. Zur Temperaturmessung dient ein Thermometer (A) mit einer 0,2 °C-Einteilung und einer Temperaturskala, die 100 °C umfasst. Als Schmelzpunktröhrchen werden Glaskapillaren (B) aus Hartglas verwendet (Wandstärke: 0,10–0,15 mm; innerer Durchmesser: 0,9–1,1 mm). Die Apparatur wird mithilfe geeigneter Referenzsubstanzen bekannten Schmelzpunktes kalibriert. Die Kalibrierung ist bei Inbetriebnahme des Gerätes unerlässlich und muss von Zeit zu Zeit überprüft werden.

Ausführung: Die Substanz wird 24 Stunden lang im Vakuum über Silicagel getrocknet und fein pulverisiert. In eine an einem Ende zugeschmolzene Glaskapillare wird soviel Substanz gefüllt, dass eine etwa 4–6 mm hohe, kompakte Säule entsteht.

Die Temperatur der Heizbadflüssigkeit wird schnell auf etwa 10 °C unterhalb der zu erwartenden Schmelztemperatur erhöht. Die Aufheizgeschwindigkeit wird dann

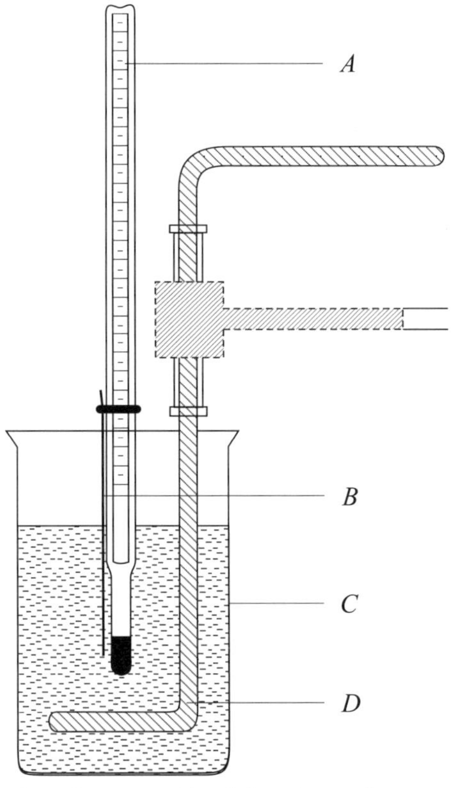

Abb. 3.7: Apparatur zur Bestimmung des Schmelzpunktes nach der Kapillarmethode

auf etwa 1 °C pro Minute eingestellt. Sobald eine Temperatur von etwa 5 °C unter dem zu erwartenden Schmelzpunkt erreicht ist, wird die an dem Thermometer befestigte Glaskapillare in die Heizflüssigkeit getaucht. Dadurch vermeidet man ein überflüssiges, längeres Erhitzen der Substanz, was zu einer partiellen Zersetzung führen könnte. Die Temperatur, bei der schließlich das letzte Substanzteilchen schmilzt (in die flüssige Phase übergeht), wird als *Klarschmelzpunkt* abgelesen.

3.2.2 Steigschmelzpunkt – Methode mit offener Kapillare (Ph. Eur.)

Bedeutung hat diese Methode für die *Untersuchung von Fetten*, bei deren Erhitzen man keinen definierten Schmelzpunkt, sondern ein allmähliches Erweichen und Zerfließen (*Fließpunkt*) beobachtet.

Ausführung: Hierfür verwendet man an beiden Enden *offene Glaskapillaren* (Länge: 80 mm; äußerer Durchmesser: 1,4–1,5 mm; innerer Durchmesser: 1,0–1,2 mm). Fünf dieser Kapillaren werden mit der vorbehandelten Substanz so gefüllt, dass eine etwa 10 mm hohe Säule entsteht.

Eine der Glaskapillaren wird an einem in 0,5 °C eingeteilten Thermometer so befestigt, dass sich die Substanz auf der Höhe des Quecksilbergefäßes befindet. Thermometer mit Glaskapillare werden etwa 1 cm über dem Boden eines Becherglases angebracht, das mit Wasser bis zu einer Höhe von 5 cm gefüllt wird. Die Temperatur des Bads wird gleichmäßig um 1 °C pro Minute erhöht. Die Temperatur, bei der die Substanz in der Glaskapillare zu steigen beginnt, wird als Schmelztemperatur angesehen.

Unter **Steigschmelzpunkt** versteht man die Temperatur, bei der die Adhäsion eines Fettes an der Wand des Röhrchens durch den hydrostatischen Druck der 4 cm hohen Wassersäule überwunden wird und die Substanz in der Glaskapillare zu steigen beginnt.

Die Bestimmung des Steigschmelzpunktes wird mit den restlichen vier gefüllten Glaskapillaren wiederholt. Als Schmelztemperatur gilt der Mittelwert aus den fünf Messungen.

3.2.3 Sofortschmelzpunkt (Ph. Eur.)

Bei dieser Methode entfällt jede Wärmeeinwirkung auf die Substanz vor Erreichen des Schmelzpunktes. Die Methode eignet sich deshalb besonders für Stoffe, die zur Umwandlung in polymorphe Modifikationen neigen oder unter *Zersetzung* schmelzen [vgl. **MC-Frage Nr. 514**].

Der **Sofortschmelzpunkt** ergibt sich aus der Formel $(t_1 + t_2)/2$, in der t_1 die erste Temperatur und t_2 die zweite Temperatur ist, die unter den folgenden Bedingungen erhalten wurde:

Apparatur: Die Apparatur besteht aus einem *Metallblock* (meistens aus Messing), der nicht von der Substanz angegriffen werden sollte, und der eine gute Wärmeleitfähigkeit sowie eine ebene, sorgfältig polierte Oberfläche besitzt. Der Block hat eine zylindrische Bohrung zur Aufnahme eines Thermometers; die zylindrische Bohrung ist parallel zur polierten Oberfläche in einem Abstand von etwa 3 mm angebracht. Die Apparatur wird mithilfe geeigneter Substanzen bekannten Schmelzpunktes kalibriert. Es werden hierzu die gleichen Stoffe wie bei der Kapillarmethode verwendet.

Ausführung: Der Metallblock wird schnell auf eine Temperatur von etwa 10 °C unterhalb der des zu erwartenden Schmelzpunktes aufgeheizt; danach wird eine Aufheizgeschwindigkeit von ca. 1 °C pro Minute eingestellt. In regelmäßigen Abständen werden einige Körnchen der gepulverten Substanz auf den Metallblock gestreut. Die Oberfläche ist nach jedem Aufstreuen zu reinigen. Die Temperatur t_1 wird abgelesen, wenn die Substanz zum ersten Mal sofort schmilzt, sobald sie das Metall berührt. Das Aufheizen wird nun beendet. Während des Abkühlens werden erneut einige Körnchen der Probe in regelmäßigen Abständen auf den Metallblock gestreut. Die Temperatur t_2 wird abgelesen, wenn die Substanz aufhört sofort zu schmelzen, sobald sie das Metall berührt [vgl. **MC-Frage Nr. 515**].

3.2.4 Schmelztemperatur – Instrumentelle Methode (Ph. Eur.)

Dieser Abschnitt beschreibt die Ermittlung der Schmelztemperatur nach der **Kapillarmethode** (siehe Kapitel 3.2.1), wobei zwei automatisierte instrumentelle Bestimmungsmethoden verwendet werden:

- **Methode A**: Bestimmung mit Hilfe der *Lichttransmission* durch die mit einer Probe befüllte Kapillare
- **Methode B**: Bestimmung mit Hilfe der *Lichtreflexion* (Lichtremission) durch die Probe in der Kapillare

Apparatur: Die Apparatur besteht aus einem Metallblock, der elektrisch beheizt wird und in den durch eine vertikale Bohrung eine mit der betreffenden Substanz befüllte Kapillare eingebracht werden kann. Der Heizblock ist mit einem Heizelement und einem Temperaturfühler ausgestattet.

Bei Methode A verläuft ein Lichtstrahl durch eine horizontale zylindrische Bohrung und durchstrahlt die Kapillare. Ein Photosensor misst die Lichtmenge an der Austrittsöffnung nach der Kapillare.

Bei Methode B trifft ein Lichtstrahl die Kapillare von vorne und ein Photosensor registriert das reflektierte Licht.

Die Temperatur, bei der sich das Sensorsignal im Vergleich zum Ausgangswert zum ersten Mal ändert, ist der Beginn des Schmelzvorgangs und die Temperatur, bei der das Sensorsignal seinen endgültigen Wert erreicht, ist als Ende des Schmelzvorgangs oder als **Schmelztemperatur** definiert.

Zur Bestimmung des Schmelzpunktes werden an einem Ende zugeschmolzene Kapillaren von etwa 100 mm Länge und einer Wandstärke von 0,1–0,3 mm verwendet (äußerer Durchmesser: 1,3–1,5 mm; innerer Durchmesser: 0,8–1,3 mm). Die Apparatur wird mit geeigneten Referenzsubstanzen kalibriert. Diese Referenzmaterialien dienen auch der Eignungsprüfung für die Geräte.

Ausführung: Der Block wird erhitzt, bis eine Temperatur erreicht ist, die etwa 5 °C unter dem erwarteten Schmelzpunkt der betreffenden Substanz liegt. Dann wird die mit der Substanz befüllte Kapillare eingebracht und ein Temperaturprogramm gestartet. Wenn die Substanz zu Schmelzen beginnt, verändert sich ihr Aussehen in der Kapillare. Die Signaländerung des Photosensors infolge von Lichttransmission oder Lichtreflexion löst automatisch die Temperaturregistrierung aus. Es werden insgesamt drei Bestimmungen durchgeführt und deren Mittelwert als Schmelztemperatur gewertet.

3.2.5 Bestimmung des Tropfpunkts (Ph. Eur.)

Der Tropfpunkt dient zur Charakterisierung von Fetten und fettähnlichen Substanzen, die ein relativ breites *Schmelzintervall* besitzen. Der Tropfpunkt ist wie folgt definiert:

> Der **Tropfpunkt** ist definiert als die Temperatur, bei der sich der erste Tropfen einer schmelzenden Substanz unter den nachfolgend beschriebenen Bedingungen von einem Metallnippel ablöst.

Das Arzneibuch nutzt die Bestimmung des Tropfpunktes als Identitäts- und Reinheitsprüfung bei einer Reihe von Hilfsstoffen (Weißes Vaselin, Gelbes Vaselin, Gelbes Wachs, Wollwachs u. a.) und lässt nach zwei unterschiedlichen Methoden prüfen.

Methode A (manuelles Verfahren)

Apparatur (siehe Abb. 3.8): Die Apparatur besteht aus zwei zusammenschraubbaren Metallhülsen (A und B). Die obere Hülse (A) ist an einem Quecksilberthermometer befestigt. Ein Metallnippel (F) ist am unteren Ende der Hülse (B) mit zwei Klemmbacken (E) befestigt. Sperrstifte (D) fixieren die Lage des Nippels und zentrieren das Thermometer. Eine Öffnung (C) in der Hülse (B) dient zum Druckausgleich [vgl. **MC-Frage Nr. 517**].

Die ganze Apparatur wird in die Mitte eines 200 mm langen Reagenzglases von 40 mm äußerem Durchmesser befestigt und in ein 1 l-Becherglas getaucht, das mit Wasser gefüllt ist. Die Nippelöffnung muss etwa 15 mm über dem Boden des Reagenzglases angebracht sein und der Reagenzglasboden sollte sich etwa 25 mm über dem Boden des Becherglases befinden. Ein Rührer sorgt für eine gleichmäßige Badtemperatur.

Ausführung: Der Nippel wird vollständig mit der zu prüfenden Substanz gefüllt. Die durch das Thermometer ausgestoßene Substanz an der Nippelöffnung wird mit einem Spatel abgestrichen. Das Wasserbad wird so erwärmt, dass von etwa 10 °C unterhalb des zu erwartenden Tropfpunkts an, die Temperatur um etwa 1 °C

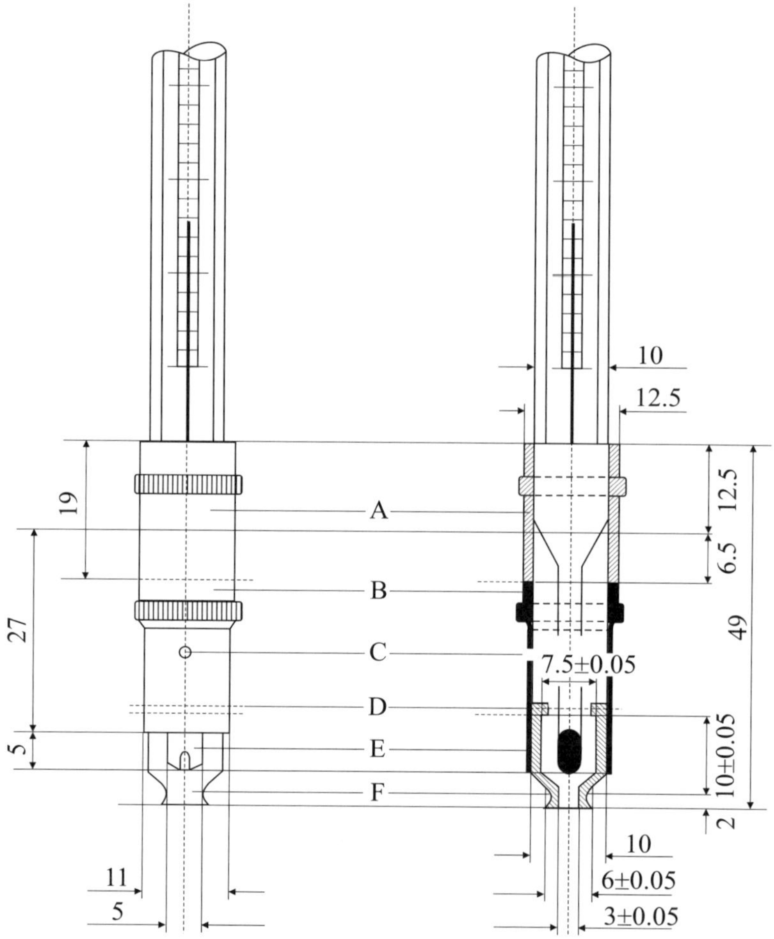

Abb. 3.8: Apparatur zur Bestimmung des Tropfpunktes (Längenangaben in mm)

pro Minute steigt. Die Temperatur wird abgelesen, wenn der erste Tropfen vom Nippel abfällt. Die Bestimmung wird mindestens dreimal mit jeweils neuen Substanzproben durchgeführt. Die einzelnen Werte dürfen höchsten 3 °C voneinander abweichen. Als Tropfpunkt dient der Mittelwert von drei Bestimmungen.

Die *Messgenauigkeit des Verfahrens* liegt bei etwa ± 5 °C für Tropfpunkte zwischen 80–100 °C. Die Streuung steigt mit höheren Schmelztemperaturen. Bei hochschmelzenden Fetten ist die genaue Festlegung des Tropfpunkts *nicht* immer möglich.

Falls die jeweilige Monographie die anzuwendende Methode nicht vorschreibt, ist der Tropfpunkt nach der oben beschriebenen Methode A zu bestimmen. Ein Wechsel von Methode A nach Methode B muss *validiert* werden.

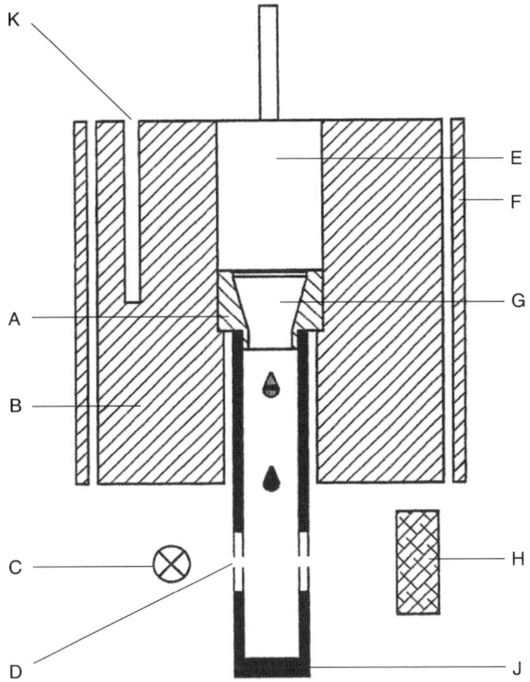

A. Halter für das Probebehältnis
B. Heizblock
C. Lichtquelle
D. Lichtspalt
E. zusammengesetzter Einsatz
F. Heizelement
G. Probebehältnis
H. Fotosensor
J. Sammelbehältnis mit Befestigungsmuffe
K. Temperaturfühler

Abb. 3.9: Apparatur zur Bestimmung des Tropfpunktes

Methode B (automatisierte Bestimmung)

Ein Beispiel für eine *Apparatur* zur automatischen Bestimmung des Tropfpunktes ist in Abb. 3.9 wiedergegeben. Zentraler Teil der Apparatur ist eine Lichtquelle, deren Lichtstrahl von einem Photosensor detektiert wird und dessen Intensität sich ändert bzw. der unterbrochen wird, wenn ein Flüssigkeitstropfen diese Lichtschranke passiert. Das geänderte Signal des Photosensors bewirkt, dass die Temperatur des Heizblocks automatisch aufgezeichnet wird. Vorteil der Apparatur ist, dass sie erlaubt, lineare Temperaturprogramme durchzuführen.

Zur Kalibrierung der Apparatur werden *Benzoesäure* oder *Benzophenon* als Referenzsubstanzen eingesetzt. Andere Referenzsubstanzen können auch verwendet werden, sofern sie keine Polymorphie zeigen.

3.2.6 Bestimmung der Erstarrungstemperatur (Ph. Eur.)

Kühlt man eine Schmelze oder eine Flüssigkeit ab, dann erfolgt der Übergang in den festen Aggregatzustand in der Regel bei derselben Temperatur, bei der Schmelzen eingetreten ist. In diesem Fall wird die Temperatur jedoch als *Erstarrungstemperatur* bezeichnet.

Für reine, d. h. aus einer einzigen Molekülart bestehende Substanzen ist die Temperatur der Phasenumwandlung [fest ⇔ flüssig] charakteristisch. Je nachdem, ob man sie mittels Abkühlen oder durch Erwärmen bestimmt, wird sie **Erstarrungstemperatur** oder **Schmelztemperatur** genannt. Sie ist die Temperatur, bei der eine Flüssigkeit (oder Schmelze) denselben Dampfdruck aufweist wie der feste Stoff.

In der Einleitung zu Kapitel 3 ist in Abbildung 3.2 qualitativ der Zusammenhang zwischen der Temperatur und dem zeitlichen Ablauf einer Zustandsänderung graphisch dargestellt. In dieser Abbildung ist der Erstarrungspunkt am Abknicken der Abkühlungskurve erkennbar. Infolge der freiwerdenden Schmelzwärme (Erstarrungswärme) bleibt die Temperatur während des Erstarrens konstant. Die Abkühlungskurve durchläuft ein Temperaturplateau. Erst nach vollständigem Erstarren nimmt die Temperatur der nun festen Probe mit weiterer Abkühlung ab.

Für Schmelzen ist nun charakteristisch, dass sie sich auch auf Temperaturen unterhalb ihres Erstarrungspunktes abkühlen lassen ohne fest zu werden. Solche *unterkühlten Flüssigkeiten* sind aber instabil und erstarren spontan bei Erschütterung oder nach Animpfen mit einem Kristallkeim, wobei die Temperatur rasch auf die Erstarrungstemperatur ansteigt und dort solange konstant bleibt, bis die gesamte Flüssigkeit erstarrt ist. Während bei der Erstarrungstemperatur ein Stoff im festen und flüssigen Aggregatzustand den gleichen Dampfdruck besitzt, haben unterkühlte Flüssigkeiten einen größeren Dampfdruck als der betreffende Feststoff bei gleicher Temperatur.

Erstarrungspunkte dienen dem Arzneibuch zur Charakterisierung einheitlicher Substanzen, die unter Normalbedingungen (1013 mbar, 298 K) flüssig sind (wie z. B. *Eisessig* und *Paraldehyd*) oder niedrige Schmelzpunkte besitzen (wie z. B. *Menthol* und *Nicethamid*).

Nach Arzneibuch ist die **Erstarrungstemperatur** definiert als die höchste, während des Erstarrens einer unterkühlten Flüssigkeit auftretende Temperatur.

Die Messung der Erstarrungstemperatur ist ein wichtiges *Reinheitskriterium*, da bereits geringe Mengen an Verunreinigungen den Erstarrungspunkt deutlich herabsetzen. Man beobachtet in diesen Fällen nicht die für Reinsubstanzen typische Temperaturkonstanz während des Erstarrens, sondern durch Auskristallisieren der einen Komponente ändert sich fortwährend die Konzentration an Verunreinigungen, was eine stetige Abnahme der Erstarrungstemperatur zur Folge hat.

Apparatur (siehe Abb. 3.10): Sie besteht aus einem Reagenzglas von etwa 150 mm Länge und 25 mm innerem Durchmesser, das in einem zweiten Reagenzglas von 160 mm Länge und 40 mm Durchmesser befestigt wird. In das innere, mit einem durchbohrten Stopfen versehene Reagenzglas wird ein Thermometer so eingeführt, dass sich das untere Ende des Quecksilbergefäßes etwa 15 mm über

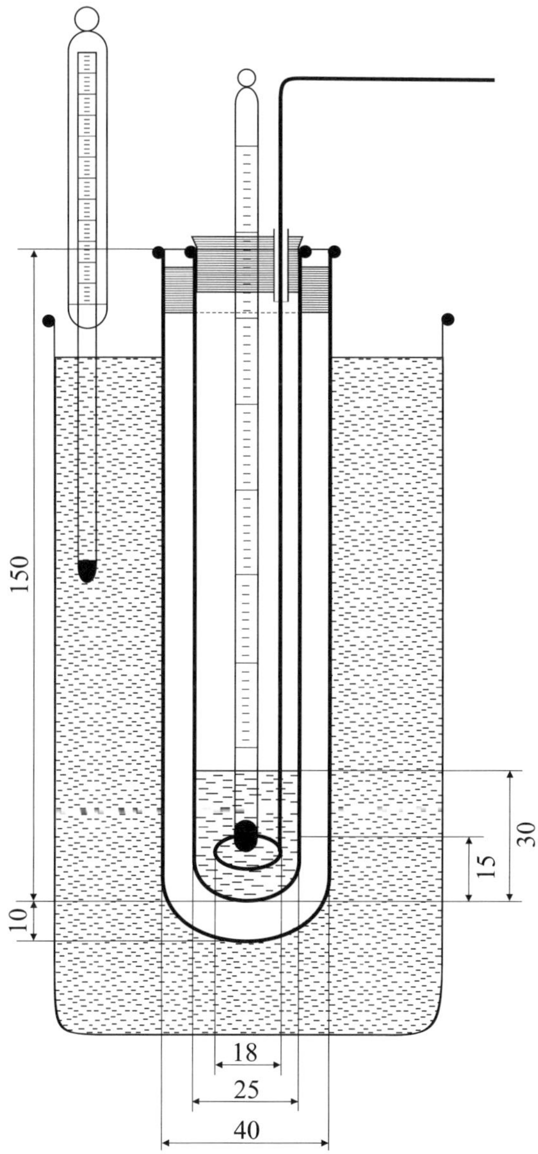

Abb. 3.10: Apparatur zur Bestimmung der Erstarrungstemperatur (Längenangaben in mm)

dem Reagenzglasboden befindet. Der Stopfen enthält eine weitere Bohrung für einen Rührstab, dessen Ende zu einem Ring geformt ist. Die Apparatur wird in ein 1-l-Becherglas gestellt, das mit einer geeigneten Kühlflüssigkeit gefüllt ist. Im Kühlbad befindet sich ein zweites Thermometer.

Ausführung: Eine ausreichende Menge der zu prüfenden, flüssigen oder vorher geschmolzenen Substanz wird in das innere Reagenzglas gefüllt. Durch rasches Abkühlen wird vor der eigentlichen Messung grob die Erstarrungstemperatur bestimmt. Danach wird das innere Reagenzglas in ein Bad getaucht, dessen Temperatur etwa 5 °C höher liegt als die zu erwartende Erstarrungstemperatur. Bei erneutem Schmelzen der Probe sollte man darauf achten, dass noch einige wenige Kristalle in der Flüssigkeit vorhanden sind. Das Becherglas wird mit einem Wasser/Kochsalz-Gemisch gefüllt, dessen Temperatur etwa 5 °C tiefer liegt als die zu erwartende Erstarrungstemperatur. Die Apparatur wird nun in das Kühlbad getaucht und bis zum Erstarren wird kräftig gerührt. Die höchste während des Erstarrens erreichte Temperatur wird abgelesen.

Die während des vorsichtigen Schmelzens in der Flüssigkeit verbleibenden Kristalle verhindern eine zu starke Unterkühlung. Für die eigentliche Messung ist jedoch eine gewisse Unterkühlung notwendig, damit beim Einsetzen der Kristallisation spontan eine Kristallabscheidung in der gesamten Probe einsetzt. Die Unterkühlung darf aber nicht so groß sein, dass die freiwerdene Kristallisationswärme nicht mehr ausreicht die Temperatur der Probe auf den Erstarrungspunkt anzuheben.

3.2.7 Sublimieren

Einige kristalline Stoffe wie *Quecksilber(II)-chlorid* ($HgCl_2$), *Ammoniumchlorid* (NH_4Cl) oder *Arsen(III)-oxid* (As_2O_3) besitzen einen verhältnismäßig hohen Dampfdruck, der die Höhe des Außendruckes bereits bei einer Temperatur erreicht, die unterhalb des Schmelzpunktes der betreffenden Substanz liegt. Deshalb wird bei diesen Stoffen durch Erwärmen bei Atmosphärendruck die Schmelztemperatur nicht erreicht; sie gehen bei diesem Druck unmittelbar – ohne Zersetzung – in den gasförmigen Aggregatzustand über; diese Stoffe sublimieren. Auch die *Sublimationstemperatur* eines Stoffes hängt vom äußeren Druck ab.

Manche Stoffe wie **Iod, Menthol** oder **Benzoesäure** ergeben bei geeigneten Sublimationsbedingungen wohl ausgebildete Kristalle. Das Arzneibuch nutzt zum Beispiel die Sublimation bei der *Reindarstellung von Urtitersubstanzen* [Benzoesäure, Arsen(III)-oxid].

3.2.8 Schmelzen von Mischungen (Mischschmelzpunkt)

Geringe Verunreinigungen erniedrigen den Schmelzpunkt einer Substanz beträchtlich. Man beobachtet außerdem ein größeres Schmelzintervall. Auch bei Verunreinigungen durch höher schmelzende Stoffe tritt im Allgemeinen eine *Schmelzpunktserniedrigung* (Schmelztemperaturerniedrigung) ein.

Man nutzt diesen Sachverhalt aus, um die Identität zweier Stoffe gleichen Schmelzpunktes zu überprüfen. Dazu werden gleiche Mengen beider Stoffe gut miteinander verrieben. Ist der Schmelzpunkt des Gemischs (*Mischschmelzpunkt*) unverändert, so handelt es sich um denselben Stoff, wird die Schmelztemperatur erniedrigt, so liegen zwei verschiedene Stoffe vor.

Zeigen zwei Verbindungen den gleichen Schmelzpunkt und den gleichen **Mischschmelzpunkt**, so sind sie als *identisch* anzusehen. Liegen dagegen zwei verschiedene Substanzen vor, so wird ihr Mischschmelzpunkt aufgrund der gegenseitigen Verunreinigung niedriger sein. Diese Mischprobe versagt aber bei *isomorphen Substanzen*. Bei isomorphen Substanzen wird auch bei chemischer Verschiedenheit keine Schmelztemperaturerniedrigung gefunden.

Isomorphie: Einige Gruppen chemischer Substanzen, die Kristalle desselben Typs bilden, haben die Fähigkeit aus gesättigten Lösungen oder Schmelzen gemeinsam zu kristallisieren. Es entstehen *Mischkristalle*, welche die einzelnen Stoffe in jedem Verhältnis enthalten können. Das Phänomen der Mischkristallbildung wird auch Isomorphie genannt.

3.2.9 Schmelzdiagramme – eutektische Gemische

3.2.9.1 Schmelzdiagramm eines Zweikomponentensystems mit Mischkristallbildung

Bei *Schmelzdiagrammen* handelt es sich um fest-flüssig Zustandsdiagramme von binären Systemen (Zweikomponentensystemen), in denen bei konstantem Druck (p) die Abhängigkeit der *Zusammensetzung* der festen und der flüssigen Phase von der Temperatur (T) aufgetragen wird.

Abbildung 3.11 zeigt das Schmelzdiagramm eines Zweikomponentensystems mit *vollständiger Mischbarkeit* im festen *und* im flüssigen Zustand. Auch bei vollständiger Mischbarkeit im festen Zustand hat die Schmelze eine andere Zusammensetzung als die bereits erstarrte Mischung. Der bei höherer Temperatur schmelzende Stoff (B) wird beim Abkühlen bevorzugt abgeschieden, beim Schmelzen dagegen werden beide Stoffe gleichzeitig flüssig. Man erhält daher zwei unterschiedliche Kurven, eine **Liquiduskurve** und eine **Soliduskurve**.

Oberhalb der Liquiduskurve (*Schmelzkurve*) befindet sich das Einphasengebiet der homogenen Schmelze und unterhalb der Soliduskurve (*Erstarrungskurve*) das Einphasengebiet der einheitlichen Mischkristalle der ursprünglichen Zusammensetzung. Zwischen beiden Kurven liegt das Zweiphasengebiet Schmelze/Mischkristall.

Bei diesen Mischkristallen handelt es sich um so genannte *Substitutionsmischkristalle*, die entstehen, wenn Atome oder Moleküle im Gitter der einen Komponente durch die andere Komponente ausgetauscht (ersetzt) werden können. Voraussetzung dafür sind ähnliche Atomradien bzw. eine ähnliche Molekülgröße.

Die Schnittpunkte beider Kurven entsprechen der Schmelztemperatur (Erstarrungstemperatur) der reinen Komponente A (niedriger schmelzende Kompo-

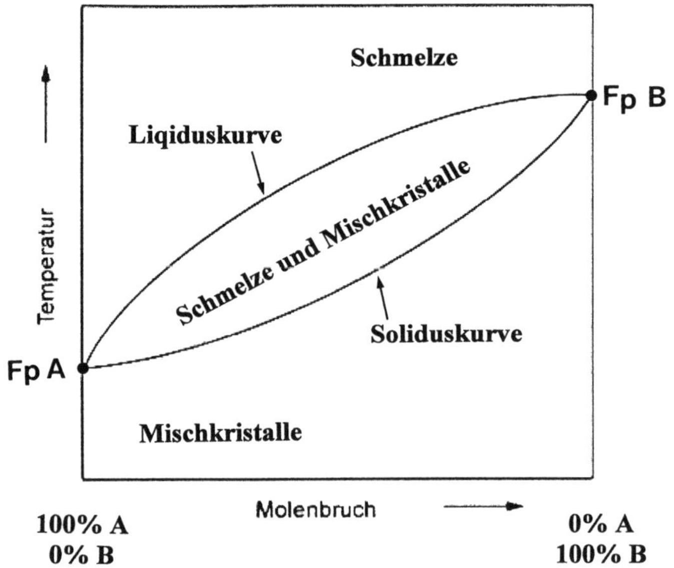

Abb. 3.11: Schmelzdiagramm eines binären Systems mit Mischkristallbildung
Fp A = Schmelzpunkt des Stoffes A
Fp B = Schmelzpunkt des Stoffes B

nente) bzw. der reinen Komponente B (höher schmelzende Komponente). Auf der Liquiduskurve findet man die jeweilige Schmelztemperatur und auf der Soliduskurve die jeweilige Erstarrungstemperatur in Abhängigkeit von der Zusammensetzung der Zweikomponentengemischs.

3.2.9.2 Schmelzdiagramm eines Zweikomponentensystems mit vollständiger Mischungslücke

Weitaus häufiger sind Schmelzdiagramme (siehe Abbildung 3.12 und 3.13), in denen die Liquiduskurve (Schmelzkurve) ein Minimum aufweist und ein **eutektischer Punkt** auftritt.

Als **Eutektikum** bezeichnet man das *heterogene Gemenge* aus zwei (oder mehr) Stoffen (Komponenten), die miteinander eine homogene flüssige Phase (*Schmelze* oder *Lösung*) bilden, die jedoch im festen Aggregatzustand *nicht* miteinander mischbar sind. Ein Eutektikum erstarrt (oder schmilzt) wie ein reiner Stoff bei einer bestimmten Temperatur, dem so genannten *eutektischen Punkt.*

Der eutektische Punkt ist die niedrigste Temperatur, in der ein Zwei- oder Mehrkomponentengemisch, das ein Eutektikum bildet, in Abhängigkeit von seiner Zusammensetzung zu schmelzen beginnt [vgl. **MC-Fragen Nr. 518, 519**].

Nur beim eutektischen Punkt stehen Schmelze (bzw. Lösung) und die sie aufbauenden Feststoffe (Komponenten) miteinander im Gleichgewicht [vgl. **MC-Frage Nr. 520**].

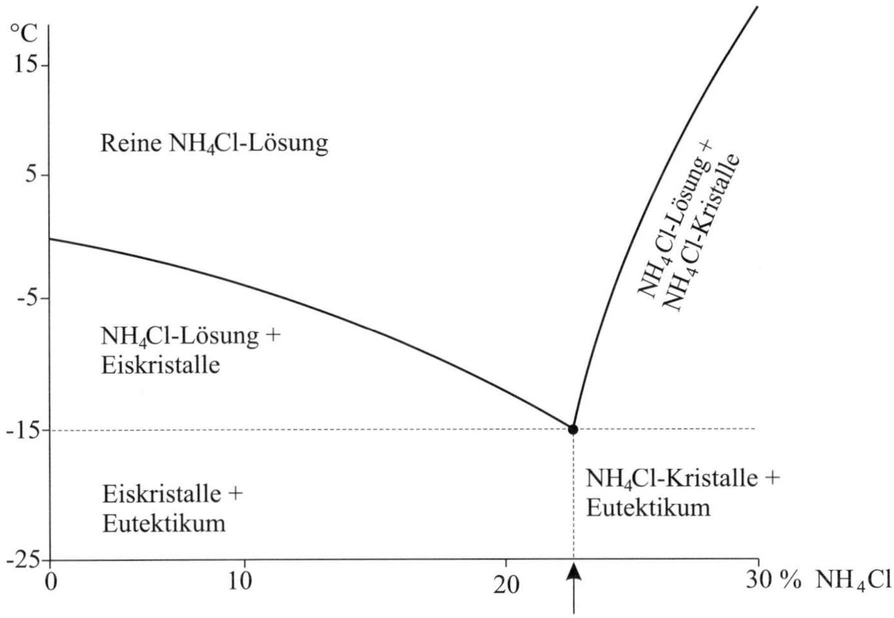

Abb. 3.12: Schmelzdiagramm des binären Systems Wasser/Ammoniumchlorid

Wir wollen uns zunächst der Frage zuwenden, ob sich beim Abkühlen einer flüssigen Phase (Schmelze oder Lösung) reine Stoffe oder Mischkristalle abscheiden und betrachten dazu die **Lösung** von *Ammoniumchlorid* (NH_4Cl) in Wasser.

Wie Abbildung 3.12 belegt, liegt der eutektische Punkt der wässrigen NH_4Cl-Lösung bei -15 °C. Kühlt man z. B. eine 10 %ige wässrige NH_4Cl-Lösung ab, so bilden sich zunächst nur Eiskristalle. Die Abscheidung von Wasser als Eiskristalle schreitet bei weiterer Abkühlung solange fort, bis schließlich die beiden Komponenten Wasser und Ammoniumchlorid im eutektischen Mischungsverhältnis [$H_2O : NH_4Cl = 100 : 23{,}9$] vorliegen. Kühlt man danach weiter ab, so gefriert das Gemisch als einheitliche NH_4Cl/H_2O-Masse.

Umgekehrt kristallisiert – wie Diagramm 3.12 ausweist – aus einer 25 %igen wässrigen NH_4Cl-Lösung bei etwa +10 °C festes Ammoniumchlorid aus, weil die Lösung sonst übersättigt wäre. Bei weiterer Abkühlung fällt nun solange NH_4Cl aus, bis bei -15 °C das eutektische Mischungsverhältnis [$H_2O : NH_4Cl = 100 : 23{,}9$] erreicht ist. Von da an erstarrt die Lösung wieder als einheitliche Masse; es gefrieren Lösungsmittel und gelöster Stoff gemeinsam.

Obige Ausführungen lassen sich für binäre Systeme, die ein Eutektikum bilden, wie folgt verallgemeinern. Löst man in einer Flüssigkeit [Lösungsmittel] (A) einen Stoff (B) auf, so wird der Gefrierpunkt von (A) erniedrigt. Trägt man die Gefrierpunkte verschiedener Lösungen in Abhängigkeit vom Gehalt von (B) in ein Diagramm (Erstarrungspunkt vs. Molenbruch der Komponente B) ein, erhält man – wie in Abbildung 3.13 gezeigt – den Kurvenast A→C. Löst man in flüssigem (B) steigende Mengen von (A) auf und trägt die jeweils gemessenen Gefrierpunkte in

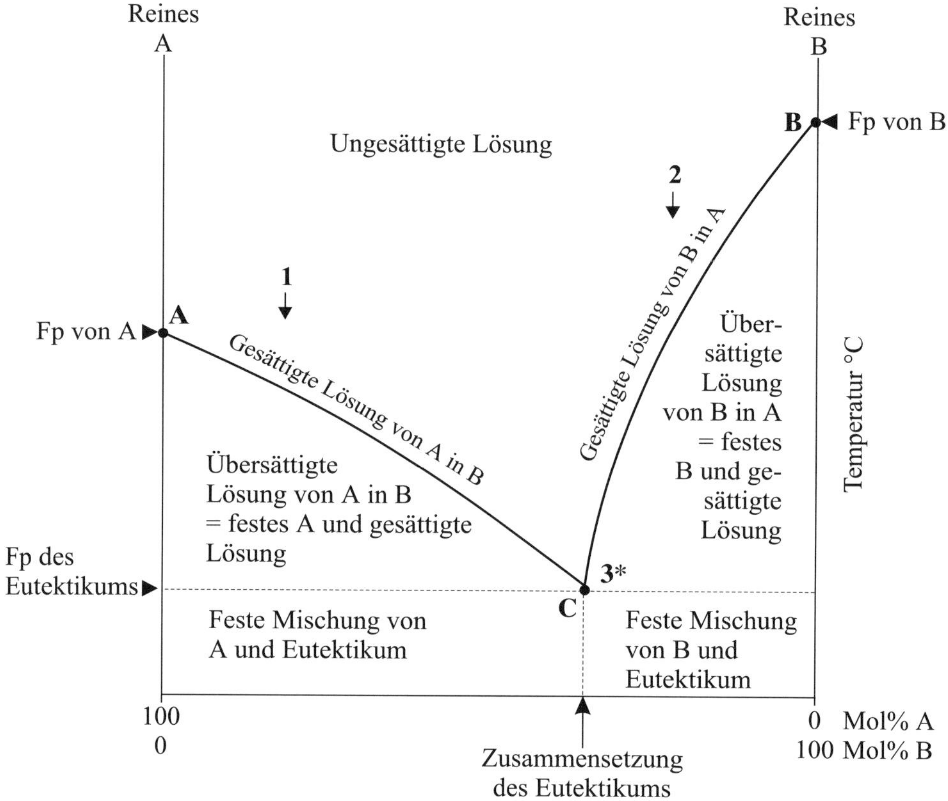

Abb. 3.13: Schmelzdiagramm zur Abscheidung reiner Stoffe (ohne Mischkristallbildung)

das gleiche Diagramm ein, so resultiert daraus der Kurvenast B→C. Beide Kurvenäste schneiden sich im *eutektischen Punkt* C. An diesem Punkt scheidet sich beim Abkühlen einer Lösung der betreffenden Zusammensetzung sowohl festes (A) als auch festes (B) in Form eines einheitlichen, mikroskopischen Gemenges der reinen Kristalle beider Bestandteile (*Eutektikum*) ab.

Durch die Gefrierpunktskurven (A→C und B→C) wird das Diagramm (Abb. 3.13) in verschiedene Zustandsfelder unterteilt. Oberhalb der Kurven befindet sich das Gebiet der *ungesättigten Lösung* und somit ein Einphasengebiet. In diesem Bereich können Temperatur und Zusammensetzung der Lösung weitgehend frei verändert werden, ohne dass es zur Bildung einer festen Phase kommt. Erst dann, wenn beim Abkühlungsvorgang solch ungesättigter Lösungen die Temperatur die Gefrierpunktskurven erreicht, kommt es zur Abscheidung von fester Komponente (A) oder fester Komponente (B).

Kühlen wir zum Beispiel eine Lösung (binäres System) im Punkt „**1**" (Abb. 3.13) ab, so fällt der Stoff (A) aus, da der Erstarrungspunkt von (A) erreicht ist. Dadurch wird die Lösung ärmer an (A), was gemäß der Kurve A→C eine Gefrierpunktserniedrigung zur Folge hat. Wir bewegen uns auf der Kurve A→C abwärts, bis schließlich beim Punkt C (eutektischer Punkt) auch der Erstarrungspunkt von (B) erreicht wird und das Eutektikum ausfällt. In analoger Weise scheidet sich beim Abkühlen einer Lösung der Zusammensetzung „**2**" zunächst reines (B) ab, das dann in das später ausfallende Eutektikum (C) eingebettet wird.

Die beiden Kurvenäste (A→C und B→C) repräsentieren somit den Zustand der *gesättigten Lösungen*; unterhalb dieser Kurven liegt der Existenzbereich der *übersättigten Lösungen*. Übersättigte Lösungen sind instabil und zerfallen in festes (A) und eine gesättigte Lösung oder beim Punkt „**3**" in festes (B) und eine gesättigte Lösung.

Besonders ausgezeichnet ist der Punkt C (**eutektischer Punkt**). Eine Lösung dieser Zusammensetzung und Temperatur erstarrt bei konstant bleibender Temperatur zu einem feinkristallinen Gemisch von (A) *und* (B) [**Eutektikum**]. Unterhalb des eutektischen Punktes liegen nur „feste Lösungen" vor, und zwar links davon feste Lösungen von (A) und Eutektikum, und rechts davon feste Lösungen von (B) und Eutektikum.

Die gleiche Betrachtungsweise kann man auch auf **Schmelzen** zweier oder mehrer Stoffe anwenden (Abb. 3.14).

Die beiden Komponenten (A) und (B) sind in der homogenen Schmelze vollständig miteinander mischbar. Es liegt ein Einphasengebiet vor. In der festen Phase sind jedoch beide Stoffe in keinem Verhältnis miteinander mischbar, d. h., in der festen Phase erstreckt sich eine *Mischungslücke* über den gesamten Konzentrationsbereich. Beide Stoffe kristallisieren in reiner Form; es liegt ein Zweiphasengebiet vor. Nach der **Gibbsschen Phasenregel** ist das binäre System in diesem Bereich *bivariant*; es existieren zwei Freiheitsgrade (siehe auch Ehlers, **Chemie I**, Kapitel 1.8.6.2).

Der Punkt E ist das *Eutektikum* der Mischung. An diesem Punkt sind alle drei möglichen Phasen [homogene Schmelze, fester Stoff A, fester Stoff B] koexistent; die Anzahl der Freiheitsgrade ist *Null*, das System ist *nonvariant*. Bei der eutektischen Temperatur erstarrt die Mischung als Ganzes ohne vorherige Abscheidung von Mischkristallen.

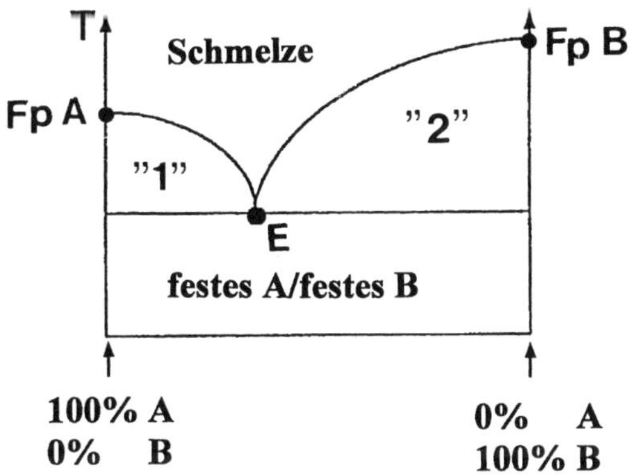

Abb. 3.14: Schmelzdiagramm eines binären Systems mit Eutektikum

Im Zustandsgebiet „**1**" koexistieren homogene Schmelze und reine Kristalle des Stoffes A. Im Zustandsgebiet „**2**" koexistieren homogene Schmelze und reine Kristalle des Stoffes B. Auch für diese Bereiche ergeben sich nach der Gibbsschen Phasenregel zwei Freiheitsgrade und das System ist *bivariant*. Entlang der beiden Schmelzkurven ist das System *univariant*.

3.3 Relative Dichte

Die *absolute Dichte* eines homogenen Körpers ist das Verhältnis seiner Masse zu seinem Volumen. Bei bekanntem Volumen des Körpers muss zur Ermittlung seiner Dichte lediglich die Masse durch Wägung bestimmt werden. Die Dichte (ρ_t) einer Substanz bei der Untersuchungstemperatur (t) (in °C) ist definiert als [vgl. **MC-Frage Nr. 521**]:

$$\boldsymbol{\rho_t = \text{Masse/Volumen} = m/V}$$

[CGS: g/cm^3 oder g/ml – SI: kg/m^3]

Die Dichte ist eine stoffspezifische Konstante, deren Zahlenwert vom Grad der Reinheit eines Stoffes abhängt. Dichtemessungen sind daher gängige Verfahren für *Reinheits- und Identitätsprüfungen*, insbesondere von flüssigen Stoffen. Allerdings lässt das *Arzneibuch* nicht die absolute Dichte (ρ), sondern die relative Dichte (d) ermitteln. Man versteht darunter das Verhältnis ($d = \rho_1/\rho_2$) zwischen der Dichte des zu untersuchenden Körpers (ρ_1) und der einer Vergleichssubstanz (ρ_2) meistens Wasser *(Ph. Eur.)*. Es gilt:

> Die **relative Dichte d_{20}^{20}** einer Substanz ist das Verhältnis der Masse eines bestimmten Volumens dieser Substanz bei 20 °C und der Masse eines gleichen Volumens an Wasser bei derselben Temperatur.

Unter relativer Dichte versteht man also das Gewichtsverhältnis gleicher Volumenteile der zu prüfenden Substanz und Wasser, beide in Luft bei 20 °C gemessen. Somit ist die relative Dichte – im Gegensatz zur absoluten Dichte – eine *dimensionslose* Verhältniszahl [vgl. **MC-Fragen Nr. 521, 526, 527**].

Neben dem Wert $\mathbf{d_{20}^{20}}$ werden häufig in der Literatur noch zwei andere Dichtewerte angegeben:

- Die relative Dichte $\mathbf{d_{4}^{20}}$ einer Substanz ist das Verhältnis zwischen der Masse eines bestimmten Volumens dieser Substanz bei 20 °C und der Masse des gleichen Volumens Wasser bei 4 °C.
- Die absolute Dichte $\boldsymbol{\rho_{20}}$ einer Substanz ist das Verhältnis zwischen ihrer Masse und ihrem Volumen bei 20 °C. Sie wird in Kilogramm pro Kubikmeter (Internationales Einheitensystem) oder in Gramm pro Kubikzentimeter (CGS-System) ausgedrückt, wobei untereinander folgende zahlenmäßige Beziehungen der verschiedenen Dichteangaben bestehen:

$$\rho_{20} = 998{,}203\ d_{20}^{20} = 999{,}972\ d_{4}^{20}$$
$$d_{4}^{20} = 1{,}00003 \cdot 10^{-3}\ \rho_{20} = 0{,}998230\ d_{20}^{20}$$
$$d_{20}^{20} = 1{,}00180 \cdot 10^{-3}\ \rho_{20}$$

Zahlenwerte für Dichten sind nach Arzneibuch mit der 3. Dezimale nach dem Komma anzugeben. Abweichungen davon sind erst in der folgenden Dezimale zulässig. Deshalb können Dichtemessungen nur mit Geräten durchgeführt werden, die eine Messung bis zur 4. Dezimale gestatten. Hierfür eignen sich [vgl. **MC-Fragen Nr. 522–525**]:

- Pyknometer [für Feststoffe und Flüssigkeiten]
- Hydrostatische Waagen (Mohr-Westphal-Waage) [für Feststoffe]
- Aräometer [für Flüssigkeiten]
- Digitale Densitometer [für Flüssigkeiten und Gase]

Der Luftauftrieb wird bei der Wägung zur Bestimmung der relativen Dichte nicht berücksichtigt, jedoch ist die Einhaltung der Messtemperatur von 20 ± 5 °C zu beachten.

Pyknometer: Das Pyknometer, wie es in Abbildung 3.15a gezeigt wird, ist ein Glasfläschchen, in dem *nacheinander* das gleiche Volumen an Wasser und an Prüfflüssigkeit mit Präzisionswaagen gewogen wird. Bei Verwendung geeichter Pyknometer entfällt die Wägung mit Wasser. Mitunter enthält das Pyknometer noch ein Thermometer, auf dem die Temperatur des Inhaltes (In) abzulesen ist. Auf dem Pyknometer ist häufig sein Volumen bzw. sein Füllgewicht für Wasser eingraviert. Die Dichte d_{20}^{20} einer Substanz (S) berechnet sich bei Bestimmungen mit einem Pyknometer nach:

$$d_{20}^{20} = \frac{m_{20(S)}}{m_{20(H_2O)}} = \frac{m_{20(S)}}{\rho_{20(H_2O)} \cdot V_{20}} = \frac{m_{20}}{0{,}998203 \cdot V_{20}}$$

[528] In einem Pyknometer besitzen 50 ml einer Flüssigkeit eine Masse von 60 g. Daraus berechnet sich die Dichte der Flüssigkeit nach:
$\rho = m$ (in g)/V (in ml) = 60/50 = **1,2 g · cm⁻³** (g/ml)

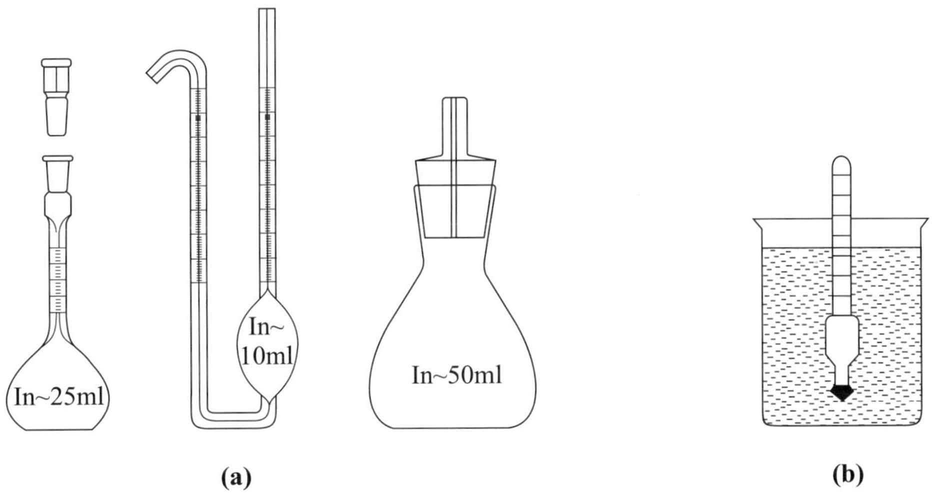

Abb. 3.15: Pyknometer und Aräometer

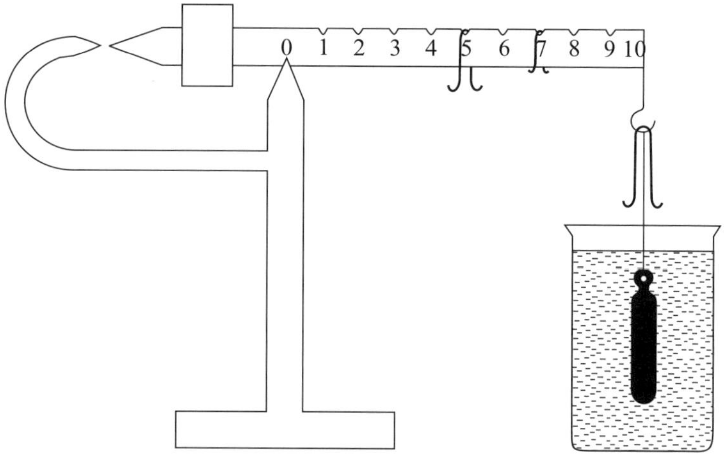

Abb. 3.16: Hydrostatische Waage

Hydrostatische Waage (Mohr-Westphal-Waage): Sie ermittelt die Dichte von Flüssigkeiten aus dem Auftrieb, den ein in eine Flüssigkeit eingetauchter Senkkörper erfährt. Die Mohr-Westphal-Waage besteht aus einem zweiarmigen Hebel mit zwei ungleichen Hebelarmen (siehe Abb. 3.16). Den rechten Hebelarm teilen Kerben in zehn gleiche Teile, wobei statt der letzten Kerbe ein Haken angebracht ist, der über einen Draht befestigt den Senkkörper aufnimmt. Das Ende des linken Hebelarms trägt ein Gegengewicht mit Dorn. Ihm steht zur Kontrolle des Gleichgewichts ein zweiter Dorn gegenüber, der am Stativbügel befestigt ist. Taucht man nun den Senkkörper in eine Flüssigkeit ein, so schlägt infolge des Auftriebs die Waage rechts hoch. Der Auftrieb wird kompensiert und die Waage austariert, indem man kleine Gewichte in Form von Reitern an der betreffenden Kerbe aufsetzt, die zum Gleichgewicht führt. Das Gewicht des Reiters ist also gleich dem Gewicht der vom Senkkörper verdrängten Flüssigkeit.
Zur Dichtebestimmung mithilfe der Mohr-Westphal-Waage bringt man die Waage bei 20 °C mit dem Senkkörper zunächst *in Luft* ins Gleichgewicht und bestimmt dann das erforderliche Kompensationsgewicht beim Eintauchen in die auf 20 °C temperierte Prüfflüssigkeit und beim Eintauchen in Wasser von 20 °C. Die relative Dichte berechnet sich nach:

$$d_{20}^{20} = m_{(S)}/m_{(H_2O)}$$

$m_{(S)}$ = Kompensationsgewicht beim Eintauchen in die Prüfflüssigkeit
$m_{(H_2O)}$ = Kompensationsgewicht beim Eintauchen in Wasser

[529] Wenn der größte Reiter auf Marke 10 (Haken) den Auftrieb einer Flüssigkeit mit der Dichte 1 g/cm³ kompensiert, so sind dies 0,9 g/cm³ auf Marke 9. Der kleinste Reiter kompensiert auf Marke 10 0,01 g/cm³ und somit auf Marke 5 nur 0,005 g/cm³. Daher berechnet sich die Dichte der Flüssigkeitsprobe zu: $\rho = 0{,}9 + 0{,}005 =$ $\mathbf{0{,}905\ g \cdot cm^{-3}}$

Aräometer: Dichtebestimmungen mithilfe von Aräometern bedienen sich ebenfalls des Prinzips von Archimedes, wobei das eingetauchte Teilvolumen des Aräometers *umgekehrt* proportional zur Dichte der Flüssigkeit ist.

Aräometer sind Glashohlkörper (Schwimmkörper, Spindeln) (siehe Abb. 3.15b), die mit Bleischrot gefüllt sind und nach oben in ein zylindrisches Glasrohr mit einer Skala auslaufen. Aräometer tauchen so tief in eine Flüssigkeit ein, bis das Gewicht der verdrängten Flüssigkeit gleich dem Eigengewicht des Aräometers ist. Je leichter also die Flüssigkeit ist, umso tiefer taucht das Aräometer ein. Die Skala des Aräometers ist meistens in Einheiten der Dichte geeicht, sodass die Dichte der jeweiligen Flüssigkeit direkt abgelesen werden kann. Skalenwerte für kleine Dichten finden sich am Skalenrohr oben, für große Dichte unten [vgl. **MC-Frage Nr. 525**].

Für exakte Messungen ist Voraussetzung, dass der Schwerpunkt des Aräometers unterhalb der Skala liegt. Bei sonst gleicher Bauweise ist die Empfindlichkeit des Aräometers umso größer, je dünner das Skalenrohr ist.

Densitometer mit Schwingungswandler: Das digitale Dichtemessgerät (*Densimeter*, *Densitometer*) besteht aus einem thermostatisierten U-Rohr (meistens aus Borosilicatglas), das die zu prüfende Flüssigkeit (0,5–1,5 ml) aufnimmt. Das Gerät ist ausgestattet mit einem piezoelektrischen (seltener elektromagnetischen) Anregungssystem, welches das U-Rohr bei einer charakteristischen Frequenz, die von der Dichte der zu prüfenden Flüssigkeit abhängt, in Schwingungen versetzt. Die Schwingungsdauer wird gemessen und das Messsignal in einen Dichtewert umgewandelt, der direkt am Gerät ablesbar ist. Das Gerät muss zuvor mit Referenzsubstanzen bekannter Dichte kalibriert werden.

Dichte von Mehrkomponentensystem: Die Dichte macht als Summenparameter Aussagen über die Gesamtmasse einer Flüssigkeit und kann deshalb zu *Gehalts-* und *Konzentrationsbestimmungen* (Schwefelsäure, Zucker, Alkohole) herangezogen werden Im nachfolgenden Abschnitt wird eine Methode zur Bestimmung des Ethanolgehaltes in pharmazeutischen Zubereitungen vorgestellt.

Salzlösungen haben eine größere Dichte als reines Wasser und die Dichte steigt im Allgemeinen mit steigendem Salzgehalt nahezu linear an. Darüber hinaus kann aber in wässrigen Lösungen bestimmter Substanzen die Dichte in Abhängigkeit von der Konzentration ein Maximum durchschreiten. Beispielsweise zeigt eine wässrige Essigsäure-Lösung mit einem Masseanteil an 75 % Essigsäure ein Dichtemaximum [vgl. **MC-Frage Nr. 521**].

3.3.1 Ethanolgehalt (Ph. Eur.)

Die Bestimmung des Ethanolgehalts in flüssigen Arzneizubereitungen nach Arzneibuch erfolgt durch Destillation und Bestimmung der Dichte des Destillats.

Hierzu unterwirft man die zu prüfende, ethanolhaltige Flüssigkeit nach Zugabe von Wasser der Destillation, wobei Ethanol und Wasser ein Azeotrop bilden (siehe Kap. 3.1.4). Das Destillat wird anschließend mit Wasser bis zu einem be-

Tab. 3.4: Ethanolgehalt flüssiger Arzneizubereitungen

Relative Dichte d_{20}^{20} des Destillats	Ethanolgehalt der Zubereitung in % (V/V)
0,9710	93,75
0,9770	73,50
0,9810	58,88
0,9900	28,60
0,9960	10,87
1,0000	00,00

stimmten Volumen aufgefüllt. Danach bestimmt man die relative Dichte, die als ein direktes Maß für den Ethanolgehalt dienen kann, weil die Dichte einer Lösung von ihrem Gehalt an gelöstem Stoff abhängt. Wie Tabelle 3.4 ausweist, nimmt die relative Dichte mit zunehmendem Ethanolgehalt ab [vgl. **MC-Frage Nr. 521**].

Der Ethanolgehalt einer Flüssigkeit wird in Volumenprozent (% V/V) bei 20 ± 0,1 °C angegeben und als *„Ethanolgehalt in Prozent (V/V)"* bezeichnet. Der Gehalt kann auch in Gramm Ethanol je 100 g Flüssigkeit ausgedrückt werden und ergibt dann den *„Ethanolgehalt in Prozent (m/m)"*.

Apparatur (siehe Abb. 3.17): Sie besteht aus einem Rundkolben (A), der über eine Destillationsbrücke mit Tropfenfänger (B) mit einem senkrecht stehenden Kühler (C) verbunden ist. Das untere Kühlerende ist mit einem Vorstoß (D) versehen, der in einen 100 bis 250 ml Messkolben reicht. Der Messkolben steht während der Destillation in einer Eis/Wasser-Kältemischung (E) [vgl. **MC-Frage Nr. 530**].

Bestimmung mithilfe eines Pyknometers: In den Destillationskolben werden 25 ml der bei 20 °C abgemessenen Zubereitung gegeben und mit 100–150 ml Wasser verdünnt. Mindestens 90 ml dieser Lösung werden in einen 100 ml-Meßkolben destilliert. Das Destillat wird ad 100 ml mit Wasser ergänzt. Die relative Dichte bei 20 ± 0,1 °C wird mithilfe eines Pyknometers bestimmt.

Bestimmung mithilfe eines Aräometers: In den Destillationskolben werden 50 ml der bei 20 °C abgemessenen Zubereitung gegeben. Anschließend wird mit 200–300 ml destilliertem Wasser verdünnt und in einen 250 ml-Messkolben destilliert. Mindestens 180 ml Destillat werden aufgefangen, mit Wasser auf 250 ml ergänzt und zur Dichtebestimmung in einen Zylinder gegeben, dessen Durchmesser mindestens 6 mm größer ist als der Durchmesser des Aräometers.

Voraussetzung für diese Methode ist, dass die zu prüfende Flüssigkeit außer Ethanol keine anderen flüchtigen Bestandteile enthält (z. B. ätherische Öle, flüchtige Säuren u. a. m.), die gleichfalls ins Destillat übergehen und dessen Dichte beeinflussen können. In solchen Fällen müssen die weiteren flüchtigen Anteile vor der Destillation durch geeignete Methoden abgetrennt werden (ätherische Öle beispielsweise durch Wasserzusatz, Aussalzen und Extrahieren mit Petroläther; flüchtige Säuren durch Neutralisation; Iod durch Zugabe von Natriumthiosulfat).

Außer der Bestimmung des Ethanolgehaltes mit Aräometern (*„Alkoholmeter"*) nutzt man noch *„Urometer"* zur Bestimmung von Harndichten, *„Lactometer"*

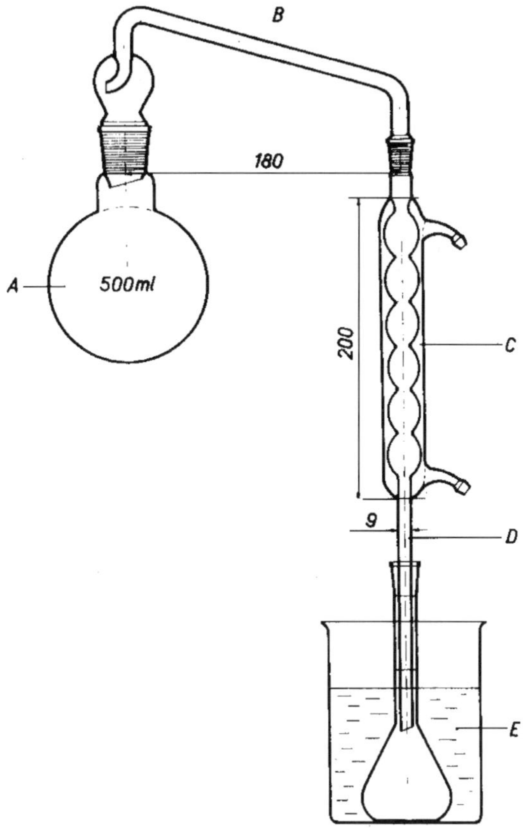

Abb. 3.17: Apparatur zur Bestimmung des Ethanolgehalts (Längenangaben in mm)

(Fettgehalt der Milch) oder *„Saccharometer“* (Zuckergehalt – angegeben meistens als „Mostgewicht“ in Grad Oechsle). Den Säuregehalt verdünnter Säurelösungen kann man mit sog. *„Säurespindeln“* ermitteln.

3.4 Analyse von Elementen

3.4.1 Nachweis von Elementen in organischen Verbindungen

In den Kapiteln 2.1.1–2.1.5 wurden bereits einige Reaktionen zum Nachweis von Elementen (Kohlenstoff, Sauerstoff, Schwefel, Stickstoff, Iod) vorgestellt. Dies soll in den nachfolgenden Abschnitten vertieft und auf die Elementarzusammensetzung organischer Verbindungen ausgedehnt werden. Gegenstand dieses Kapitels ist auch die Bestimmung von Halogeniden oder von Schwefel mithilfe der *Schöniger-Methode* (Verbrennen in einer Sauerstoffatmosphäre).

3.4.1.1 Kohlenstoff

Beim Erhitzen oder Glühen organischer Substanzen tritt Kohlenstoff infolge Verkohlen oder Verbrennen unter Rußbildung vielfach elementar auf. Diese Vorprobe versagt aber bei unzersetzt flüchtigen, hochschmelzenden oder kohlenstoffarmen Verbindungen.

Deshalb wird man zum generellen Nachweis von Kohlenstoff die Substanz im Gemisch mit Kupfer(II)-oxid (CuO) verbrennen und Kohlenstoff über sein Oxidationsprodukt (CO_2) bestimmen. Das gebildete farb- und geruchlose **Kohlendioxid** gibt z. B. beim Einleiten in Barytwasser [$Ba(OH)_2$] die übliche Fällung von *Bariumcarbonat* ($BaCO_3$) [vgl. **MC-Fragen Nr. 99, 536**].

$$\text{„C"} + 2\ CuO \rightarrow 2\ Cu + CO_2\uparrow$$
$$CO_2 + Ba(OH)_2 \rightarrow BaCO_3\downarrow + H_2O$$

3.4.1.2 Wasserstoff

Der Nachweis des Wasserstoffs in organischen Verbindungen erfolgt ebenfalls durch Erhitzen der Substanz mit CuO unter Freisetzung von *Wasser*.

$$\text{„2 H"} + CuO \rightarrow Cu + H_2O$$

Das gebildete Wasser, das an den kälteren Teilen des Reagenzglases kondensiert, kann anschließend durch Umsetzung mit weiteren Reagenzien näher identifiziert werden. Hierfür eignen sich beispielsweise [vgl. **MC-Frage Nr. 531**]:

- Karl-Fischer-Lösung: $SO_2 + I_2 + 2\ H_2O \rightarrow H_2SO_4 + 2\ HI$
- Grignard-Reagenzien: $CH_3MgI + H_2O \rightarrow CH_4\uparrow + Mg(OH)I$
- Lithiumaluminiumhydrid: $LiAlH_4 + 4\ H_2O \rightarrow Al(OH)_3 + LiOH + 4\ H_2\uparrow$
- Calciumcarbid: $CaC_2 + 2\ H_2O \rightarrow C_2H_2\uparrow + Ca(OH)_2$

3.4.1.3 Stickstoff

Einige stickstoffhaltige Verbindungen spalten beim Erhitzen mit Kalkwasser oder einem Gemisch aus NaOH/CaO *Ammoniak* (NH_3) ab, das an seinem charakteristischen Geruch oder mithilfe eines Indikatorpapiers nachgewiesen werden kann. Diese Methode der Ammoniak-Freisetzung ist jedoch *nicht* allgemein anwendbar, sodass man zum Stickstoff-Nachweis zurückgreifen sollte auf:

Lassaigne-Probe: Hierzu erhitzt man die Substanz in einem Glühröhrchen mit metallischem Natrium. Nach dem Aufschluss der stickstoffhaltigen, schwefelfreien organischen Verbindung liegt der Stickstoff als *Natriumcyanid* (NaCN) vor und kann z. B. durch die *Berliner-Blau-Reaktion* nachgewiesen werden [siehe Kap. 2.2.3.38 und 2.3.2.12 sowie **MC-Fragen Nr. 532, 533, 535, 536, 539, 543**].

Dazu versetzt man die Aufschlussmasse mit Wasser, filtriert und kocht das alkalische Filtrat mit Eisen(II)-sulfat ($FeSO_4$). Das entstandene Natriumhexacyanoferrat(II) bildet nach Ansäuern mit verdünnter HCl und Zugabe von Fe(III)-Ionen „unlösliches Berliner Blau".

$$\text{„C,N"} + Na \rightarrow NaCN$$
$$Fe^{2+} + 6\ CN^- \rightarrow [Fe(CN)_6]^{4-}$$
$$4\ Fe^{3+} + 3\ [Fe(CN)_6]^{4-} \rightarrow Fe_4^{III}[Fe^{II}(CN)_6]_3\downarrow$$

Ist nur wenig Stickstoff in der Substanz enthalten, so resultiert zunächst eine blaugrüne Lösung, aus der sich erst nach längerem Stehenlassen ein *blauer* Niederschlag abscheidet.

3.4.1.4 Schwefel

Lassaigne-Probe: Beim Aufschluss einer schwefelhaltigen, stickstofffreien Substanz mit metallischem Natrium wird organisch gebundener Schwefel in *Natriumsulfid* (Na_2S) umgewandelt. Das Aufschlussgemisch wird mit Wasser aufgenommen und filtriert. Versetzt man anschließend das wässrige Filtrat mit einer essigsauren Blei(II)-acetat-Lösung, so fällt schwarzes Bleisulfid (PbS) aus. Bei Anwesenheit von wenig Schwefel färbt sich die Lösung nur dunkelbraun [vgl. **MC-Fragen Nr. 102, 532, 534–536, 542, 794**].

$$\text{„S"} + 2\,Na \rightarrow Na_2S$$
$$Na_2S + Pb(OAc)_2 \rightarrow PbS\downarrow + 2\,NaOAc$$

Alternativ dazu kann man in der Kälte zu einer zweiten Probe des Filtrats Natriumpentacyanonitrosylferrat(II)-Lösung hinzufügen. Bei Anwesenheit von Sulfid beobachtet man in alkalischer Lösung eine *Violettfärbung* unter Bildung des komplexen $Na_4[Fe(CN)_5NOS]$ [vgl. **MC-Frage Nr. 541**].

$$Na_2S + Na_2[Fe(CN)_5NO] \rightarrow Na_4[Fe(CN)_5NOS]$$

- Das *gemeinsame* Vorliegen von *Schwefel und Stickstoff* in einer organischen Substanz kann nach Lassaigne-Aufschluss und Auflösen der Aufschlussmasse in verdünnter Salzsäure direkt durch die Farbreaktion mit Eisen(III)-Ionen unter Bildung von *rotem* Eisen(III)-thiocyanat $[Fe(SCN)_3]$ nachgewiesen werden, weil beim Lassaigne-Aufschluss der organischen Substanz, die sowohl Schwefel als auch Stickstoff enthält, *Natriumthiocyanat* (NaSCN) entsteht [vgl. **MC-Fragen Nr. 532, 535, 536**].

$$\text{„C, N, S"} + Na \rightarrow NaSCN \rightarrow Fe(SCN)_3$$

- Außer durch Schmelzen mit Natrium kann man eine schwefelhaltige Verbindung auch mit Zink/HCl aufschließen, wobei der organisch gebundene Schwefel zu *Schwefelwasserstoff* (H_2S) reduziert wird und anschließend mit Pb(II)-Ionen als *Bleisulfid* (PbS) nachgewiesen werden kann. Dieses Verfahren nutzt das Arzneibuch z. B. bei einer Identitätsreaktion von **Acetazolamid** [N-(5-Sulfamoyl-1,3,4-thiadiazol-2-yl)-acetamid].

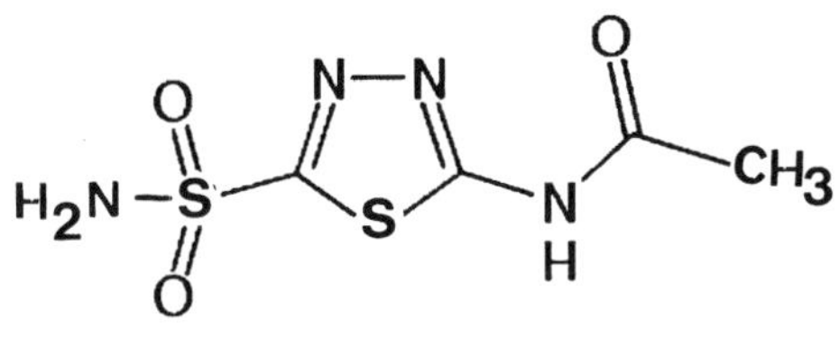

Acetazolamid

Zu weiteren Nachweisreaktionen für Schwefel siehe auch Kapitel 2.1.3 und 3.4.1.7 [vgl. **MC-Fragen Nr. 101–103**].

3.4.1.5 Halogene

Für den qualitativen und quantitativen Nachweis von Halogenen in organischen Molekülen stehen verschiedene Methoden zur Verfügung:

Beilstein-Probe: Hierzu erhitzt man einen ausgeglühten Kupferdraht mit einigen Körnchen der zu untersuchenden Substanz in der nichtleuchtenden Bunsenflamme. Bei Anwesenheit von Halogenen zeigt die Flamme die charakteristische *grüne* bis blaugrüne Farbe der verdampfenden *Kupferhalogenide*. Die Probe ist aber nicht absolut zuverlässig, da auch einige andere Verbindungen die Flamme grün färben [vgl. **MC-Fragen Nr. 546–549**].

Lassaigne-Probe: Durch den Aufschluss mit Natrium wird organisch gebundenes Halogen in das betreffende Halogenid übergeführt, das anschließend im salpetersauren Filtrat der Aufschlussmasse als schwer lösliches *Silbersalz* nachgewiesen werden kann [vgl. **MC-Fragen Nr. 535–538, 545, 547, 550, 552, 553**].

Zur Identifizierung von Fluorid, das ein lösliches Silbersalz bildet, eignet sich die Entfärbung eines Zirkon-Alizarin-Farblackes unter Bildung des komplexen Anions $[ZrF_6]^{2-}$. Bromide können auch durch die nachfolgende Oxidation mit Permanganat zu elementarem Brom, gefolgt von der Umsetzung mit Fluorescein-Natrium/NH_3 zu *rotem Eosin* nachgewiesen werden [vgl. **MC-Fragen Nr. 540, 545**].

Reduktive Spaltung: Neben dem Aufschluss mit metallischem Natrium kann man organisch gebundenes Halogen auch reduktiv als Halogenid abspalten durch Hydrogenolyse mit Raney/Nickel in Ethanol bzw. in alkalisch-wässriger Suspension, mit Zink in Schwefelsäure oder mit Zink in Ethanol. Besonders die *Hydrogenolyse* mit Raney-Nickel ist nach Arzneibuch weit verbreitet [vgl. **MC-Fragen Nr. 545, 546, 549–553**].

$$\text{R-Hal} + „2\,\text{H}“ \rightarrow \text{R-H} + \text{H-Hal}$$

Oxidative Spaltung: Zum Nachweis organisch gebundenen Fluors lässt das Arzneibuch die Substanz häufig oxidativ mit Chromschwefelsäure (CrO_3/H_2SO_4) aufschließen. Dabei entsteht Fluorwasserstoff, der die Wände des Reagenzglases ätzt und sie so schwer benetzbar macht. Der oxidative Aufschluss zum Halogen-Nachweis gelingt auch mit alkalischer Permanganat- oder Wasserstoffperoxid-Lösung. Zur Freisetzung von Iod aus Wirkstoffen, z. B. aus **Levothyroxin-Natrium,** nutzt das Arzneibuch konzentrierte Schwefelsäure als Oxidationsmittel. Beim Erhitzen entstehen *violette* Iod-Dämpfe.

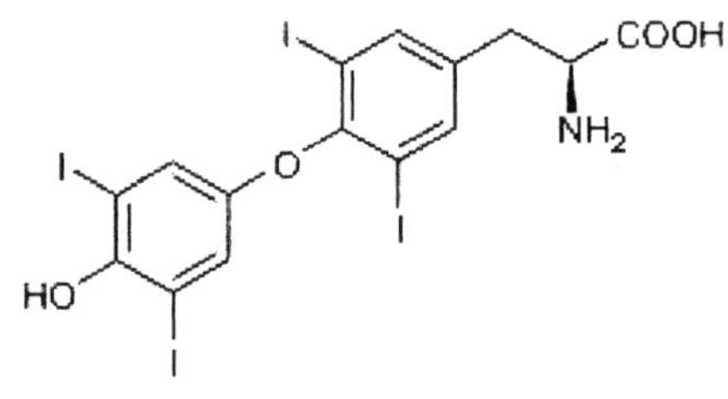

Levothyroxin

Eine interessante Abfolge von Nachweisen für verschiedene Halogene lässt *Ph. Eur.* für **Halothan** (2-Brom-2-chlor-1,1,1-trifluorethan), $F_3C\text{-}CHBrCl$, durchführen. Nach *oxidativer Spaltung* mit H_2O_2 liegen Fluorid-, Bromid- und Chlorid-Ionen *nebeneinander* vor. Fluorid-Ionen bilden mit Zirkon(IV) den stabilen Komplex $[ZrF_6]^{2-}$, sodass die Bildung eines rotvioletten Farblackes von Zr(IV) mit zugesetztem Alizarin unterbleibt. Bromid wird mit Chloramin T oder Bromat zu Brom oxidiert, das durch die gelbliche Farbe der Lösung erkannt wird, oder das zum Beispiel zugesetztes Aceton, $H_3C\text{-}CO\text{-}CH_3$, bromiert und somit abgefangen werden kann. Danach kann in der Aufschlusslösung Chlorid als schwer lösliches AgCl nachgewiesen werden.

Hydrolytische Spaltung: In zahlreichen Fällen gelingt die hydrolytische Halogenid-Abspaltung durch Versetzen mit einer verdünnten wässrigen Alkalihydroxid-Lösung, wie z. B. bei **Chloralhydrat** und **Chloramphenicol**; manchmal genügt auch das Erhitzen in Wasser oder einer Alkalicarbonat-Lösung [vgl. **MC-Fragen Nr. 546, 547, 549–551, 573**].

$$R\text{-}\mathbf{Hal} + 2\,H_2O\ (NaOH) \rightarrow R\text{-}OH + H_3O^+ + \mathbf{Hal^-}\ (Na^+Hal^-)$$

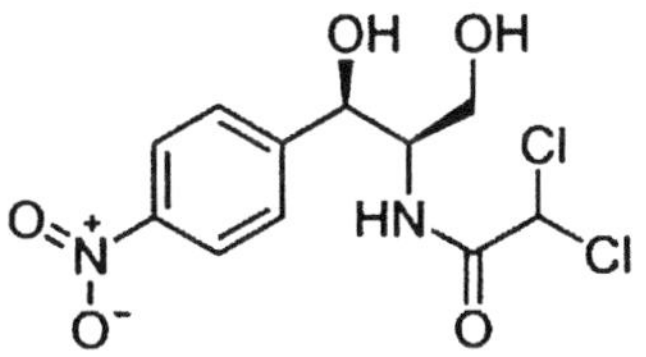

Chloramphenicol

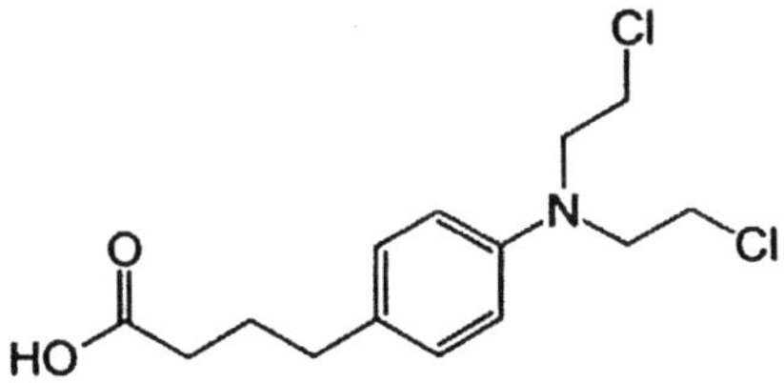

Chlorambucil

Beispielsweise spalten zahlreiche Alkylhalogenide, RCH_2Cl wie **Chlorambucil** oder geminale Dihalogenide, $RCHCl_2$ wie **Chloramphenicol** bzw. Trihalogenide, $RCCl_3$ wie **Choralhydrat** (2,2,2-Trichlorethan-1,1-diol) $[CCl_3\text{-}CH(OH)_2]$, **Chlorobutanol** (1,1,1-Trichlor-2-methyl-propan-2-ol) $[CCl_3\text{-}COH(CH_3)_2]$ oder **Metrifonat** [Dimethyl-(2,2,2-trichlor-1-hydroxyethan)phosphonat] $[CCl_3\text{-}CHOH\text{-}PO(OCH_3)_2]$, leicht das organisch gebundene Halogen als Halogenid ab, das anschließend durch Fällung mit $AgNO_3$-Lösung nachgewiesen werden kann.

Die hydrolytische Halogenidabspaltung misslingt normalerweise bei *Arylhalogeniden* (Ar-Hal) wie z. B. Haloperidol, Chlorkresol, Iopansäure oder Levothyroxin-Natrium. Bei vielen Arylhalogeniden gelingt jedoch die Halogensubstitution durch *Alkalischmelze* oder mithilfe einer *Alkalicarbonat-Schmelze* [siehe auch Kapitel 3.5.1 und **MC-Fragen Nr. 548, 552, 553, 573**].

$$R\text{-}CH_2Cl + H_2O \rightarrow R\text{-}CH_2OH + HCl$$
$$R\text{-}CHCl_2 + H_2O \rightarrow R\text{-}CH{=}O + 2\,HCl$$
$$R\text{-}CCl_3 + 2\,H_2O \rightarrow R\text{-}COOH + 3\,HCl$$
$$Ar\text{-}Cl + H_2O \not\longrightarrow$$

Wurzschmitt-Methode: Eine quantitative Halogenbestimmung ist möglich, indem in eine Nickelbombe Ethylenglycol, die abgewogene Substanzmenge und Natriumperoxid (Na_2O_2)eingebracht und gezündet werden. Das Reaktionsgemisch wird anschließend in Wasser gelöst. Bromid bzw. Chlorid werden danach argentometrisch bestimmt. Iod, das zu Iodat oxidiert wurde, bestimmt man iodometrisch (siehe Ehlers, **Analytik II,** Kapitel 7.2.3.3 und 8.2.4).

3.4.1.6 Phosphor

Organisch gebundener Phosphor kann als *Phosphat* nachgewiesen werden, in dem man das Substrat mit Natriumperoxid [Na_2O_2] (Wurzschmitt-Bombe) oxidativ zerstört bzw. die Verbindung durch Erhitzen mit rauchender HNO_3 im Einschlussrohr oder durch Oxidationsschmelze mit einem Gemisch aus einem Teil Kaliumnitrat und zwei Teilen Soda aufschließt [vgl. **MC-Frage Nr. 544**].

3.4.1.7 Schöniger-Methode (Verbrennen im Sauerstoffkolben)

Bei der quantitativen Bestimmung nach der Schöniger-Methode verbrennt man die zu analysierende, in aschefreies Filterpapier eingewickelte Substanz in einem speziellen Schliffkolben, der mit *Sauerstoff* gefüllt ist, und der die zur Aufnahme der Verbrennungsprodukte dienende Absorptionslösung enthält. Das Arzneibuch nutzt das Verfahren zur Bestimmung folgender Elemente [vgl. **MC-Fragen Nr. 545–561**]:

Brom: Zur Absorption dient H_2SO_4, der zur Reduktion des bei der Verbrennung entstehenden elementaren *Broms* (Br_2) Wasserstoffperoxid (H_2O_2) zugesetzt wird. Anschließend werden die Bromid-Ionen argentometrisch nach Volhard bestimmt [siehe Ehlers, **Analytik II,** Kapitel 8.2.1 und **MC-Fragen Nr. 554, 555, 557**].

$$Br_2 + H_2O_2 \rightarrow O_2\uparrow + 2\ HBr$$

Chlor: Zur Absorption des gebildeten *Chlorwasserstoffs* (HCl) wird Natriumhydroxid-Lösung verwendet. Anschließend werden die gebildeten Chlorid-Ionen argentometrisch nach Volhard titriert [vgl. **MC-Fragen Nr. 554–558**].

Fluor: Der gebildete *Fluorwasserstoff* (HF) wird in verdünnter Lauge absorbiert; anschließend werden die Fluorid-Ionen fällungsanalytisch mit Thorium(IV)-nitrat-Lösung gegen Alizarinsulfonsäure als Indikator titriert [siehe hierzu auch Kap. 2.2.3.1 und **MC-Fragen Nr. 144, 554–557**].

$$4\ F^- + Th^{4+} \rightarrow ThF_4$$

Sobald alle Fluorid-Ionen in Thoriumtetrafluorid (ThF_4) übergeführt sind, entsteht mit überschüssiger Maßlösung und dem Indikator ein *roter* Farblack. Da der Farbwechsel des Indikators stöchiometrisch nicht exakt erfolgt und sein Erkennen individuell unterschiedlich ist, wird die Thoriumnitrat-Lösung zuvor gegen eine Fluorid-Standardlösung eingestellt.

Iod: Das bei der Verbrennung im Sauerstoffkolben entstandene *Iod* (I_2) wird in Natronlauge absorbiert und mit Hypobromit (BrO^-) zu *Iodat* (IO_3^-) oxidiert. Durch Zugabe von Kaliumhydrogenphthalat wird ein pH-Wert von 4–5 eingestellt. Das dabei aus dem überschüssigen Hypobromit gebildete Brom wird teilweise verkocht oder an Phthalsäure gebunden. Anschließend setzt man Kaliumiodid (KI) hinzu und titriert das durch die Komproportionierung mit der vorliegenden *Iodsäure* (HIO_3) gebildete elementare *Iod* mit Thiosulfat ($S_2O_3^{2-}$) zurück.

Bei der Schöniger-Bestimmung von kovalent gebundenem Iod laufen somit folgende Teilprozesse ab [vgl. **MC-Fragen Nr. 556, 557, 559, 560**]:

$$I_2 + 2\,HO^- \rightarrow IO^- + I^- + H_2O$$
$$IO^- + I^- + 5\,BrO^- \rightarrow 5\,Br^- + 2\,IO_3^-$$
$$Br^- + BrO^- + 2\,H_3O^+ \rightarrow 3\,H_2O + Br_2\uparrow$$
$$IO_3^- + 5\,I^- + 6\,H_3O^+ \rightarrow 3\,I_2 + 9\,H_2O$$
$$I_2 + 2\,S_2O_3^{2-} \rightarrow 2\,I^- + S_4O_6^{2-}$$

Ein Blindversuch wird durchgeführt, weil das zur Herstellung der Hypobromit-Lösung verwendete Brom häufig *nicht* iodidfrei ist.

Schwefel: Das bei der Verbrennung gebildete *Schwefeldioxid* (SO_2) wird in der Absorptionslösung mit Wasserstoffperoxid (H_2O_2) zu Schwefelsäure (H_2SO_4) oxidiert, die anschließend fällungsanalytisch mit gepufferter (pH = 3,7) Bariumperchlorat-Maßlösung titriert wird. Alizarinsulfonsäure dient als Adsorptionsindikator [vgl. **MC-Fragen Nr. 554, 555**].

$$SO_2 + H_2O_2 \rightarrow H_2SO_4$$
$$SO_4^{2-} + Ba^{2+} \rightarrow BaSO_4\downarrow$$

Da Fremdionen das Ergebnis beeinflussen, wird bei Anwesenheit von Halogenid- und Phosphat-Ionen in stärker saurem pH-Bereich gegen Naphtharson als Indikator titriert. Auch hier ist ein Blindversuch durchzuführen.

Substanzen wie **Nitrazepam**, die nur aus den Elementen C, H, N, O bestehen, können nach Schöniger *nicht* bestimmt werden [vgl. **MC-Frage Nr. 561**].

3.4.2 Ermittlung der Summenformel

Die Grundlage zur Aufstellung der chemischen Formel einer unbekannten organischen Substanz bilden die aus der quantitativen *Elementaranalyse* ermittelten Prozentzahlen der einzelnen Elemente. Hierbei ergibt sich der Prozentgehalt für *Sauerstoff*, der häufig *nicht* gesondert bestimmt wird, als Differenzwert ad 100 %.

Dividiert man die gefundenen Gewichtsprozentwerte durch die *Atommasse* des betreffenden Elementes, so kommt man zum Atomverhältnis der unbekannten Verbindung. Dividiert man anschließend die errechneten Quotienten durch die *kleinste* erhaltene Zahl, so erhält man die *Verhältnisformel* (Summenformel). Das folgende Beispiel soll dies verdeutlichen:

	C =	40,82 % : 12 = 3,40 : 1,67 = 2
	H =	8,63 % : 1 = 8,63 : 1,67 = 5
	N =	23,75 % : 14 = 1,69 : 1,67 = 1
Summe =		73,20 %
Differenz entspricht	O =	26,80 % : 16 = 1,67 : 1,67 = 1
Summe =		100,00 %

Die einfachste Verhältnisformel für das obige Beispiel ist demnach: $\mathbf{C_2H_5NO}$, jedoch besitzen alle ganzzahligen Vielfache $\mathbf{C_{2n}H_{5n}N_nO_n}$ (n = 1, 2, 3...) das gleiche

Atomverhältnis, sodass zur weiteren Charakterisierung noch die *Molmasse* der betreffenden Verbindung bestimmt werden muss.

Die folgenden **MC-Beispiele** sollen die Berechnung der Summenformel aus Gewichtsprozentangaben nochmals erläutern [Nummer der MC-Frage in Klammer]:

[562] Für eine organische Verbindung wurde gefunden, dass sie zu 84 % aus Kohlenstoff und zu 16 % aus Wasserstoff besteht (Summe C + H = 100 %). Ihre Summenformel berechnet sich somit zu:

C = 84 % : 12 = 7
H = 16% : 1 = 16

Die einfachste Verhältnisformel ist demnach: $\mathbf{C_7H_{16}}$

[563] Eine Substanz, die zu 80 % aus Kohlenstoff und zu 20 % aus Wasserstoff (Summe C+H = 100 %) besteht, hat die Summelformel:

C = 80 % : 12 = 6,67 : 6,67 = 1
H = 20 % : 1 = 20,00 : 6,67 = 3

Daraus folgt für die Verhältnisformel: $\mathbf{C_nH_{3n}}$, mit dem einfachsten Glied: $\mathbf{C_2H_6}$ *(Ethan)*

[564] Eine Substanz, die zu 75 % aus Kohlenstoff und zu 25 % aus Wasserstoff (Summe C+H = 100 %) besteht, hat die Summenformel $\mathbf{C_nH_{4n}}$ mit *Methan* ($\mathbf{CH_4}$) als einfachstem Vertreter.

C = 75 % : 12 = 6,25 : 6,25 = 1
H = 25 % : 1 = 25,00 : 6,25 = 4

[565] Eine Substanz, die zu 48,65 Massen% aus Kohlenstoff, 43,24% aus Sauerstoff und zu 8,11% aus Wasserstoff besteht, hat die Summenformel:

C = 48,65% : 12 = 4,05 : 2,70 = 1,5
O = 43,24% : 16 = 2,70 : 2,70 = 1,0
H = 8,11% : 1 = 8,11 : 2,70 = 3,0

Die Verbindung hat somit die Summenformel $\mathbf{C_3H_6O_2}$.

[566] *Acetylaceton* ($CH_3COCH_2COCH_3$) besitzt die Summenformel $\mathbf{C_5H_8O_2}$ und besteht zu **60 %** aus Kohlenstoff, **8 %** aus Wasserstoff und zu **32 %** aus Sauerstoff (Summe C+H+O = 100 %).

C = 5 · 12 = 60
H = 8 · 1 = 8
O = 2 · 16 = 32

[567] Bei einer Substanz, die zu 50,05 % aus Schwefel und zu 49,95 % aus Sauerstoff (Summe S+O = 100 %) besteht, handelt es sich um *Schwefeldioxid* ($\mathbf{SO_2}$):

S = 50,05 : 32 = 1,56 : 1,56 = 1
O = 49,95 : 16 = 3,12 : 1,56 = 2

[568] Eine anorganische Substanz, die zu 25,6% aus Kupfer, 12,8% aus Schwefel, 4,0% aus Wasserstoff und zu 57,6% aus Sauerstoff besteht, hat die Summenformel:

Cu: 25,6% : 64 = 0,4 : 0,4 = 1
S : 12,8% : 32 = 0,4 : 0,4 = 1
H : 4,0% : 1 = 4,0 : 0,4 = 10
O : 57,6% : 16 = 3,6 : 0,4 = 9

Bei der Substanz handelt es sich somit um *Kupfer(II)-sulfat-Pentahydrat* **[$CuSO_4 \cdot 5\ H_2O$]**.

3.5 Chemische Analyse funktioneller Gruppen

3.5.1 Hinweis auf hydrolysierbare Verbindungen

Einige Substanzklassen lassen sich nicht direkt, sondern erst nach vorheriger alkalischer oder saurer Hydrolyse durch die dabei gebildeten Produkte geeigneter Funktionalität identifizieren.

Durch alkalische Hydrolyse (wässrige/alkoholische Alkalihydroxid-Lösung), gegebenenfalls unter Rückfluss, werden vor allem *Amide – Ester – Lactame – Lactone – Nitrile* und *Alkylhalogenide* in leichter nachweisbare Substanzen umgewandelt, während *Acetale – Ketale – Azomethine – Enamine – Oxime – Hydrazone* oder *Ether* in saurem Milieu (HCl, HI) gespalten werden. Tabelle 3.5 gibt Auskunft über die dabei gebildeten Hydrolyseprodukte [vgl. **MC-Fragen Nr. 569–573**].

Tab. 3.5: Identifizierbare Hydrolyseprodukte

Substrat	Hydrolyseprodukte
Acetale	Aldehyd + Alkohol
Ketale	Keton + Alkohol
Nitrile (Carbonitrile)	Carbonsäure + Ammoniak
Azomethine, Enamine	Carbonylverbindung + Amin
Oxime, Hydrazone	Carbonylverbindung
Carbonsäureamide	Carbonsäure + Amin (Ammoniak)
Carbonsäureester	Carbonsäure + Alkohol
Phenolester (Phenylester)	Carbonsäure + Phenol
Carbonsäurehalogenide, -anhydride	Carbonsäure
Lactame	Aminocarbonsäure
Lactone	Hydroxycarbonsäure
Alkylhalogenide	Alkohol
Ether	Alkohol (Alkylhalogenid)
Phenolether (Phenylether)	Phenol + Alkylhalogenid

Anzumerken ist, dass in *Alkylhalogeniden* die *hydrolytische Abspaltung* des Halogenatoms als Halogenid mit wässriger Alkalihydroxid-Lösung im Allgemeinen glatt verläuft. *Arylhalogenide* reagieren unter diesen Bedingungen *nicht*. In diesen Substanzen spaltet man das Halogenatom häufig in der *Schmelze* mit Alkalihydroxiden oder Alkalicarbonaten ab. Darüber hinaus hat sich die *hydrogenolytische Abspaltung* des Halogens in Arylhalogeniden mit Raney-Nickel in Ethanol bewährt [siehe auch Kapitel 3.5.3.4 und **MC-Frage Nr. 573**].

$$R_3C\text{-Hal} + HO^- \rightarrow R_3C\text{-OH} + Hal^- \text{ (Hydrolyse)}$$
$$Ar\text{-Hal} + \text{„2H" (RaNi)} \rightarrow Ar\text{-H} + H\text{-Hal} \text{ (Hydrogenolyse)}$$

3.5.2 Hinweis auf Oxidationsmittel und Reduktionsmittel

Eine Prüfung auf *Reduktionsmittel* (oxidierbare Substanzen) kann auf unterschiedliche Weise erfolgen; gebräuchlich sind vor allem:

- **Entfärben einer Permanganat-Lösung:** Einen positiven Test ergeben alle leicht oxidierbaren Substanzen wie Enole, Endiole, manche Phenole, primäre und sekundäre Alkohole, Mercaptane, Sulfide (Thioether), Aldehyde, Amine sowie Alkene oder Alkine [siehe auch Kapitel 3.5.3.1 und 3.5.3.2 sowie **MC-Fragen Nr. 574, 576–580, 582–586, 788, 791, 793**].
- **Tollens-Reagenz:** Aus einer ammoniakalischen Silbersalzlösung scheiden Aldehyde, reduzierbare Zucker, 1,2-Diketone, 2-Hydroxyketone, mehrwertige Phenole und Aminophenole elementares Silber in Form eines Metallspiegels oder eines schwarzen Niederschlags ab. Auch einige aromatische Amine ergeben eine positive Reaktion [siehe auch Kapitel 3.5.3.11 und **MC-Fragen Nr. 631, 632**].
- **Fehling-Reagenz:** Starke Reduktionsmittel – besonders Aldehyde und reduzierende Zucker wie *Glucose* oder *Fructose* – fällen aus einer alkalischen Kupfer(II)-tartrat-Lösung *gelbes* bis *rotes* Kupfer(I)-oxid (Cu_2O). Aromatische Aldehyde geben diesen Test normalerweise *nicht* [siehe auch Kapitel 3.5.3.11 und **MC-Frage Nr. 575**].

Weitere häufig verwendete Oxidationsmittel zum Nachweis reduzierender Substanzen sind Bromwasser oder eine Salpetersäure-Lösung.

Bei diesen Reaktionen werden aus primären **Alkoholen** zunächst Aldehyde erhalten, die meistens unter den angewandten Bedingungen weiter zu Carbonsäuren oxidiert werden. Sekundäre Alkohole lassen sich leicht zu Ketonen dehydrieren, während sich tertiäre Alkohole nur *schwer* und unter C–C–Spaltung oxidieren lassen. Aus **Ketolen** (2-Hydroxyketone) wie in *Glucocorticoiden* oder aus **Endiolen** wie *Ascorbinsäure* entstehen dabei 1,2-Dicarbonylverbindungen. Endiole selbst sind wiederum Dehydrierungsprodukte von 1,2-Diolen (Glycolen) [vgl. **MC-Frage Nr. 575**].

$$R{-}CH_2OH \longrightarrow R{-}CH{=}O \longrightarrow R{-}COOH$$

Prim. Alkohol **Aldehyd** **Carbonsäure**

$$R_2CHOH \rightarrow R_2C{=}O$$

Sek. Alkohol **Keton**

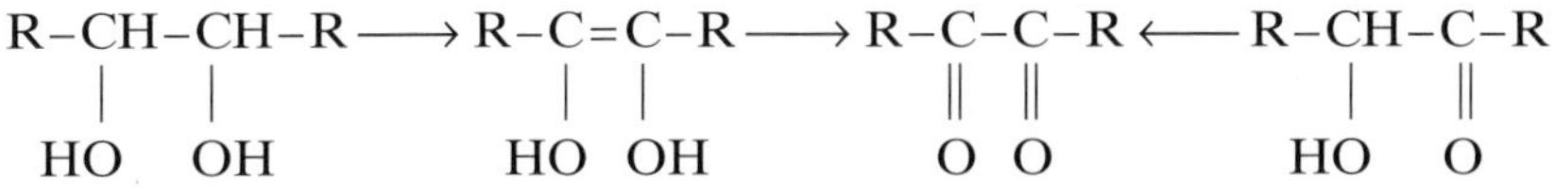

1,2-Diol **Endiol** **1,2-Diketon** **2-Hydroxyketon**

Das Arzneibuch nutzt die Oxidation eines primären Alkohols zur Carbonsäure z. B. bei der Identitätsprüfung von **Phenoxyethanol,** das in sodaalkalischer Lösung mit Kaliumpermanganat zu *Phenoxyessigsäure* oxidiert wird. Die Säure kann nach Umkristallisation durch ihren Schmelzpunkt charakterisiert werden. Ein weiteres Beispiel ist **Benzylalkohol**, der in *Benzoesäure* umgewandelt wird.

$$C_6H_5{-}O{-}CH_2{-}CH_2OH \text{ fi } C_6H_5{-}O{-}CH_2{-}COOH$$

Phenoxyethanol **Phenoxyessigsäure**

$$C_6H_5{-}CH_2OH \text{ fi } C_6H_5{-}COOH$$

Benzylalkohol **Benzoesäure**

Die *Bishydroxylierung* von Alkenen mit Kaliumpermanganat-Lösung führt zu cis-Glycolen, die durch eine nachfolgende Glycolspaltung in Carbonylverbindungen umgewandelt werden (siehe auch Kapitel 3.5.3.1).

$$R_2C{=}CR_2 \longrightarrow R_2C(OH){-}C(OH)R_2 \longrightarrow R_2C{=}O + O{=}CR_2$$

Alken **cis-Glycol** **Carbonylverbindung**

Mehrwertige **Phenole** (Ar–OH) mit orthoständigen *(Brenzcatechin-Struktur)* oder paraständigen Hydroxylgruppen *(Hydrochinon-Struktur)* werden zu *Chinonen* oxidiert, während aus Aminophenolen *Chinonimine* gebildet werden. Beispielsweise lassen sich **Epinephrin** (Adrenalin) und **2-Methylnaphthohydrochinon** bereits durch schwache Oxidationsmittel wie Iod in ein chinoides Oxidationsprodukt überführen [vgl. **MC-Frage Nr. 575**].

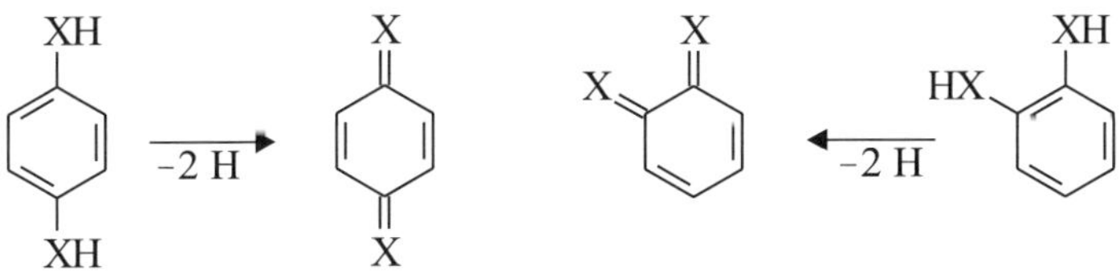

[X=NH; O]

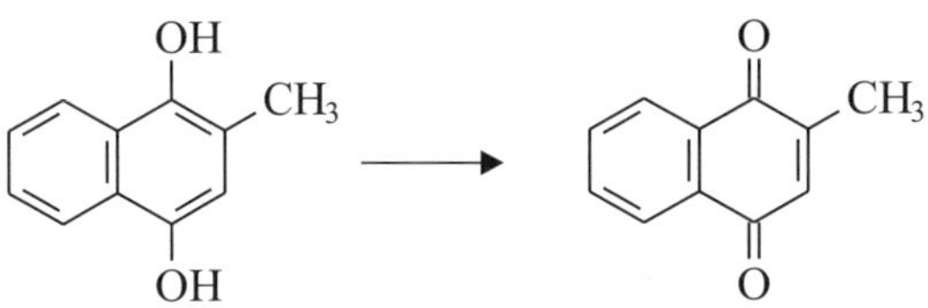

Menadion

Auch **Mercaptane** (R–SH) und **Thiophenole** (Ar–SH) sind gegenüber Oxidationsmitteln sehr empfindlich. Unter milden Bedingungen werden sie zu Disulfiden dehydriert, während sie durch starke Oxidationmittel über Sulfinsäuren in Sulfonsäuren, der *höchsten* Oxidationsstufe des Schwefels (+6), übergeführt werden [vgl. **MC-Frage Nr. 574**].

$$R{-}S{-}S{-}R \longleftarrow R{-}SH \longrightarrow R{-}SO_2H \longrightarrow R{-}SO_3H$$

Disulfid **Mercaptan** **Sulfinsäure** **Sulfonsäure**

Sulfide (Thioether) werden schließlich über Sulfoxide zu Sulfonen oxidiert.

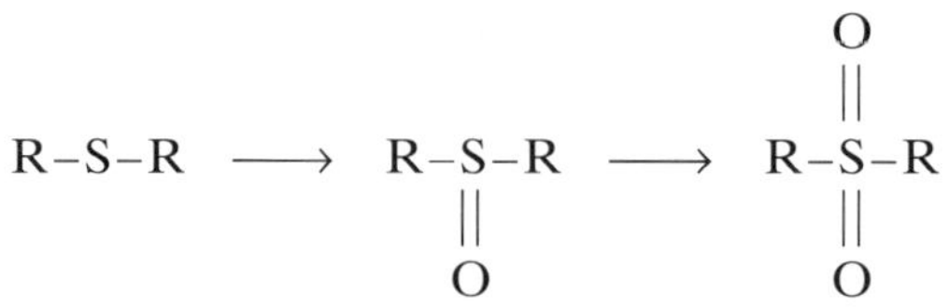

Sulfid **Sulfoxid** **Sulfon**

Die quantitative *Bestimmung von oxidierenden Substanzen* (reduzierbare Verbindungen, Oxidationsmittel) lässt das Arzneibuch wie folgt durchführen:

Die essigsaure wässrige Lösung der betreffenden Verbindung wird mit Kaliumiodid versetzt und für 25–30 Minuten im Dunkeln stehengelassen. Nach Zusatz von Stärke-Lösung wird das ausgeschiedene Iod mit Natriumthiosulfat-Lösung (0,002 mol/l) zurücktitriert. Der Verbrauch an Thiosulfat wird auf Wasserstoffperoxid bezogen. 1 ml der $Na_2S_2O_3$-Lösung (0,002 mol/l) entspricht 34 µg Oxidans als Wasserstoffperoxid berechnet.

Bei der Bestimmung von Oxidationsmitteln werden somit *nur* wasserlösliche, Iodid oxidierende Substanzen erfasst (siehe Ehlers, **Analytik II,** Kapitel 7.2.3.3).

3.5.3 Nachweis pharmazeutisch relevanter funktioneller Gruppen

3.5.3.1 Nachweis von Alkenen (Olefinen)

Zur Identifizierung von Alkenen sind eine Reihe elektrophiler Additionsreaktionen geeignet. Hierzu zählen die *Hydrierung* mit Pt/H_2 oder Pd/H_2, die Entfärbung von Brom- bzw. Permanganat-Lösung, die Anlagerung von Nitrosylchlorid sowie die Umsetzung mit organischen Peroxosäuren zu Epoxiden, die chemisch weiter umgewandelt werden können. Die Ozonisierung von Alkenen führt schließlich zu Carbonylverbindungen [vgl. **MC-Fragen Nr. 576–582**].

(1) Bishydroxylierung (Baeyer-Probe): Die Bishydroxylierung von Alkenen mit Kaliumpermanganat ($KMnO_4$) in alkalischer Lösung oder mit Osmiumtetroxid (OsO_4) liefert als Intermediate cyclische Ester, die zu cis-Glycolen hydrolysieren. Permanganat wird dabei bis zur Stufe des Mangan(IV)-oxidhydrats [$MnO(OH)_2$] reduziert, das ausfällt. Auch hochsubstituierte Alkene, die im Allgemeinen nur sehr schwer Brom addieren, lassen sich mit Permanganat nachweisen. Bei höheren Temperaturen geht die Oxidation mit Kaliumpermanganat weiter und unter C,C–Spaltung werden meistens *Carbonsäuren* erhalten. Die Reaktion ist wenig spezifisch, da viele andere Substanzklassen ebenfalls eine alkalische Permanganat-Lösung entfärben [siehe auch Kapitel 3.5.2 und **MC-Fragen Nr. 574, 788, 791, 793**].

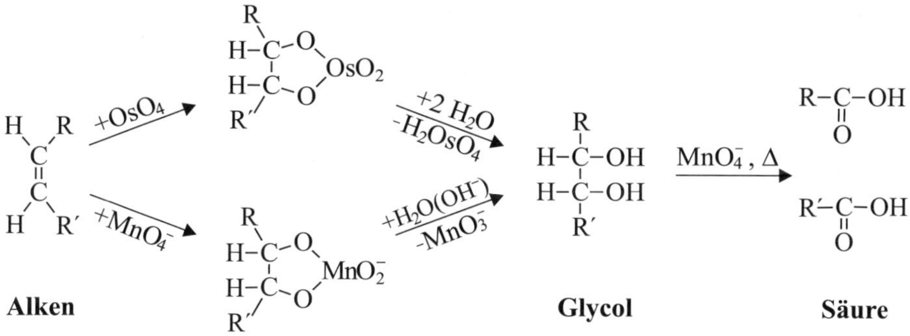

Man nutzt zum Beispiel diese Methode bei der Oxidation von **Anethol** mit Permanganat zu *Anissäure* (4-Methoxybenzoesäure). Auch bei der Identitätsprüfung von **Undecylensäure** (10-Undecensäure) [CH_2=CH–$(CH_2)_8$–COOH] gemäß *Ph. Eur.* erfolgt der Nachweis der Doppelbindung durch Entfärben einer Kaliumpermanganat-Lösung.

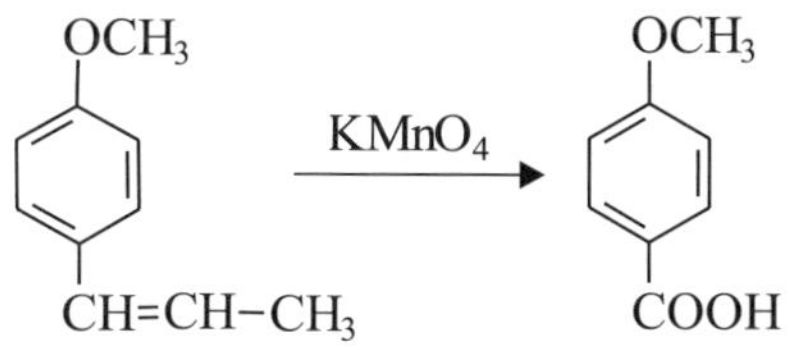

Anethol **Anissäure**

(2) Bromaddition: Die Addition von Brom an Alkene ist erkennbar an dessen Entfärbung und führt zu (vicinalen) 1,2-Dibromiden.

$$-\overset{|}{C}=\overset{|}{C}- + Br_2 \longrightarrow Br-\underset{|}{\overset{|}{C}}-\underset{|}{\overset{|}{C}}-Br$$

1,2-Dibromid

Ph. Eur. wendet die Bromaddition bei der Identitätsprüfung von **Sorbinsäure** an, wobei zunächst 4,5-Dibrom-2-hexensäure gebildet wird, die mit überschüssigem Brom zu 2,3,4,5-Tetrabromcapronsäure reagiert.

$$CH_3-CH=CH-CH=CH-COOH \xrightarrow{+\,Br_2} CH_3-CHBr-CHBr-CH=CH-COOH$$

Sorbinsäure

$$\xrightarrow{+\,Br_2} CH_3-CHBr-CHBr-CHBr-CHBr-COOH$$

Bei **Undecylensäure** dient die Bildung von 10,11-Dibromundecylansäure als Maß für den Grad der Ungesättigtheit.

(3) Epoxidation: Die Umsetzung von Alkenen mir organischen Peroxosäuren (RCO_3H) in einem indifferenten Lösungsmittel ergibt Oxirane (Epoxide), die sich in Gegenwart von Bortrifluorid (BF_3) in Carbonylverbindungen umlagern.

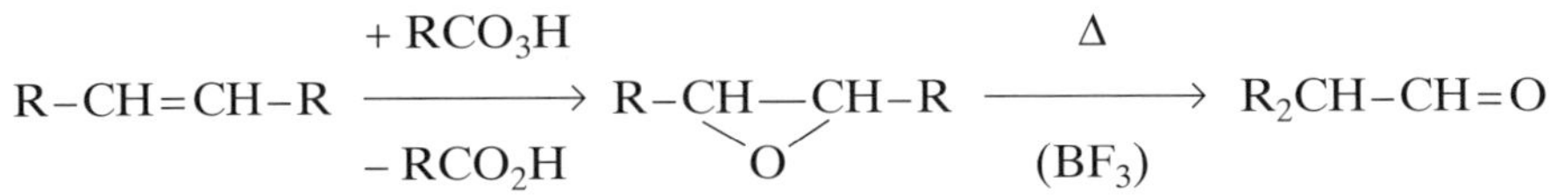

Oxiran

Oxirane können zu Glycolen (1,2-Diolen) hydrolysiert werden, die sich als zweiwertige Alkohole näher charakterisieren lassen (siehe auch Kapitel 3.5.3.6).

(4) Umsetzung mit Nitrosylchlorid: Nitrosylchlorid bildet in Abhängigkeit von der Konstitution des Alkens *blaue* Nitrosoalkylchloride oder *farblose* Isonitrosoalkylchloride.

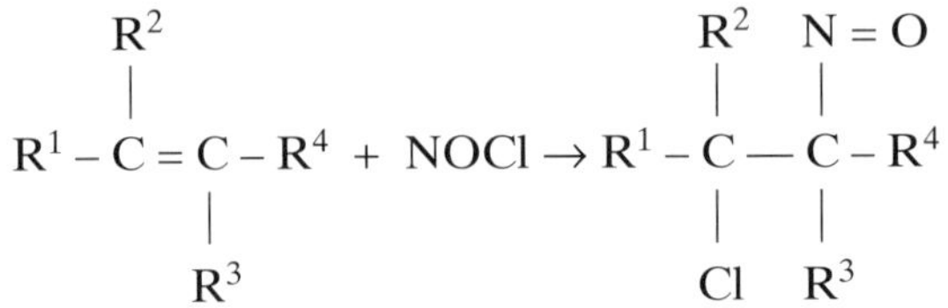

Nitrosoalkylchlorid

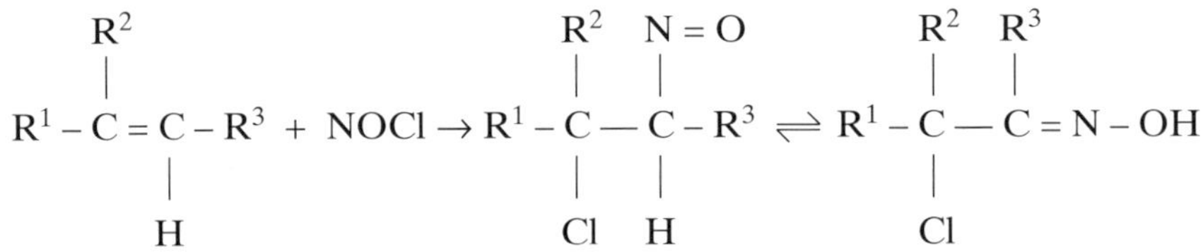

Isonitrosoalkylchlorid

(5) Ozonolyse: Durch Anlagerung von Ozon an Alkene erhält man Ozonide. Die daraus bei reduktiver Aufarbeitung (Zink/Essigsäure oder Pd/H_2) erhaltenen Carbonylverbindungen werden weniger zur Identifizierung von Alkenen als vielmehr zur Konstitutionsermittlung herangezogen *(Bestimmung der Lage der Doppelbindung im Alken).*

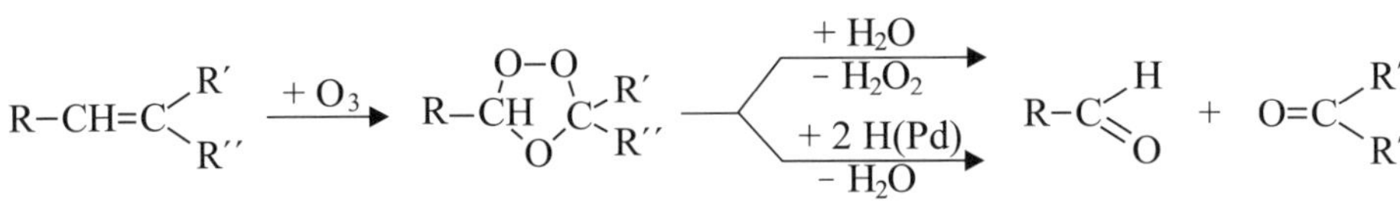

Alken **Ozonid** **Carbonylverbindung**

3.5.3.2 Nachweis von Alkinen

Monosubstituierte (R–C≡C–H) und disubstituierte (R–C≡C–R') Alkine zeigen im Allgemeinen folgende analytisch auswertbare Reaktionen [vgl. **MC-Fragen Nr. 583–586**]:

(1) Oxidation: Ähnlich wie bei Alkenen dokumentiert sich der ungesättigte Charakter von Alkinen in der Entfärbung einer wässrigen, sodaalkalischen Kaliumpermanganat-Lösung oder einer wässrigen Brom-Lösung (Bromwasser).

(2) Wasseranlagerung: Durch Anlagerung von Wasser in Gegenwart von Quecksilber(II)-sulfat ($HgSO_4$) und H_2SO_4 lassen sich disubstituierte Alkine in Ketone umwandeln. Monosubstituierte Alkine liefern Methylketone; Ethin (Acetylen) selbst ergibt bei der Hydratisierung Acetaldehyd.

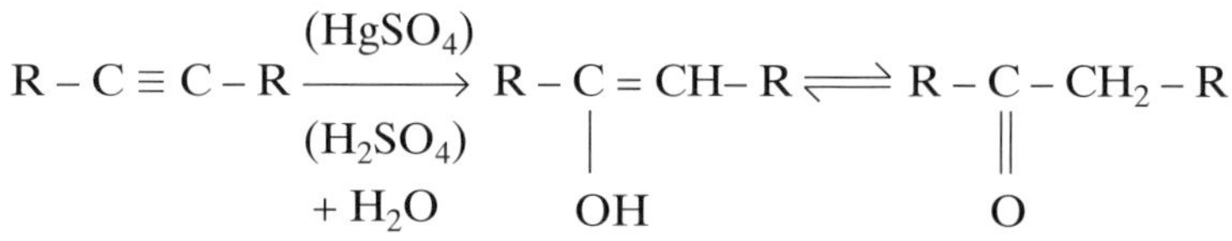

Keton

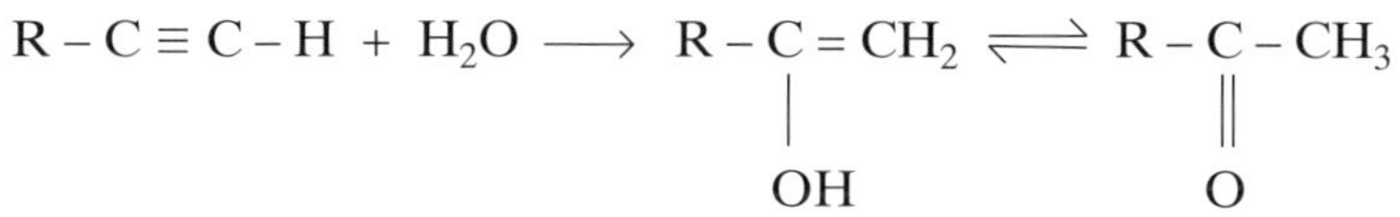

Methylketon

$$H-C\equiv C-H + H_2O \longrightarrow H_2C=CH-OH \rightleftharpoons H_3C-CH=O$$

Ethin **Acetaldehyd**

(3) Bildung von Acetyliden: Ethin und monosubstituierte Alkine bilden in alkalischer oder ammoniakalischer Lösung mit Ag^+- oder Cu^+-Ionen Niederschläge der entsprechenden *Acetylide.*

$$R–C\equiv C–H + Ag^+ \rightarrow R–C\equiv C–Ag\downarrow + (H^+)$$

Durch die beiden letztgenannten Reaktionen [(2), (3)] können *Alkine* von *Alkenen* unterschieden werden. Alkine reagieren nur in Gegenwart von Hg(II) mit Wasser und bilden dabei Carbonylverbindungen, während die säurekatalysierte Wasseranlagerung an Alkene zu Alkoholen führt. Mit ammoniakalischer $AgNO_3$-Lösung reagieren Alkene nicht, Alkine bilden z. T. schwer lösliche Acetylide. Beide Reaktionen können aber auch zur Unterscheidung ungesättigter Kohlenwasserstoffe von *Alkanen* herangezogen werden. Letztere gehen unter diesen Bedingungen keine der erwähnten Reaktionen ein [vgl. **MC-Fragen Nr. 582–585**].

3.5.3.3 Nachweis von Aromaten und aromatischen Kohlenwasserstoffen

Die Identifizierung aromatischer Kohlenwasserstoffe erfolgt im Allgemeinen durch elektrophile Substitution am Ring oder – im Einzelfall – durch Oxidation vorhandener Seitenketten. Manchmal gelingt auch die Bildung schwer löslicher Pikrate.

(1) Nitrierung: Hinweise auf aromatische Strukturelemente (Ar–H) erhält man z. B. durch *Nitrierung* mit *Salpetersäure.* Man prüft anschließend auf das Vorhandensein der Nitrogruppe durch Reduktion mit Zink/Ammoniumchlorid. Dabei entsteht aus dem Nitroaromaten (Ar–NO_2) ein Phenylhydroxylamin-Derivat (Ar–NHOH), das eine ammoniakalische $AgNO_3$-Lösung (Tollens-Reagenz) zu metallischem Silber reduziert. Die Abscheidung von Silber beweist, dass eine Nitrogruppe (–NO_2) oder eine Nitrosogruppe (–NO) vorgelegen hat.

$$\underset{\textbf{Aren}}{\text{Ar–H}} \xrightarrow{(HNO_3)} \underset{\textbf{Nitroaren}}{\text{Ar–}NO_2} \xrightarrow{(Zn/NH_4Cl)} \underset{\textbf{Arylhydroxylamin}}{\text{Ar–NHOH}}$$

(2) Sulfochlorierung: Neben der Nitrierung hat sich auch die *Sulfochlorierung* und anschließende Umwandlung der intermediär gebildeten Arylsulfochloride (Ar–SO_2Cl) mit Ammoniak in Arylsulfonamide (Ar–SO_2NH_2) als Nachweisverfahren aromatischer Strukturen bewährt.

$$\text{Ar–H} \rightarrow \text{Ar–}SO_2\text{–Cl} \rightarrow \underset{\textbf{Arylsulfonamid}}{\text{Ar–}SO_2\text{–}NH_2\downarrow}$$

3.5.3.4 Nachweis von Alkylhalogeniden (Halogenalkanen)

Zur analytischen Erfassung organischer Halogenverbindungen, insbesondere von Alkylhalogeniden, können folgende Eigenschaften dieser Verbindungen beitragen (siehe auch Kapitel 3.4.1.5):

(1) Halogenabspaltung mit starken Laugen: Halogenatome in Alkylhalogeniden (R-X) lassen sich durch Erhitzen mit starken Laugen abspalten, wobei entweder durch nucleophile Substitution (S_N) *Alkohole* oder durch Eliminierung (E) *Alkene* gebildet werden. Aus geminalen Dihalogeniden ($RCHX_2$) entstehen Carbonylverbindungen, aus Trihalogeniden (RCX_3) bilden sich Carbonsäuren.

$$\underset{\textbf{Alkohol}}{\text{H} - \overset{|}{\underset{|}{\text{C}}} - \overset{|}{\underset{|}{\text{C}}} - \text{OH}} \xleftarrow[-X^-]{S_N} \underset{\textbf{Alkylhalogenid}}{\text{H} - \overset{|}{\underset{|}{\text{C}}} - \overset{|}{\underset{|}{\text{C}}} - \text{X}} + HO^- \xrightarrow[-X^-/-H_2O]{E} \underset{\textbf{Alken}}{- \overset{|}{\text{C}} = \overset{|}{\text{C}} -}$$

$$R - CHCl_2 + H_2O \longrightarrow \underset{\textbf{Aldehyd}}{R - CH = O} + 2\,HCl$$

$$R - CCl_2 - R + H_2O \longrightarrow \underset{\textbf{Keton}}{R - CO - R} + 2\,HCl$$

$$R - CCl_3 + 2\,H_2O \longrightarrow \underset{\textbf{Carbonsäure}}{R - COOH} + 3\,HCl$$

Manchmal kann man einen Hinweis auf leicht hydrolysierbares Halogen bereits durch die Bildung schwer löslicher Silberhalogenide beim Behandeln der betreffenden Substanz mit einer ethanolischen Silbernitrat-Lösung erhalten.

Vinylhalogenide (R_2C=CH–X) oder Arylhalogenide (Ar–X) reagieren normalerweise unter diesen Bedingungen *nicht* im Sinne einer Halogensubstitution, es sei denn, die Arylgruppen sind durch Nitrogruppen für eine nucleophile Substitutionsreaktion hinreichend aktiviert.

Für die Halogenidabspaltung aus **Arylhalogeniden** hat sich jedoch die Schmelze mit einem Alkalicarbonat oder mit einem Alkalihydroxid bewährt. Das Arzneibuch lässt besonders häufig die *Carbonatschmelze* als Identitätsprüfung auf halogensubstituierte Aryl-Reste durchführen. Die Halogenidabspaltung aus Halogenarenen gelingt auch durch Glühen mit Magnesiumoxid (MgO) [vgl. **MC-Frage Nr. 573**].

Eine weitere Methode, vor allem um organisch gebundenes Fluor nachzuweisen, ist die Oxidation der Substanz mit CrO_3/H_2SO_4. Dabei entsteht Fluorwasserstoff (HF), der die Wände eines Reagenzglases ätzt und sie so schwer benetzbar macht.

(2) Halogenabspaltung durch Hydrogenolyse: Die Halogenabspaltung aus organischen Substraten gelingt auch durch *Hydrogenolyse* mit naszierendem Wasserstoff (aus Zn/HCl oder Raney-Nickel/Ethanol). Diese Methode ist gleichfalls anwendbar bei Arylhalogeniden (X = Halogenatom).

$$R{-}X + „2\,H" \rightarrow R{-}H + H{-}X$$

(3) Nachweis von Halogeniden als Pikrat: Alkylhalogenide lassen sich durch Umsetzung mit *Thioharnstoff* (H_2N-CS-NH_2) und nachfolgende Umsetzung der gebildeten S-Alkylisothiuroniumhalogenide mit *Pikrinsäure* identifizieren. Die dabei ausfallenden, schwer löslichen **S-Alkylthiuroniumpikrate** besitzen einen charakteristischen Schmelzpunkt [vgl. **MC-Fragen Nr. 583, 584, 587–590, 592, 594–596, 642, 644–646**].

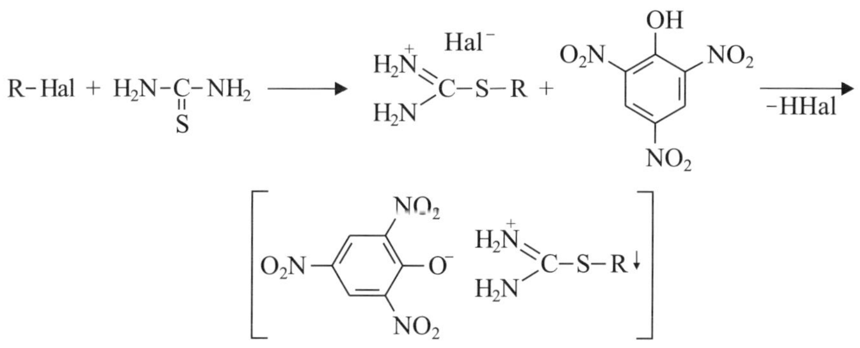

Pikrat

An einfachen Halogenalkanen sind in das Arzneibuch aufgenommen worden:

- **Dichlormethan (Methylenchlorid) [CH_2Cl_2]**

Das Arzneibuch lässt für die nicht entflammbare, leicht flüchtige Flüssigkeit (Kp = 39,64 °C) einige physikalische Parameter (Dichte, Brechungsindex) bestimmen und führt zusätzlich eine chemische Identifizierung nach alkalischer Hydrolyse durch.

Bei der alkalischen Hydrolyse der Verbindung bilden sich Chlorid und *Formaldehyd* ($H_2C{=}O$), die nach Ansäuern mit $AgNO_3$-Lösung als AgCl oder mithilfe der *Chromotropsäure-Reaktion* nachgewiesen werden *(Ph. Eur.)* (siehe Kapitel 3.5.3.11).

$$CH_2Cl_2 + 2\ HO^- \rightarrow H_2C{=}O + 2\ Cl^- + H_2O$$

- **Chloroform (Trichlormethan) [$CHCl_3$]**

Chloroform ist eine farblose, nicht brennbare Flüssigkeit (Kp = 61,2 °C), die in Wasser schwer löslich ist, sich jedoch mit Ethanol, Diethylether oder Petroläther in jedem Verhältnis mischt. Beim Erwärmen in alkalischer Lösung tritt Hydrolyse zu *Ameisensäure* (HCOOH) ein, die Fehling-Lösung reduziert.

$$CHCl_3 + 4\ HO^- \rightarrow HCOO^- + 2\ H_2O + 3\ Cl^-$$

Unter dem Einfluss von Licht, Luft und Feuchtigkeit wird Chloroform partiell oxidiert. Als primäres Reaktionsprodukt entsteht ein Hydroperoxid, das auf zwei Wegen zerfallen kann, wobei u. a. *Phosgen* ($COCl_2$) entsteht. Die Bildung des Hydroperoxids wird durch Eisen-Ionen katalysiert.

$$\underset{\textbf{Chloroform}}{H{-}CCl_3} \xrightarrow{+\ O_2} \underset{\textbf{Hydroperoxid}}{HOO{-}CCl_3} \rightarrow Cl_2 + CO_2 + HCl$$

$$HOO{-}CCl_3 \rightarrow \underset{\textbf{Phosgen}}{COCl_2} + HCl + 1/2\ O_2$$

$$COCl_2 \xrightarrow{+\ 2\ CH_3CH_2OH} \underset{\textbf{Diethylcarbonat}}{H_3CCH_2{-}O{-}C({=}O){-}OCH_2CH_3}$$

Chloroform enthält aufgrund dieser Zersetzungsreaktion einen Zusatz von *Ethanol* (CH_3CH_2OH) als Stabilisator, um eventuell gebildetes Phosgen als *Kohlensäurediethylester* (Diethylcarbonat) abzufangen. Zur Identifizierung von Chloroform können neben der Prüfung mit Fehling-Lösung noch folgende Reaktionen herangezogen werden:

(a) Bildung von Phenylisonitril: Beim Erwärmen von Chloroform mit Anilin oder Acetanilid in Gegenwart einer Alkalihydroxid-Lösung bildet sich *Phenylisonitril*, das an seinem widerlichen Geruch erkannt werden kann (siehe auch Kapitel 3.5.3.14, Ziffer 7).

$$CHCl_3 + 3\ HO^- + C_6H_5{-}NH_2 \rightarrow \underset{\textbf{Phenylisonitril}}{C_6H_5{-}\overset{+}{N}{\equiv}C|^-} + 3\ Cl^- + 3\ H_2O$$

(b) Guareschi-Lustgarten-Reaktion: Beim Erhitzen einer $CHCl_3$/Resorcin-Lösung in Gegenwart von Alkalihydroxiden tritt eine *Rotfärbung* auf. Hierbei entsteht zunächst aus Chloroform und Hydroxid-Ionen Dichlorcarben (CCl_2), das Resorcin elektrophil im Sinne einer *Reimer-Tiemann-Reaktion* unter Bildung von *Resorcinaldehyd* angreift. Der Aldehyd kondensiert mit einem weiteren Resorcinmolekül zu einem roten Oxonol-Anion.

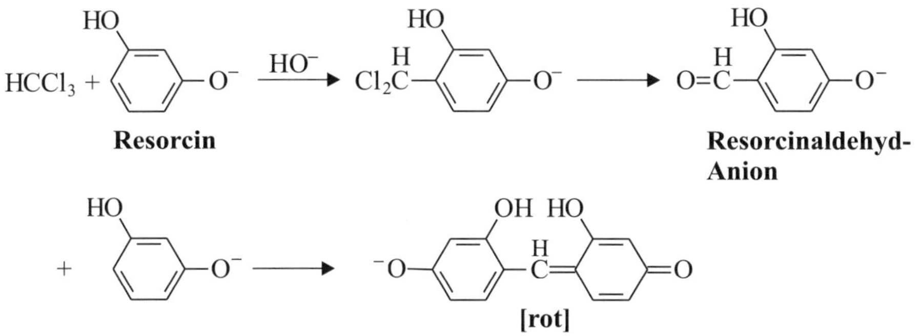

Diese als *Guareschi-Lustgarten-Reaktion* bezeichnete Umsetzung kann umgekehrt auch zum *Nachweis von Phenolen* mit freier para-Stellung genutzt werden (siehe Kapitel 3.5.3.8, Ziffer 4).

(c) Fujiwara-Reaktion: Chloroform reagiert mit Pyridin zum Bisaddukt (a), das im alkalischen Reaktionsmedium zum ringoffenen, mesomeriestabilisierten Anion (b) gespalten wird, das ein Absorptionsmaximum bei $\lambda = 530$ nm besitzt. Die Pyridin-Schicht färbt sich *rot*.

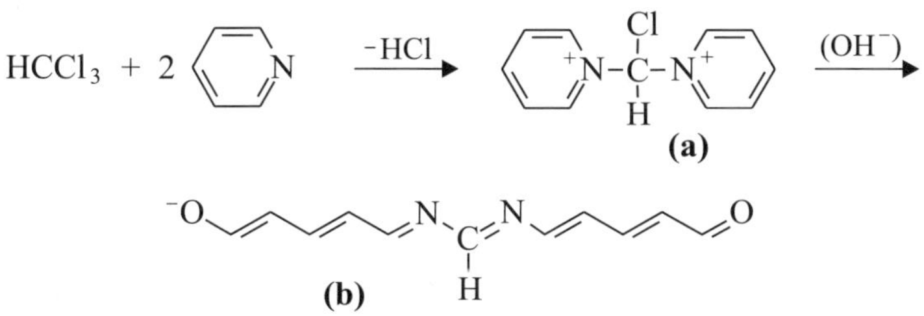

Ph. Eur. nutzt diese Reaktion zur Identitätsprüfung von **Chlorobutanol** [$Cl_3C{-}COH(CH_3)_2$], das sich mit konzentrierten Alkalilaugen zu Chloroform und Aceton hydrolysieren lässt.

3.5.3.5 Nachweis von Alkoholen

Alkohole sind die Monoalkylderivate (R–O–H) des Wassers. Die niederen Alkohole (C_1 bis C_3) sind farblose Flüssigkeiten, die sich in jedem Verhältnis mit Wasser mischen. Die mittleren Alkohole (C_4 bis C_{11}) sind ölig und nur noch begrenzt mit Wasser mischbar. Die höheren Alkohole (ab C_{12}) sind in Wasser unlösliche Feststoffe. Die relativ hohen Siedepunkte der einwertigen Alkohole sind auf Molekülassoziationen durch *Wasserstoffbrücken* zurückzuführen. Zur Unterscheidung von primären (RCH_2OH), sekundären (R_2CHOH) und tertiären (R_3COH) Alkoholen können genutzt werden:

- der **Lucas-Test,** d. h. die unterschiedliche Substitutionsgeschwindigkeit alkoholischer Hydroxylgruppen gegen Chlorid-Ionen unter Bildung von *Alkylchloriden.* Als Reagenz dient $HCl/ZnCl_2$ [vgl. **MC-Frage Nr. 591**].

$$R{-}OH + H{-}Cl \xrightarrow{(ZnCl_2)} R{-}Cl + H_2O$$

  Primäre Alkohole (bis C–5) werden gelöst, die Lösung färbt sich oft dunkel, bleibt jedoch klar. *Sekundäre Alkohole* lösen sich zunächst klar, die Lösung wird aber rasch trüb und es scheiden sich feine Tröpfchen des betreffenden Alkylchlorids ab. Bei *tertiären Alkoholen* entstehen schnell zwei Phasen, eine davon ist das Alkylchlorid.
- die Bildung unterschiedlicher Oxidationsprodukte. *Primäre Alkohole* lassen sich mit *Chromsäure* ($K_2Cr_2O_7/H_2SO_4$) unter geeigneten Bedingungen über die Aldehydstufe zu Carbonsäuren oxidieren. *Sekundäre Alkohole* werden zu Ketonen dehydriert, während *tertiäre Alkohole* unter den gleichen Bedingungen nur gelbrot gefärbte Chromsäureester ergeben.

Die Charakterisierung von Alkoholen durch Derivatbildung kann mit folgenden Reagenzien durchgeführt werden [vgl. **MC-Fragen Nr. 592–603**]:

(1) Esterbildung: Primäre und sekundäre Alkohole können durch Umsetzung mit

- Acetanhydrid, Acetylchlorid
- Benzoylchlorid, 4-Nitrobenzoylchlorid, 3,5-Dinitrobenzoylchlorid

über die Schmelzpunkte der gebildeten *Carbonsäureester* oder mit

- Phthalsäureanhydrid, 3-Nitrophthalsäureanhydrid

über die betreffenden *Carbonsäurehalbester* identifiziert werden. Tertiäre Alkohole sind hierdurch nur schwer zu charakterisieren, jedoch reagieren Phenole, primäre und sekundäre Amine sowie Mercaptane ebenfalls mit den genannten Reagenzien [vgl. **MC-Fragen Nr. 592–597, 599–602, 634, 639**].

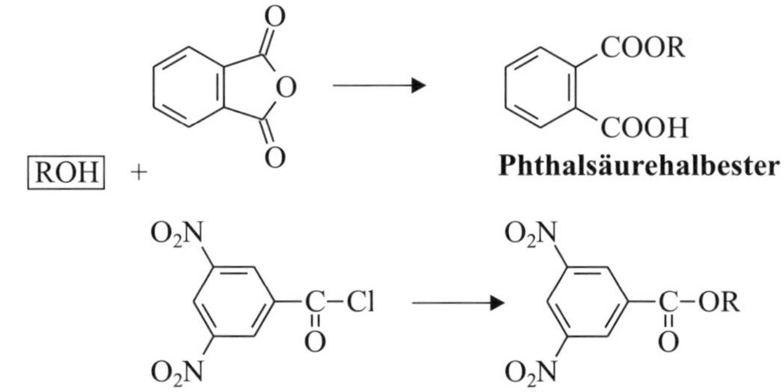

Phthalsäurehalbester

3,5-Dinitrobenzoat

Besonders die Umsetzung mit 3,5-Dinitrobenzoylchlorid in Gegenwart von Pyridin ist eine häufig angewandte Arzneibuchmethode *(Ph. Eur.)*. Sie führt in der Regel zu kristallinen 3,5-Dinitrobenzoesäureestern (3,5-Dinitrobenzoate). Die Nitrogruppen in den oben genannten Reagenzien bewirken im Allgemeinen im Vergleich zu den Reagenzien ohne Nitrogruppe eine erhöhte Reaktivität des Reagenzes, ein erhöhtes Kristallisationsvermögen, eine geringere Löslichkeit sowie eine intensivere Färbung des gebildeten Derivates [vgl. **MC-Frage Nr. 603**].

Die Veresterung von Alkoholen mit Acetylchlorid/Pyridin kann auch zu ihrer quantitativen Bestimmung genutzt werden (siehe Ehlers, **Analytik II,** Kapitel 6.2.4.4 „*Hydroxylzahl*“).

Zum Abfangen der bei der Umsetzung eines Alkohols mit einem Säurechlorid freigesetzten Salzsäure kann man neben Pyridin (*Einhorn-Variante*) auch eine wässrige Natriumhydroxid-Lösung (*Schotten-Baumann-Variante*) verwenden.

$$R{-}CO{-}Cl + HO{-}R' \rightarrow R{-}CO{-}OR' + (HCl)$$

(2) Urethanbildung: Zur Identifizierung alkoholischer Gruppen kann die Bildung von *Phenylurethanen* oder *Naphthylurethanen* durch Umsetzung mit Phenylisocyanat oder Naphthylisocyanat herangezogen werden. In analoger Weise reagieren Phenole, primäre und sekundäre Amine sowie Mercaptane. Wiederum bilden sich die *Urethane* (*Carbaminsäureester*) tertiärer Alkohole nur äußerst schwer [vgl. **MC-Fragen Nr. 592–598, 636, 639**].

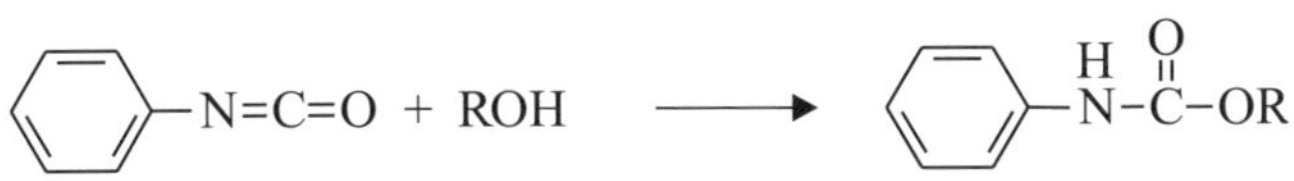

Phenylisocyanat **Phenylurethan**

(3) Xanthogenatbildung: Alkohole reagieren mit Schwefelkohlenstoff (Kohlendisulfid, Carbondisulfid), CS_2, in alkalischer Lösung zu kristallinen, *gelben Alkalixanthogenaten*, die sich durch ihren Schmelzpunkt charakterisieren lassen [vgl. **MC-Fragen Nr. 592, 594**].

$$S{=}C{=}S + ROH + Me^{+}HO^{-} \rightarrow \underset{\textbf{Xanthogenat}}{RO{-}CSS^{-}Me^{+}\downarrow} + H_2O$$

(4) Etherbildung: Durch Umsetzung von Alkoholen mit 2,4-Dinitrochlorbenzen oder 2,4-Dinitrofluorbenzen (*Sanger-Reagenz*) erhält man in einer S_NAr-Reaktion *2,4-Dinitrophenylether*, die häufig schwer löslich sind. Phenole, primäre und sekundäre Amine, Hydrazin oder Mercaptane reagieren in analoger Weise [vgl. **MC-Frage Nr. 593**].

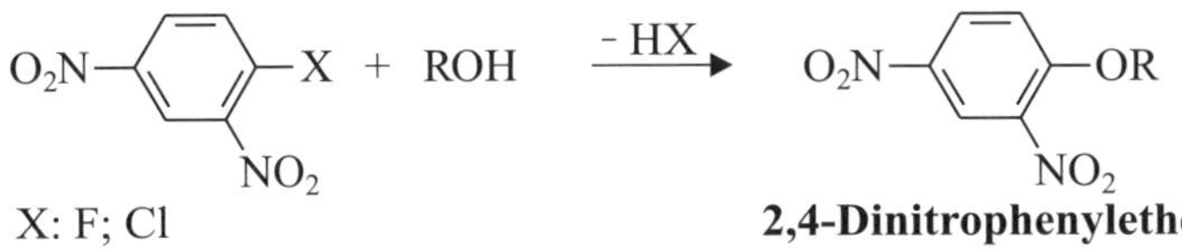

X: F; Cl **2,4-Dinitrophenylether**

(5) Nachweis tertiärer Alkohole: Tertiäre Alkohole, die sich mit den o. a. Reagenzien z. T. nur sehr schwer umsetzen, werden zweckmäßigerweise mit konzentrierter HCl-Lösung in Alkylchloride umgewandelt und dann als *S-Alkylisothiuroniumpikrate* nachgewiesen. Sekundäre Alkohole sind dieser Reaktion auch zugänglich, wenn man an Stelle von HCl das Lucas-Reagenz ($HCl/ZnCl_2$) einsetzt.

An einfachen Alkoholen wurden als Monographien in das Arzneibuch aufgenommen:

• **Methanol (Methylalkohol, Carbinol) [CH_3OH] (Ph. Eur.)**
Methanol ist eine mit blauer Flamme brennende Flüssigkeit (Kp = 64,7 °C), die mit den gängigen organischen Solvenzien unbegrenzt mischbar ist. Beim Mischen mit Wasser tritt unter Wärmeentwicklung Volumenkontraktion ein. Zur Identifizierung von Methanol, dessen Nachweis aus toxischen Gründen von Bedeutung ist, können folgende Eigenschaften beitragen:

(a) Flammenfärbung: Bildung des mit grüner Flamme brennenden *Borsäuretrimethylesters* [$B(OCH_3)_3$] (Kp = 68,5 °C) beim Versetzen mit Natriumtetraborat in konzentrierter Schwefelsäure (siehe auch Kapitel 2.2.3.27).

(b) Esterbildung: Fällung des schwer löslichen *3,5-Dinitrobenzoesäuremethylesters* (Fp = 106 °C) nach Zugabe von 3,5-Dinitrobenzoylchlorid/Pyridin. Der Ester ist im Gegensatz zur freien 3,5-Dinitrobenzoesäure in n-Heptan löslich.

(c) Oxidation zu Formaldehyd: Oxidation von Methanol mit $KMnO_4$-Lösung zu **Formaldehyd**, der mithilfe folgender Reaktionen näher charakterisiert werden kann [siehe auch Kapitel 3.5.3.11 und **MC-Frage Nr. 795**]:

- bei der Umsetzung mit Phenylhydrazin/$K_3[Fe(CN)_6]$ entsteht *rotes* 1,5-Diphenylformazan,
- auf Zusatz von Schiff-Reagenz (Fuchsin/Schweflige Säure) bildet sich ein *roter* Farbstoff,
- aus der Reaktion mit Chromotropsäure resultiert ein *blauviolettes* Xanthen-Derivat,
- in Gegenwart von Ammoniumsalzen (oder NH_3) Reaktion mit Acetylaceton zu 3,5-Diacetyl-1,4-dihydrolutidin.

Ph.Eur. lässt bei Methanol zur Prüfung auf Identität den Brechungsindex bestimmen und das IR-Spektrum aufnehmen.

• **Ethanol (Ethylalkohol) [CH_3CH_2OH] (Ph. Eur.)**
Ethanol ist eine wasserähnliche, farblose Flüssigkeit (Kp = 78,3 °C), die mit blassblauer Flamme brennt. Ethanol ist mischbar mit Wasser und den meisten organischen Lösungsmitteln. Beim Mischen mit Wasser tritt Volumenkontraktion und Wärmeentwicklung auf. Ethanol (95,57 % V/V) bildet mit Wasser (4,43 % V/V) ein azeotropes Gemisch, das bei Kp = 78,15 °C siedet. Zur Bestimmung des Ethanolgehalts in flüssigen Arzneizubereitungen siehe Kap. 3.3.1. Neben dem IR-Spektrum und der Bestimmung der relativen Dichte können zur Identifizierung von Ethanol folgende Prüfungen durchgeführt werden:

(a) Modifizierte Simon-Awe-Reaktion: In einem Reagenzglas, das mit einem mit Natriumpentacyanonitrosylferrat(II)-Lösung getränktem Filterpapier bedeckt ist, wird Ethanol mit $K_2Cr_2O_7/H_2SO_4$ oder $KMnO_4/H_2SO_4$ zu gasförmigem **Acetaldehyd** oxidiert. Beim anschließenden Betupfen des Papiers mit Piperidin (oder Piperazin) entsteht eine *Blaufärbung*, die auf Zusatz von NaOH-Lösung nach Rosa umschlägt. Die Farbreaktion wird von Formaldehyd und Aceton *nicht* gegeben, jedoch stören Acrolein und Propionaldehyd.

Als Reaktionsablauf wird diskutiert, dass Piperidin (bzw. Piperazin) als sek. Amin mit dem gebildeten Acetaldehyd zu einem Enamin (N-Vinylpiperidin bzw. N-Vinylpiperazin) reagiert, welches den N=O-Liganden im Pentacyanonitrosylferrat(II)-Anion nucleophil angreift. Das entstandene farblose Immoniumion hydrolysiert anschließend zu einem *blauen* Farbstoff, der einen protonierten *Legal-Komplex* darstellt (siehe auch Kapitel 3.5.3.11).

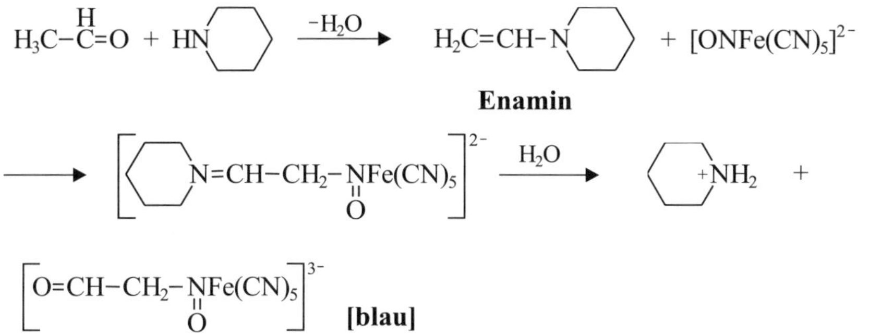

(b) Esterbildung: Mit 3,5-Dinitrobenzoylchlorid und Ethanol entsteht der 3,5-Dinitrobenzoesäureethylester, der durch seinen Schmelzpunkt (Fp = 90–94 °C) zu charakterisieren ist. Im Ethanol eventuell vorhandenes Wasser hydrolysiert während der Reaktion partiell das Säurechlorid zu 3,5-Dinitrobenzoesäure, die im Gegensatz zum Ethylester aber in n-Heptan schwer löslich ist.

(c) Iodoform-Reaktion: Ethanol ergibt aufgrund der CH_3CHOH-Gruppierung eine positive Iodoform-Reaktion [siehe auch Kapitel 3.5.3.11 und **MC-Fragen Nr. 662, 663**].

$$CH_3{-}CH_2OH \xrightarrow{Ox} \underset{\textbf{Acetaldehyd}}{CH_3{-}CH{=}O} \xrightarrow{(I_2)} \underset{\textbf{Triiodacetaldehyd}}{I_3C{-}CH{=}O} \xrightarrow{(IIO^-)} \underset{\textbf{Iodoform}}{HCI_3} + HCOO^-$$

(d) Ethylacetat-Bildung: In schwefelsaurem Milieu bildet Ethanol beim Erhitzen mit Essigsäure *Ethylacetat* (Essigsäureethylester), das an seinem *fruchtartigen Geruch* zu erkennen ist.

$$CH_3{-}COOH + CH_3CH_2OH \rightarrow \underset{\textbf{Ethylacetat}}{CH_3{-}COO{-}CH_2CH_3} + H_2O$$

• **1-Propanol (n-Propylalkohol, Propan-1-ol) [$CH_3CH_3CH_2OH$] (Ph. Eur.)**
1-Propanol ist eine farblose Flüssigkeit von ethanolähnlichem Geruch. Die Flüssigkeit ist mischbar mit Wasser, Aceton, Diethylether oder Toluen. Zur Identitätsprüfung lässt das Arzneibuch den Brechungsindex und den Siedebereich

(96–98 °C) [Kp = 97,2 °C] bestimmen sowie das IR-Spektrum aufnehmen. Zudem wird zur weiteren Charakterisierung von 1-Propanol die Esterbildung mit 3,5-Dinitrobenzoylchlorid herangezogen. Der farblose 3,5-Dinitrobenzoesäurepropylester schmilzt bei 71–74 °C.

- **2-Propanol (Isopropanol, Propan-2-ol) [$CH_3CHOHCH_3$] (Ph. Eur.)**

Isopropanol ist eine farblose, bitter schmeckende Flüssigkeit (Kp = 82,5 °C). Mit Wasser bildet der Alkohol ein Azeotrop, das 87,7 % V/V an Isopropanol enthält und bei Kp = 80,4 °C siedet. Neben der Bestimmung der Dichte und des Brechungsindex können zum Nachweis von Isopropanol folgende Eigenschaften herangezogen werden:

(a) Iodoform-Reaktion: Isopropanol ergibt eine positive Iodoform-Reaktion [vgl. **MC-Fragen Nr. 662, 663**].

$$CH_3{-}CHOH{-}CH_3 \xrightarrow{Ox.} \underset{\textbf{Aceton}}{CH_3{-}CO{-}CH_3} \xrightarrow{(I_2)} \underset{\textbf{Triiodaceton}}{CI_3{-}CO{-}CH_3} \xrightarrow{(HO^-)} HCI_3 + CH_3{-}COO^-$$

(b) Oxidation: Oxidiert man Isopropanol mit $K_2Cr_2O_7/H_2SO_4$ oder $(NH_4)_2S_2O_8$ und destilliert das gebildete **Aceton** ab, so lässt sich das Keton mithilfe der Legalschen Probe oder als Phenylhydrazon nachweisen (siehe Kapitel 3.5.3.11).

Darüber hinaus bildet Aceton bei der Umsetzung mit 2-Nitrobenzaldehyd *Indigo* (siehe Kapitel 3.5.3.17). Die Bildung von *Indigo* ist aber wenig spezifisch für Isopropanol (bzw.Aceton), da Acetaldehyd, der durch Oxidation von Ethanol gebildet wird, in analoger Weise reagiert.

(c) Esterbildung: Der durch Umsetzung mit 3,5-Dinitrobenzoylchlorid/Pyridin gebildete 3,5-Dinitrobenzoesäureisopropylester schmilzt bei 118–122 °C.

(d) Deniges-Probe: Beim Versetzen von Isopropanol mit einer $HgSO_4$-Lösung entsteht in der Wärme eine *weiße* Fällung, vermutlich der Zusammensetzung $[(HgSO_4)_6(HgO)_9(CH_3COCH_3)_4]$. Das Arzneibuch nutzte diese Reaktion früher zur *Grenzprüfung auf Isopropanol* in ethanolischen Lösungen. Heute wird Isopropanol in diesen Lösungen gaschromatographisch bestimmt.

(e) Kondensationsreaktionen: Erhitzt man Isopropanol in konz. H_2SO_4 mit einem aromatischen Aldehyd wie 3-Nitrobenzaldehyd, so bildet sich in einer komplexen Reaktionsfolge der fulvenartige Farbstoff (A). Bei der analogen Reaktion mit 4-Dimethylaminobenzaldehyd (*Ehrlich-Reagenz*), bei der Isopropanol zunächst zu **Aceton** dehydriert wird, spielt eventuell das Dibenzal-Derivat (B) eine Rolle, dessen Bildung man sich durch eine sauer katalysierte Aldolkondensation erklären kann.

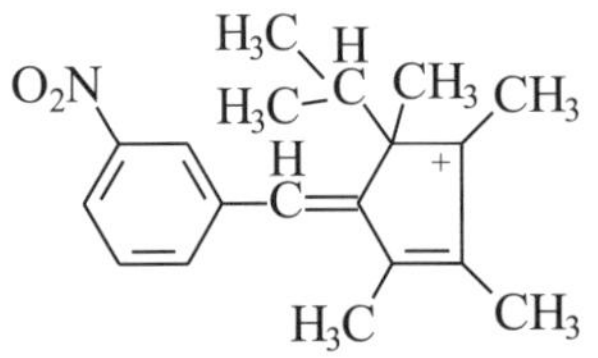

(A)

;

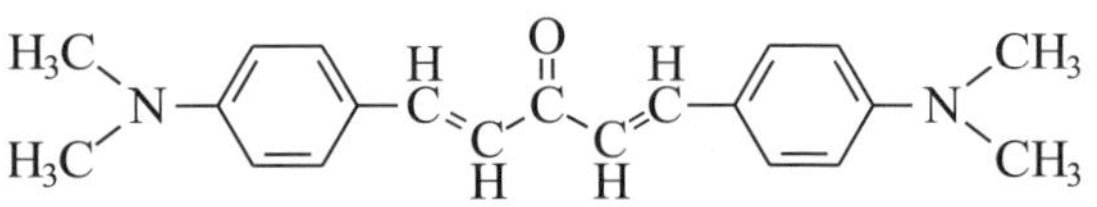

(B)

- **Menthol [(1*R*,2*S*,5*R*)-5-Methyl-2-isopropyl-cyclohexan-1-ol] (Ph. Eur.)**

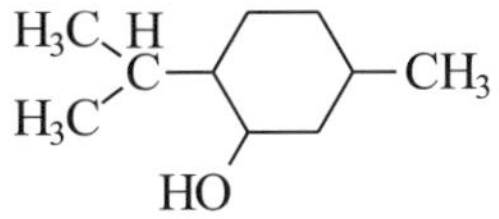

Der nach Pfefferminz riechende, in Wasser schwer lösliche Terpenalkohol (*Levomentholum*) wird durch die Bestimmung der spezifischen Drehung und – nach Umsetzung mit 3,5-Dinitrobenzoylchlorid/Pyridin – durch die Bildung des gut kristallisierenden 3,5-Dinitrobenzoesäurementhylesters charakterisiert, der bei 154–157 °C schmilzt. Das 3,5-Dinitrobenzoat des *racemischen* Menthols hat hingegen einen Schmelzpunkt von 130–131 °C.

3.5.3.6 Nachweis mehrwertiger Alkohole

Mehrwertige Alkohole sind Verbindungen mit zwei oder mehr Hydroxylgruppen im Molekül. Mehrwertige Alkohole können, wie einfache Alkanole, über ihre Ester charakterisiert werden. Im Allgemeinen werden hierzu die betreffenden Acetate durch Umsetzung mit Acetanhydrid bzw. die Benzoate durch Umsetzung mit Benzoylchlorid dargestellt. Darüber hinaus können mehrwertige Alkohole mit primärer Hydroxylfunktion zu *Aldehyden* oxidiert werden, die sich anschließend mit Fehling-Lösung oder den üblichen Carbonylreagenzien identifizieren lassen.

Zum Nachweis von **Glycolen** (1,2-Diole, vicinale Diole) bietet sich auch die Glycolspaltung mit Natriummetaperiodat (*Malaprade-Reaktion*) oder mit Bleitetraacetat (*Criegee-Reaktion*) an, bei der 1,2-Diole unter C,C-Bindungsspaltung in charakterisierbare Carbonylverbindungen übergeführt werden. Bei der Glycolspaltung darf jedoch das alkoholische Hydroxyl weder verestert noch verethert sein wie z. B. beim *2-Methoxyethanol* ($CH_3O\text{-}CH_2CH_2OH$). Positiv reagieren neben 1,2-Diolen auch 2-Hydroxycarbonylverbindungen (α-Hydroxyaldehyde, α-Hydroxyketone, α-Hydroxycarbonsäuren) sowie primäre α-Aminoalkohole [vgl. **MC-Frage Nr. 605**]:

$$R_2C(OH)\text{-}C(OH)R_2 \rightarrow R_2C{=}O + O{=}CR_2$$
1,2-Diole

$$R_2C(NH_2)\text{-}C(OH)R_2 \rightarrow R_2C{=}O + O{=}CR_2$$
α-Aminoalkohol

$$R_2C(OH)\text{-}CH{=}O \rightarrow R_2C{=}O + HCOOH$$
α-Hydroxyaldehyd

$$R_2C(OH)\text{-}CO\text{-}R' \rightarrow R_2C{=}O + HOOC\text{-}R'$$
α-Hydroxyketon

$$R_2C(OH)\text{-}COOH \rightarrow R_2C{=}O + CO_2$$
α-Hydroxycarbonsäure

Zum Beispiel entstehen bei der Malaprade-Spaltung von **1,2-Ethandiol** (Ethylenglycol) zwei Moleküle Formaldehyd und die Periodat-Behandlung von **Glycerol** führt zu einem Molekül Ameisensäure (HCOOH) aus der Oxidation des sekundären Hydroxyls (R_2CHOH) sowie zu zwei Molekülen Formaldehyd durch Oxidation der beiden endständigen CH_2OH-Gruppierungen.

$$HOCH_2{-}CH_2OH \longrightarrow H_2C{=}O + O{=}CH_2$$

Ethandiol

$$HOCH_2{-}CH_2OCH_3 \longrightarrow \text{keine Reaktion}$$

2-Methoxyethanol

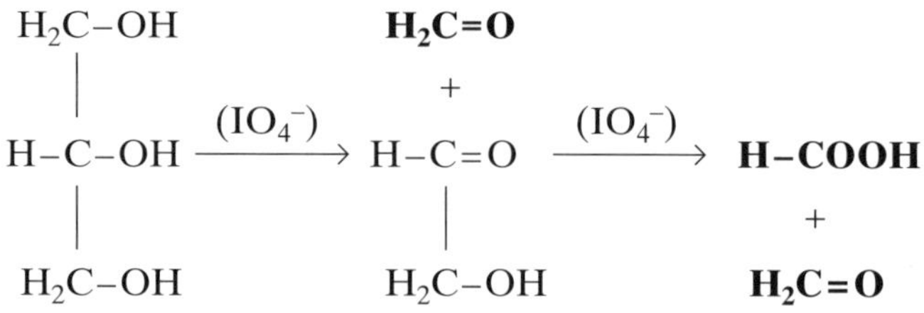

Glycerol **Glycolaldehyd**

Bei der Malaprade-Reaktion von **1,2,4,5,6-Pentahydroxyheptan** bilden sich schließlich unter Verbrauch von drei Mol Periodat je ein Molekül Formaldehyd, Acetaldehyd, Malondialdehyd und Ameisensäure [vgl. **MC-Frage Nr. 604**].

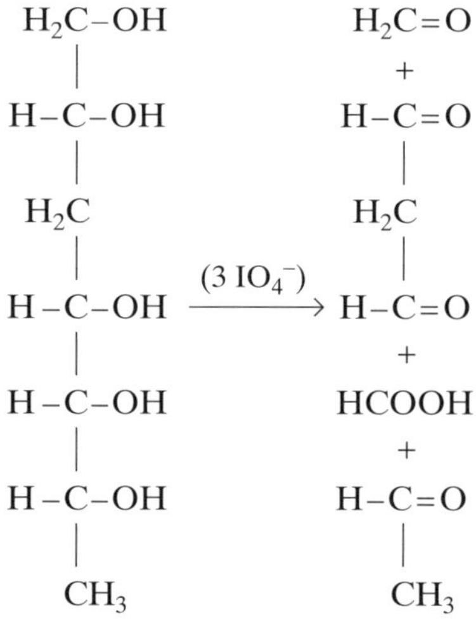

Die Malaprade-Reaktion wird auch zur quantitativen Bestimmung von mehrwertigen Alkoholen genutzt (siehe Ehlers, **Analytik II,** Kapitel 7.2.4).

An mehrwertigen Alkoholen in *Ph. Eur.* sind zu nennen:

- **Glycerol (Propan-1,2,3-triol) [$HOCH_2$-CHOH-CH_2OH] (Ph. Eur.)**

Das wasserfreie, hygroskopische Glycerol ist eine viskose Flüssigkeit, die bei 290 °C unter Zersetzung siedet und bei 18 °C erstarrt. Glycerol ist mit Wasser und Ethanol in jedem Verhältnis mischbar, in Ether und Chloroform praktisch jedoch unlöslich. Dichte, Brechungsindex, Siedepunkt und Erstarrungstemperatur nehmen mit steigendem *Wassergehalt* stark ab. In Gegenwart von Oxidationsmitteln (CrO_3, $KMnO_4$, $KClO_3$) neigt Glycerol zu Explosionen. Zur Prüfung auf Identität lässt *Ph.Eur.* den Brechungsindex bestimmen und das IR-Spektrum aufnehmen. Zusätzlich werden folgende Identitätsreaktionen durchgeführt:

(a) Bildung von Acrolein: Beim Erhitzen mit Kaliumhydrogensulfat ($KHSO_4$) wird Glycerol unter Abspaltung von zwei Molekülen Wasser in **Acrolein** umgewandelt, das einen typisch stechenden Geruch besitzt, Neßlers Reagenz reduziert und mittels der *Simon-Awe-Reaktion* nachgewiesen werden kann (siehe Kapitel 3.5.3.5).

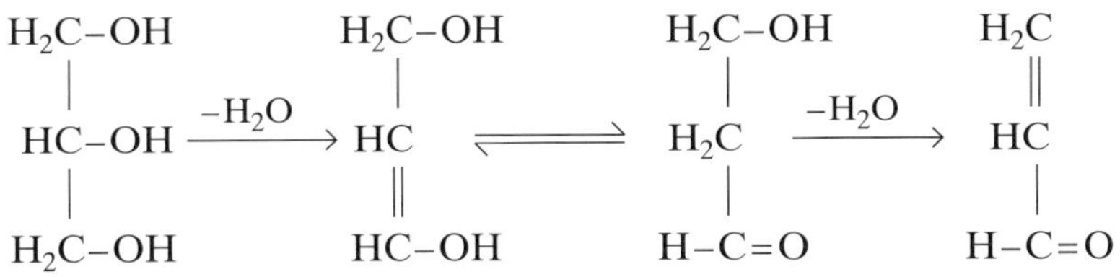

Glycerol **Acrolein**

(b) Oxidation: *1 ml Glycerol werden mit 0,5 ml Salpetersäure gemischt und mit 0,5 ml Kaliumdichromat-Lösung überschichtet. An der Grenzfläche entsteht ein blauer Ring.*

Dichromat ($Cr_2O_7^{2-}$) oxidiert die primären und sekundären Hydroxylgruppen des Glycerols und wird dabei selbst zu Cr(III) reduziert, dessen Absorptionsbanden bei $\lambda = 416$ nm und 587 nm für die Blaufärbung verantwortlich sind. Die Reaktion ist wenig spezifisch, da die Prüfung auch bei anderen oxidierbaren organischen Verbindungen positiv ausfällt.

An weiteren mehrwertigen Alkoholen des Arzneibuches sind vorzustellen:

- **Propylenglycol (1,2-Propandiol) [$HOCH_2$–CHOH–CH_3]**
- **Mannitol [$HOCH_2$–CHOH–CHOH–CHOH–CHOH–CH_2OH]**
- **Sorbitol [$HOCH_2$–CHOH–CHOH–CHOH–CHOH–CH_2OH]**

Zur Identifizierung wird beim Propylenglycol der p-Nitrobenzoesäurediester gebildet, während Mannitol und Sorbitol als sechswertige Alkohole mit Acetanhydrid/Pyridin in ihre Hexaacetyl-Derivate (Hexaacetate) übergeführt werden. Die genannten Ester-Derivate werden über ihre Schmelzpunkte charakterisiert.

3.5.3.7 Nachweis von Aminoalkoholen

Organische Substanzen mit einem vicinalen Aminoalkohol-Strukturelement *(Ethanolamin-Struktur)* [H_2N–CH_2–CH_2–OH] sind ebenfalls mit Natriummetaperiodat oder Bleitetraacetat in Carbonylverbindungen spaltbar. Viele dieser Aminoalkohole bilden mit Schwermetall-Ionen charakteristisch gefärbte Chelatkomplexe [vgl. **MC-Frage Nr. 606**].

Versetzt man z. B. **Ephedrin** mit einer alkalischen $CuSO_4$-Lösung, so tritt *Violettfärbung* auf. Beim Schütteln mit Ether wird die organische Schicht purpurfarben, die wässrige blau. Diese als *Chen-Kao-Reaktion* bezeichnete Umsetzung führt zu farbigen Kupferchelaten. Bei Einhaltung bestimmter Bedingungen ist die Reaktion für viele Ethanolamin-Derivate (H_2N-C-C-OH) charakteristisch [vgl. **MC-Fragen Nr. 607, 831**].

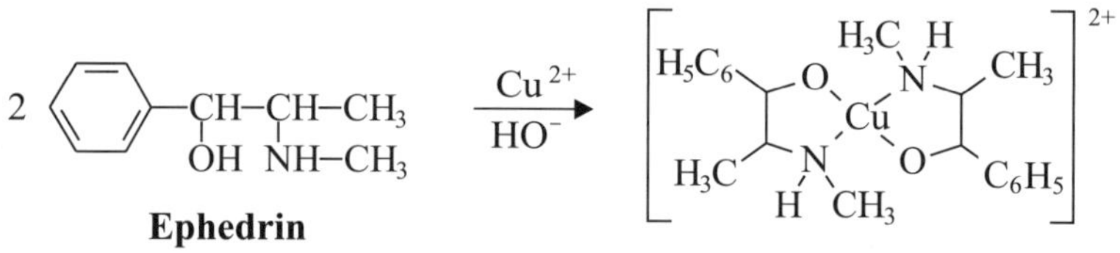

Ephedrin

Auch **Etilefrin**, **Ethambutol** und **Hexetidin** ergeben eine positive Chen-Kao-Reaktion. Beim Hexetidin wird dabei die vicinale Aminfunktion nachgewiesen. Ebenso ergeben *Polyole* [Erythritol, Mannitol, Sorbitol) mit Schwermetall-Ionen [Cu^{2+}, Fe^{2+}] gefärbte Chelatkomplexe. Die Bildung von Chelatkomplexen zwischen Cu(II) und *Aminosäuren* wie Glycin (H_2N-CH_2-COOH) dient zu deren Nachweis [siehe Kapitel 3.5.3.21, Ziffer 1 und **MC-Fragen Nr. 607, 832**].

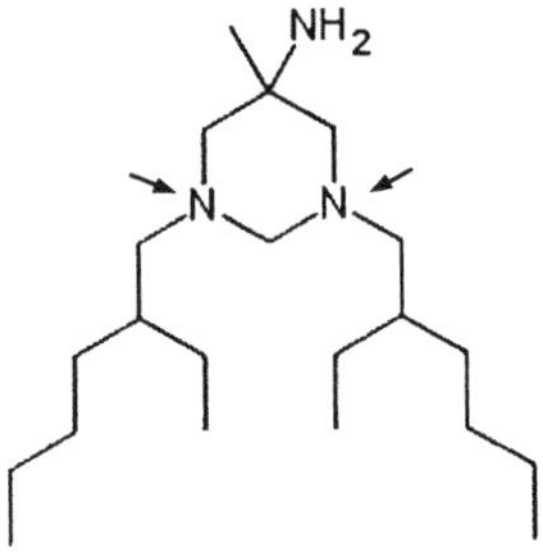

Hexetidin

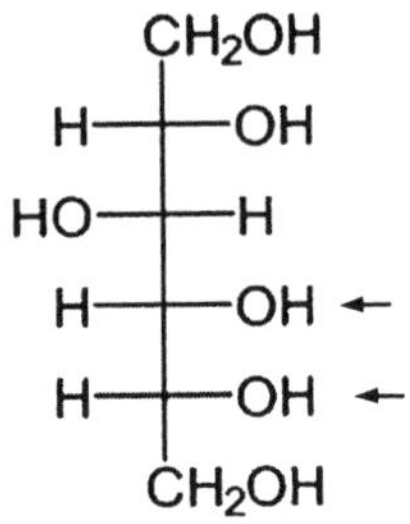

Sorbitol

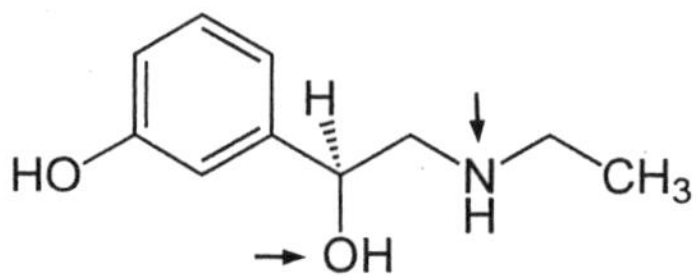

Etilefrin

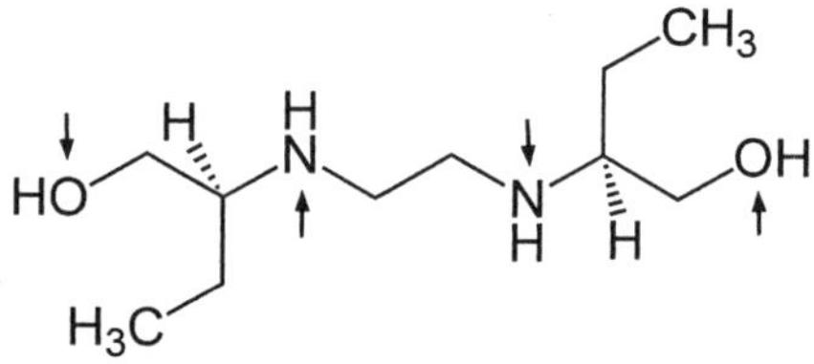

Ethambutol

3.5.3.8 Nachweis von Phenolen

In **Phenolen** (Ar–OH) sind eine oder mehrere Hydroxylgruppen direkt an ein aromatisches Ringsystem gebunden. Je nach der Anzahl der Hydroxylgruppen unterscheidet man zwischen ein-, zwei- und mehrwertigen Phenolen. Im Gegensatz zu Alkoholen reagieren Phenole sauer und bilden mit Alkalihydroxid-Lösungen salzartige *Phenolate* ($Ar\text{-}O^-Me^+$) [vgl. **MC-Fragen Nr. 612, 613**].

$$Ar\text{–}OH + NaOH \rightarrow Ar\text{–}O^-Na^+ + H_2O$$

Zum Nachweis und zur Charakterisierung von Phenolen können folgende Eigenschaften und Reaktionen herangezogen werden:

(1) Eisen(III)-chlorid-Reaktion: Eine Nachweismethode auf zahlreiche Phenole und Enole (C=C–OH) ist die Bildung eines farbigen Reaktionsproduktes bei der

Umsetzung mit *Eisen(III)-chlorid* ($FeCl_3$). Die Farbbildung ist dann besonders ausgeprägt und lang anhaltend, wenn sich in ortho-Stellung zum phenolischen Hydroxyl weitere Chelat bildende Substituenten (HO, CHO, COOH, SO_3H) befinden, wie dies z. B. bei **Salicylsäure** (2-Hydroxybenzoesäure), **Methylsalicylat** (Salicylsäuremethylester), **Sulfosalicylat** (2-Hydroxy-5-sulfobenzoat) oder **Vanillin** (3-Methoxy-4-hydroxy-benzaldehyd) der Fall ist. Fehlen solche Nachbargruppeneffekte, so kommt es bei Zugabe eines Alkohols rasch zum Verblassen und Verschwinden der Färbung [vgl. **MC-Fragen Nr. 608, 609, 611–613, 617–627, 649, 799, 833**].

Die Zusammensetzung des jeweiligen Eisen-Phenol-Chelatkomplexes ist stark pH-abhängig. Phenolether und Alkohole geben *keine* Reaktion mit $FeCl_3$, während Thiocyanat, Oxime und Hydroxamsäuren (z. B. CH_3–CO–NHOH) sich durch eine *rote* Farbe anzeigen (siehe *Hydroxamsäure-Reaktion*, Kapitel 3.5.3.20, Ziffer 2). Auch einige enolisierbare CH-acide Verbindungen wie **Acetylaceton** (CH_3–CO–CH_2–CO–CH_3) oder **Acetessigester** (CH_3–CO–CH_2–$COOC_2H_5$) reagieren positiv mit Eisen(III)-chlorid.

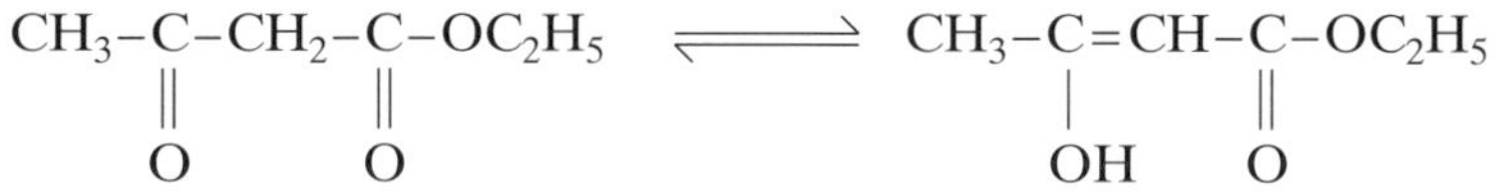

Acetessigsäureethylester

(2) Emerson-Reaktion: Die oxidative Kupplung von Phenolen mit **4-Aminoantipyrin** (Aminopyrazolon = 4-Amino-2,3-dimethyl-1-phenyl-3-pyrazolin-5-on) in Gegenwart eines Oxidationsmittels wie $K_3[Fe(CN)_6]$ führt zu gefärbten *Chinoniminen* nachfolgender Struktur:

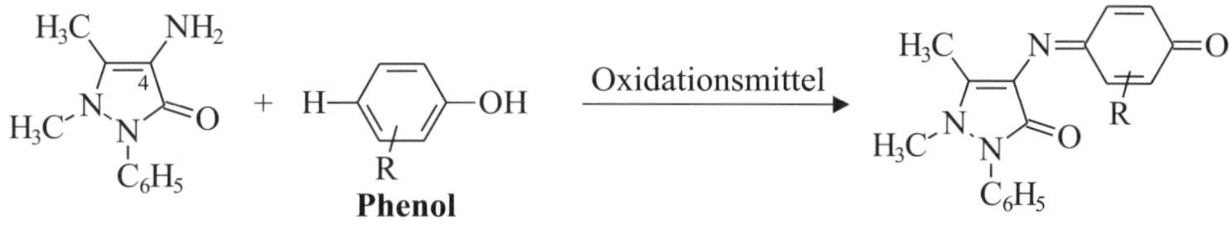

Phenol

Die Reaktion – ein Spezialfall der Indophenol-Reaktion – eignet sich auch zur quantitativen photometrischen Bestimmung von *„Phenol in Sera und Impfstoffen"* [siehe Kapitel 3.5.4.7 und **MC-Fragen Nr. 609, 611, 614–616**].

Voraussetzung für das Gelingen der Emerson-Reaktion ist:
- eine phenolische Hydroxylgruppe,
- eine unsubstituierte para-Stellung, es sei denn, es handelt sich beim para-Substituenten um eine oxidativ leicht abspaltbare Gruppierung,
- das Fehlen einer ortho-Nitrogruppe, die die Reaktion behindert.

Phenole mit besetzter para- aber freier ortho-Stellung reagieren langsamer und weniger intensiv. **Salicylsäure** reagiert gleichfalls extrem langsam, was auf eine geringe Aktivierung der para-Stellung zum phenolischen Hydroxyl zurückzuführen ist. Die Phenolat-Bildung ist hier infolge der Ausbildung intramolekularer Wasserstoffbrücken behindert. Erwartungsgemäß reagieren Ester und Amide der Salicylsäure wie **Methylsalicylat** oder **Salicylamid,** die nicht durch H-Brücken stabilisiert sind, rasch mit 4-Aminoantipyrin.

(3) Gibbs-Reaktion: Eine weitere Möglichkeit zur Identifizierung von Phenolen mit freier para-Position ist die Umsetzung in alkalischer Lösung mit dem *Gibbs-Reagenz* (2,6-Dichlor-1,4-chinon-4-chlorimid).

Nach neueren Befunden ist nicht das Chlorimid selbst das reagierende Agens, sondern das daraus in wässriger Lösung rasch gebildete 2,6-Dichlorchinonimin. Auch die Umsetzung mit dem Gibbs-Reagenz zu *Indophenol-Farbstoffen* kann als eine oxidative Kupplung aufgefasst werden, wobei das Reagenz selbst als Oxidationsmittel wirkt [vgl. **MC-Fragen Nr. 609–612, 637, 651, 818, 820**].

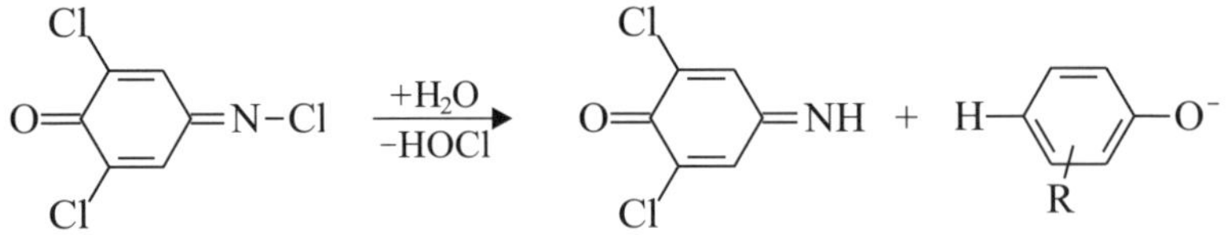

Gibbs-Reagenz

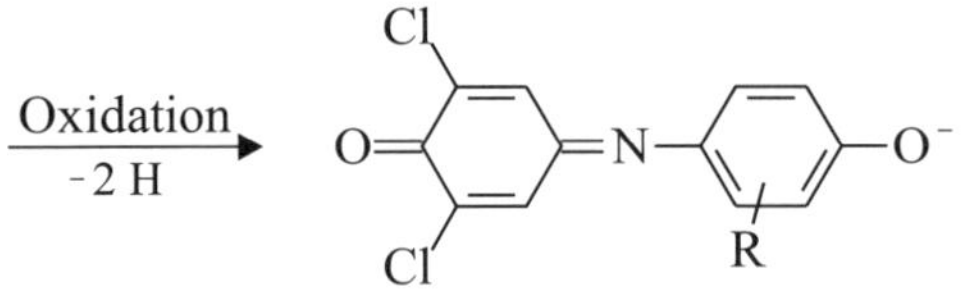

„Indophenol"

(4) Guareschi-Lustgarten-Reaktion: Eine dritte Möglichkeit zum Nachweis von Phenolen mit freier para-Stellung besteht in ihrer Umsetzung mit Chloroform ($CHCl_3$). Die Reaktion wurde bereits im Kap. 3.5.3.4 vorgestellt und soll nachfolgend am Beispiel von **Thymol** näher erläutert werden.

Thymol bildet mit Chloroform in alkalischem Medium zunächst ein Benzalchlorid-Derivat, das wahrscheinlich unter HCl-Abspaltung in ein Monochlor-p-chinonmethid übergeht. Letzteres reagiert mit überschüssigem Thymol nach einer Art Michael-Addition und unter erneuter HCl-Abspaltung entsteht ein *rotvioletes* Diphenylmethan-Derivat.

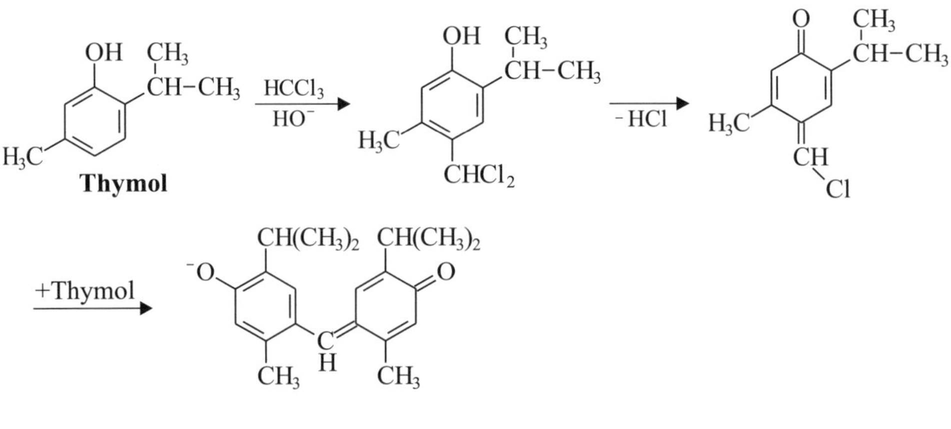

(5) Diazotierungs-Kupplungs-Reaktion: Phenole mit freier ortho- und/oder para-Position kuppeln als aktivierte Aromaten in schwach alkalischem Milieu mit *Diazonium-Ionen* zu Azofarbstoffen (siehe *„Azokupplung“*, Kapitel 3.5.3.14, Ziffer 12). Häufig verwendet man als Kupplungskomponente *diazotierte Sulfanilsäure* (Diazobenzensulfonsäure) [vgl. **MC-Fragen Nr. 608, 609, 611, 687–691, 800**].

(6) Hydroxyalkylierung: Nach dem allgemeinen Prinzip elektrophiler Substitutionsreaktionen

Phenol/Formaldehyd/wasserentziehende Säure

reagieren viele Phenole mit Formaldehyd und konzentrierter Schwefelsäure zu farbigen Reaktionsprodukten (siehe Kapitel 3.5.3.11 *„Chromotropsäure-Reaktion“*).

(7) Esterbildung: Phenole sind nach Umsetzung mit Säurechloriden oder Säureanhydriden als Phenolester (Phenylester) gut charakterisierbar. Bewährt hat sich die Phenolester-Bildung mit Acetanhydrid, Benzoylchlorid oder 4-Nitrobenzoylchlorid, wobei die Reaktion mit den aromatischen Carbonsäurechloriden häufig im schwach alkalischen wässrigen Milieu in Anwesenheit von Alkalihydroxiden durchgeführt wird *(Schotten-Baumann-Reaktion)* [vgl. **MC-Fragen Nr. 599, 601, 608, 613**].

$$\mathrm{Ar{-}OH} + \mathrm{Cl{-}}\underset{\underset{\mathrm{O}}{\|}}{\mathrm{C}}\mathrm{{-}C_6H_5} + \mathrm{NaOH} \longrightarrow \mathrm{Ar{-}O{-}}\underset{\underset{\mathrm{O}}{\|}}{\mathrm{C}}\mathrm{{-}C_6H_5} + \mathrm{NaCl} + \mathrm{H_2O}$$

Arylbenzoat

(8) Urethanbildung: Phenole bilden mit Isocyanaten kristalline Urethane. Die α-Naphthylurethane bilden sich meistens besser als die entsprechenden Phenylurethane. Die Reaktion wird durch trockenes Pyridin katalysiert [vgl. **MC-Frage Nr. 608**].

$$\mathrm{Ar{-}OH} + \mathrm{C_6H_5{-}N{=}C{=}O} \longrightarrow \mathrm{Ar{-}O{-}}\underset{\underset{\mathrm{O}}{\|}}{\mathrm{C}}\mathrm{{-}NH{-}C_6H_5}$$

Phenylurethan

(9) Etherbildung: Zur Identifizierung von Phenolen kann auch ihre Veretherung mit Chloressigsäure zu *Aryloxyessigsäuren* oder mit 4-Nitrobenzylbromid zu *Phenylbenzylether*-Derivaten verwendet werden. Ether entstehen auch bei der Umsetzung von Phenolen mit 2,4-Dinitrochlorbenzen im Sinne einer S_NAr-Reaktion.

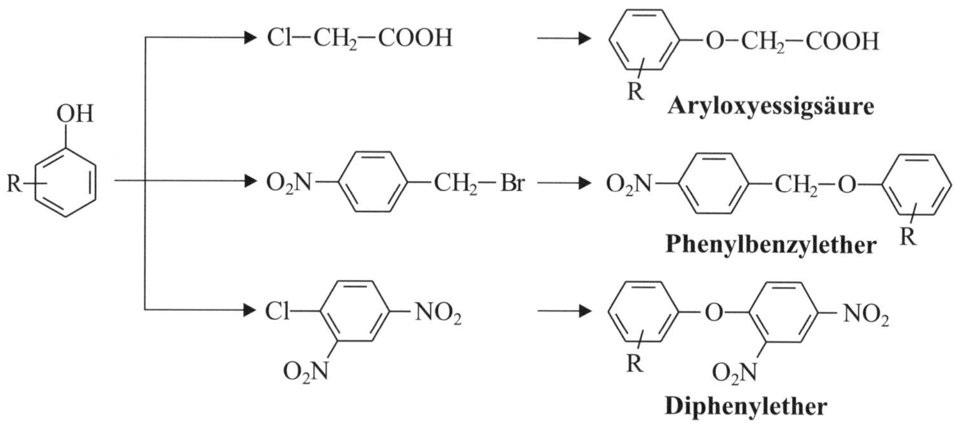

Phenolether wie **Anisol** (Phenylmethylether, Methoxybenzen) reagieren im Vergleich zu Phenolen mit freier Hydroxylgruppe nicht mehr mit $FeCl_3$-Lösung, ergeben keine Salzbildung mit Natriumhydroxid-Lösung und gehen auch keine S_NAr-Reaktionen ein, wie z.B. die Umsetzung mit 2,4-Dinitrochlorbenzen. Solche S_NAr-Reaktionen erfordern die vorherige Bildung des betreffenden Phenolats [vgl. **MC-Fragen Nr. 612, 613, 620**].

(10) Bromierung: Viele Phenole bilden bei der Umsetzung mit Bromwasser in einer elektrophilen Substitutionsreaktion gut kristallisierende *Polybromphenole* (siehe Ehlers, **Analytik II**, Kapitel 7.2.5.4 *„Koppeschaar-Methode“*).

Weitere Phenolnachweise, insbesondere von **ortho-Diphenolen** (Brenzcatechin-Abkömmlinge), werden bei der Besprechung der Analytik des *Adrenalins* und *Noradrenalins* im Kapitel 3.5.3.14 vorgestellt. An einfachen Phenolen sind im Arzneibuch enthalten:

- **Phenol (Hydroxybenzol, Hydroxybenzen) [C_6H_5-OH] (Ph. Eur.)**

Die farblose Substanz besitzt einen charakteristischen Geruch und färbt sich an der Luft in radikalisch ablaufenden Oxidationsprozessen schwach rosa bis gelblich. Phenol ist löslich in Wasser und sehr leicht löslich in Ethanol oder Chloroform. Die Substanz ist eine schwache Säure (pK_s = 10,0). Daher löst sich Phenol nur in Alkalilaugen unter Phenolatbildung, nicht aber in Alkalicarbonat-Lösungen.

$$C_6H_5{-}OH + NaOH \rightarrow H_2O + C_6H_5{-}O^-Na^+ \quad \textbf{Natriumphenolat}$$

Reines Phenol siedet bei Kp = 181,7 °C. Ein wichtiges Reinheitskriterium ist auch der Erstarrungspunkt von 41 °C, der bereits durch geringe Mengen an Wasser deutlich erniedrigt wird.

Zur Identitätsprüfung von Phenol werden folgende Reaktionen genutzt:

(a) Komplexbildung mit Eisen(III)-chlorid: Versetzt man die wässrige Prüflösung mit Eisen(III)-chlorid, so entsteht eine *violette* Färbung, die auf Zusatz von Isopropanol verschwindet. Bei dieser Farbreaktion bildet sich der Komplex $[Fe(OC_6H_5)_6]^{3-}$, der relativ instabil ist und durch Alkohole leicht gespalten wird.

(b) Bromierung: Beim Versetzen einer wässrigen Phenol-Lösung mit Bromwasser fällt ein *gelblich-weißer* Niederschlag aus eines Gemischs von 2,4,6-Tribromphenol und 2,4,4,6-Tetrabrom-2,5-cyclohexadien-1-on.

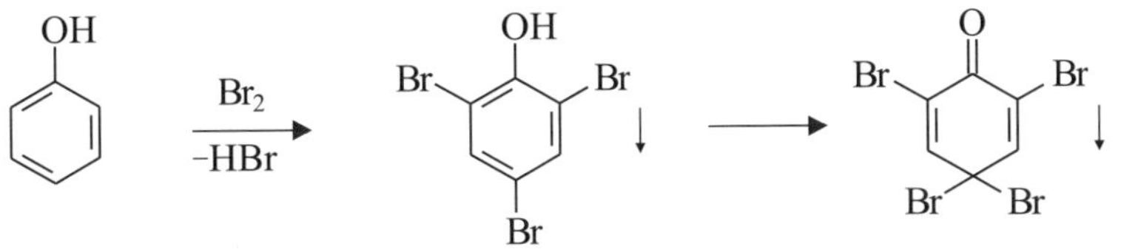

(c) Weitere Farbreaktionen: Spezifisch ist die Farbildung von Phenol beim Erhitzen mit einer alkoholischen Xanthydrol-Lösung in Gegenwart von Mineralsäuren (siehe Kapitel 3.5.3.18, Ziffer 3).

(d) Oxidation: Phenol wird in konzentriertem Ammoniak gelöst und mit Natriumhypochlorit-Lösung (NaOCl) behandelt. Es entsteht eine *blaue* Färbung durch die radikalische Bildung von Chinonen, die sich allmählich vertieft.

- **Thymol (5-Methyl-2-isopropylphenol) (Ph.Eur.)**

Thymol ist schwer löslich in Wasser, löst sich aber leicht in 96 %igem Ethanol. Die Verbindung zeigt eine positive $FeCl_3$-Reaktion und wird von Bromwasser in 4,6-*Dibromthymol* umgewandelt. Neben der Bestimmung des Schmelzpunktes (Fp: 51,5 °C) und der Aufnahme des IR-Spektrums lassen die Arzneibücher noch folgende Prüfungen auf Identität durchführen:

(a) Guareschi-Lustgarten-Reaktion: siehe voran stehender Abschnitt (Ziffer 4).

(b) Emerson-Reaktion: Dabei entstehen aus Thymol und Aminopyrazolon in Gegenwart eines Oxidationsmittels orangerote gefärbte Kondensationsprodukte, die in Wasser nicht beständig sind, sich aber mit Chloroform extrahieren lassen.

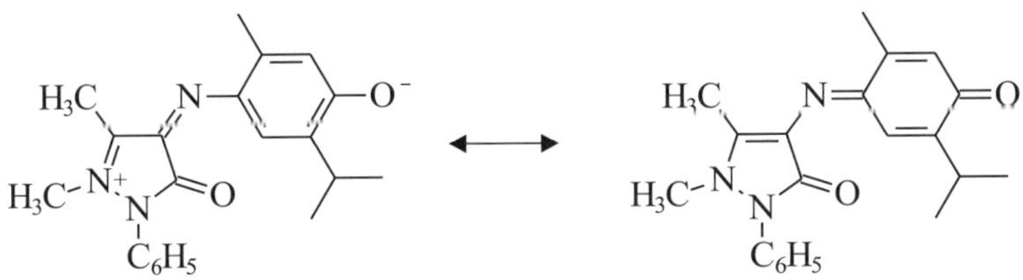

(c) Oxidation: In einem Gemisch aus HNO_3/H_2SO_4 in Eisessig entstehen durch Nitrierung und Oxidation des Aromaten *4-Nitrothymol* sowie *bläulich grüne* chinoide Oxidationsprodukte.

- **Chlorocresol (4-Chlor-3-methylphenol) (Ph.Eur.)**

Das Arzneibuch lässt das Methylphenol (Cresol) durch seinen Schmelzpunkt und die positive Reaktion mit $FeCl_3$-Lösung charakterisieren. Durch Umsetzung mit Benzoylchlorid bildet sich der entsprechende Benzoesäurephenylester, der nach Umkristallisation aus Methanol bei Fp = 85–88 °C schmilzt.

- **Resorcin (m-Dihydroxybenzol, 1,3-Dihydroxybenzen, Benzol-1,3-diol) (Ph. Eur.)**

Resorcin, eine farblose Substanz (Fp = 110,8 °C), ist eine schwache, zweibasige Säure (pK_{s1} = 9,15; pK_{s2} = 11,12), die ammoniakalische $AgNO_3$-Lösungen reduziert. Die Verbindung existiert in tautomeren Formen (*Diketo-Dienol-Tautomerie*). Aufgrund dieser Tautomerie bildet Resorcin als Dienol mit Acetanhydrid einen Diacetylester und als Diketo-Derivat entsteht bei der Umsetzung mit Hydroxylaminhydrochlorid ein Dioxim.

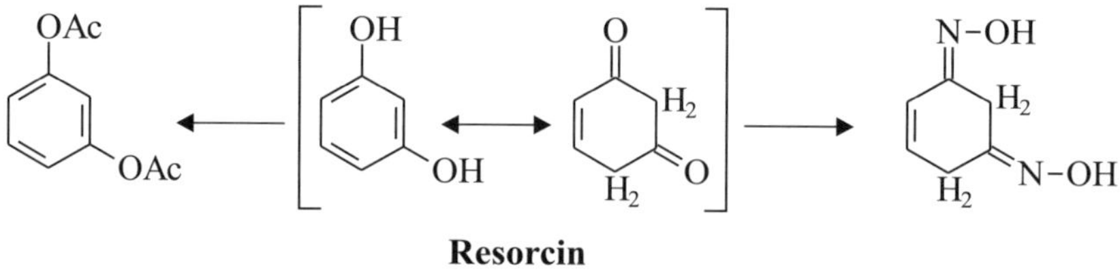

Resorcin

Resorcin kristallisiert in zwei verschiedenen Modifikationen, die sich bei 70,8 °C ineinander umwandeln. Neben der Bestimmung des Schmelzpunktes und der Aufnahme des IR-Spektrums nutzt man folgende Eigenschaften zur Identitätsprüfung:

(a) Eisen(III)-chlorid-Reaktion: Auf Zusatz von Eisen(III)-chlorid färbt sich eine Resorcin-Lösung *blau*. Die Farbe verblasst beim Erwärmen und schlägt nach Zugabe von 6 M-NH_3-Lösung nach Braungelb um.

(b) Guareschi-Lustgarten-Reaktion: Erhitzt man Resorcin mit Chloroform in verdünnter Natriumhydroxid-Lösung, so entsteht in einer Guareschi-Lustgarten-Reaktion das *rote* Anion eines Diresorcylmethan-Farbstoffes; auf Säurezusatz schlägt die rote Farbe nach *gelb* um (siehe Kapitel 3.5.3.4, Ziffer 4).

(c) Fluorescein-Bildung: Durch Kondensation von Resorcin mit *Phthalsäureanhydrid* oder *Kaliumhydrogenphthalat* entsteht Fluorescein, das im Alkalischen eine charakteristische intensiv *grüne* Fluoreszenz zeigt.

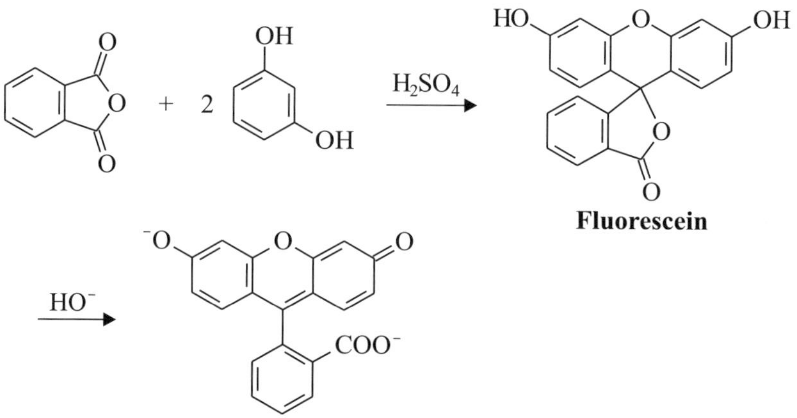

Fluorescein

Die Reaktion ist typisch für 2,3,4,5-unsubstituierte Phthalsäure-Moleküle und kann auch zum Nachweis des Phthalyl-Restes z. B. im **Dibutylphthalat** oder im **Phthalylsulfathiazol** herangezogen werden.

- **Opiumalkaloide**

Opium enthält zu ca. 20–25 % Alkaloide; Hauptalkaloid – im Mittel ca. 12 % – ist das **Morphin**, gefolgt von *Noscapin* (*Narcotin*) (5 %), *Codein* (2 %), *Papaverin* (1 %), *Thebain* (0,5 %) und *Narcein* (0,5 %).

Dabei lassen sich Opiumalkaloide mit freier phenolischer Hydroxylgruppe (Ar–OH) wie z. B. im Morphin aufgrund ihrer positiven $FeCl_3$-Reaktion sowie ihrer Salzbildung mit NaOH-Lösung leicht von Phenolether-Derivaten (Ar–OCH_3) wie Codein unterscheiden [vgl. **MC-Fragen Nr. 612, 613**].

Zur *Abtrennung des Morphins* aus dem Alkaloidgemisch nutzt man häufig die klassische **Mannich-Methode** durch Umsetzung mit 2,4-Dinitrochlorbenzen unter Bildung des schwer löslichen *Morphin-2,4-dinitrophenylethers*. Dabei werden zunächst die phenolischen Komponenten wie Morphin durch Behandeln mit Alkalihydroxid-Lösung in lösliche Phenolate umgewandelt und die nicht-phenolischen Bestandteile wie Codein mit Chloroform/Isopropanol extrahiert. Anschließend erfolgt die Fällung des Phenylethers mit 2,4-Dinitrochlorbenzen.

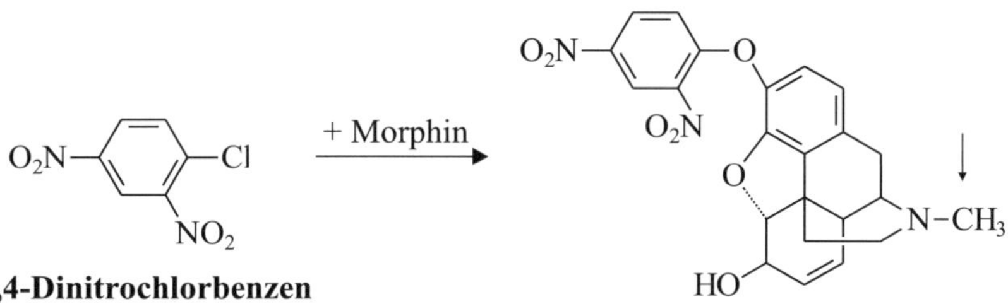

2,4-Dinitrochlorbenzen

Im Hinblick auf die Gesamtwirkung des Opiums erscheint es aber sinnvoll nicht nur den Gehalt an Morphin sondern auch den Gehalt der wichtigsten Begleitalkaloide zu bestimmen. Aus diesem Grund wurde die Mannich-Methode in den aktuellen Pharmakopöen von einem HPLC-Verfahren abgelöst.

3.5.3.9 Nachweis von Ethern

Ether entstehen unter Wasserabspaltung als Kondensationsprodukte aus zwei Molekülen Alkohol (*Dialkylether*, R–O–R) oder Phenol (*Diarylether*, Ar–O–Ar) bzw. einem Molekül Alkohol und einem Molekül Phenol (*Phenolether*, *Phenylether*, Ar–O–R). Je nachdem, ob beide Reste des Ethermoleküls gleich oder ungleich sind, spricht man von symmetrischen bzw. unsymmetrischen (gemischten) Ethern.

Ether sind im Allgemeinen sehr beständige, wenig reaktive Verbindungen. Die meisten aliphatischen Ether sind jedoch als Lewis-Basen unter Bildung von *Oxoniumsalzen* in konzentrierter HCl-Lösung löslich.

$$R{-}O{-}R + HCl \rightleftharpoons R{-}\overset{+}{\underset{H}{O}}{-}R + Cl^-$$

Aliphatische Ether sind nichtassoziierte Flüssigkeiten von großer Flüchtigkeit und hoher Brennbarkeit.

Phenolether unterscheiden sich im Allgemeinen von Phenolen, aus denen sie hergestellt wurden, durch:

- ihre geringe Oxidationsempfindlichkeit und Reaktivität,
- das Ausbleiben der Eisen(III)-chlorid-Reaktion,
- ihre niedrigeren Schmelz- und Siedepunkte.

Zur Identifizierung von Ethermolekülen können die beiden folgenden Reaktionen beitragen:

(1) Etherspaltung: Die Spaltung des Ethermoleküls wird zweckmäßigerweise mit Iodwasserstoff (HI) oder Bromwasserstoff (HBr) durchgeführt und liefert destillativ abtrennbare Alkylbromide bzw. Alkyliodide, die man z. B. als *S-Alkylisothiuroniumpikrate* fällen und durch ihren Schmelzpunkt identifizieren kann (siehe Kapitel 3.5.3.4, Ziffer 3). Bei der sauren Spaltung von Phenolethern entsteht neben dem Alkylhalogenid auch ein Phenol, das näher charakterisiert werden muss.

$$R{-}O{-}R + 2\,HI \rightarrow 2\,R{-}I + H_2O$$
$$Ar{-}O{-}R + HI \rightarrow R{-}I + Ar{-}OH$$

(2) Esterbildung: Nach Erhitzen von Ethern mit wasserfreiem Zink(II)-chlorid ($ZnCl_2$) und 3,5-Dinitrobenzoylchlorid fallen beim Abkühlen direkt die 3,5-Dinitrobenzoesäureester der betreffenden Alkohole aus. Diese Methode ist naturgemäß nur zur Charakterisierung symmetrischer aliphatischer Ether geeignet. Alkohole, primäre und sekundäre Amine stören und müssen abwesend sein.

In das Arzneibuch wurde als Monographie aufgenommen:

- **Ether (Diethylether, Aether) [CH_3CH_2-O-CH_2CH_3] (Ph.Eur.)**

Diethylether ist eine flüchtige, leicht bewegliche und entzündliche Flüssigkeit, die bei Fp = 34,6 °C siedet. Etherdämpfe sind schwerer als Luft. Ether/Luft-Gemische mit 1,7–48,0 Vol% an Ether sind explosiv. Ether kann zur Stabilisierung nichtflüchtige Antioxidanzien enthalten. In der Hitze wird Ether durch Halogenwasserstoffsäuren wie HI oder HBr gespalten und bildet unter Licht- und Lufteinwirkung explosive Peroxide. Von Alkalien und Natrium wird Diethylether nicht angegriffen.

Durch Bestimmung des Destillationsbereiches (siehe Kapitel 3.1.1) kann Diethylether von anderen tief siedenden Lösungsmitteln unterschieden werden. Darüber hinaus fordert das Arzneibuch die Bestimmung der relativen Dichte als Identitätsprüfung.

Die *Prüfung auf Peroxide* erfolgt mit Iodid-Ionen, die durch Peroxide oder Hydroperoxide zu Iod oxidiert werden, das an seiner Blaufärbung mit Stärke-Lösung erkannt wird (siehe auch Kapitel 3.5.3.24).

$$R{-}OOH + 2\,HI \rightarrow R{-}OH + I_2 + H_2O$$

Zur Entfernung der Peroxide schüttelt man den Ether mit einer schwefelsauren Eisen(II)-sulfat-Lösung oder filtriert den Ether über eine basische Aluminiumoxid-Säule. Auf Verunreinigungen durch Acetaldehyd oder Aceton prüft man mit

Neßler-Reagenz. Aldehyde reduzieren dabei Hg(II)-Ionen zu metallischem Quecksilber.

3.5.3.10 Nachweis von Thiolen (Mercaptane, Thiophenole)

Unter Thiolen versteht man die Schwefelanalogen der Alkohole und Phenole. Zum Schwefel-Nachweis in diesen Verbindungen siehe Kapitel 3.4.1.4. **Alkanthiole** (Mercaptane, Alkanhydrogensulfide) (R–SH) sind mit Ausnahme des gasförmigen *Methylmercaptans* (CH_3SH) Flüssigkeiten von äußerst widerlichem Geruch. Infolge des Fehlens intermolekularer Wasserstoffbrücken sieden Mercaptane erheblich tiefer als die entsprechenden Alkanole. Thiole sind schwache Säuren, die jedoch stärker sauer reagieren als die entsprechenden Alkohole. Auch **Thiophenole** (Ar–SH) sind stärkere Säuren als Phenole. Viele Thiole bilden mit Schwermetall-Ionen (Hg, **Pb**, Ag) zum Teil schwer löslich Salze, sog. *Mercaptide* [vgl. **MC-Frage Nr. 628**].

$$2\ R\text{–}SH + 2\ HO^- \rightarrow 2\ H_2O + 2\ R\text{–}S^- \rightarrow Hg(SR)_2\downarrow$$

Charakteristisch für Thiole ist ihre Oxidationsempfindlichkeit. So entfärben Thiole eine $KMnO_4$-Lösung unter Bildung von *Sulfonsäuren*. Von milden Oxidanzien wie Iod werden sie zu *Disulfiden* dehydriert. Mercaptane und Disulfide bilden ein reversibles Redoxsystem, sodass sich Disulfide wieder leicht zu Thiolen reduzieren lassen [vgl. **MC-Fragen Nr. 574, 628**].

$$\underset{\textbf{Disulfid}}{R\text{–}S\text{–}S\text{–}R} \rightleftharpoons \underset{\textbf{Thiol}}{2\ R\text{–}SH} \rightarrow \underset{\textbf{Sulfonsäure}}{2\ R\text{–}SO_3H}$$

Die Oxidation von Mercaptanen mit Iod zu Disulfiden nutzt das Arzneibuch auch zur quantitativen iodometrischen Bestimmung von Sulfhydrylverbindungen (R-SH) wie **Cystein** oder **Dimercaprol** [siehe Ehlers, **Analytik II,** Kapitel 7.2.3.4 und **MC-Fragen Nr. 629, 630**].

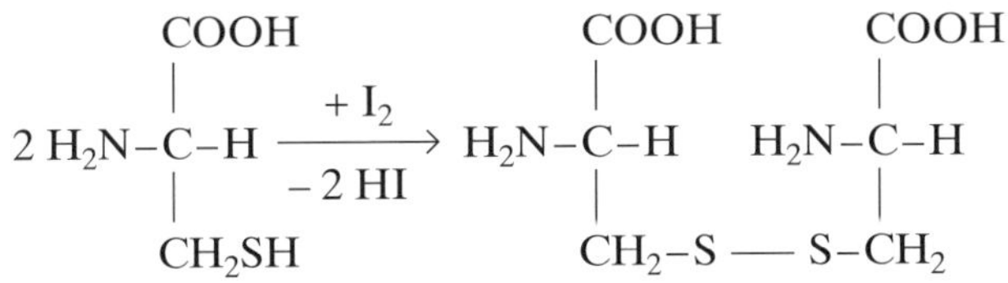

Cystein **Cystin**

Die Überführung von Mercaptanen und Thiophenolen in identifizierbare Derivate erfolgt mit denselben Reagenzien wie sie zum Nachweis von Alkoholen verwendet werden.

(a) Thioester-Bildung: Häufig genutzt wird die Darstellung der 3,5-Dinitrothiobenzoate oder die Umsetzung mit 3-Nitrophthalsäureanhydrid zu den entsprechenden Thiohalbestern [vgl. **MC-Frage Nr. 628**].

$$R\text{–}SH + Cl\text{–}CO\text{–}Ar \rightarrow \underset{\textbf{Thiobenzoat}}{R\text{–}S\text{–}CO\text{–}Ar} + HCl$$

(b) Nachweis als Sulfon: Thiole lassen sich durch Reaktion im alkalischen Milieu mit 2,4-Dinitrochlorbenzen in gut kristallisierende 2,4-Dinitrophenylthioether überführen, die durch nachfolgende Oxidation mit H_2O_2 als Sulfone charakterisiert werden. Die Oxidation von Sulfiden (Thioether) zu Sulfoxiden oder Sulfonen ist eine allgemein anwendbare Reaktion zum Nachweis von Sulfiden (R–S–R). Dialkylsulfide sind in Wasser unlösliche, penetrant riechende Flüssigkeiten.

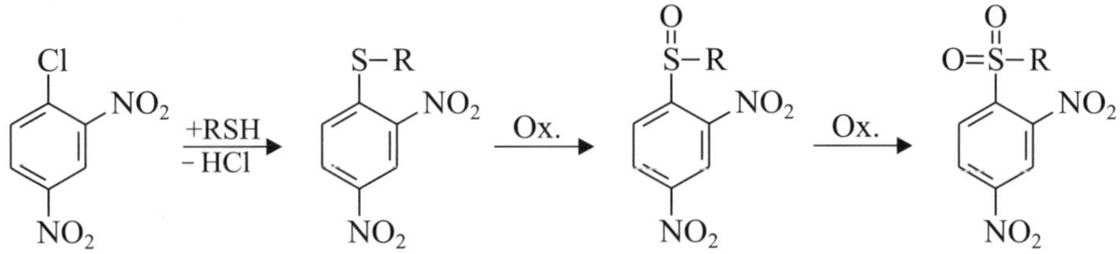

Thioether **Sulfoxid** **Sulfon**

Als weitere Nachweisreaktion von Mercaptanen kann man nutzen:

(c) Gmelin-Reaktion: Die als Gmelin-Reaktion bekannte Umsetzung von Sulfid-Ionen mit Natriumpentacyanonitrosylferrat(II) (Nitroprussidnatrium), wobei wahrscheinlich das rotviolette Pentacyanomonothionitrosylferrat(II)-Anion $[Fe(CN)_5(NO)S]^{4-}$gebildet wird, kann auch zum Nachweis von Mercaptanen herangezogen werden. Beispielsweise ergibt *Methylmercaptan* (CH_3SH) mit Nitroprussidnatrium in sodaalkalischer Lösung den gefärbten Komplex $[Fe(CN)_5(NO)SCH_3]^{3-}$ [vgl. **MC-Frage Nr. 630**].

- **Dimercaprol (2,3-Disulfanylpropan-1-ol) [$HSCH_2$-CH(SH)-CH_2OH] (Ph.Eur.)**

Dimercaprol ist eine farblose bis schwache gelbe, in Wasser lösliche Flüssigkeit, zu deren Prüfung auf Identität folgende Reaktionen beitragen können [vgl. **MC-Frage Nr. 630**]:

(a) Eine Iod-Lösung wird durch Dimercaprol entfärbt. Iod oxidiert das Sulfid zu einem *weißen,* polymeren Disulfid komplexer Zusammensetzung.

(b) Mit Pb(II)-Ionen bildet Dimercaprol ein schwer lösliches, *zitronengelbes* Bleisalz.

(c) Dimercaprol bildet mit vielen Schwermetall-Salzen charakteristisch gefärbte Komplexe. Mit Cu(II)-Salzen entsteht ein *bläulich schwarzer*, mit Co(II)- ein *gelbbrauner* und mit Fe(II)-Ionen ein *roter* Komplex. Auf dieser Bildung von Chelatkomplexen mit vielen Schwermetall-Ionen, insbesondere Quecksilber-Ionen, beruht die Verwendung von Dimercaprol als Antidot zur Behandlung von Schwermetallvergiftungen.

(d) Eine Lösung von 2,6-Dichlorphenolindophenol-Natrium (Tillmans-Reagenz) wird durch Zugabe von Dimercaprol entfärbt.

(e) Dimercaprol zeigt eine positive Gmelin-Reaktion mit Nitroprussidnatrium.

3.5.3.11 Nachweis von Carbonylverbindungen

Aldehyde (R–CH=O) und **Ketone** (R_2C=O) können aufgrund folgender Eigenschaften und Reaktionen nachgewiesen und identifiziert werden:

(1) Hinweis auf stark reduzierende Substanzen: Aldehyde sind – im Gegensatz zu Ketonen – starke Reduktionsmittel, die sich leicht zu Carbonsäuren (R-COOH) oxidieren lassen. Die reduzierende Wirkung wird nachgewiesen mit:

(a) Tollens-Reagenz: Stark reduzierende Verbindungen scheiden aus einer ammoniakalischen Silbersalzlösung metallisches Silber ab. Eine positive Reaktion deutet hin auf: Aldehyde, reduzierende Zucker, α-Diketone, α-Ketole (Endiole) wie *Ascorbinsäure*, mehrwertige Phenole, Aminophenole, Hydrazin- und Hydroxylamin-Derivate [vgl. **MC-Fragen Nr. 631, 632, 637, 650, 653, 769, 770**].

(b) Fehling-Reagenz: Große Bedeutung für den Nachweis von Reduktionsmitteln besitzt die Fehling-Lösung, eine alkalische tartrathaltige Cu(II)-Salzlösung, in der das Kupfer als anionischer Chelatkomplex vorliegt. Das eigentliche Reagenz ist daher ein komplexes Kupfer(II)-tartrat-Anion.

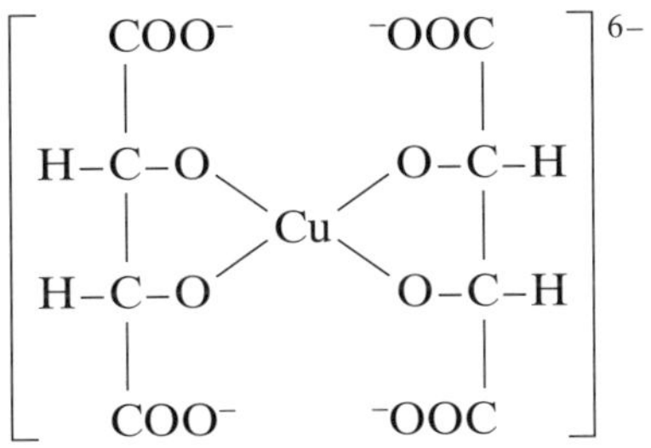

Bei der Reduktion des Cu-Tartratkomplexes, z. B. mit Ameisensäure (HCOOH), fällt *gelbrotes* Cu_2O/CuOH aus, da Cu(I)-Ionen in alkalischer Lösung mit Weinsäure keine stabilen Komplexe bilden.

$$2\,Cu^{2+} + HCOOH + 2\,H_2O \rightarrow 2\,Cu^+ + CO_2\uparrow + 2\,H_3O^+$$
$$2\,Cu^+ + 3\,H_2O \rightarrow Cu_2O\downarrow + 2\,H_3O^+$$

Aromatische Aldehyde geben diesen Test normalerweise *nicht*. Einfache Aldehyde, sämtliche Monosaccharide und alle Oligosaccharide mit wenigstens einer freien Carbonylgruppe reagieren dagegen positiv. Der Nachweis gelingt auch mit mehrwertigen Phenolen und Endiolen wie *Ascorbinsäure* [vgl. **MC-Frage Nr. 640**].

An Stelle von Fehling-Lösung verwenden viele Arzneibücher für den Nachweis von reduzierenden Zuckern eine alkalische Cu(II)-citrat-Lösung, **Luffsche Lösung.**

(c) Nylander-Reagenz: Aldehyde reduzieren eine alkalische, tartrathaltige Bismut(III)-hydroxid-Lösung zum metallischen Bismut, das als *schwarzer* Niederschlag ausfällt.

(d) Auch die Entfärbung einer schwach alkalischen Kaliumpermanganat-Lösung ist ein Hinweis auf reduzierende Substanzgruppen wie Aldehyde oder Endiole (α-Hydroxycarbonylverbindungen) [vgl. **MC-Frage Nr. 574**].

(2) Spektroskopische Methoden: Aldehyde und Ketone sind an den typischen IR-Frequenzen der C=O-Valenzschwingung um 1700 cm^{-1} leicht zu erkennen [siehe Ehlers, **Analytik II**, Kapitel 11.8.2 und **MC-Frage Nr. 640**].

Bei einfachen, *gesättigten Carbonylverbindungen* wie z. B. *Aceton* erfordert die Anregung des π→π*-Übergangs so hohe Energiebeträge, dass das Absorptionsmaximum unterhalb von λ = 200 nm liegt. Diese Verbindungen zeigen daher im UV-Spektrum nur einen n→π*-Übergang im ultravioletten Spektralbereich bei etwa 275–295 nm [siehe Ehlers, **Analytik II**, Kapitel 11.6.2.4 und **MC-Frage Nr. 640**].

(3) Bildung schwer löslicher Derivate: Zum Nachweis von Carbonylverbindungen sowie zur Identifizierung und Charakterisierung eines Derivates mithilfe einer Schmelzpunktbestimmung können zahlreiche Kondensationsreaktionen von Aldehyden und Ketonen mit Verbindungen des Typs $R{-}NH_2$ herangezogen werden. Nachfolgend sind diese Reaktionen – ausgehend von einem Keton der allgemeinen Formel $R_2C{=}O$ – zusammenfassend dargestellt. Aufgrund ihrer Fähigkeit zur Bildung solcher Produkte kann in der Regel auch eine analytische Unterscheidung einer Aldehyd- oder Ketogruppe von anderen Carbonylfunktionen wie Ester- oder Amidcarbonylgruppen vorgenommen werden [vgl. **MC-Fragen Nr. 633–640, 642–646, 649, 742, 744**].

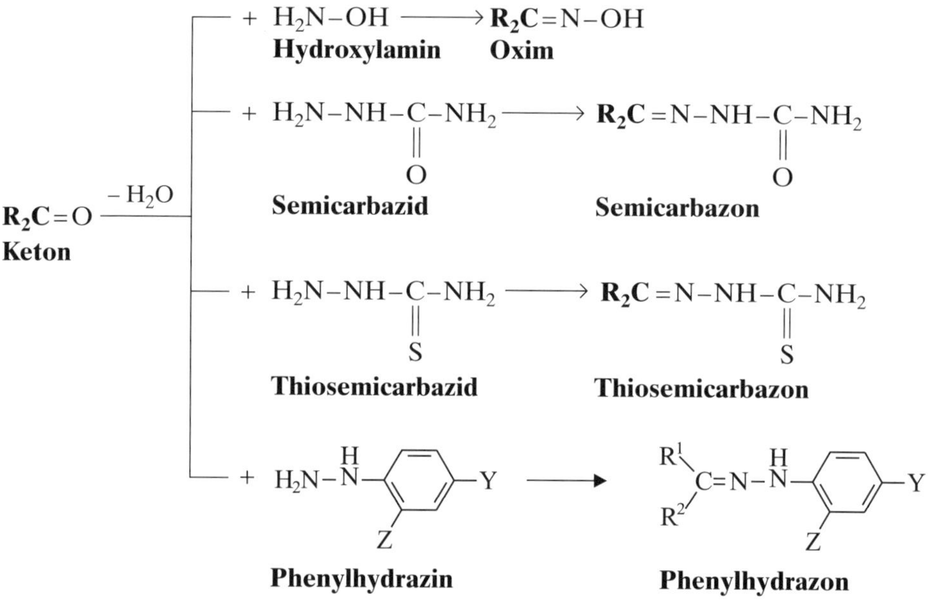

An Stelle von Phenylhydrazin (Z=Y=H) können auch 4-Nitrophenylhydrazin (Z=H; $Y{=}NO_2$) oder 2,4-Dinitrophenylhydrazin ($Z{=}Y{=}NO_2$) als Reagenzien unter Bildung von *4-Nitrophenylhydrazonen* bzw. *2,4-Dinitrophenylhydrazonen* eingesetzt werden.

Mit unsubstituiertem **Hydrazin** ($H_2N{-}NH_2$) bilden Carbonylverbindungen durch doppelseitige Kondensation *Azine* ($R_2C{=}N{-}N{=}CR_2$) (siehe auch Kapitel 2.1.12).

$$R_2C{=}O + H_2N{-}NH_2 + O{=}CR_2 \longrightarrow \underset{\textbf{Azin}}{R_2C{=}N{-}N{=}CR_2} + 2\,H_2O$$

Darüber hinaus nutzt das Arzneibuch die Umsetzung von Isonicotinhydrazid mit **Vanillin** (3-Methoxy-4-hydroxy-benzaldehyd) unter Hydrazon-Bildung zu dessen Nachweis [siehe Kapitel 3.5.3.14 und **MC-Fragen Nr. 633–635**].

Hydroxylamin reagiert außer mit Aldehyden und Ketonen auch mit β-Lactamen unter Aufspaltung des β-Lactamringes. Die Reaktion von Hydroxylamin mit Carbonsäureestern führt zu *Hydroxamsäuren* (siehe Kapitel 3.5.3.20, Ziffer 2). Zur Bildung kristalliner Derivate von Aldehyden oder Ketonen mit *Dimedon* siehe nachfolgenden Abschnitt.

Die oben erwähnten Reaktionen laufen nach dem allgemeinen Mechanismus der säurekatalysierten Addition von Stickstoff-Nucleophilen an C=O-Doppelbindungen ab.

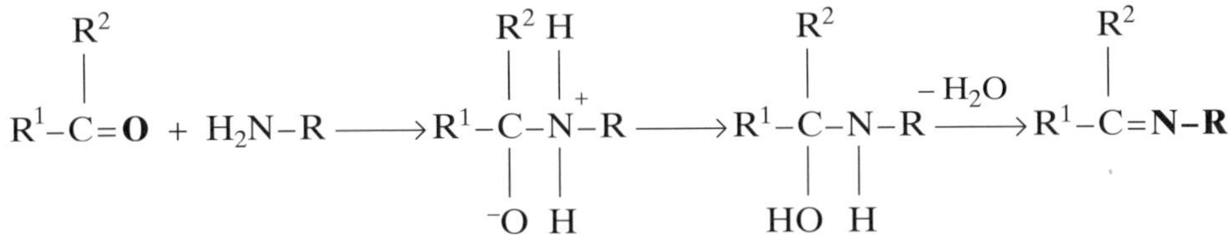

Darüber hinaus sind auch die Umsetzungen von Carbonylverbindungen mit primären oder sekundären Aminen für ihre Charakterisierung geeignet. Mit primären Aminen entstehen **Azomethine** (Imine), mit sekundären Aminen bilden sich **Enamine**, sofern die Carbonylverbindung enolisierbar ist und über ein α-CH-Atom verfügt. Nichtenolisierbare Carbonylverbindungen bilden dagegen mit sekundären Aminen **Aminale** [vgl. **MC-Fragen Nr. 608, 609, 684**].

$$R_2C = O + H_2N - R' \longrightarrow R_2C = N - R' + H_2O$$

Azomethin (Imin)

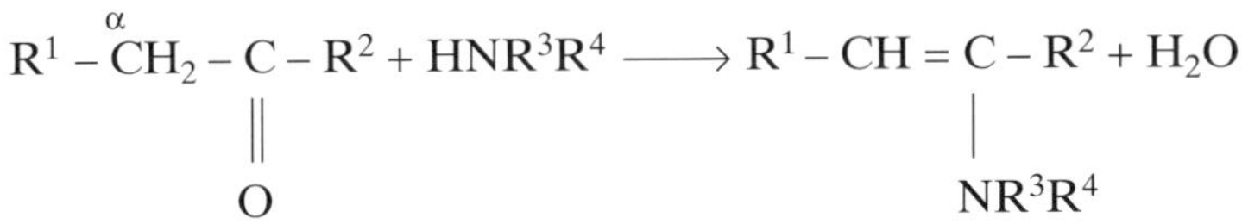

Enamin

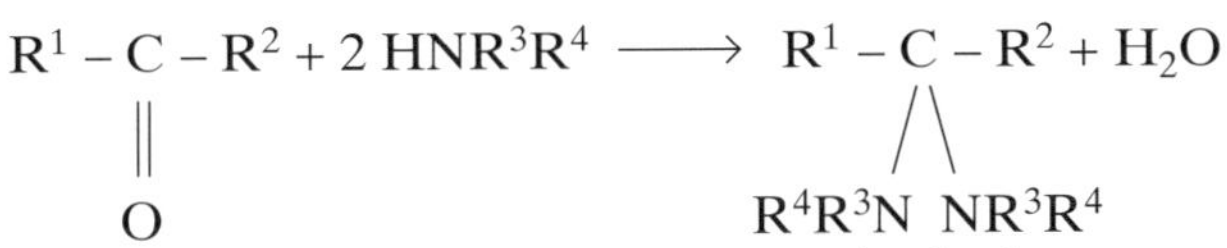

Aminal

Beispielsweise wandelt sich **Cyclohexanon** mit Hydroxylaminhydrochlorid zu Cyclohexanonoxim um und bildet mit Pyrrolidin ein Enamin, nämlich 1-Pyrrolidinocyclohexen [vgl. **MC-Frage Nr. 641**].

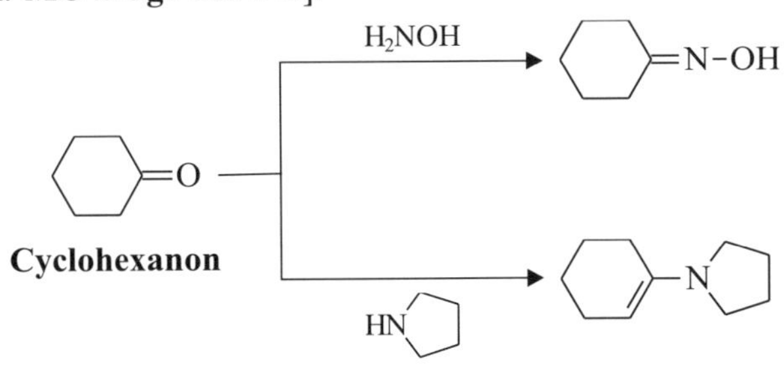

(4) Iodoform-Probe: Bei der *Haloform-Reaktion* werden *Methylketone* (CH_3–CO–R) oder Alkohole mit einer CH_3–CHOH-Gruppierung unter Verlust eines C-Atoms zu Carbonsäuren gespalten, wenn man auf diese Substanzen ein Hypohalogenit oder Halogene ($X_2 = Cl_2$, Br_2, I_2) in alkalischer Lösung einwirken lässt. Zunächst findet eine Oxidation des sekundären Methylalkohols zum Methylketon statt, das anschließend halogeniert wird. Das perhalogenierte Intermediat wandelt sich schließlich im alkalischen Milieu in ein *Haloform-Derivat* (HCX_3) und das um ein C-Atom ärmere *Carboxylat* (R–COO^-) um. Die Haloform-Reaktion ist in der präparativen Chemie eine wichtige Methode zur Darstellung von Carbonsäuren [vgl. **MC-Fragen Nr. 661–664, 790**].

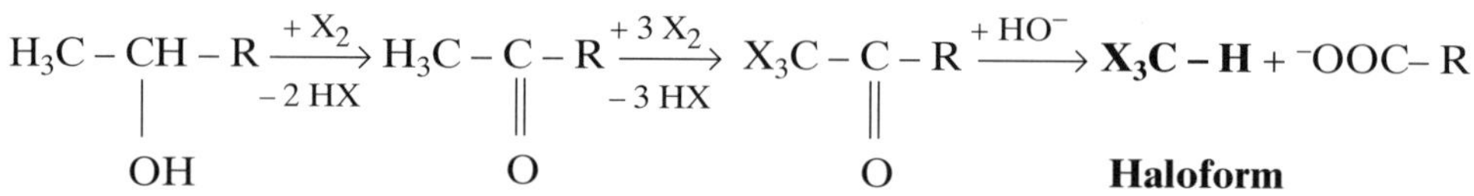

Beispielsweise ergeben bei der Haloform-Reaktion Ethanol [CH_3CH_2OH] und Acetaldehyd [$CH_3CH{=}O$] *Formiat* [$HCOO^-$], Isopropanol (Propan-2-ol) [$CH_3CH(OH)CH_3$] und Aceton [CH_3-CO-CH_3] liefern *Acetat* [CH_3-COO^-] und aus Ethylmethylketon (Butan-2-on) [CH_3CH_2-CO-CH_3] bildet sich *Propionat* [CH_3CH_2-COO^-]. Aus Milchsäure [CH_3-CHOH-COOH] und Brenztraubensäure [CH_3-CO-COOH] entsteht *Oxalat* [$^-$OOC-COO^-].

Pentan-3-on [CH_3CH_2-CO-CH_2CH_3] und Weinsäure [HOOC-CH(OH)-CH(OH)-COOH] ergeben *keine* positive Haloform-Reaktion.

In der analytischen Chemie dient die Haloform-Reaktion zum qualitativen Nachweis von CH_3CO- und CH_3CHOH-Gruppen, indem man mit Iod (I_2) und Alkali bzw. mit Hypoiodit (IO^-) arbeitet. Das entstehende **Iodoform** (CHI_3) ist *gelb* gefärbt, besitzt einen charakteristischen süßlichen Geruch und einen definierten Schmelzpunkt von Fp = 119 °C.

Die Iodoform-Probe ist *positiv* bei folgenden Verbindungstypen,

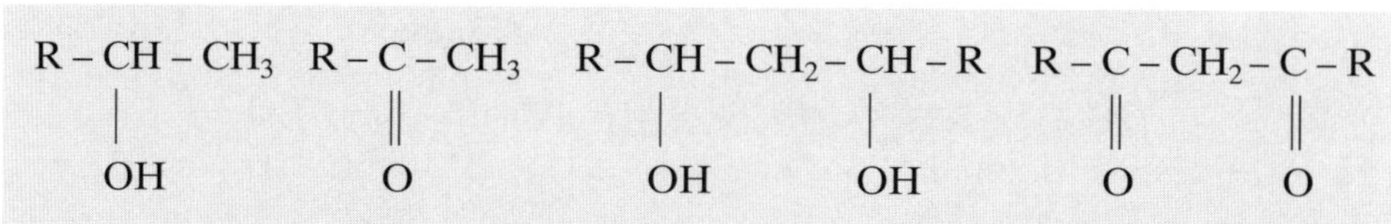

während die nachfolgend vorgestellten stark CH-aciden Substanzklassen *keine* Iodoform-Reaktion ergeben.

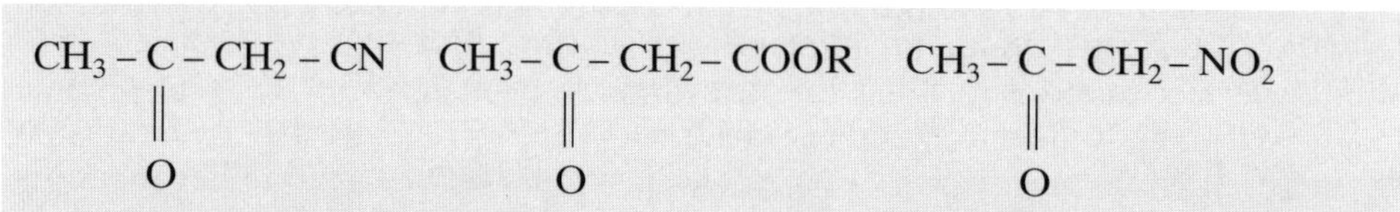

Die Iodoform-Probe kann auch zum Nachweis von Verbindungen herangezogen werden, die sich in Methylcarbinole oder Methylketone umwandeln lassen. Zum

Beispiel ergibt **Chlorobutanol** selbst keine Iodoform-Reaktion, hingegen reagiert das bei der alkalischen Spaltung des Moleküls gebildete *Aceton* positiv mit Hypoiodit (*Ph. Eur.*). Parallel dazu lässt sich auch das bei der alkalischen Hydrolyse gebildete Chloroform mithilfe der *Fujiwara-Reaktion* nachweisen (siehe Kapitel 3.5.3.4)

$$\underset{\textbf{Chlorobutanol}}{Cl_3C-\underset{\displaystyle OH}{\underset{|}{C}}(CH_3)_2} \xrightarrow{(HO^-)} Cl_3C-H + \underset{\textbf{Aceton}}{CH_3-\underset{\displaystyle O}{\underset{\|}{C}}-CH_3}$$

In das Arzneibuch sind u. a. folgende Carbonylverbindungen als Monographien aufgenommen worden:

- **Formaldehyd-Lösung [$H_2C{=}O$] (Ph. Eur.)**

Formaldehyd, ein stechend riechendes Gas (Kp = –21 °C), ist bis zu 45 % in Wasser löslich. Diese Lösungen sind unter verschiedenen Bezeichnungen, wie *Formol, Formalin* im Handel. Die Formalin-Lösung der *Ph. Eur.* enthält ca. 35–37 % $H_2C{=}O$ als Hydrat [$H_2C(OH)_2$] und etwa 15 % an Methanol als Stabilisator.

In wässriger Lösung liegt Formaldehyd teils als geminales Diol (*Formaldehydhydrat*), $H_2C(OH)_2$, teils in Form oligomerer Hydrate, $HO(CH_2O)_nH$, vor. Zwischen beiden Formen besteht ein temperatur- und konzentrationsabhängiges Gleichgewicht. Es verschiebt sich mit steigender Temperatur nach der Seite des geminalen Diols, mit steigender Konzentration in Richtung oligomerer Hydrate. Ein Zusatz von Methanol verhindert die Bildung von schwer löslichen Polymeren (Ausflockung von amorphem *Paraformaldehyd*).

Formaldehyd stellt – besonders im alkalischen Milieu – ein starkes Reduktionsmittel dar und wird beispielsweise durch eine alkalische Iod- oder Wasserstoffperoxid-Lösung bzw. eine ammoniakalische Silbernitrat-Lösung (Tollens-Reagenz) zu *Formiat* ($HCOO^-$) oxidiert. In Abwesenheit von Oxidationsmitteln erfolgt hingegen mit Laugen Disproportionierung zu Formiat und Methanol (*Cannizzaro-Reaktion*). Mit Ammoniak kondensiert Formaldehyd zu **Methenamin** (Urotropin, Hexamethylentetramin). Umgekehrt wird Methenamin in saurer Lösung wieder zu Formaldehyd und Ammonium-Ionen gespalten [vgl. **MC-Fragen Nr. 650, 653, 654, 764**].

In Pharmakopöen sind folgende Identitätsprüfungen auf Formaldehyd üblich [vgl. **MC-Fragen Nr. 647, 649–659**]:

(a) Chromotropsäure-Reaktion: Eine schwefelsaure Formaldehyd-Prüflösung färbt sich auf Zusatz von Chromotropsäure-Lösung *blau* bis *rotviolett*. Zunächst kondensiert Formaldehyd mit Chromotropsäure in ortho-Stellung zum phenolischen Hydroxyl. Im nachfolgenden Schritt wirkt Schwefelsäure als Oxidationsmittel und es entsteht vermutlich ein mesomeriestabilisiertes 3,4,5,6-Dibenzoxanthylium-Ion. Die Farbreaktion mit Chromotropsäure ist weitgehend *spezifisch* für Formaldehyd und kann auch zu dessen kolorimetrischer Bestimmung dienen [vgl. **MC-Fragen Nr. 611, 650–654, 658, 659, 812**].

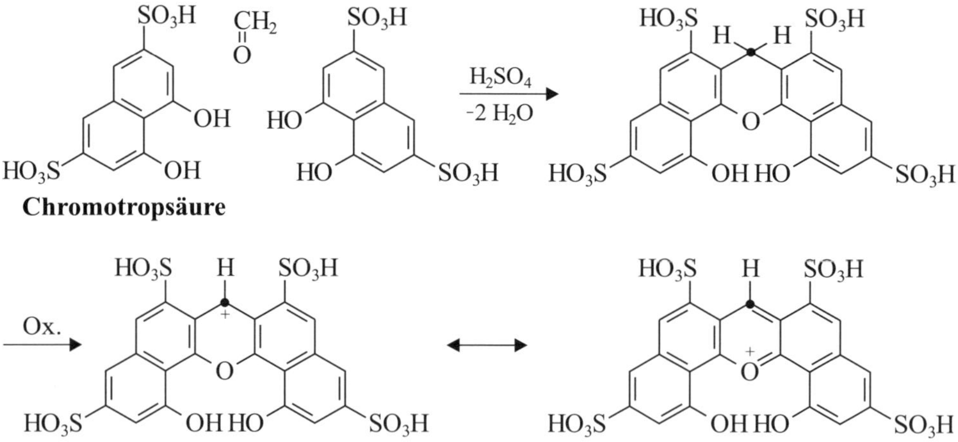

Chromotropsäure

(b) Marquis-Reaktion: Nach dem allgemeinen Prinzip

Phenol/Aldehyd/wasserentziehende Säure

gibt Formaldehyd in Gegenwart von konzentrierten Säuren nicht nur mit Chromotropsäure sondern auch mit zahlreichen anderen Phenolen farbige Reaktionsprodukte. So bildet sich mit **Salicylsäure** ein *tiefroter*, mit **Guajacol** ein *violetter* und mit **Morphin** ein *blauvioletter* Farbstoff. Der klassische *Morphin-Nachweis,* die Marquis-Reaktion, führt zu einem Kondensationsprodukt, das aus je zwei Molekülen Morphin (über C-1 und C-2 verknüpft) und Formaldehyd unter nachfolgender Oxidation gebildet wird.

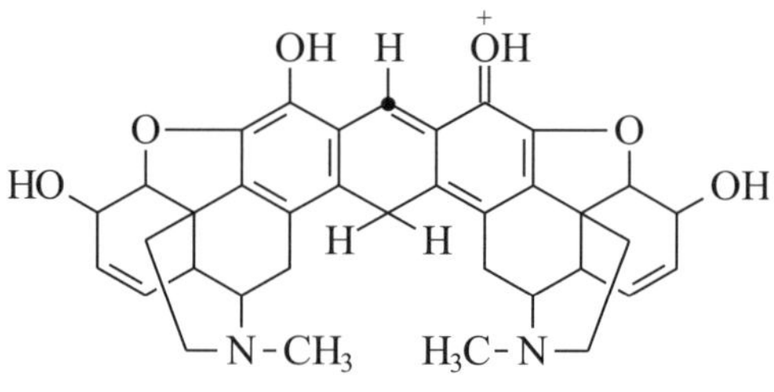

(c) Fällung mit Dimedon: Ein Derivat des Dihydroresorcins, das 5,5-Dimethyl-cyclohexan-1,3-dion (*Dimedon*), ist ein empfindliches Reagenz zur gravimetrischen Bestimmung von Formaldehyd [vgl. **MC-Fragen Nr. 651, 652, 821**].

Dimedon

(d) Formazan-Bildung: Eine Methode, die auch zum *Methanol-Nachweis in Ethanol* dient, ist die Umsetzung mit Phenylhydrazin in Anwesenheit von Kaliumhexacyanoferrat(III). Nach Oxidation des Methanols zu Formaldehyd kondensiert die Carbonylverbindung mit Phenylhydrazin zum Phenylhydrazon. Parallel dazu wird überschüssiges Phenylhydrazin vom Hexacyanoferrat(III) zum Diazoniumsalz oxidiert, das anschließend mit dem Phenylhydrazon zum *roten 1,5-Diphenylformazan* kuppelt.

$$H_2C{=}O + H_2N{-}NH{-}C_6H_5 \xrightarrow{-\,H_2O} H_2C{=}N{-}NH{-}C_6H_5$$

Phenylhydrazin **Phenylhydrazon**

$$C_6H_5{-}NH{-}NH_2 \xrightarrow{+\,[Fe(CN)_6]^{3-}} C_6H_5{-}N_2^+$$

Benzendiazonium-Ion

$$C_6H_5{-}N_2^+ + H_2C{=}N{-}NH{-}C_6H_5 \rightarrow C_6H_5{-}NH{-}N{=}CH{-}N{=}N{-}C_6H_5$$

1,5-Diphenylformazan

Ph.Eur. lässt dagegen in den Ethanol-Monographien gaschromatographisch auf Methanol als Verunreinigung prüfen.

(e) Oxidationsreaktionen: Formaldehyd reduziert eine ammoniakalische Silbernitrat-Lösung zu metallischem Silber und wird dabei selbst zu Formiat oxidiert *(Tollens-Reaktion)*. Darüber hinaus scheidet Formaldehyd aus einer alkalischen Kupfer(II)-tartrat-Lösung *(Fehling-Lösung)* gelbes Kupfer(I)-oxid (Cu_2O) ab. Auch eine alkalische Iod-Lösung oxidiert Formaldehyd quantitativ zu Formiat ($HCOO^-$). Als Oxidationsmittel fungiert das in alkalischer Lösung gebildete Hypoiodit (IO^-) [siehe auch Ehlers, **Analytik II**, Kapitel 7.2.3.5 und **MC-Fragen Nr. 650, 653, 654**].

(f) Imidazol-Bildung: Aus Formaldehyd-Lösungen scheidet sich beim Versetzen mit 1,2-Dianilinoethan allmählich 1,3-Diphenyltetrahydroimidazol ab, das bei Fp = 126 °C schmilzt.

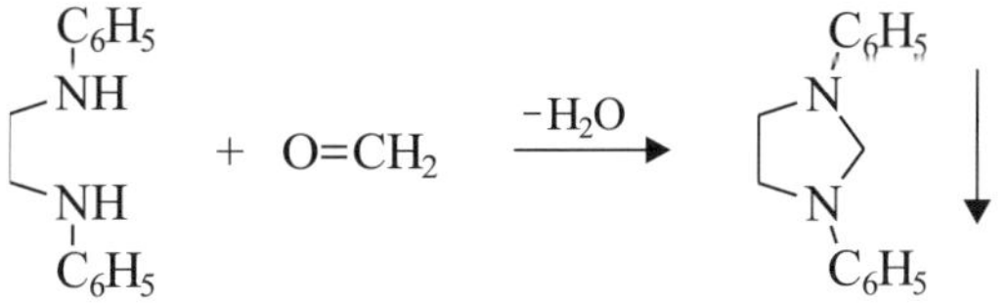

1,2-Dianilinoethan

(g) Hantzsch-Reaktion: Zum Nachweis von Formaldehyd kann auch die Umsetzung mit Acetylaceton in Gegenwart von Ammonium-Ionen (*Nash-Reagenz*) herangezogen werden. Dabei bildet sich als *gelbes* Kondensationsprodukt *3,5-Diacetyl-1,4-dihydrolutidin*, das photometrisch erfasst wird. Die Reaktion ist eine der Methoden zur Grenzprüfung auf „*Freier Formaldehyd*". Im entstehenden Dihydropyridin-Derivat liegt ein kurzkettiges *Merocyanin* (vinyloges Carbonsäureamid) [-HN-C=C-C=O-} vor. Als vinyloges Amid bezeichnet man ein Strukturelement, in dem die Säureamid-Funktion (-CONH-) durch konjugierte C=C-Doppelbindungen [-CO-(C=C)$_n$-NH-] voneinander getrennt sind [siehe auch Kapitel 3.5.4.6 und **MC-Fragen Nr. 647, 650–652, 655–657, 846**].

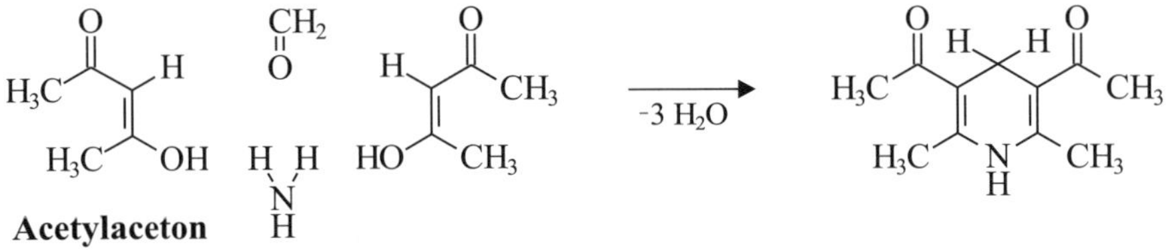

Acetylaceton

(h) Probe von Deniges: Formaldehyd ergibt mit *Schiff-Reagenz* (*Fuchsin-Schweflige Säure*) einen roten Triarylmethan-Farbstoff. Die Reaktion diente früher zur *Grenzprüfung auf Methanol*, die heute gaschromatographisch durchgeführt wird [vgl. **MC-Fragen Nr. 636, 650–654, 795**].

Fuchsin (1), ein Triphenylmethan-Farbstoff, ist ein Gemisch (R = –H, –CH_3) tiefrot gefärbter Salze. Durch Anlagerung von Hydrogensulfit-Ionen (HSO_3^-) bildet sich eine farblose, zwitterionische Sulfonsäure (2), die von überschüssigem Hydrogensulfit zum Monokation (3) bzw. zum Dikation (4) protoniert werden kann. Das Verschwinden der Farbe ist darauf zurückzuführen, dass mit der Hydrogensulfit-Anlagerung das zentrale C-Atom aus einer sp^2- in eine sp^3-Hybridisierung übergeht. Bei Zugabe eines Aldehyds (R'–CH=O), beispielsweise **Formaldehyd** (R'=H) oder **Acetaldehyd** (R'=CH_3), bilden sich in einer *Mannich-Reaktion* aus den Verbindungen (2) und (3) α-Aminosulfonsäuren (5). Infolge des starken -I-Effektes der SO_3-Gruppe ist die Basizität der Aminogruppen in (5) um ca. 4 pK-

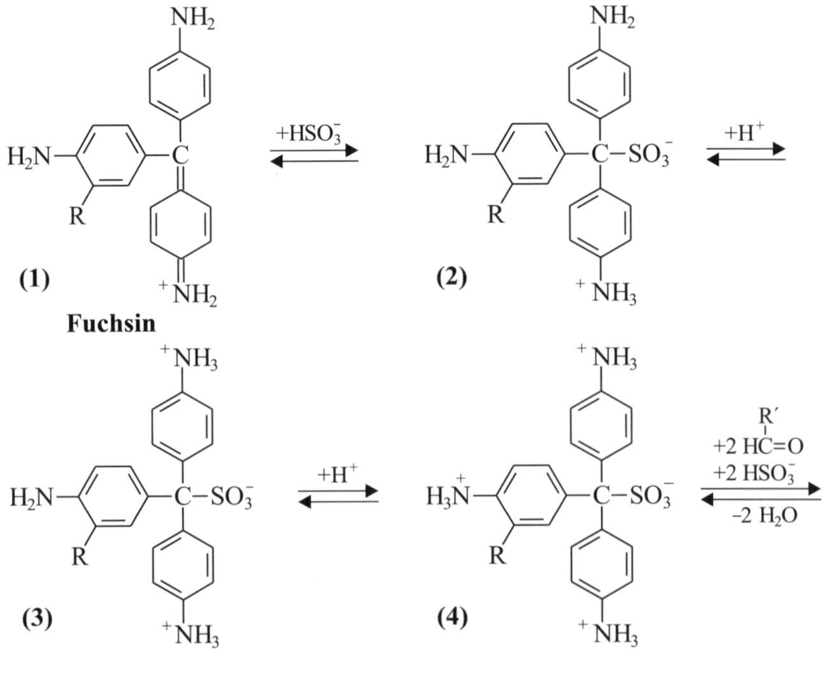

(1) **Fuchsin** (2) (3) (4)

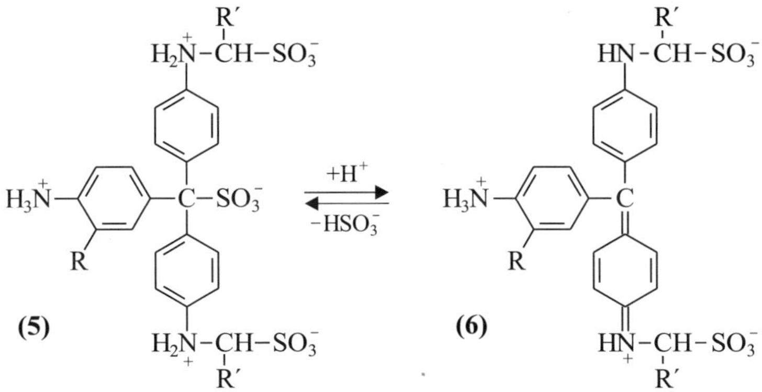

(5) (6)

R`;R = H;CH_3

Einheiten geringer als die der Aminogruppen in (2). Deshalb erfolgt eine rasche Deprotonierung und Abspaltung von Sulfit unter Bildung des *roten* mesomeriestabilisierten Kations (6).

Die oben beschriebenen Nachweisreaktionen von Formaldehyd, insbesondere die Chromotropsäure-Reaktion und die Hantzsch-Synthese mit dem Nash-Reagenz, können auch zur Identitätsprüfung von Wirkstoffen genutzt werden, bei deren Hydrolyse *Formaldehyd freigesetzt* wird. Beispiele hierfür sind: **Hexetidin, Hydrochlorothiazid, Metamizol, Methenamin** und **Primidon.** In den nachfolgend vorgestellten Formeln sind die Methylengruppen, aus denen beim hydrolytischen Abbau Formaldehyd entsteht, durch einen Pfeil gekennzeichnet [vgl. **MC-Frage Nr. 660**].

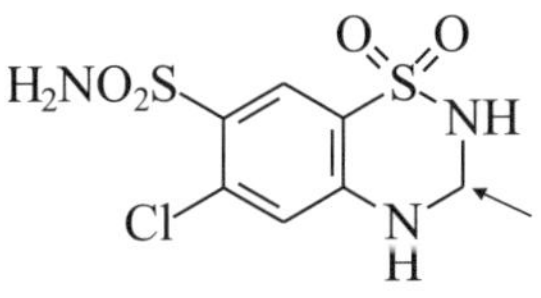

Hydrochlorothiazid

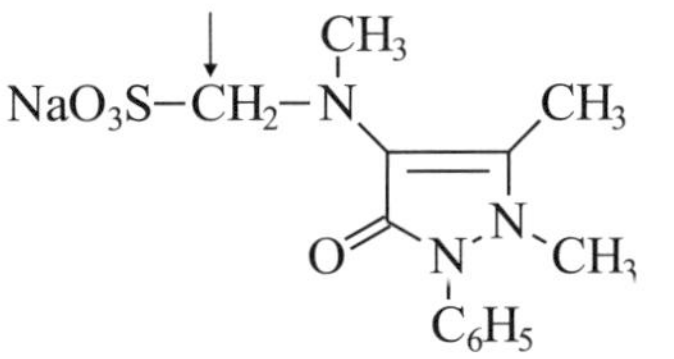

Metamizol

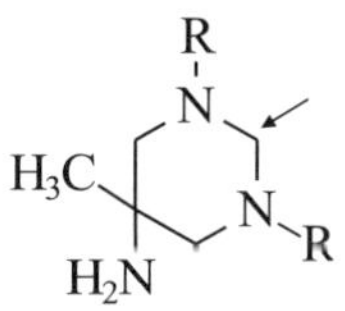

Hexetidin

$R = -CH_2-CH(C_2H_5)-(CH_2)_3-CH_3$

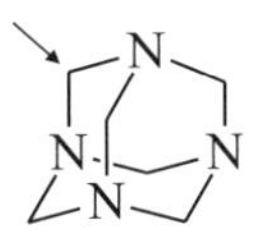

Methenamin

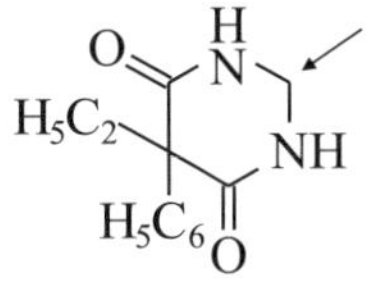

Primidon

Darüber hinaus lässt sich Formaldehyd aus verschiedenen Aminosäuren auch auf *oxidativem* Wege freisetzen. Zum Beispiel wird **Glycin** mit Natriumhypochlorit oxidativ zu Formaldehyd abgebaut, wobei die instabile *Iminoessigsäure* als Zwischenstufe durchlaufen wird.

$$H_2N-CH_2-COOH + ClO^- \xrightarrow{-HO^-} Cl-NH-CH_2-COOH \xrightarrow{-HCl}$$

Glycin

$$HN=CH-COOH \xrightarrow{+H_2O} \mathbf{CH_2=O} + NH_3\uparrow + CO_2\uparrow$$

Iminoessigsäure

Serin lässt sich aufgrund seiner Aminoalkohol-Struktur durch Periodat oxidativ spalten (*Malaprade-Reaktion*), wobei Formaldehyd und Glyoxylsäureimin entstehen. Letzteres hydrolysiert zu Glyoxylsäure und Ammoniak.

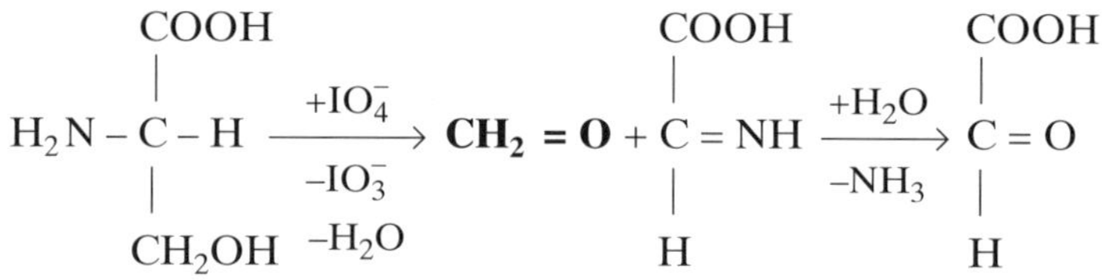

Serin **Glyoxylsäure**

In analoger Weise reagiert **Threonin** mit Periodat unter Bildung von Glyoxylsäure und **Acetaldehyd** ($CH_3-CH=O$).

$$CH_3-CHOH-CHNH_2-COOH \xrightarrow{(IO_4^-)} CH_3-CH=O + NH_3\uparrow + O=CH-COOH$$

- **Paraldehyd (2,4,6-Trimethyl-1,3,5-trioxan) (Ph. Eur.)**

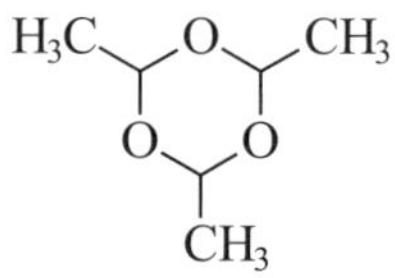

Paraldehyd (Kp = 124 °C; Fp = 12,6 °C), das cyclische Trimer des Acetaldehyds, ist eine farblose Flüssigkeit mit aromatischem Geruch. Die Verbindung ist löslich in Wasser und mischbar mit Ethanol, Ether und Chloroform. Aufgrund seiner Acetalstruktur zeigt Paraldehyd keine der für Aldehyde charakteristischen Reaktionen. Beim Erhitzen mit Mineralsäuren bzw. durch Thermolyse tritt aber Depolymerisation zu **Acetaldehyd** ein, der nachgewiesen werden kann durch:

- die Tollens-Probe (siehe voran stehender Abschnitt),
- die Legal-Probe (siehe nachfolgender Abschnitt),
- eine positive Simon-Awe-Reaktion (siehe Kapitel 3.5.3.5),
- mit Fehling-Lösung (siehe voran stehender Abschnitt),
- eine positive Iodoform-Probe (siehe voran stehender Abschnitt),
- die Farbreaktion mit Guajacol (siehe Kapitel 3.5.3.17, *Lactat-Nachweis*).
- die Bildung des Oxims mit Hydroxylaminhydrochlorid, die auch zur *quantitativen* Bestimmung von Acetaldehyd genutzt werden kann (siehe Ehlers, **Analytik II**, Kapitel 6.2.4.1 „*Oxim-Titration*").

Das Arzneibuch nutzt die Acetaldehyd-Freisetzung indirekt auch zum *Ethanol-Nachweis* sowie als Identitätsprüfung auf *Ethylester*. Beispielsweise kann man **Benzocain** (4-Aminobenzoesäureethylester) verseifen, das gebildete Ethanol mit einer Chrom(VI)-Verbindung zu Acetaldehyd oxidieren und diesen anschließend mithilfe der Simon-Awe-Reaktion nachweisen.

- **Chloralhydrat (Trichloracetaldehydhydrat, 2,2,2-Trichlor-ethan-1,1-diol) [Cl_3C-$CH(OH)_2$] (Ph.Eur.)**

Chloralhydrat wird von konzentrierten Alkalihydroxid-Lösungen in Formiat ($HCOO^-$) und Chloroform ($HCCl_3$) gespalten. Letzteres kann an seinem Geruch erkannt oder durch Umsetzung mit *Anilin* als *Phenylisonitril* identifiziert werden.

$$Cl_3C - CH(OH)_2 + HO^- \longrightarrow H_2O + HCOO^- + HCCl_3$$

$$HCCl_3 + HO^- \xrightarrow{-H_2O} \underset{\textbf{Dichlorcarben}}{CCl_2} \xrightarrow{+C_6H_5-NH_2} \underset{\textbf{Phenylisonitril}}{C_6H_5 - \overset{+}{N} \equiv C|^-}$$

Darüber hinaus bildet Chloralhydrat mit Natriumsulfid-Lösungen *braunrot* gefärbte Produkte, deren Bildungsweg noch nicht endgültig gesichert ist.

- **Vanillin (3-Methoxy-4-hydroxybenzaldehyd) (Ph. Eur.)**

Als phenyloge Ameisensäure besitzt Vanillin einen pK_s-Wert von 4,7 und ist somit stärker sauer als Phenol. Zur seiner Prüfung auf Identität lässt das Arzneibuch die Schmelztemperatur bestimmen und das IR-Spektrum aufnehmen. Darüber hinaus sind als Nachweisreaktionen von Vanillin geeignet:

(a) Oxidation zu Dehydrodivanillin: Vanillin bildet aufgrund seines phenolischen Hydroxyls mit $FeCl_3$-Lösung in der Kälte den typischen *blauen* Farbkomplex, der aber beim Erhitzen nach *graubraun* umschlägt. Hierbei erfolgt durch Oxidation mit Fe(III) die Bildung von **Dehydrodivanillin**, das beim Abkühlen ausfällt und bei Fp = 302–305 °C schmilzt.

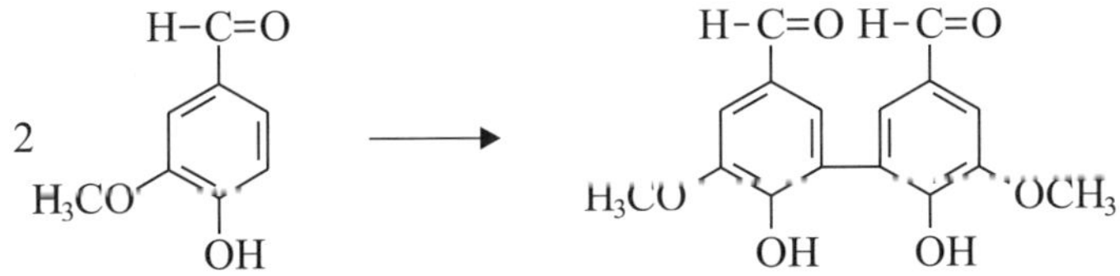

Vanillin **Dehydrodivanillin**

(b) Kondensationsreaktionen: Vanillin kondensiert als Carbonylverbindung in saurer Lösung mit **Phloroglucin** zu einem *roten* Diphenylmethan- oder Triphenylmethan-Farbstoff. Auch das daraus durch Wasserabspaltung entstehende Xanthylium-Ion wird als farbgebende Komponente diskutiert.

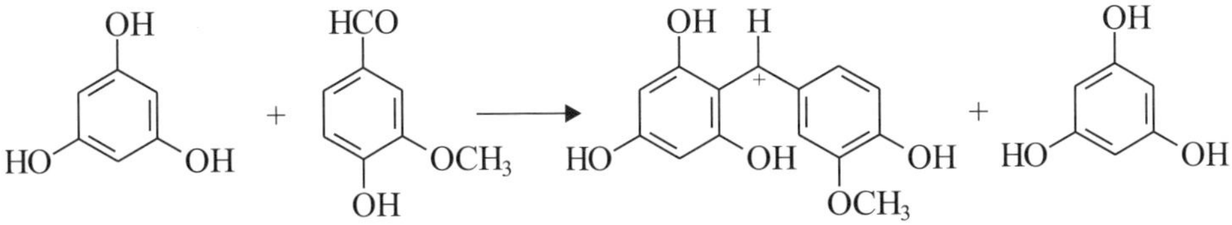

Phloroglucin

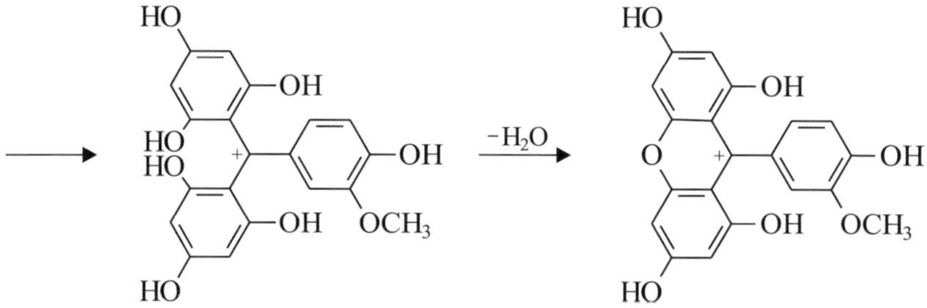

Xanthylium-Ion

Die Kondensation von Vanillin mit *Aceton* wird nachfolgend vorgestellt und die Umsetzung von Vanillin mit *Isonicotinsäurehydrazid* wird im Kapitel 3.5.3.14 beschrieben. Des Weiteren reagiert Vanillin als aromatische Carbonylverbindung (Ar-CH=O) mit den üblichen Stickstoff-Nucleophilen wie z. B. 2,4-Dinitrophenylhydrazin zu den in Ziffer (3) genannten Kondensationsprodukten [vgl. **MC-Frage Nr. 649**].

- **Aceton (Dimethylketon) [CH_3–CO–CH_3] (Ph. Eur.)**

Aceton, eine farblose, leicht bewegliche Flüssigkeit (Kp = 56,2 °C), ist mit Wasser, Chloroform, Ethanol, Diethylether und Petroläther in jedem Verhältnis mischbar, bildet aber mit Wasser *kein* azeotropes Gemisch. Aceton reagiert als Keton mit den üblichen Stickstoff-Nucleophilen zu kristallinen Derivaten mit charakteristischem Schmelzpunkt wie z. B. das 2,4-Dinitrophenylhydrazon, das bei 126 °C schmilzt. Darüber hinaus nutzen die Arzneibücher folgende Identitätsprüfungen [vgl. **MC-Fragen Nr. 649, 661, 662**]:

(a) Iodoform-Probe: Aceton bildet mit Hypoiodit (I_2/HO^-) Iodoform (CHI_3) und Acetat (CH_3COO^-).

$$H_3C-\underset{\underset{O}{\|}}{C}-CH_3 \xrightarrow[-3\,HO^-]{+3\,IO^-} I_3C-\underset{\underset{O}{\|}}{C}-CH_3 \xrightarrow{+HO^-} I_3C-H\downarrow + {}^-OOC-CH_3$$

Aceton **Triiodaceton** **Iodoform** **Acetat**

(b) Legal-Probe: Das aus Aceton und Alkalihydroxid-Lösung gebildete Carbanion reagiert mit der N=O-Gruppe im Pentacyanonitrosylferrat(II)-Anion – einer heteroanalogen Carbonylgruppe – in einer aldolartigen Reaktion zu einem *roten* Farbstoff, der zu einem *violetten* Folgeprodukt protoniert werden kann [vgl. **MC-Fragen Nr. 648, 792**].

$$H_3C-\underset{\underset{O}{\|}}{C}-CH_3 \xrightarrow[-H_2O]{+HO^-} H_3C-\underset{\underset{O}{\|}}{C}-\bar{\underline{C}}H_2 + [Fe(CN)_5NO]^{2-} \xrightarrow{-H^+}$$

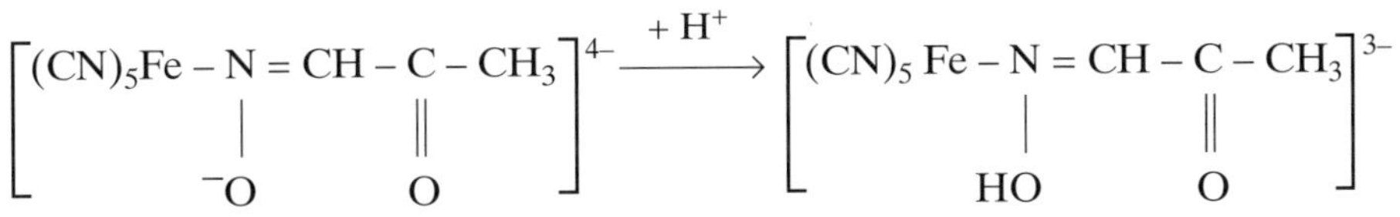

Durch die Anlagerung des Carbanions ändert sich die Ligandenfeldstärke der ursprünglichen Nitroso-Gruppe, was mit einer Veränderung der Lichtabsorption des Eisenkomplexes einhergeht. Die alkalische Hydrolyse bei 40 °C zerstört den Komplex unter Bildung von *Nitrosoaceton*, das zu *Isonitrosoaceton* tautomerisiert.

$$O{=}N{-}CH_2{-}CO{-}CH_3 \rightleftharpoons HO{-}N{=}CH{-}CO{-}CH_3$$

Nitrosoaceton **Isonitrosoaceton**

Die Legal-Probe ist *nicht spezifisch* für Aceton, sondern wird von allen Substanzen mit *aktiven Methyl- oder Methylengruppen* hinreichender CH-Acidität gegeben (Acetaldehyd, Acrolein, Hexosen, einige Heterocyclen, Methylketone u. a. m.). Der Farbumschlag beim Ansäuern erfolgt jedoch meistens nur bei Ketonen, während bei Aldehyden die Färbung auf Säurezusatz verblasst [vgl. **MC-Frage Nr. 789**].

Die Reaktion wird auch zum *Nachweis von Citraten* verwendet, die sich zu *Acetondicarbonsäure* oxideren lassen. Letztere decarboxyliert in situ zu Aceton und kann wie oben beschrieben nachgewiesen werden (siehe hierzu Kapitel 3.5.3.17).

(c) Zimmermann-Reaktion: Setzt man Aceton mit Natriumhydroxid-Lösung und *m-Dinitrobenzen* um, so entsteht eine *rotviolette* Färbung, die beim Stehenlassen an der Luft rotbraun wird. Mit 1,3-Dinitrobenzen bildet das Carbanion des Acetons einen violett gefärbten σ-Komplex vom Typ der *Meisenheimer-Salze* (Janovski-Produkt). Durch Luft oder einen Überschuss an Polynitroaromaten entstehen daraus *rotbraune* Oxidationsprodukte, darunter wahrscheinlich auch die **Zimmermann-Verbindung** (siehe auch nachfolgendes Kapitel 3.5.3.13).

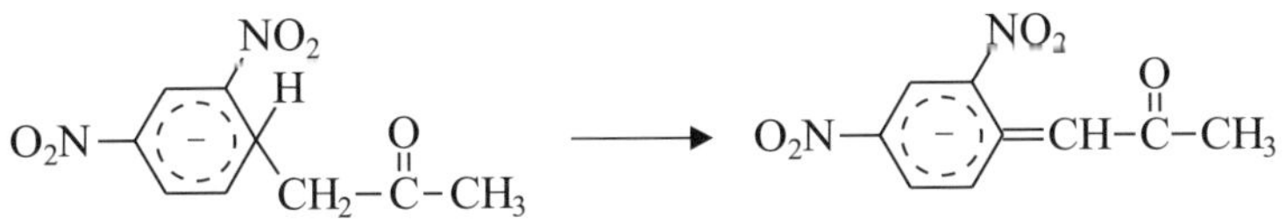

Janovski-Produkt **Zimmermann-Produkt**

(d) Bildung eines Quecksilbersalzes: Aceton bildet in alkalischer Lösung mit Quecksilber(II)-sulfat ($HgSO_4$) oder Kaliumquecksilbertetraiodomercurat(II), $K_2[HgI_4]$, einen schwer löslichen, *weißen* Niederschlag, vermutlich der Zusammensetzung $[Hg(CH_2COCH_3)_2]$.

(e) Kondensationsreaktionen: Mit **Vanillin** kondensiert Aceton in alkalischer Lösung in einer aldolähnlichen Reaktion zu einem mesomeriestabilisierten Anion nachfolgender Struktur:

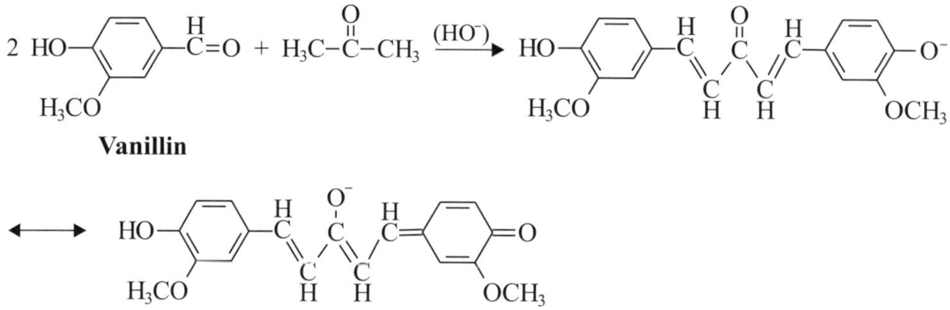

Vanillin

(f) Zur Umsetzung von Aceton mit **o-Nitrobenzaldehyd** zu **Indigo** siehe Kapitel 3.5.3.17.

• **Butan-2-on (Ethylmethylketon) [CH_3CH_2-CO-CH_3]**
Butanon ist eine etherisch riechende Flüssigkeit (Kp = 79,6 °C) und wird seit 1982 *Ethanol* in einer Konzentration von 0,75 Vol% zu dessen vollständiger *Vergällung* zugesetzt. Zu seinem Nachweis können folgende Reaktionen herangezogen werden:

(a) Nachweis als Dimethylglyoxim: Bei der Nitrosierung von Butan-2-on mit Amylnitrit tautomerisiert die zunächst gebildete Nitrosoverbindung zur Isonitrosoverbindung (Oxim). Das entstandene Diacetylmonoxim wird anschließend in alkalischer Lösung mit Hydroxylaminhydrochlorid in **Dimethylglyoxim** umgewandelt, das sich mit Ni(II)-Ionen als flockig ausfallender, *roter* Niederschlag identifizieren lässt (siehe Kapitel 2.3.2.10). Die Methode ist sehr empfindlich und erlaubt Konzentrationen bis zu 0,005 % an Butan-2-on nachzuweisen.

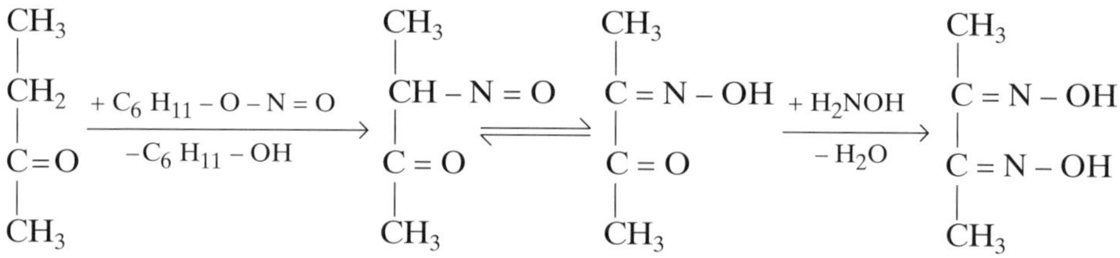

Dimethylglyoxim

(b) Iodoform-Reaktion: Butan-2-on ergibt eine positive Iodoform-Probe unter Bildung von Propionat [vgl. **MC-Frage Nr. 661**].

$$CH_3\text{-CO-}CH_2CH_3 \rightarrow I_3CH + CH_3CH_2\text{-}COO^-$$

Butan-2-on **Propionat**

Darüber hinaus kann Butan-2-on auch durch die Herstellung schwer löslicher, kristalliner Derivate identifiziert werden, wie sie für die C=O-Doppelbindung typisch sind.

3.5.3.12 Nachweis von Ketolen (α-Ketoalkohole)

α-Ketoalkohole, wie sie in Glucocorticoiden auftreten, stehen mit ihrer Endiol-Form in einem tautomeren Gleichgewicht und besitzen reduzierende Eigenschaften; sie können zu 1,2-Dicarbonylverbindungen oxidiert werden.

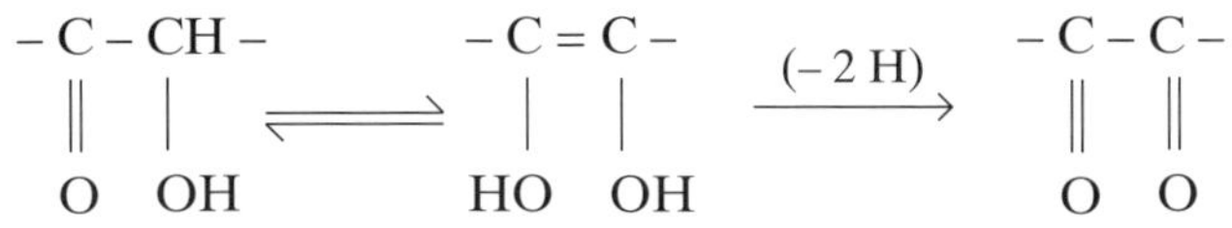

Ketol **Endiol** **Diketon**

Zum Nachweis der Ketolstruktur eignen sich folgende Reaktionen [vgl. **MC-Fragen Nr. 649, 665–667, 796, 819**]:

(1) TTC-Reaktion: Die TTC-Reaktion beruht auf der Reduktion von farblosem Triphenyltetrazoliumchlorid (TTC) zum *roten* **Triphenylformazan** (TF). Als Reduktionsmittel dienen Ketole (R–CO–CH_2OH) wie **Betamethason** oder **Hydrocortison.**

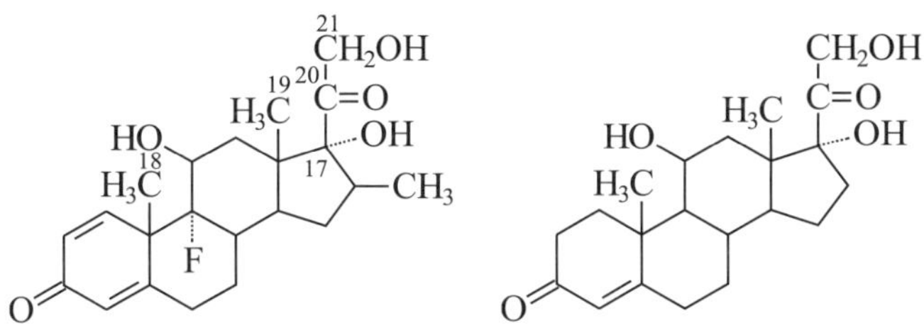

Betamethason **Hydrocortison**

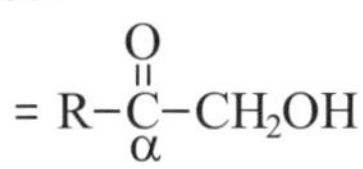

Während der Reaktion wird das Ketol zum α-Oxoaldehyd dehydriert, der aber unter den alkalischen Reaktionsbedingungen spontan eine intramolekulare Cannizzaro-Reaktion zur α-Hydroxycarbonsäure eingeht. Als Dehydrierungsmittel (Oxidationsmittel) fungiert TTC.

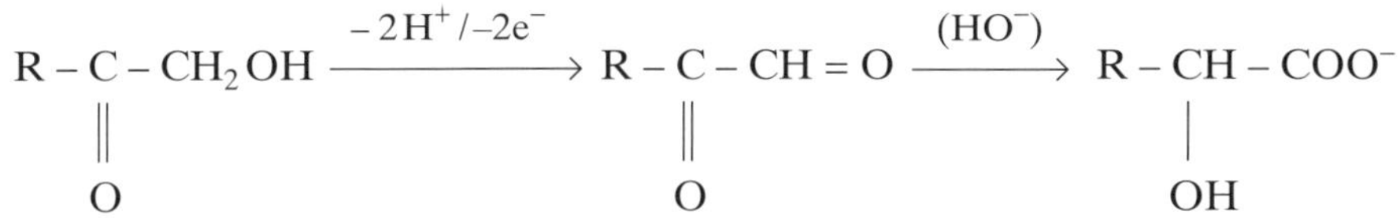

α-Ketol **α-Oxoaldehyd** **α-Hydroxycarboxylat**

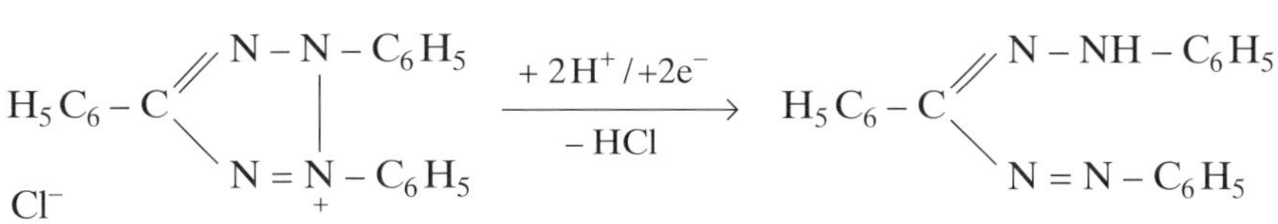

TTC **TF**

Die Nachweis-Methode wird stark beeinflusst durch eine Reihe äußerer Faktoren wie z. B. Licht (Photolabilität des TTC), Sauerstoff, Temperatur, Änderung in der Reihenfolge der Reagenzienzugabe sowie Veränderungen der Reaktionszeit. Vorteile bietet die Verwendung von **Tetrazolblau**, das unter den angewandten Reaktionsbedingungen weniger lichtempfindlich ist.

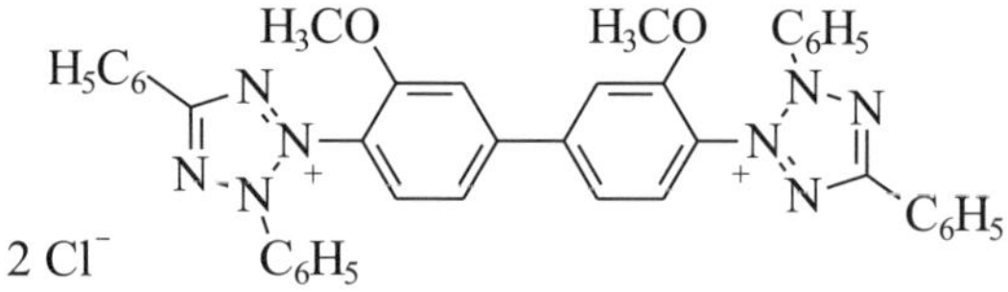

Tetrazolblau

(2) Porter-Silver-Reaktion: Spezifisch für 17,21-Dihydroxy-20-ketosteroide ist ferner, dass sie beim Erhitzen ihrer ethanolischen Lösung mit Phenylhydrazin/ H_2SO_4 eine intramolekulare Reduktion erleiden. Dabei liefert die Enolisierung des Ketols mit nachfolgender Wasserabspaltung zunächst einen Enolaldehyd (a), der zum α-Ketoaldehyd (b) tautomerisiert und sich anschließend mit Phenylhydrazin zum gelben 17-Deoxy-21-phenylhydrazon (c) umsetzt, das bei λ = 410–420 nm ein charakteristisches Absorptionsmaximum besitzt.

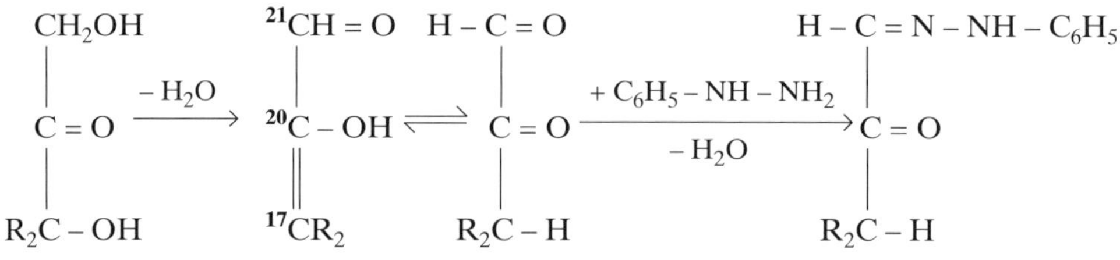

Steroid **(a)** **(b)** **(c)**

(3) Tollens-Probe: Ketole der allgemeinen Formel R^{17}-CO-CH_2OH, wie sie z. B. im **Cortison** oder **Prednison** vorliegen, reduzieren ammoniakalische Silbernitrat-Lösung zu elementarem Silber. Weiterhin zeigen solche Steroide aufgrund ihrer En-on-Struktur (C=C-C=O) im Ring A des Steroid-Gerüstes ein charakteristisches Absorptionsmaximum bei etwa λ = 240 nm [vgl. **MC-Fragen Nr. 769, 770**].

3.5.3.13 Aktivierte Methylgruppen und Methylengruppen

(1) Zimmermann-Reaktion: Zum Nachweis aktivierter Methyl- und Methylenverbindungen eignet sich nach Arzneibuch vor allem die Umsetzung mit aromatischen Polynitroverbindungen im alkalischen Milieu. Bei der Identifizierung *herzwirksamer Glykoside* spricht man je nach dem verwendeten Reagenz von:

- **Kedde-Reaktion** mit 3,5-Dinitrobenzoesäure
- **Baljet-Reaktion** mit Pikrinsäure
- **Raymond-Reaktion** mit 1,3-Dinitrobenzen

All diesen Reaktionen ist gemeinsam, dass sich im reversiblen ersten Schritt aus dem *Carbanion* einer CH-aciden Verbindung und dem Polynitroaromaten ein σ-Komplex (*Meisenheimer-Salz*), das sog. **Janovski-Produkt** bildet, das die hauptsächliche farbgebende Komponente darstellt. Daraus entsteht in irreversibler Reaktion infolge Oxidation durch den überschüssigen Nitroaromaten das sog. **Zimmermann-Produkt**, wobei die Nitrogruppe des Reagenzes zum Hydroxylamin reduziert wird. Oxidation tritt auch ein, wenn man das Janovski-Produkt längere Zeit an der Luft stehen lässt.

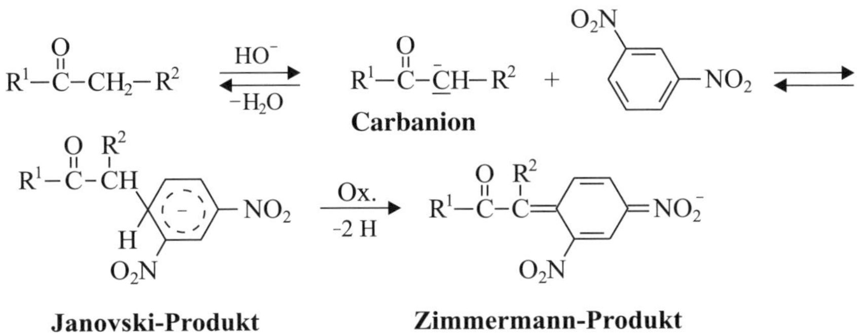

Die Zimmermann-Reaktion wird in den Pharmakopöen zur Identifizierung von Cardenoliden, 17-Ketosteroiden und Morphin-Abkömmlingen mit einer Ketofunktion genutzt.

In den **Cardenoliden** wie **Digitoxin** oder **Digoxin** besitzt der α,β-ungesättigte Lactonring eine aktivierte Methylengruppe und reagiert mit Polynitroaromaten nach folgendem Schema [vgl. **MC-Frage Nr. 670**]:

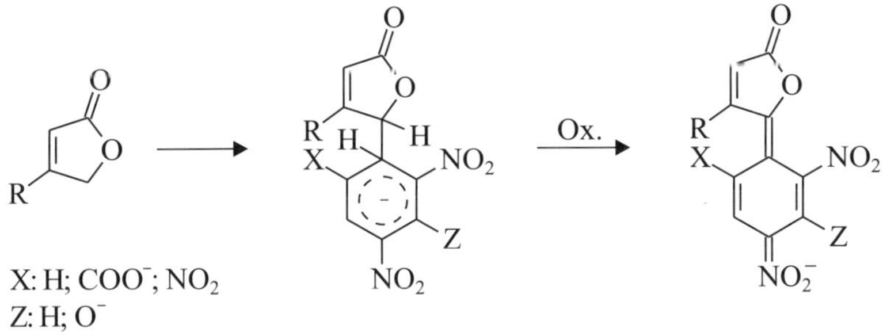

Als weitere Beispiele zum Nachweis aktivierter Methylengruppen seien **Hydromorphon**, **Oxycodon** und **Methadon** genannt. Die Positionen in diesen Molekülen, in denen im alkalischen Milieu Carbanion-Bildung erfolgt, sind durch einen Pfeil markiert.

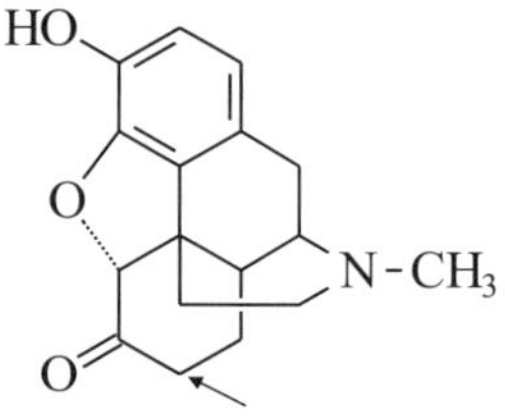

Hydromorphon

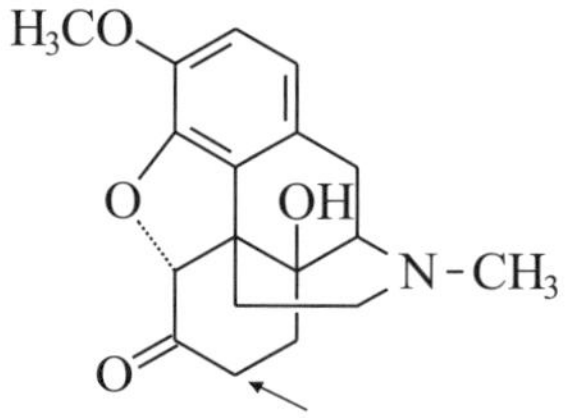

Oxycodon

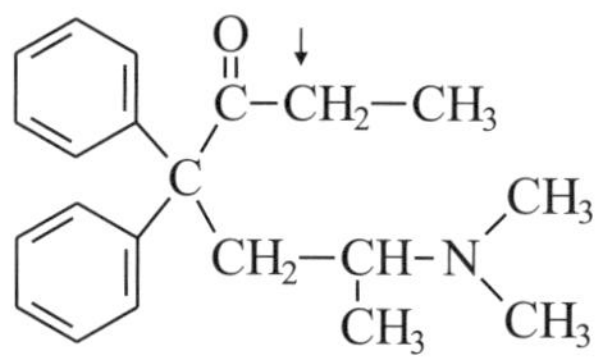

Methadon

Darüber hinaus nutzt *Ph. Eur.* die Zimmermann-Reaktion noch als Gruppennachweis der Butyrophenon-Teilstruktur, wie sie z. B. im **Benperidol, Bromperidol, Droperidol** und **Haloperidol** enthalten ist. Die aktivierte Methylengruppe ist in der nachfolgenden Formel wiederum durch einen Pfeil gekennzeichnet.

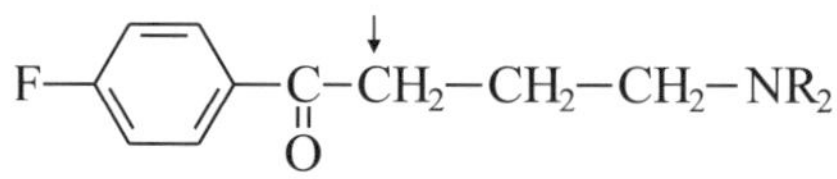

Butyrophenon-Derivat

Durch Variationen in der Reaktionsführung gelingt es, das Prinzip der Zimmermann-Reaktion auch zum Nachweis nitrierbarer aromatischer Strukturen bzw. zum Nitrat-Nachweis zu nutzen. Aceton dient im Allgemeinen als CH-acide Komponente [siehe auch Kapitel 2.2.3.18 und **MC-Fragen Nr. 216–220**].

(a) Reaktion nach Canbäck: Durch Einwirkung von Nitriersäure wird der Phenylrest des **Methylphenobarbital** in Position 2 und 4 nitriert. Das 2,4-Dinitroprodukt wird in Aceton (= CH-acide Komponente) gelöst und mit Hydroxid-Ionen versetzt. Es bildet sich ein *rotes* Meisenheimer-Addukt, das wahrscheinlich auch zum Zimmermann-Produkt dehydriert wird. Noch unklar ist, warum die Reaktion bei *Phenobarbital negativ* verläuft.

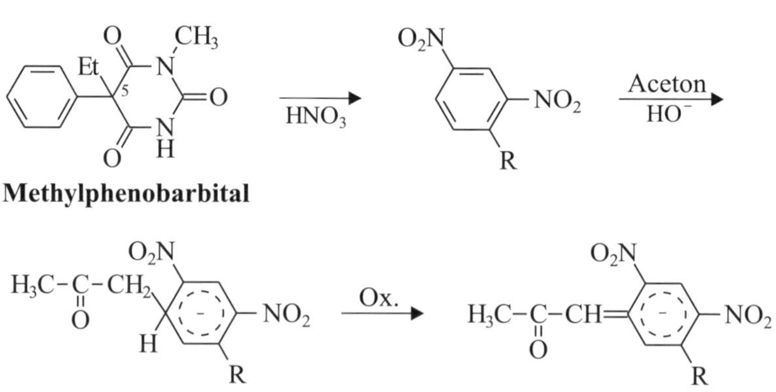

Methylphenobarbital

(b) Lidocain-Nachweis: Das Lokalanästhetikum **Lidocain** wird mit konz. HNO_3 in die 3,5-Dinitroverbindung umgewandelt. Diese bildet mit dem Carbanion des Acetons an C-4 einen *grünen* Meisenheimer-Komplex.

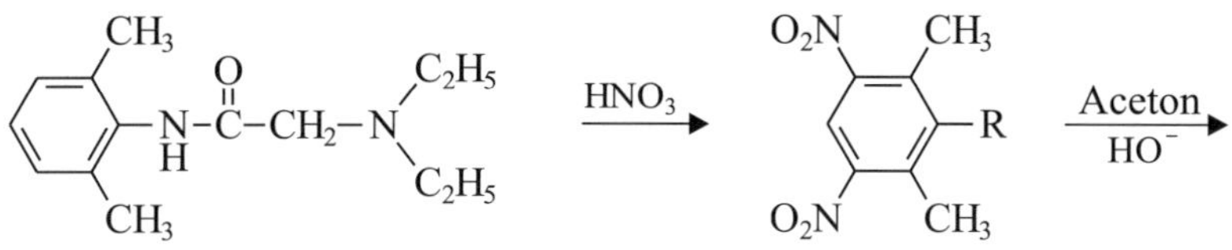

Lidocain

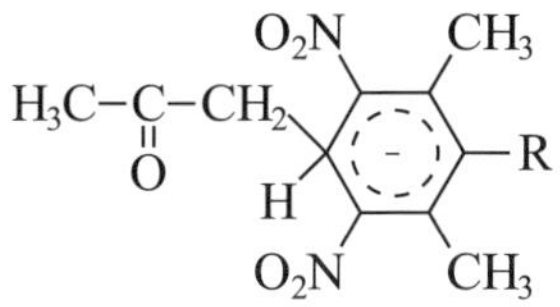

(c) Vitali-Morin-Reaktion: Bei der Nitrierung von **Tetracain** entsteht zunächst eine Trinitroverbindung, die mit dem Carbanion des Acetons zu einem *violett* gefärbten Meisenheimer-Addukt reagiert.

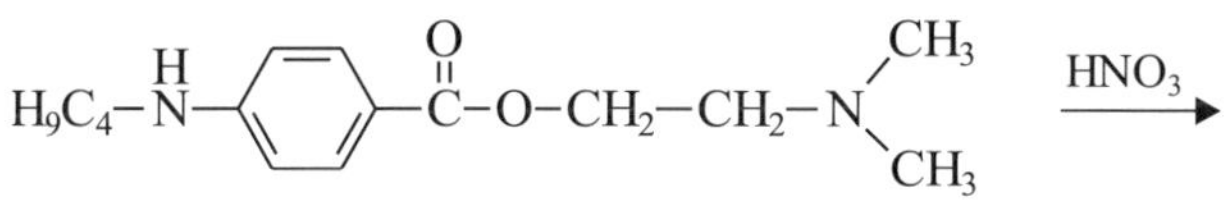

Tetracain

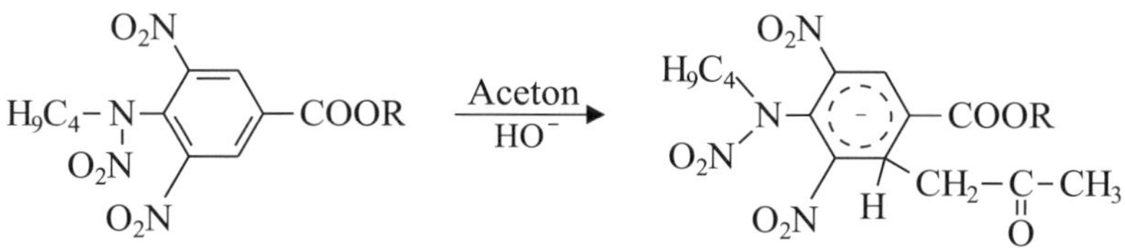

3.5.3.14 Nachweis von Aminen

Etwa drei Viertel aller aktuellen Wirkstoffe sind stickstoffhaltig und der überwiegende Teil davon sind Amine. Amine sind Derivate des Ammoniaks und besitzen wie Ammoniak eine *pyramidale* Struktur. Je nach der Anzahl der unmittelbar an das N-Atom gebundenen Alkyl- oder Arylreste unterscheidet man zwischen *primären, sekundären* und *tertiären Aminen*. Analytisch sinnvoll ist auch eine Unterteilung in *aliphatische* und *aromatische Amine*. Letztere enthalten mindestens einen Arylrest als Substituenten am Stickstoffatom.

R	R	R	H
|	|	|	|
H – N – H	H – N – R	R – N – R	Ar – N – H
prim. Amin	**sek. Amin**	**tert. Amin**	**prim. arom. Amin**

Primäre und sekundäre Amine, die über ein stickstoffständiges Wasserstoffatom verfügen, sind zur Ausbildung von Wasserstoffbrückenbindungen befähigt. Dies erklärt die gute Wasserlöslichkeit vieler Amine.

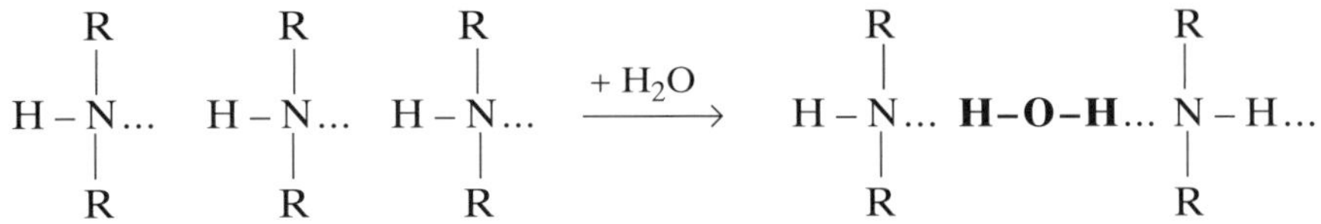

Das freie Elektronenpaar am N-Atom verleiht den Aminen einen basischen (nucleophilen) Charakter. *Alkylamine* sind aufgrund des +I-Effektes der Alkylgruppen stärkere Basen als Ammoniak, wobei in wässriger Lösung die Basenstärke in der Reihenfolge primäres, tertiäres und sekundäres Amin zunimmt. Die in Wasser im Vergleich zu sekundären Aminen geringere Basizität tertiärer Amine wird dadurch verursacht, dass die drei Alkylgruppen die Solvatation und die Protonierung sterisch behindern. In Lösungmitteln wie Chloroform oder Chlorbenzen, in denen keine H-Brückenbindungen möglich sind, korreliert die Basizität mit dem Alkylierungsgrad. *Arylamine* vom Typ des Anilins (C_6H_5-NH_2) sind aufgrund des –M-Effektes der Phenylgruppe schwächer basisch als ihre aliphatischen Analogen.

Zum allgemeinen Nachweis von Aminen können folgende Eigenschaften und Reaktionen beitragen:

(1) Basizität: Der basische Charakter von Aminen kann, sofern die Amine wasserlöslich sind, mithilfe von Indikatorpapieren aufgrund der alkalischen Reaktion erkannt werden. Die Basizität ist weiterhin nachweisbar durch Salzbildung mit Mineralsäuren wie Salzsäure. Darüber hinaus bilden Amine mit einer Reihe organischer Säuren wie Pikrinsäure oder 3,5-Dinitrobenzoesäure gut kristallisierende, schwer lösliche Salze.

$$R\text{–}NH_2 + Ar\text{–}COOH \rightarrow R\text{–}NH_3^+\ Ar\text{–}COO^- \downarrow$$

(2) Acylierung: Zur Herstellung kristalliner *Carbonsäureamide* werden für die Acylierung von Aminen häufig folgende Reagenzien eingesetzt [vgl. **MC-Fragen Nr. 599, 672**]:

- Acetanhydrid (CH_3–CO–O–CO–CH_3) bzw. Acetylchlorid (CH_3–COCl)
- Benzoylchlorid (C_6H_5–COCl) oder 3,5-Dinitrobenzoylchlorid
- 3-Nitrophthalsäureanhydrid.

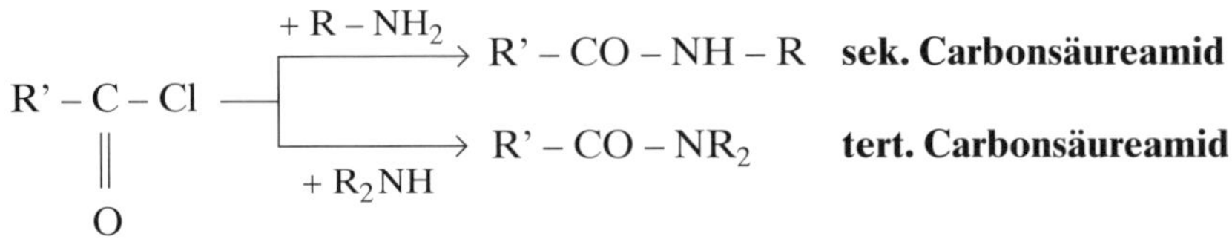

Beispielsweise lässt das Arzneibuch zur Identifizierung von **Amantadin** (1-Aminoadamantan) durch Umsetzung mit Acetanhydrid das N-Acetylderivat herstellen und **Ethylendiamin** (H_2N–CH_2–CH_2–NH_2) wird in die N,N'-Diacetylverbindung übergeführt. **Amfetamin** und **Piperazin** werden mit Benzoylchlorid zu den entsprechenden Benzamiden acyliert. Bei der Umsetzung von **Adenin** mit Propionsäureanhydrid entsteht N-6-Monopropionyladenin. Die jeweils gebildeten Amid-Derivate werden durch ihren Schmelzpunkt charakterisiert.

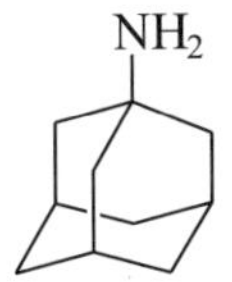 ; 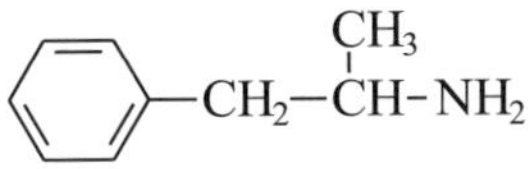 ;  ; 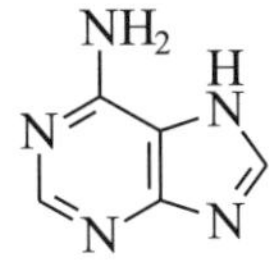

Amantadin **Amfetamin** **Piperazin** **Adenin**

Die Darstellung der Carbonsäureamide bietet aber *keine* Möglichkeit zur Unterscheidung zwischen primären (RNH_2) und sekundären Aminen (R_2NH), da die gebildeten Carbonsäureamide weitgehend ähnliche Löslichkeitseigenschaften besitzen. Tertiäre Amine werden nicht acyliert [vgl. **MC-Fragen Nr. 600, 601, 684–686**].

(3) Sulfonierung (Hinsberg-Trennung): Die Umsetzung von Aminen mit Benzen- oder Toluensulfonylchlorid ist eine wichtige Methode zur präparativen *Trennung* von primären, sekundären und tertiären Aminen [vgl. **MC-Fragen Nr. 673, 684, 685**].

Aus einem *primären Amin* und Benzensulfonsäurechlorid entsteht ein monosubstituiertes Sulfonamid, das als NH-acide Verbindung in wässriger Alkalihydroxid-Lösung löslich ist. Beim Ansäuern der alkalischen Lösung mit verdünnter HCl fällt das Sulfonamid wieder aus.

$$R{-}NH_2 + C_6H_5{-}SO_2{-}Cl \xrightarrow{-\,HCl} C_6H_5{-}SO_2{-}NH{-}R \xrightarrow{+\,NaOH/-H_2O}$$

$$[C_6H_5{-}SO_2{-}N{-}R]^- \, Na^+ \xrightarrow{+\,HCl/-\,NaCl} C_6H_5{-}SO_2{-}NH{-}R\downarrow$$

Sekundäre Amine bilden N,N-disubstituierte Sulfonamide, die in alkalischer Lösung *unlöslich* sind.

$$R_2NH + C_6H_5{-}SO_2{-}Cl \xrightarrow{-\,HCl} C_6H_5{-}SO_2{-}NR_2\downarrow \xrightarrow[/\!/]{+\,NaOH} \text{keine Reaktion}$$

Tertiäre Amine reagieren *nicht* und werden aus dem Ansatz mit verdünnter HCl als Hydrochloride ($R_3NH^+Cl^-$) abgetrennt.

(4) Alkylierung: Als Alkylierungsmittel verwendbar sind Benzylchlorid ($C_6H_5{-}CH_2Cl$) oder 4-Nitrobenzylchlorid. Auch die Umsetzung mit Methyliodid (CH_3I) hat sich bewährt. Sie dient vor allem zur Umwandlung von *tertiären Aminen* in quartäre Ammoniumiodide (*Methoiodide*).

$$R_3N + CH_3I \rightarrow R_3\overset{+}{N}{-}CH_3 \; I^-\downarrow \; \textbf{Methoiodid}$$

(5) Arylierung: Analytisch einsetzbare Arylierungsreagenzien für S_NAr-Reaktionen mit Aminen sind [vgl. **MC-Frage Nr. 686**]:

- 2,4-Dinitrochlorbenzen oder 2,4-Dinitrofluorbenzen (Sanger-Reagenz)
- 2,4,6-Trinitrochlorbenzen (Pikrylchlorid).

$$(O_2N)_2C_6H_3{-}Cl + R_2NH \rightarrow (O_2N)_2C_6H_3{-}NR_2 + HCl$$

(6) Kondensationsreaktionen: Additionsreaktionen von Aminen mit nachfolgender Kondensation werden vor allem mit Aldehyden, Ketonen und heteroanalogen Carbonylverbindungen durchgeführt. An wichtigen Reagenzien seien genannt:

- Benzaldehyd oder 4-Dimethylaminobenzaldehyd siehe (11)
- Ninhydrin (1,2,3-Indantrion) siehe Kapitel 3.5.3.21
- 2,5-Diethoxytetrahydrofuran siehe (9)
- 1,2-Naphthochinon-4-sulfonat (Folins-Reagenz) siehe (8)
- Phenylisocyanat oder Naphthylisocyanat siehe (6c)
- Salpetrige Säure siehe (6a)
- Dichlorcarben (Chloroform/Lauge) siehe (7)
- Kohlenstoffdisulfid (Schwefelkohlenstoff) siehe (6d).

(a) Verhalten gegenüber Salpetriger Säure: Die Umsetzung mit Salpetriger Säure (in situ hergestellt aus $NaNO_2/HCl$ oder CH_3COOH) bietet die Möglichkeit zur Differenzierung zwischen primären, sekundären und tertiären Aminen.

Primäre aromatische Amine werden in saurer Lösung mit Alkalinitriten diazotiert und können durch nachfolgende Kupplung der gebildeten Aryldiazonium-Ionen ($Ar\text{-}N_2^+$) mit aktivierten Aromaten wie z. B. *2-Naphthol* als farbige Azoverbindungen nachgewiesen werden [siehe auch *„Diazotierungs-Kupplungs-Reaktion"*, Ziffer (12) und **MC-Fragen Nr. 674, 679–682, 687–690**].

$$NO_2^- + 2\,H_3O^+ + Cl^- \rightarrow NOCl + 3\,H_2O$$
$$Ar{-}NH_2 + NOCl \rightarrow H_2O + Cl^- + Ar{-}N_2^+ \rightarrow \text{Azokupplung}$$

Primäre aliphatische Amine werden in der Kälte von Salpetriger Säure (HNO_2) zu Alkyldiazonium-Ionen ($R{-}CH_2{-}CH_2{-}N_2^+$) diazotiert. Diese sind aber unter den angewandten Reaktionsbedingungen instabil und spalten spontan Stickstoff ab unter Bildung von Carbenium-Ionen ($R{-}CH_2{-}CH_2^+$). Letztere reagieren nach einem S_N1- oder E1-Mechanismus spontan weiter zu Alkoholen und/oder Alkenen [vgl. **MC-Frage Nr. 684**].

$$R-CH_2-CH_2-NH_2 \xrightarrow{(HNO_2)} R-CH_2-CH_2-N_2^+ \xrightarrow{-N_2\uparrow}$$

$$R-CH_2-CH_2^+ \xrightarrow{+H_2O/-H^+} R-CH_2-CH_2OH \quad \textbf{Alkohol}$$

$$R-CH_2-CH_2^+ \xrightarrow{-H^+} R-CH=CH_2 \quad \textbf{Alken}$$

Die Reaktion kann in Form der **van-Slyke-Methode** zur quantitativen Bestimmung von NH_2-Gruppen genutzt werden, indem der freigesetzte *Stickstoff* aufgefangen und sein Volumen ermittelt wird. Das Arzneibuch nutzt das Verhalten primärer Amine gegenüber Salpetriger Säure beispielsweise bei der Identitätsprüfung von **Amantadin** (1-Aminoadamantan) durch eine Schmelzpunktbestimmung des entstehenden, schwer löslichen 1-Hydroxyadamantan (*Adamantol*).

Liegt ein *sekundäres Amin* vor, so bildet sich bei der Umsetzung mit HNO_2 ein in Wasser häufig schwer lösliches *gelbes Nitrosamin*, das leicht zum Hydrazin-Derivat reduziert und nachgewiesen werden kann.

$$R_2NH + HNO_2 \xrightarrow{-H_2O} \underset{\textbf{Nitrosamin}}{R_2N-N=O} \xrightarrow{\text{Red.}} \underset{\textbf{Hydrazin}}{R_2N-NH_2}$$

Zur Reduktion von N-Nitrosaminen hat sich besonders Zink in Eisessig bewährt. Die gebildeten Hydrazin-Derivate können anschließend durch Umsetzung mit p-Dimethylaminobenzaldehyd als *Hydrazon* identifiziert werden [vgl. **MC-Frage Nr. 698**].

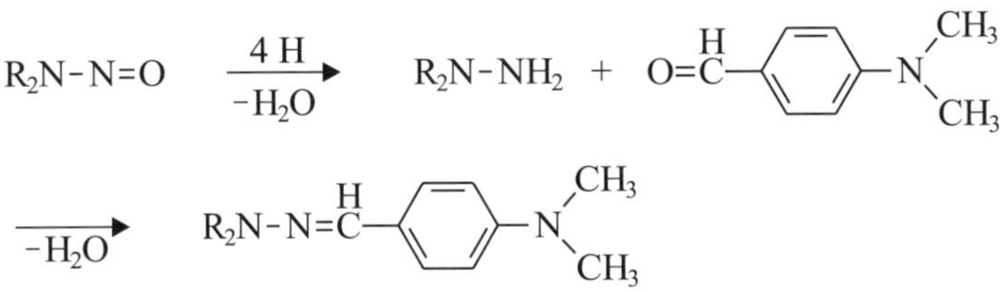

Tertiäre Amine reagieren normalerweise nicht mit HNO_2, jedoch reagieren *N,N-Dialkylaniline* durch elektrophile Substitution am aromatischen Strukturelement zu p-Nitrosoverbindungen, die sich beim Alkalisieren durch eine *grüne* Farbe zu erkennen geben.

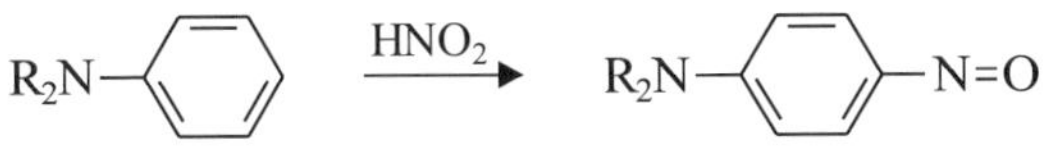

(b) Verhalten gegenüber Carbonylverbindungen: *Primäre Amine* bilden mit aromatischen Aldehyden wie p-Dimethylaminobenzaldehyd gefärbte *Azomethine* (*Schiffsche Basen*), *sekundäre Amine* bilden unter diesen Bedingungen *Aminale*. Die Umsetzung mit p-Dimethylaminobenzaldehyd wird nachfolgend noch detaillierter beschrieben [siehe Ziffer (11) und **MC-Fragen Nr. 674, 681, 684**].

$$Ar-CH=O \xrightarrow{+RNH_2} Ar-CH=N-R \quad \textbf{Azomethin}$$

$$Ar-CH=O \xrightarrow{+R_2NH} Ar-CH(NR_2)_2 \quad \textbf{Aminal}$$

(c) Bildung von Harnstoff-Derivaten: *Primäre* und *sekundäre Amine* addieren sich an Phenylisocyanat oder Naphthylisocyanat unter Bildung gut kristallisierender Harnstoff-Derivate [vgl. **MC-Fragen Nr. 672, 686**].

$$C_6H_5-NH-\underset{\underset{O}{\|}}{C}-NR_2 \xleftarrow{+R_2NH} \underset{\textbf{Phenylisocyanat}}{C_6H_5-N=C=O} \xrightarrow{+RNH_2} C_6H_5-NH-\underset{\underset{O}{\|}}{C}-NH-R$$

(d) Senföl-Reaktion: *Primäre Amine* reagieren mit Schwefelkohlenstoff (Kohlenstoffdisulfid) (CS_2) in alkalischer Lösung zu Dithiocarbaminaten, die anschließend mit Hg(II)-chlorid partiell entschwefelt werden unter Bildung widerlich riechender *Senföle* (Thiocyanate) (R–C=N=S) [vgl. **MC-Fragen Nr. 673–676, 686**].

$$2\,R-NH_2 + S=C=S \rightarrow \left[R-NH-\underset{\underset{S}{\|}}{C}-S^-\right][R-NH_3^+]$$

Dithiocarbaminat

$$[R-NH-CSS^-][R-NH_3^+] + HgCl_2 \rightarrow R-C=N=S + R-NH_2 + HgS\downarrow + 2\,HCl$$

Senföl

Sekundäre Amine reagieren zwar auch mit Schwefelkohlenstoff zu Dithiocarbaminaten, diese lassen sich aber *nicht* in Senföle umwandeln [vgl. **MC-Frage Nr. 676**].

$$2\,R_2NH + CS_2 \rightarrow [R_2N-CSS^-][R_2NH^+] \xrightarrow[\quad\not\quad]{+\,HgCl_2} \text{keine Reaktion}$$

Als weitere für **primäre Amine** *spezifische* Reaktionen seien genannt:

(7) Isonitril-Probe: Primäre Amine bilden mit Chloroform in alkalischer Lösung *Isonitrile*, die man an ihrem sehr intensiven, unangenehmen Geruch leicht erkennen kann. Bei der Reaktion entsteht aus $CHCl_3$ und der zugesetzten Lauge zunächst Dichlorcarben (CCl_2), das mit dem primären Amin, z. B. *Anilin*, zu einem Addukt reagiert, aus dem leicht durch HCl-Eliminierung das Isonitril gebildet wird [vgl. **MC-Fragen Nr. 671–674, 681, 684–686**].

$$CHCl_3 + HO^- \rightarrow CCl_2 + H_2O + Cl^-$$

$$C_6H_5-NH_2 + CCl_2 \rightarrow C_6H_5-N=CH-Cl + HCl$$

Anilin

$$C_6H_5-N=CH-Cl \rightarrow HCl + C_6H_5-\overset{+}{N}\equiv C\!l^-$$

Phenylisonitril

(8) Verhalten gegenüber Folins-Reagenz: Mit 1,2-Naphthochinon-4-natriumsulfonat reagieren primäre Amine unter Abspaltung von Natriumhydrogensulfit ($NaHSO_3$) und Bildung von farbigen *Chinoniminen* [vgl. **MC-Fragen Nr. 674, 677, 678, 685, 801**].

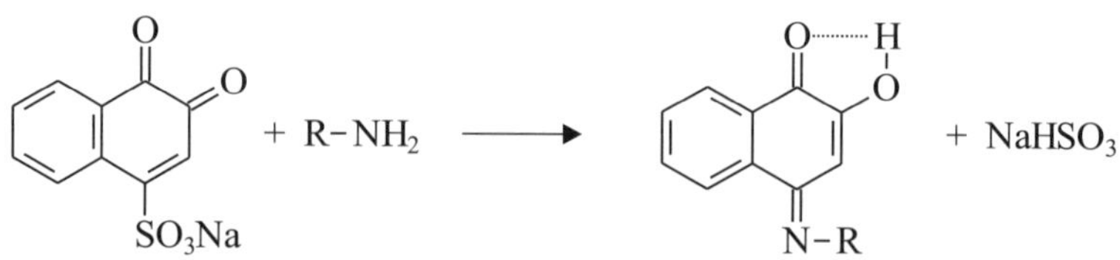

Im Arzneibuch wurde diese Methode früher zur Bestimnung von **Noradrenalin** (*Norepinephrin*) in **Adrenalin** (*Epinephrin*) genutzt. Als primäres Amin reagiert nur Noradrenalin mit Folins-Reagenz, während Adrenalin als sekundäres Amin nicht kondensiert. Da die Methode jedoch relativ unempfindlich ist, wurde sie in *Ph. Eur.* durch eine DC-Prüfung ersetzt. Darüber hinaus wird im Arzneibuch die *ortho-Diphenol-Struktur* (Brenzcatechin-Einheit) zur Identitätsprüfung von **Noradrenalin, Adrenalin** oder **Isoprenalin** herangezogen.

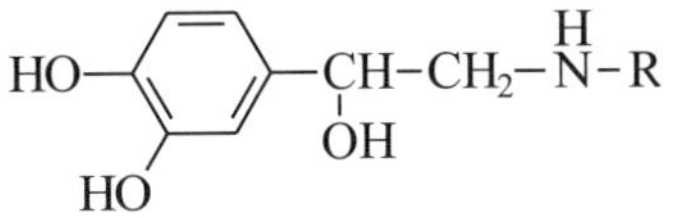

R = H	**Noradrenalin**
CH_3	**Adrenalin**
$CH(CH_3)_2$	**Isoprenalin**

Adrenochrom-Reaktion: Als ortho-Diphenol ist **Adrenalin** ein starkes Reduktionsmittel, das leicht von Luftsauerstoff, HNO_2, $K_3[Fe(CN)_6]$, HIO_3 oder Iod oxidiert wird. Dabei bilden sich zunächst Semichinon-Radikale, die zu *rotem* Adrenochrom (A) cyclisieren. Mit Iod entsteht in einer nachgeschalteten Reaktion *7-Iod-adrenochrom* (B) und **Methyldopa** wandelt sich schließlich in Methyldopachrom (C) um.

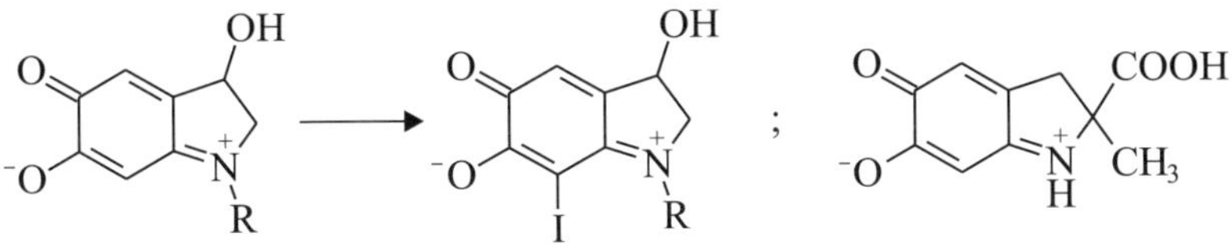

(A) **(B)** **(C)**

R: H; CH_3; $CH(CH_3)_2$

Die Reaktionsgeschwindigkeit ist stark pH-abhängig; **Adrenalin** reagiert bei pH = 3,6 bereits innerhalb weniger Minuten, Noradrenalin setzt sich dagegen erst bei pH = 6,6 mit vergleichbarer Geschwindigkeit um. Bei pH 3,6 erzeugt Noradrenalin nach einigen Minuten lediglich eine schwach rötliche Färbung.

Reaktion nach Arnow: Die Umsetzung von ortho-Diphenolen mit Natriumnitrit/Ammoniummolybdat-Reagenz führt unter elektrophiler Nitrosierung zum einem Arylnitroso-Derivat, das von Molybdat zu einem Nitrodiphenol oxidiert wird. Letzteres bildet im alkalischen Medium unter Deprotonierung ein *rot* gefärbtes, mesomeriestabilisiertes Anion, dessen langwelliges Absorptionsmaximum bei λ = 530 nm liegt.

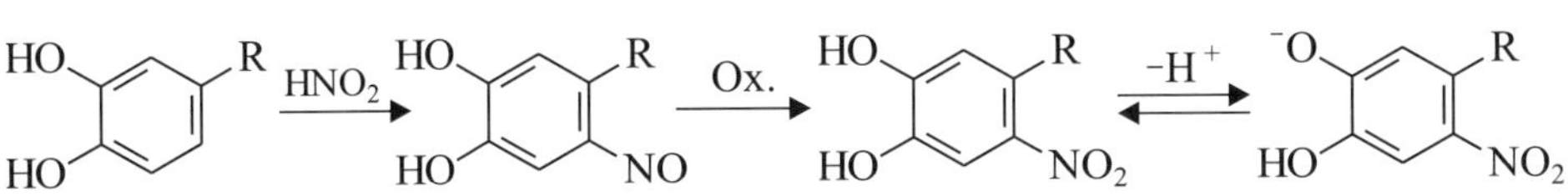

Ortho-Diphenole, welche die Reaktion nach Arnow eingehen, sind zum Beispiel **Dopamin, Levodopa** und **Methyldopa**, deren Strukturen nachfolgend vorgestellt werden.

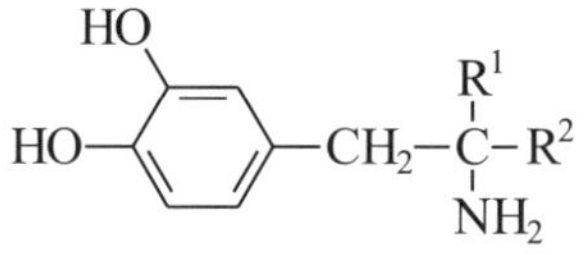

Wirkstoff	R^1	R^2
Dopamin	H	H
Levodopa	H	COOH
Methyldopa	CH_3	COOH

(9) Reaktion mit 2,5-Diethoxytetrahydrofuran: Im sauren Milieu wird 2,5-Diethoxytetrahydrofuran zu Succindialdehyd gespalten, der mit *primären Aminen* ein N-substituiertes *Pyrrol-Derivat* bildet. Letzteres kondensiert mit p-Dimethylaminobenzaldehyd zu einem *rotvioletten* Polymethinfarbstoff.

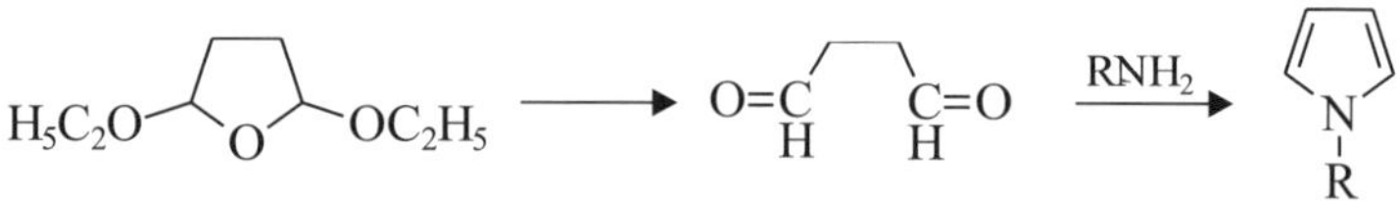

Man nutzt beispielsweise die Kondensationsreaktion mit 2,5-Diethoxytetrahydrofuran zur Unterscheidung von **Adrenalin** (**Epinephrin**) und **Noradrenalin** (**Norepinephrin**). Als sekundäres Amin reagiert Adrenalin *nicht*.

(10) Prüfung auf primäre aromatische Amine: Für die Identitätsprüfung primärer aromatischer Amine ($Ar–NH_2$) werden bevorzugt folgende Nachweisreaktionen angewandt:

(a) Reaktion mit 2-Naphthol: *Eine salzsaure Prüflösung wird mit Natriumnitrit-Lösung versetzt. Fügt man nach 1–2 Minuten 2-Naphthol-Lösung hinzu, so tritt eine intensive Orange- bis Rotfärbung und meistens auch ein gleichfarbener Niederschlag auf (Ph. Eur.).*

Primäre aromatische Amine werden in mineralsaurer Lösung durch die aus $NaNO_2$ freigesetzte Salpetrige Säure in ein Aryldiazoniumsalz übergeführt, das mit *2-Naphthol* (β-Naphthol) zu gefärbten Azoverbindungen kuppelt [vgl. **MC-Fragen Nr. 674, 679–683, 776, 779, 780, 782, 798, 808**].

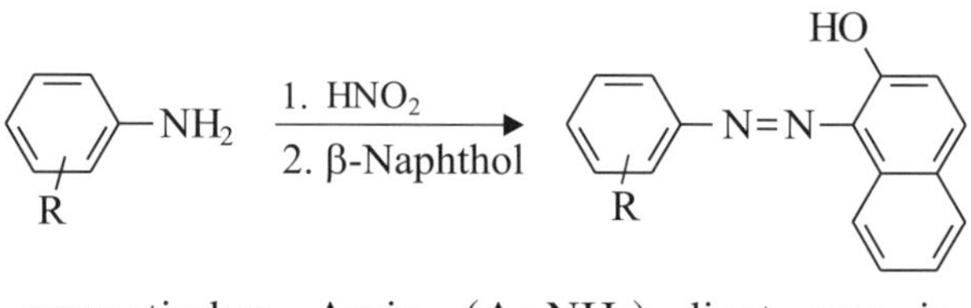

Ein primäres aromatisches Amin ($Ar-NH_2$) liegt vor in *Sulfonamiden* ($H_2N-C_6H_4-SO_2-NH-R$) wie **Sulfanilamid** und *p-Aminobenzoesäureestern* ($H_2N-C_6H_4-COOR$) wie **Benzocain** oder in *p-Aminosalicylsäure-Derivaten.* Darüber hinaus lassen sich viele *1,4-Benzodiazepine* wie **Diazepam** oder **Nitrazepam** mit Salzsäure in der Siedehitze zu 2-Aminobenzophenon-Derivaten spalten und somit indirekt als primäres aromatisches Amin nachweisen.

(b) Reaktion mit Ehrlich-Reagenz: *Wird ein primäres aromatisches Amin mit p-Dimethylaminobenzaldehyd-Lösung versetzt, so tritt eine Gelb- bis Orangefärbung auf.*

4-Dimethylaminobenzaldehyd (Ehrlich-Reagenz) kondensiert mit primären aromatischen Aminen zu gefärbten Iminen (Schiffsche Basen, Azomethine).

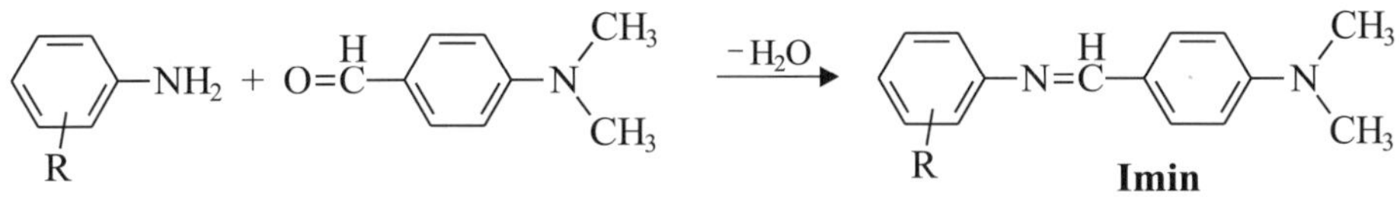

Imin

Die beiden, zur Identifizierung von primären aromatischen Aminen genutzten Reaktionen besitzen in der Wirkstoffanalytik einen breiten Anwendungsbereich und sollen deshalb in den folgenden Abschnitten nochmals detaillierter beschrieben werden.

(11) Reaktionen mit 4-Dimethylaminobenzaldehyd (Ehrlich-Reagenz): Die Kondensation von primären aromatischen Aminen mit Ehrlichs Reagenz zu gefärbten Azomethinen wird häufig zu Identitätsprüfungen von pharmazeutischen Wirkstoffen angewandt [vgl. **MC-Fragen Nr. 674, 692–700, 778, 782, 804, 834**].

Beispielsweise bildet sich bei der Umsetzung von **p-Aminosalicylsäure** mit dem Ehrlich-Reagenz folgendes Kondensationsprodukt.

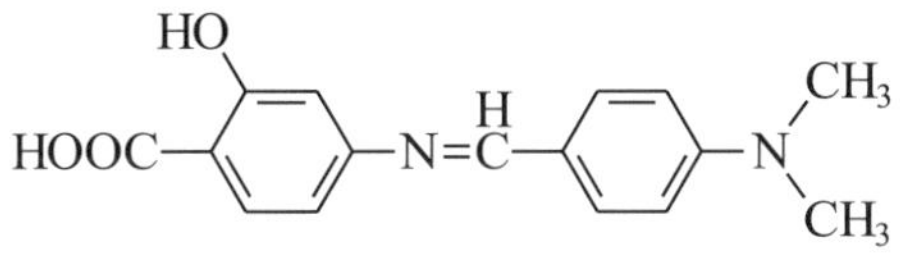

Positiv reagieren mit 4-Dimethylaminobenzaldehyd auch *p-Aminobenzoesäureester* wie **Benzocain** oder **Procain** sowie *Sulfonamide* wie **Sulfanilamid** (p-Aminobenzensulfonamid). In den nachfolgend vorgestellten Formeln dieser Wirkstoffe ist die reagierende NH_2-Gruppe durch einen Pfeil markiert.

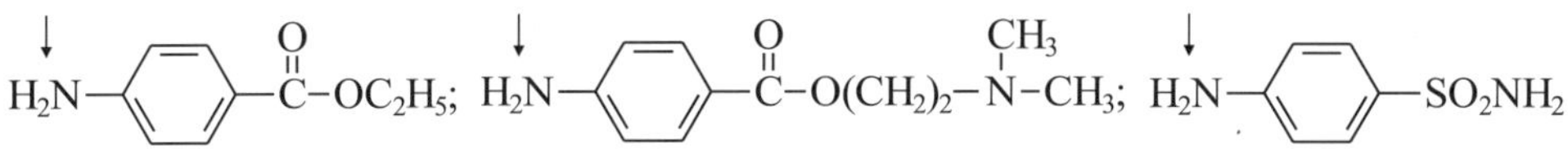

Benzocain **Procain** **Sulfanilamid**

Darüber hinaus nutzt das Arzneibuch die Kondensationsreaktion mit dem Ehrlich-Reagenz für Reinheitsprüfungen. Ein Beispiel hierfür ist der Nachweis von *2,6-Dimethylanilin*, das aufgrund des Herstellungsprozesses im **Lidocainhydrochlorid** enthalten sein kann.

Mit **Phenazon** ergibt p-Dimethylaminobenzaldehyd einen *roten* Farbstoff nachfolgender Konstitution.

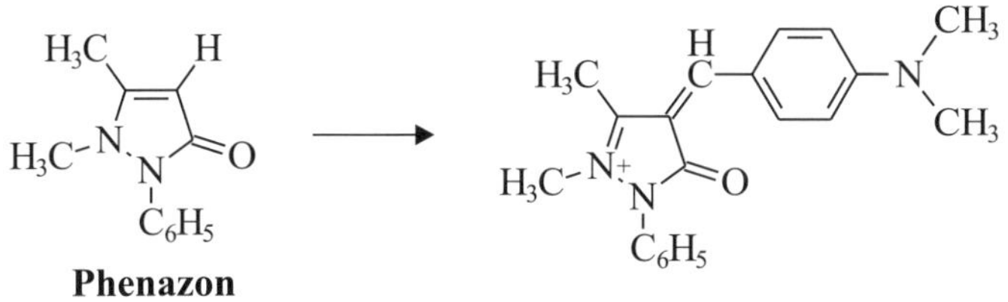

Phenazon

Die Reaktion mit dem Ehrlich-Reagenz kann auch zur Identifizierung von Substanzen herangezogen werden, aus denen sich erst durch eine vorgelagerte *Hydro-*

lyse primäre aromatische Amine abspalten lassen. Als Beispiel sei die Verseifung von **Furosemid** zu einem Anthranilsäure-Derivat genannt, das anschließend durch Umsetzung mit 4-Dimethylaminobenzaldehyd nachgewiesen wird.

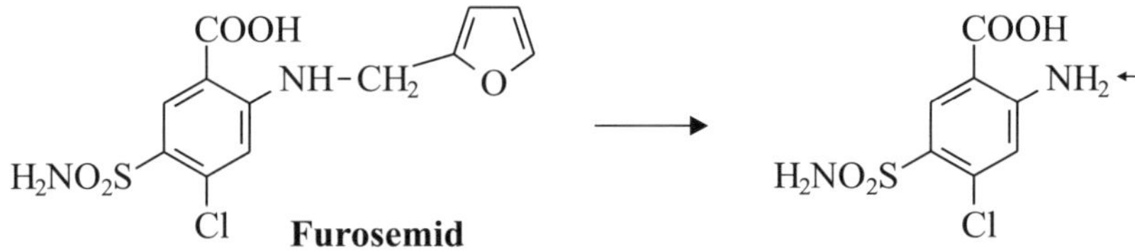

Furosemid

Mit monosubstituierten *Hydrazin-Derivaten* kondensiert das Ehrlich-Reagenz zu *Hydrazonen* und mit **Hydrazin** ($H_2N–NH_2$) selbst ergibt es ein *Azin* nachfolgender Struktur.

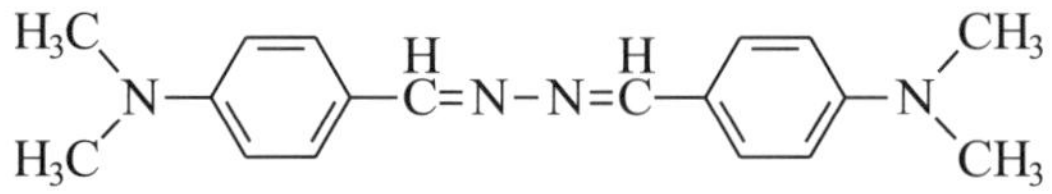

Zum Nachweis von Hydrazin als Verunreinigung wird beim **Dihydralazin** Benzaldehyd zur Kondensation eingesetzt, während das Arzneibuch bei der Grenzwertbestimmung von Hydrazin im **Hydralazin** Salicylaldehyd als Carbonylkomponente verwendet (siehe auch Kapitel 2.1.12).

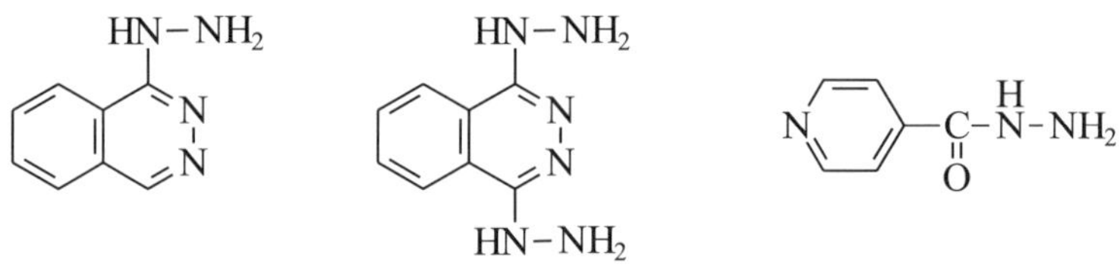

Hydralazin **Dihydralazin** **Isoniazid**

Die Bildung von *orangefarbenem* 4,4'-Bis(dimethylamino)-benzalazin, das bei der Reaktion von 4-Dimethylaminobenzaldehyd mit Hydrazin entsteht, dient dem Arzneibuch auch als Reinheitsprüfung von **Isoniazid** (Isonicotinsäurehydrazid, INH). Der Wirkstoff kann das *toxische Hydrazin*, dessen Gehalt zu begrenzen ist, aufgrund des Herstellungsprozesses oder infolge eines hydrolytischen Abbaus als Verunreinigung enthalten. Hydrazin wird dabei dünnschichtchromatographisch abgetrennt und direkt im UV-Licht bei $\lambda = 254$ nm oder nach Besprühen mit Ehrlich-Reagenz als *Hydrazon* analysiert. Auch Isoniazid reagiert mit Ehrlich-Reagenz zum Hydrazon, das jedoch einen anderen R_f-Wert besitzt und nur schwach *gelb* gefärbt ist [vgl. **MC-Frage Nr. 696**].

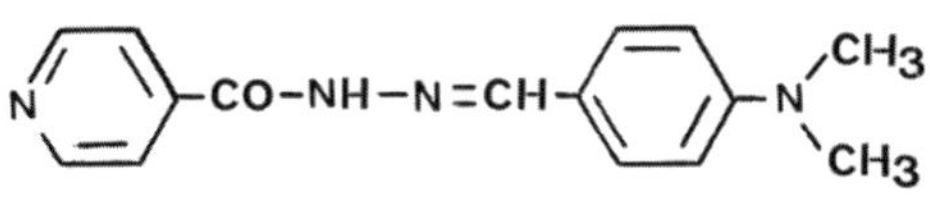

Darüber hinaus können neben der Aufnahme des IR-Spektrums folgende Reaktionen zur Prüfung auf Identität von **Isoniazid** beitragen [vgl. **MC-Fragen Nr. 633–635, 696, 786**]:

(a) Hydrazon-Bildung: Durch Umsetzung mit *Vanillin* (3-Methoxy-4-hydroxybenzaldehyd) entsteht aus INH ein schwer lösliches, *gelbes* Hydrazon, dessen Schmelzpunkt bei Fp = 226–231 °C liegt.

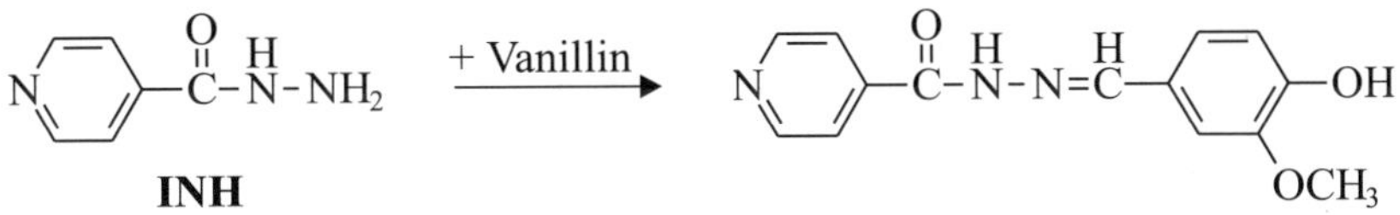

(b) Nucleophile Substitution: Die nucleophile Substitution des Chloratoms im 2,4-Dinitrochlorbenzen führt zu einem Dinitrophenyl-Derivat des Isoniazid, das im Alkalischen ein mesomeriestabilisiertes Anion bildet.

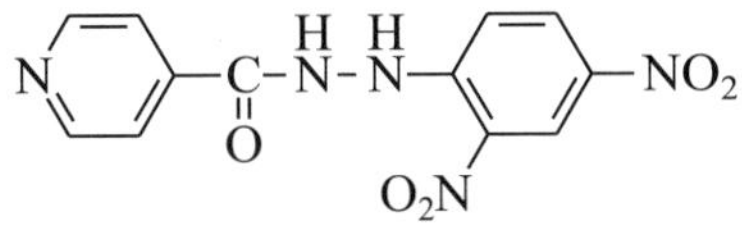

Die Reaktion von 4-Dimethylaminobenzaldehyd mit **Isopropanol** zu fulvenartigen Farbstoffen wurde bereits im Kapitel 3.5.3.5 vorgestellt.

Auch *CH-acide Verbindungen* kondensieren mit dem Ehrlich-Reagenz im Sinne einer Aldolreaktion. Ein Beispiel hierfür ist die Identitätsprüfung auf **Methaqualon**, bei der die acide Methylgruppe mit der Carbonylfunktion unter Ausbildung einer C=C-Doppelbindung reagiert. Es entsteht eine *orangerote* Färbung.

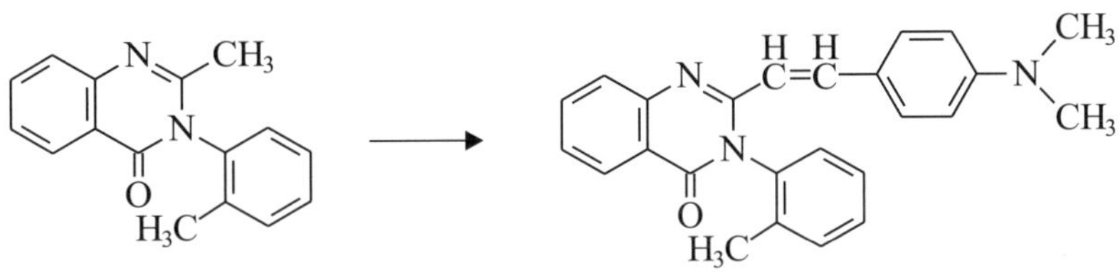

Methaqualon

van Urk-Reaktion: *Mutterkornalkaloide* wie **Ergometrin** oder **Ergotamin** geben als *Indol-Derivate* mit 4-Dimethylaminobenzaldehyd in Fe(III)-haltiger Schwefelsäure eine *Blaufärbung*. Das Reagenz greift am unsubstituierten C-2 an und es entstehen durch Kondensation mit nachfolgender Dehydrierung uneinheitliche Verbindungen vermutlich nachfolgenden Typs [vgl. **MC-Frage Nr. 700**]:

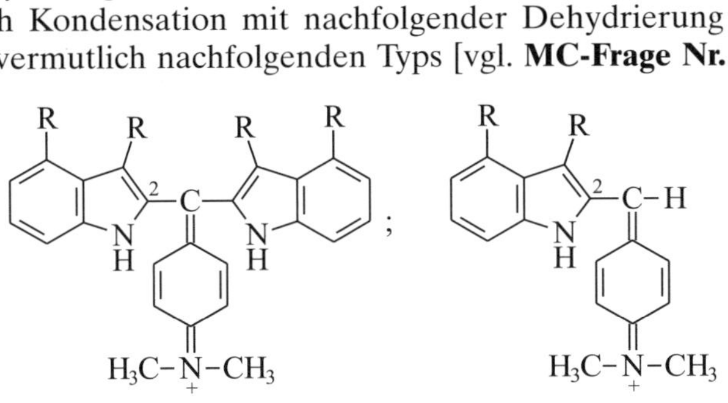

Bei freier Position 3 am Indolgerüst kann die Kondensation mit dem Ehrlich-Reagenz auch in dieser Stellung ablaufen.

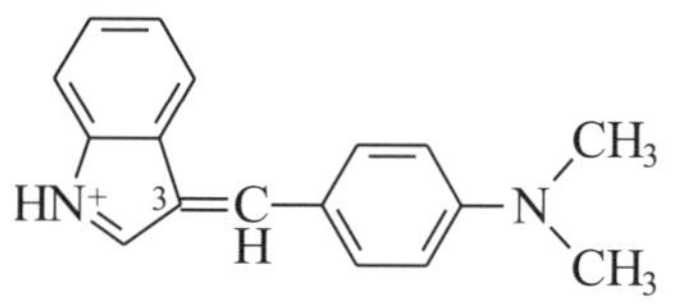

Sind beide Positionen an C-2 und C-3 besetzt, so erfolgt, wie im Falle des **Indometacin,** Substitution an C-6 unter Bildung von Diaryl- bzw. Triarylmethan-Farbstoffen. Dabei wird beim Indometacin in ethanolischer Lösung der p-Chlorbenzoyl-Rest als p-Chlorbenzoesäureethylester abgespalten.

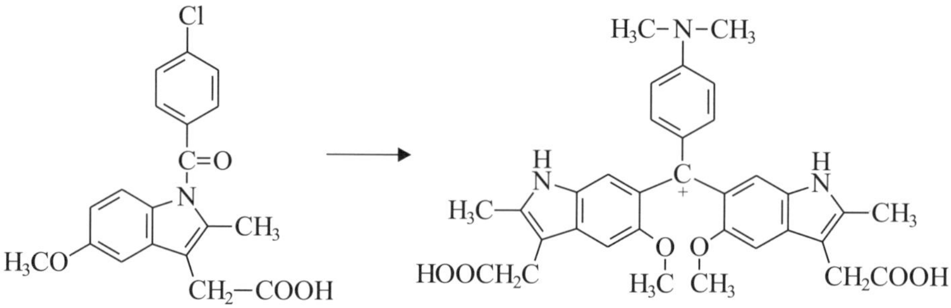

Indometacin

Auch bei **Reserpin,** einem Indolalkaloid, sind die Positionen C-2 und C-3 des Indolringes besetzt, sodass hier eine elektrophile Substitution des Aldehyds an C-10 des aromatischen Ringes im Reserpin-Molekül eintritt. Auch Phenol und Pyrrol reagieren als aktivierte Aromaten bzw. Heteroaromaten mit 4-Dimethylaminobenzaldehyd [vgl. **MC-Frage Nr. 700**].

(12) Diazotierungs-Kupplungs-Reaktion (Azokupplung): Die Herstellung charakteristisch gefärbter Azoverbindungen (Ar–N=N–Ar) ist eine wichtige Methode zum analytischen Nachweis von *Phenolen* (mit freier ortho- oder para-Stellung) und von *aromatischen Aminen.* Als Kupplungskomponente können auch *aktivierte Heteroaromaten* eingesetzt werden. Beispielsweise reagieren Imidazol-Derivate wie **Histamin** oder **Histidin** leicht mit Diazoniumsalzen zu Azoverbindungen. Im Allgemeinen wird zuerst die Position 2 und anschließend die 4-Stellung des Imidazolringes angegriffen. Darüber hinaus kann die Diazotierungs-Kupplungs-Reaktion auch zur Identifizierung von *Nitrit* genutzt werden.

Zur *Azokupplung* wird ein primäres aromatisches Amin ($Ar\text{-}NH_2$) als *Diazokomponente* mit Salpetriger Säure diazotiert. Das entstandene Diazonium-Ion ($Ar\text{-}N_2^+$) greift anschließend als Elektrophil den aktivierten Aromaten (Phenol, Amin) oder Heteroaromaten als *Kupplungskomponente* an unter Bildung der betreffenden Azoverbindung (Ar-N=N-Ar). Desaktivierte Aromaten wie z. B. 2-Naphthoesäureamid reagieren *nicht* als Kupplungskomponente [vgl. **MC-Fragen Nr. 608, 609, 611, 687–691**]:

$$NO_2^- + 2\,H_3O^+ + Cl^- \rightarrow NOCl + 3\,H_2O$$
$$Ar\text{–}NH_2 + NOCl \rightarrow Ar\text{–}N_2^+ + H_2O + Cl^-$$
$$Ar\text{–}N_2^+ + Ar'\text{–}X \rightarrow Ar\text{–}N{=}N\text{–}Ar'\text{–}X + (H^+)$$

Zum *Nachweis von Phenolen* setzt man diese meistens mit Diazobenzensulfonsäure (diazotierte Sulfanilsäure) in schwach alkalischem Milieu zu Azofarbstoffen um. Die Methode kann auch zum *Nachweis von Phenolestern* dienen, wenn diese zuvor verseift werden. Ein Beispiel hierfür ist die Identitätsprüfung von **Neostigminbromid**. Das quartäre Ammoniumsalz bildet bei der alkalischen Hydrolyse *3-Dimethylaminophenol*, das mit Diazobenzensulfonsäure unter Bildung eines *roten* Azofarbstoffes kuppelt [vgl. **MC-Frage Nr. 776**].

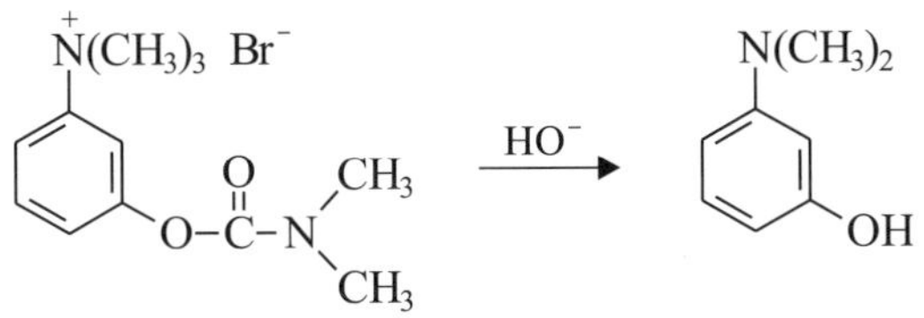

Neostigminbromid

Zur *Identifizierung von primären aromatischen Aminen* nutzt das Arzneibuch im Allgemeinen die Kupplung im schwach sauren pH-Bereich mit 2-Naphthol oder N-(1-Naphthyl)-ethylendiamin (**Bratton-Marshall-Reagenz**). Der Überschuss an Nitrit wird nach erfolgter Diazotierung am besten mit Sulfaminsäure ($H_2N\text{-}SO_3H$) oder Ammoniumsulfamat ($H_2N\text{-}SO_3^- \; NH_4^+$) zerstört.

Die Methode kann auch zur Prüfung auf Wirkstoffe verwendet werden, bei denen erst durch eine vorgelagerte chemische Reaktion eine diazotierbare primäre aromatische Aminogruppe gebildet wird. Als Beispiel sei **Furosemid** genannt, dessen Hydrolyse zu einem Anthranilsäure-Derivat führt, das nach Diazotierung und anschließender Kupplung mit dem Bratton-Marshall-Reagenz zu einem *rotvioletten* Azofarbstoff nachfolgender Struktur reagiert:

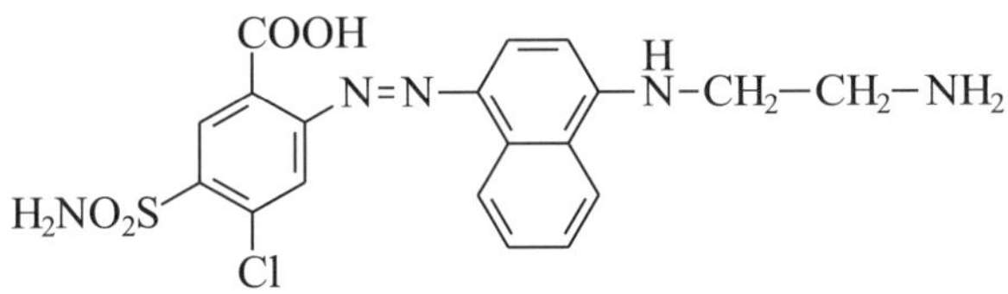

Ein weiteres Beispiel ist **Diazoxid**, dessen Hydrolyse 2-Amino-5-chlor-benzensulfonamid ergibt. Letzteres lässt sich nach Diazotierung mit dem Bratton-Marshall-Reagenz kuppeln.

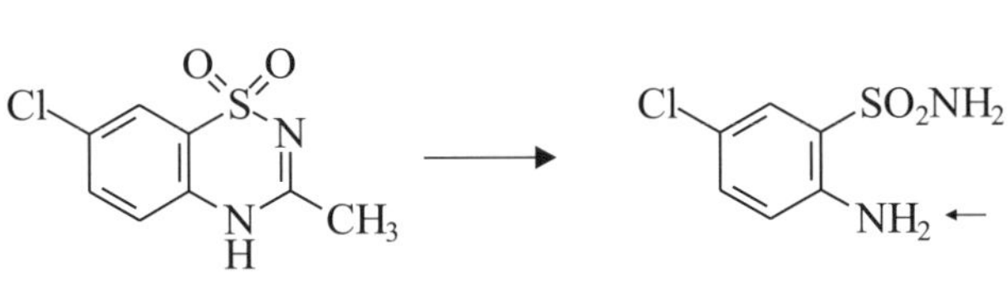

Diazoxid

1,4-Benzodiazepine, wie beispielsweise **Chlordiazepoxid** oder **Nitrazepam**, liefern bei der Hydrolyse in salzsaurem Milieu ein substituiertes *2-Aminobenzophenon-Derivat*, das durch Azokupplung nachgewiesen werden kann.

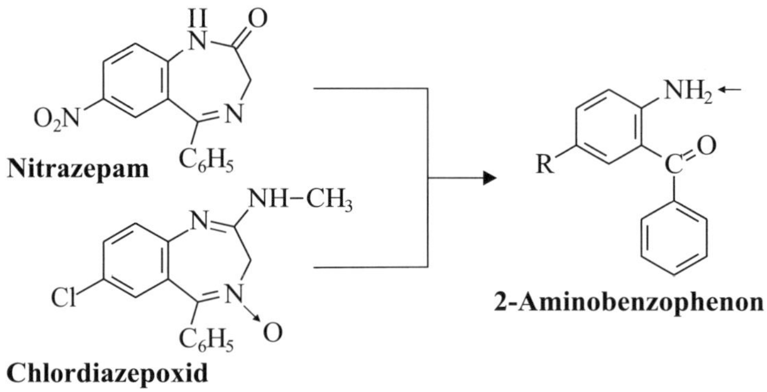

Phenylbutazon ergibt beim Erhitzen in 36 %iger HCl-Lösung *Hydrazobenzen*, das sich zu *Benzidin* umlagert. Benzidin wird anschließend durch Diazotierung mit $NaNO_2$ und Kupplung mit 2-Naphthol identifiziert.

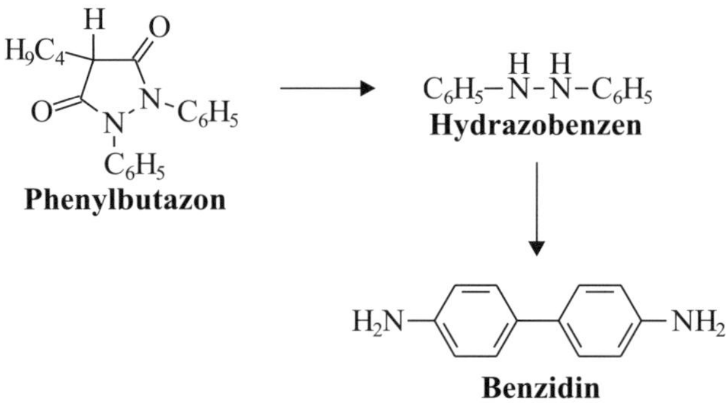

Viele Arzneibücher nutzen die Azokupplung auch bei Reinheitsprüfungen. Zum Beispiel können *Anthranilsäure* und *o-Toluidin* als Ausgangsstoffe der Synthese im **Methaqualon** als Verunreinigungen enthalten sein. Zudem entstehen beide Substanzen bei der sauren Hydrolyse von Methaqualon. Deshalb ist es notwendig ihren Gehalt im Wirkstoff zu begrenzen. Dies erfolgt durch Diazotierung und anschließende Kupplung des jeweils gebildeten Diazoniumsalzes mit Naphthylethylendiamin zum Nachweis von Anthranilsäure und mit 2-Naphthol zur Identifizierung von o-Toluidin. In ähnlicher Weise erfolgt die Prüfung auf *2-Chlor-4-nitroanilin,* das aufgrund des Herstellungsprozesses im **Niclosamid** enthalten sein kann.

3.5.3.15 Nachweis von Nitroverbindungen und Nitrosoverbindungen

Nitroalkane sind farblose, angenehm riechende Flüssigkeiten, die sich nur wenig in Wasser lösen. Im Gegensatz zu *tertiären* ($R_3C{-}NO_2$) besitzen *primäre* ($RCH_2{-}NO_2$) und *sekundäre* ($R_2CH{-}NO_2$) Nitroalkane saure (CH-acide) Eigenschaften und gehen in wässrigen Alkalilaugen allmählich unter Salzbildung in Lösung.

$$R{-}CH_2{-}NO_2 + HO^- \rightarrow [R{-}CH{-}NO_2]^- + H_2O$$

Zum Nachweis von Nitroalkanen, Nitroarenen oder C- bzw. N-Nitrosoverbindungen eignen sich folgende Reaktionen:

(1) Reduktion zum Hydroxylamin-Derivat: Hinweise auf das Vorhandensein von Nitro- oder Nitrosogruppen in einem Molekül erhält man durch die *Reduktion mit Zink* in gesättigter NH_4Cl-Lösung. Hierbei entstehen Hydroxylamin-Derivate, die mit *Tollens-Reagenz* unter Abscheidung von metallischem Silber reagieren.

$$R{-}NO_2 \xrightarrow{Zn/NH_4Cl} R{-}NHOH \xrightarrow{[Ag(NH_3)_2]^+} Ag\downarrow$$

Eine Variante dieser Reaktion nutzt das Arzneibuch zur Identitätsprüfung von **Chloramphenicol**. Die Substanz wird in *neutraler*, $CaCl_2$-enthaltender Lösung mit Zink zum Arylhydroxylamin-Derivat reduziert. Dieses reagiert mit Benzoylchlorid zur N-Arylbenzhydroxamsäure, die mit Fe^{3+}-Ionen einen *violetten* Chelatkomplex bildet (siehe auch *„Hydroxamsäure-Reaktion“*, Kapitel 3.5.3.20).

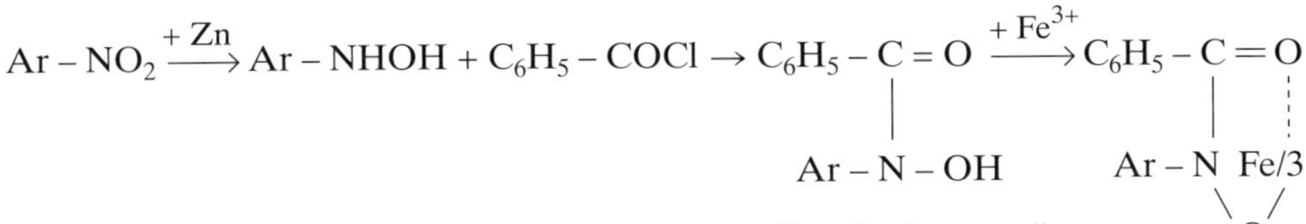

Benzhydroxamsäure

(2) Umsetzung mit Salpetriger Säure: Eine analytische *Unterscheidung* zwischen primären und sekundären Nitroalkanen gelingt durch Umsetzung mit Salpetriger Säure. Primäre Nitroverbindungen ergeben *farblose* Nitrolsäuren, die sich in Alkalihydroxid-Lösung unter Bildung *tiefrot* gefärbter Salze lösen. Aus sekundären Nitroalkanen entstehen *blaugrün* gefärbte Pseudonitrole, die keine löslichen Alkalisalze bilden.

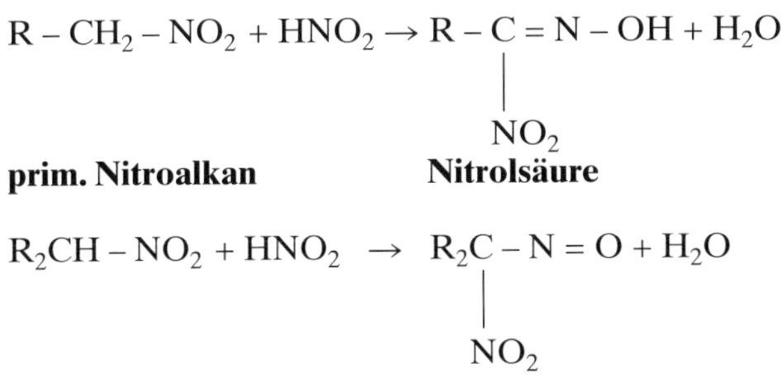

prim. Nitroalkan **Nitrolsäure**

sek. Nitroalkan **Pseudonitrol**

(3) Reduktion zum Amin: Zu ihrer Identifizierung können Nitro- oder Nitrosogruppen im *sauren Milieu* (mit Zn/HCl, Natriumdithionit oder Hydrazinhydrat/RaNi) bis zum entsprechenden primären Amin reduziert und anschließend als Amin derivativ nachgewiesen werden.

Handelt es sich z. B. um Nitroarene oder Nitroheteroarene wie bei den Wirkstoffen **Azathioprin, Chloramphenicol, Metronidazol, Niclosamid, Nifedipin** oder **Nitrazepam,** so können die gebildeten primären aromatischen Amine mit p-Dimethylaminobenzaldehyd oder durch Diazotierung mit Salpetriger Säure und anschließender Azokupplung mit Phenolen oder Arylaminen identifiziert werden. Beispielsweise lässt das Arzneibuch die genannten Verbindungen mit Zn/HCl oder Zn/H_2SO_4 zum Arylamin reduzieren, mit $NaNO_2$/HCl in ein Diazoniumsalz überführen und danach mit 2-Naphthol oder dem Bratton-Marshall-Reagenz zu Azofarbstoffen kuppeln.

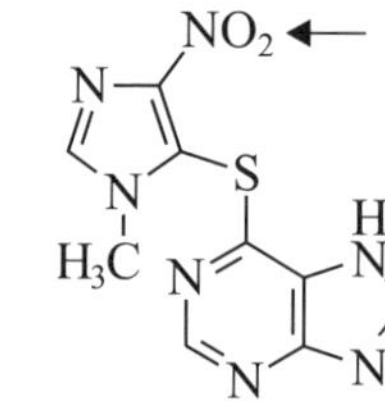

Azathioprin

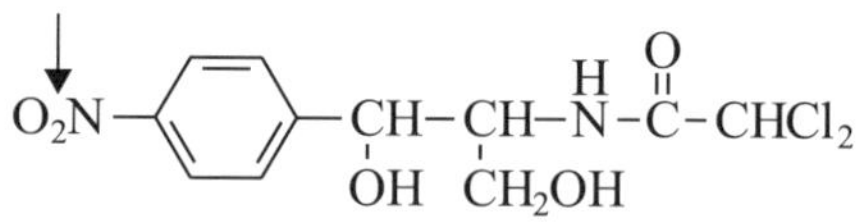

Chloramphenicol

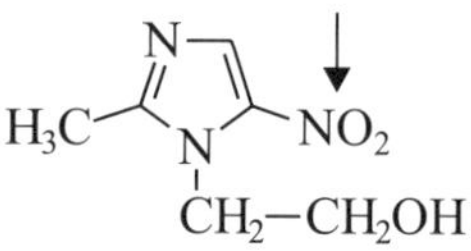

Metronidazol

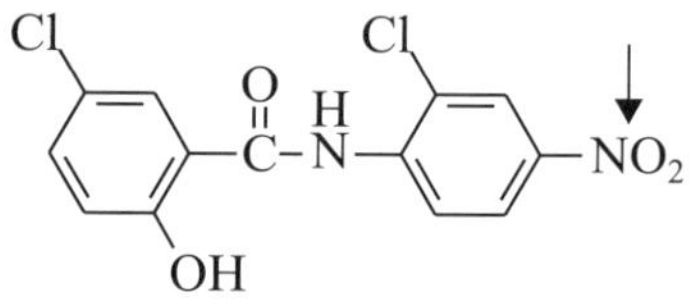

Niclosamid

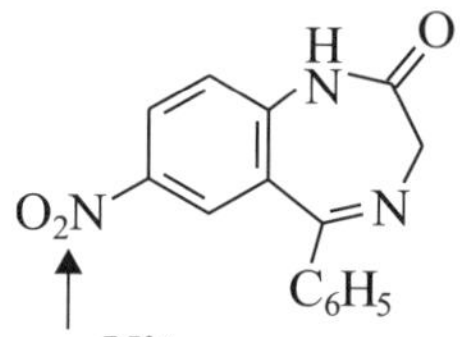

Nitrazepam

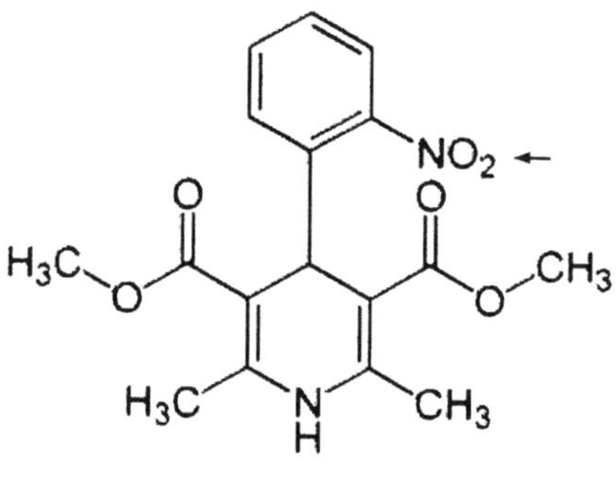

Nifedipin

(4) Hydrazonbildung: Primäre Nitroalkane lassen sich als stark CH-acide Verbindungen mit Aryldiazoniumsalzen zu Hydrazonen umsetzen.

$$R-CH_2-NO_2 + Ar-N_2^+ + HO^- \rightarrow Ar-NH-N=\underset{\displaystyle R}{\underset{|}{C}}-NO_2 + H_2O$$

Hydrazon

3.5.3.16 Nachweis von Carbonsäuren

Die ersten drei Glieder der aliphatischen Carbonsäuren (R–COOH) (*Ameisensäure*, *Essigsäure*, *Propionsäure*) sind stechend riechende Flüssigkeiten, die sich in jedem Verhältnis mit Wasser mischen. Carbonsäuren mit 4 – 9 C-Atomen haben einen ranzigen Geruch und höhere Carbonsäuren ab C-10 (*Fettsäuren*) sind Feststoffe. Im Gegensatz zu Mineralsäuren sind Carbonsäuren nur schwache Säuren. Außer durch den Nachweis ihrer *Acidität* können Carbonsäuren auch durch die Herstellung von Derivaten wie Carbonsäureester oder Carbonsäureamide charakterisiert werden [vgl. **MC-Frage Nr. 701**].

(1) Acidität: Der saure Charakter von Carbonsäuren ist nachweisbar:
- mithilfe von Indikatorpapieren bei gelösten Säuren,
- durch die Löslichkeit von Carbonsäuren in wässrigen Laugen,
- indirekt durch Umsetzung mit Natriumnitrit in Anwesenheit von Sulfanilsäure und 1-Naphthylamin. Hierbei setzt die Carbonsäure aus Natriumnitrit Salpetrige Säure frei, wodurch Sulfanilsäure diazotiert wird. Das Diazoniumsalz kuppelt anschließend mit 1-Naphthylamin zu einem Azofarbstoff [siehe Kapitel 3.5.3.14, Ziffer (12)].

(2) Nachweis als Hydroxamsäure: Carbonsäuren lassen sich auch über ihre *Hydroxamsäuren* als farbige Komplexe mit Eisen(III)-chlorid ($FeCl_3$) nachweisen (siehe Kapitel 3.5.3.20). Aliphatische Carbonsäuren bilden mit Hydroxylamin unter Ni^{2+}-Katalyse direkt Hydroxamsäuren, während aromatische Carbonsäuren oder Aminosäuren *nicht* reagieren. In diesen Fällen ist eine vorherige Aktivierung der Carbonsäure erforderlich, z. B. durch Zugabe von Dicyclohexylcarbodiimid oder durch die vorherige Umwandlung der Säure in das betreffende Carbonsäurechlorid (R–COCl).

$$\text{R–COOH} + \text{H}_2\text{N–OH} \xrightarrow{(\text{Ni}^{2+})} \text{R–CO–NHOH} + \text{H}_2\text{O}$$

Hydroxamsäure

(3) Veresterung: Zur Charakterisierung von Carbonsäuren ist aus analytischer Sicht vor allem die *Veresterung* mit *p-Bromphenacylbromid* ($Br\text{-}C_6H_4\text{-}CO\text{-}CH_2Br$) oder *p-Nitrobenzylbromid* ($O_2N\text{-}C_6H_4\text{-}CH_2Br$) bedeutsam, weil in diesen Reagenzien das Halogenatom sehr leicht zu substituieren ist und die entstehenden Ester gut kristallisieren. Man führt die Reaktionen am besten in Aceton als Lösungsmittel aus und setzt Triethylamin als säurebindendes Mittel hinzu.

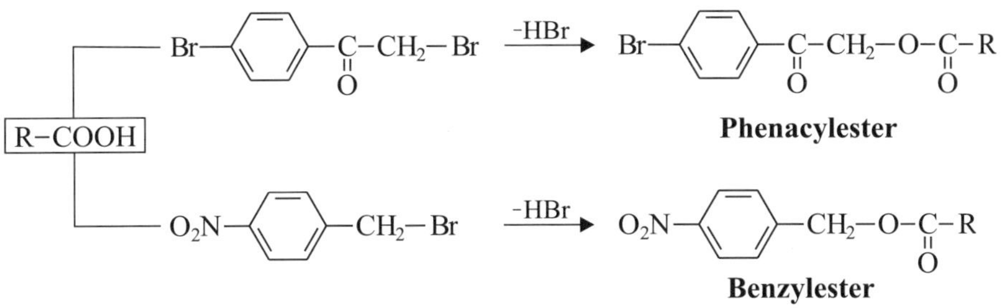

(4) Bildung von Carbonsäureamiden: Darüber hinaus können Carbonsäuren – mit Ausnahme der *Ameisensäure* – mit Thionylchlorid in die betreffenden *Carbonsäurechloride* (R–COCl) übergeführt und anschließend mit *Ammoniak* (NH_3), *Anilin* ($C_6H_5NH_2$) oder *Benzylamin* ($C_6H_5CH_2NH_2$) zu kristallinen *Carbonsäureamiden* umgesetzt werden. Der Nachweis kann u.U. bei niedrig siedenden Carbonsäurechloriden (*Acetylchlorid*, *Oxalylchlorid*) aufgrund ihrer hohen Flüchtigkeit versagen.

R–COOH→R–COCl

$$+ NH_3 \rightarrow R-C(=O)-NH_2 + HCl$$

prim. Carbonsäureamid

$$+ C_6H_5-CH_2-NH_2 \rightarrow R-C(=O)-NH-CH_2-C_6H_5 + HCl$$

Carbonsäure-N-benzylamid

$$+ C_6H_5-NH_2 \rightarrow R-C(=O)-NH-C_6H_5 + HCl$$

Carbonsäureanilid

Statt Carbonsäurechloride können auch Carbonsäureanhydride (R–CO–O–CO–R) als Acylierungsmittel verwendet werden, sodass auf diese Weise indirekt auch Anhydride charakterisierbar werden.

$$R{-}CO{-}O{-}CO{-}R + C_6H_5{-}NH_2 \rightarrow R{-}CO{-}NH{-}C_6H_5 + R{-}COOH$$

Anhydrid **Carbonsäureanilid**

Das Arzneibuch nutzt die Anilid-Bildung zur Identitätsprüfung von **Undecylensäure** ($CH_2{=}CH{-}(CH_2)_8{-}COOH$). Beim Erhitzen mit Anilin bildet sich das *Undecylenanilid* [$H_2C{=}CH{-}(CH_2)_8{-}CO{-}NH{-}Ph$], das nach Umkristallisieren durch seinen Schmelzpunkt (Fp: 66–68 °C) charakterisiert werden kann.

(5) Bildung von Methylestern: Zur Identifizierung höherer, schwer flüchtiger **Fettsäuren** werden diese mit *Diazomethan* (CH_2N_2) oder Methanol in Gegenwart von Bortrifluorid-Etherat in die entsprechenden Fettsäuremethylester übergeführt und z. B. gaschromatographisch analysiert (siehe auch Ehlers, **Analytik II,** Kapitel 12.4.4).

$$R{-}COOH + CH_2N_2 \rightarrow R{-}COOCH_3 + N_2\uparrow$$

Fettsäuremethylester

Einige ausgewählte, pharmazeutisch wichtige Carbonsäuren werden im nachfolgenden Abschnitt zusammen mit ihren Salzen vorgestellt.

3.5.3.17 Nachweis von Carboxylat-Ionen (Salze von Carbonsäuren)

- **Acetat (CH_3–COO^-)**

Acetate sind die Salze der Essigsäure. **Essigsäure** (CH_3–COOH) ist eine klare, stark hygroskopische Flüssigkeit, die bei Kp = 118 °C (101,3 kPa) siedet. Essigsäure erstarrt unter Volumenvergrößerung bei 16,75 °C zu farblosen Kristallen. Der Erstarrungspunkt ist ein wichtiges Reinheitskriterium und kann zur Gehaltsbestimmung von Essigsäure/Wasser-Gemischen genutzt werden. Wasserfreie Essigsäure wird auch *Eisessig* genannt. Essigsäure-Dämpfe bestehen weitgehend aus dimeren, über Wasserstoffbrücken assoziierten Molekülen, die erst bei sehr hohen Temperaturen in das Monomer zerfallen.

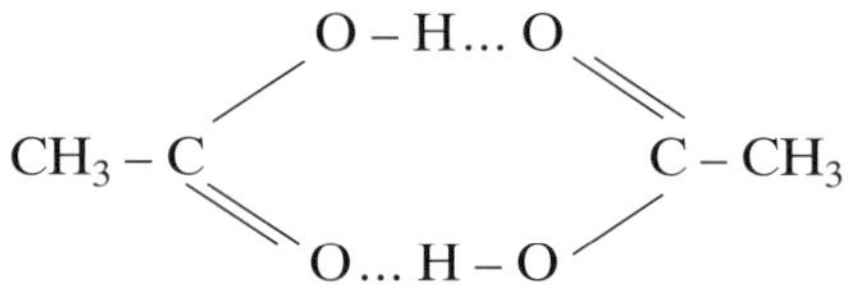

Essigsäure ist eine *schwache* Säure (pK_s = 4,76). Die wässrigen Lösungen von Alkaliacetaten wie *Natriumacetat* reagieren daher alkalisch. Von wenigen Ausnahmen abgesehen [z. B. Hg(I)- und Ag(I)-acetat] sind Acetate in Wasser leicht löslich.

Zum Nachweis von Acetaten können folgende Reaktionen und Eigenschaften beitragen:

(1) Freisetzung von Essigsäure: Erhitzt man ein Acetat mit der gleichen Menge an Oxalsäure, so entstehen saure Dämpfe mit dem charakteristischen Geruch nach Essigsäure. Die stärkere, *nichtflüchtige* Oxalsäure (pK_{s1} = 1,46) setzt die schwächere, flüchtige Essigsäure aus ihren Salzen in Freiheit. Beim Erhitzen schmilzt das Gemisch im Kristallwasser der Oxalsäure und Essigsäure entweicht mit dem Wasserdampf *(Ph. Eur.)*.

$$2\ CH_3\text{–}COO^- + HOOC\text{–}COOH \xrightarrow{\Delta} 2\ CH_3\text{–}COOH\uparrow + {}^-OOC\text{–}COO^-$$

An Stelle von Oxalsäure können auch andere im Vergleich zu Essigsäure stärkere Säuren wie Schwefelsäure (pK_{S1} = –3), Hydrogensulfat (pK_{S2} = 1,92) oder Phosphorsäure (pK_{S1} = 1,96) verwendet werden. Die Freisetzung von Essigsäure mittels nichtflüchtiger schwacher Säuren wie Dihydrogenphosphat (pK_{S2} = 7,12) oder Hydrogenphosphat (pK_{S3} = 12,32) gelingt hingegen *nicht*.

Die Bildung anderer stark riechender, flüchtiger Substanzen stört. Man schränkt diese Störung ein durch Zusatz von Ag^+-Ionen zur Bindung von Halogeniden und Pseudohalogeniden als schwer lösliche Silbersalze. Der Zusatz von MnO_4^--Ionen dient zur Oxidation von Sulfit oder Thiosulfat zu schwer flüchtigem Sulfat bzw. zur Oxidation von Nitrit zu Nitrat [vgl. **MC-Fragen Nr. 702–705, 728**].

(2) Geruch nach Ethylacetat: Essigsäure oder Acetate bilden mit *Ethanol* in saurer Lösung in Anwesenheit wasserentziehender Mittel (H_2SO_4) **Ethylacetat** (Essigsäureethylester), das an seinem fruchtartigen Geruch leicht zu erkennen ist [vgl. **MC-Frage Nr. 703**].

$$CH_3{-}COOH + CH_3{-}CH_2OH \xrightarrow{(H_2SO_4)} CH_3{-}COO{-}CH_2{-}CH_3\uparrow + H_2O$$

Essigsäureethylester

(3) Geruch nach Kakodyloxid: Acetate setzen sich mit Diarsentrioxid (As_2O_3) unter Bildung von giftigem *Kakodyloxid* um, das widerlich riecht [vgl. **MC-Frage Nr. 504**].

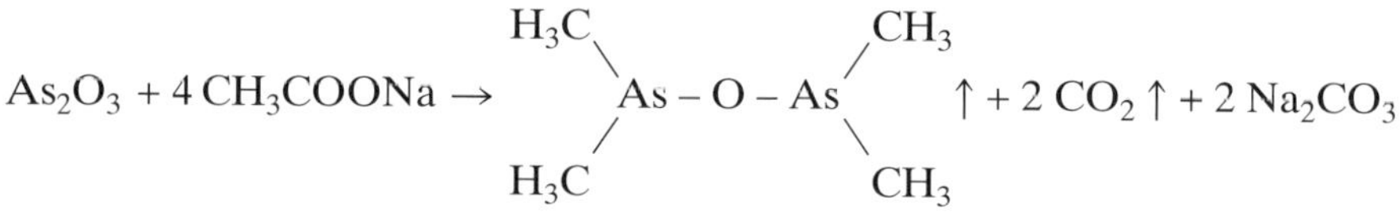

Kakodyloxid

(4) Bildung von Lanthanacetat: Eine Acetat enthaltende Prüflösung wird nacheinander mit Lanthannitrat-, Iod- und Ammoniak-Lösung versetzt und zum Sieden erhitzt. Nach kurzer Zeit entsteht ein *blauer* Niederschlag oder eine tiefblaue Färbung *(Ph. Eur.)* [vgl. **MC-Fragen Nr. 268, 501, 703, 706, 725, 730**].

Man vermutet, dass bei dieser Reaktion Iod an basisches Lanthanacetat adsorbiert wird oder die Bildung einer Einschlussverbindung wie bei der Iod-Stärke-Reaktion erfolgt. Nur im pH-Bereich von 9–11 reagiert basisches Lanthanacetat (oder auch Lanthanpropionat) mit Iod. Unterhalb von pH = 9 liegt kein basisches Lanthanacetat vor und oberhalb von pH = 11 disproportioniert Iod zu Iodid und Iodat.

Die Reaktion wird durch Ionen gestört, die mit La(III) schwer lösliche Salze (z. B. Borat, Fluorid, Oxalat, Phosphat, Sulfat) oder stabile Komplexe (z. B. Citrat, Tartrat) bilden [vgl. **MC-Frage Nr. 707**].

In Gegenwart von Reduktionsmitteln, die Iod entfärben, tritt ebenfalls keine Blaufärbung auf. Überwiegend lassen sich diese Störungen vermeiden, wenn man die Essigsäure vor dem eigentlichen Nachweis durch Destillation aus dem Reaktionsgemisch abtrennt, wie dies bei der *Identitätsprüfung auf Acetyl* vom Arzneibuch vorgeschrieben wird (siehe Kapitel 3.5.4.1).

(5) Reaktion mit $FeCl_3$: Eisen(III)-chlorid ($FeCl_3$) bildet in neutraler Lösung mit Acetaten *tiefrote*, mehrkernige Komplexe, $[Fe_3O(H_2O)(CH_3COO)_6]^+$, die beim Erwärmen zu basischen Fe(III)-acetaten von *rotbrauner* Farbe hydrolysieren. Beim Ansäuern löst sich der Niederschlag auf und die Farbe der Lösung schlägt nach Gelb um. Bei längerem Erwärmen unter Rückfluss fällt schließlich $Fe(OH)_3$ aus [vgl. **MC-Frage Nr. 703**].

$$[Fe_3O(H_2O)(CH_3COO)_6]^+ + 8\ H_2O \rightarrow 3\ Fe(OH)_3\downarrow + 6\ CH_3COOH + H_3O^+$$

(6) Bildung von Silberacetat: Eine Acetat enthaltende, gegen Phenolphthalein neutralisierte Natriumhydroxid-Lösung wird mit $AgNO_3$-Lösung versetzt. Dabei entsteht ein *weißer*, kristalliner Niederschlag von *Silberacetat* (CH_3COOAg).

(7) Bildung von Aceton: Vermischt man ein Acetat mit Calciumoxid (CaO) und erhitzt das trockene Gemisch, so entweicht **Aceton** aus dem intermediär entstandenen Calciumacetat.

$$Ca(OOC{-}CH_3)_2 \xrightarrow{\Delta} CaCO_3 + CH_3{-}CO{-}CH_3\uparrow$$

Aceton

Das gebildete Aceton kann anschließend durch Kondensation mit *2-Nitrobenzaldehyd* in alkalischer Lösung unter Bildung von blauem **Indigo** nachgewiesen werden. Zweckmäßigerweise hält man für den Nachweis ein mit ethanolischer o-Nitrobenzaldehyd-Lösung getränktes und mit NaOH-Lösung befeuchtetes Filterpapier in die entweichenden Aceton-Dämpfe. Die Reaktion ist gleichfalls ein Nachweis für die Acetylgruppe der **Acetylsalicylsäure**.

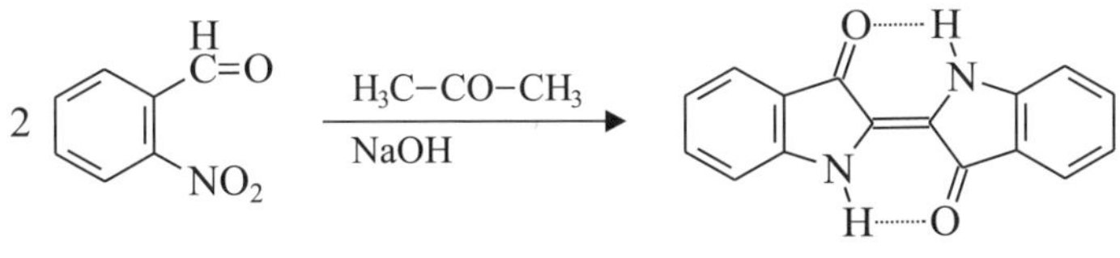

Indigo

• **Benzoat ($C_6H_5{-}COO^-$)**

Benzoate sind die Salze der Benzoesäure. **Benzoesäure** ($C_6H_5{-}COOH$) ist ein geruchloser, weißer, sublimierbarer Feststoff. Die aromatische Säure ist schwer löslich in kaltem Wasser, löst sich aber in den gängigen organischen Solvenzien. Die folgenden Reaktionen können zur Identifizierung von Benzoesäure und Benzoaten herangezogen werden [vgl. **MC-Fragen Nr. 720, 721**].

(1) Sublimation: Die Substanz wird mit H_2SO_4 angefeuchtet und schwach erwärmt. Es entsteht ein weißes *Sublimat* aus Benzoesäure, das sich an der Innenseite des kälteren Teils des Reagenzglases wieder niederschlägt *(Ph. Eur.)*.

(2) Fällung von Benzoesäure: Die Lösung eines Benzoats in Wasser wird mit 36 %iger HCl versetzt. Es bildet sich ein *weißer* Niederschlag, der nach Umkristallisation aus siedendem Wasser bei Fp = 120–124 °C schmilzt *(Ph. Eur.)*.

In beiden Nachweisen wird die schwächere Benzoesäure (pK_s = 4,21) durch starke Mineralsäuren aus ihren Salzen in Freiheit gesetzt.

$$C_6H_5{-}COO^- + H_3O^+ \rightarrow C_6H_5{-}COOH\downarrow + H_2O$$

(3) Reaktion mit $FeCl_3$: Wird zur neutralen Lösung eines Benzoats eine $FeCl_3$-Lösung hinzugegeben, so entsteht ein *beigefarbener* Niederschlag eines Hexabenzoatodihydroxyeisen(III)-Komplexes nachfolgender Zusammensetzung, der sich in Diethylether löst *(Ph. Eur.)*.

$$[Fe_3(C_6H_5{-}COO)_6\,(OH)_2]^+\ C_6H_5{-}COO^-\downarrow$$

• **Citrat [$^-OOC{-}CH_2{-}C(OH)(COO^-){-}CH_2{-}COO^-$]**

Citrate sind die Salze der Citronensäure. **Citronensäure** ist ein weißer, kristalliner Feststoff, der sehr leicht löslich in Wasser ist, sich auch in Ethanol aber nur wenig in Ether löst. Citronensäure ist eine mittelstarke Hydroxytricarbonsäure (pK_{s1} = 3,14; pK_{s2} = 4,77; pK_{s3} = 6,39), so dass bei der Acidimetrie *drei* Äquivalente Lauge verbraucht werden [vgl. **MC-Fragen Nr. 766, 847**].

Citronensäure ist in der 1. Protolysestufe stärker sauer als Essigsäure (pK_s = 4,76). Eine 1%ige Citronensäure-Lösung besitzt einen pH-Wert von 2,3. Aufgrund ihrer symmetrischen Struktur ist Citronensäure *achiral* (optisch inaktiv).

Wasserfreie Citronensäure schmilzt bei Fp = 153 °C unter Zersetzung und Bildung von *Aconitsäure.* Bei raschem Erhitzen auf hohe Temperaturen entsteht *Aconitsäureanhydrid*, das leicht zum *Itaconsäureanhydrid* bzw. zum tautomeren *Citraconsäureanhydrid* decarboxyliert.

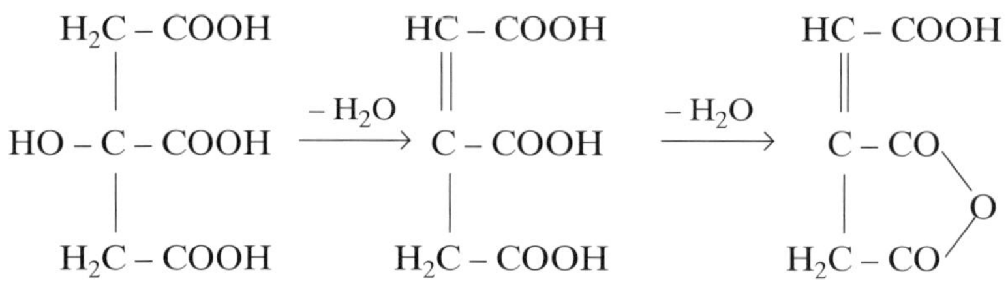

Citronensäure **Aconitsäure** **Aconitsäureanhydrid**

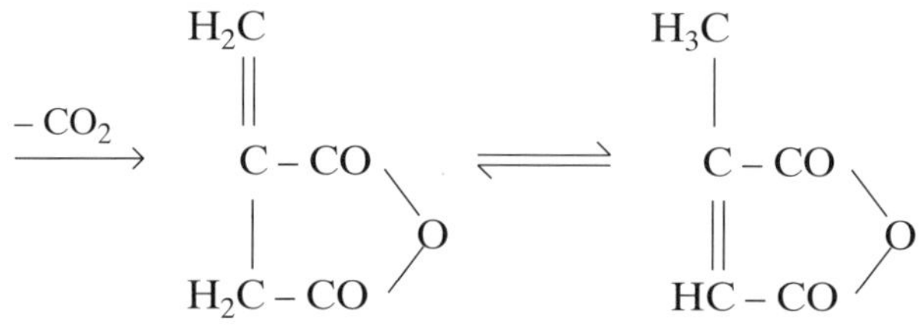

Itaconsäureanhydrid **Citraconsäureanhydrid**

Die Alkalisalze der Citronensäure sind in Wasser löslich und besitzen, wie die freie Säure, eine hohe Tendenz zur Komplexbildung mit mehrwertigen Schwermetall-Ionen [vgl. **MC-Fragen Nr. 766, 847**].

Citrate und Citronensäure zeigen folgende analytisch auswertbare Eigenschaften und Reaktionen:

(1) Bildung von Aceton: Versetzt man eine schwefelsaure Prüflösung mit $KMnO_4$, so erfolgt bei Temperaturen unterhalb von 35 °C Oxidation zu *Acetondicarbonsäure* (3-Oxoglutarsäure), die beim Erwärmen zu *Aceton* decarboxyliert. Nach Verkochen des überschüssigen Permanganats zu Sauerstoff wird das gebildete Aceton mit Natriumpentacyanonitrosylferrat(II) [Nitroprussidnatrium] in ammoniakalischer Lösung als *violetter* Komplex nachgewiesen (*Ph.Eur.*) [zur *„Legalschen Probe“* siehe auch Kapitel 3.5.3.11 und **MC-Fragen Nr. 575, 712, 766, 847**].

Oberhalb von 35 °C erfolgt eine direkte Oxidation von Citronensäure mit $KMnO_4$ zu *Oxalsäure* (HOOC-COOH).

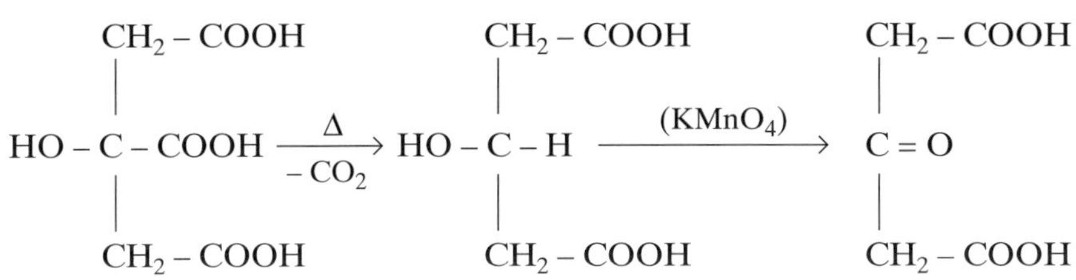

Citronensäure **Acetondicarbonsäure**

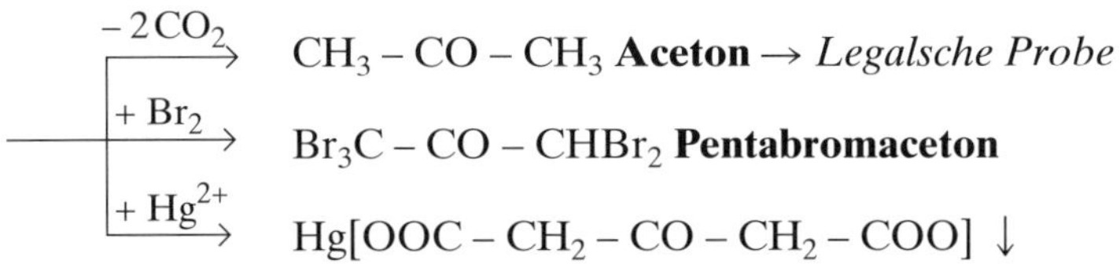

Die insgesamt bei der **Legalschen Probe** zum Nachweis von Citronensäure und Citraten nacheinander ablaufenden Teilschritte können wie folgt formuliert werden:

$$(1)\ 5\ HOOC\text{-}COH(CH_2COOH)_2 + 2\ MnO_4^- + 6\ H_3O^+ \rightarrow 5\ O{=}C(CH_2COOH)_2 + 2\ Mn^{2+} + 5\ CO_2\uparrow + 14\ H_2O$$

$$(2)\ O{=}C(CH_2COOH)_2 \xrightarrow{\Delta T} O{=}C(CH_3)_2 + 2\ CO_2\uparrow$$

$$(3)\ 4\ MnO_4^- + 12\ H_3O^+ \xrightarrow{\Delta T} 4\ Mn^{2+} + 5\ O_2\uparrow + 18\ H_2O$$

$$(4)\ [Fe(CN)_5NO]^{2-} + O{=}C(CH_3)_2 + 2\ NH_3 \rightarrow [Fe(CN)_5NOCHCOCH_3]^{4-} + 2\ NH_4^+$$

(2) Nachweis als Acetondicarbonsäure: Citronensäure selbst bildet *kein* schwer lösliches Quecksilber(II)-Salz, aber die nach der Oxidation mit Permanganat-Lösung gebildete Acetondicarbonsäure kann nach Zugabe von $HgSO_4$-Lösung als schwer lösliches Hg(II)-Salz gefällt werden [vgl. **MC-Fragen Nr. 731, 732**].

Darüber hinaus setzt sich *Acetondicarbonsäure* mit Brom unter Decarboxylierung zu *Pentabromaceton* um, das bei Fp = 72–75 °C schmilzt und durch eine Schmelzpunktbestimmung identifiziert werden kann.

(3) Bildung von Calciumcitrat: Wird die neutrale Lösung eines Citrats in der Kälte mit einer $CaCl_2$-Lösung versetzt, so entsteht kein Niederschlag. Erst beim Aufkochen der Lösung fällt ein *weißer*, in Essigsäure löslicher Niederschlag aus. Citronensäure bildet ein in heißem Wasser schwer, in kaltem Wasser leicht lösliches Calciumsalz [vgl. **MC-Fragen Nr. 766, 847**].

(4) Verhalten gegenüber Schwefelsäure: Beim Erwärmen von Citronensäure oder Citraten mit konz. H_2SO_4 tritt lediglich eine *Gelbfärbung* auf. Weinsäure und Tartrate färben sich hingegen braun.

(5) *Citronensäure* reagiert mit *Acetanhydrid* (Ac_2O) in Pyridin zu einem *rotgefärbten* Produkt, dessen exakte Struktur noch unklar ist. Als zentrales Zwischenprodukt der Reaktion wird das durch Dehydratisierung mit nachfolgender Acetylierung gebildete Acetylcitronensäure-γ- anhydrid postuliert, das sich auch in Abwesenheit von Ac_2O mit Pyridin oder anderen Aminen *rot* färbt. Die Reaktion kann zwar zur Unterscheidung von Weinsäure herangezogen werden, ist aber generell wenig spezifisch, da Stoffe wie Aconitsäure, Citraconsäure, Itaconsäure oder Maleinsäure gleichfalls positiv reagieren.

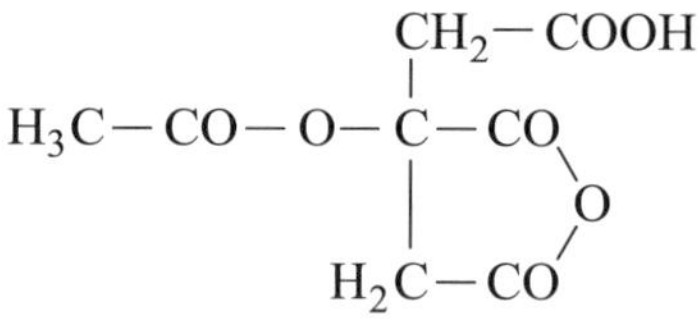

Acetyl-citronensäure-γ-anhydrid

- **Lactat [CH_3–CH(OH)–COO^-]**

Lactate sind die Salze der Milchsäure (2-Hydroxypropionsäure). **Milchsäure** (pK_s = 3,88) ist ein geruchloser Feststoff, der bei Fp = 18 °C schmilzt. Die Säure ist mit Wasser, Ethanol oder Ether mischbar, jedoch schwer löslich in Chloroform. Das Milchsäure-Molekül besitzt ein Chiralitätszentrum und kann deshalb in zwei optisch aktiven Formen auftreten. Synthetische Milchsäure ist jedoch optisch inaktiv; sie liegt als Racemat vor.

Milchsäure bildet als Hydroxycarbonsäure Ester mit sich selbst, so genannte *Estolide*. Neben der *Lactoylmilchsäure* treten auch oligomere Estolide auf. Das Gleichgewicht zwischen 2-Hydroxypropionsäure und ihren Kondensationsprodukten hängt in hohem Maße von der Konzentration der Lösung und der Temperatur ab.

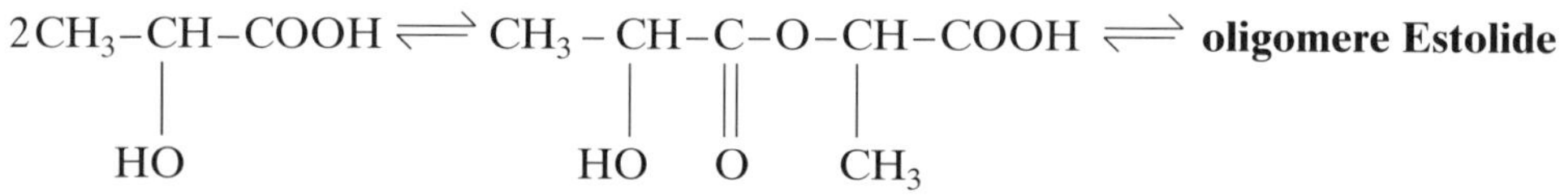

Milchsäure **Lactoylmilchsäure**

Zur Identifizierung von Milchsäure oder Lactaten können folgende Reaktionen dienen [vgl. **MC-Frage Nr. 711**]:

(1) Legal-Probe: Eine wässrige, schwefelsaure Probelösung wird mit Bromwasser bis zur Entfärbung erhitzt. Man gibt Ammoniumsulfat hinzu, unterschichtet mit einer schwefelsauren Natriumpentacyanonitrosylferrat(II)-Lösung und stellt ammoniakalisch. Wird die Lösung 30 Minuten lang stehengelassen, so tritt an der Berührungsfläche beider Schichten ein *dunkelgrüner* Ring auf *(Ph. Eur.)*.

Milchsäure wird bei diesem Nachweis durch das zugesetzte Brom zu *Brenztraubensäure* oxidiert, die unter den Reaktionsbedingungen zu *Acetaldehyd* decarboxyliert. Der gebildete Acetaldehyd ergibt als CH-acide Verbindung mit Natriumpentacyanonitrosylferrat(II) eine positive *Legalsche Probe* [vgl. **MC-Fragen Nr. 830, 843**].

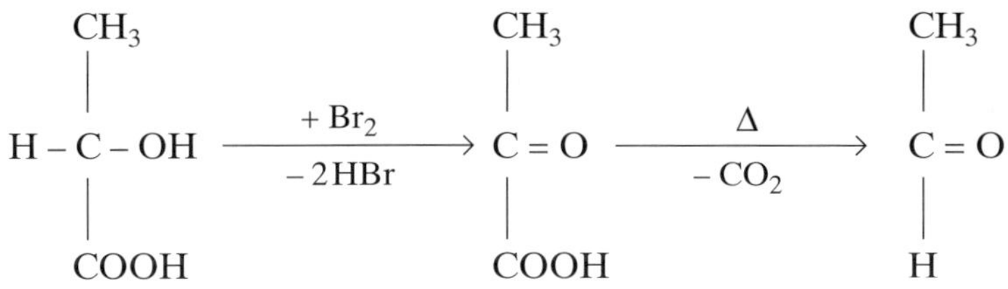

Milchsäure **Brenztraubensäure** **Acetaldehyd**

(2) Weitere Nachweise von Acetaldehyd: Wird die Lösung eines Lactats mit $H_2SO_4/KMnO_4$ versetzt und erhitzt, so entsteht gleichfalls *Acetaldehyd*, der an seinem Geruch erkennbar ist bzw. mit Schiff-Reagenz nachgewiesen werden kann (siehe Kapitel 3.5.3.11).

(3) Reaktion mit Guajacol: In Anwesenheit von *Guajacol* kondensiert der aus Lactat (Milchsäure) und $KMnO_4$-Lösung entstehende *Acetaldehyd* zu einem 1,1-Diphenylethan-Derivat, das in saurer Lösung wahrscheinlich zu einem *roten*, mesomeriestabilisierten Oxoniumion oxidiert wird.

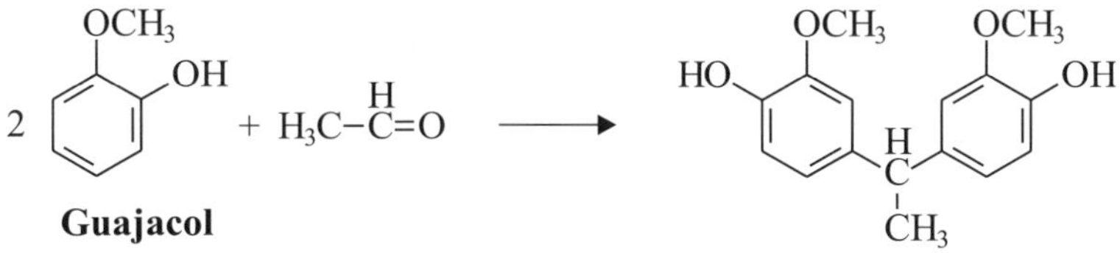

Guajacol

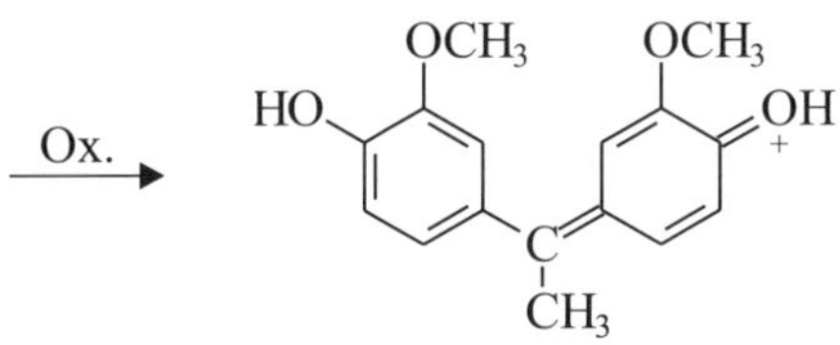

(4) Iodoform-Reaktion: Wird ein Lactat mit Iod und überschüssiger NaOH-Lösung behandelt, so entsteht ein *gelber* Niederschlag von *Iodoform* (CHI_3), das sich mit Ether ausschütteln lässt und an seinem Geruch bzw. durch seinen Schmelzpunkt von Fp = 118–125 °C identifiziert wird *(Ph. Eur.)*.

Als sekundäres, zu einem Methylketon oxidierbares Methylcarbinol gibt Lactat eine positive Iodoform-Reaktion, wobei folgende Teilprozesse ablaufen [siehe auch Kapitel 3.5.3.11 und **MC-Fragen Nr. 661, 662, 711, 733**]:

$$I_2 + 2\,HO^- \rightarrow IO^- + I^- + H_2O$$
$$CH_3\text{–CHOH–COO}^- + IO^- \rightarrow CH_3\text{–CO–COO}^- + I^- + H_2O$$
$$CH_3\text{–CO–COO}^- + 3\,IO^- \rightarrow I_3C\text{–CO–COO}^- + 3\,HO^-$$
$$I_3C\text{–CO–COO}^- + HO^- \rightarrow CHI_3\downarrow + {}^-OOC\text{–COO}^-$$

(5) Nachweis als Brenztraubensäurehydrazon: Bei *schonender* Oxidation lässt sich Milchsäure in *Brenztraubensäure* überführen, die nach Zugabe von 2,4-Dinitrophenylhydrazin über den Schmelzpunkt des gebildeten Brenztraubensäure-2,4-dinitrophenylhydrazons näher zu charakterisieren ist.

- **Maleat ($^{-}OOC{-}CH{=}CH{-}COO^{-}$)**

Maleate sind die Salze der Maleinsäure. **Maleinsäure** (Z-Butendisäure) ist ein geruchloser, farbloser Feststoff, der leicht löslich in Wasser und Ethanol, jedoch wenig löslich in Ether ist. Maleinsäure zeigt keinen definierten Schmelzpunkt, da beim Erhitzen unter Wasserabspaltung *Maleinsäureanhydrid* entsteht. Zum Nachweis von Maleaten ist folgende Reaktion geeignet:

(1) Tartrat-Bildung: In alkalischer Lösung wird Maleinsäure in der Hitze mit Brom behandelt. Dabei entsteht durch Addition von Hypobromit 2-Brom-3-hydroxysuccinat, das zu Tartrat hydrolisiert. Tartrat lässt sich anschließend nach Zugabe von Resorcin mithilfe der *Pesez-Reaktion* nachweisen.

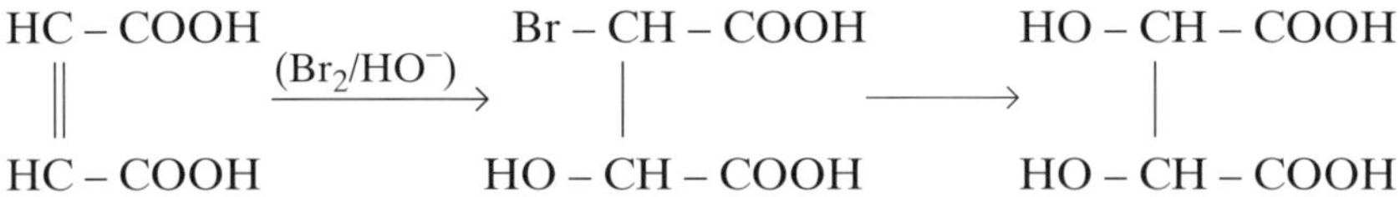

Maleinsäure **Weinsäure**

- **Oxalat ($^{-}OOC - COO^{-}$)**

Oxalate sind die Salze der Oxalsäure. **Oxalsäure** ist eine zweibasige Säure. In der ersten Dissoziationsstufe entspricht sie einer mittelstarken ($pK_{s1} = 1{,}46$), in der zweiten Protolysestufe ($pK_{s2} = 4{,}19$) einer schwachen Säure. Oxalsäure und ihre Alkalisalze sind in Wasser leicht löslich. Dagegen lösen sich die Erdalkalioxalate, insbesondere *Calciumoxalat* (CaC_2O_4) nur schwer in Wasser. Die Erdalkalioxalate sind jedoch in Mineralsäuren löslich. Oxalate neigen zur Bildung von Doppelsalzen und ergeben mit geeigneten Zentralionen leicht Komplexe, wobei Oxalat als zweizähniger Ligand fungiert. Oxalsäure und Oxalate zeigen folgende Eigenschaften und Reaktionen, die zu ihrem Nachweis dienen können:

(1) Verhalten gegenüber Schwefelsäure: Charakteristisch für Oxalsäure und Oxalate ist ihr Verhalten gegenüber Schwefelsäure. Diese Substanzen zerfallen beim Erhitzen in konzentrierter Schwefelsäure in ein Gemisch aus Kohlendioxid (CO_2) und Kohlenmonoxid (CO). Letzteres brennt mit *blauer* Flamme [vgl. **MC-Fragen Nr. 51, 52**].

$$C_2O_4^{2-} + (2\,H^+) \rightarrow H_2C_2O_4 \rightarrow H_2O + CO_2\uparrow + CO\uparrow$$

(2) Bildung schwer löslicher Salze: Zur Bildung schwer löslicher Salze fällt man aus neutralen Lösungen *weißes Silberoxalat* ($Ag_2C_2O_4$) oder *Calciumoxalat* (CaC_2O_4) aus, die beide in verdünnter Essigsäure schwer löslich sind. Im Gegensatz dazu lösen sich Barium- und Strontiumoxalat in Essigsäure [vgl. **MC-Fragen Nr. 132–134, 270, 734**].

$$Ca^{2+} + C_2O_4^{2-} \rightarrow CaC_2O_4\downarrow$$

Die Fällung von Calciumoxalat wird durch Fluorid, Sulfit, Phosphat, Borat, Hexacyanoferrate oder Tartrat gestört, die alle Niederschläge mit ähnlichen Löslichkeitseigenschaften ergeben [vgl. **MC-Fragen Nr. 709, 710**].

Deshalb nutzen einige Arzneibücher auch die Fällung von schwer löslichem, *weißem Cer(III)-oxalat* im schwach sauren Medium zur Identifizierung von Oxalat aus.

$$2\ Ce^{3+} + 3\ C_2O_4^{2-} \rightarrow Ce_2(C_2O_4)_3\downarrow$$

Alle Fällungen von schwer löslichen Oxalaten können *spezifischer* gestaltet werden, wenn man den Oxalat-Niederschlag isoliert, in verdünnter H_2SO_4 löst und anschließend $KMnO_4$-Lösung hinzugibt. Bei Anwesenheit von Oxalat tritt Entfärbung des Permanganats ein unter gleichzeitiger Entwicklung von Kohlendioxid [siehe Ziffer (3) und **MC-Frage Nr. 726**].

Darüber hinaus bildet festes Calciumoxalat mit Diphenylamin und sirupöser Phosphorsäure in der Wärme *Diphenylaminblau* (siehe Kapitel 2.2.3.18 „*Nitrat-Nachweis*", Ziffer 6). Auch dieser wenig empfindliche Oxalat-Nachweis erlaubt eine weiter gehende Charakterisierung von Oxalat-Fällungen.

Versetzt man eine neutrale bis schwach saure Prüflösung mit etwa der gleichen Menge einer gesättigten Lösung von S-Benzylthiuroniumchlorid, so fällt *weißes S-Benzylthiuroniumoxalat* aus, das aus Wasser umkristallisiert werden kann.

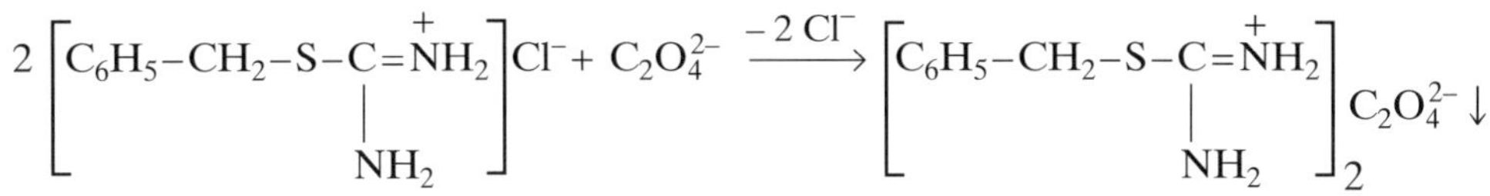

S-Benzylthiuroniumoxalat

(3) Oxidation mit Permanganat: Kaliumpermanganat oxidiert Oxalat in saurer Lösung zu Kohlendioxid (CO_2) und wird selbst zu Mn(II) reduziert. Man nutzt diese Reaktion auch zur Einstellung einer volumetrischen Permanganat-Lösung (siehe Ehlers, **Analytik II**, Kapitel 7.1.4 und 7.2.1 „*Permanganometrie*").

$$2\ MnO_4^- + 5\ C_2O_4^{2-} + 16\ H_3O^+ \rightarrow 2\ Mn^{2+} + 10\ CO_2\uparrow + 24\ H_2O$$

Durch die Anwesenheit von Mn(II)-Ionen wird die Reaktion beschleunigt, d. h. die Umsetzung verläuft ohne Mn(II)-Zusatz zunächst sehr langsam. Die Reaktionsgeschwindigkeit nimmt jedoch im Verlaufe der Oxidation in dem Maße zu, wie die Mn^{2+}-Konzentration ansteigt. Die Umsetzung von Oxalat mit Permanganat ist somit ein Beispiel für eine *autokatalysierte* Reaktion [vgl. **MC-Fragen Nr. 106–108, 708**].

(4) Bildung von Diphenylformazan: Oxalsäure wird mit Zn/HCl zu **Glyoxylsäure** reduziert, die mit Phenylhydrazin zum betreffenden Phenylhydrazon kondensiert. Danach zugesetztes Kaliumhexacyanoferrat(III), $K_3[Fe(CN)_6]$, oxidiert überschüssiges Phenylhydrazin zum Benzendiazonium-Ion, das unter Decarboxylierung mit dem gebildeten Phenylhydrazon zum *rot* gefärbten 1,5-Diphenylformazan kuppelt.

$$HOOC-COOH \xrightarrow{Zn/HCl\ (1\ min/100\ °C)} O=CH-COOH$$

Oxalsäure **Glyoxylsäure**

$$HOOC-CH=O + H_2N-NH-C_6H_5 \rightarrow HOOC-CH=N-NH-C_6H_5 + H_2O$$

Phenylhydrazin **Phenylhydrazon**

$$C_6H_5-NH-NH_2 \xrightarrow{K_3[Fe(CN)_6]} C_6H_5-\overset{+}{N}\equiv\overset{-}{N}$$

Benzendiazonium-Ion

$$C_6H_5-N_2^+ + C_6H_5-NH-N=CH-COOH \longrightarrow$$

$$C_6H_5-N=N-CH=N-NH-C_6H_5 + CO_2\uparrow + (H^+)$$

1,5-Diphenylformazan

Die angegebenen Reaktionsbedingungen müssen eingehalten werden, weil sonst die gebildete Glyoxylsäure weiter zur Glycolsäure ($HOCH_2$–COOH) reduziert wird, was eine weniger intensive Färbung oder u.U. sogar ein völliges Ausbleiben der Nachweisreaktion zur Folge haben würde. Neben Glyoxylsäure gibt auch **Formaldehyd** eine positive Reaktion (siehe Kapitel 3.5.3.11).

Die Bildung von 1,5-Diphenylformazan aus Oxalsäure nutzt das Arzneibuch bei der Reinheitsprüfung von *Citronensäure* oder *Weinsäure*, die Oxalsäure als Verunreinigung aus dem Herstellungsprozess enthalten können.

- **Salicylat (o–HO–C_6H_4–COO^-)**

Salicylate sind die Salze der Salicylsäure. **Salicylsäure** (2-Hydroxybenzoesäure) ist eine zweibasige Säure (pK_{s1} = 2,97; pK_{s2} = 11,79). Die erste Dissoziationsstufe ist stärker sauer als Benzoesäure, die zweite schwächer sauer als Phenol. Salicylsäure ist wenig löslich in kaltem Wasser, kann jedoch in der Siedehitze aus Wasser umkristallisiert werden. Die Säure ist leicht löslich in Ethanol und Ether, jedoch wenig löslich in Chloroform. Salicylsäure ist aufgrund intramolekularer Wasserstoffbrücken relativ flüchtig. Beim Erhitzen auf über 200 °C decarboxyliert die Säure zu Phenol. Zur Identifizierung von Salicylsäure und ihren Salzen können folgende Reaktionen und Eigenschaften beitragen [vgl. **MC-Fragen Nr. 722–724, 727 833**]:

(1) $FeCl_3$-Reaktion: Versetzt man eine Probelösung mit Eisen(III)-chlorid ($FeCl_3$), so entsteht eine in 30 %iger Essigsäure stabile *Violettfärbung (Ph. Eur.)*. Salicylsäure gibt als Phenol eine positive Eisen(III)-chlorid-Reaktion. Es bildet sich ein Chelatkomplex der Zusammensetzung [Fe(III) : Salicylat = 1 : 3]. Die *erhöhte Beständigkeit* dieses Chelatkomplexes in Essigsäure dient zu Unterscheidung von anderen, einfachen Phenolen und ist auf die Stabilisierung des Chelats durch die ortho-ständige Carboxylgruppe zurückzuführen. Die Carboxylgruppe erhöht auch die *Farbintensität* des Eisen(III)-Komplexes [vgl. **MC-Fragen Nr. 617–621, 623–626, 722–724, 799, 833**].

(2) Freisetzung von Salicylsäure: Die mit starken Mineralsäuren aus wässrigen Salicylat-Lösungen ausgefällte Salicylsäure kann – nach Umkristallisation aus Wasser – durch ihren Schmelzpunkt von Fp = 156–161 °C charakterisiert werden *(Ph. Eur.)*.

(3) Bromierung: Bei Zugabe von Bromwasser zu einer Salicylsäure-Lösung fällt farbloses 2,4,4,6-Tetrabrom-2,5-cyclohexadien-1-on in flockiger Form aus (siehe Ehlers, **Analytik II**, Kap. 7.2.5.4 *„Koppeschaar-Titration"*).

(4) Kondensationsreaktionen: Salicylsäure bildet mit einem Gemisch von Formaldehyd/Schwefelsäure ein *tiefrot* gefärbtes Kondensationsprodukt.

(5) Esterbildung: Beim Erhitzen von Salicylsäure mit Methanol/konzentrierter H_2SO_4 tritt der charakteristische Geruch von **Methylsalicylat** (Salicylsäuremethylester) auf.

Die genannten Nachweisreaktionen fasst das nachfolgende Schema nochmals formelmäßig zusammen, wobei darauf hinzuweisen ist, dass Salicylsäure (o-Hydroxybenzoesäure) aufgrund des phenolischen Hydroxyls und freier para-Position bei zahlreichen *Phenol-Nachweisen* (Azokupplung, Emerson-Reaktion, Gibbs-Reaktion) positiv reagiert.

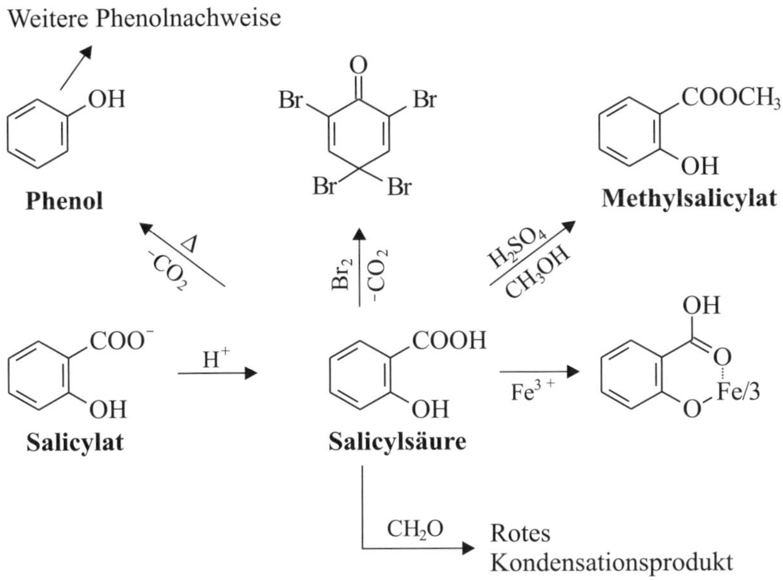

- **Tartrat ($^-OOC-CH(OH)-CH(OH)-COO^-$)**

Tartrate sind die Salze der Weinsäure [2,3-Dihydroxybernsteinsäure – 2,3-Dihydroxybutandisäure]. **Weinsäure** ist eine mittelstarke, zweibasige Säure (pK_{s1} = 2,92; pK_{s2} = 4,23). Die Säure ist löslich in Ethanol und sie löst sich – ebenso wie ihre neutralen Alkalisalze – auch leicht in Wasser. Dagegen sind Kalium- und Ammoniumhydrogentartrat in Wasser relativ schwer löslich. Eine wässrige 0,1%ige Weinsäure-Lösung zeigt einen pH-Wert von 2,2. Das Weinsäure-Molekül enthält zwei identische Chiralitätszentren und kann daher in zwei optisch aktiven Formen (D- und L-Weinsäure) und einer meso-Form (meso-Weinsäure) auftreten. Das Racemat der beiden optisch aktiven Formen wird *Traubensäure* genannt.

Weinsäure und ihre Salze reduzieren eine ammoniakalische Silbersalzlösung zu metallischem Silber (*Tollens-Probe*). Darüber hinaus bildet Weinsäure als Dihydroxydicarbonsäure mit zahlreichen Metall-Ionen stabile Chelatkomplexe. Beispielsweise lösen alkalische Tartrat-Lösungen manche schwer löslichen Hydroxide

[$Al(OH)_3$, $Fe(OH)_3$, $Cr(OH)_3$, $Pb(OH)_2$, $Cu(OH)_2$] auf, sodass viele Nachweisreaktionen dieser Kationen in Gegenwart von Tartrat ausbleiben. Tartrat muss deshalb, wie Oxalat, vor der Kationentrennung aus dem Analysengang entfernt werden. Dies geschieht am besten durch Kochen mit Schwefelsäure/Ammoniumperoxodisulfat (siehe auch Kapitel 2.3.1.7). Alle Tartrate werden bei der Herstellung des Sodaauszuges in lösliche Alkalitartrate umgewandelt.

Die *blaue* Lösung des Kupfer(II)-tartrat-Komplexes – hergestellt aus Kupfer(II)-sulfat ($CuSO_4$), Kaliumnatriumtartrat und NaOH-Lösung – dient als *Fehling-Reagenz* zur Prüfung auf oxidierbare Substanzen (Reduktionsmittel) [siehe Kapitel 3.5.2 und **MC-Fragen Nr. 713–715**].

Zum Nachweis von Weinsäure und ihren Salzen können folgende Eigenschaften und Reaktionen genutzt werden:

(1) Thermisches Verhalten: Beim trockenen Erhitzen von Tartraten in Abwesenheit von Oxidationsmitteln erfolgt Verkohlung und *Brenzreaktion*, die sich durch ihren charakteristischen Geruch zu erkennen gibt.

Beim Erhitzen mit konz. H_2SO_4 erfolgt in Abwesenheit von Oxidationsmitteln ebenfalls eine Zerstörung des Moleküls unter Decarboxylierung und Bildung von Kohlendioxid (CO_2) und unter gleichzeitiger Decarbonylierung und Bildung von Kohlenmonoxid (CO) [vgl. **MC-Fragen Nr. 51, 52, 713**].

(2) Bildung schwer löslicher Salze: Silbernitrat bildet mit löslichen Tartraten einen *weißen* Niederschlag, der in Essigsäure, Mineralsäuren und Ammoniak löslich ist. Verwendet man Weinsäure, so bleibt die Fällung aufgrund der Acidität der Säure aus.

Mit Ba^{2+}- und Ca^{2+}-Ionen entstehen gleichfalls schwer lösliche Niederschläge; *Bariumtartrat* ($BaC_4H_4O_6$) ist im Gegensatz zu *Calciumtartrat* ($CaC_4H_4O_6$) in verdünnter Essigsäure löslich.

Versetzt man eine essigsaure Tartrat-Lösung mit einer KCl-Lösung, so fällt *weißes Kaliumhydrogentartrat* ($KHC_4H_4O_6$) aus. Ein Zusatz von Essigsäure ist notwendig, damit eine hinreichend hohe Hydrogentartrat-Konzentration vorliegt [siehe auch Kapitel 2.3.2.23 und **MC-Frage Nr. 714**].

(3) Reaktion nach Fenton: Eine leicht saure, wässrige Tartrat-Lösung wird mit Wasserstoffperoxid (H_2O_2) und Eisen(II)-sulfat ($FeSO_4$) versetzt. Es tritt eine vorübergehende Gelbfärbung auf. Gibt man anschließend NaOH-Lösung hinzu, so resultiert eine intensive *Blaufärbung (Ph. Eur.)* [vgl. **MC-Fragen Nr. 713, 714, 716, 717, 719, 815**].

In Gegenwart von Fe^{2+}-Ionen oxidiert H_2O_2 Weinsäure zu *Dihydroxyfumarsäure*, die mit Fe(II) in alkalischem Milieu *blauviolett* gefärbte Komplexe bildet.

$$H_2O_2 + Fe^{2+} \rightarrow Fe^{3+} + HO^- + HO^\bullet$$

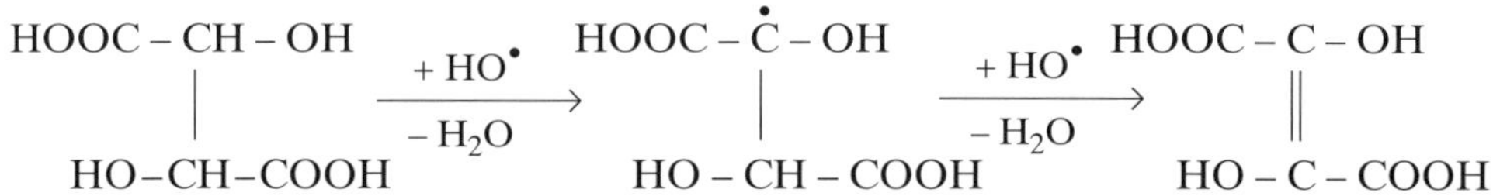

Weinsäure **Dihydroxyfumarsäure**

(4) Reaktion nach Pesez: Eine schwefelsaure Weinsäure-Lösung wird mit Kaliumbromid (KBr) und Resorcin-Lösung versetzt und erhitzt. Dabei entsteht eine *tiefblaue* Farbe, die nach Eingießen in Wasser nach *Rot* umschlägt *(Ph. Eur.)* [vgl. **MC-Fragen Nr. 713, 714, 718, 729, 735, 816**].

Aus Weinsäure bildet sich zunächst durch Oxidation mit KBr/H_2SO_4 *Glyoxylsäure*, die mit *Resorcin* zu einem Diphenylmethan-Derivat kondensiert. Die weitere Oxidation soll zu einem chinoiden System führen, das anschließend von Brom unter Farbvertiefung elektrophil angegriffen wird und in saurer Lösung wahrscheinlich als bromiertes Oxoniumion vorliegt [vgl. **MC-Frage Nr. 840**].

$$HOOC-CHOH-CHOH-COOH \xrightarrow[-\,CO_2/CO/H_2O]{(H_2SO_4)}$$

Weinsäure

$$HOCH_2-COOH \xrightarrow{Ox} O=CH-COOH$$

Glycolsäure **Glyoxylsäure**

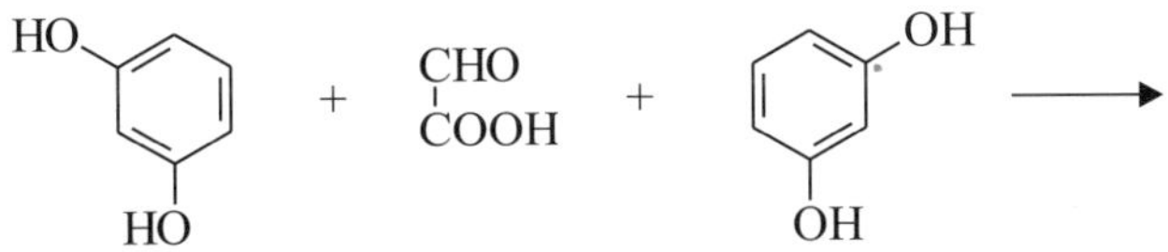

Resorcin

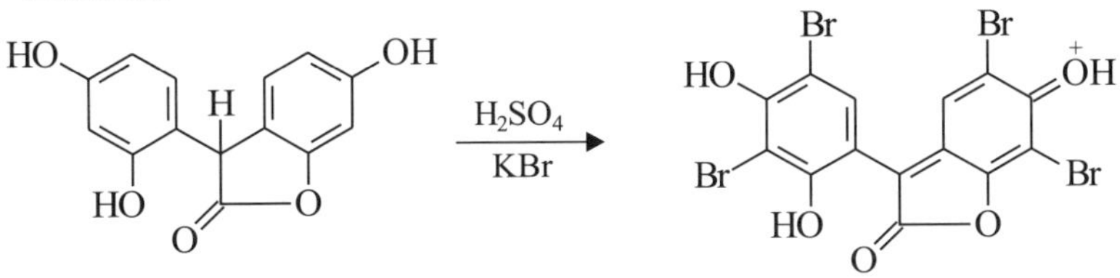

3.5.3.18 Nachweis von Carbonsäureamiden

Primäre (R–$CONH_2$), *sekundäre* (R–CONHR') und *tertiäre* Carbonsäureamide (R–$CONR_2$') sind acylierte Derivate des Ammoniaks bzw. Acylderivate von primären und sekundären Aminen. Die wässrigen Lösungen von Amiden reagieren neutral. Zur Analytik von Carbonsäureamiden können folgende Reaktionen beitragen:

(1) Verseifung von Amiden: Die meistens im alkalischen Milieu durchgeführte Verseifung von Amiden führt zu Carbonsäuren und Aminen, die zu ihrer weiteren Identifizierung entsprechend derivatisiert werden.

(2) Hydroxamsäure-Reaktion: Zur Hydroxamsäure-Reaktion von Carbonsäureamiden siehe nachfolgendes Kapitel 3.5.3.20.

(3) Xanthydrol-Reaktion: Primäre Carbonsäureamide (R–$CONH_2$) und primäre Sulfonamide (R–SO_2NH_2) sowie einige NH-acide Verbindungen wie *Barbiturate* und manche Heterocyclen mit einer Carbonsäureamid-Gruppierung bilden mit 9-Hydroxyxanthen (*Xanthydrol*) gut kristallisierende 9-Acylxanthene (R'= R–CO–) bzw. 9-Sulfonylxanthene (R'= R–SO_2–) [vgl. **MC-Frage Nr. 749**].

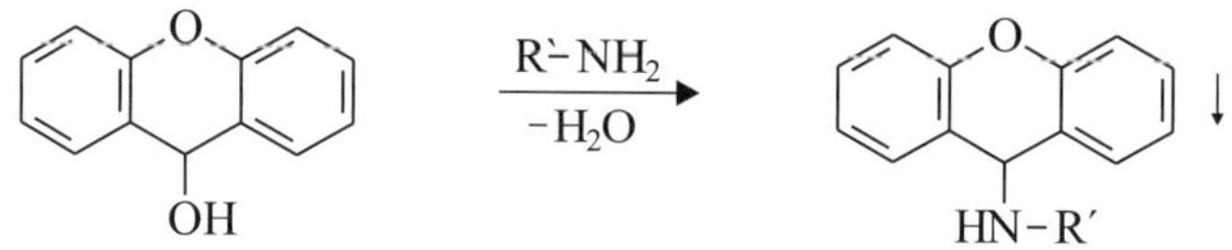

Xanthydrol

R' = $R-C(=O)-$; $R-SO_2-$; Barbiturat

3.5.3.19 Nachweis von Carbonsäurenitrilen (Nitrile)

Die niederen aliphatischen Nitrile (Alkylcyanide) ($R-C\equiv N$) sind beständige, farblose Flüssigkeiten von relativ angenehmen Geruch, die höheren sind kristalline Substanzen. Nitrile sind bei weitem nicht so giftig wie Cyanwasserstoff (Blausäure). Die saure Hydrolyse von Nitrilen führt zu *Carbonsäuren* (R–COOH), ihre Reduktion ergibt *primäre Amine* ($R-CH_2-NH_2$).

$$\underset{\textbf{primäres Amin}}{R-CH_2-NH_2} \xleftarrow{\text{Reduktion}} \underset{\textbf{Nitril}}{R-C\equiv N} \xrightarrow{\text{Verseifung}} \underset{\textbf{Carbonsäure}}{R-COOH}$$

$$R-CH_2-NH_2 \xrightarrow{+\,C_6H_5-COCl} R-CH_2-NH-CO-C_6H_5 \quad \textbf{Benzamid}$$

Zur *Reduktion von Nitrilen* eignet sich besonders die **Bouveault-Blanc-Reaktion** mit metallischem Natrium in Ethanol. Am zweckmäßigsten wird das dabei gebildete primäre Amin anschließend direkt mit Benzoylchlorid zu einem Benzamid-Derivat umgesetzt. Benzamide sind gut kristallisierende Verbindungen, die über ihren Schmelzpunkt charakterisiert werden können. *Carbonsäureamide* werden unter diesen Bedingungen *nicht* reduziert.

3.5.3.20 Nachweis von Carbonsäureestern (Ester)

Die niederen Glieder der Carbonsäureester (R–COOR') sind farblose Flüssigkeiten von fruchtartigem Geruch, die höheren sind geruchlos. Carbonsäureester reagieren neutral; sie sind spezifisch leichter als Wasser und lösen sich darin nur wenig. Im Gegensatz zu Carbonsäuren sind ihre Ester nicht-assoziierte Flüssigkeiten (keine H-Brücken) und sieden daher tiefer als die betreffenden Carbonsäuren. Zur Identifizierung von Estern verseift man normalerweise die Verbindungen und weist die Spaltprodukte – Carbonsäure und Alkohol – einzeln nach. In vielen Fällen erhält man aber direkt durch Umesterung oder Aminolyse leicht charakterisierbare Derivate.

(1) Umesterung: Die Umesterung eines Carbonsäureesters mit Essigsäure/Schwefelsäure spielt bei vielen Ethylestern eine wichtige Rolle, da das entstehende *Ethylacetat* (Essigsäureethylester) leicht an seinem charakteristischen Geruch nachgewiesen werden kann. Dieses Verhalten nutzt man z. B. bei der

Prüfung auf Identität von **Benzocain** [p-Aminobenzoesäureethylester] (p-H_2N-C_6H_4-$COOCH_2CH_3$) [siehe auch Kapitel 3.5.4.9 und **MC–Frage Nr. 782**].

$$\text{R–CO–}\mathbf{OC_2H_5} + \text{CH}_3\text{–COOH} \xrightarrow{(H^+)} \text{R–COOH} + \text{CH}_3\text{–CO–}\mathbf{OC_2H_5}\uparrow$$

Essigsäureethylester

(2) Hydroxamsäure-Reaktion: Zur allgemeinen Identitätsprüfung auf Ester schreibt das Arzneibuch die Hydroxamsäure-Reaktion vor. Hierzu wird die zu prüfende Substanz in ethanolischer Kaliumhydroxid-Lösung nach Zusatz von in Methanol gelöstem Hydroxylaminhydrochlorid zum Sieden erhitzt. Nach dem Abkühlen wird mit Wasser verdünnt und Eisen(III)-chlorid-Lösung ($FeCl_3$) hinzugegeben. Es tritt eine *bläulich rote* bis *rote* Färbung auf [vgl. **MC-Fragen Nr. 625, 736–747, 807, 829**].

Carbonsäureester (R–COOR') reagieren mit Hydroxylamin (H_2NOH) unter Bildung von Hydroxamsäuren (R–CO–NHOH), die mit Fe(III) einen roten bis blauroten Chelatkomplex (*Hydroxamat-Komplex*) bilden. Die Reaktion gelingt sowohl mit unsubstituierten (R^3 = H) als auch mit monosubstituierten Hydroxylamin-Derivaten (R^3 = Alkyl). Die Komplexbildung erfolgt jedoch *nicht* mit am Sauerstoff-substituierten Hydroxylaminen (H_2N–OR).

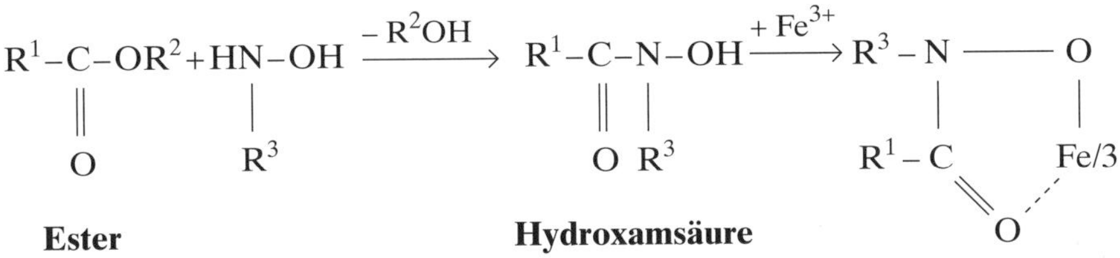

Ester **Hydroxamsäure**

Die Pharmakopöen nutzen beispielsweise die Hydroxamsäure-Reaktion zur Identifizierung von Wirkstoffen wie **Aspartam** oder **Clofibrat.**

Aspartam **Clofibrat**

Neben Carbonsäureestern reagieren auch Lactone, Carbonsäurechloride und Carbonsäureanhydride mit Hydroxylamin. Carbonsäuren lassen sich ebenfalls durch die Hydroxamsäure-Reaktion nachweisen, wenn sie zunächst in Carbonsäurechloride umgewandelt werden. Darüber hinaus können sie in Anwesenheit von N,N'-Dicyclohexylcarbodiimid auch direkt mit Hydroxylamin in Hydroxamsäuren übergeführt werden [vgl. **MC-Fragen Nr. 736–744, 829**].

$$\text{R–COOH} + \text{H}_2\text{N–OH} + \text{C}_6\text{H}_{11}\text{–N=C=N–C}_6\text{H}_{11} \rightarrow \text{R–CO–NHOH} + \text{C}_6\text{H}_{11}\text{–NH–CO–NH–C}_6\text{H}_{11}$$

Säure **Dicyclohexylcarbodiimid** **Hydroxamsäure** **Dicyclohexylharnstoff**

Bei **β-Lactamen** wie *Penicillinen* und *Cephalosporinen* erfolgt die Bildung der Hydroxamsäure unter Aufspaltung des β-Lactamringes.

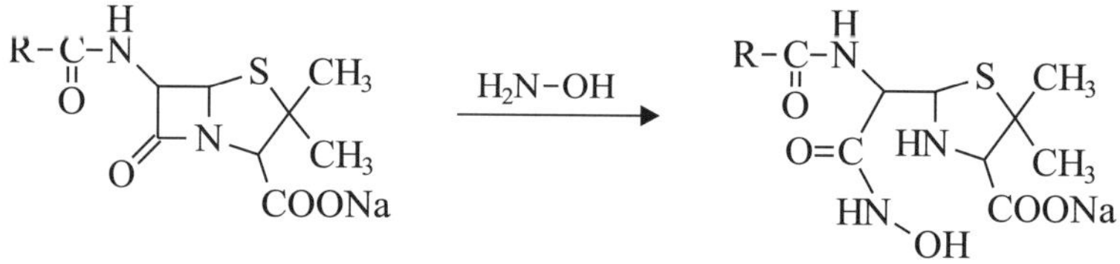

Carbonsäureamide (R^1–CO–NH–R^2) und **Carbonsäureimide** (R–CO–NH–CO–R) erfordern wegen ihrer geringeren Reaktivität gegenüber Hydroxylamin längere Reaktionszeiten und erhöhte Reaktionstemperaturen [vgl. **MC-Frage Nr. 747**].

$$R^1\text{–CO–NH–}R^2 + H_2N\text{–OH} \rightarrow R^1\text{–CO–NHOH} + R^2\text{–}NH_2$$

Carbonsäureamid **Hydroxamsäure**

Das Arzneibuch nutzt zum Beispiel diese Variante bei der Identitätsprüfung von **Indometacin.** Bei diesem Wirkstoff wird vermutlich durch den nucleophilen Angriff des Hydroxylamins die p-Chlorbenzoesäure als Hydroxamsäure (p-Cl–C_6H_4–CO–NHOH) abgespalten.

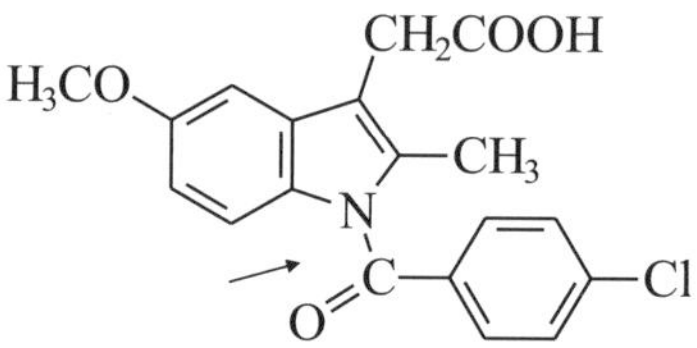

Indometacin

Kohlensäureester, Urethane, Nitrile, Sulfonsäureester, Ether, Alkohole oder quartäre Ammoniumverbindungen gehen die Hydroxamsäure-Reaktion *nicht* ein.

Von den zahlreichen Wirkstoffen des Arzneibuches, die eine Esterfunktion enthalten, sollen nachfolgend nur die *Tropasäureester* näher vorgestellt werden, wie sie im **Atropin, Hyoscyamin, Scopolamin** und ihren quartären Ammonium-Derivaten vorliegen. Als eine empfindliche und spezifische Nachweisreaktion für diese Ester hat sich die *Vitali-Reaktion* erwiesen [vgl. **MC-Fragen Nr. 760, 772, 773**].

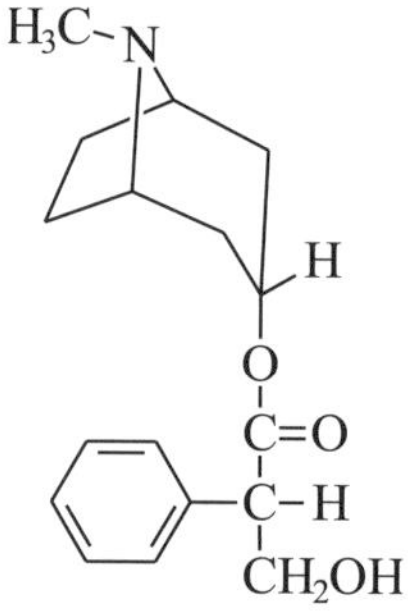

Atropin

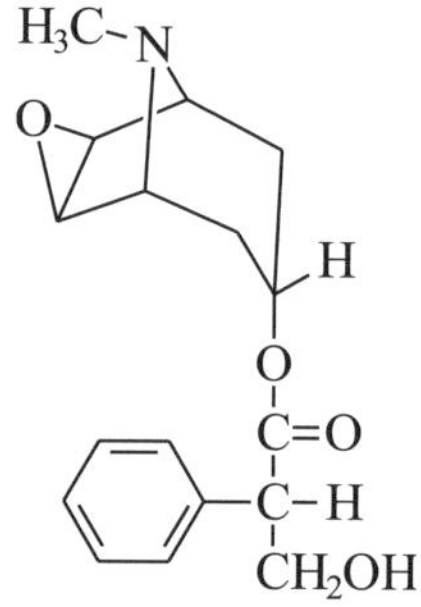

Scopolamin

(3) Vitali-Reaktion: Hierzu wird die betreffende Substanz mit Salpetersäure zur Trockne eingedampft. Der Rückstand wird in Aceton aufgenommen und mit methanolischer Kaliumhydroxid-Lösung versetzt. Es entsteht eine *Violettfärbung*.

Behandelt man Atropin und verwandte Verbindungen mit rauchender Salpetersäure, so wird der Phenylring der Tropasäure in para-Stellung nitriert. Der nach dem Eindampfen erhaltene gelbe Rückstand besteht hauptsächlich aus den Nitraten des 4'-Nitroatropinsalpetersäureesters (A) und des 4'-Nitroatropamins (B). Daneben bilden sich zahlreiche weitere Reaktionsprodukte. In alkalischer Lösung entstehen daraus violett-gefärbte, mesomeriestabilisierte Anionen, wobei die Verbindung (A) ihr Proton im Benzylstellung verliert, während die Verbindung (B) von der Base im Sinne einer Michael-Addition am endständigen C-Atom der Doppelbindung angegriffen wird.

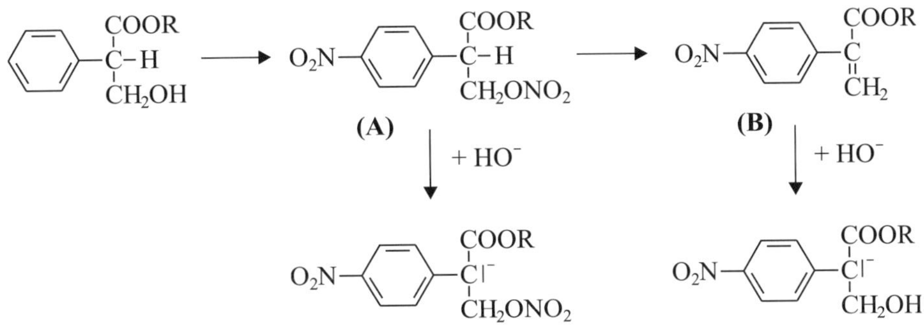

Der Aceton-Zusatz soll lediglich die Empfindlichkeit der Reaktion erhöhen, beeinträchtigt jedoch auch ihre Spezifität. *Tropasäure* [C_6H_5-CH(CH_2OH)-COOH] selbst ergibt *keine* positive Vitali-Reaktion, wahrscheinlich aufgrund eines oxidativen Molekülabbaus. Auch **Homatropin,** der Mandelsäureester des Tropins, reagiert *nicht* im Sinne einer Vitali-Reaktion.

An einfachen Carbonsäureestern wurde Ethylacetat als Monographie in *Ph. Eur.* aufgenommen.

- **Ethylacetat (Essigsäureethylester) [CH_3–COO–CH_2–CH_3] (Ph. Eur.)**

Ethylacetat ist eine farblose, klare Flüssigkeit von angenehm fruchtartigem Geruch. Mit Wasser (6,1 Vol%) bildet der Ester ein azeotropes Gemisch, das bei Kp = 70,4 °C siedet. Ethylacetat ist löslich in den gängigen organischen Solvenzien.

Zur Identitätsprüfung lässt das Arzneibuch den Siedebereich (Kp = 76–78 °C) bestimmen und nimmt das IR-Spektrum auf. Darüber hinaus zeigt Ethylacetat die Hydroxamsäure-Reaktion und reagiert auch positiv bei einer Acetylgruppenbestimmung (siehe Kapitel 3.5.4.1).

3.5.3.21 Nachweis von Aminosäuren

Die Bezeichnungen Aminosäure und Aminocarbonsäure werden häufig synonym verwendet. Je nach der Stellung der Aminogruppe relativ zur Carboxylfunktion unterscheidet man zwischen α-, β-, γ-Aminosäuren usw. Wird nur von *„Aminosäuren"* gesprochen, so sind in der Regel **α-Aminocarbonsäuren** gemeint, die als Bausteine von *Peptiden* und *Proteinen* eine große Bedeutung besitzen.

$$\underset{\displaystyle NH_2}{\overset{\alpha}{-C}}-COOH \qquad \underset{\displaystyle NH_2}{\overset{\beta}{-C}}-\overset{\alpha}{C}-COOH \qquad \underset{\displaystyle NH_2}{\overset{\gamma}{-C}}-\overset{\beta}{C}-\overset{\alpha}{C}-COOH$$

α-Aminosäure **β-Aminosäure** **γ-Aminosäure**

Daneben spielen in der Biochemie und Physiologie auch Aminodicarbonsäuren (*saure Aminosäuren*) und Diaminocarbonsäuren (*basische Aminosäuren*) eine wichtige Rolle. Im weiteren Sinne zählen zur Substanzklasse der Aminosäuren aber auch Wirkstoffe wie **Levodopa** oder **Methyldopa**.

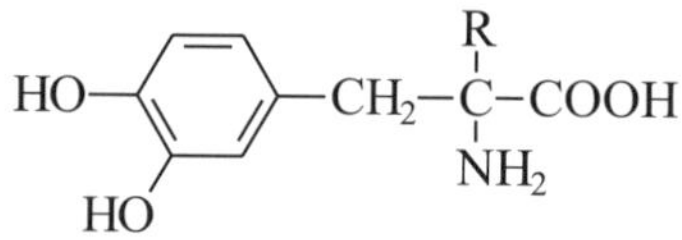

R: H **Levodopa**
CH_3 **Methyldopa**

Mit Ausnahme von **Glycin** ($H_2N{-}CH_2{-}COOH$) und **β-Alanin** ($H_2N{-}CH_2{-}CH_2{-}COOH$) besitzen Aminosäuren mindestens ein Chiralitätszentrum und treten in zwei optisch aktiven Formen auf. L-Aminosäuren schmecken meistens bitter, dagegen besitzen D-Aminosäuren einen süßlichen Geschmack. Proteinogene Aminosäuren sind L-konfiguriert.

Aminosäuren sind kristalline, nicht flüchtige Substanzen mit hohen Zersetzungstemperaturen. In unpolaren Lösungsmitteln sind Aminosäuren generell unlöslich, in polaren organischen Solvenzien sind sie schwer löslich. Einigermaßen gut lösen sich Aminosäuren nur in solvatisierenden Lösungsmitteln wie Wasser. Ihre wässrigen Lösungen zeigen pH-Werte um 5,5 bis 6,0. Aufgrund ihres *Ampholytcharakters* lösen sich Aminosäuren aber unter Salzbildung in Mineralsäuren *und* in Alkalihydroxid-Lösungen.

$$R-\underset{\displaystyle NH_3^+\,Cl^-}{CH}-COOH \xleftarrow{+\,HCl} R-\underset{\displaystyle NH_2}{CH}-COOH \xrightarrow{+\,NaOH} R-\underset{\displaystyle NH_2}{CH}-COO^-Na^+$$

All diese Eigenschaften von Aminosäuren sind auf den dipolaren Charakter der Moleküle mit basischer Aminogruppe und saurer Carboxylfunktion zurückzuführen. In festem Zustand und in wässriger Lösung an ihrem isoelektrischen Punkt liegen Aminosäuren als Zwitterionen (*Betain*) vor.

$$R-\underset{\displaystyle NH_2}{CH}-COOH \rightleftharpoons R-\underset{\displaystyle NH_3^+}{CH}-COO^-$$

Zwitterion

Aus analytischer Sicht zeigen Aminosäuren die Eigenschaften eines *primären Amins* und die einer *Carbonsäure*. Beispielsweise lassen sich Aminosäuren am N-Atom acetylieren oder benzoylieren bzw. ihre Carboxylgruppe kann in ein Estercarbonyl umgewandelt werden. Zum Nachweis und zur Identifizierung von α-Aminosäuren eignen sich folgende Reaktionen:

(1) Chelat-Bildung: α-Aminosäuren sind vortreffliche Chelatbildner und geben z. B. im alkalischen Milieu mit Cu(II)-Salzen *blau* gefärbte Kupfer-Chelatkomplexe.

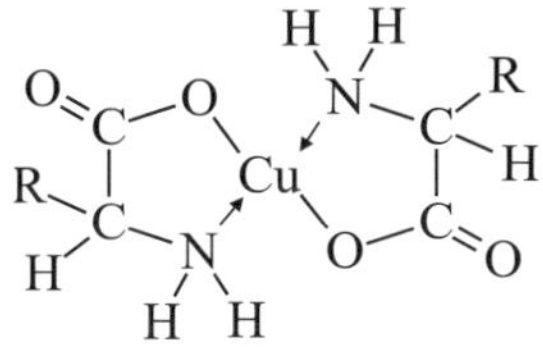

(2) Nachweis als Aldehyd: Mit Oxidationsmitteln (HgO, N-Bromsuccinimid) reagieren Aminosäuren zu Iminosäuren, die zu α-Oxocarbonsäuren hydrolysieren. Letztere spalten beim Erwärmen Kohlendioxid ab unter Bildung von Aldehyden, die mit den gängigen Methoden näher charakterisierbar sind.

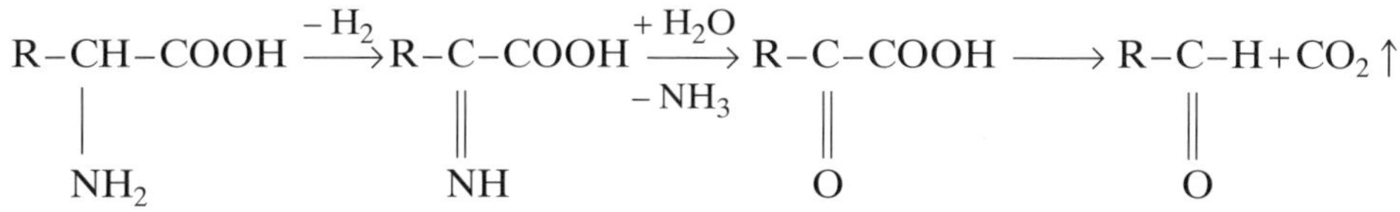

Aminosäure **Iminosäure** **α-Ketosäure** **Aldehyd**

(3) Ninhydrin-Reaktion: Ninhydrin, das stabile Hydrat des 1,2,3-Triketoindans (1,2,3-Indantrion), reagiert mit Aminosäuren zu Azomethinen. Durch Decarboxylierung bildet sich daraus ein tautomeres Azomethin, das zu 2-Amino-1,3-indandion hydrolysiert. Durch die nachfolgende Kondensation dieses primären Amins mit überschüssigem Ninhydrin entsteht ein *blauvioletter* Farbstoff (*Ruhmanns-Purpur*), der bei $\lambda = 570$ nm absorbiert *(Ph. Eur.)* [vgl. **MC-Fragen Nr. 751–753, 813**].

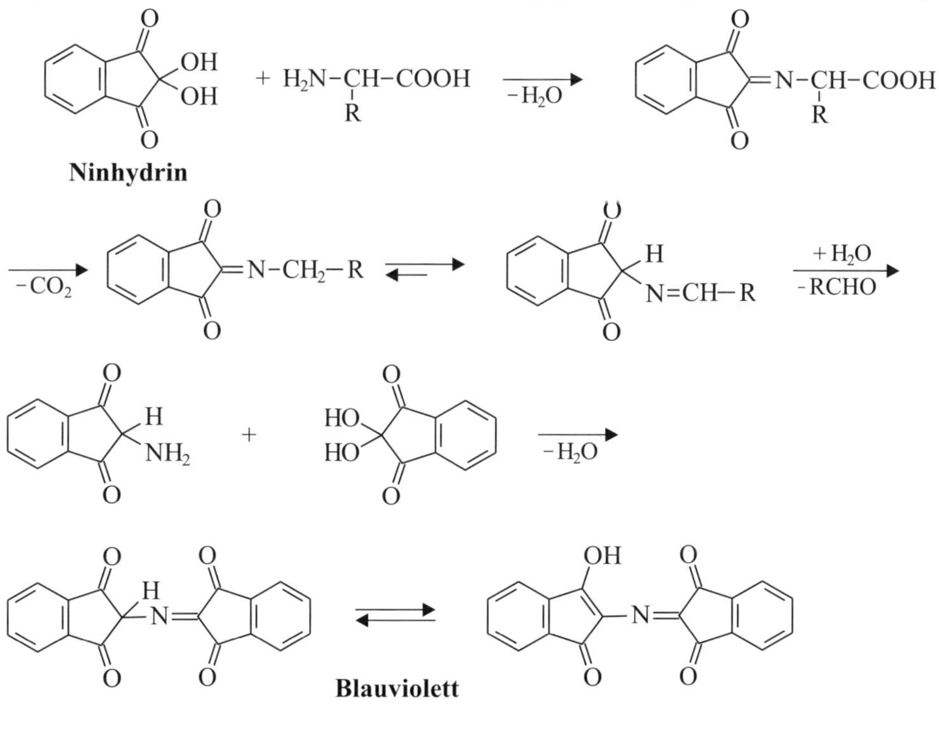

Ninhydrin

Blauviolett

Da die Ninhydrin-Reaktion eine freie, primäre Aminogruppe erfordert, muss z. B. die Acetylgruppe in N-Acetylaminosäuren (Acetyltryptophan, Acetyltyrosin) zuvor mit Schwefelsäure abgespalten werden.

Mit sekundären Aminosäuren wie *Prolin* oder *Hydroxyprolin* entsteht ein gelber, zwitterionischer Farbstoff, der bei $\lambda = 440$ nm detektierbar ist, und in dem das Prolin-Ringgerüst als Bindeglied zwischen zwei Ninhydrin-Molekülen fungiert.

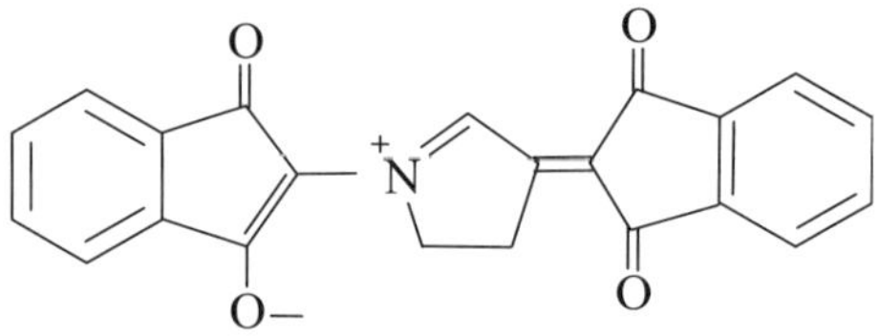

(4) Sanger-Reaktion: Bei der Kondensation von 2,4-Dinitrofluorbenzen (*Sanger-Reagenz*) wird der aktivierte Aromat nucleophil von der Aminosäure angegriffen und unter Abspaltung von Fluorwasserstoff (HF) bilden sich farbige 2,4-Dinitroanilin-Derivate.

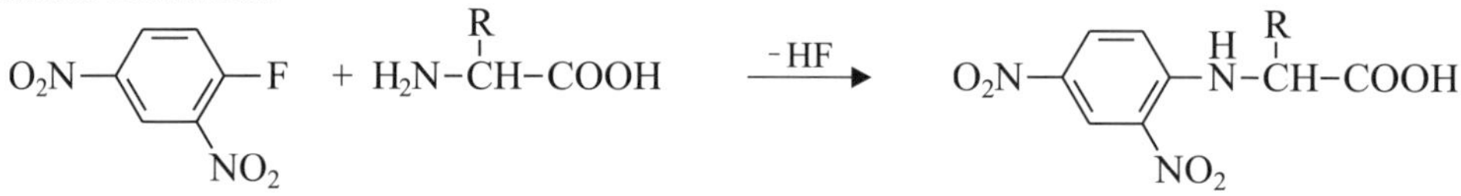

(5) Reaktion nach Waser und Karrer: Aminosäuren ergeben mit 4-Nitrobenzoylchlorid neben dem erwarteten Benzamid-Derivat auch ein *Azlacton*, das von Pyridin oder siedender Soda-Lösung zu einem farbigen, mesomeriestabilisierten Anion deprotoniert wird.

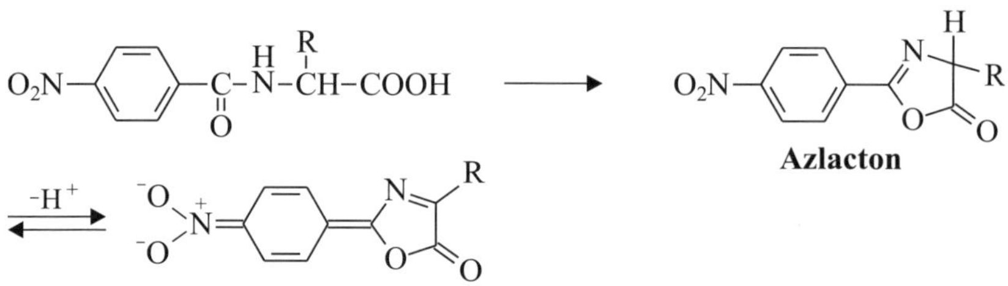

Azlacton

(6) OPA-Methode: o-Phthalaldehyd (OPA) reagiert mit primären Aminosäuren in Gegenwart von Thiolen (Ethanthiol, 2-Mercaptoethanol, Mercaptopropionsäure, N-Acetyl-L-cystein) zu stark fluoreszierenden *Isoindol-Derivaten.* Die Umsetzung findet bei Raumtemperatur im alkalischen Bereich bei etwa pH 9,5 statt. Die Stabilität der gebildeten Isoindol-Derivate hängt stark vom eingesetzten Thiol ab. Die Isoindole können mittels UV-Detektion bei $\lambda = 230$ nm oder nach entsprechender Anregung (bei 340 nm) durch Fluoreszenz-Detektion bei $\lambda = 455$ nm nachgewiesen werden. Das OPA-Reagenz reagiert *nicht* mit sekundären Aminosäuren wie Prolin oder Hydroxyprolin.

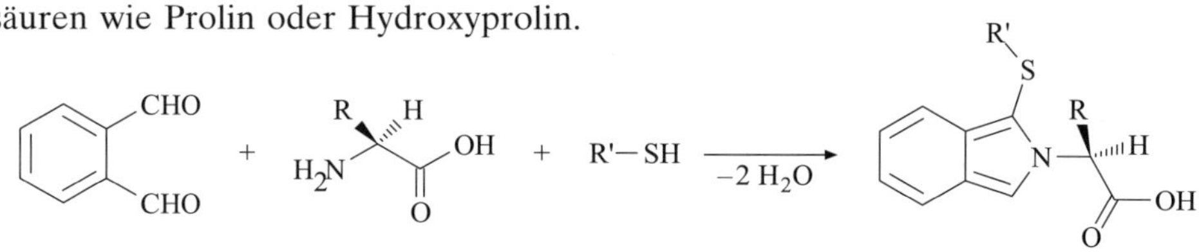

(7) PITC-Verfahren: Das Edmann-Reagenz Phenylisothiocyanat (Phenylsenföl) (PITC), $C_6H_5{-}N{=}C{=}S$, reagiert mit primären Aminosäuren, $H_2N{-}CHR{-}COOH$, bei Raumtemperatur zu Thioharnstoff-Derivaten, die sich anschließend mit Trifluoressigsäure zu stabilen Phenylthiohydantoin-Derivaten cyclisieren lassen.

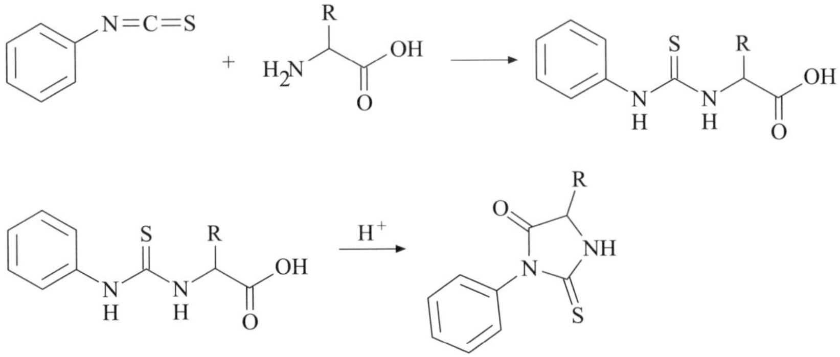

(8) Van Slyke-Reaktion: Mit Salpetriger Säure reagieren Aminosäuren mit primärer Aminofunktion in wässriger Lösung über instabile Diazonium-Ionen und nachfolgender Freisetzung von Stickstoff zu α-*Hydroxycarbonsäuren*. Das Verfahren kann auch zur volumetrischen Bestimmung von Aminosäuren genutzt werden (*Sörensen-Titration*) [vgl. **MC-Frage Nr. 750**].

$$\underset{\displaystyle NH_2}{\underset{|}{R{-}CH{-}COOH}} + HNO_2 \rightarrow \underset{\displaystyle OH}{\underset{|}{R - CH - COOH}} + H_2O + N_2\uparrow$$

Beispielsweise führt die van Slyke-Reaktion von **Alanin** (R = CH_3) zu *Milchsäure* (α-Hydroxypropionsäure), die durch eine positive Iodoform-Probe nachgewiesen werden kann.

(9) Acylierung: Die Acylierung der Aminogruppe kann mit einem Säurechlorid oder einem Säureanhydrid in Gegenwart von säurebindenden Mitteln wie Pyridin durchgeführt werden. Die entstehenden N-Acylaminosäuren reagieren stärker sauer (pH < 3) als Aminosäuren, weil die gebildete Carbonsäureamidgruppe nahezu keine basischen Eigenschaften besitzt. Im Gegensatz zu den freien Aminosäuren haben die N-Acyl-Derivate definierte Schmelztemperaturen.

$$\underset{\displaystyle NH_2}{\underset{|}{R{-}CH{-}COOH}} + R' - COCl \rightarrow \underset{\displaystyle HN - CO - R'}{\underset{|}{R - CH - COOH}} + HCl$$

Aminosäure **N-Acylaminosäure**

Weiterhin lässt das Arzneibuch Aminosäuren durch ihr *IR-Spektrum* sowie über ihre *spezifische Drehung* charakterisieren.

(10) Fällungsreaktionen: Saure Aminosäuren (Aminodicarbonsäuren) wie Glutaminsäure, Aspartinsäure (Asparaginsäure) werden durch Hg^{2+}-Ionen als *weißer* Niederschlag gefällt. Basische Aminosäuren (Diaminocarbonsäuren) wie Arginin, Histidin, Lysin oder Ornithin bilden dagegen mit Molybdatophosphorsäure schwer lösliche Niederschläge.

3.5.3.22 Aminosäurenanalyse

Natürliche und rekombinante Proteine (Peptide) stellen wichtige Wirkstoffe mit breitem therapeutischem Einsatz dar. Die Aminosäurenanalyse ist daher ein wichtiger Teilaspekt der pharmazeutischen Proteinanalytik und dient durch Bestimmung der Aminosäurenzusammensetzung zur

- Identifizierung,
- Strukturaufklärung,
- Quantifizierung

von Proteinen und Peptiden. Die Aminosäurenanalyse besteht aus zwei Teilschritten:

- Hydrolyse des Proteins oder Peptids unter Freisetzung der einzelnen Aminosäuren,
- chromatographische Identifizierung und Quantifizierung der gebildeten Aminosäuren nach entsprechender Derivatisierung.

Hydrolyse: Die Proteinhydrolyse kann chemisch oder enzymatisch erfolgen; ein ideales, universell anwendbares Verfahren existiert jedoch nicht. Oft sind Hydrolyse des Proteins und Zersetzung von Aminosäuren im Hydrolysat simultan ablaufende Prozesse. Sie hängen stark von der jeweils gewählten Temperatur, Reaktionszeit und den eingesetzten Reagenzien ab. Am gebräuchlichsten ist noch die saure Hydrolyse des Proteins oder Peptids in 6 M–HCl über 24 Stunden bei 110 °C.

Trennung und Identifizierung: Für die Trennung und den Nachweis der einzelnen Aminosäuren stehen folgende Verfahren zur Verfügung:

- direkte Trennung der Aminosäuren mittels Kationenaustauscherchromatographie (siehe Ehlers, **Analytik II**, Kapitel 6.2.4.6) mit nachgeschalteter Derivatisierung zur Identifizierung der eluierten Aminosäuren (*Nachsäulenderivatisierung*),
- Derivatisierung der Aminosäuren mit nachfolgender chromatographischer Trennung der gebildeten Derivate an einem Umkehrphasen-Träger (reversed phase-Träger) (*Vorsäulenderivatisierung*).

Die Aminosäuren(derivate) zeigen bei ihrer chromatographischen Auftrennung ein charakteristisches Retentionsverhalten und können somit durch ihre Retentionszeit identifiziert werden.

Derivatisierung: Eine Derivatisierung ist notwendig, weil die meisten Aminosäuren keinen Chromophor besitzen, der ihre Detektion durch eine UV- oder Fluoreszensmessung erlaubt. An wichtigen Derivatisierungsverfahren seien beispielhaft genannt:

- Umsetzung mit *Ninhydrin* unter Bildung eines blauvioletten Farbstoffes (*Ruhmanns-Purpur*, wichtigste Verfahren zur Nachsäulenderivatisierung),
- Umsetzung mit *ortho-Phthalaldehyd* (OPA) in Gegenwart von Thiolen unter Bildung von Isoindol-Derivaten (zur Vor- und Nachsäulenderivatisierung geeignet),
- Umsetzung mit *Phenylisothiocyanat* (PITC), $C_6H_5{-}N{=}C{=}S$, das sog. *Edmann-Reagenz* unter Bildung von Phenylthiocarbamoyl-Derivaten (für Vorsäulenderivatisierung).

Diese Verfahren wurden im Detail schon im voranstehenden Abschnitt beschrieben. Für weitere Derivatisierungsmethoden wird auf die Lehrbücher zur Proteinanalytik verwiesen. Abschließend ist noch darauf hinzuweisen, dass die Verfahren der Aminosäurenanalyse zur Identifizierung und Quantifizierung von unbekannten und bekannten Proteinen gegenüber *massenspektrometrischen Verfahren* doch erheblich an Bedeutung verloren hat.

3.5.3.23 Nachweis von Sulfonsäuren und ihren Derivaten

Alkansulfonsäuren ($R{-}SO_3H$) sind stark hygroskopische Substanzen, deren Acidität mit der Säurestärke von Mineralsäuren vergleichbar ist. Die Alkali- und Erdalkalisalze von Alkansulfonsäuren sind wasserlöslich. Auch *aromatische Sulfonsäuren* ($Ar{-}SO_3H$) sind hygroskopische, in Wasser leicht lösliche Substanzen. Sie sind vollständig in Wasser dissoziiert. Die Acidität der *Benzensulfonsäure* [$C_6H_5{-}SO_3H$] ($pK_s = 0{,}7$) entspricht der von Schwefelsäure.

$$Ar{-}SO_3H + H_2O \rightarrow Ar{-}SO_3^- + H_3O^+$$

Die Calcium-, Barium- und Bleiarylsulfonate sind im Gegensatz zu den entsprechenden Sulfaten wasserlöslich. Die Charakterisierung von Sulfonsäuren gelingt weitgehend mit den gleichen Methoden wie sie auch für die Identifizierung von Carbonsäuren angewandt werden.

(1) Nachweis als Sulfonsäureanilid: Im Allgemeinen überführt man Sulfonsäuren, z. B. durch Umsetzung mit Phosphorpentachlorid (PCl_5), in die betreffenden Sulfonsäurechloride (Sulfochloride) [$R{-}SO_2Cl$], die man durch nachfolgende Reaktion mit Anilin als kristalline Sulfonsäureanilide nachweisen kann.

$$R{-}SO_3H \rightarrow R{-}SO_2Cl + 2\ C_6H_5{-}NH_2 \rightarrow \underset{\textbf{Sulfonsäureanilid}}{R{-}SO_2{-}NH{-}C_6H_5\downarrow} + C_6H_5{-}NH_3^+\ Cl^-$$

Zur Darstellung der Sulfonsäureanilide muss das Sulfonsäurechlorid jedoch mit so viel Anilin versetzt werden, dass der gebildete Chlorwasserstoff von der überschüssigen Base vollständig gebunden wird. Die Sulfonsäureanilide lassen sich anschließend durch Fällen mit verdünnter Salzsäure isolieren.

(2) Nachweis als S-Benzylisothioharnstoffsulfonat: Bewährt hat sich auch die Darstellung der S-Benzylisothioharnstoffsulfonate (S-Benzylisothiuroniumsulfonate) in natronalkalischer Lösung durch Umsetzung von Sulfonsäuren oder ihren Salzen mit S-Benzylthioharnstoffchlorid.

$$R{-}SO_3H + NaOH + \left[C_6H_5 - CH_2 - S - \underset{\underset{NH_2}{|}}{C} = \overset{+}{N}H_2\right]Cl^- \xrightarrow[-\,H_2O]{-\,NaCl}$$

$$\left[C_6H_5 - CH_2 - S - \underset{\underset{NH_2}{|}}{C} = \overset{+}{N}H_2\right] R - SO_3^- \downarrow$$

S-Benzylisothioharnstoffsulfonat

In das Arzneibuch wurde als Monographie aufgenommen:

- **Methansulfonsäure [CH_3–SO_3H] (DAB)**

Methansulfonsäure ist ein ätzender, hygroskopischer Feststoff, der bei Fp = 20 °C schmilzt. Die Substanz ist eine starke, nichtoxidierende Säure, deren Acidität mit der von Mineralsäuren vergleichbar ist. Ihre Salze werden als *Mesilate* (Methansulfonate) bezeichnet. Blei-, Erdalkali-, Alkali- und Ammoniummesilat sind gut wasserlöslich, jedoch bildet Methansulfonsäure im ammoniakalischen Milieu ein schwer lösliches Silbersalz (CH_3SO_3Ag). Das S-Benzylisothiuroniummesilat schmilzt bei Fp = 148–149 °C. Darüber hinaus bildet Methansulfonsäure wie viele Alkansulfonsäuren mit *Phenylhydrazin* ein kristallines Salz, das durch seinen Schmelzpunkt (Fp = 193,5–194 °C) zu identifizieren ist.

$$CH_3{-}SO_3H + C_6H_5{-}NH{-}NH_2 \rightarrow [CH_3{-}SO_3^- + C_6H_5{-}NH{-}NH_3^+]\downarrow$$

Bei der oxidativen Alkalischmelze (KNO_3/NaOH) der Methansulfonsäure wird der Sulfonatschwefel zum Sulfat oxidiert, das anschließend als $BaSO_4$ nachgewiesen werden kann. Diese Reaktion nutzt *Ph. Eur.* als eine der Identitätsprüfungen für **Busulfan** [Tetramethylenbis(methansulfonat), $H_3C{-}SO_2{-}O{-}(CH_2)_4{-}O{-}SO_2{-}CH_3$]. Beim Erhitzen von Busulfan in 1 M-NaOH-Lösung werden lediglich die Sulfonsäureester-Gruppen gespalten und Methansulfonsäure ist eines der Hydrolyseprodukte, das als schwer lösliches Silbersalz nachgewiesen wird.

3.5.3.24 Nachweis von Sulfonamiden

Chemotherapeutisch wirksame Sulfonamide (p-$H_2N{-}C_6H_4{-}SO_2{-}NHR$) sind Derivate der **p-Aminobenzensulfonsäure** (*Sulfanilsäure*, p–$H_2N{-}C_6H_4{-}SO_3H$). Aufgrund der para-ständigen aromatischen Aminogruppe lösen sich die Wirkstoffe in Salzsäure und infolge des NH-aciden Charakters der Sulfonamidgruppe (–SO_2–N**H**–) bilden sie auch mit Alkalihydroxid-Lösungen lösliche Salze (siehe auch Kapitel 3.5.3.14 *„Hinsberg-Trennung"*).

Arensulfonamide sind gut kristallisierende Verbindungen, die sich nur schwer hydrolysieren lassen. Am besten gelingt die Spaltung der Sulfonamid-Gruppierung noch durch Erhitzen mit 30 %iger Bromwasserstoffsäure in Eisessig als Lösungsmittel. Allgemein anwendbare und gebräuchliche Reaktionen zum Nachweis von Sulfonamiden sind [vgl. **MC-Fragen Nr. 771, 776, 779, 780**]:

(1) Diazotierung: Sulfonamide lassen sich als primäre aromatische Amine mit Natriumnitrit/Essigsäure in Diazoniumsalze überführen und anschließend mit Phenolen wie 2-Naphthol zu *Azofarbstoffen* kuppeln.

(2) Kondensation mit Aldehyden: Analytisch genutzt werden auch Kondensationsreaktionen der para-ständigen Aminogruppe mit aromatischen Aldehyden wie p-Dimethylaminobenzaldehyd (*Ehrlich-Reagenz*) oder Furfural zu *Schiffschen Basen* [vgl. **MC-Fragen Nr. 692–697**].

(3) Acylierung: Durch Umsetzung mit Säurechloriden in Gegenwart säurebindender Mittel ist eine *Acylierung* der primären aromatischen Aminogruppe möglich.

(4) Bromierung: Bei der elektrophilen *Bromierung* von Sulfonamiden entstehen im Allgemeinen kristalline 3,5-Dibromverbindungen, die durch eine Schmelzpunktbestimmung näher zu charakterisieren sind (siehe auch Ehlers, **Analytik II,** Kapitel 7.2.5.4).

(5) Thermolyse: Bei der *thermischen Zersetzung* von Sulfonamiden werden häufig Ammoniak (Blaufärbung von Lackmus-Papier), Anilin und manchmal auch Schwefelwasserstoff (Schwarzfärbung von Bleiacetat-Papier) gebildet. Aus Sulfonamiden mit einem (gegebenenfalls substituierten) Pyrimidin-Rest lässt sich der Aminoheterocyclus durch Thermolyse abspalten und kann durch eine Schmelzpunktbestimmung identifiziert werden.

(6) Schwefelnachweis: Der *Nachweis von Schwefel* gelingt meistens durch Reduktion mit Zink/Schwefelsäure und anschließende Fällung als Bleisulfid (PbS), jedoch ist der Nachweis von Schwefel auch auf oxidativem Wege als Sulfat möglich, z. B. durch Behandeln der betreffenden Substanz mit Bromwasser (siehe auch Kapitel 3.4.1.4).

(7) Kondensation mit Xanthydrol: Zur Kondensation von Sulfonamiden mit *Xanthydrol* siehe Kapitel 3.5.3.18, Ziffer (3) [vgl. **MC-Frage Nr. 749**].

(8) Komplexierung: Manche Sulfonamide bilden mit Cu(II)-Ionen charakteristisch gefärbte *Komplexe*. Die Reaktion ist allerdings wenig spezifisch.

(9) IR-Spektroskopie: Die Aufnahme des *IR-Spektrums* ist eine oft genutzte Prüfung zur Feststellung der Identität von Sulfonamiden nach Arzneibuch.

Die wichtigsten Eigenschaften, der in der Regel in Wasser schwer löslichen Arylsulfonamide ($p{-}H_2N{-}C_6H_4{-}SO_2{-}NHR$) sind im nachfolgenden Schema nochmals zusammengefasst, wobei Wirkstoffe wie **Phthalylsulfathiazol** oder **Succinylsulfathiazol** aufgrund ihres para-ständigen Acylamino-Restes die für primäre aromatische Amine typischen Reaktionen und Nachweise nicht oder erst nach vorheriger Amidspaltung ergeben.

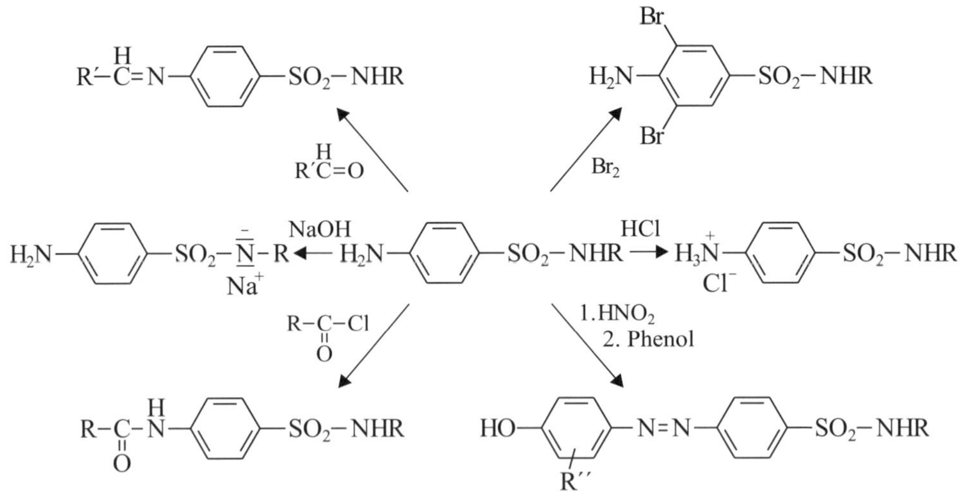

3.5.3.25 Nachweis von Peroxiden und Hydroperoxiden

Verschiedene Wirkstoffe oder ihre wässrigen Lösungen bilden – besonders unter Lichteinfluss – beim Stehenlassen an der Luft bzw. bei Einwirkung von Sauerstoff *Hydroperoxide* (R–O–OH) oder *Peroxide* (R–O–O–R).

Ein klassischer Nachweis solcher *Autoxidationsprodukte* besteht in der Oxidation von Iodid-Ionen zu elementarem Iod, das durch die Iod-Stärke-Reaktion erkannt wird.

$$R{-}O{-}OH + 2\ HI \rightarrow R{-}OH + H_2O + I_2$$
$$R{-}O{-}O{-}R + 2\ HI \rightarrow 2\ R{-}OH + I_2$$

Auf Peroxide lässt sich auch mit Vanadin/Schwefelsäure-Reagenz prüfen. Bei Anwesenheit von Peroxiden entsteht eine *braunrote* Färbung durch Oxidation des in schwefelsaurer Lösung vorliegenden Vanadinylkations $[VO]^{3+}$ zum Monoperoxovanadinyl-Ion $[VO_2]^{3+}$.

Eine sehr empfindliche Nachweisreaktion auf Peroxostrukturen beruht auf der Umsetzung mit Titan(IV)-Salzen. Sie liegen in saurer Lösung als Titanylkationen $[TiO]^{2+}$ vor und bilden unter dem Einfluss von Peroxoverbindungen *gelb* bis *gelborange* gefärbte Peroxotitanyl-Ionen $[TiO_2]^{2+}$. Fe(III)-Ionen stören den Nachweis und müssen mit Phosphorsäure als Phosphatoferrat(III) maskiert werden. Darüber hinaus wird die Reaktion durch gefärbte Verbindungen wie Chromat beeinträchtigt. Ebenso verhindern Fluorid-Ionen den Nachweis vollständig, weil sich das sehr stabile, komplexe Anion $[TiF_6]^{3-}$ bildet [vgl. **MC-Frage Nr. 802**].

3.5.4 Identitätsreaktionen und Grenzprüfungen des Arzneibuchs

Im voranstehenden Abschnitt über den Nachweis funktioneller Gruppen in organischen Molekülen wurden bereits die Identitätsprüfungen auf *„primäre aromatische Amine“* (siehe Kapitel 3.5.3.14, Ziffer 10) und auf *„Ester“* (siehe Kapitel 3.5.3.20, Ziffer 2) beschrieben. Die Arzneibuchprüfungen von pharmazeutisch wichtigen organischen Anionen waren Gegenstand des Kapitels 3.5.3.17. An weiteren Identitäts- und Grenzprüfungen sieht das Arzneibuch vor:

3.5.4.1 Prüfung auf Acetyl

- *Die zu prüfende Substanz wird in einem Reagenzglas mit einer schwer flüchtigen Säure (z. B. 85 %iger Phosphorsäure) versetzt und im Wasserbad erwärmt. Die durch die Hydrolyse gebildete Essigsäure wird in ein zweites, wassergekühltes und mit Lanthannitrat-Lösung gefülltes Reagenzglas überdestilliert. Anschließend gibt man auf einer Tüpfelplatte zu einem Tropfen der Destillat-Lösung Iod- und Ammoniak-Lösung hinzu. Nach 1–2 Minuten entsteht allmählich an der Berührungszone beider Tropfen eine Blaufärbung.*

Bei der Verseifung von Substanzen, die Acetylgruppen (CH_3–CO–) enthalten wie Acetate (Essigsäureester) (H_3C–CO–OR) oder Acetamide (H_3C–CO–NHR), entsteht die flüchtige *Essigsäure* (CH_3–COOH), die abdestilliert und durch die Lanthannitrat-Probe nachgewiesen wird. Liegt ein schwer verseifbares Acetyl-Derivat vor, wird die Substanzprobe in der Siedehitze hydrolysiert. Konzentrierte Schwefelsäure ist aufgrund ihres Oxidationsvermögens gegenüber vielen organischen Verbindungen für die Verseifung nicht geeignet. Die bei diesen Oxidationsvorgängen gebildete Schweflige Säure würde anschließend durch Entfärben der zugesetzten Iod-Lösung den Nachweis stören. Phosphat und Tartrat bilden zwar mit La(III)-Ionen schwer lösliche Verbindungen bzw. Komplexe, sie stören aber nicht, da diese Komplexe bei der Prüfung nicht im Destillat vorliegen [vgl. **MC-Frage Nr. 754**].

Neben den Estern von Corticosteroiden wie **Cortisonacetat, Desoxycortonacetat, Hydrocortisonacetat**

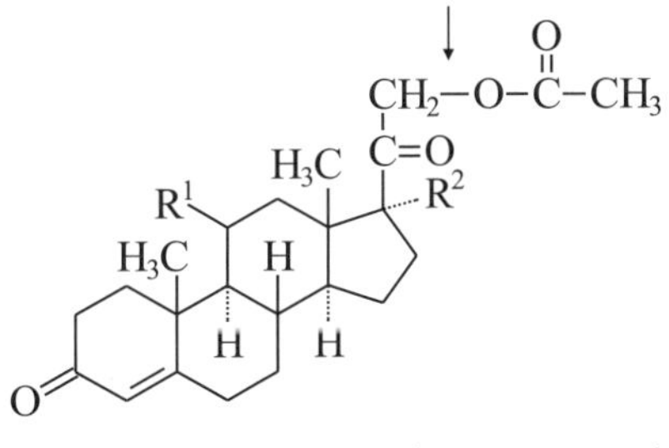

Wirkstoff	**R^1**	**R^2**
Cortisonacetat	=O	OH
Desoxycortonacetat	H	H
Hydrocortisonacetat	OH	OH

und N-acetylierten Aminosäuren wie **Acetylcystein, Acetyltryptophan, Acetyltyrosin** sind im Arzneibuch auch einige synthetische Wirkstoffe, z. B. **Acetazolamid, Acetylsalicylsäure, Paracetamol, Phenacetin** mit einer Acetylgruppierung enthalten. Bei diesen Substanzen verzichtet das Arzneibuch jedoch auf die Acetylgruppenbestimmung und lässt stattdessen andere, für die Moleküle zum Teil spezifischere Identitätsprüfungen durchführen:

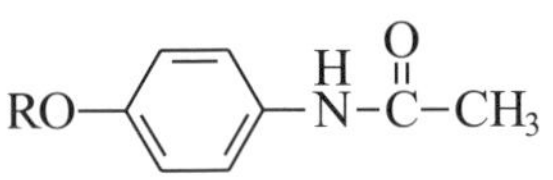

R: H **Paracetamol**
C_2H_5 **Phenacetin**

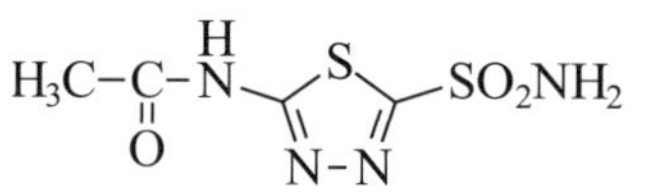

Acetazolamid

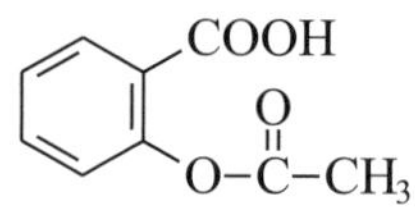

Acetylsalicylsäure

Acetazolamid: Zur Identitätsprüfung werden gemäß Arzneibuch das UV- und IR-Spektrum aufgenommen. Als Nachweis auf die primäre Sulfonamidgruppe dient die Bildung eines *bläulichgrünen* Niederschlags beim Versetzen mit $CuSO_4$/NaOH.

Darüber hinaus kann der organisch gebundene Schwefel mit Zink/Salzsäure reduktiv entfernt und als Bleisulfid (PbS) nachgewiesen werden. Andere Arzneibücher lassen den Wirkstoff verseifen und identifizieren das gebildete Aminothiazol durch Diazotierung und anschließende Kupplung mit 2-Naphthol.

Acetylsalicylsäure: Zur Identitätsprüfung wird das IR-Spektrum der Substanz aufgenommen und eine Schmelzpunktbestimmung durchgeführt. Die nach der Hydrolyse gebildete Salicylsäure kann mit den in Kapitel 3.5.3.17 beschriebenen Methoden nachgewiesen werden.

Beim trockenen Erhitzen von Acetylsalicylsäure mit Calciumhydroxid [$Ca(OH)_2$] entsteht Calciumacetat, das in der Hitze in Calciumcarbonat und *Aceton* zerfällt. Das gebildete *Aceton* kann anschließend mit o-Nitrobenzaldehyd zu **Indigo** kondensiert werden (siehe Kapitel 3.5.3.17 *„Acetat-Nachweis"*, Ziffer 7).

Paracetamol: Neben der Acetylgruppenbestimmung sind die Ermittlung der Schmelztemperatur sowie die Aufnahme des IR- und UV-Spektrums nach Arzneibuch als Identitätsprüfungen vorgesehen.

Darüber hinaus wird die Substanz in 36 %iger Salzsäure zu *4-Aminophenol* verseift, das anschließend mit Kaliumdichromat-Lösung unter Bildung eines *blauvioletten* Farbstoffes oxidiert wird. Vermutlich entsteht durch partielle Oxidation das gelbe p-Chinonimin, das sich mit überschüssigem 4-Aminophenol zum *blauvioletten* **Indanilin** umsetzt.

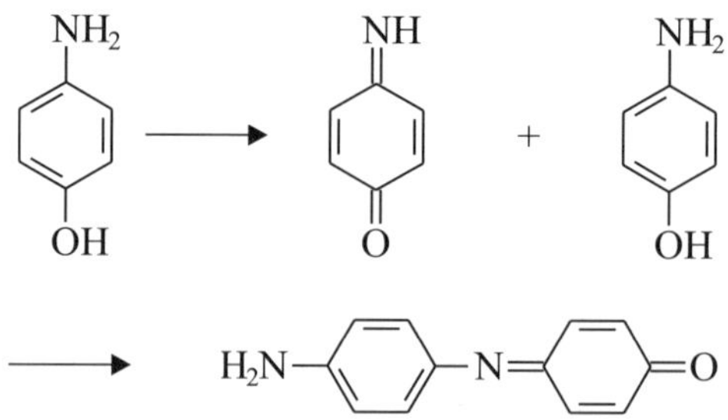

Indanilin

Alternativ dazu kann *p-Aminophenol* in sodaalkalischer Lösung mit Natriumpentacyanonitrosylferrat(II) (Nitroprussidnatrium) als *blaugrüner* Komplex der Zusammensetzung $Na_3[Fe(CN)_5(H_2N{-}C_6H_4{-}OH)]$ nachgewiesen werden. Auch lässt sich die Substanz als Phenol mit 4-Nitrobenzoylchlorid in das betreffende 4-Nitrobenzoat umwandeln, das durch seinen Schmelzpunkt charakterisiert werden kann. Darüber hinaus zeigt Paracetamol als Phenol eine positive Eisen(III)-chlorid-Reaktion [siehe auch Kapitel 3.5.4.9 und **MC-Frage Nr. 844**].

Phenacetin: Neben der Ermittlung der Schmelztemperatur und der Aufnahme des IR-Spektrums können folgende Reaktionen für Identitätsprüfungen von Phenacetin herangezogen werden:

(a) Nitrierung: Durch *nitrosierende Nitrierung* entsteht beim Erhitzen mit verdünnter Salpetersäure ein Gemisch von etwa 83 % 4-Ethoxy-2-nitro-acetanilid und 17 % 4-Ethoxy-3-nitro-acetanilid, da sowohl die Position 2 als auch die Position 3 des aromatischen Ringes für den elektrophilen Angriff eines NO^+-Kations hinreichend aktiviert sind. Durch Umkristallisation aus Ethanol erhält man das reine 2-Nitro-Derivat (Fp = 100–103 °C).

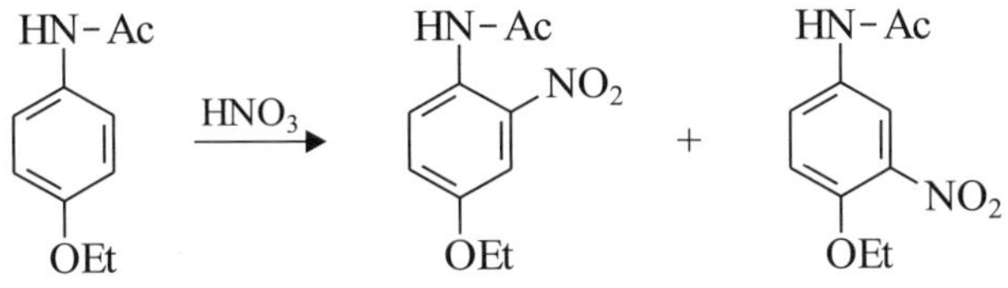

83% 17%

(b) Oxidation: Bei der sauren Hydrolyse von Phenacetin entsteht **p-Phenetidin** (4-Ethoxyanilin) [p-CH_3CH_2O-C_6H_4-NH_2], das anschließend mit schwefelsaurem Dichromat zu *roten* bis *violetten* Phenazin-Derivaten nachfolgender Struktur oxidierbar ist.

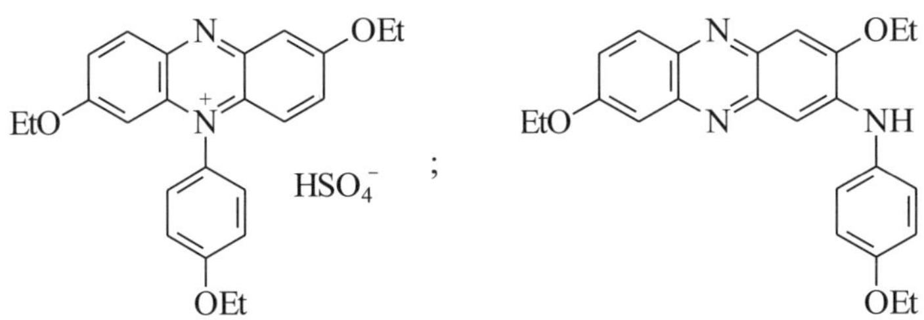

Darüber hinaus kann p-Phenetidin auch durch Diazotieren und Kuppeln mit 2-Naphthol nachgewiesen werden.

3.5.4.2 Prüfung auf Alkaloide

- *Die zu prüfende Substanz wird in Wasser gelöst und bis zur sauren Reaktion mit Salzsäure versetzt. Nach Zusatz von Dragendorff-Reagenz entsteht sofort ein orangefarbener bis orangeroter Niederschlag.*

Dragendorffs Reagenz ist eine Lösung vom *Kaliumtetraiodobismutat*(III), K[BiI_4], und wird aus Bismut(III)-nitrat und Kaliumiodid in Essigsäure hergestellt. Das Tetraiodobismutat(III)-Anion, $[BiI_4]^-$, bildet mit *Alkaloid-Kationen* wie *Atropinsulfat*, *Scopolaminbromid* oder *Methylscopolaminnitrat* gefärbte Reaktionsprodukte. Auch andere größere und basische Moleküle mit z. B. sekundärer oder tertiärer

Amin-Funktion wie im *Dextromethorphanhydrobromid* ergeben einen positiven Nachweis mit Dragendorffs Reagenz. Darüber hinaus eignet sich $K[BiI_4]$ als Sprühreagenz in der Dünnschichtchromatographie. Anzumerken ist, dass die Farbbildung mit Dragendorffs Reagenz relativ unspezifisch ist [vgl. **MC-Fragen Nr. 755–760, 805, 814, 845**].

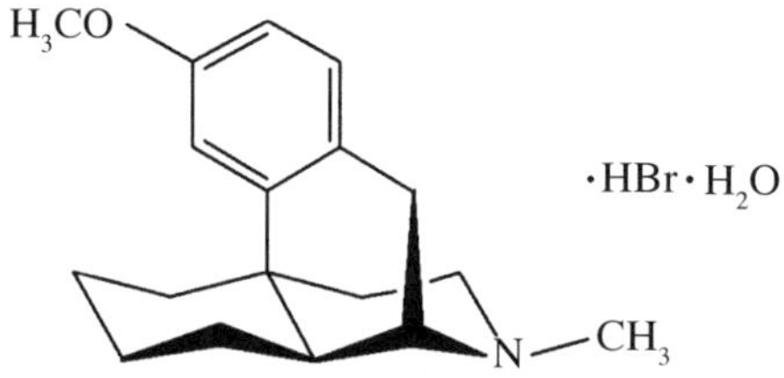

Dextromethorphanhydrobromid

3.5.4.3 Identitätsprüfung auf nicht am Stickstoff substituierte Barbiturate

- *Die methanolische Lösung der zu prüfenden Substanz wird mit Cobalt(II)-nitrat- und Calciumchlorid-Lösung versetzt. Nach Zugabe von 8,5 %iger Natriumhydroxid-Lösung tritt eine blauviolette Färbung bzw. ein blauvioletter Niederschlag auf.*

Bei der oben beschriebenen **Zwikker-Reaktion** wurde immer wieder versucht durch Variation der basischen Komponente die Empfindlichkeit und Selektivität der Reaktion zu erhöhen. So wurden z. B. Ammoniak, Alkalihydroxide, Erdalkalihydroxide, Natriumtetraborat oder Amine wie Piperidin und Isopropylamin als Basen verwendet.

Trotzdem ist die Reaktion *wenig spezifisch* für Barbiturate und Thiobarbiturate und fällt gleichfalls positiv aus bei Hydantoinen wie *Phenytoin* (Diphenylhydantoin). Auch Pyridin- und Piperidin-Derivate sowie einige Sulfonamide, Purine und Alkaloide ergeben eine positive Zwikker-Reaktion.

Allen Varianten der Zwikker-Reaktion dürfte jedoch gemeinsam sein, dass im ersten Reaktionsschritt ein Cobalt(II)-barbiturat gebildet wird. Verwendet man als basische Komponente für die Deprotonierung ein Amin im Überschuss, so entsteht wahrscheinlich ein tetraedrischer Komplex, in dem zwei Moleküle des Amins freie Ligandenstellen besetzen. In Abwesenheit von Aminen koordiniert das Co(II)-barbiturat vermutlich mit vier Solvensmolekülen (z. B. L = CH_3OH) zu einem oktaedrischen Komplex [vgl. **MC-Fragen Nr. 761, 806, 809**].

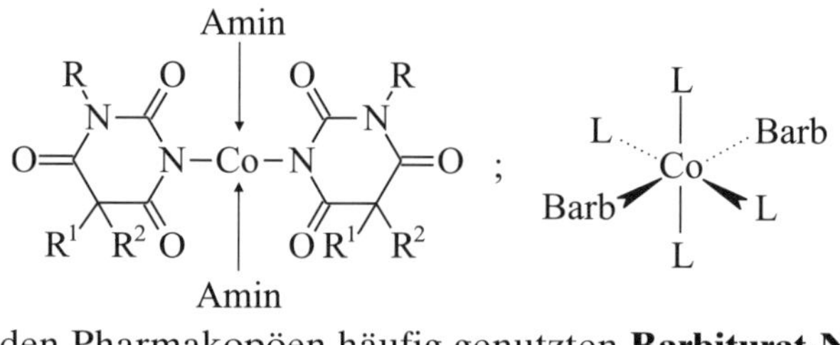

An weiteren in den Pharmakopöen häufig genutzten **Barbiturat-Nachweisen** sind zu nennen:

(a) Umsetzung mit Pyridin und Kupfersulfat: In einer der Zwikker-Reaktion ähnelnden Umsetzung mit Pyridin und Kupfersulfat-Lösung ($CuSO_4$) ergeben Barbiturate *hellviolette* Niederschläge, die in Chloroform löslich sind. Thiobarbiturate färben die Chloroform-Phase *grün*.

(b) Umsetzung mit Quercksilberoxid: Am N-Atom unsubstituierte Barbiturate liefern mit Quecksilber(II)-oxid in salpetersaurer Lösung einen *weißen* Niederschlag, der in Ammoniak unter Anionenaustausch (NO_3^- gegen HO^-) löslich ist.

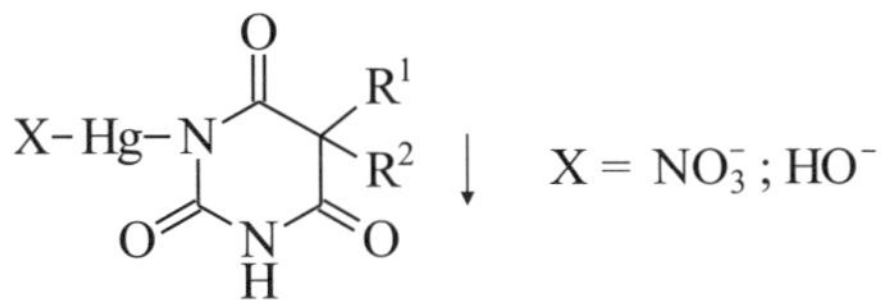

Die Methode gestattet bei exakter Einhaltung der Fällungsvorschrift auch eine Unterscheidung zwischen nicht N-methylierten und N-methylierten Barbituraten. Letztere ergeben zeitlich verzögert einen Niederschlag, der sich *nicht sofort* in 6 M-Ammoniak-Lösung auflöst. Bei N-Methylbarbituraten wird nach NH_3-Zusatz der Quecksilberbarbiturat-Komplex unter Bildung von Quecksilberpräzipitat zerstört.

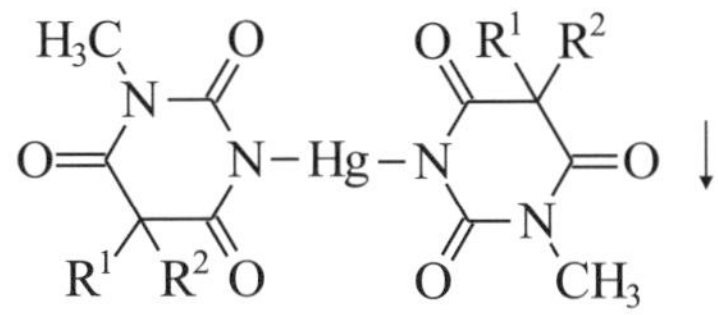

(c) Derivatisierung: Zur *Derivatisierung von Barbituraten* nutzt man die Umsetzung mit Xanthydrol (siehe Kapitel 3.5.3.18, Ziffer 3) oder mit 4-Nitrobenzylchlorid.

Während am Stickstoffatom unsubstituierte Barbiturate gut kristallisierende 1,3-Bis-(4-nitrobenzyl)-Verbindungen nachfolgender Struktur ergeben, fallen die Monoalkylierungsprodukte der N-Methylbarbiturate häufig als Öle an.

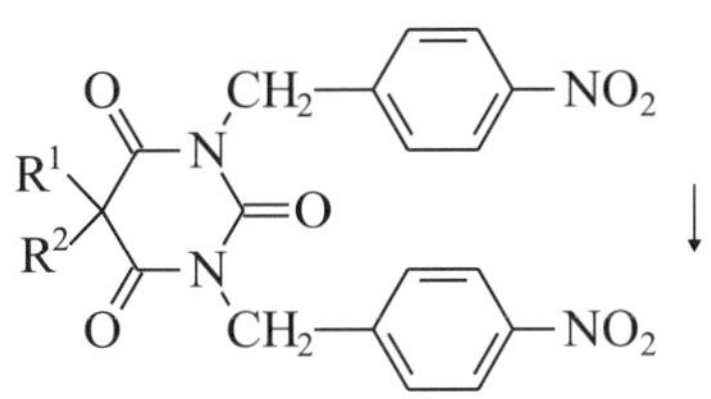

(d) Alkenylsubstituierte Barbiturate: Barbiturate mit ungesättigten Strukturelementen (Allyl-Gruppe, Cyclohexenyl-Rest) entfärben eine Brom- oder Kaliumpermanganat-Lösung. Die Addition von Brom an die C=C-Doppelbindung des Cyclohexenyl-Rest im **Hexobarbital** wurde früher zu dessen Gehaltsbestimmung verwendet (siehe auch Ehlers, **Analytik II**, Kapitel 7.2.5.3).

(e) Canbäck-Reaktion: Einige Barbiturate wie **Methylphenobarbital** mit einem Phenylrest in Position 5 sind nitrierbar und ergeben eine positive Canbäck-Reaktion (siehe Kapitel 3.5.3.13).

Strukturell eng verwandt mit den Barbituraten sind *Hydantoine*. Als Hydantoin-Derivat wurde u. a. in das Arzneibuch aufgenommen:

- **Phenytoin (Diphenylhydantoin; 5,5-Diphenyl-imidazolidin-2,4-dion)**

Die NH-aciden Hydantoine besitzen den Barbituraten vergleichbare Eigenschaften. So bildet beispielsweise Phenytoin mit Cu(II)- oder Ag(I)-Ionen in ammoniakalischer Lösung einen schwer löslichen Niederschlag und mit 4-Nitrobenzylchlorid kann es in der Siedehitze und in Gegenwart von Soda am NH-aciden Stickstoff alkyliert werden. Das 3-(p-Nitrobenzyl)-phenytoin schmilzt bei Fp = 188–190 °C.

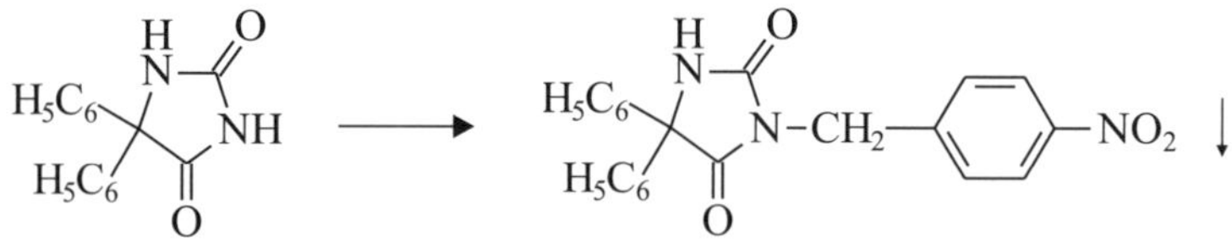

Phenytoin

Darüber hinaus schreibt das Arzneibuch die Aufnahme des IR-Spektrums als Identitätsprüfung für Phenytoin vor. Desweiteren liefert Phenytoin eine positive Zwicker-Reaktion [vgl. **MC-Fragen Nr. 761, 780**].

3.5.4.4 Identitätsprüfung auf Xanthine

Unter dem Begriff *„Xanthine"* fasst man eine Reihe von 2,6-Dioxopurin-Derivaten zusammen. Als wichtige Beispiele seien genannt: **Coffein** (1,3,7-Trimethylxanthin), **Theobromin** (3,7-Dimethylxanthin) und **Theophyllin** (1,3-Dimethylxanthin). Sie lassen sich nach *Ph. Eur.* nachweisen durch:

- *Die zu prüfende Substanz wird in salzsaurer Wasserstoffperoxid-Lösung zur Trockne eingedampft. Der gelblich rote Rückstand färbt sich auf Zusatz von Ammoniak-Lösung rotviolett.*

Die **Murexid-Reaktion** ist ein wichtiger Gruppennachweis für Harnsäure und andere Purin-Derivate. Der *oxidative* Abbau dieser Heterocyclen mit Wasserstoffperoxid (H_2O_2) führt zu komplexen Reaktionsgemischen. Darunter befinden sich Komponenten, die nach Zusatz von Ammoniak das *violett gefärbte Ammoniumsalz der Purpursäure*, das sogenannte **Murexid** (R = H), ergeben. Sind die Stickstoffatome des Pyrimidinringes im Edukt alkyliert (methyliert), so bilden sich N-Alkylmurexide (N-Methylmurexide) (R = CH_3, Alkyl) [vgl. **MC-Fragen Nr. 762, 763, 803, 810, 811**].

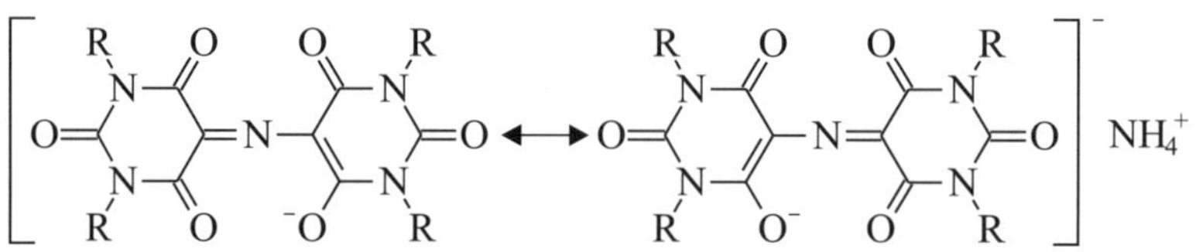

Murexid

Die Murexid-Reaktion verläuft negativ bei Purin, Hypoxanthin, 6-Mercaptopurin, Adenin und Guanin, während einfache Pyrimidin-Derivate wie *Uracil* und *Thiouracil* dagegen positiv reagieren.

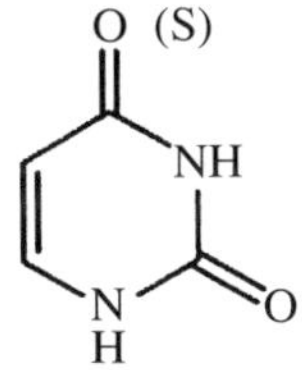

Uracil (Thiouracil)

Neben salzsaurem Wasserstoffperoxid können auch Brom (Br_2), Natriumhypochlorit (NaOCl), Chlorsäure ($HClO_3$), Salpetersäure (HNO_3) oder Chloramin (H_2NCl) zur Oxidation von Xanthinen verwendet werden. Setzt man an Stelle von Wasserstoffperoxid Salpetersäure als Oxidationsmittel ein, so kann zwischen methylierten Xanthinen (Coffein, Theobromin, Theophyllin), die unter diesen Bedingungen *nicht* reagieren, und anderen Verbindungen (*Harnsäure, Xanthin*) unterschieden werden, die positiv reagieren.

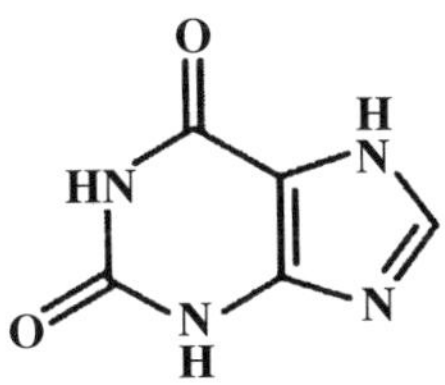

Xanthin

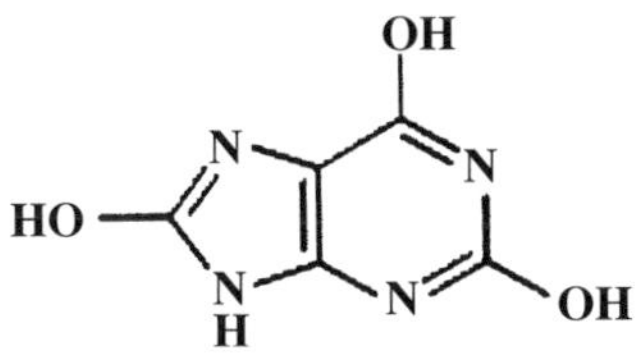

Harnsäure

Strukturelle Voraussetzung für das Gelingen der Murexid-Reaktion dürfte ein im Molekül vorhandener Pyrimidin-Baustein sein, dessen Oxidation zum *Alloxan* führt. Nach neueren Befunden ist es jedoch fraglich, ob Alloxan und verwandte Verbindungen überhaupt Zwischenprodukte der Murexid-Reaktion darstellen, wenn man eine H_2O_2/HCl-Lösung zur Oxidation verwendet.

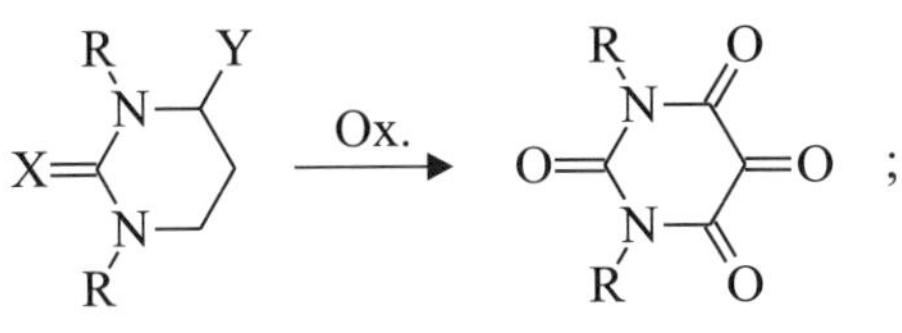

X: O, S; Y: HO, NH_2
R: H, Alkyl

Alloxan

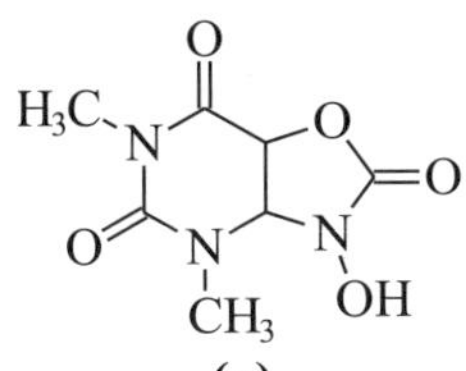

(a)

Bei der Umsetzung von Coffein mit Wasserstoffperoxid konnten vier verschiedene Verbindungen isoliert werden. Lediglich das Oxazolo[4.5-d]pyrimidin (Formel a) bildete auf Zusatz von Ammoniak Murexid.

An N-methylierten Purin-Derivaten wurden **Coffein, Theobromin** und **Theophyllin** in das Europäische Arzneibuch aufgenommen [vgl. **MC-Frage Nr. 763**]:

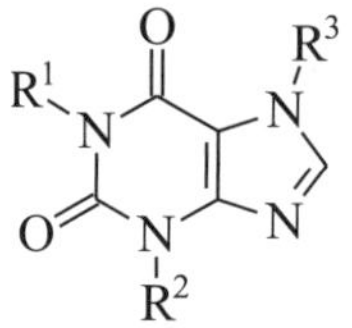

Wirkstoff	R^1	R^2	R^3
Coffein	CH_3	CH_3	CH_3
Theobromin	H	CH_3	CH_3
Theophyllin	CH_3	CH_3	H

Darüber hinaus enthält das Arzneibuch eine Reihe von Theophyllin-Abkömmlingen nachfolgender Struktur:

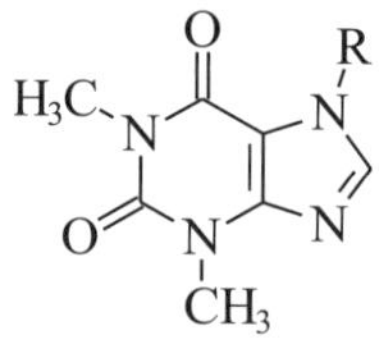

Wirkstoff	R
Diprophyllin	$CH_2CHOHCH_2OH$
Etofyllin	CH_2CH_2OH
Proxyphyllin	$CH_2CHOHCH_3$

Als weiteres Purin-Derivat wäre **Pentoxifyllin** zu nennen, ein Theobromin-Abkömmling.

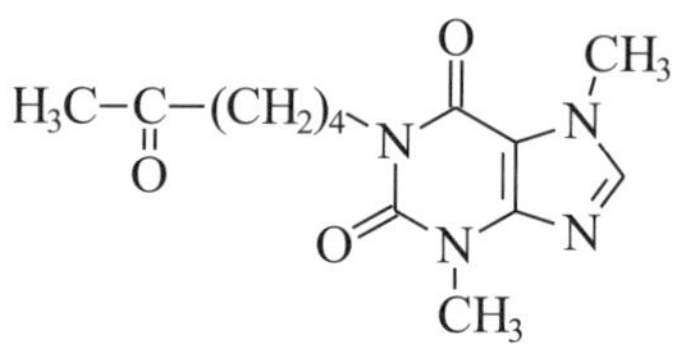

Pentoxifyllin

Neben der Murexid–Reaktion sieht das Arzneibuch als Identitätsprüfung für die erwähnten Wirkstoffe noch die Bestimmung der Schmelztemperatur sowie die Aufnahme des IR-Spektrums vor. Die NH-aciden Substanzen **Theophyllin** und **Theobromin** bilden unter bestimmten Reaktionsbedingungen schwer lösliche Silbersalze, was auch zur ihrer quantitativen Bestimmung dienen kann (siehe Ehlers, **Analytik II**, Kapitel 6.2.4.3 „*Argentoalkalimetrie*" und **MC-Frage Nr. 771**].

Theophyllin-Derivate (Diprophyllin, Etofyllin, Proxyphyllin) mit hydroxylierter Seitenkette werden auch durch Umsetzung mit Acetanhydrid in ihre kristallinen O-Acetyl-Derivate (Essigester) übergeführt und über ihre Schmelzpunkte charakterisiert.

Pentoxyfyllin bildet aufgrund seiner Carbonylfunktion (C=O) in der Seitenkette ein kristallines 2,4-Dinitrophenylhydrazon (Fp: 199–201 °C).

Zur Löslichkeit der Xanthin-Derivate ist auszuführen, dass Theophyllin und Theobromin amphoter sind und sich unter Salzbildung sowohl in Alkalihydroxid-Lösungen als auch in Mineralsäuren lösen. **Coffein** dagegen ist *unlöslich* in Alkalihydroxiden, weil es im Gegensatz zu Theophyllin und Theobromin *kein* acides Wasserstoffatom mehr besitzt. Es kann deshalb aus wässrig-alkalischem Milieu mit Chloroform extrahiert und auf diese Weise abgetrennt werden. Die Löslichkeit von Coffein in Wasser ist stark temperaturabhängig und wird durch die Alkalisalze schwacher organischer Säuren (z. B. Natriumbenzoat, Natriumsalicylat) beträchtlich erhöht.

3.5.4.5 Identitätsprüfung auf Phenothiazine

Charakteristisch für Phenothiazine aus analytischer Sicht ist ihr Verhalten gegenüber Oxidationsmitteln (PbO_2, HNO_3, $FeCl_3$). In wässrigen Phenothiazin-Lösungen entsteht beim Einwirken dieser Oxidantien unter Abgabe eines Elektrons ein *tiefrot* gefärbtes Radikalkation, das unter Abspaltung eines weiteren Elektrons ein Phenazathionium-Ion liefert. Dieses Dikation reagiert mit Wasser unter Bildung eines Sulfoxids ($R_2S{\rightarrow}O$) oder einer 3-Hydroxy-phenothiazin-Verbindung. Als weitere Oxidationsprodukte von Phenothiazinen können das Sulfon und das Aminoxid (N-Oxid) auftreten. Die verschiedenen Oxidationsmöglichkeiten von Phenothiazinen seien nachfolgend am Beispiel des **Chlorpromazin** nochmals zusammenfassend vorgestellt.

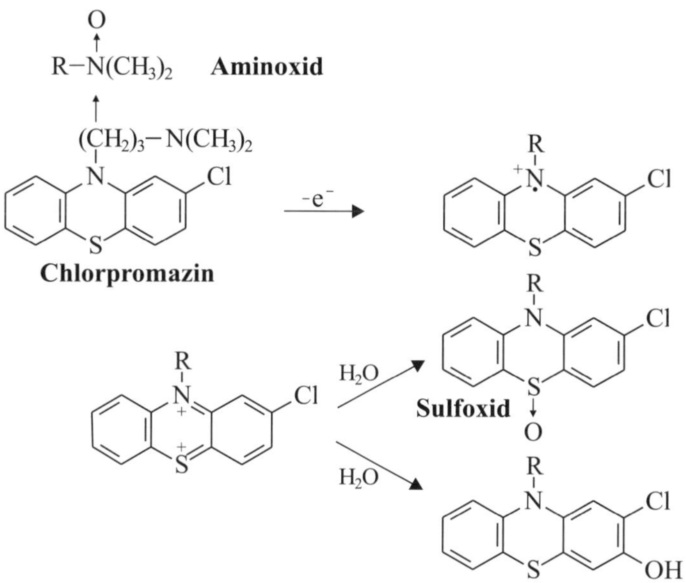

3.5.4.6 Grenzprüfung auf freien Formaldehyd

Zur Grenzprüfung auf Formaldehyd sieht das Arzneibuch folgende Methoden vor:

- **Methode A:** *Eine wässrige Lösung der zu prüfenden Substanz wird mit einer ammoniumacetathaltigen Acetylaceton-Lösung versetzt und 40 Minuten auf 40 °C erwärmt. Die Untersuchungslösung darf nicht stärker gefärbt sein als eine Referenzlösung, die 20 µg/ml Formaldehyd enthält.*

Die **Hantzsch-Reaktion** von Formaldehyd mit Ammoniak/Acetylaceton (*Nash–Reagenz*) führt zu einem Dihydropyridin-Derivat. In dieser Dihydropyridin-Verbindung liegt auch ein kurzkettiges *Merocyanin* (vinyloges Amid) [-CO-C=C-NH-) vor, das für eine photometrische Bestimmung geeignet ist (λ_{max} = 412 nm, ε_{max} = 8000) [vgl. **MC-Fragen Nr. 650–652, 655–657, 846**].

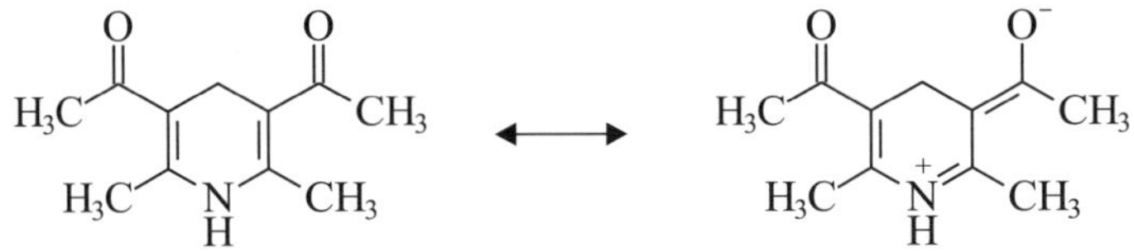

Die optimale Bildung des gelben *3,5-Diacetyl-dihydrolutidins* hängt stark von der Reaktionszeit und der angewandten Reaktionstemperatur ab. Die Reaktion ist nur dann recht spezifisch für Formaldehyd, wenn man die Reaktionsdauer auf ein Minimum begrenzt. Aceton, Chloral, Furfural und Glucose reagieren nicht, während aus *Acetaldehyd* in deutlich langsamerer Reaktion ein Diacetyl-dihydrocollidin-Derivat gebildet wird, das bei λ = 388 nm absorbiert. Deshalb stören größere Mengen an Acetaldehyd neben wenig Formaldehyd.

Bei **Impfstoffen** lässt das Arzneibuch nach folgender Methode prüfen:

- **Methode B:** *Die Untersuchungslösung wird in einem Reagenzglas mit einer Lösung von Methylbenzthiazolonhydrazonhydrochlorid versetzt. Die Prüflösung wird verschlossen, geschüttelt und 60 Minuten lang stehen gelassen. Nach Zusatz von Eisen(III)-chlorid/Sulfaminsäure-Reagenz lässt man für weitere 15 Minuten stehen. Die bei λ = 628 nm gemessene Absorption der Untersuchungslösung darf nicht höher sein als die einer Referenzlösung, die 5µg/ml an Formaldehyd enthält.*

Methode B zeichnet sich durch eine hohe Empfindlichkeit aus, mit der noch 0,05 ppm an Formaldehyd (R = H) kolorimetrisch erfasst werden. Die Reaktion gelingt auch mit Acetaldehyd (R = CH_3). Bei der Bestimmung von Formaldehyd nach Methode B kondensiert der Aldehyd mit zwei Molekülen Methylbenzthiazolonhydrazon zu einer aminalähnlichen Zwischenstufe, die anschließend durch Fe^{3+}-Ionen zu einem farbigen, mesomeriestabilisierten Kation oxidiert wird, das charakteristische Absorptionsmaxima bei λ = 635 nm und 670 nm besitzt.

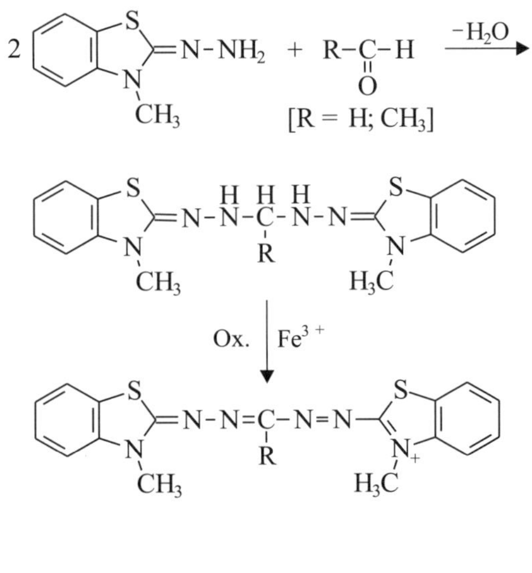

3.5.4.7 Grenzprüfung auf Phenol in Sera und Impfstoffen

- *Die zu prüfende Lösung, die etwa 15 µg/ml Phenol enthalten soll, wird bei pH = 9 mit Aminopyrazolon- und Kaliumhexacyanoferrat(III)-Lösung versetzt. Nach 10 Minuten wird die Farbintensität der Lösung bei λ = 546 nm gemessen. Referenzlösungen, die 5, 10, 15, 20 und 30 µg/ml an Phenol enthalten, werden in analoger Weise behandelt. Eine Kalibrierkurve wird erstellt und daraus die Konzentration der Untersuchungslösung an Phenol ermittelt.*

Impfstoffe und Sera dürfen nach Arzneibuch bis zu 0,25 % Phenol als Konservierungszusatz enthalten. Zu dessen Bestimmung lässt das Arzneibuch die **Emerson-Reaktion** durchführen, bei der Phenole mit Aminopyrazolon (4-Aminoantipyrin) oxidativ gekuppelt werden. Es bildet sich ein *roter* Indophenol-Farbstoff nachfolgender Konstitution [siehe auch Kapitel 3.5.3.8, Ziffer (2) und **MC-Fragen Nr. 614–616**].

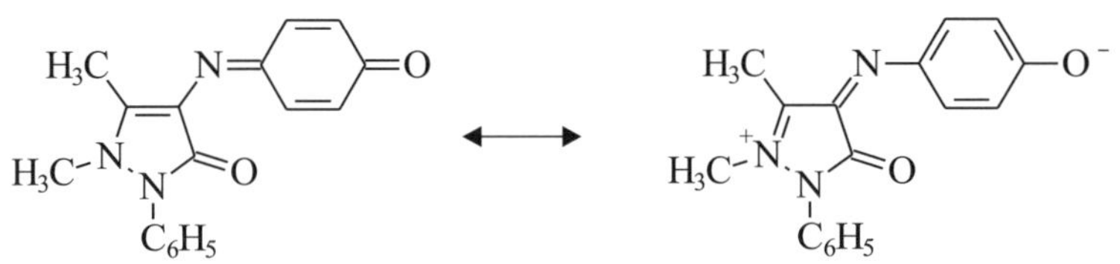

3.5.4.8 Prüfung auf Verdorbenheit

Die Prüfung von **Fetten** auf Verdorbenheit beruht auf dem Nachweis von **Malondialdehyd** [O=CH–CH_2–CH=O], der bei der *Fettautoxidation* als eines der Peroxid-Zerfallsprodukte gebildet und durch Hydrolyse mit konzentrierter Salzsäure freigesetzt wird. Malondialdehyd kondensiert anschließend in der salzsauren Lösung mit zwei Molekülen **Resorcin** zu einem *roten* Polymethinfarbstoff [vgl. **MC-Fragen Nr. 668, 669**].

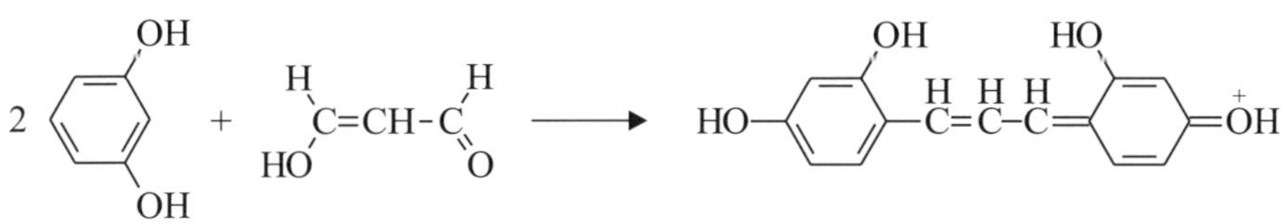

Diese auch als **Kreis-Reaktion** bekannte Bestimmungsmethode ist *nicht spezifisch* für Malondialdehyd, da bestimmte Allylverbindungen (Allylamin, Allylalkohol, Allylsulfid, Allylharnstoff) sowie höhermolekulare, ungesättigte Alkohole (Linalool, Geraniol, Zimtalkohol, Eugenol, Vanillin) gleichfalls positiv reagieren.

Eine weitere Möglichkeit zum Nachweis von Malondialdehyd ist seine Kondensation mit *Thiobarbitursäure* zu einem *roten* Polymethinfarbstoff. In stark saurem Milieu liegt wahrscheinlich ein protoniertes, mesomeriestabilisiertes Oxonol-Kation als farbgebende Komponente vor.

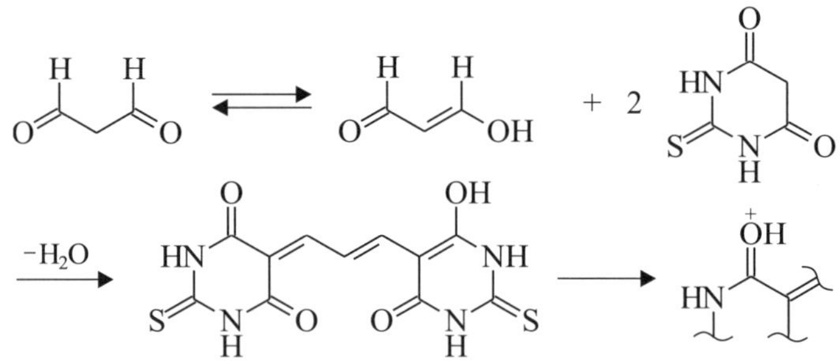

3.5.4.9 Spezielle Nachweisreaktionen ausgewählter Arzneistoffe

Nachfolgend sollen die Eigenschaften und Nachweisreaktionen einiger ausgewählter Wirkstoffe, die häufig Gegenstand von Multiple-choice-Fragen sind, detaillierter beschrieben werden.

- **Ascorbinsäure**

Ascorbinsäure (Vitamin C) ist leicht löslich in Wasser, löslich in Ethanol jedoch praktisch unlöslich in Chloroform und Ether. Das Molekül besitzt zwei Chiralitätszentren (C-4, C-5), sodass vier optische Isomere existieren. Von diesen ist nur die L-xylo-Ascorbinsäure voll wirksam. Zur Identitätsprüfung lässt das Arzneibuch das IR-Spektrum aufnehmen und die UV-Absorption bei $\lambda = 245$ nm messen. Die spezifische Absorption im Maximum soll zwischen 545–585 liegen.

Darüber hinaus können zur Analytik der Ascorbinsäure noch folgende Eigenschaften und Reaktionen beitragen [vgl. **MC-Fragen Nr. 573, 632, 767–770**]:

(a) Acidität: Ascorbinsäure ist eine vinyloge Carbonsäure und besitzt eine stark acide HO-Gruppe an C-3 ($pK_{s1} = 4{,}17$). Die Hydroxylgruppe an C-2 ist weit weniger acid ($pK_{s2} = 11{,}57$).

Die Acidität der Ascorbinsäure ist ausreichend, um z. B. in einer wässrigen Lösung aus Hydrogencarbonaten Kohlendioxid (CO_2) freizusetzen. Ursache für den aciden Charakter des Moleküls ist die Bildung eines mesomeriestabilisierten Enolat-Anions beim Versetzen mit Alkalihydroxid-Lösung. Das Arzneibuch fordert einen pH-Wert von pH = 2,1 – 2,6 für eine 5 %ige wässrige Ascorbinsäure-Lösung. Bei der Titration von Ascorbinsäure mit Natriumhydroxid-Maßlösung in Wasser wird aufgrund der pK_s-Werte *ein* Äquivalent Lauge verbraucht.

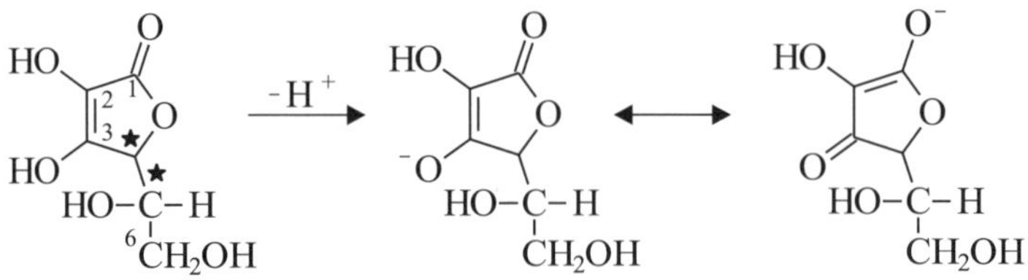

Ascorbinsäure

(b) Reduktionsvermögen: Wie alle *Reduktone*, so zeichnet sich auch die Ascorbinsäure aufgrund ihrer *Endiol-Struktur* durch ein hohes Reduktionsvermögen aus. Ascorbinsäure reduziert *Fehling-Lösung*, ammoniakalische Silbernitrat-Lösung (*Tollens-Probe*), Iod, Kaliumpermanganat und zahlreiche andere Oxidationsmittel und geht dabei unter Abgabe von zwei Protonen und zwei Elektronen in *Dehydroascorbinsäure* über. Letztere liegt zunächst dimer vor und hydrolysiert langsam zur hydratisierten, monomeren Form. Die wasserfreie Form der Dehydroascorbinsäure ist in wässriger Lösung *nicht* beständig.

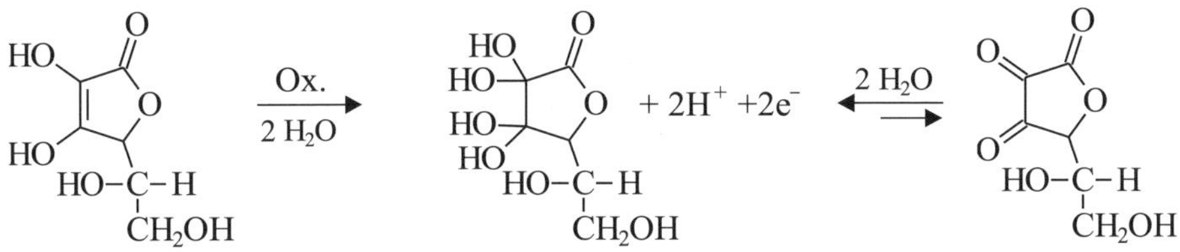

Ascorbinsäure **Dehydroascorbinsäure (Monomer)**

Das *Normalpotential* der Ascorbinsäure ist stark pH-abhängig und beträgt bei pH = 5 etwa E° = –0,2 Volt. Die Reduktion von Iod-Lösung wird auch zur Gehaltsbestimmung von Ascorbinsäure genutzt (siehe Ehlers, **Analytik II**, Kapitel 7.2.3.4).

Hinsichtlich der *Tollens-Probe* ist anzumerken, dass anders als bei reduzierenden Zuckern, der Niederschlag von metallischem Silber bereits bei Raumtemperatur auftritt, während Monosaccharide diese Reaktion erst in der Wärme zeigen.

(c) Tillmans-Reaktion: Eine weitere Identitätsprüfung der Ascorbinsäure ist die Reduktion des blauen 2,6-Dichlorphenolindophenols (*Tillmans-Reagenz*) zur farblosen Leukobase. In saurer Lösung besitzt das Tillmans-Reagenz eine rote Farbe. Die Tillmans-Reaktion wird häufig zur Bestimmung von Vitamin C in Lebensmitteln und biologischem Material herangezogen [vgl. **MC-Fragen Nr. 610, 650, 768**].

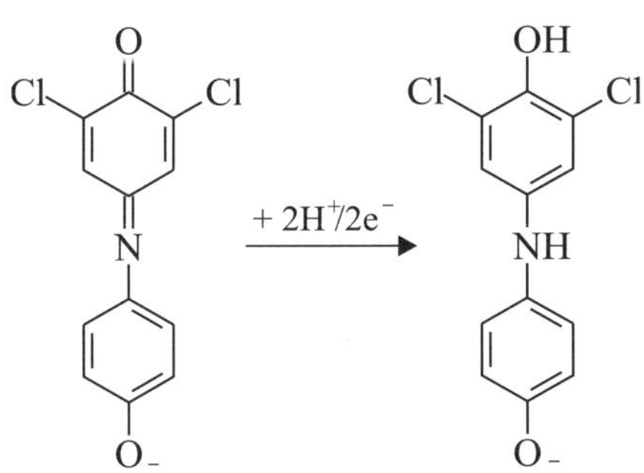

Tillmans-Reagenz **Leukobase**

(d) Ascorbinsäure reagiert als *Endiol* in neutralem Milieu mit Fe(II)-Salzen zu einem *violett* gefärbten Komplex.

Die beschriebenen Reaktionen werden auch von **Calciumascorbat** und von **Palmitoylascorbinsäure** gegeben.

- **Benzocain [4-Aminobenzoesäureethylester, Ethyl(4-aminobenzoat)]**

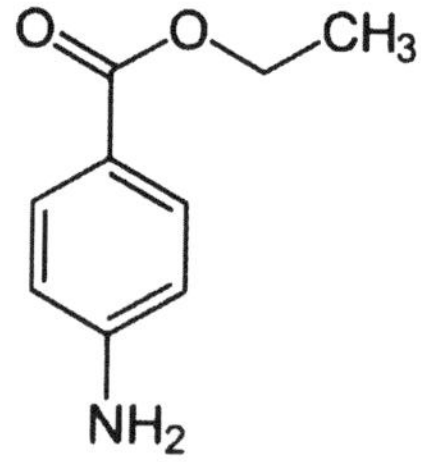

Zur Identitätsprüfung des farblosen, in Wasser schwer löslichen Feststoffes wird die Schmelztemperatur bestimmt und das IR-Spektrum aufgenommen. Darüber hinaus können folgende Eigenschaften zur Analytik von Benzocain beitragen [vgl. **MC-Fragen Nr. 607, 627, 699, 782, 834**]:

(a) Primäre aromatische Aminogruppe (Ar-NH_2): Benzocain kondensiert mit 4-Dimethylaminobenzaldehyd (*Ehrlichs Reagenz*) oder Furfural (Furan-2-aldehyd) zu gefärbten Azomethinen. Mit Nitrit/HCl wird das Molekül diazotiert und kann anschließend mit 2-Naphthol zu einem Azofarbstoff gekuppelt werden.

Die primäre aromatische Aminogruppe wird auch zur nitritometrischen (Diazotitration) und bromometrischen (Koppeschaar-Titration) Bestimmung des Wirkstoffes genutzt.

(b) Ethylester-Funktion: Beim Erwärmen von Benzocain mit Essigsäure in Gegenwart von H_2SO_4 als Katalysator tritt *Umesterung* ein unter Bildung von *Essigsäureethylester* (Ethylacetat), der an seinem charakteristischen Geruch erkannt wird.

Bei der Verseifung des Ethylesters entsteht *Ethanol*, das mit Chrom(VI)-oxid (CrO_3) zu Acetaldehyd oxidiert wird. Nachfolgend lässt sich der gebildete *Acetaldehyd* mit Nitroprussidnatrium/Piperazin als *blaue* Färbung nachweisen (siehe Kapitel 3.5.3.5 „*Simon-Awe-Reaktion*").

- **Bisacodyl**

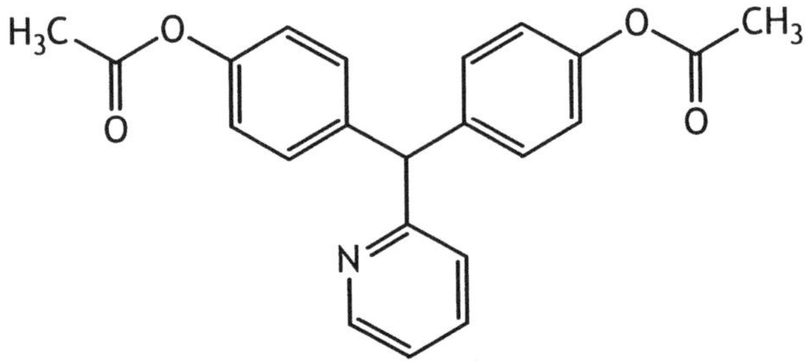

Die *achirale* Verbindung stellt die Leukoform eines Triarylmethanfarbstoffes [Ar_3CH] dar. Das schwach basische Bisacodyl ($pK_b = 9{,}53$) ist in verdünnten Mineralsäuren löslich und kann in wasserfreiem Milieu unter Verbrauch von einem Äquivalent Perchlorsäure-Maßlösung quantitativ bestimmt werden. Es wird der Pyridin-Stickstoff protoniert.

Ph.Eur. lässt zur Prüfung auf Identität die Schmelztemperatur bestimmen und das IR- sowie das UV-Spektrum (λ_{max} = 263 nm) aufnehmen. Darüber hinaus zeigt der Wirkstoff folgende Eigenschaften [vgl. **MC-Frage Nr. 787**].

Beim Erhitzen mit Ethanol und konzentrierter Schwefelsäure erfolgt eine *Umesterung.* Es entsteht *Essigsäureethylester* (Ethylacetat), der an seinem fruchtartigen Geruch erkannt wird. Nach der Hydrolyse und der Bildung para-ständiger, phenolischer Hydroxylgruppen sind oxidative Veränderungen des Triarylmethanfarbstoffes zu erwarten.

- **Calciumgluconat**

Die Substanz zeigt eine positive *Tollens-Probe.* Darüber hinaus entsteht beim Erwärmen einer essigsauren, wässrigen Calciumgluconat-Lösung mit Phenylhydrazin das *Gluconsäurephenylhydrazid*, das durch seinen Schmelzpunkt bei Fp = 199 °C näher zu charakterisieren ist [vgl. **MC-Frage Nr. 765**].

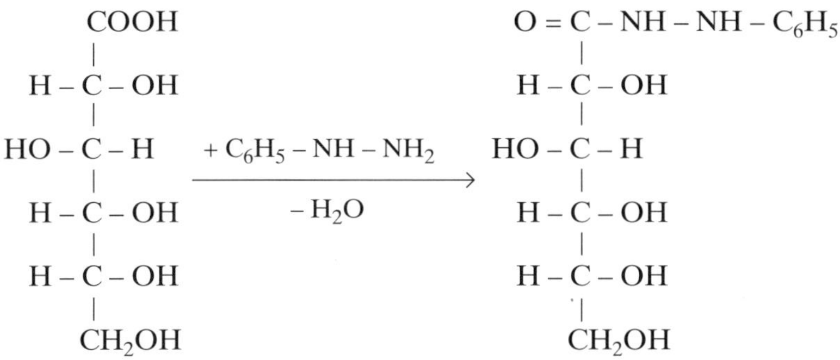

D-Gluconsäure **D-Gluconsäurephenylhydrazid**

- **Ephedrin**

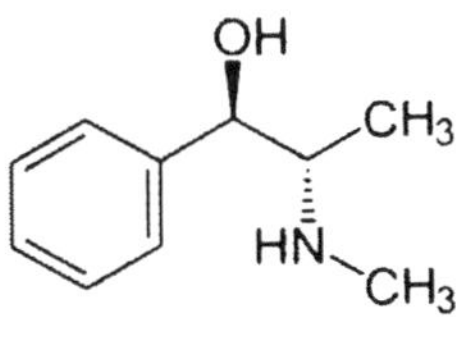

Ephedrin ist eine farblose Substanz, die in Wasser und Ethanol löslich ist. Zur Prüfung auf Identität lässt das Arzneibuch die spezifische Drehung ermitteln und das IR-Spektrum aufnehmen. Als *Ethanolamin-Derivat* ergibt Ephedrin in natronalkalischer Lösung mit Kupfer(II)-Ionen unter Bildung eines Chelatkomplexes eine *violette* Färbung (*Chen-Kao-Reaktion*) [siehe Kapitel 3.5.3.7 und **MC-Fragen Nr. 607, 783, 831**].

- **Epinephrin (Adrenalin)**

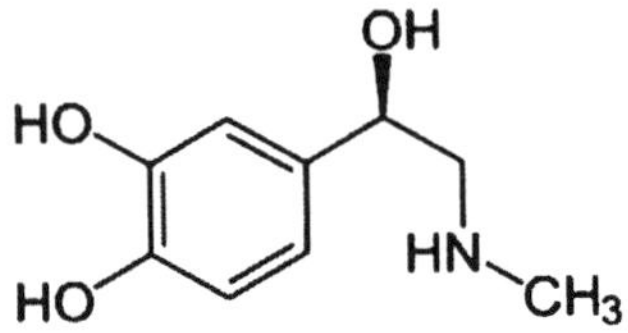

Für die Analytik von Epinephrin nutzt man vor allem die ortho-Diphenol-Struktur. Zum Nachweis dient die Bildung einer *grünen* Färbung mit $FeCl_3$-Lösung oder die Bildung von *rotem* 7-Iodadrenochrom bei der Behandlung mit Iod-Lösung [siehe auch Kapitel 3.5.3.14 und **MC-Fragen Nr. 575, 784**].

- **Fructose [$HOCH_2$–CO–$(CHOH)_3$–CH_2OH]**

Fructose ist eine Ketohexose. Wasserfreie β-D-Fructopyranose kann aus Ethanol oder Methanol kristallisiert werden und schmilzt bei Fp = 102–104 °C. Fructose hat von den bekannten Zuckern die größte Süßkraft. In wässriger Lösung ist Fructose bei pH = 3–5 hinreichend stabil, wird aber von Mineralsäuren zu dunkel gefärbten Produkten zersetzt. Auch in alkalischer Lösung erfolgt ein rascher Abbau des Moleküls.

Fructose ist oxidierbar und kann durch die Reduktionsprobe mit Fehlingscher Lösung nachgewiesen werden [vgl. **MC-Fragen Nr. 575, 770**].

Zur kolorimetrischen Bestimmung eignet sich die *Farbreaktion nach Seliwanoff*. Die Farbbildung beruht auf der Kondensation des aus Fructose beim Behandeln mit verdünnten Mineralsäuren entstehenden 5-Hydroxymethyl-furfurals mit zwei Molekülen Resorcin zu einem Triarylmethanfarbstoff.

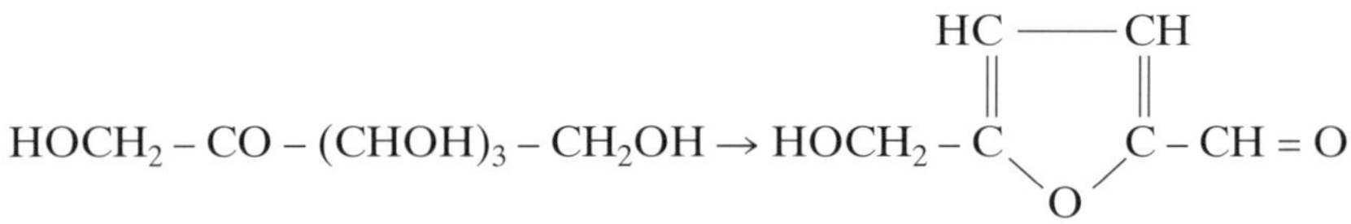

5-Hydroxymethyl-furfural

Auch andere Hexosen wie **Glucose** reagieren positiv, jedoch deutlich langsamer, sodass die Seliwanoff-Reaktion bei korrekter Ausführung relativ *spezifisch* für Fructose ist.

- **Hexetidin**

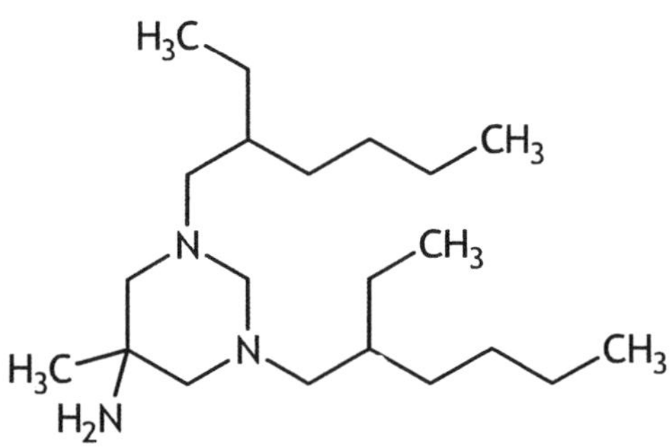

Hexetidin ist eine schwach *gelbe*, ölige Flüssigkeit, die sehr schwer in Wasser löslich ist, sich jedoch leicht in Ethanol, Aceton und Dichlormethan löst. Die Hydrolyse von Hexetidin mit Schwefelsäure liefert *Formaldehyd* als Spaltprodukt, der sich mit Chromotropsäure-Natrium nachweisen lässt. Es entwickelt sich eine *violette* Färbung [siehe auch Kapitel 3.5.3.11 und **MC-Frage Nr. 660**].

Nach Umsetzung von Hexetidin mit Kupfer(II)-sulfat und ethanolischer Schwefelsäure in Dichlormethan resultiert eine intensive *Blaufärbung* der organischen Phase. Verantwortlich dafür ist die vicinale Aminfunktion (R_2N-CH_2-NR_2) [vgl. **MC-Frage Nr. 832**].

- **para-Hydroxybenzoesäureester (p-Hydroxybenzoate)**

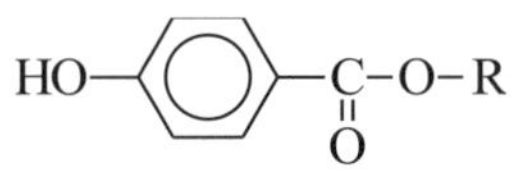

Als Monographien sind **Butyl-4-hydroxybenzoat** (4-Hydroxybenzoesäurebutylester, R = $CH_2CH_2CH_2CH_3$), **Ethyl-4-hydroxybenzoat** (4-Hydroxybenzoesäureethylester, R = CH_2CH_3), **Methyl-4-hydroxybenzoat** (4-Hydroxybenzoesäuremethylester, R = CH_3) und **Propyl-4-hydroxybenzoat** (4-Hydroxybenzoesäurepropylester, R = $CH_2CH_2CH_3$) im Arzneibuch enthalten [vgl. **MC-Frage Nr. 774**].

Zur Identitätsprüfung lässt das Arzneibuch bei diesen Substanzen eine Schmelzpunktbestimmung durchführen und das IR- oder UV-Spektrum aufnehmen. Darüber hinaus kann man die Ester alkalisch verseifen. Nach Ansäuern der Lösung fällt *4-Hydroxybenzoesäure* aus und wird durch die Bestimmung ihrer Schmelztemperatur näher identifiziert.

Alle PHB-Ester zeigen eine positive Eisen(III)-chlorid-Reaktion und reagieren mit einer Quecksilbernitrat-Lösung (*Millons Reagenz*). Versetzt man nämlich in der Siedehitze eine ethanolische Lösung des betreffenden Esters mit einer Quecksilber(II)-nitrat-Lösung, so entsteht ein Niederschlag und die überstehende Lösung färbt sich *rot*. Auch andere Stoffe mit *phenolischem Hydroxyl* (Salicylaldehyd, Vanillin) reagieren mit Millon-Reagenz, wobei ineinander umwandelbare Quecksilbernitroso-Komplexe folgender Struktur entstehen sollen.

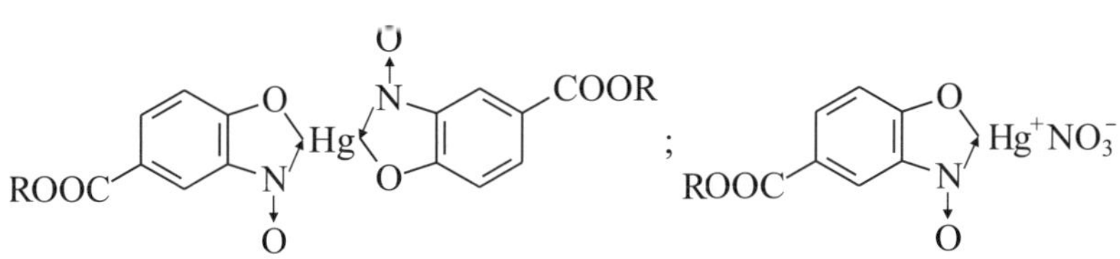

Aufgrund der besetzten para-Position fällt der Nachweis des phenolischen Hydroxyls mit der *Emerson-Reaktion* bei den *unveränderten* PHB-Estern negativ aus. Erst nach *Verseifung* der Ester tritt die rötliche Farbe des Indophenols auf, weil die durch Hydrolyse erhaltene Carboxylgruppe der 4-Hydroxybenzoesäure bei der oxidativen Kupplung mit dem Aminopyrazolon decarboxyliert.

- **Mercaptopurin**

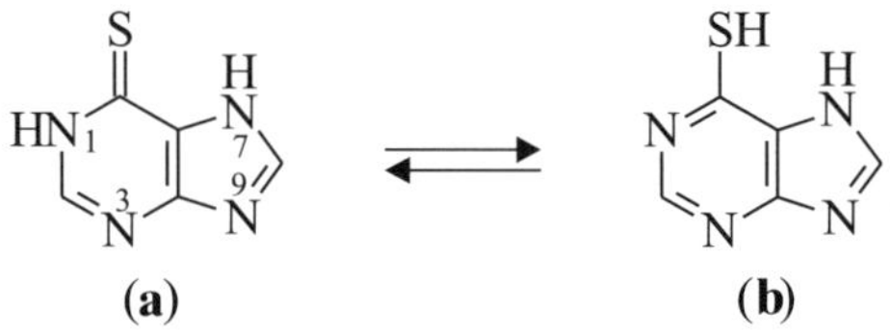

Mercaptopurin liegt in DMSO gelöst zu etwa 93 % als Thioamid (Formel a) vor. Die Substanz ist eine schwache, zweibasige Säure [pK_{s1} (N^1–H) = 7,5; pK_{s2} (N^7–H) = 10,8]. Die Verbindung ist weitgehend hydrolysestabil. Mercaptopurin ist unlöslich in Wasser, Aceton, Chloroform und Ether, jedoch löslich unter Salzbildung in Alkalihydroxid-Lösungen [vgl. **MC-Frage Nr. 776**].

Zur Identitätsprüfung lässt *Ph. Eur.* das UV-Spektrum aufnehmen. Des Weiteren bildet Mercaptopurin mit vielen zweiwertigen Metall-Ionen (Co, Cu, Hg, Ni, Pb, Zn) schwer lösliche Komplexe, meistens im Verhältnis 2:1. Mit Quecksilber(II)-acetat entsteht ein *weißer*, mit Blei(II)-acetat ein *gelber* Niederschlag.

- **Methenamin [Hexamethylentetramin, Urotropin, 1,3,5,7-Tetraazatricyclo[3.3.1.1^{3,7}]decan]**

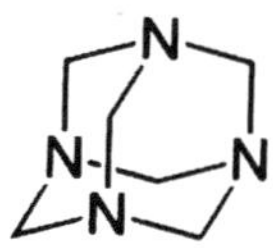

Methenamin ist ein *farbloser* Feststoff, der in Wasser, Ethanol und Dichlormethan löslich ist. Das Molekül besitzt eine Adamantan-ähnliche Struktur. Aus Methenamin bilden sich bei pH-Werten unter 6 in Umkehrung seiner Herstellung *Ammonium-Ionen* und *Formaldehyd*. Im alkalischen Milieu ist Methenamin als Aminal stabil. Das Molekül ist schwächer basisch (pK_b = 9,4) als Ammoniak (pK_b = 4,76) und wird zum Puffern saurer Lösungen sowie als Konservierungsmittel verwendet [vgl. **MC-Frage Nr. 764**].

Zur Prüfung auf Identität lässt *Ph.Eur.* das IR-Spektrum aufnehmen und die beiden Spaltprodukte (Ammonium-Ionen, Formaldehyd) nachweisen. Der Nachweis von Formaldehyd erfolgt mit Acetylaceton (*Nash-Reagenz*). Die Prüfung auf freien Formaldehyd als Verunreinigung im Methenamin geschieht mit *Tollens-Reagenz*. Methenamin reagiert positiv mit *Dragendorffs Reagenz*.

- **Methylatropiniumbromid, Methylatropiniumnitrat**

Beide Substanzen enthalten identische Kationen. Daher reagieren beide Verbindungen positiv bei der Identitätsprüfung auf Alkaloide sowie bei der *Reaktion nach Vitali*. Eine Unterscheidung der Substanzen ist nur aufgrund der verschiedenen Anionen möglich. Beispielsweise kann das Nitrat durch die Blaufärbung mit Diphenylamin-Lösung nachgewiesen werden. Bromid ergibt diese Reaktion *nicht*. Umgekehrt lässt sich Bromid beim Versetzen mit einer Silbernitrat-Lösung als gelbliches Silberbromid (AgBr) fällen, das in Ammoniak schwer löslich ist [vgl. **MC-Fragen Nr. 772, 773**].

Die Blaufärbung einer verdünnten Prüflösung beim Versetzen mit Diphenylamin/Schwefelsäure kann auch zur Unterscheidung von *Trimethylammoniumbromid* $[(CH_3)_3NH^+Br^-]$ und *Trimethylammoniumnitrat* $[(CH_3)_3NH^+NO_3^-]$ herangezogen werden [vgl. **MC-Frage Nr. 775**].

- **Methylsalicylat (Salicylsäuremethylester)**

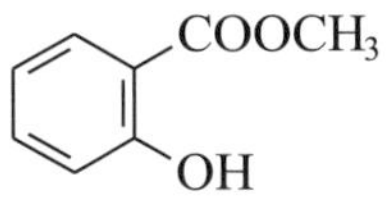

Die Substanz zeigt als Phenol eine positive Eisen(III)-chlorid-Reaktion [vgl. **MC-Fragen Nr. 622, 623**].

Weiterhin kann durch Umsetzung mit Acetanhydrid oder Benzoylchlorid das phenolische Hydroxyl acetyliert oder benzoyliert und anschließend das daraus erhaltene Acetat bzw. Benzoat durch Bestimmung der Schmelztemperatur näher charakterisiert werden. Darüber hinaus lässt sich der Ester zur **Salicylsäure** verseifen und anschließend die nach Ansäuern ausfallende Säure isolieren und durch ihren Schmelzpunkt (Fp: 165–161 °C) charakterisieren [siehe auch Kapitel 3.5.3.17 und **MC-Fragen Nr. 622, 623**].

- **Metronidazolbenzoat**

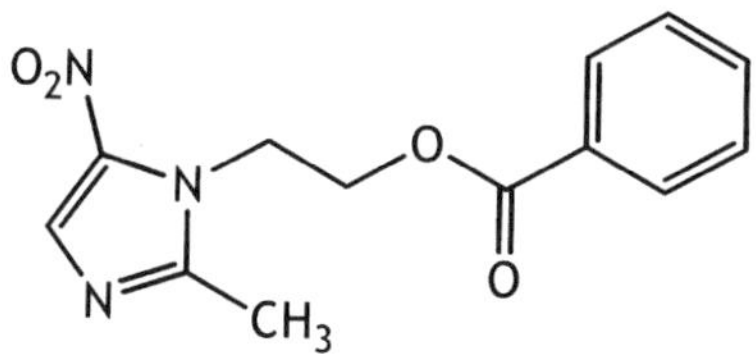

Das *achirale* Metronidazolbenzoat ist ein *weißes* bis schwach gelbliches Pulver, das unlöslich in Wasser, aber löslich in Dichlormethan und Aceton ist. Zur Prüfung auf Identität lässt *Ph.Eur* die Schmelztemperatur (Fp: 99–102 °C) bestimmen und das UV- (λ_{max}: 232 nm und 276 nm) sowie das IR-Spektrum aufnehmen.

Die *Nitrogruppe* kann mit Zink/Salzsäure zur primären Aminogruppe reduziert werden, die diazotiert und mit 2-Naphthol oder dem Bratton-Marshall-Reagenz zu einem Azofarbstoff gekuppelt wird. Darüber hinaus kann die *Esterfunktion* mit Hydroxylamin zur *Hydroxamsäure* umgewandelt und mit Eisen(III)-chlorid-Lösung zur einem *bläulich roten* bis *roten* Komplex umgesetzt werden.

- **Morphin-Derivate**

Die Strukturen einiger ausgewählter Morphin-Abkömmlinge, die als Monographien in das Arzneibuch aufgenommen wurden, sind nachfolgend abgebildet.

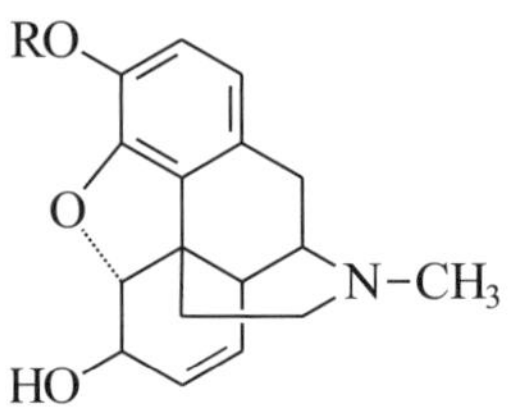

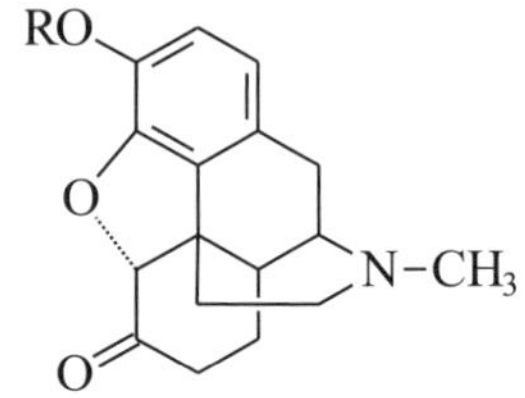

R:		R:	
H	**Morphin**	H	**Hydromorphon**
CH_3	**Codein**	CH_3	**Hydrocodon**
C_2H_5	**Ethylmorphin**		

Einige Reaktionen zum Nachweis von Morphin-Derivaten wurden bereits in voranstehenden Kapiteln vorgestellt:

- **Marquis-Reaktion** von **Morphin** durch Umsetzung mit Formaldehyd/Schwefelsäure (siehe Kapitel 3.5.3.11)
- **Zimmermann-Reaktion,** die von Wirkstoffen mit aktivierter Methylengruppe wie **Hydrocodon**, **Oxycodon** und **Hydromorphon** eingegangen wird (siehe Kapitel 3.5.3.13).

An weiteren Reaktionen seien genannt:

(a) Reaktion nach Kiefer: Morphin wird durch Kaliumhexacyanoferrat(III), $K_3[Fe(CN)_6]$, zu einem Radikal oxidiert, das in ortho-Stellung zum phenolischen Hydroxyl zu *Pseudomorphin* (2,2'-Bimorphin) dimerisiert. Das gleichzeitig gebildete Hexacyanoferrat(II) reagiert anschließend mit Eisen(III)-chlorid zu *Berliner Blau*. Die Reaktion ist jedoch *wenig spezifisch* für Morphin, weil z. B. auch Pseudomorphin aufgrund seiner phenolischen Hydroxylgruppe mit dem zugesetzten Fe(III) eine Blaufärbung ergibt.

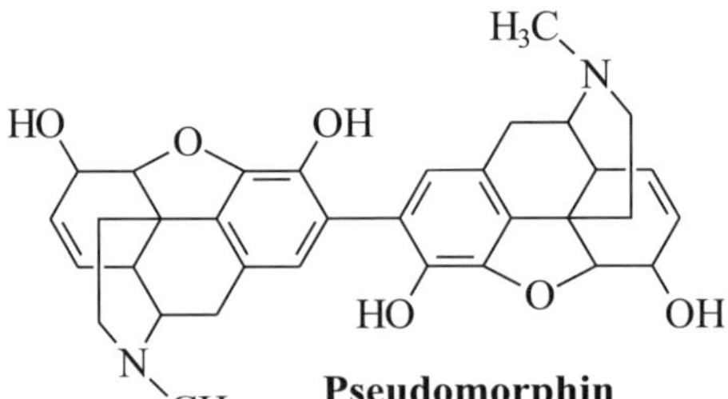

Pseudomorphin

Über das 2,2'-Bimorphin dürfte auch der Morphin-Nachweis nach Deniges verlaufen. Hierbei entsteht mit Morphin in ammoniakalischer $CuSO_4$-Lösung auf Zusatz von H_2O_2 eine Rotfärbung.

(b) Morphin-Apomorphin-Umlagerung: Alle Morphin-Derivate, also auch **Codein** und **Ethylmorphin**, mit einer HO-Gruppe in Position 6 und einer Doppelbindung (C^7–C^8) im Ring C zeigen diese säurekatalysierte Umlagerung, die wahrscheinlich nach folgendem Mechanismus abläuft:

Zunächst wird das alkoholische Hydroxyl an C-6 zum Oxonium-Ion protoniert und als Wasser eliminiert. Das gebildete Allylcarbenium-Ion stabilisiert sich unter Abspaltung des Protons an C-14 und Ausbildung eines konjugierten Systems. Durch die nachfolgende Protonierung am Sauerstoff öffnet sich schließlich die Etherbrücke (C^4–C^5) zwischen den Ringen A und C. Das hierbei entstehende Carbenium-Ion spaltet die benachbarte C–C-Bindung des N-Methylpiperidin-Ringes unter Aromatisierung des Ringes C. Dieser Ring wird von dem dabei gebildeten Carbenium-Ion unter Bildung von *Apomorphin* elektrophil angegriffen.

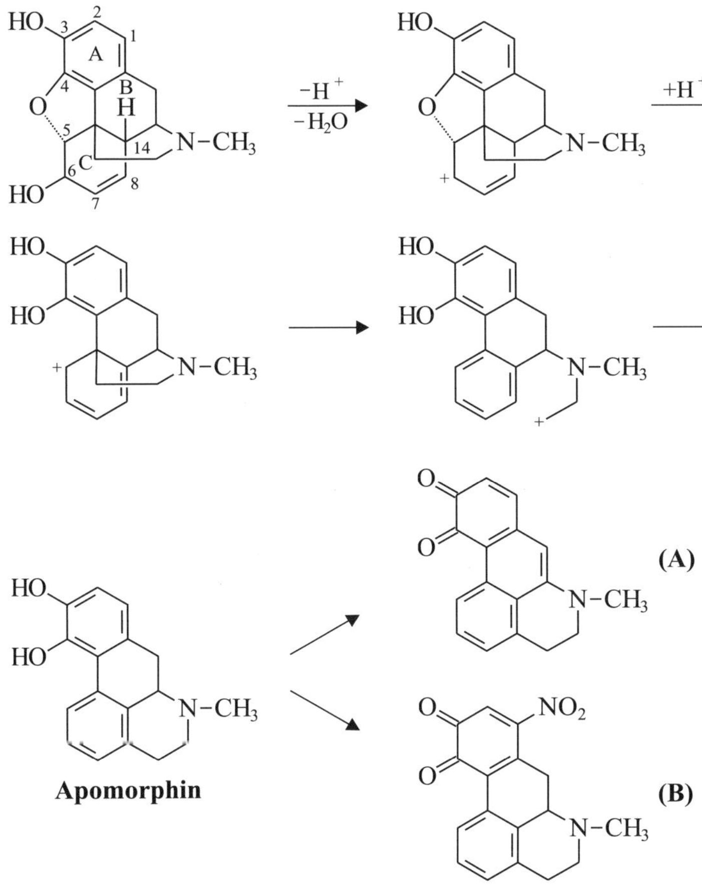

Auf der Morphin-Apomorphin-Umlagerung basieren folgende Nachweisreaktionen:

- **Reaktion nach Fröhde:** Violettfärbung nach Zusatz von Schwefelsäure/Ammoniummolybdat unter Bildung des Chinons der Formel (A).
- **Reaktion nach Erdmann-Husemann:** Rotfärbung beim Versetzen mit Nitriersäure (H_2SO_4/HNO_3) unter Bildung des Nitrochinons der Formel (B).
- **Reaktion nach Mandelin:** Mit Schwefelsäure/Ammoniumvanadat entsteht das Chinon (A).

– **Reaktion nach Pellagri:** Beim Behandeln von Morphin-Derivaten mit Schwefelsäure und anschließend mit Iod färbt sich die organische Phase beim Ausschütteln mit Ether *rot*, während die wässrige Schicht *grün* gefärbt ist. Diese unterschiedliche Färbung in verschiedenen Lösungsmitteln beruht auf einer *Solvatochromie* des Chinons (A). Die Pellagri-Reaktion wird vom Arzneibuch auch als Identitätsprüfung für **Apomorphinhydrochlorid** vorgeschrieben.

- **Nitrazepam**

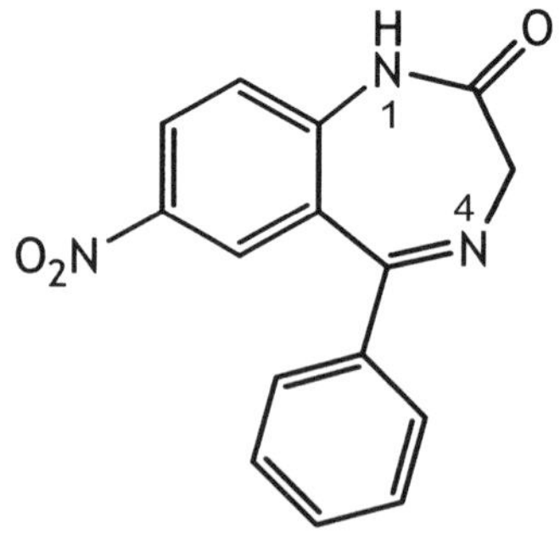

Nitrazepam ist ein *gelbes* Pulver, das unlöslich in Wasser und schwer löslich in Ethanol ist. Das Arzneibuch ließ früher die Schmelztemperatur (Fp: 224–226 °C) bestimmen und das UV- (λ_{max}: 275 nm, 306 nm in Methanol) sowie das IR-Spektrum aufnehmen. Nach Ph.Eur 6.7 ist jedoch nur noch das IR-Spektrum als Identitätsprüfung vorgeschrieben.

Das Molekül besitzt am N-1 eine saure (NH-acide) und am N-4 (Iminstickstoff) eine basische Funktion. Daher verändert sich das UV-Spektrum signifikant bei Zugabe von Säure oder Lauge. Beispielsweise zeigt das UV-Spektrum in alkalischer Lösung im Vergleich zum Spektrum in neutraler Lösung eine bathochrome Verschiebung (Verschiebung des Absorptionsmaximums zu höheren Wellenlängen).

Der amphotere Charakter des Moleküls kann auch für unterschiedliche Verfahren zur Gehaltsbestimmung des Wirkstoffes genutzt werden. Bei der wasserfreien Titration mit Perchlorsäure-Maßlösung wird das Stickstoffatom N-4 protoniert und bei der Bestimmung mit Tetrabutylammoniumhydroxid-Maßlösung wird der Amidstickstoff N-1 deprotoniert.

Beim Behandeln der Substanz in der Siedehitze mit Salzsäure entsteht ein Aminonitrobenzophenon-Derivat, das eine positive Nachweisreaktion auf primäre aromatische Amine zeigt. Alternativ dazu kann die Nitrogruppe mit Zink/Salzsäure – bei Erhalt der Benzodiazepin-Struktur – zur primären Aminogruppe reduziert werden. Das entstehende Anilin-Derivat wird anschließend diazotiert und mit 2-Naphthol gekuppelt.

Bei der sauren Hydrolyse von Nitrazepam bildet sich die Aminosäure *Glycin*, die positiv mit Ninhydrin reagiert (siehe auch Kapitel 3.5.3.21).

- **Paracetamol [N-(4-Hydroxyphenyl)acetamid]**

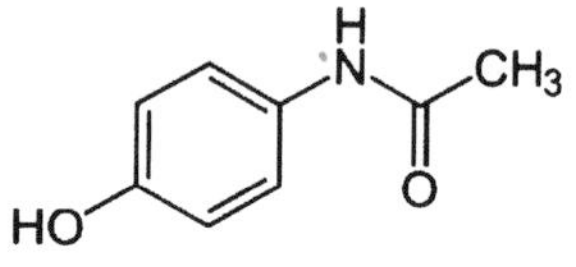

Paracetamol ist ein *weißes*, kristallines Pulver, dessen Herstellung vom 4-Nitrophenol ausgeht. 4-Nitrophenol wird durch Nitrierung von Phenol oder durch alkalische Hydrolyse von 4-Chlornitrobenzen gewonnen. Die Reduktion in saurer Lösung liefert 4-Aminophenol, das mit Acetanhydrid in Paracetamol umgewandelt wird. Parcetamol kann somit 4-Chloracetanilid ($Cl\text{-}C_6H_4\text{-}NH\text{-}CO\text{-}CH_3$) als Verunreinigung enthalten, wenn seine Herstellung von 4-Chlornitrobenzen als Startmaterial ausgeht [vgl. **MC-Fragen Nr. 781, 844**].

Das Molekül wird nach Arzneibuch durch seinen Schmelzpunkt und sein IR-Spektrum identifiziert und zeigt eine positive Prüfung auf „*Acetyl*“ (siehe Kapitel 3.5.4.1).

Bei der sauren Hydrolyse von Paracetamol entstehen *p-Aminophenol* und *Essigsäure*. Letztere kann mit Lanthannitrat/Iod nachgewiesen werden. p-Aminophenol zeigt die typischen Reaktionen eines Phenols und eines primären aromatischen Amins. So reagiert das Molekül positiv mit $FeCl_3$-Lösung und bildet mit 4-Nitrobenzoylchlorid ein kristallines Benzamid-Derivat, das durch seinen Schmelzpunkt identifiziert werden kann.

p-Aminophenol besitzt eine Aza-analoge Hydrochinon-Struktur, die für eine oxdimetrische Bestimmung genutzt wird. So kann man p-Aminophenol mit einer Cer(IV)-sulfat-Maßlösung unter Bildung von *gelbem* p-Chinonimin titrieren. Ferroin dient als Redoxindikator.

Darüber hinaus wandelt sich das bei der Hydrolyse entstehende p-Aminophenol in alkalischer Lösung mit Phenol in Anwesenheit von Sauerstoff in einen blauvioletten Indophenol-Farbstoff (*Indanilin*) um [siehe auch Kapitel 3.5.3.8 und 3.5.4.1].

- **Procainhydrochlorid**

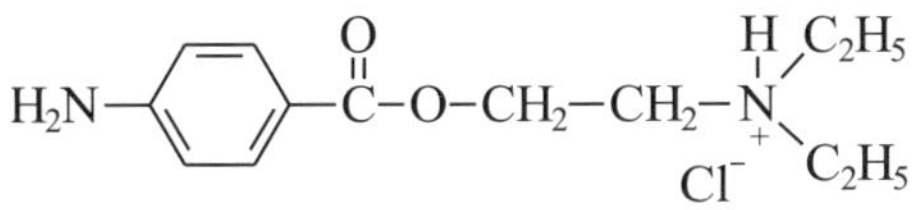

Zur Identitätsprüfung lässt das Arzneibuch den Schmelzpunkt bestimmen und das IR-Spektrum aufnehmen. Darüber hinaus können noch folgende Eigenschaften zur Charakterisierung von Procain und seinen Salzen beitragen [vgl. **MC-Fragen Nr. 777, 778, 780**]:

(a) Bestimmung als Anilin-Derivat: Die Substanz lässt sich als *primäres aromatisches Amin* mit Natriumnitrit/Salzsäure diazotieren und anschließend mit 2-Naphthol zu einem Azofarbstoff kuppeln. Die Diazotierung der Aminogruppe kann auch zur Gehaltsbestimmung des Wirkstoffes genutzt werden (siehe Ehlers, **Analytik II**, Kapitel 7.2.7 „*Nitritometrie*“).

Darüber hinaus kann der Wirkstoff unter Verbrauch von 4 Äquivalenten Brom und Bildung des 3,5-Dibrom-Derivates bromometrisch nach Koppeschaar titriert werden. Procainhydrochlorid lässt sich auch – nach Zusatz von Quecksilber(II)-acetat – unter Verbrauch von zwei Äquivalenten Perchlorsäure-Maßlösung im wasserfreien Milieu bestimmen. Ein Äquivalent Perchlorsäure wird für das Chlorid-Ion, ein zweites für die Protonierung der primären aromatischen Aminogruppe benötigt (siehe Ehlers, **Analytik II**, Kapitel 6.3.4.11 und 7.2.5.4).

Als primäres aromatisches Amin ($Ar\text{-}NH_2$) reagiert Procain positiv mit 4-Dimethylaminobenzaldehyd (*Ehrlichs Reagenz*) und bildet ein farbiges Azomethin.

(b) Nachweis als Procain-Base: Auf Zusatz von Alkalilauge scheidet sich aus wässrigen Lösungen des Hydrochlorids die freie Procain-Base ab, die, aus Ligroin umkristallisiert, bei Fp = 50–52 °C schmilzt.

(c) Vitali-Morin-Reaktion: Die Substanz wird mit rauchender Salpetersäure versetzt und zur Trockne eingedampft. Der Rückstand wird mit Aceton/Kaliumhydroxid-Lösung behandelt. Es entwickelt sich eine *bräunlich rote* Farbe, während andere Lokalanästhetika wie *Tetracain* oder *Lidocain* unter diesen Bedingungen mit dem Anion des Acetons eine *grüne* Farbe ergeben. Zum Ablauf der Reaktion siehe Kapitel 3.5.3.13.

(d) Dehydrierung und Dimerisierung: Bei der Einwirkung von Oxidationsmitteln wie Kaliumpermanganat erfolgt Dehydrierung der primären Aminogruppe und unter Dimerisierung bildet sich 4,4'-Di(2-diethylaminoethoxycarbonyl)-azobenzen.

$$2\ ROOC\text{–}C_6H_4\text{–}NH_2 \xrightarrow{(-\ 4\ H)} ROOC\text{–}C_6H_4\text{–}N{=}N\text{–}C_6H_4\text{–}COOR$$

- **Pyridin-Derivate**

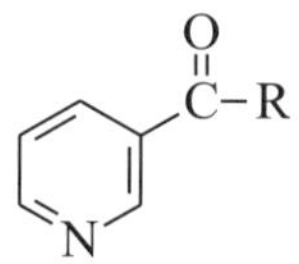

Wirkstoff	**R**
Nicotinsäure	OH
Nicotinamid	NH_2
Nicethamid	NEt_2

An einfachen Pyridin-Derivaten sind **Nicethamid** (Nicotinsäurediethylamid, N,N-Diethylpyridin-3-carboxamid), **Nicotinamid** (Pyridin-3-carboxamid) und **Nicotinsäure** (Pyridin-3-carbonsäure) als Monographien in das Arzneibuch aufgenommen worden. *Ph.Eur.* lässt zur Prüfung auf Identität von diesen Substanzen den Schmelzpunkt bestimmen und das IR-Spektrum aufnehmen. Vom *Nicethamid* wird auch das UV-Spektrum (λ_{max} = 263 nm) als Prüfkriterium herangezogen. Darüber hinaus lässt sich *Nicotinamid* in ein kristallines *Pikrat* überführen.

Des Weiteren können diese Wirkstoffe noch durch folgende Eigenschaften charakterisiert werden [vgl. **MC-Fragen Nr. 748, 785, 835, 848**]:

(a) Acidobasisches Verhalten: *Nicotinsäure* ist amphoter (pK_s = 4,85; pK_b ~ 12). Nicotinsäure besitzt somit eine der Essigsäure vergleichbare Säurestärke und kann in Wasser mit Natriumhydroxid-Maßlösung gegen Phenolphthalein bestimmt werden. Es wird *ein* Äquivalent Lauge verbraucht. Der *farblose* Feststoff löst sich in verdünnten Alkalihydroxid- und Alkalicarbonat-Lösungen.

Nicethamid (pK_b = 10,5) und *Nicotinamid* (pK_b = 10,65) sind schwache Basen. Bei der wasserfreien Titration mit Perchlorsäure-Maßlösung in Eisessig werden jeweils *ein* Äquivalent Perchlorsäure verbraucht. Es wird das Pyridin-Stickstoffatom protoniert.

(b) Hydrolytische Spaltung: Beim Erhitzen von *Nicotinsäureamid* mit Natriumhydroxid-Lösung entsteht Ammoniak (NH_3), der an seinen Geruch erkannt wird. Bei der Verseifung von *Nicethamid* entsteht das flüchtige *Diethylamin* [$(CH_3CH_2)_2NH$], das rotes Lackmus-Papier *blau* färbt.

(c) Reaktion nach König: Alle drei genannten Pyridin-Derivate ergeben ein positive König-Reaktion. Hierzu wird die wässrige Lösung der betreffenden Substanz mit Bromcyan-Lösung versetzt. Nach Zugabe von Anilin entsteht eine *Gelbfärbung*. Durch die Reaktion mit *Bromcyan* bildet sich zunächst 1-Cyano-pyridiniumbromid, das mit Anilin unter Aufspaltung des Pyridin-Ringes zu einem gelben Polymethinfarbstoff kondensiert. An Stelle von Anilin kann auch 4-Aminophenol eingesetzt werden.

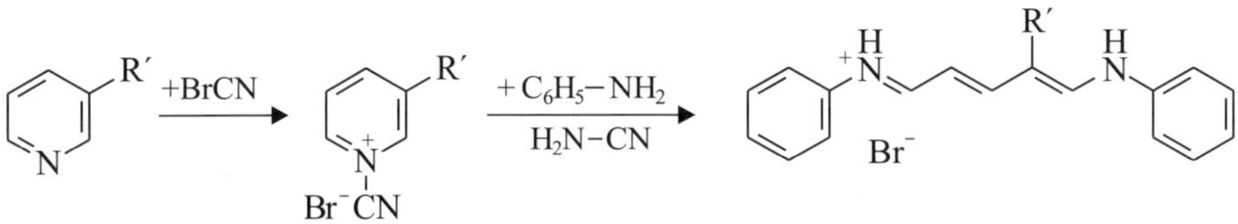

Die König-Reaktion wird auch zur Identitätsprüfung pyridinsubstituierter Wirkstoffe wie **Chlorphenaminmaleat** und **Mepyraminmaleat** genutzt.

- **Saccharin**

Saccharin ist eine farblose Substanz, die aus Wasser umkristallisiert bei Fp = 228–229 °C schmilzt. Die NH-acide Verbindung löst sich unter Salzbildung in Alkalilaugen und Alkalicarbonat-Lösungen [vgl. **MC-Frage Nr. 771**].

Zur Identitätsprüfung lässt das Arzneibuch den Schmelzpunkt bestimmen und das IR-Spektrum aufnehmen. Eine Unterscheidung von **Saccharin-Natrium** gelingt durch die Bestimmung der Sulfatasche.

Die *Alkalischmelze* von Saccharin führt zu *Salicylsäure*, die aufgrund ihrer positiven $FeCl_3$-Reaktion nachgewiesen werden kann. Darüber hinaus kondensieren Saccharin und Saccharin-Natrium mit zwei Molekülen Resorcin zu *Sulfofluorescein*, das in alkalischer Lösung *grün* fluoresziert.

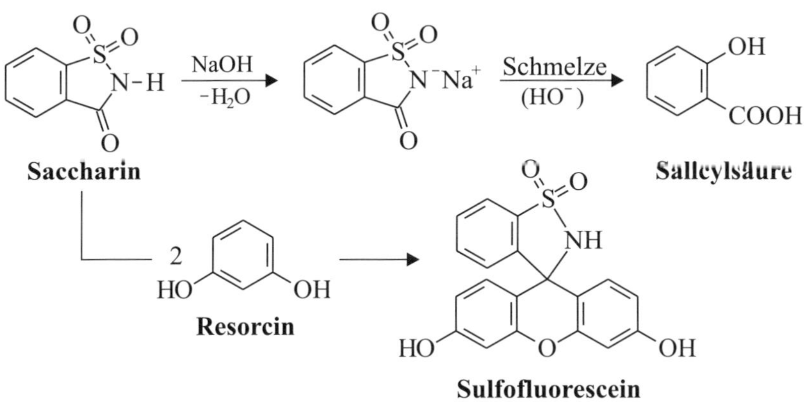

3.6 Prüfung auf anorganische Bestandteile

Zum Nachweis anorganischer Bestandteile in organischen Substanzen wendet das Arzneibuch eine Reihe von *Veraschungsmethoden* an. Die Verfahren zur Bestimmung der Gesamtasche, der Sulfatasche oder der salzsäureunlöslichen Asche sind ausführlich in Ehlers, **Analytik II,** Kapitel 5.2.3 beschrieben. In diesem Kapitel werden auch die Methoden zur Bestimmung des *Trocknungsverlustes* sowie zur Bestimmung *unverseifbarer Anteile* diskutiert.

Verzeichnis der Wortabkürzungen

A_E	elektrophile Addition
A_N	nucleophile Addition
A_R	radikalische Addition
Abb.	Abbildung
Abh.	Abhängigkeit
abh.	abhängig
absol.	absolut
AcO^-, Ac^-	Acetat-Ion
Ac_2O	Acetanhydrid
aliph.	aliphatisch
alkal.	alkalisch
allg.	allgemein
ammon.	ammoniakalisch
anal.	analytisch
Anm.	Anmerkung
anorg.	anorganisch
App.	Apparatur
arith.	arithmetisch
arom.	aromatisch
ASS	Acetylsalicylsäure
asym.	asymmetrisch
Atm.	Atmosphäre
bas.	basisch
Bsp.	Beispiel
bzgl.	bezüglich
bzw.	beziehungsweise
ca.	circa
CGS	Centimeter-Gramm-Sekunden(-System)
CH	Chinon
chem.	chemisch
const.	konstant
cycl.	cyclisch
DAB	Deutsches Arzneibuch
DC	Dünnschichtchromatographie
dc	dünnschichtchromatographisch
DDTC	Diethyldithiocarbaminat
Dest.	Destillation
d. h.	das heißt
Diss.	Dissoziation
diss.	dissoziiert
disubst.	disubstituiert
DMF	Dimethylformamid
DMSO	Dimethylsulfoxid
E1	monomolekulare Eliminierung
E2	bimolekulare Eliminierung
EDTA	Ethylendiamintetraessigsäure
EG	Erfassungsgrenze
elektr.	elektrisch
ethanol.	ethanolisch
Et_2O	Diethylether
EtOH	Ethanol
evtl.	eventuell
flüss.	flüssig
gasf.	gasförmig
GC	Gaschromatographie
gc	gaschromatographisch
gem.	gemäß, geminal
gesätt.	gesättigt
Gew.	Gewicht

GK	Gegenstandskatalog, Grenzkonzentration
Gl.	Gleichung
Hal^-	Halogenid-Ion
HAc	Essigsäure
HAm	Ameisensäure
HCH	Hydrochinon
HDDTC	Diethyldithiocarbaminsäure
HOAc	Essigsäure
INH	Isonicotinsäurehydrazid
IR	Infraroter Spektralbereich
Kap.	Kapitel
Kat.	Katalysator
kat.	katalysiert
Komm.	Kommentar
konj.	konjugiert
konst.	konstant
Konz.	Konzentration
konz.	konzentriert
krist.	kristallisiert
lösl.	löslich
Lp.	Löslichkeitsprodukt
max.	maximal
MC	Multiple choice
methanol.	methanolisch
Min.	Minute
monosubst.	monosubstituiert
MTBH	Methylbenzthiazolonhydrazon
NaOAc	Natriumacetat
nasc.	nascierend
Nd.	Niederschlag
neg.	negativ
o. a.	oben angeführt
OPA	ortho-Phthalaldehyd
org.	organisch
Ox.	Oxidation, Oxinat
ox.	oxidiert
p. a.	pro analysi
PC	Papierchromatographie
pc	papierchromatographisch
PDTC	Pyrrolidinodithiocarbaminat
pharm.	pharmazeutisch
PHB	para-Hydroxybenzoesäure
Ph. Eur.	Europäisches Arzneibuch
phys.	physikalisch
PITC	Phenylisothiocyanat
pos.	positiv
prim.	primär
proz.	prozentig
PSE	Periodensystem der Elemente
qual.	qualitativ
quan.	quantitativ
rac.	racemisch
RaNi	Raney-Nickel
Red.	Reduktion
red.	reduziert
rel.	relativ
RT	Raumtemperatur
S.	Seite
s.	siehe
S_E	elektrophile Substitution
S_N1	monomolekulare nucleophile Substitution
S_N2	bimolekulare nucleophile Substitution
S_Ni	innere nucleophile Substitution
S_R	radikalische Substitution
SA	Sodaauszug
s. a.	siehe auch
Schmp.	Schmelzpunkt
Sdp.	Siedepunkt
Sek.	Sekunde
sek.	sekundär
SI	System International
spez.	spezifisch
sog.	so genannt
Std.	Stunde

s. u.	siehe unten
subst.	substituiert
swl.	schwer löslich
sym.	symmetrisch
Tab.	Tabelle
Temp.	Temperatur
tert.	tertiär
TF	Triphenylformazan
Tr.	Tropfen
TTC	Triphenyltetrazoliumchlorid
Uml.	Umlagerung
unabh.	unabhängig
undiss.	undissoziiert
unlösl.	unlöslich
unspez.	unspezifisch
unsubst.	unsubstituiert
US	Ursubstanz
usw.	und so weiter
UV	Ultravioletter Spektralbereich
Vak.	Vakuum
Verd.	Verdünnung
verd.	verdünnt
vic.	vicinal
VIS	sichtbarer Spektralbereich
Vol	Volumen
wässr.	wässrig
Zers.	Zersetzung
z. B.	zum Beispiel
z. T.	zum Teil

Verzeichnis der Zeichen und Symbole

[ ]	Kennzeichnung von Komplexverbindungen, Kennzeichnung der Konzentration in Gleichungen des Massenwirkungsgesetzes, Kennzeichnung der Dimension
$\rightarrow$	Zeichen für eine einseitig verlaufende Reaktion
$\rightleftharpoons$	Zeichen für umkehrbare Reaktionen (Gleichgewichte)
Δ	Erhitzen der Reaktanden
$\downarrow$	Zeichen für die Bildung eines schwer löslichen Niederschlags
$\uparrow$	Zeichen für die Bildung eines Gases
(I), (II),...	Zeichen für die Wertigkeit eines Ions (einwertig, zweiwertig,...)
%	Prozent
a	Aktivität
A	Absorption, Addition
aq	aquo, Wassermolekül
at	Atmosphäre
Alk	Alkylrest
Ar	Arylrest
c	Konzentration
C	Elementsymbol Kohlenstoff
C-2	C-Atom, nummeriert (etwa Kohlenstoffatom 2 der Glucose)
5-C	Anzahl der C-Atome
°C	Grad Celsius
cm	Zentimeter
d^{20}_{20}, d^{20}_{4}	Dichte bei 20 °C, bezogen auf Wasser bei 20 °C (4 °C)
dm	Dezimeter
e^-	Elektron
E	Energie, Potential, Eliminierung
E^0	Normalpotential
Et	Ethylrest
F	Elementsymbol Fluor, Faktor
Fp	Schmelzpunkt

g	Gramm
G	Gewicht
h	Stunde
H	Elementsymbol Wasserstoff, Enthalpie
HA	allgemeines Symbol für Säure
HX	Halogenwasserstoffsäure
I	Induktiver Effekt
J	Joule
k	Proportionalitätsfaktor
K	Konstante, Elementsymbol Kalium, Kelvin
K_a, K_s	Säurekonstante
K_b	Basenkonstante
K_L	Löslichkeitsprodukt
kg	Kilogramm
kJ	Kilojoule
Kp	Siedepunkt
kPa	Kilopascal
l	Länge, Liter
L	Löslichkeitsprodukt
log (lg)	dekadischer Logarithmus
ln	natürlicher Logarithmus
m	Meter, Masse, meta
M	Mesomerieeffekt
M_r	relative Atommasse (Molmasse)
M^o	neutrales Molekül
M^+	Molekülkation
M^-	Molekülanion
Me	allgemeines Symbol Metall, Methylrest
Me^+	Metallkation
mg	Milligramm
min	Minute
ml	Milliliter
mm	Millimeter
mol	Mol (molar)
n	Anzahl der übertragenen Elektronen, geradkettig
N	Elementsymbol Stickstoff, Anzahl der Teilchen (Atome)
nm	Nanometer
o	ortho
O	Elementsymbol Sauerstoff

p	para, Druck
P	Elementsymbol Phosphor
Pa	Pascal
pD	Empfindlichkeitsexponent
pH	Wasserstoffionenexponent (negativer dekadischer Logarithmus der Wasserstoffionenaktivität)
Ph	Phenylrest
pK	Gleichgewichtsexponent
pK_a, pK_s	Säureexponent
pK_b	Basenexponent
pK_L	Löslichkeitsexponent
ppm	parts per million
R	Reagenz des Arzneibuchs, organischer Rest (über C gebunden)
RO^-	Alkoholat-Ion
s	Sekunde
S	Elementsymbol Schwefel, Substitution
t	Temperatur in Grad Celsius, Zeit
T	absolute Temperatur in Kelvin
V	Elementsymbol Vanadin, Volumen
α	Drehwinkel, Nachbarposition zu einer funktionellen Gruppe
ε	Absorptionskoeffizient, Dieletrizitätszahl
ρ	Dichte
ρ_t	Dichte bei t Grad Celsius
λ	Wellenlänge
λ_{max}	Wellenlänge des Absorptionsmaximums
υ	Frequenz
µg	Mikrogramm
µm	Mikrometer

Sachregister

B

C

D

L

O

Q

R

S